인덱스 5축 가공기술
HyperMILL
하이퍼밀

오픈솔루션 5축기술지원팀 감수 · 홍성호 저

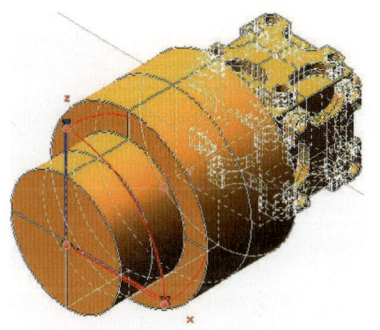

일진사

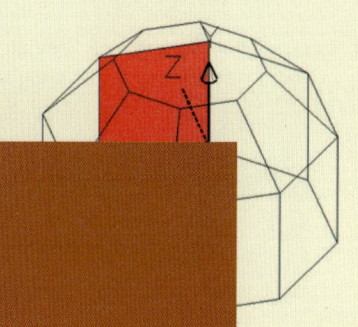

최근의 제조 기술이 3축 제어방식에서 5축 제어방식으로 점차 확대되어 가고 있는 현실에서 5축 가공기술에 관심이 있거나, 목말라하는 현장 기술자들이 많으나 기초부터 하나하나 배울 수 있는 교육 현장은 생각 외로 많지가 않다. 더욱이 3축 가공을 하고 있는 현장 기술자, A/S 기술자가 5축 가공기술을 배우기가 여러 가지의 이유로 어려운 것이 현실이다.

5축 가공 방식에는 인덱스 5축 가공과 동시 5축 가공이 있다.
현장에서의 통계에 의하면 활용도가 인덱스 5축 가공이 80%, 동시 5축 가공이 20%이다.

이에 따라 현장에서의 활용도가 높은 인덱스 5축 가공기술에 대하여 5축 가공에 관심이 있는 현장 기술자, 5축 가공기술을 배우고자 하나 현실적으로 어려운 분들을 위해 본 교재를 출간하게 되었다.

본 교재는
5축 가공기술과 5축 가공 핵심코드를 사용하여 프로그램하기, G68.2와 G53.1코드를 사용하여 인덱스 5축 가공 프로그램하기, hyperMILL을 사용하여 인덱스 5축 가공 CAM작업하기에 관한 내용을 중심으로 다음과 같이 구성하였다.

첫째, 따라하기 방식으로 구성하여 누구나 쉽게 인덱스 5축 가공기술을 익힐 수 있도록 하였다.
둘째, 인덱스 5축 가공기술을 기초부터 상세한 부분까지 다루어 초보자는 물론 가공 현장에서 일하는 전문가도 쉽게 적용할 수 있도록 하였다.
셋째, 일진사 홈페이지(www.iljinsa.com)에서 따라하기 소스 파일 및 인덱스 5축 가공기술 동영상을 다운로드 받아 교재의 내용을 따라하고 폭넓게 이해할 수 있도록 하였다.

끝으로 이 책이 나오기까지 많은 도움을 주신 오픈솔루션 김태욱 사장님과 5축기술지원팀 그리고 원고를 더욱 빛내주신 도서출판 **일진사** 임직원 여러분께 진심으로 감사드린다.

저자 씀

차례
Contents

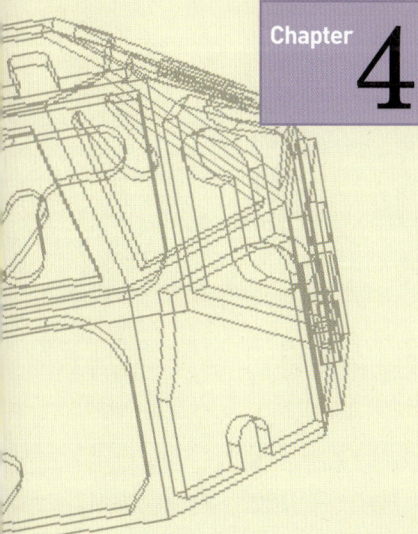

차례
C o n t e n t s

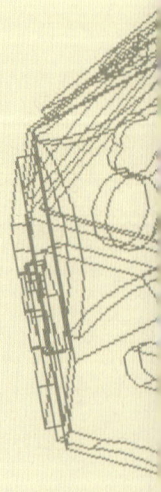

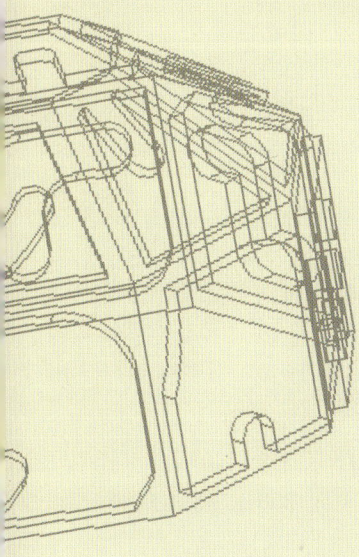
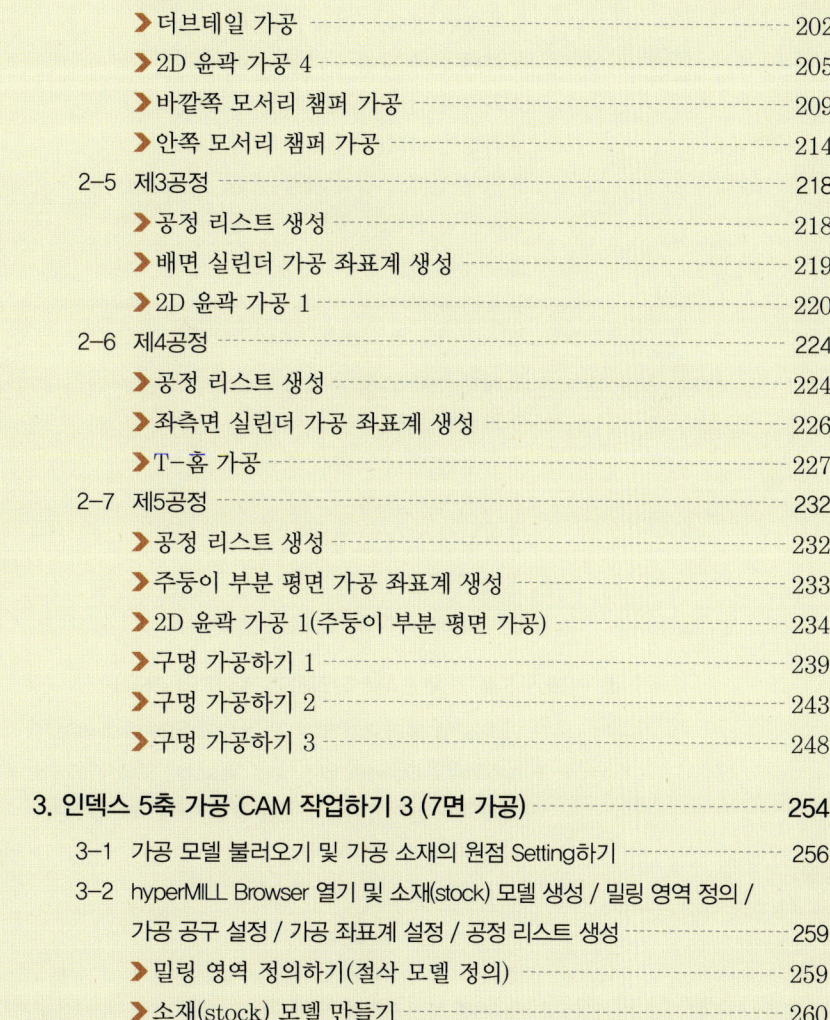

차례
Contents

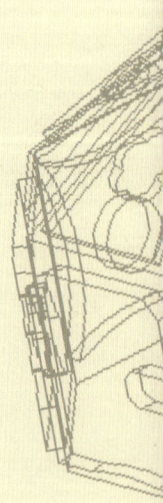

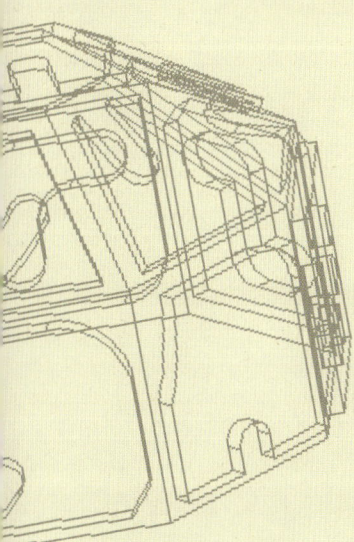

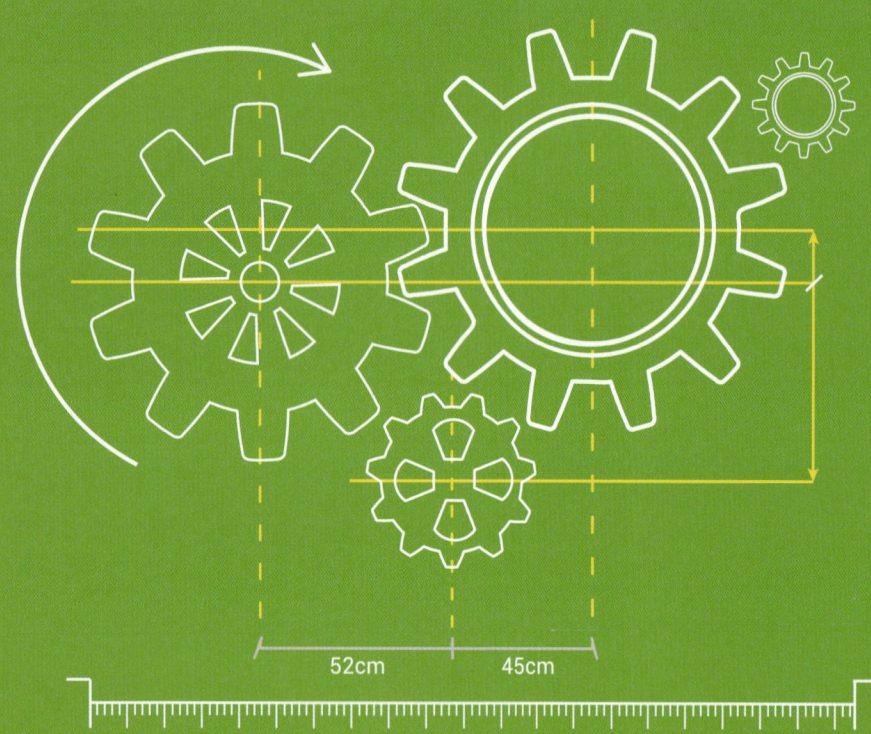

52cm   45cm

Chapter

1

5축 가공기술에 대하여

1 ／ 5축 가공의 이해

　5축 가공은 오래전부터 항공기 부품산업에서 많이 사용되어 왔으며 현재는 금형 산업뿐만 아니라 의료기기 산업 등에서도 점차 사용의 빈도가 높아지고 있다. 5축 가공의 가장 큰 이점은 한 번의 세팅으로 복잡한 모양을 가공할 수 있어 가공 시간을 줄일 수 있다는 것과 짧은 공구를 사용하므로 더 정밀한 가공을 할 수 있다는 것이다.

　5축 가공에는 인덱스 5축 가공과 동시 5축 가공이 있다. 모든 5축 가공이 동시 5축 가공만으로 이루어지는 것은 아니며, 3축 가공이나 인덱스 5축 가공으로 할 수 없는 부분만을 동시 5축 가공으로 하는 것이 효율적인 5축 가공 방법이다.

1-1 ▶ 5축 가공의 필요성

(1) 가공 모델의 형상에 따른 5축 밀링 가공의 필요

　3축과 5축 밀링 가공을 비교하면 5축 가공은 깊은 캐비티 형상과 높은 코어 형상의 급경사 가공 시 상당한 이점을 가지고 있다.

(2) 깊은 형상 가공 시 짧은 길이 공구로 보다 효율적으로 가공

　① 보다 정밀한 공구 사용
　② 공구비 절감
　③ 공구 수명 연장, 떨림 현상과 공구 중심의 방향을 회피하여 가공
　　• 원주 속도가 낮은 부분이 없게 된다.

(3) 5축 가공 시 향상된 내용

　① 짧은 공구를 이용한 고속 피드 가공
　　• 공구의 진동이 작아 표면 조도가 향상된다.
　② 절삭저항의 감소
　　• 공구의 여유각이 작아 절삭성이 향상된다.
　③ 공구 떨림 현상 감소
　　• 접촉 반경이 크게 되어 회전수를 낮출 수 있다.
　　• 저속인 경우가 진동에 의한 공구 떨림이 적게 된다.
　④ 공구 파손으로부터의 위험 감소
　⑤ 비접촉 면적의 비율이 높게 된다.
　　• 날 끝의 냉각 능력이 증가
　　• 칩의 배출 능력이 증가

(4) 5축 가공으로 적은 수의 지그 사용 및 지그 교체 시간 감소

지그 교환 시간 감소 및 지그 제작 비용 감소로 인해 결과적으로 코스트를 절약할 수 있다.

지그를 사용하지 않고 5축 가공으로 처리하는 개념도

(5) 매뉴얼 인덱싱 작업이 필요 없기 때문에 작업량 감소

적은 job lists, frames 작업

(6) 인덱싱 영역의 오프셋 곡면 불필요

가공품에 대한 적은 수작업 (사상 작업)

1-2 5축 가공의 장단점

(1) 5축 가공의 장점

① 공구 옆날 가공으로 최상의 가공 품질 구현
② 다양한 공구의 사용 및 공구 수명 연장
③ 쉽게 사용 가능한 언더 컷 가공
④ 많은 치공구가 불필요하므로 가공 시간의 단축
⑤ 작은 공구로 깊은 곳을 가공할 수 있어 전극 가공의 최소화

(2) 5축 가공의 단점

① 5축 기계 오차를 제어하기 어려움
② NC DATA 상으로 5축 기계의 움직임을 판단 할 수 없어 NC 작업자의 제어가 불가능 (전적으로 CAM System에 의존)
③ 오류로 인한 충돌 시 5축 기계에 심한 문제 발생
④ 공구 데이터베이스, 간섭 방지 치공구 준비 등 사전 작업 필요
⑤ 숙련된 작업자를 구하기 어려움

1-3 ▶ 5축 가공기의 축 정의

(1) 직선이동 축

　기본적으로 직선 운동하는 X, Y, Z의 3축을 의미하며, 오른손 직교 좌표계를 사용한다. 오른손 직교 좌표계는 공작 기계의 표준 좌표계로서, 각 축의 방향은 그림과 같이 엄지손가락 방향이 X(+), 인지의 방향이 Y(+), 그리고 중지의 방향이 Z(+) 방향이 된다. 이것을 이용하면 각 좌표축의 방향을 쉽게 이해할 수 있다.

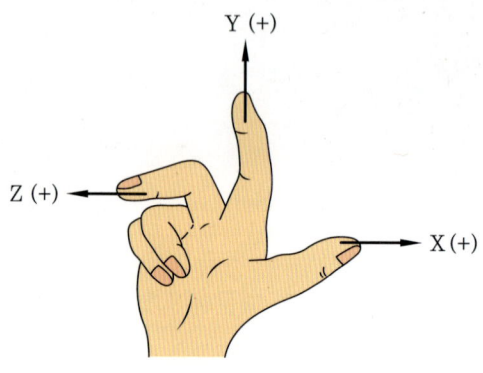

공작기계의 표준 좌표계

(2) 회전운동 축

　다축 기계는 선형축(X, Y, Z)에 회전축이 부가된다. 이것들은 일반적으로 명명된 A, B와 C축이다. A, B 와 C축은 선형축들에 각각 다음 그림과 같이 할당된다.

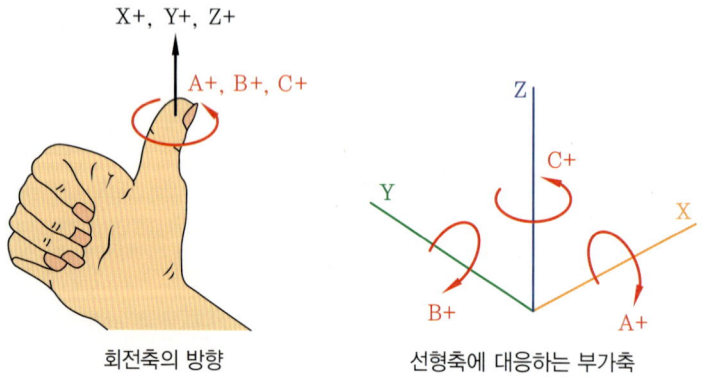

회전축의 방향　　　　　선형축에 대응하는 부가축

- A축은 X축을 중심으로 회전하는 축
- B축은 Y축을 중심으로 회전하는 축
- C축은 Z축을 중심으로 회전하는 축

(3) 회전축의 방향 정의

　회전축의 회전 방향을 알아보기 위해서는 그림을 보면 이해가 쉽게 된다. 오른손의 엄지손가락을 선형축의 (+) 방향으로 맞추면, 나머지 4개의 손가락이 회전축의 양(+)의 방향을 나타낸다. 반시계 방향이 회전축의 양(+)의 방향임을 알 수 있다.

1-4 5축 가공기의 형식 (기계 타입별 움직임)

5축 가공기의 형식에 대해 설명을 하면, 5축 가공기는 회전축의 취급 방법에서 주로 테이블 2축형, 테이블 1축 베드 1축형, 베드 2축형이 있다.

이들과 X, Y, Z의 직선축의 조합에 의해 여러 가지 사양의 5축 가공기가 제품화되어 있다. 공작물의 형상 및 가공 목적에 따라 효율적인 형식이 선택된다.

(1) 헤드-헤드 타입

아래의 그림처럼 헤드가 A축, C축으로 회전한다.

■ 기계 생산업체 : Breton, Fidia, Mecof, Rambaudi and Zimmermann

헤드-헤드 타입의 5축 가공기 (A, C 타입)

(2) 테이블-테이블 타입

❶ A/C 타입

아래의 그림처럼 테이블이 A축, C축으로 회전한다.

■ 기계 생산업체 : Alzmetall, Hermle, Makino and Mazak

 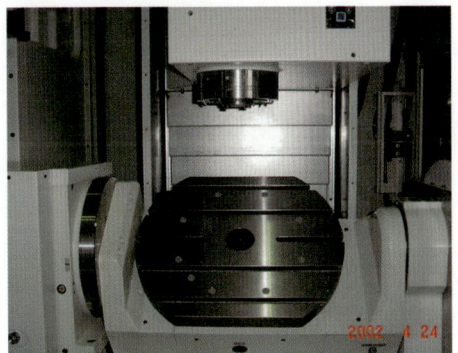

테이블-테이블 타입의 5축 가공기 (A/C 타입)

❷ B/C 타입

아래의 그림처럼 테이블이 B축, C축으로 회전한다.

■ 기계 생산업체 : Bautz, DMU eVo, Micron HSM400, Realmeca

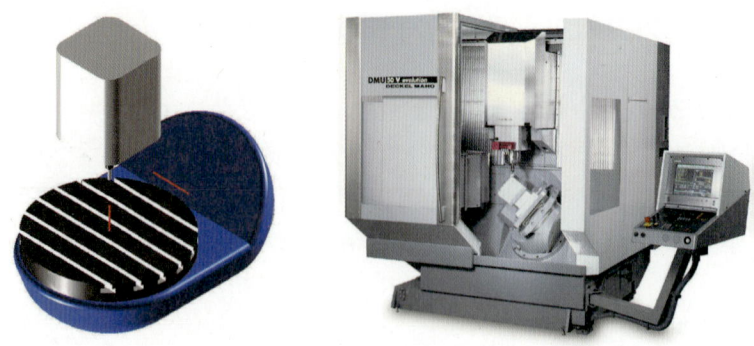

테이블–테이블 타입의 5축 가공기 (B/C 타입)

(3) 헤드–테이블 타입

아래의 그림처럼 헤드가 B축으로 회전하고, 테이블이 C축으로 회전한다.

■ 기계 생산업체 : DMU P series, DMC U series

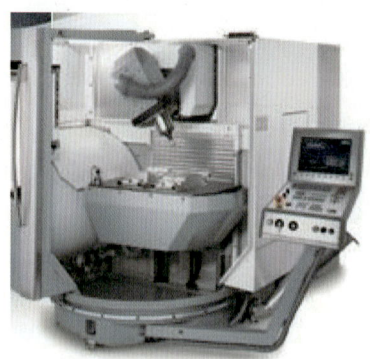

헤드–테이블 타입의 5축 가공기 (B/C 타입)

2 5축 가공의 분류

2-1 5축 가공의 운용 방법

표면 거칠기를 우선 좋게 하려면 안정된 가공이 가능한 3축 경사 가공을 많이 이용한다. 이때 인덱스 오차, 날 형상오차를 회피하기 위한 패닝 동작을 입력하는 것이 좋다.

(1) 경사 각도 계획

5도 단위로 구배 분포 상에 경사 각도를 계획한다.

(2) 경사 각도 설정

설정 각도에 따라 가공 범위에서 구배의 최소 각도와 최대 각도를 점검한다. 특히 다듬질 면에 영향을 미치는 최소 각도에 들어가도록 각도 변경을 한다.

(3) 패닝 동작

3축 경사 가공 시 다른 축 방향을 5축에 의해 패닝 동작으로 공구축이 가공면의 법선에 대해 충분한 각도를 취할 수 있어 원활하게 접속한다.

2-2 5축 가공의 분류

동시 5축 가공	스왑 가공	측면 가공, 패턴 가공(임펠러 등)
	리딩 가공	경사축 가공, 자동 경사축 가공, 단면 가공 등
	기타	모서리 가공, 구멍 가공, 4축 가공, 특수 공구 가공
인덱스 5축 가공	경사 가공	플랜징 가공, 3축 경사 가공, 평면 가공
	다면 가공	5면 가공, 90도 인덱스 가공

(1) 경사축 가공 (금형 부품)

금형에서 5축 가공을 이용하는 것은 경사축 가공에 의한 다듬질 면의 형상과 과거 방전가공 부분을 직접 가공하는 것과 모서리 가공의 예에서 보여주는 공구 및 홀더의 간섭회피가 큰 이유였다. 이것은 길이가 짧은 공구에 의하여 근접 가공을 적극적으로 할 수 있다는 의미가 된다.

그 외에 스트레이트 엔드밀에 의한 리브 홈 가공 등 공구 개수의 삭감, 언더컷 부분 등의 특수 공구에 의한 가공에 이용할 수 있다. 경사축 가공은 면의 법선 방향으로부터 공구축을 경사지게 하여 공구 회전에 대한 접촉 반경을 확보할 수 있도록 하는 것이다.

이에 의해 금형 곡면의 전면에 걸쳐 최적의 절삭조건을 설정할 수 있다. 가공면 평가에서는 면의 구배 분포를 표시하여 공구날 형상오차를 고려하여 입력된 가공 순서와 공구축에 입력된 가공 순서와 공구축에 대한 계획을 한다.

(2) 모서리 가공

모서리 가공은 종래에는 구배 각도에 따른 등고선과 구역으로 투영한 경로의 조합에 의해 실행해 왔으나, 면에 따라 가공하는 기술의 발달로 연속된 경로의 계산이 가능하게 되어 여기에 5축의 공구축을 사용하여 모서리 부분의 가공을 대폭 개선하였다.

(3) 축 경사 가공

공작물을 가공하기 쉬운 방향으로 경사시켜 일반적인 3축 가공을 실행한다. 이때 공구의 돌출길이를 짧게 하여 기하면(평면, 입체면, 원통면, 2.5축면 등)은 법선 방향을 맞추어 2축 가공을 실행한다. 3축 경사 가공은 가공 중에 회전축이 움직이지 않도록 일반적인 3축 가공에서의 기계정밀도와 강성이 요구된다.

3 | 기계축의 밀링 경로

3-1 용어 정의

(1) Tool reference point (공구의 기준점, 참조점)

공구 길이는 기준점에 연관하여 지정하며, 이 기준점은 가상의 점이다. 엔드밀 커터는 공구의 팁으로 지정하며, 코너 엔드밀 및 볼 엔드밀 공구는 측정 레벨과 더불어 공구 중심 끝점 또는 공구 팁을 사용한다.

(2) Milling path (밀링 경로)

Reference point path (기준점 경로)

(3) Pivot point (피벗 점)

Rotary axes intersection (회전축 교차점)

3-2 기계축의 움직임

(1) 3X Milling (3축 밀링)

3축 밀링에서의 기계축의 움직임은 프로그램 상의 공구 경로(기준점 경로)와 동일하게 X, Y, Z축 방향으로 움직인다.

(2) 5X Simultaneous milling (동시 5축 밀링)

동시 5축 밀링에서의 기계축의 움직임은 피벗 점의 경로를 따르기 때문에 프로그램 상의 공구 경로(기준점 경로)와 다르게 나타난다.

그것은 공구가 기울여질 때 공구 기준점(선단점)을 유지하기 위하여 기계는 X와 Z 방향 안에서 보상 움직임을 수행하기 때문이다.

모든 회전운동 보상 움직임은 운동학에 따라 모든 3개의 선형축에 일어날 수 있다. 3D 경로와 비교되는 기계축의 결과적인 움직임은 단순하거나 더 복잡하게 될 수 있다. 필요한 위치에서 공구 기준점(선단점)을 유지하기 위해 선형축 오프셋이 계산되어 조정된 경로는 기계의 컨트롤러에서 보정한다. RTCP 기능은 이러한 것을 위해 사용된다.

(3) 공구 선단점 제어 (RTCP)

공구 선단점 제어(RTCP : Rotation Tool Centre Point) 기능은 공구의 경로와 중심점을 찾아내도록 하는 것이며, CNC에 프로그램된 명령어대로 회전축과 직선축의 방향으로 공구를 스스로 이동하도록 고안된 기능이다.

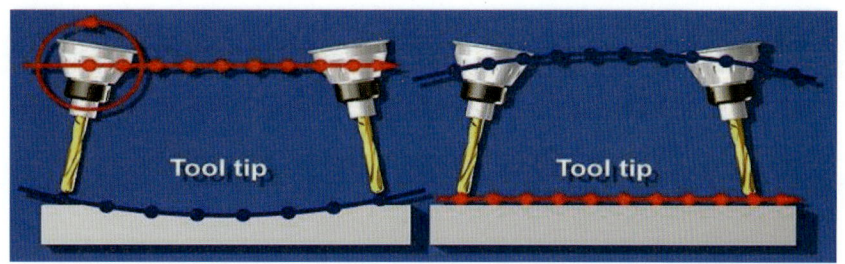

(a) RTCP 기능이 없는 경우　　　　　　(b) RTCP 기능이 적용된 경우

공구 선단점 제어(RTCP) 기능

위 그림에서 (a)와 같이 RTCP 기능이 없는 경우에 공구가 직선 가공 구간에서 공구 끝점 사이를 이동한다고 가정했을 때, 회전축이 회전을 한다면 공구 끝점은 그림과 같이 곡선을 이루면서 이동한다. 반면 RTCP 기능이 적용된 경우에는 그림 (b)와 같이 회전축의 움직임에 따라 선형축을 보정하고, 공구 끝점이 직선을 따라 가도록 조절한다.

컨트롤러에서는 동시 5축 밀링 가공을 위한 계산을 필요로 한다(위치, 축 피드 등). 또한 연속적으로 처리된다. 이송속도 값을 고수하는 동안 컨트롤러는 축 보정값의 계산을 끊임없이 실행하려고 한다.

CAM 시스템(포스트 프로세서, PP)은 회전축의 각도뿐만 아니라 공구 기준점(선단점) 경로도 제공한다. 즉 가공점의 궤적과 그 각 점에 대한 공구의 방향을 나타낸다. 이 가공점의 좌표는 어디까지나 공작물 좌표계에서의 위치로 기계적인 X, Y, Z축의 위치와는 무관하다. 마찬가지로 공구의 방향도 공작물 좌표계를 기준으로 방향 벡터로서 정의된다. 이 프로그래밍 방법을 RTCP 프로그래밍이라고 부른다.

CNC는 공구의 위치와 방향이 지령된 대로 되도록 미리 저장된 기계의 내부 치수(예를 들면 회전축의 중심좌표 위치나 회전방향)와 공구 길이, 공작물 좌표계의 설정 조건을 사용하여 내부적으로 X축, Y축, Z축, 제4축, 제5축 등 각 축의 좌표를 만들어 낸다.

공구 선단점 제어(RTCP) 기능은 다음과 같은 이점을 갖고 있다.
① 3축 가공 프로그램과 동일한 조작성으로 5축 가공을 실시할 수 있다.
② 기계 상에서 공구 보정치를 변경할 수 있다. 일일이 CAM 시스템으로 되돌아 갈 필요가 없다.
③ 준비 단계에서 장착한 공작물에 맞추어 기계 상에서 공작물 좌표계를 변경할 수 있다.
④ 5축 가공임에도 불구하고 같은 프로그램을 사용하여 다수 개 빼기 가공을 할 수 있다.
⑤ 기계 구성이 다른 기계일지라도 동일한 가공 프로그램에서 가공할 수 있다.
⑥ 직선의 프로그램을 정확히 직선으로 동작시킬 수 있다. 합성된 궤적이 공간적으로 정확히 직선이 되도록 CNC가 각 축을 제어한다.
⑦ 기계가 원리적인 궤적 오차를 만들어내는 일은 없으며, 이로써 사용자가 원하는 정밀도와 매끈한 가공면을 얻을 수 있다.

4   5축 가공 핵심 코드 이해하기

4-1   G68.2와 G53.1코드 이해하기

(1) 피처 좌표계 설정

포맷: G68.2 Xx Yy Zz Iα Jβ Kγ ;

① x, y, z : 좌표계 원점 이동시킬 좌표값

② α : Z축을 중심으로 회전시킬 각도

③ β : I에 의해 회전된 좌표계의 X축을 중심으로 회전시킬 각도

④ γ : I, J에 의해 회전된 좌표계의 Z축을 중심으로 회전시킬 각도

　※ 각도 지령 순서는 I, J, K 순으로 진행한다.

피처 좌표계 설정 예 : G68.2 X0. Y0. Z0. I75. J60. K90. ;

현재 좌표계　　　　　　　　　　　　　　　피처 좌표계 설정 후

(2) 피처 좌표계 설정 과정

① G68.2 X0. Y0. Z0. I75. J0. K0. ;

② G68.2 X0. Y0. Z0. I75. J60. K0.;

③ G68.2 X0. Y0. Z0. I75. J60. K90.;

(3) 피처 좌표계 설정 해지 : G69;

(4) G53.1 기능 : 공구축 방향 제어

기존 공구축 방향(Z축)과 G68.2 지령 후 Z축을 일치시키기 위해 I, J, K 방향에 맞는 각도로 회전시키는 명령이다.

(5) G68.2와 G53.1코드 사용 시 주의사항

① G53.1은 G68.2 다음 블록으로 지령해야 한다.

② G53.1은 단독으로 지령해야 한다.

③ G68.2와 G53.1에 따른 축의 회전속도는 모달 정보에 따른다.

(6) 육면체에 피처 좌표계 설정 예 1

❶ 우측면에 G68.2 설정하기 (I)

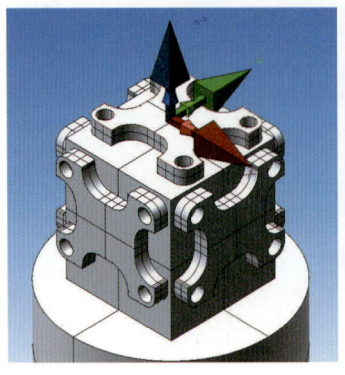

G54 좌표계

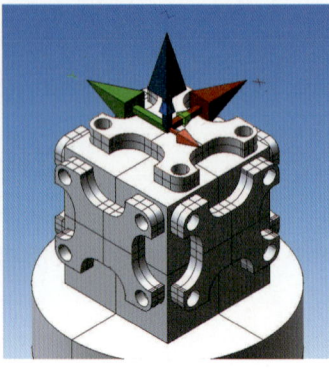

G68.2 X0.Y0.Z0.I90.J0.K0. ;

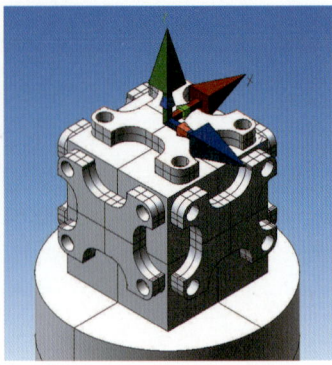

G68.2 X0.Y0.Z0.I90.J90.K0. ;

❷ 배면에 G68.2 설정하기 (I)

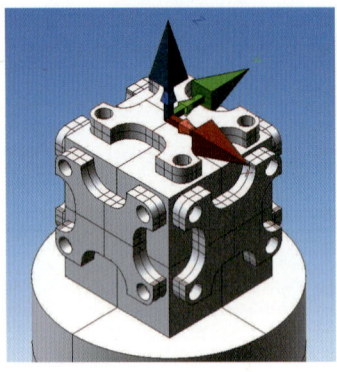

G54 좌표계

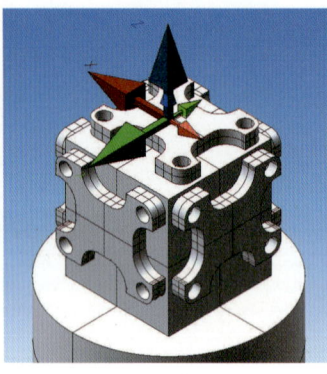

G68.2 X0.Y0.Z0.I180.J0.K0. ;

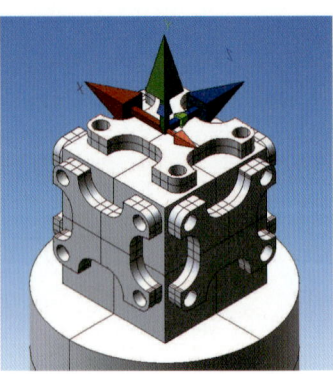

G68.2 X0.Y0.Z0.I180.J90.K0. ;

❸ 좌측면에 G68.2 설정하기 (I)

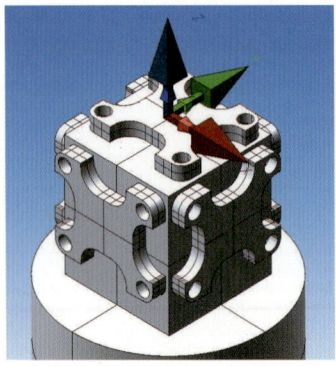

G54 좌표계

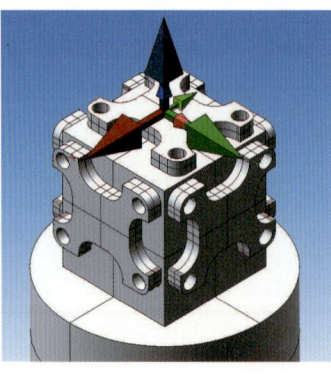

G68.2 X0.Y0.Z0.I270.J0.K0. ;

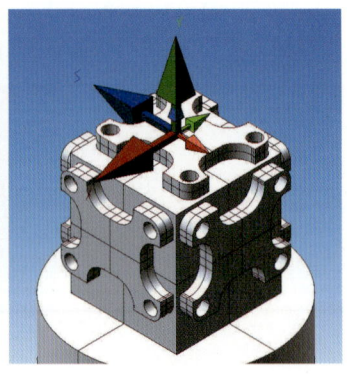

G68.2 X0.Y0.Z0.I270.J90.K0. ;

❹ 정면에 G68.2 설정하기(Ⅰ)

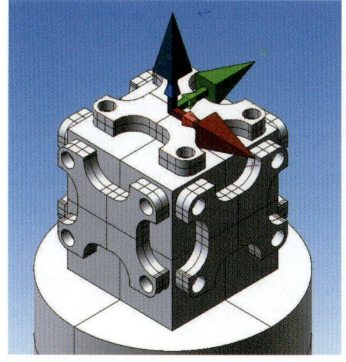 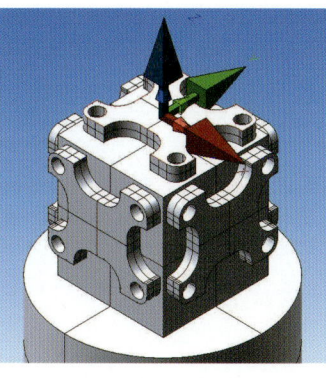 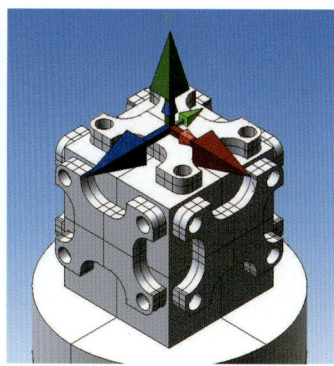

G54 좌표계   G68.2 X0.Y0.Z0.I0.J0.K0.;   G68.2 X0.Y0.Z0.I0.J90.K0.;

(7) 육면체에 피처 좌표계 설정 예 2

❶ 우측면에 G68.2 설정하기(Ⅱ)

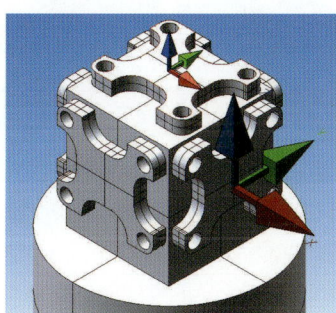 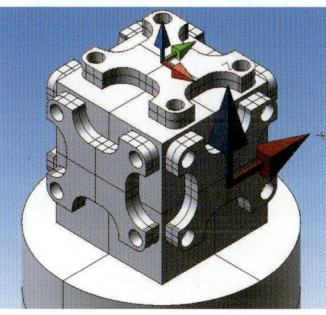 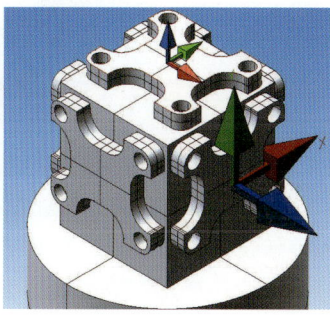

G68.2 X20.Y0.Z−21.I0.J0.K0.;   G68.2 X20.Y0.Z−21.I90.J0.K0.;   G68.2 X20.Y0.Z−21.I90.J90.K0.;

❷ 배면에 G68.2 설정하기(Ⅱ)

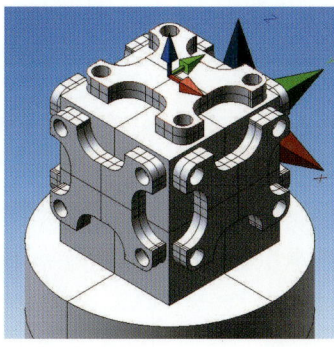 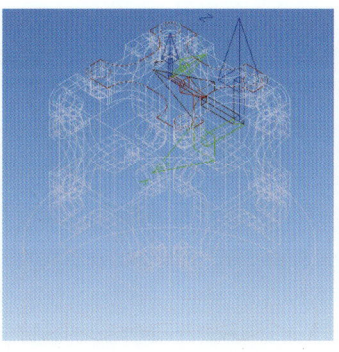 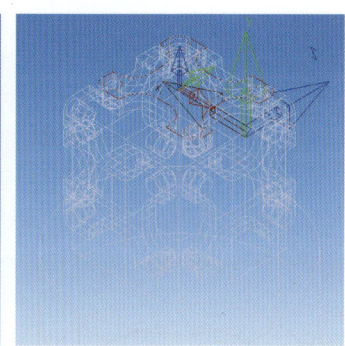

G68.2 X0.Y20.Z−21.I0.J0.K0.;   G68.2 X0.Y20.Z−21.I180.J0.K0.;   G68.2 X0.Y20.Z−21.I180.J90.K0.;

❸ 좌측면에 G68.2 설정하기(Ⅱ)

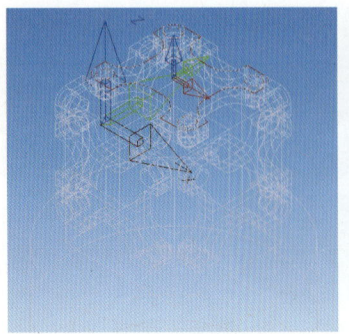
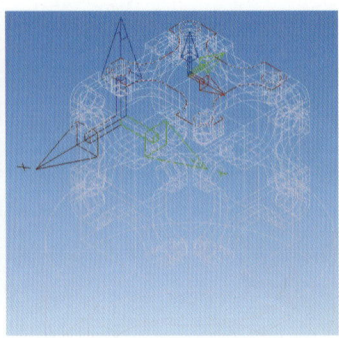
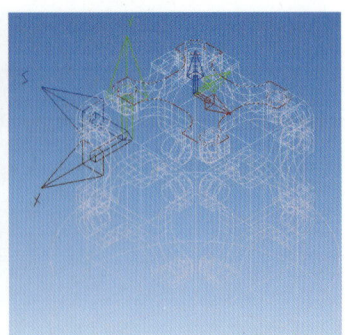

G68.2 X-20.Y0.Z-21.I0.J0.K0. ;   G68.2 X-20.Y0.Z-21.I270.J0.K0. ;   G68.2 X-20.Y0.Z-21.I270.J90.K0. ;

❹ 정면에 G68.2 설정하기(Ⅱ)

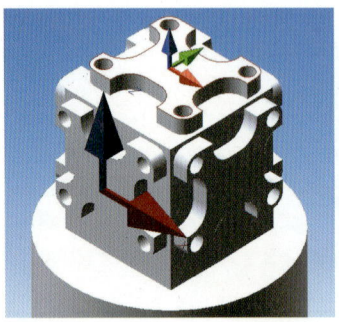
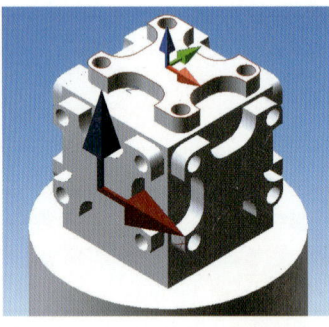
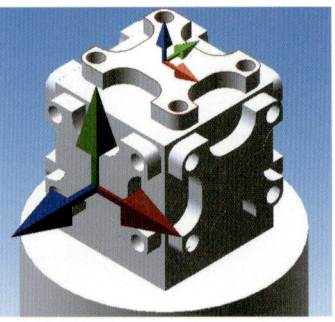

G68.2 X0.Y-20.Z-21.I0.J0.K0. ;   G68.2 X0.Y-20.Z-21.I0.J0.K0. ;   G68.2 X0.Y-20.Z-21.I0.J90.K0. ;

(8) 팔면체에 피처 좌표계 설정 예 1

❶ 정면

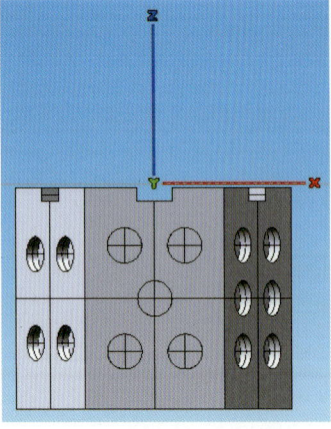
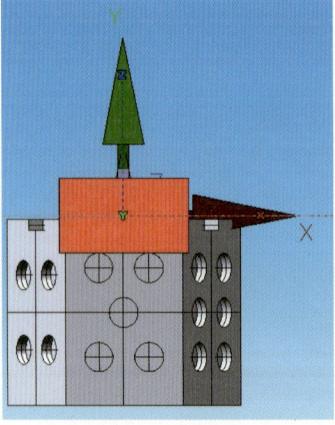
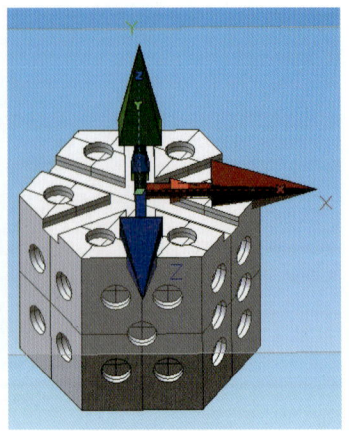

정면   정면 가공 좌표계 설정(1)   정면 가공 좌표계 설정(2)

정면에 G68.2 설정하기(Ⅰ)

G54 좌표계

G68.2 X0.Y0.Z0.I0.J0.K0.;

G68.2X0.Y0.Z0.I0.J90.K0.;

❷ **우정면**(정면과 우측면 사이의 면을 우정면으로 명명함.)

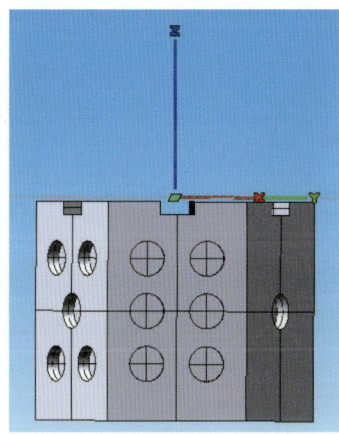

우정면

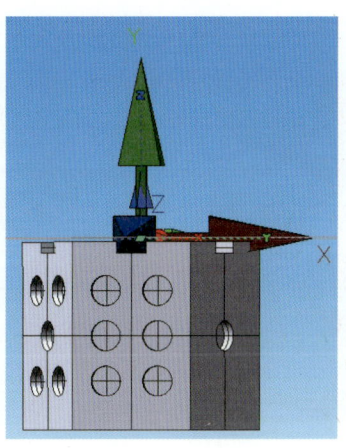

우정면 가공 좌표계 설정(1)

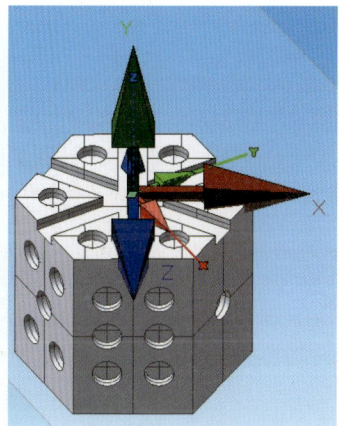

우정면 가공 좌표계 설정(2)

우정면에 G68.2 설정하기(Ⅰ)

G54 좌표계

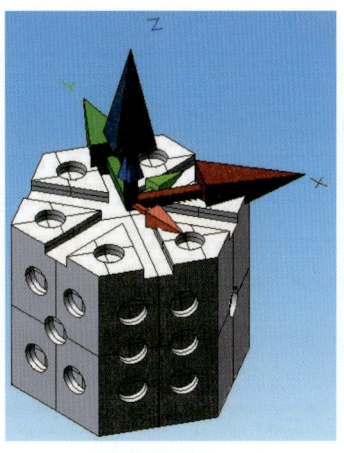

G68.2 X0.Y0.Z0.I60.J0.K0.;

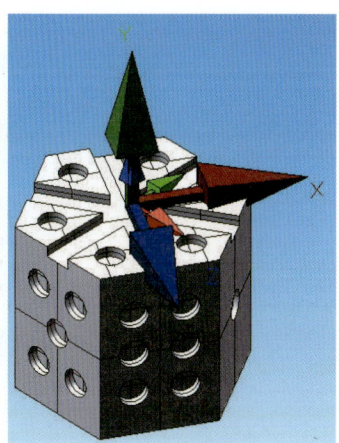

G68.2 X0.Y0.Z0.I60.J90.K0.;

❸ **우배면**(우측면과 배면 사이의 면을 우배면으로 명명함.)

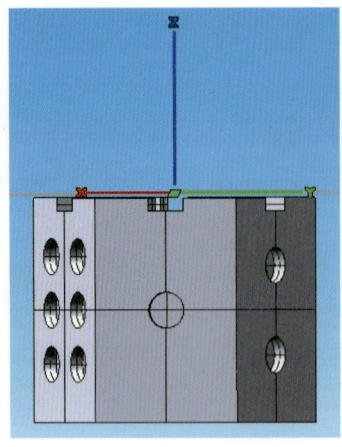

우배면

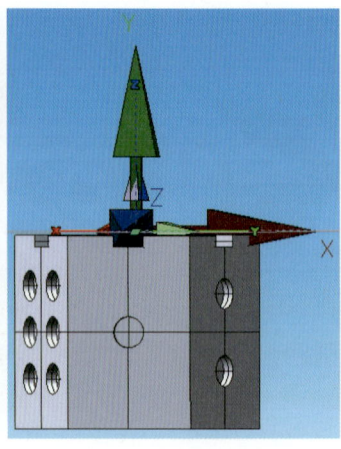

우배면 가공 좌표계 설정(1)

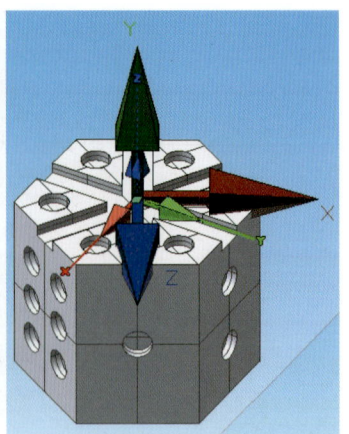

우배면 가공 좌표계 설정(2)

우배면에 G68.2 설정하기(Ⅰ)

G54 좌표계

G68.2 X0,Y0,Z0,I120,J0,K0. ;

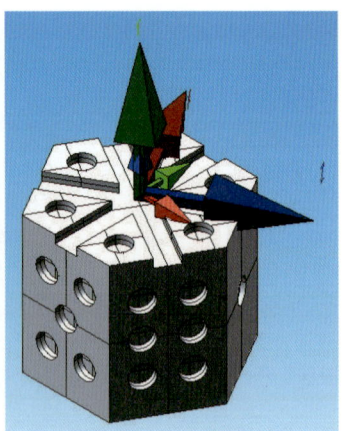

G68.2X0,Y0,Z0,I120,J90,K0. ;

❹ **배면**

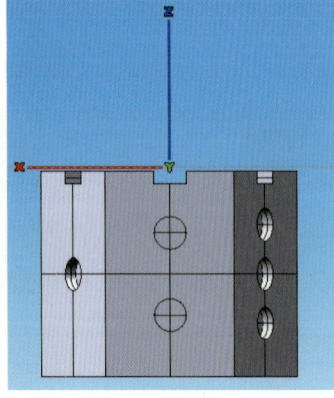

배면

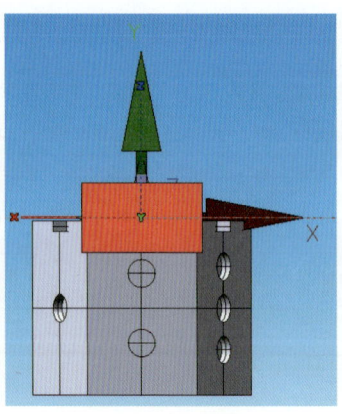

배면 가공 좌표계 설정(1)

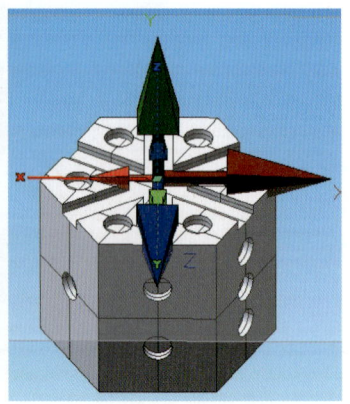

배면 가공 좌표계 설정(2)

배면에 G68.2 설정하기(Ⅰ)

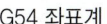
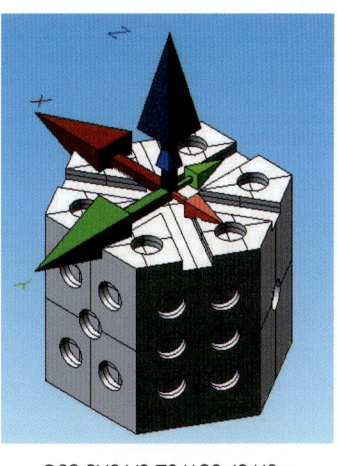
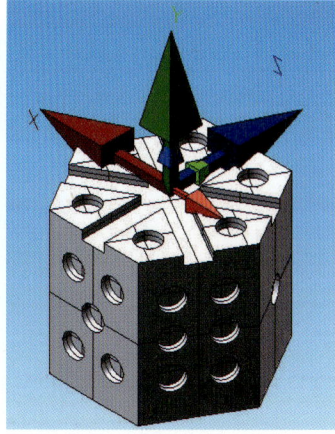

G54 좌표계	G68.2X0.Y0.Z0.I180.J0.K0.;	G68.2X0.Y0.Z0.I180.J90.K0.;

❺ **좌배면**(좌측면과 배면 사이의 면을 좌배면으로 명명함.)

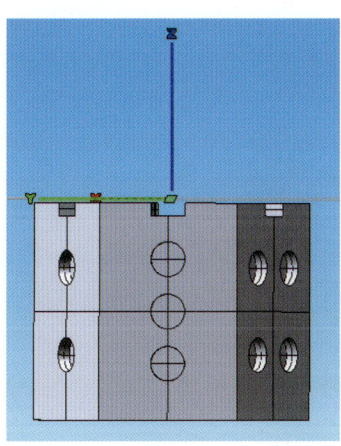
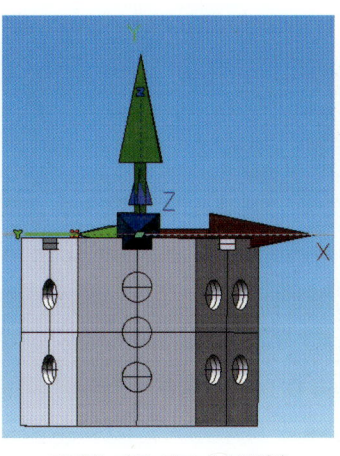
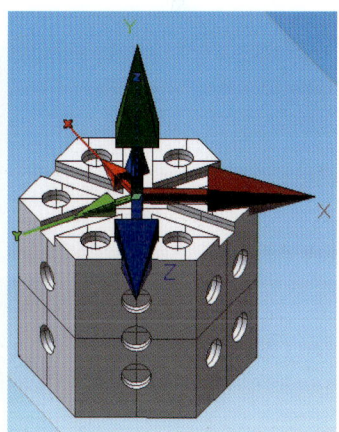

좌배면	좌배면 가공 좌표계 설정(1)	좌배면 가공 좌표계 설정(2)

좌배면에 G68.2 설정하기(Ⅰ)

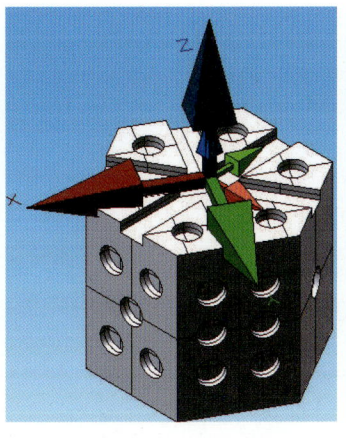

G54 좌표계	G68.2 X0.Y0.Z0.I240.J0.K0.;	G68.2X0.Y0.Z0.I240.J90.K0.;

❻ 좌정면(좌측면과 정면 사이의 면을 좌정면으로 명명함.)

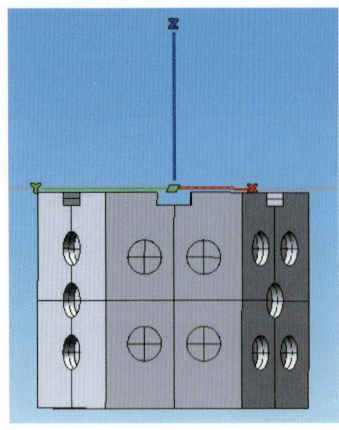

좌정면

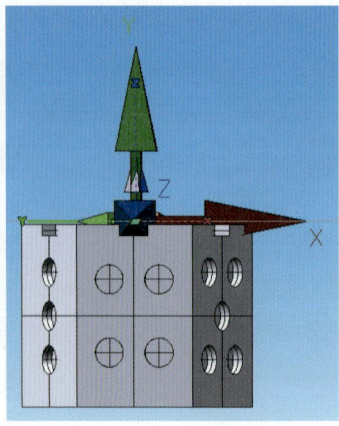

좌정면 가공 좌표계 설정(1)

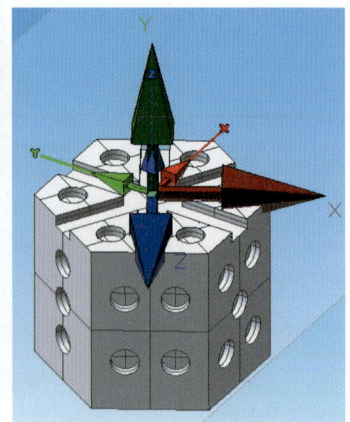

좌정면 가공 좌표계 설정(2)

좌정면에 G68.2 설정하기(Ⅰ)

G54 좌표계

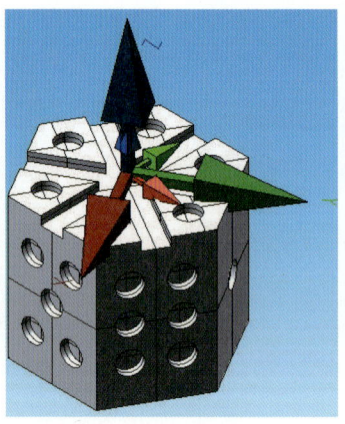

G68.2 X0.Y0.Z0.I300.J0.K0. ;

G68.2X0.Y0.Z0.I300.J90.K0. ;

◉-- 참고

정면(구멍 5개 가공) 기준으로 반시계 방향으로 우정면, 우배면, 배면, 좌배면, 좌정면으로 명명함.

(9) 십팔면체에 피처 좌표계 설정 예 1

❶ 정면(경사면)

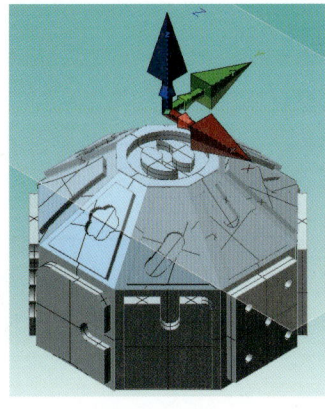 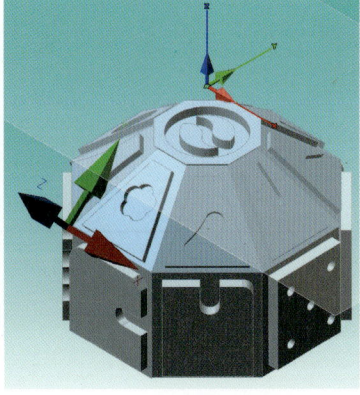 

G54 좌표계   G68.2X−22.961Y−55.433Z−50.I0.J42.K0. ;

❷ 우정면(경사면)(정면과 우측면 사이의 면을 우정면으로 명명함.)

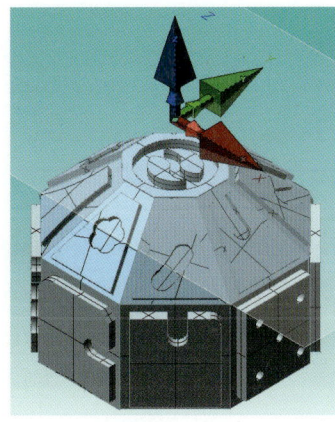 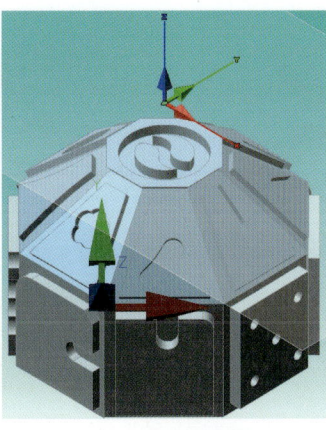
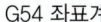 

G54 좌표계   G68.2X22.961Y−55.433Z−50.I45.J42.K0. ;

❸ 우측면(경사면)

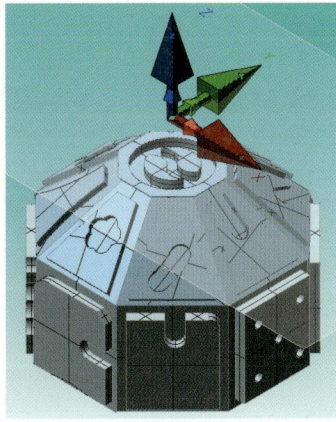 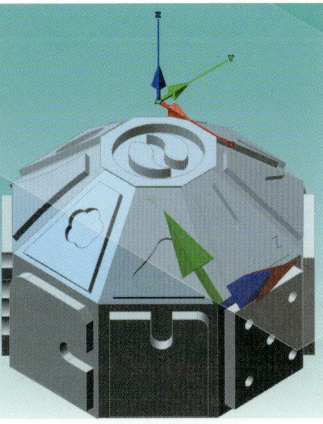 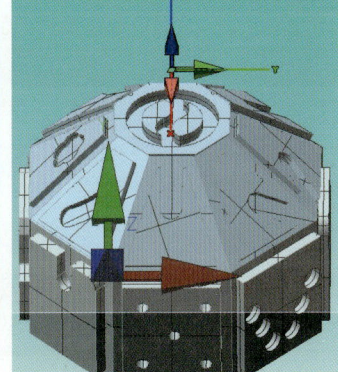

G54 좌표계   G68.2X55.433Y−22.961Z−50.I90.J42.K0. ;

❹ **우배면(경사면)**(배면과 우측면 사이의 면을 우배면으로 명명함.)

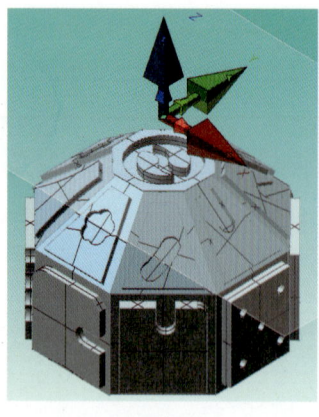  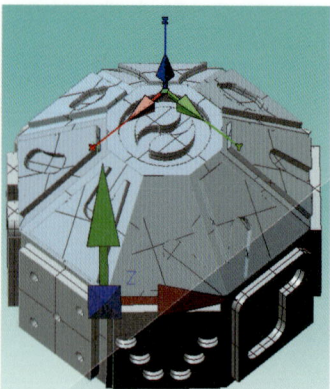

G54 좌표계   G68.2X55.433Y22.961Z−50.I135.J42.K0. ;

❺ **배면(경사면)**

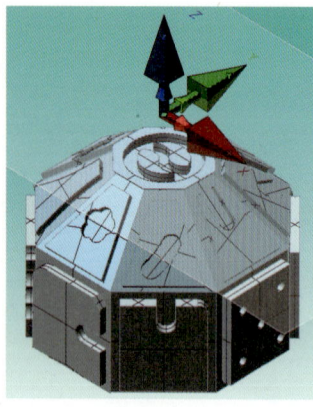 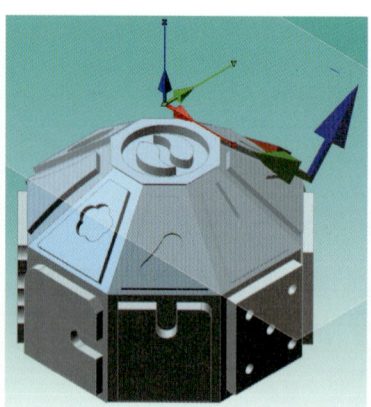 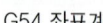

G54 좌표계   G68.2X22.961Y55.433Z−50.I180.J42.K0. ;

❻ **좌배면(경사면)**(배면과 좌측면 사이의 면을 좌배면으로 명명함.)

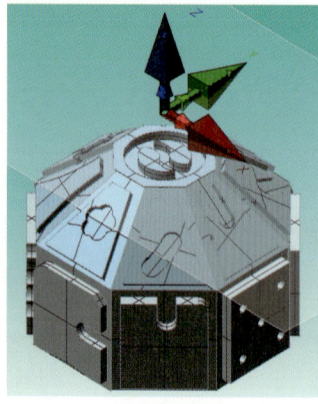  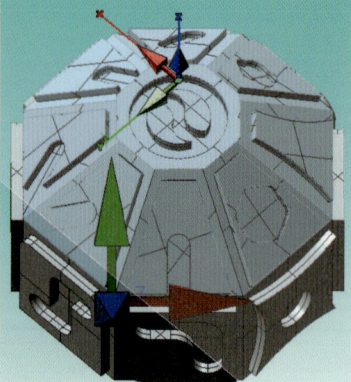

G54 좌표계   G68.2X−22.961Y55.433Z−50.I225.J42.K0. ;

❼ 좌측면(경사면)

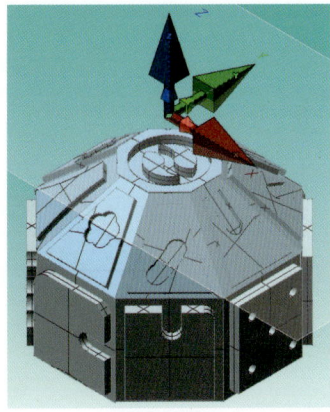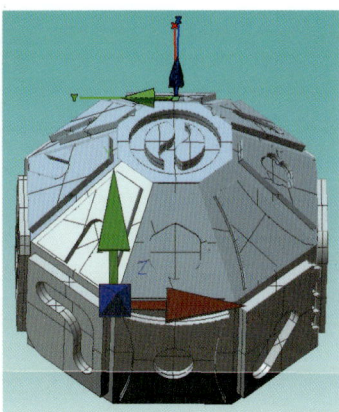

G54 좌표계   G68.2X-55.433Y22.961Z-50.I270.J42.K0.;

❽ 좌정면(경사면)(정면과 좌측면 사이의 면을 좌정면으로 명명함.)

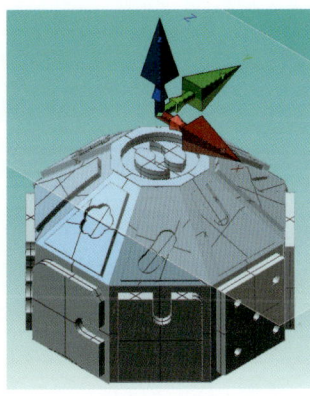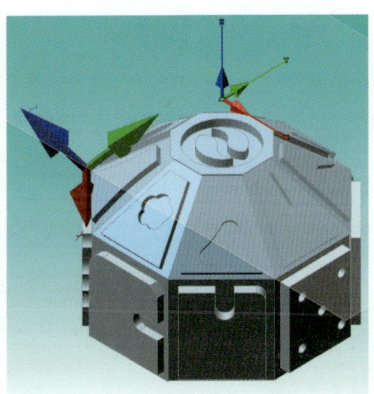

G54 좌표계   G68.2X-55.433Y-22.961Z-50.I315.J42.K0.;

❾ 정면(수직면)

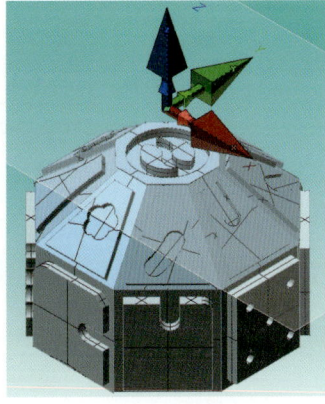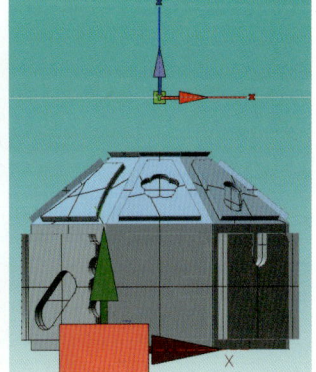

G54 좌표계   G68.2X-22.961Y-55.433Z-100.I0.J90.K0.;

⑩ 우정면(수직면)

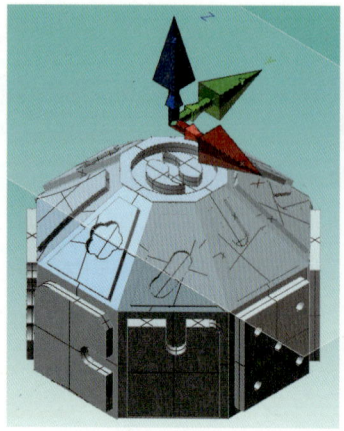

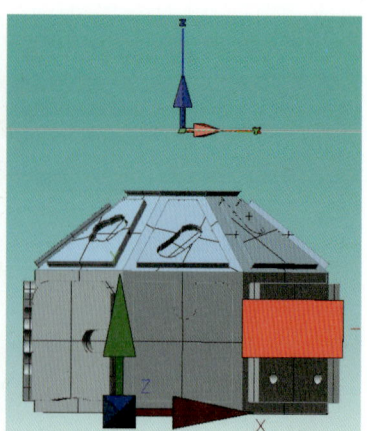

G54 좌표계

G68.2X22.961Y−55.433Z−100.I45.J90.K0.;

⑪ 우측면(수직면)

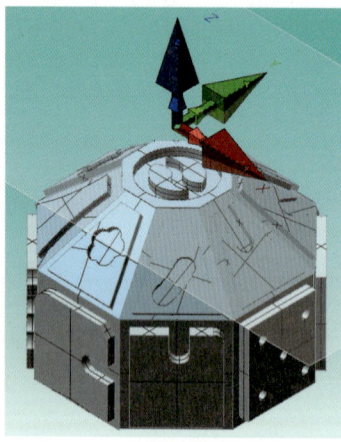

G54 좌표계

G68.2X55.433Y−22.961Z−100.I90.J90.K0.;

⑫ 우배면(수직면)

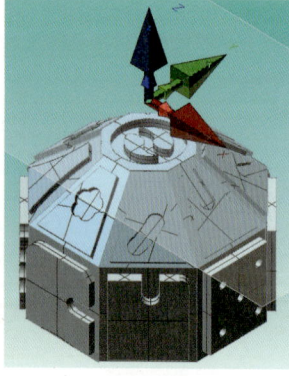
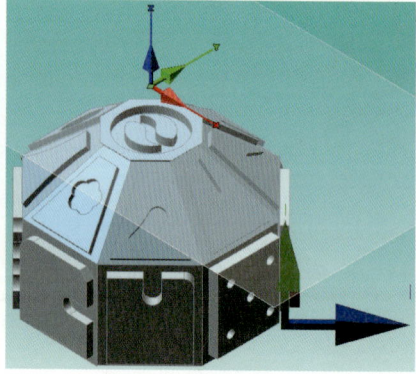
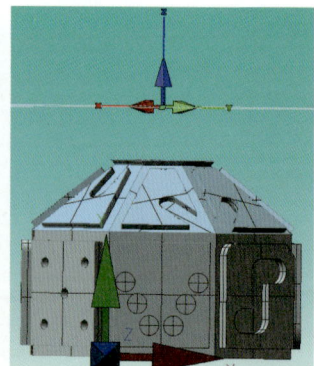

G54 좌표계

G68.2X55.433Y22.961Z−100.I135.J90.K0.;

⑬ 배면(수직면)

 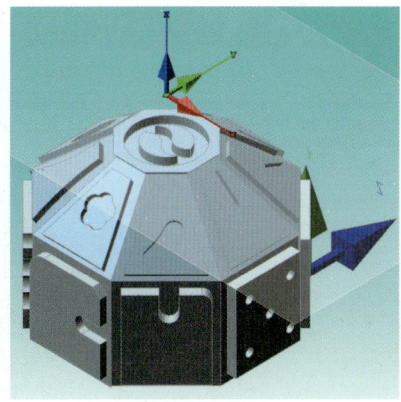 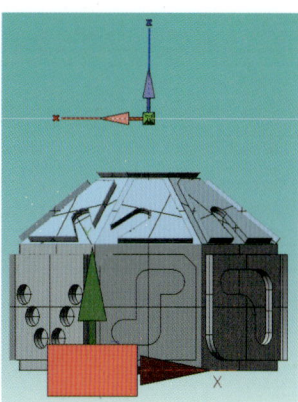

G54 좌표계   G68.2X22.961Y55.433Z-100.I180.J90.K0.;

⑭ 좌배면(수직면)

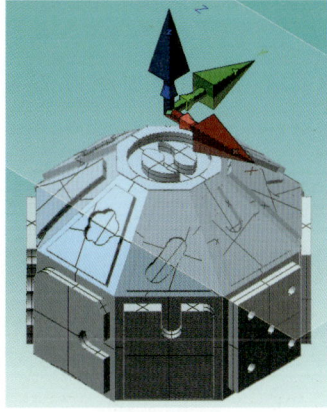 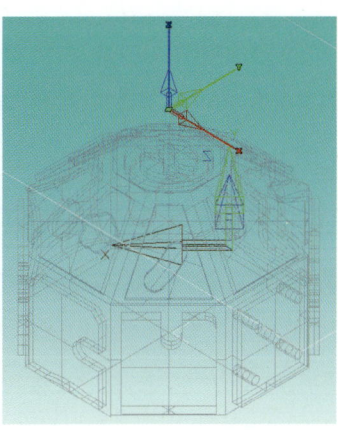

G54 좌표계   G68.2X-22.961Y55.433Z-100.I225.J90.K0.;

⑮ 좌측면(수직면)

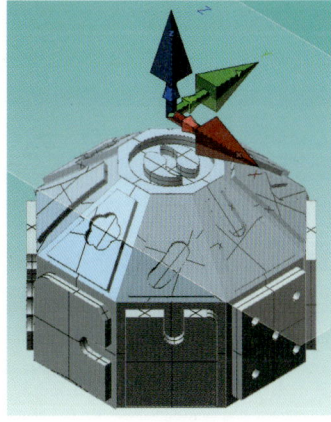 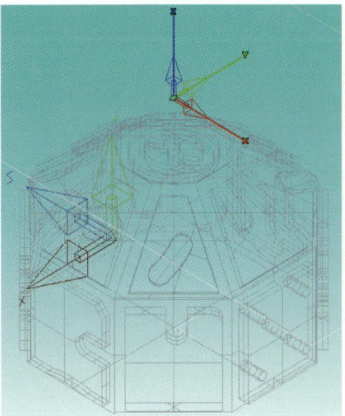 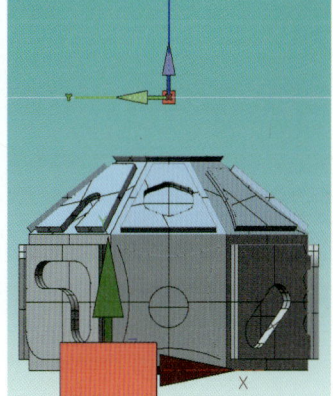

G54 좌표계   G68.2X-55.433Y22.961Z-100.I270.J90.K0.;

⑯ 좌정면(수직면)

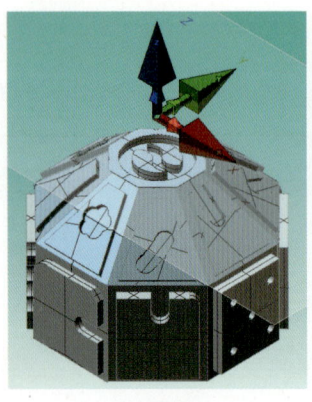 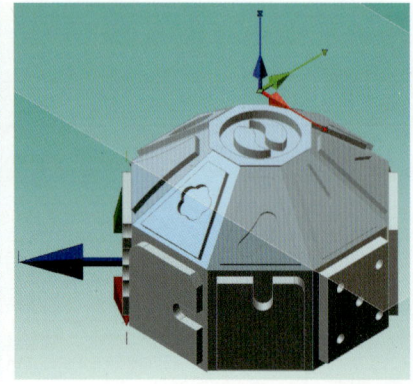 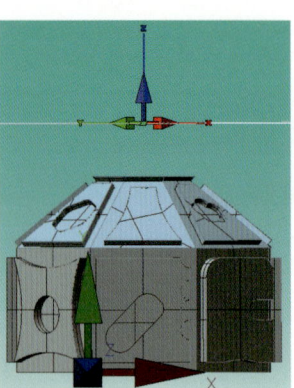

G54 좌표계   G68.2X−55.433Y−22.961Z−100.I315.J90.K0.;

<table>
<tr><td>4-2</td><td>G43.4코드 이해하기</td></tr>
</table>

G43.4코드는 공구 선단점 제어(RTCP)를 위한 코드로 X, Y, Z 의 직교 3축에 더하여 공구나 테이블 회전을 포함한 회전축을 가지는 5축 기계에 대해 B/A, C축이 회전할 때 좌표계의 원점을 이동시킴과 동시에 X, Y, Z축 방향을 변경하여 선단점을 유지시키는 기능이다. 따라서 가공물에 대한 공구의 방향이 바뀌어도 공구의 선단이 지령된 경로를 따라 움직인다.

5축 가공 핵심 코드를 사용하여 프로그램하기

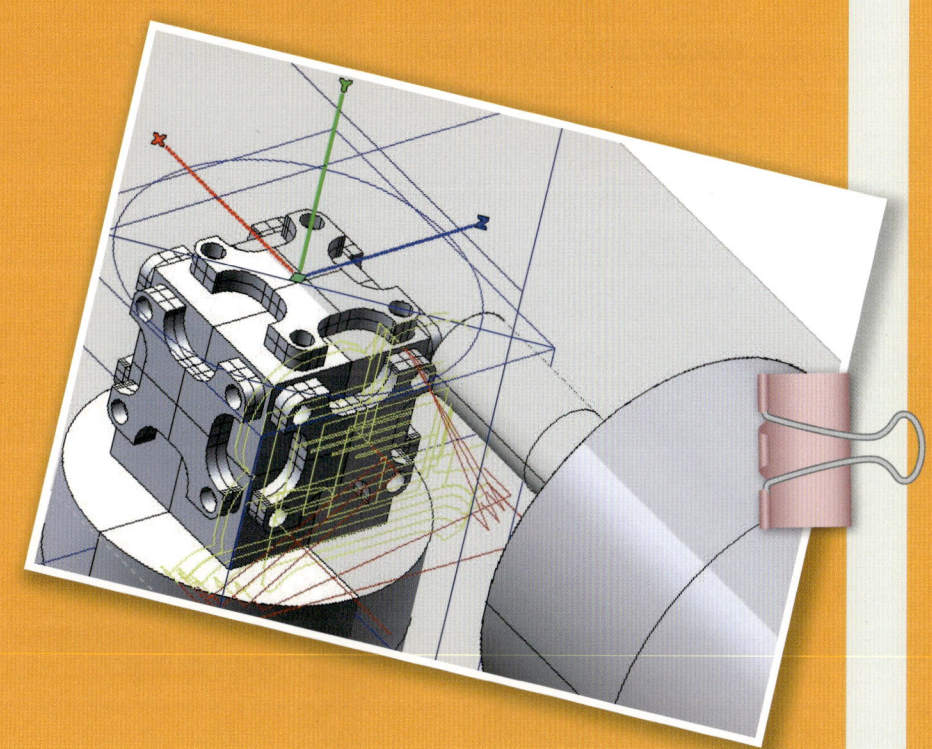

1 / G68.2와 G53.1코드를 사용한 프로그램 작성 방법

1-1 G68.2와 G53.1코드를 사용한 프로그램 구조

```
%
O0009(G68.2-TEST);
G17G40G49G80G90;
G91G28Z0.;
G91G28Y0.;
M11; ……… C축 클램프 OFF
M21; ……… B/A축 클램프 OFF
G91G28B0.C0.;
T1M6;
G54G90G0B0.C0.S1390M3; ………… G68.2 사용 전 스핀들 회전해야 한다.
X50.Y0.;
N10;
M1;
B90.C0.;
G68.2X0.Y0.Z0.I90.J90.K0.; ………… 피처 좌표계 설정
G53.1; …………… 공구축 방향 제어
X50.Y0.;
G43H1Z150.; ……… G68.2 지령 후 명령해야 한다.
G91X50.;
Y50.;
G49; ………………… G69 뒤에 오면 'illegal Command in G68.2' 알람 발생
G90G69; ………… 피처 좌표계 설정 해제
/G28G91Z0.; ……… G68.2 사용 시 안전상 원점 복귀가 바람직하다.
N20;
M1;
/G54G90; ………… G90G69 지령 후 사용이 바람직하다. 생략해도 정상 가공된다.
G68.2X0.Y0.Z0.I180.J90.K0.;
G53.1; …………… 현 위치/G28G91Z0.)에서 C축 회전
X50.Y0.;
G43H1Z150.;
```

```
G91X-50.;
Y-50.;
G49;
G90G69;
/G28G91Z0.;
N30;
M1;
/G54G90;
G68.2X0.Y0.Z0.I270.J90.K0.;
G53.1;
X50.Y0.;
G43H1Z150.;
G91X50.;
Y50.;
G49;
G90G69;
/G28G91Z0.;
N40;
M1;
/G54G90;
G68.2X0.Y0.Z0.I0.J90.K0.;
G53.1;
X50.Y0.;
G43H1Z150.;
G91X-50.;
Y-50.;
G49;
G90G69;
G91G28Z0.M5;
G91G28B0.;
G91G28C0.;
G90;
M30;
%
```

주 1. G68.2와 G68.2 사이에 반드시 G49, G43이 있어야 한다. 없을 시 'illegal Command in G68.2' 알람 발생
　2. / 블록을 skip시켜도 정상 작동된다.

1-2 고정도 윤곽제어(G05) 기능 사용 시 G68.2와 G53.1코드를 사용한 프로그램 구조

(1) 고정도 윤곽제어(HPCC) 기능이란?

기계 가공 오차 가운데 CNC에 의한 요인으로서 보간 후 가감속에 의한 가공오차가 있는데, 이 오차를 없애기 위해서 많은 블록을 선독하여 형상 및 속도의 변화, 기계의 허용 가속도를 고려한 매끄러운 가감속을 실현하는 자동 속도 제어 기능이다.

(2) 포맷

G05 P10000; ……… HPCC Mode 개시

G05P0; ……… HPCC Mode 종료

(3) 프로그램 구조

```
%
O0009(G68.2-TEST)
G17G40G49G80G90;
G91G28Z0.;
G28Y0.;
M11; ……… C축 클램프 OFF
M21; ……… B/A축 클램프 OFF
G28B0.C0.;
T1M6; ……… G05P0(HPCC OFF) 상태에서 지령해야 함.
G54G90G0B0.C0.S1390M3; ……… G68.2나 G05P10000 사용 전 스핀들 회전해야 함.
X50.Y0.;
N10;
M1;
/G05P10000; ……… HPCC ON : (1) T1M6, G54, M3 이후  (2) G68.2 앞에 지령해야 함.
B90.C0.;
G68.2X0.Y0.Z0.I90.J90.K0.; ……… 피처 좌표계 설정
G53.1; ……… 공구 축방향 제어
X50.Y0.;
G43H1Z150.; ……… G68.2 지령 후 명령해야 한다.
G91X50.;
Y50.;
G49; ……… G69 뒤에 오면 "illegal Command in G68.2" 알람 발생
G90G69; ……… 피처 좌표계 설정 해제.  G05P0 앞에 명령해야 한다.
```

```
/G05P0; ……… HPCC OFF
/G28G91Z0.; ……… G68.2 사용 시 안전상 원점복귀가 바람직하다.
N20;
M1;
/G54G90; ……… G90G69 지령 후 사용이 바람직하다. 생략해도 정상 가공된다.
/G05P10000;
G68.2X0.Y0.Z0.I180.J90.K0.;
G53.1; ……… 현 위치(/G28G91Z0.)에서 C축 회전
X50.Y0.;
G43H1Z150.; ……… G05P10000 사용 시 M8;은 별도 블록으로 지령을 요한다.
G91X-50.;
Y-50.;
G49;
G90G69;
/G05P0;
/G28G91Z0.;
N30;
M1;
/G54G90;
/G05P10000;
G68.2X0.Y0.Z0.I270.J90.K0.;
G53.1;
X50.Y0.;
G43H1Z150.;
G91X50.;
Y50.;
G49;
G90G69;
/G05P0;
/G28G91Z0.;
N40;
M1;
/G54G90;
/G05P10000;
G68.2X0.Y0.Z0.I0.J90.K0.;
```

```
G53.1;
X50.Y0.;
G43H1Z150.;
G91X-50.;
Y-50.;
G49;
G90G69;
/G05P0;
G28G91Z0.M5; ········ M5코드는 G05P0; 뒤에 지령해야 한다.
G28B0.;
G28C0.;
G90;
M30;
%
```

주 1. G68.2와 G68.2 사이에 반드시 G49, G43이 있어야 한다. 없을 시 "illegal Command in G68.2" 알람 발생
  2. G05 사용 시 G68.2와 G68.2 사이에 반드시 G05P0, G05P10000이 있어야 한다. 없을 시 기계움직임이 정지된다.
  3. / 불록을 skip시켜도 정상 작동된다.
  4. 컨트롤러에 따라서는 G49블록에서 Z-방향으로 급속으로 내려가니 주의를 요한다.

2 G43.4코드를 사용한 프로그램 작성 방법

2-1 B축 공구 선단점 제어(RTCP) 프로그램 구조

```
%
O0110(B-TEST);
G17G40G80G49;
G91G28Z0.;
G28Y0.;
M11; ········ C축 클램프 OFF
M21; ········ B/A축 클램프 OFF
G28B0.C0.;
T1M06;
```

```
G54G90G0B0.C0.S1390M3; ……… G43.4 사용 전 스핀들 회전해야 한다.
G40G90G0X50.Y0;
G43.4H01Z50.; ……… 공구 선단점 제어(RTCP) 개시
G1Z30.F278;
M10; ……… C축 클램프 ON
G0B90.;
M98P112L6;
G49; ……… 공구 선단점 제어(RTCP) 종료
G28G91Z0.M5;
M11; ……… C축 클램프 OFF
G91G28B0.C0.;
M30;
%
```

[보조 프로그램]

```
%
O0112(O0110 보조 프로그램);
G91B-15.;
G4X1.;
M99;
%
```

 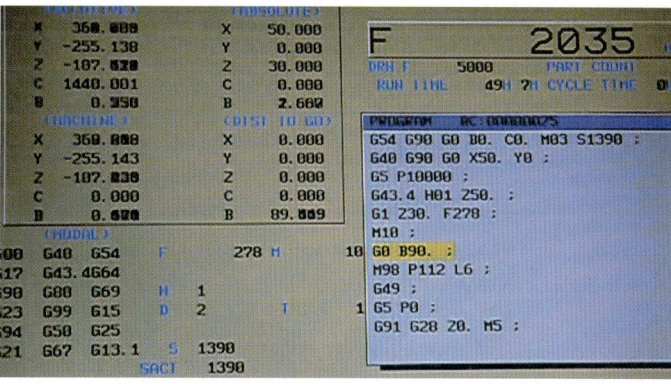

2-2 ▶ C축 공구 선단점 제어(RTCP) 프로그램 구조

```
%
O0120(C-TEST);
G17G40G80G49;
```

```
G91G28Z0.;
G28Y0.;
M11;
M21;
G28B0.C0.;
T1M06;
G54G90G0B0.C0.M03S1390;
G40G90G0X50.Y0;
M20;
G43.4H01Z50.;
G1Z30.F278;
M98P121L12;
G49;
M21;
G91G28Z0M5;
G91G28B0.C0.;
M30;
%
```

[보조 프로그램]

```
%
O0121(O0120 보조 프로그램);
G91C30.;
G4X1.;
M99;
%
```

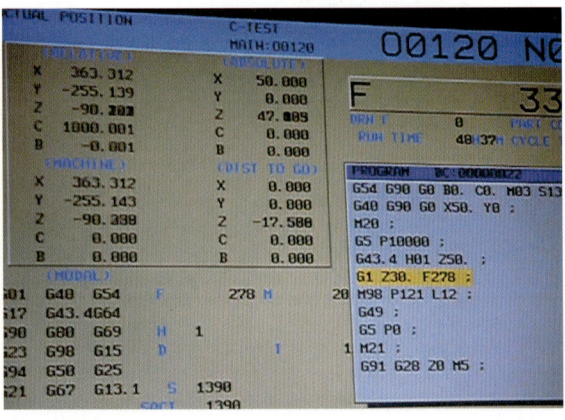

2-3 고정도 윤곽제어(G05) 기능 사용 시 공구 선단점 제어(RTCP) 프로그램 구조

```
%
O0110(B-TEST);
G17G40G80G49;
G91G28Z0.;
G28Y0.;
M11; ········ C축 클램프 OFF
M21; ········ B/A축 클램프 OFF
G28B0.C0.;
T1M06; ········ G05P0 상태에서 지령해야 한다.
G54G90G0B0.C0.S1390M3; ········ G43.4, G05P10000 사용 전 스핀들 회전해야 한다.
G40G90G0X50.Y0;
/G05P10000; ········ HPCC 모드 개시 (1) T1M6, G54, M3 이후 지령해야 함.
G43.4H01Z50.; ········ 공구 선단점 제어(RTCP) 개시
G1Z30.F278;
M10; ········ C축 클램프 ON
G0B90.;
M98P112L6;
G49; ········ 공구 선단점 제어(RTCP) 종료
/G05P0; ········ HPCC 모드 종료
G28G91Z0.M5; ········ G05P0 뒤에 지령해야 한다.
M11; ········ C축 클램프 OFF
G91G28B0.C0.;
M30;
%
```

[보조 프로그램]

```
%
O0112(O0110 보조 프로그램);
G91B-15.;
G4X1.;
M99;
%
%
```

```
O0120(C-TEST);
G17G40G80G49;
G91G28Z0.;
G28Y0.;
M11;
M21;
G28B0.C0.;
T1M06;
G54G90G0B0.C0.M03S1390; ········ G43.4, G05P10000 사용 전 스핀들 회전해야 한다.
G40G90G0X50.Y0;
M20;
/G5P10000; ········ HPCC 모드 개시 (1) T1M6, G54, M3 이후 지령해야 한다.
G43.4H01Z50.; ········ 공구 선단점 제어(RTCP) 개시
G1Z30.F278;
M98P121L12;
G49; ········ 공구 선단점 제어(RTCP) 종료
/G5P0; ········ HPCC 모드 종료
M21;
G91G28Z0M5;
G91G28B0.C0.;
M30;
%
```

[보조 프로그램]

```
%
O0121(O0120 보조 프로그램);
G91C30.;
G4X1.;
M99;
%
```

Chapter 3

G68.2와 G53.1코드를 사용하여 인덱스 5축 가공 프로그램하기

1 인덱스 5축 가공 프로그램하기 1 (5면 가공)

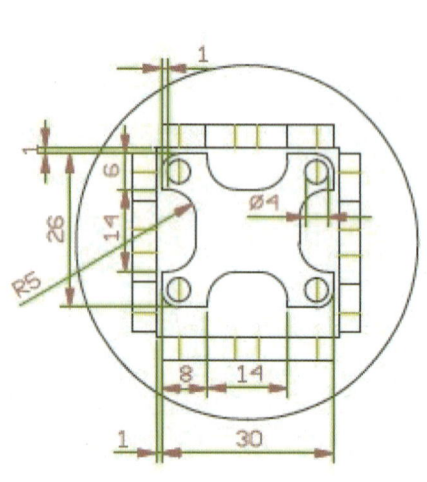

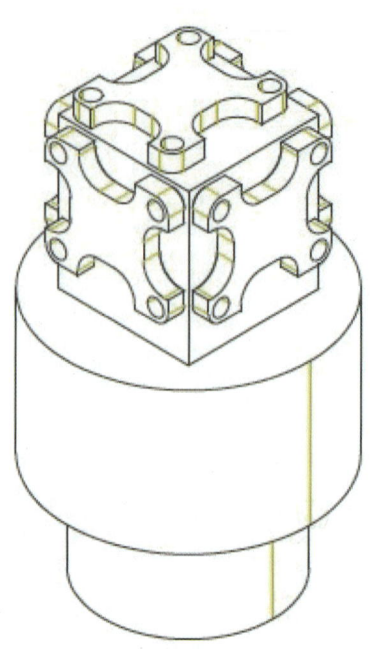

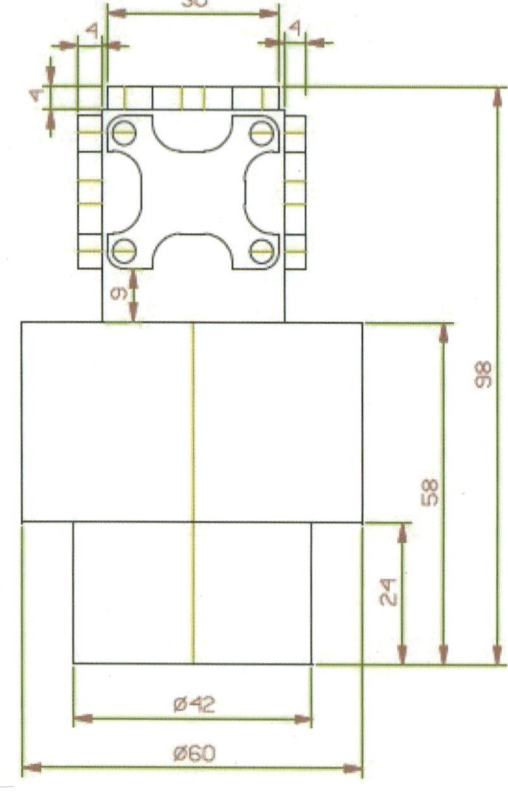

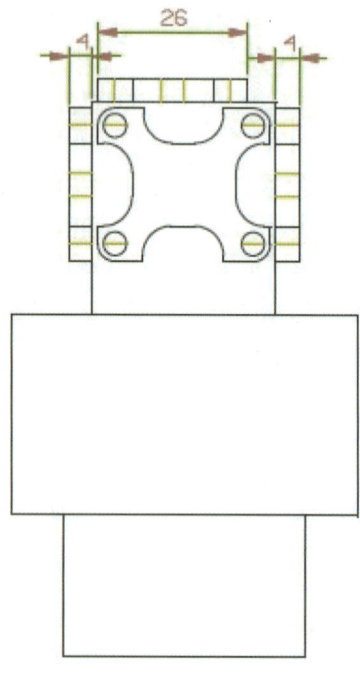

[주 프로그램]

%

O0050(제1과제_5면 가공);

G17G40G80G49;

G91G28Z0.;

G91G28Y0.;

G91G28X0.;

M11; ········ C축 클램프 OFF

M21; ········ B/A축 클램프 OFF

G91G28B0.C0.; ········ B/C축 원점 복귀

[윗면 황삭 가공]

N10(윗면 황삭 가공);

M01;

T1M06;

G54G90G0B0.C0.M03S1390;

G0X-30.Y-39.;

M10; ····· C축 클램프 ON

M20; ········ B/A축 클램프 ON

G43H1Z50.;

Z3.;

Z-2./M08;

G01Y30.F278;

X-20.;

Y-30.;

X-10.;

Y30.;

X0.;

Y-30.;

X10.;

Y30.;

X20.;

Y-30.;

G0G49Z250./M09;

G91G28Z0.; ······ G68.2 사용 시 안전상 원점 복귀가 바람직하다.

[우측면 황삭 가공]

N20(우측면 황삭 가공);

M01;

M11;

M21;

G54G90G0B90.C0.;

G68.2 X0.Y0.Z0.I90.J90.K0.;

　　　　……피처 좌표계 설정

G53.1;　……공구 축방향 제어

G0X-40.Y0.;

M10;

M20;

G43H1Z80.;

Z27./M08;

M98P0051;

Z24.;

M98P0051;

Z21.;

M98P0051;

Z20.;

M98P0051;

G0G49Z250./M09;

G69;　……… 피처 좌표계 설정 해제

G91G28Z0.;

[배면 황삭 가공]

N30(배면 황삭 가공);

M01;

M11;

M21;

G54G90;

G68.2 X0.Y0.Z0.I180.J90.K0.;

　　　　……… 피처 좌표계 설정

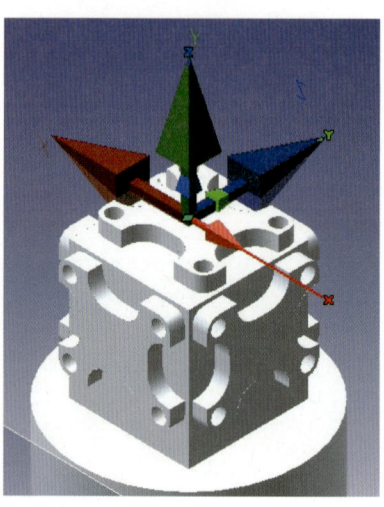

G53.1;　……… 공구 축방향 제어

G90G0X-40.Y0.;

M10;

M20;

G43H01Z80.;

Z27./M08;

M98P0051;

Z24.;

M98P0051;

Z21.;

M98P0051;

Z20.;

M98P0051;

G0G49Z250./M09;

G69;

G91G28Z0.;

[좌측면 황삭 가공]

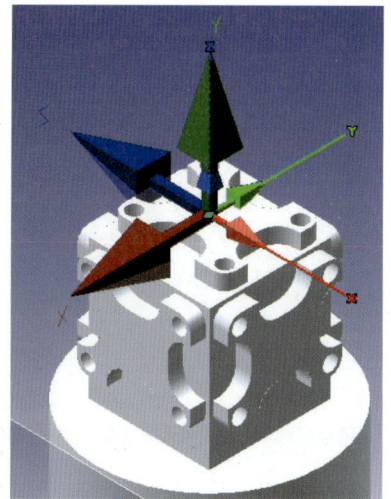

N40(좌측면 황삭 가공);

M01;

M11;

M21;

G54G90;

G68.2 X0.Y0.Z0.I-90.J90.K0.;

　　　……… 피처 좌표계 설정

G53.1; ……… 공구 축방향 제어

G90G0X-40.Y0.;

M10;

M20;

G43H01Z80.;

Z27./M08;

M98P0051;

Z24.;

M98P0051;

Z21.;

M98P0051;

Z20.;

M98P0051;

G0G49Z250./M09;

G69;

G91G28Z0.;

[정면 황삭 가공]

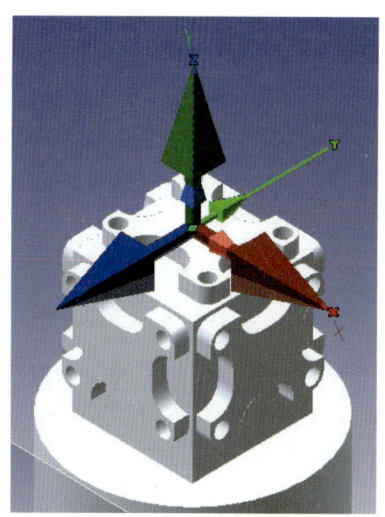

N50(정면 황삭 가공);

M01;

M11;

M21;

G54G90;

G68.2 X0.Y0.Z0.I0.J90.K0.;

　　　……… 피처 좌표계 설정

G53.1; ……… 공구 축방향 제어

G90G0X-40.Y0.;

M10;

M20;

G43H01Z80.;

Z27./M08;

M98P0051;

Z24.;

M98P0051;

Z21.;

M98P0051;

Z20.;

M98P0051;

G0G49Z250./M09;

G69;

G91G28Z0.;

M05;

M11;

M21;

G91G28B0.C0.;

[윗면 정삭 가공]

N60(윗면 정삭 가공);

M01;

T02M06;

G54G90G0B0.C0.S2790M03;

G90G0X-20.Y25.;

M10;

M20;

G43H2Z50.;

Z3.;

Z-4./M08;

M98P0052;

Z-6.;

M98P0052;

G0G49Z250./M09;

G91G28Z0.;

[우측면 정삭 가공]

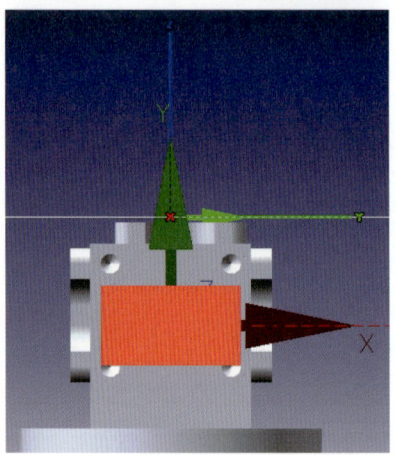

N70(우측면 정삭 가공);

M01;

M11;

M21;

G54G90G0B90.;

G68.2 X20.Y0.Z-22.I90.J90.K0.;

　　　　…… 피처 좌표계 설정

G53.1; …… 공구 축방향 제어

G90G0X-20.Y25.;

M10;

M20;

G43H2Z50.;

Z3.;

Z-2./M08;

M98P0052;

G01Z−4.F100;

M98P0052;

G0G49Z250./M09;

G69;

G91G28Z0.;

[배면 정삭 가공]

N80(배면 정삭 가공);

M01;

M11;

M21;

G54G90;

G68.2 X0.Y20.Z−22.I180.J90.K0.;

        ……… 피처 좌표계 설정

G53.1;……… 공구 축방향 제어

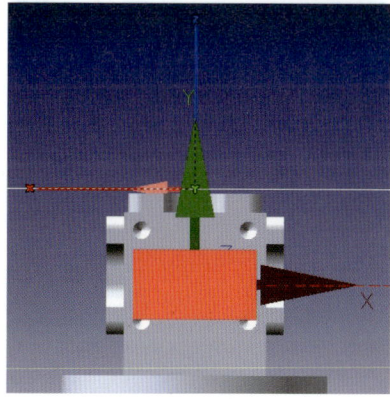

G90G0X−20.Y25.;

M10;

M20;

G43H2Z50.;

Z3.;

Z−2./M08;

M98P0052;

G01Z−4.F100;

M98P0052;

G0G49Z250./M09;

G69;

G91G28Z0.;

[좌측면 정삭 가공]

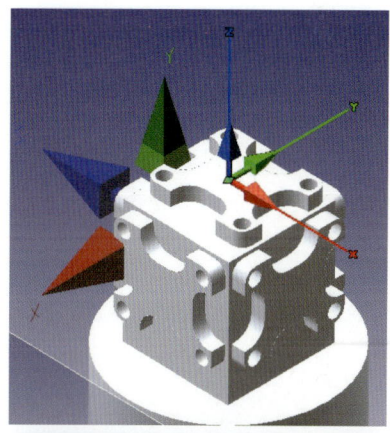

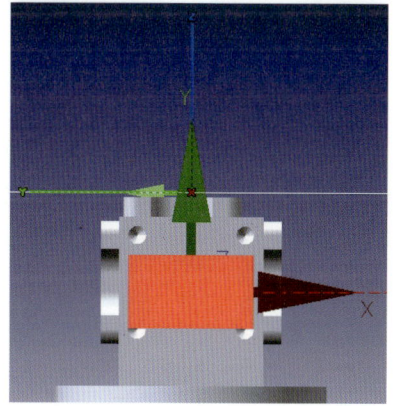

N90(좌측면 정삭 가공);

M01;

M11;

M21;

```
G54G90;
G68.2 X-20.Y0.Z-22.I270.J90.K0.;
        ……… 피처 좌표계 설정
G53.1; ……… 공구 축방향 제어
G90G0X-20.Y25.;
M10;
M20;
G43H2Z50.;
Z3.;
Z-2./M08;
M98P0052;
G01Z-4.F100;
M98P0052;
G0G49Z250./M09;
G69;
G91G28Z0.;
```

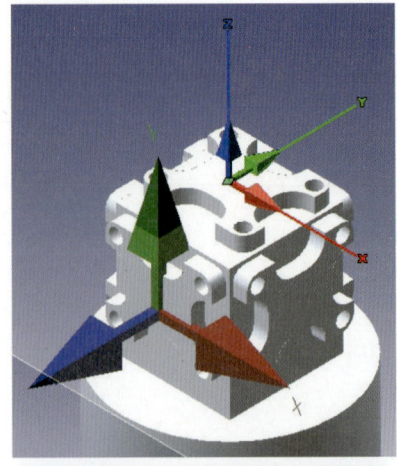

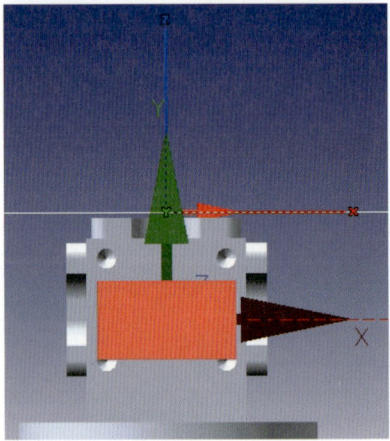

[정면 정삭 가공]

```
N100 (정면 정삭 가공);
M01;
M11;
M21;
G54G90;
G68.2 X0.Y-20.Z-22.I0.J90.K0.;
        ……… 피처 좌표계 설정
G53.1; ……… 공구 축방향 제어
G90G0X-20.Y25.;
M10;
M20;
G43H2Z50.;
Z3.;
Z-2./M08;
M98P0052;
G01Z-4.F100;
M98P0052;
```

```
G0G49Z250./M09;
G69;
G91G28Z0.;
M05;
M11;
M21;
G91G28B0.C0.;
```

[윗면 드릴 가공]

N110 (윗면 드릴 가공);

M01;

T4M06;

G54G90G0B0.C0.S3180M3;

G90G0X-12.Y12.;

M10;

M20;

G43H4Z50./M08;

G73G99Z-5.R5.Q3.F150;

X12.Y12.;

X12.Y-8.;

X-12.Y-8.;

G80G0G49Z250./M09;

G91G28Z0.;

[우측면 드릴 가공]

N120 (우측면 드릴 가공);

M01;

M11;

M21;

G54G90G0B90.;

G68.2 X20.Y0.Z-22.I90.J90.K0.;

　　　　……… 피처 좌표계 설정

G53.1; ……… 공구 축방향 제어

G90G0X-12.Y12.;

M10;

M20;

G43H4Z50./M08;

G73G99Z-5.R5.Q3.F318;

X12.Y12.;

X12.Y-8.;

X-12.Y-8.;

G80G0G49Z250./M09;

G69;

G91G28Z0.;

[배면 드릴 가공]

N130 (배면 드릴 가공);

M01;

M11;

M21;

G54G90;

G68.2 X0.Y20.Z-22.I180.J90.K0.;

　　　……… 피처 좌표계 설정

G53.1; ……… 공구 축방향 제어

G90G0X-12.Y12.;

M10;

M20;

G43H4Z50./M08;

G73G99Z-5.R5.Q3.F318;

X12.Y12.;

X12.Y-8.;

X-12.Y-8.;

G80G0G49Z250./M09;

G69;

G91G28Z0.;

[좌측면 드릴 가공]

N140 (좌측면 드릴 가공);

M01;

M11;

M21;

G54G90;

G68.2 X-20.Y0.Z-22.I-90.J90.K0.;

　　　……… 피처 좌표계 설정

G53.1; ……… 공구 축방향 제어

G90G0X-12.Y12.;

M10;

M20;

G43H4Z50./M08;

G73G99Z-5.R5.Q3.F318;

X12.Y12.;

X12.Y-8.;

X-12.Y-8.;

G80G0G49Z250./M09;

G69;

G91G28Z0.;

[정면 드릴 가공]

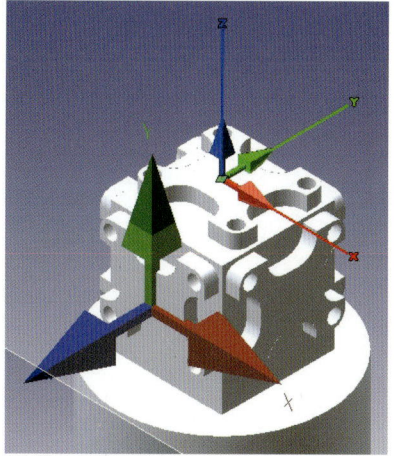

N150 (정면 드릴 가공);

M01;

M11;

M21;

G54G90;

G68.2 X0.Y-20.Z-22.I0.J90.K0.;

　　　……… 피처 좌표계 설정

G53.1; ……… 공구 축방향 제어

G90G0X-12.Y12.;

M10;

M20;

G43H4Z50./M08;

G73G99Z-5.R5.Q3.F318;

X12.Y12.;

X12.Y-8.;

X-12.Y-8.;

G80G0G49Z250./M09;

G69;

G91G28Z0.M05;

G91G28Y0.;

G91G28X0.;

M11;

M21;

G91G28B0.C0.;

M30;

%

[보조 프로그램 1]

%

O0051;

G1X30.F278;

Y-10.;

X-30.;

Y-20.;

X30.;

Y-30.;

X-30.;

Y-34.;

X31.;

G0Z50.;

X-40.Y0.;

M99;

%

[보조 프로그램 2]

%

O0052;

G01Y-16.F334;

X20.;

Y20.;

X-21.;

G01G42X-15.D2;

Y9.;

X-14.;

G02X-9.Y4.R5.;

G01Y0.;

G02X-14.Y-5.R5.;

G01X-15.;

```
Y-8.;
G03X-12.Y-11.R3.;
G01X-7.;
Y-10.;
G02X-2.Y-5.R5.;
G01X2.;
G02X7.Y-10.R5.;
G01Y-11.;
X12.;
G03X15.Y-8.R3.;
G01Y-5.;
X14.;
G02X9.Y0.R5.;
G01Y4.;
G02X14.Y9.R5.;
G01X15.;
Y12.;
G03X12.Y15.R3.;
G01X7.;
Y14.;
G02X2.Y9.R5.;
G01X-2.;
G02X-7.Y14.R5.;
```

```
G01Y15.;
X-12.;
G03X-15.Y12.R3.;
G40G01X-24.;
G0Z5.;
X-20.Y25.;
M99;
%
```

[가공 종료 상태]

[완성된 상태]

2 / 인덱스 5축 가공 프로그램하기 2 (7면 가공)

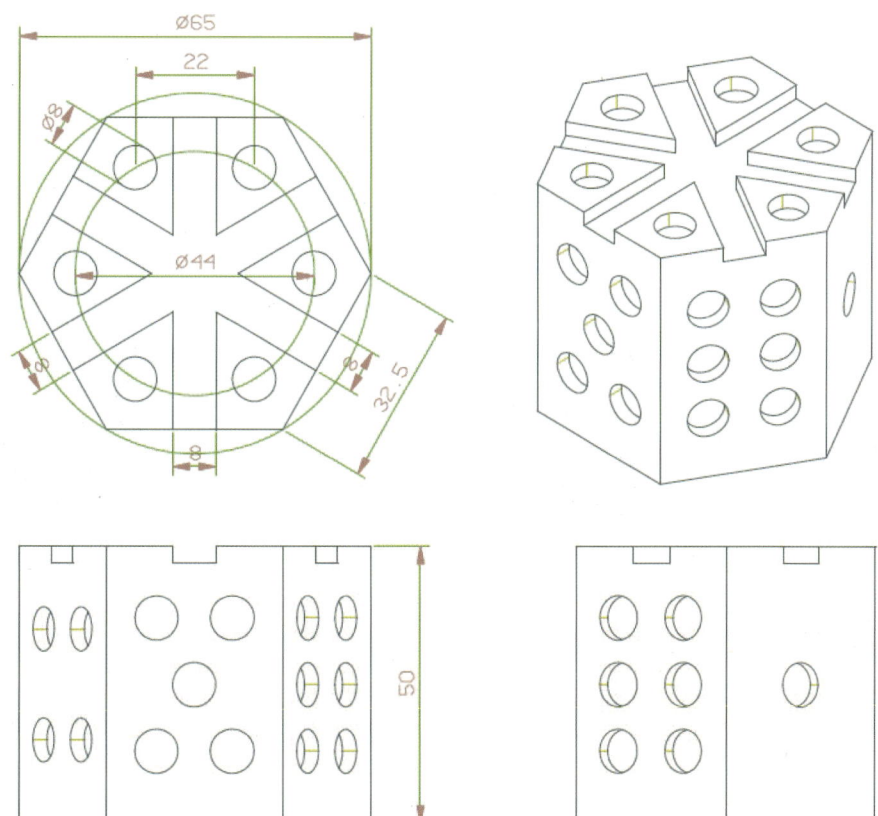

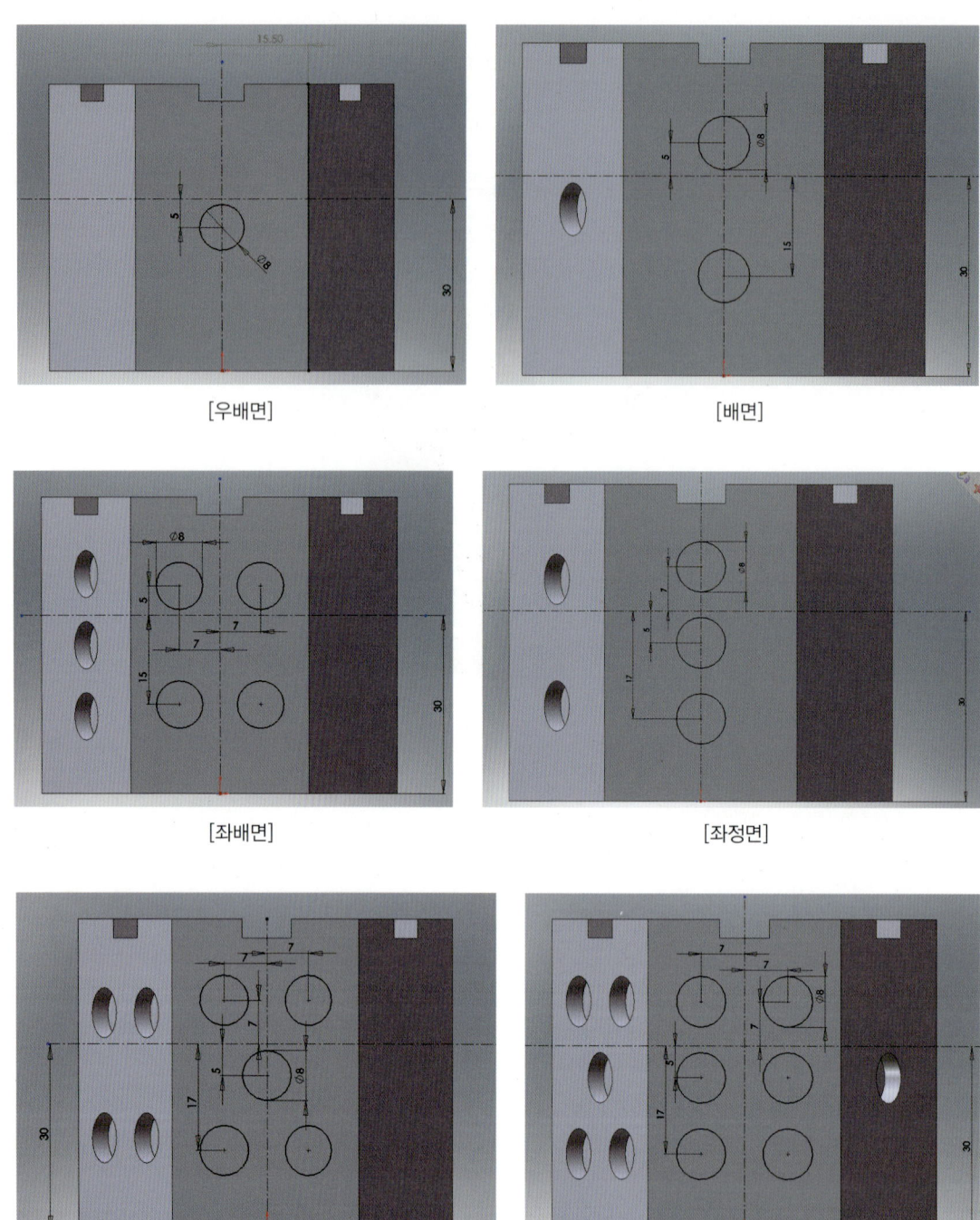

[우배면]

[배면]

[좌배면]

[좌정면]

[정면]

[우정면]

◉-- **참고**

정면(구멍 5개 가공) 기준으로 반시계 방향으로 우정면, 우배면, 배면, 좌배면, 좌정면으로 명명함.

[주 프로그램]

%

O2106(제2과제_7면 가공);

G17G40G80G49;

G91G28Z0.;

G91G28Y0.;

M11;

M21;

G91G28B0.C0.;

N10(제1면 : 윗면 가공);

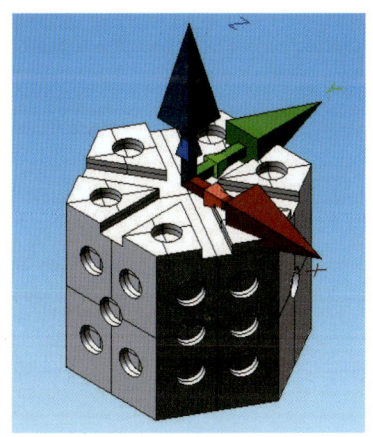

M01;

T1M06(T1_Ø16E/M);

G54G90G0B0.C0.M03S2230;

M10;

M20;

G90G0X-41.Y25.;

G43H1Z100./M08;

Z20.5;

M98P2116;

Z20.;

M98P2116;

G49;

M09;

G91G28Z0.;

N20(제2면 : 우배면 가공);

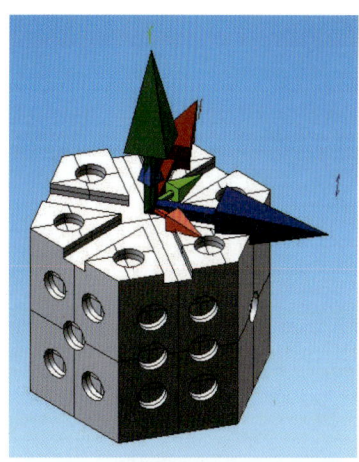

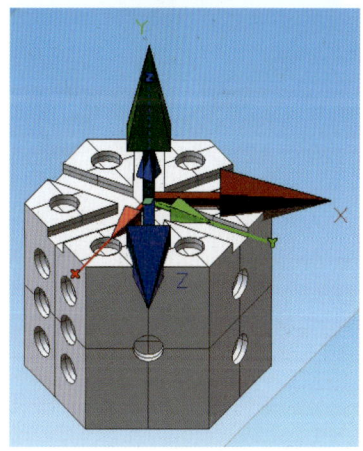

M01;

M11;

M21;

G54G90G0B90.;

G68.2 X0.Y0.Z0.I120.J90.K0.;

G53.1;

M10;

M20;

G0X-41.Y20.;

G43H1Z100./M08;

Z31.;

M98P2117;

Z29.;

M98P2117;

Z27.;
M98P2117;
G49;
G69;
M09;
G91G28Z0.;
M11;

N30(제3면 : 배면 가공);

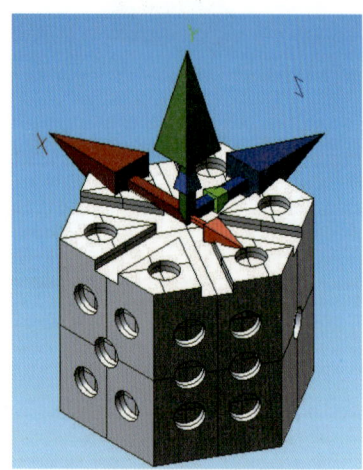

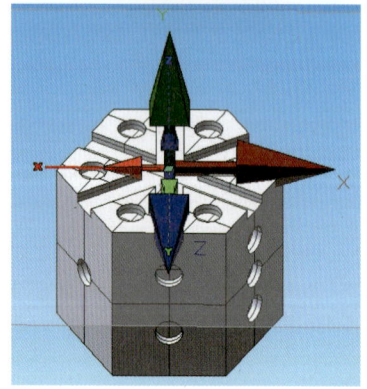

M01;
G54G90G0;
G68.2 X0.Y0.Z0.I180.J90.K0.;
G53.1;
M10;
G0X-41.Y20.;
G43H1Z100./M08;

Z31.;
M98P2117;
Z29.;
M98P2117;
Z27.;
M98P2117;
G49;
G69;
M09;
G91G28Z0.;
M11;

N40(제4면 : 좌배면 가공);

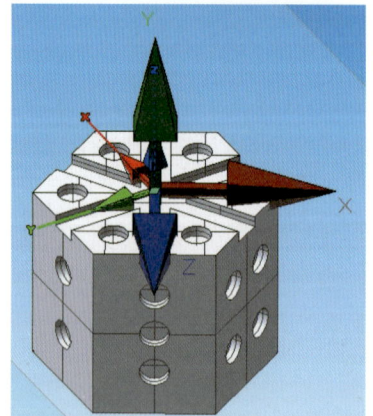

M01;
G54G90G0;
G68.2 X0.Y0.Z0.I240.J90.K0.;

G53.1;

M10;

G0X-41.Y20.;

G43H1Z100./M08;

Z31.;

M98P2117;

Z29.;

M98P2117;

Z27.;

M98P2117;

G49;

G69;

M09;

G91G28Z0.;

M11;

N50(제5면 : 좌정면 가공);

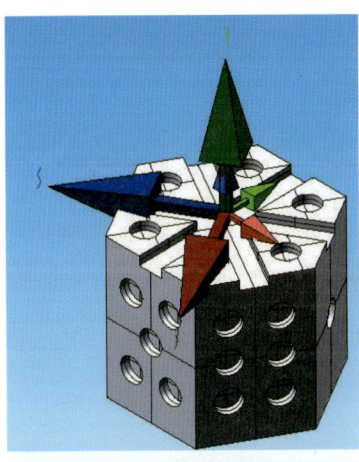

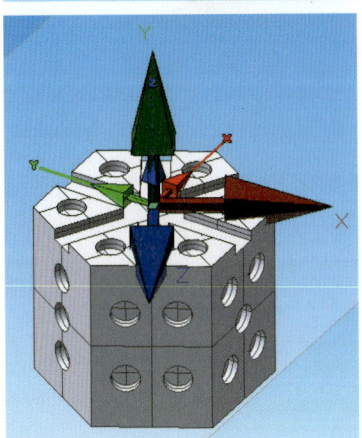

M01;

G54G90G0;

G68.2 X0.Y0.Z0.I300.J90.K0.;

G53.1;

M10;

G0X-41.Y20.;

G43H01Z100./M08;

Z31.;

M98P2117;

Z29.;

M98P2117;

Z27.;

M98P2117;

G49;

G69;

M09;

G91G28Z0.;

M11;

N60(제6면 : 정면 가공);

M01;

G54G90G0;

G68.2 X0.Y0.Z0.I0.J90.K0.;

G53.1;

M10;

G0X-41.Y20.;

G43H01Z100./M08;

Z31.;

M98P2117;

Z29.;

M98P2117;

Z27.;

M98P2117;

G49;

G69;

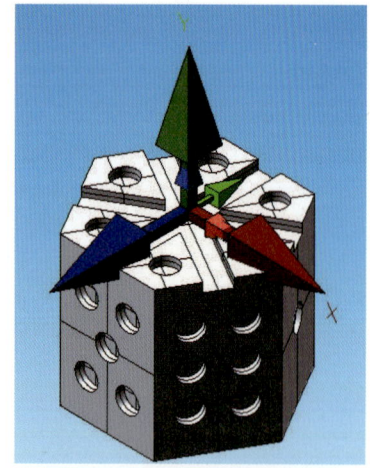

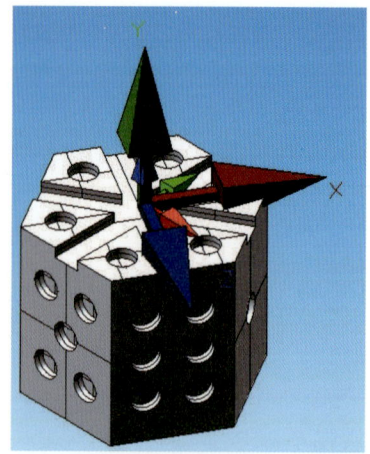

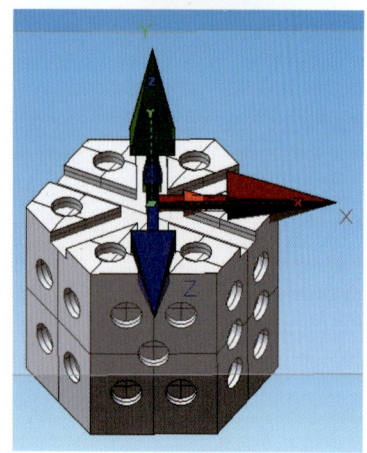

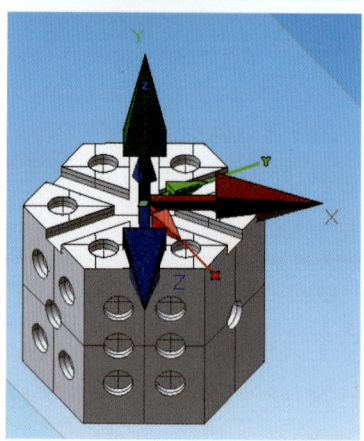

M09;

G91G28Z0.;

M11;

N70(제7면 : 우정면 가공);

M01;

G54G90G0;

G68.2 X0.Y0.Z0.I60.J90.K0.;

G53.1;

M10;

G0X-41.Y20.;

G43H01Z100./M08;

Z31.;

M98P2117;

Z29.;

M98P2117;

Z27.;

M98P2117;

G49;

G69;

M09;

G91G28Z0.;

M05;

M11;

M21;

G91G28B0.C0.;

N80(제1면 : 윗면 가공);

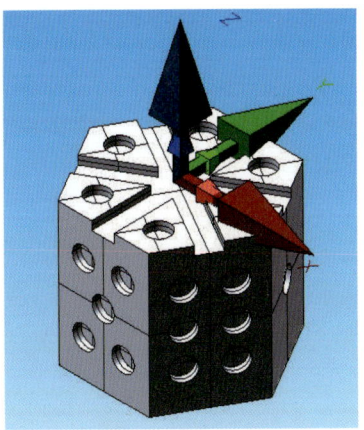

M01;

T7M06(T7_Ø8E/M);

G54G90G0B0.C0.M3S2790;

M10;

M20;

G40G90G0X11.Y19.05;

G43H07Z100./M08;

Z35.;

G73G98Z17.R23.Q2.F150;

X-11.Y19.05;

X-22.Y0;

X-11.Y-19.05;

X11.Y-19.05;

X22.Y0;

G80;

G49;

G69;

M09;

G91G28Z0.;

N90(제2면 : 우배면 가공);

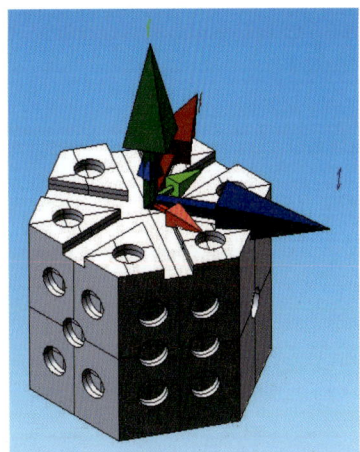

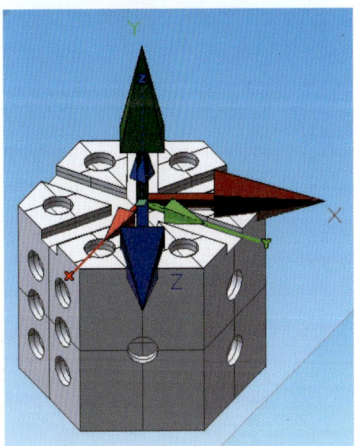

M01;

M11;

M21;

G54G90G0B90.;

G68.2 X0.Y0.Z0.I120.J90.K0.;

G53.1;

M10;

M20;

G40G90X0.Y-5.;

G43H07Z100./M08;

Z35.;

G73G98Z24.R30.Q2.F150;

G80;

G49;

G69；

M09；

G91G28Z0.；

M11；

N100(제3면 : 배면 가공)；

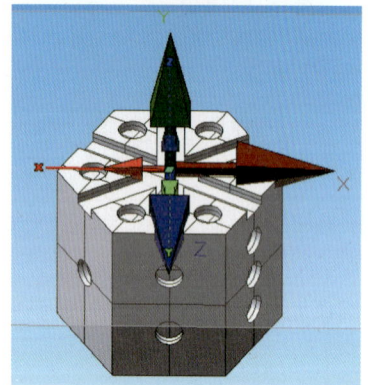

M01；

G54G90G0；

G68.2 X0.Y0.Z0.I180.J90.K0.；

G53.1；

M10；

G40G90G0X0.Y5.；

G43H07Z100./M08；

Z35.；

G73G98Z24.R30.Q2.F150；

X0.Y−15.；

G80；

G49；

G69；

M09；

G91G28Z0.；

M11；

N110(제4면 : 좌배면 가공)；

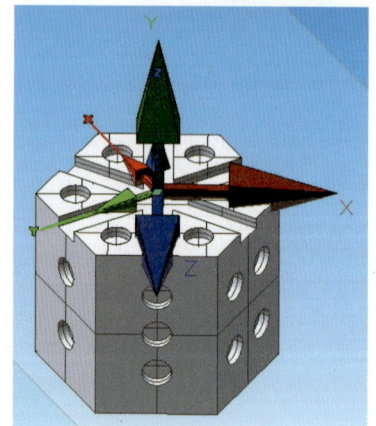

M01；

G54G90G0；

G68.2 X0.Y0.Z0.I240.J90.K0.；

G53.1；

M10；

G40G90G0X0.Y7.；

G43H07Z100./M08；

Z35.；

G73G98Z24.R30.Q2.F150;

X0.Y-5.;

X0.Y-17.;

G80M09;

G49;

G69;

M09;

G91G28Z0.;

M11;

N120(제5면 : 좌정면 가공);

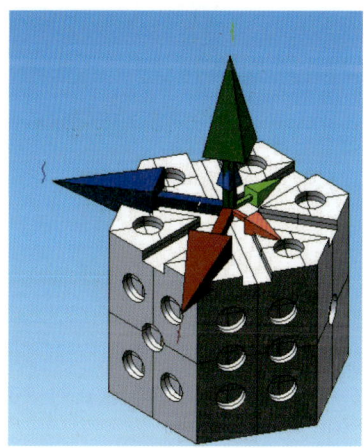

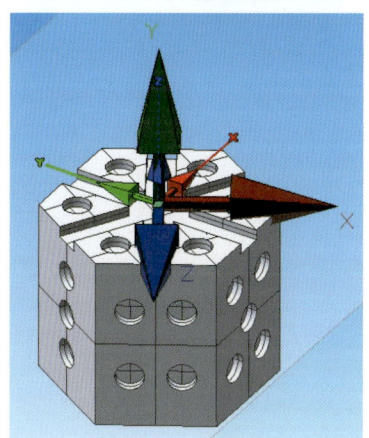

M01;

G54G90G0;

G68.2 X0.Y0.Z0.I300.J90.K0.;

G53.1;

M10;

G40G90G0X7.Y5.;

G43H07Z100./M08;

Z35.;

G73G98Z24.R30.Q2.F150;

X-7.Y5.;

X-7.Y-15.;

X7.Y-15.;

G80M09;

G49;

G69;

M09;

G91G28Z0.;

M11;

N130(제6면 : 정면 가공);

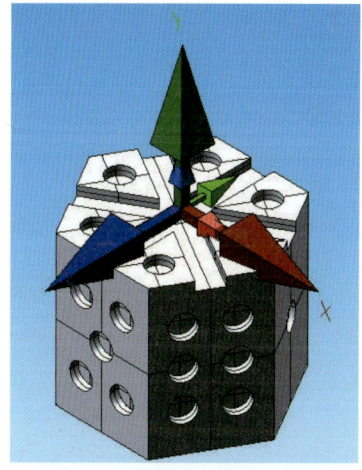

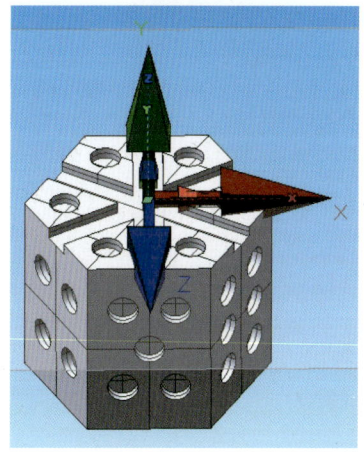

M01;

G54G90;

G68.2 X0.Y0.Z0.I0.J90.K0.;

G53.1;

M10;

G40G90G0X7.Y7.;

G43H07Z100./M08;

Z35.;

G73G98Z24.R30.Q2.F150;

X-7.Y7.;

X0Y-5.;

X-7.Y-17.;

X7.Y-17.;

G80;

G49;

G69;

M09;

G91G28Z0.;

M11;

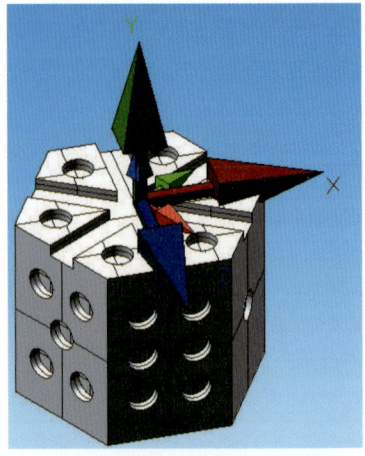

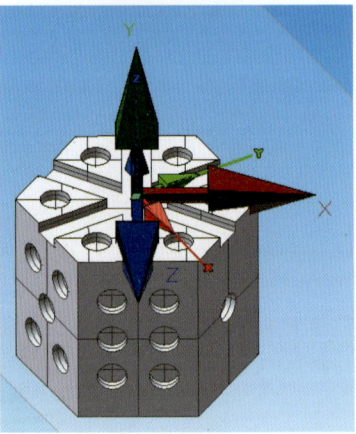

N140(제7면 : 우정면 가공);

M01;

G54G90;

G68.2 X0.Y0.Z0.I60.J90.K0.;

G53.1;

M10;

G40G90G0X7.Y7.;

G43H07Z100./M08;

Z35.;

G73G98Z24.R30.Q2.F150;

X-7.Y7.;

X-7.Y-5.;

X7.Y-5.;

X7.Y-17.;

X-7.Y-17.;

G80M09;

G49;

G69;

M09;

G91G28Z0.;

M11;

M21;

N150(제1면 : 윗면 가공);

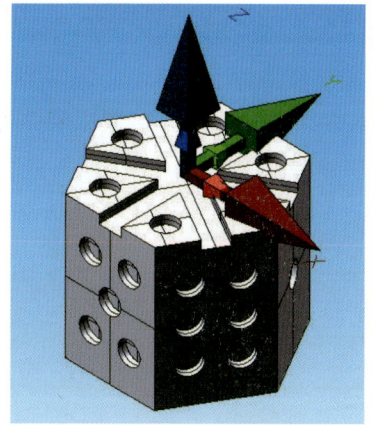

M01;
G91G28B0.C0.;
G54G90G0B0.C0.;
M10;
M20;
G40G0X24.375Y14.073;
G43H07Z100./M08;
Z23.;
G1Z19.F334;
X-24.375Y-14.073;
Z18.;
X24.375Y14.073;
Z17.;
X-24.375Y-14.073;
G0Z23.;
X0.Y28.146;
G1Z19.;
X0Y-28.146;
Z18.;
X0Y28.146;
Z17.;
X0Y-28.146;
G0Z23.;
X-24.375Y14.073;

G1Z19.;
X24.375Y-14.073;
Z18.;
X-24.375Y14.073;
Z17.;
X24.375Y-14.073;
G0Z100.;
G49;
G69;
M09;
G91G28Z0.;
G91G28Y0.;
M11;
M21;
G91G28B0.C0.;
M30;
%

[보조 프로그램]

%
O2116
G1X32.5F312
Y15.
X-32.5
Y5.
X32.5
Y-5.
X-32.5
Y-15.
X32.5
Y-25.
X-32.5
G0Z100.
X-41.Y25.
M99
%

[보조 프로그램]

```
%
O2117
G1X16.5F312
Y10.
X-16.5
Y0.
X16.5
Y-10.
X-16.5
Y-20.
X16.5
Y-22.
X-16.5
G0Z100.
X-41.Y20.
M99
%
```

[실제 가공 사진]

3 ⟩ 인덱스 5축 가공 프로그램하기 3 (17면 가공)

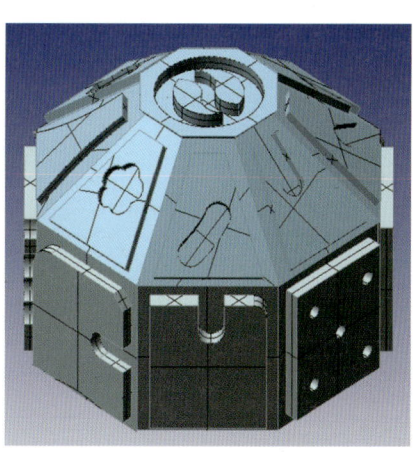

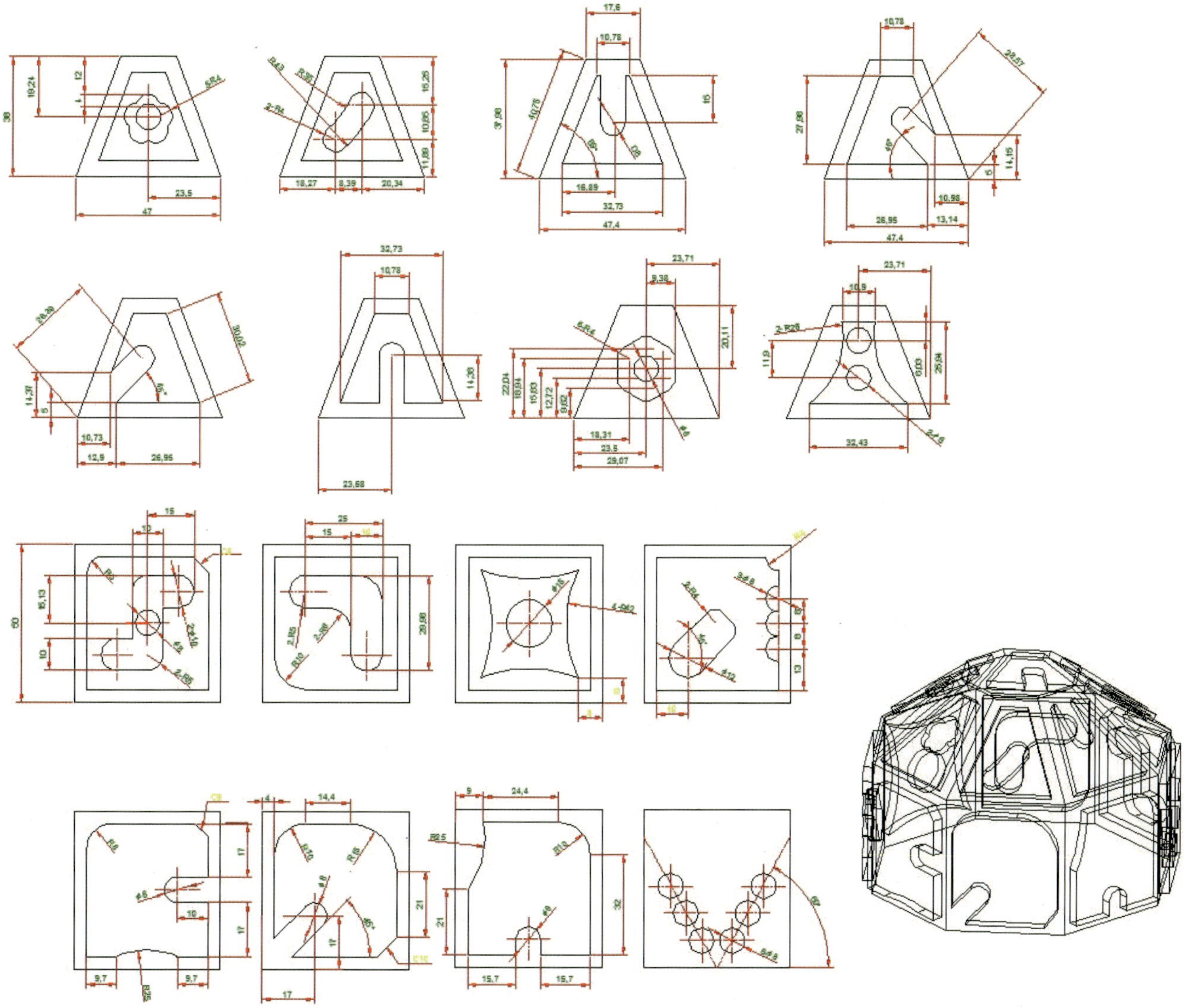

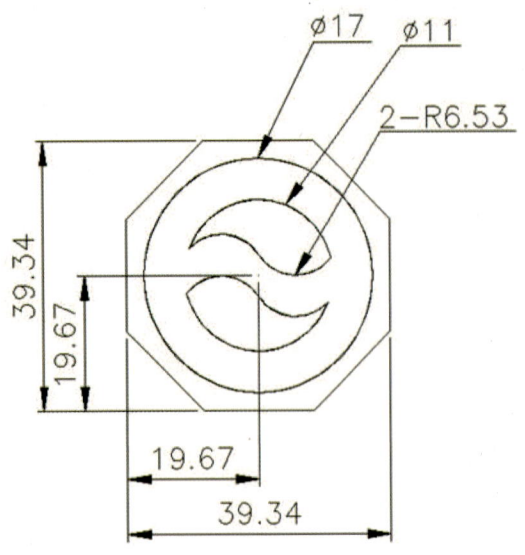

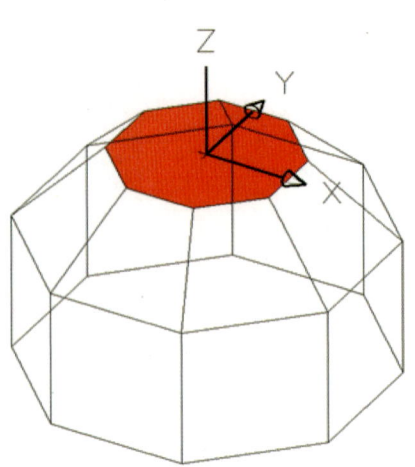

[윗면]

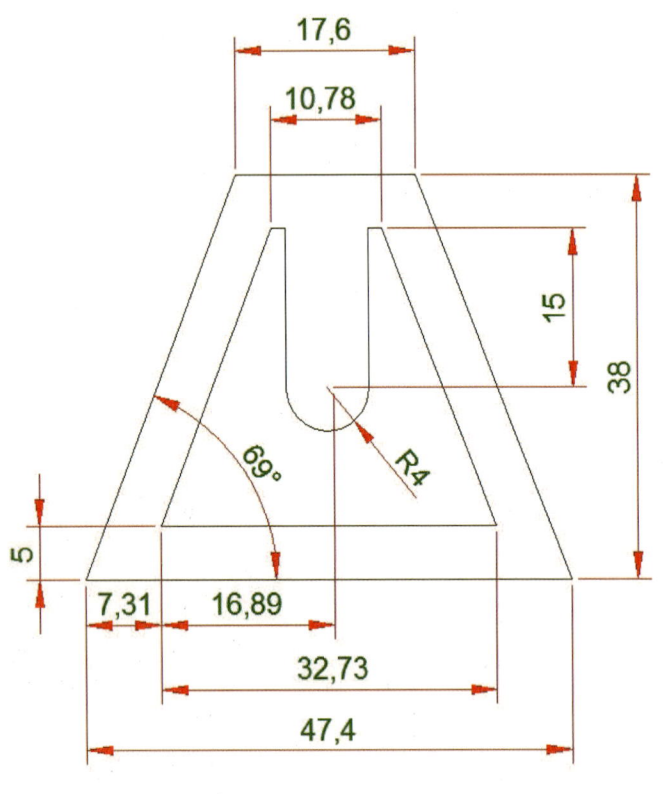

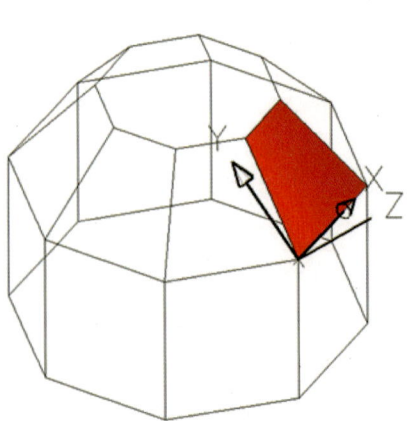

[우측면/경사면]

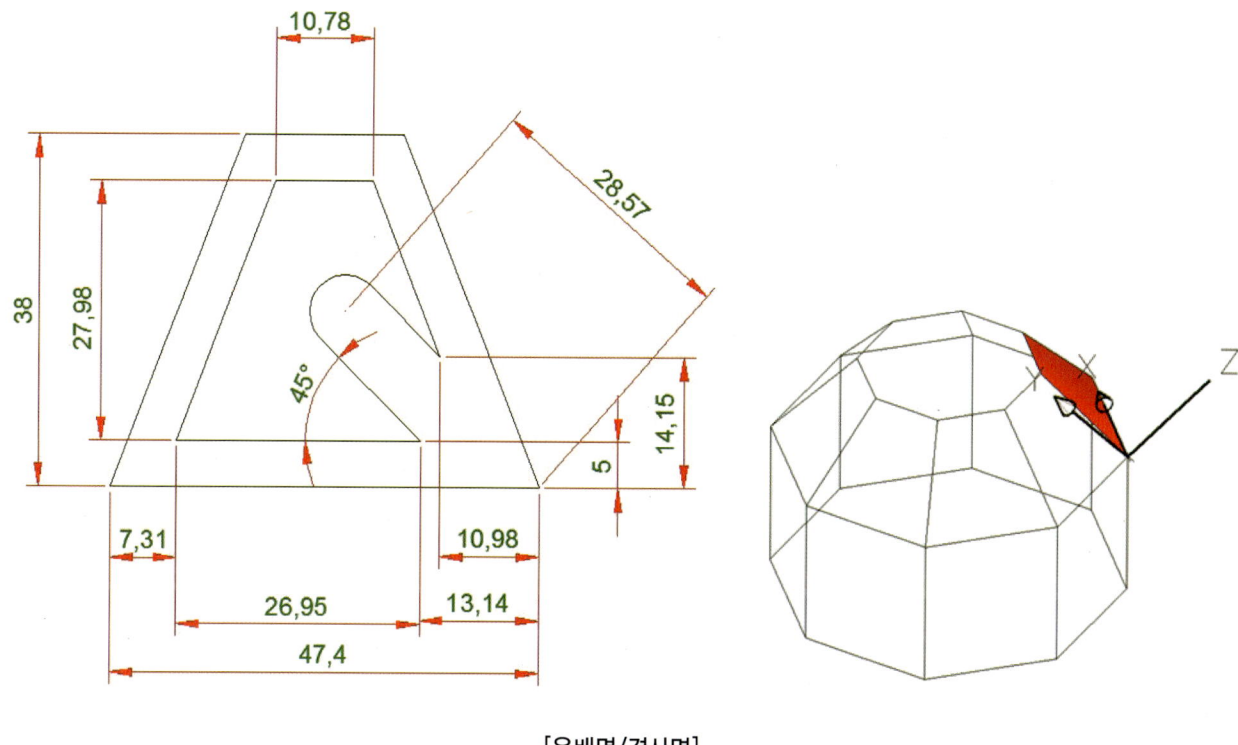

[우배면/경사면]

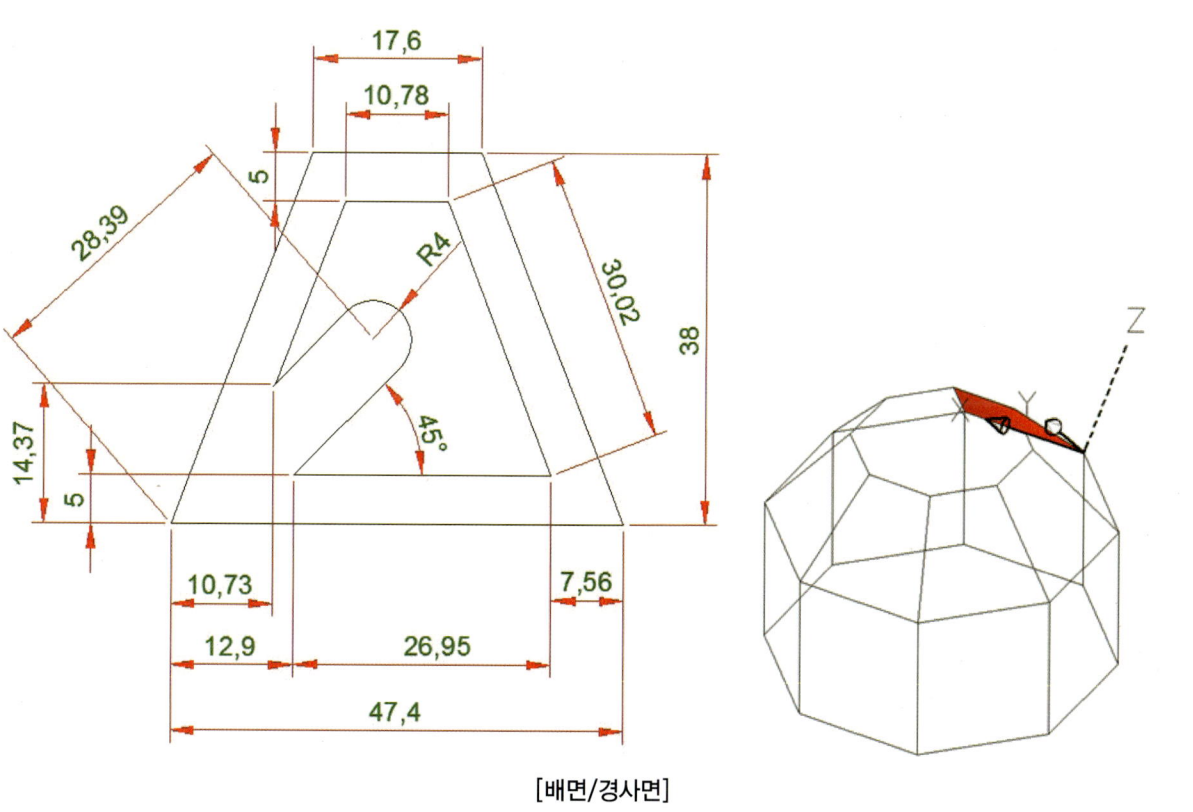

[배면/경사면]

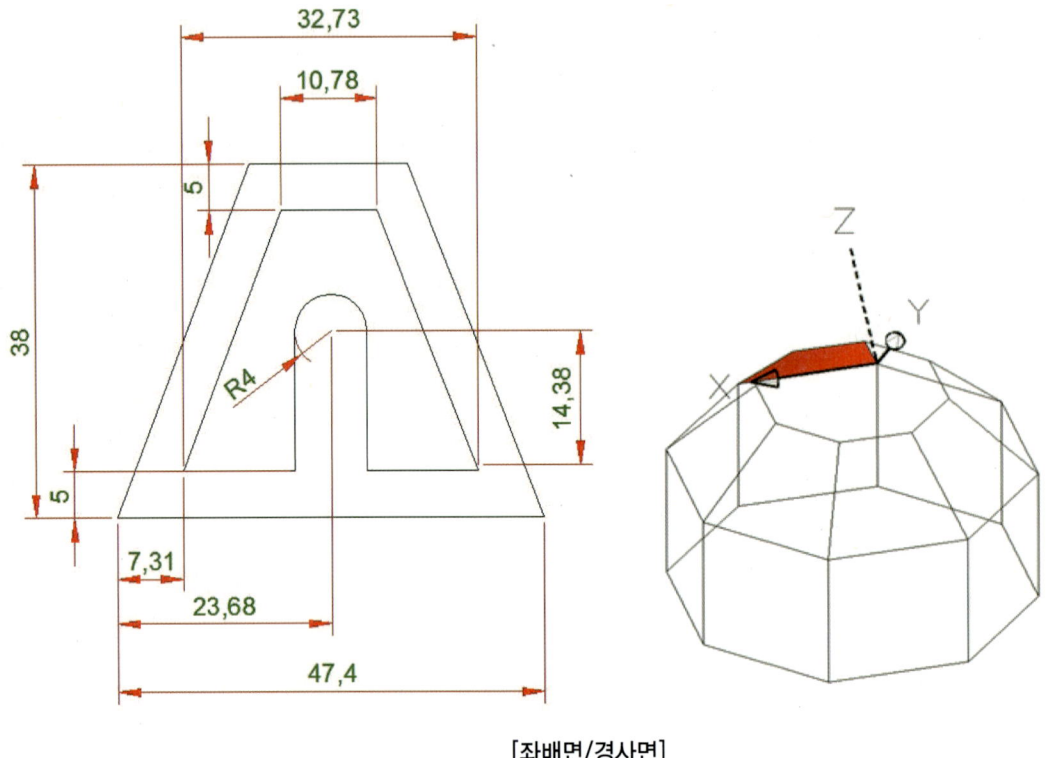

[좌배면/경사면]

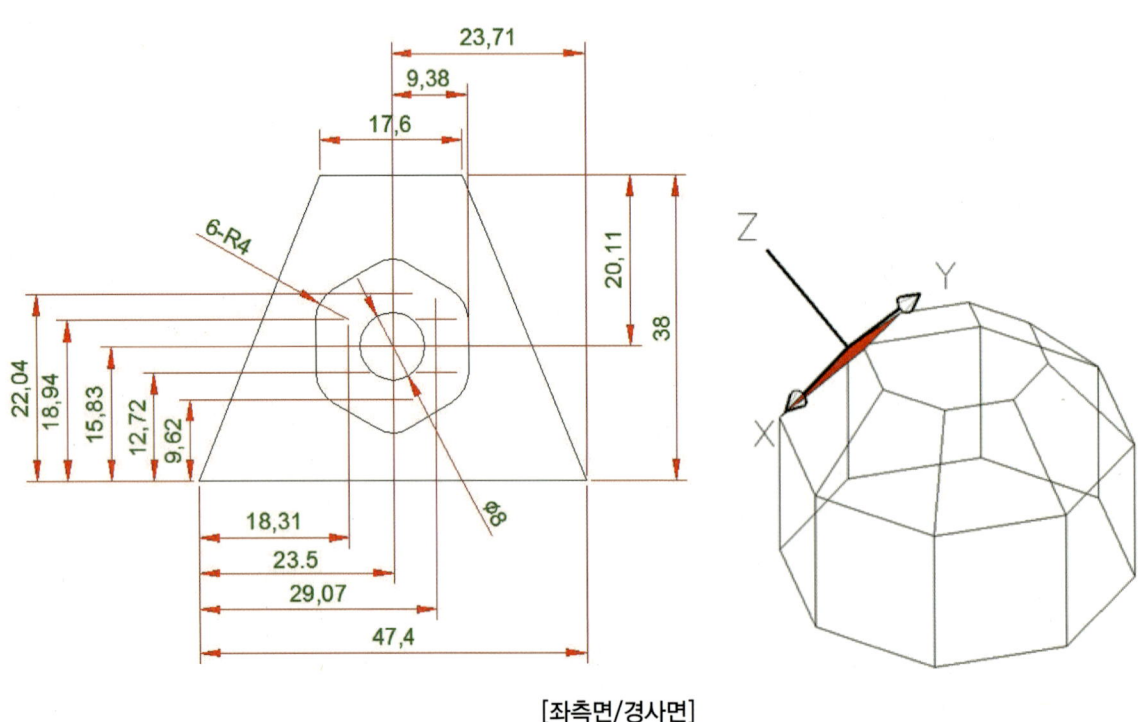

[좌측면/경사면]

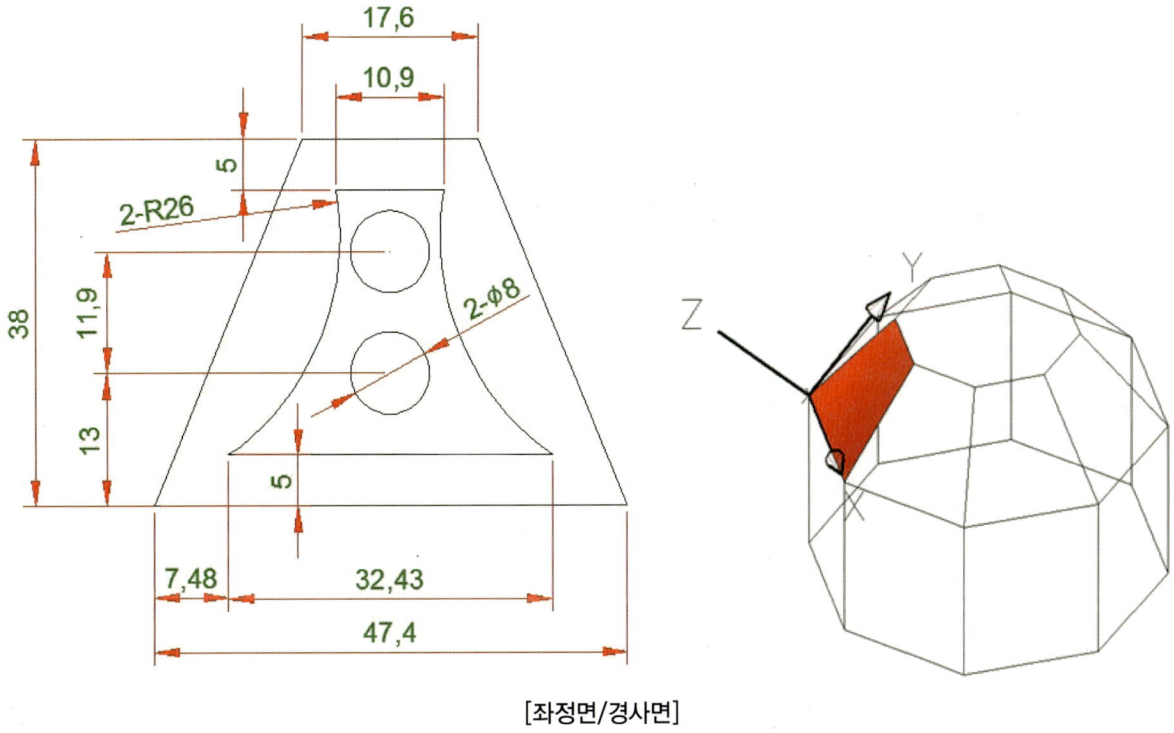

[좌정면/경사면]

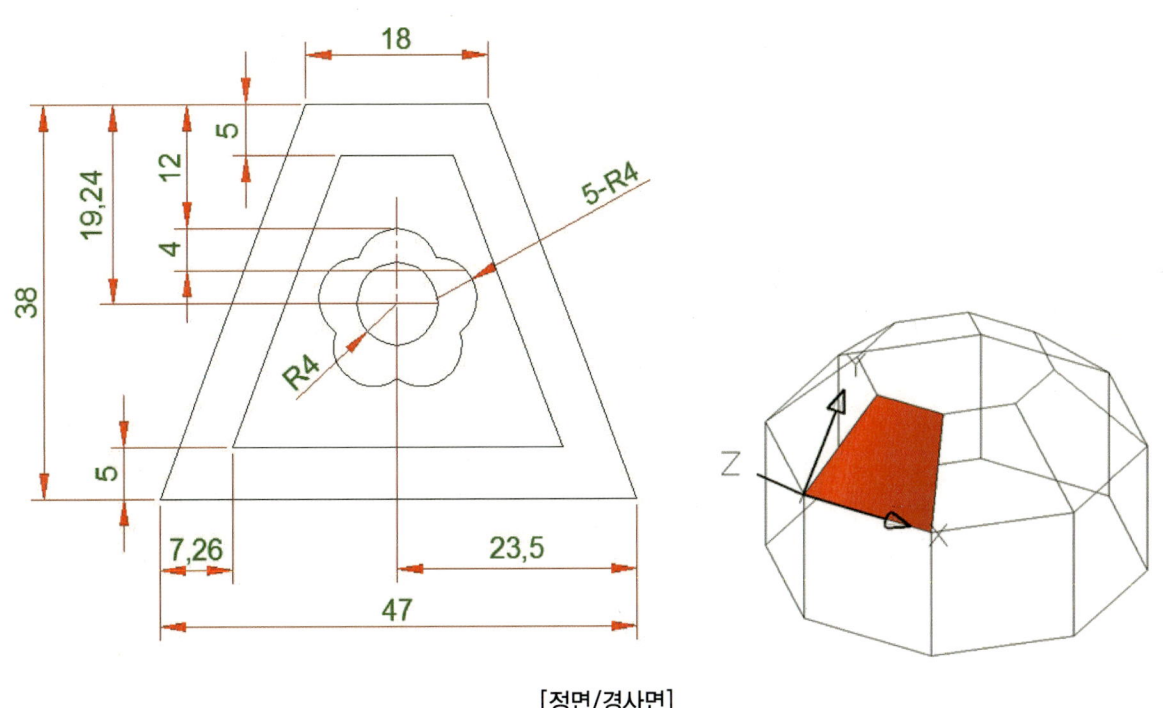

[정면/경사면]

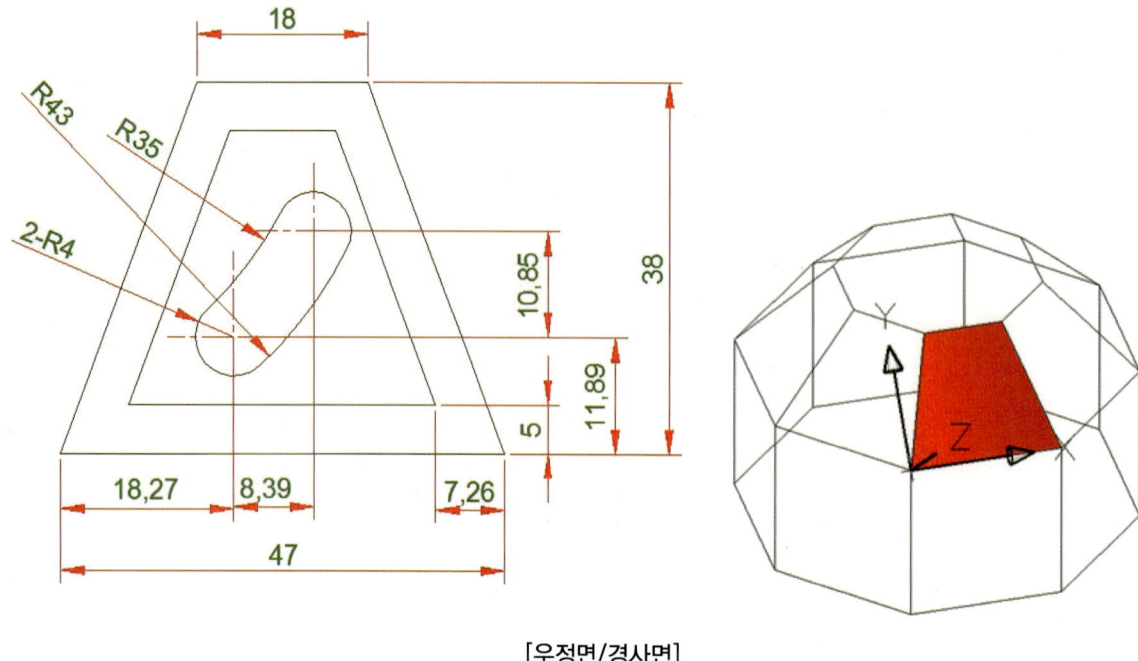

[우정면/경사면]

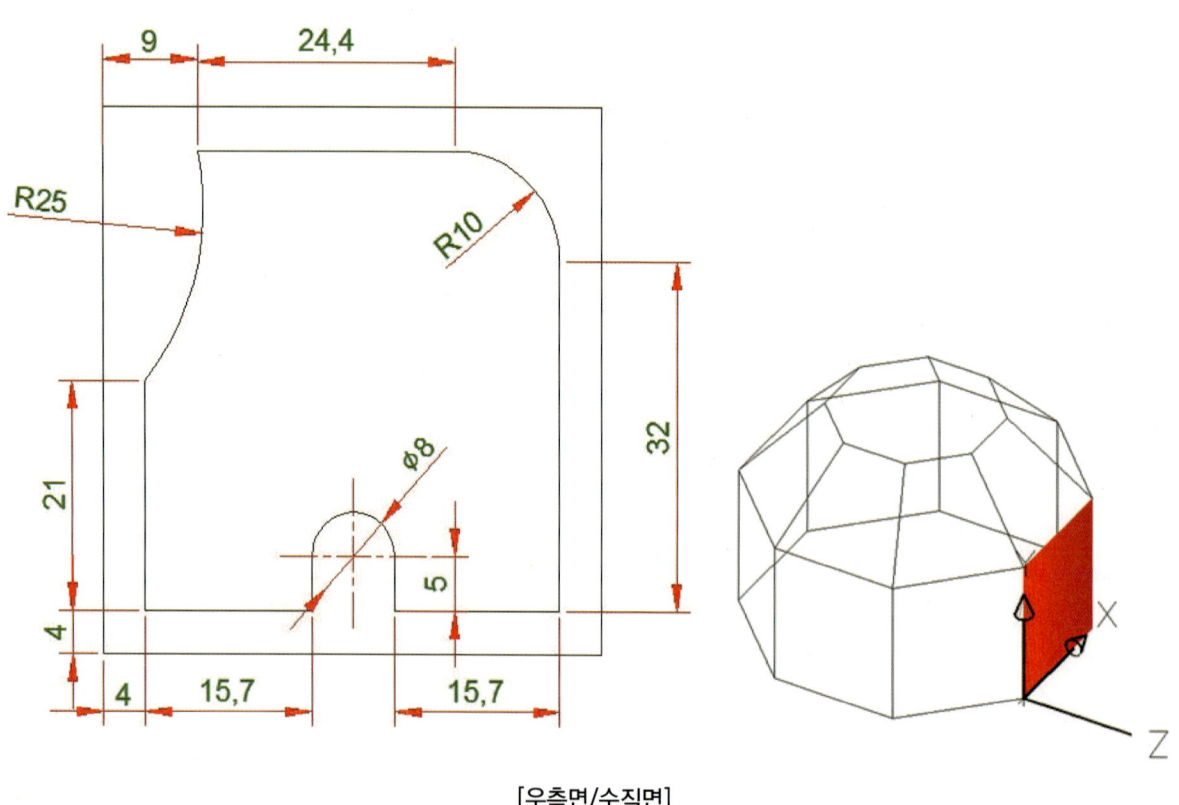

[우측면/수직면]

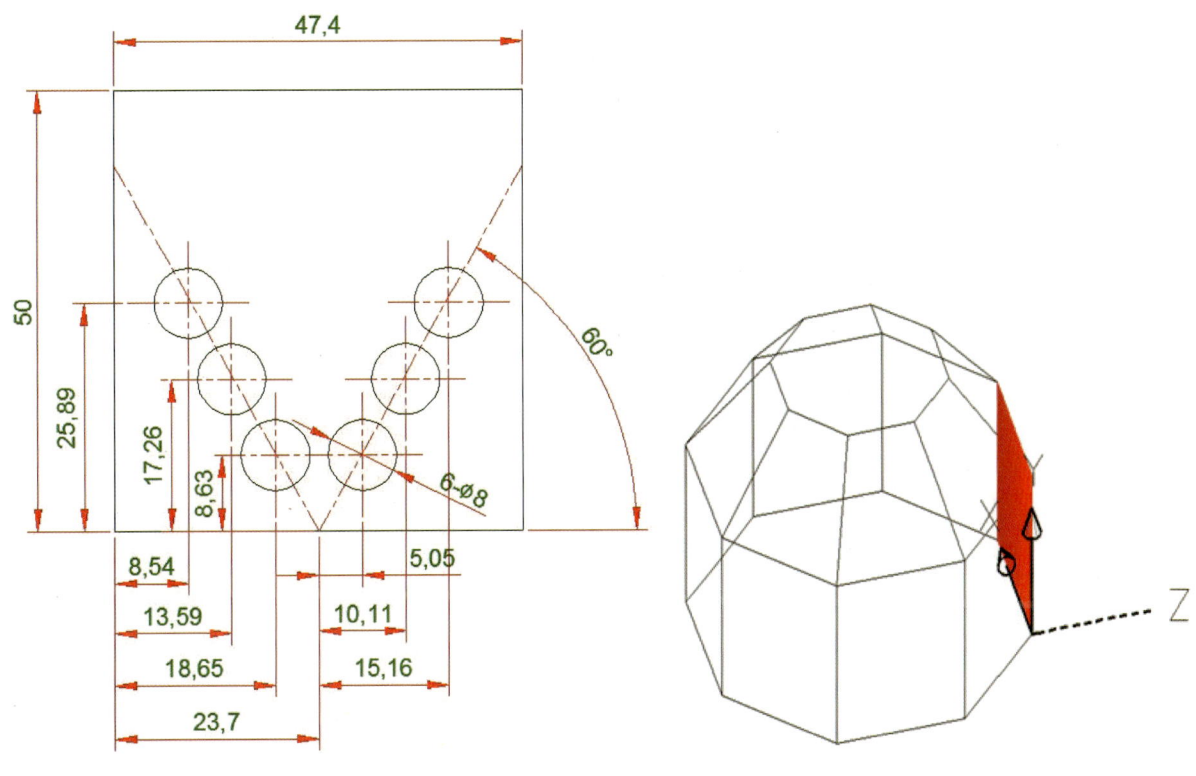

[우배면/수직면]

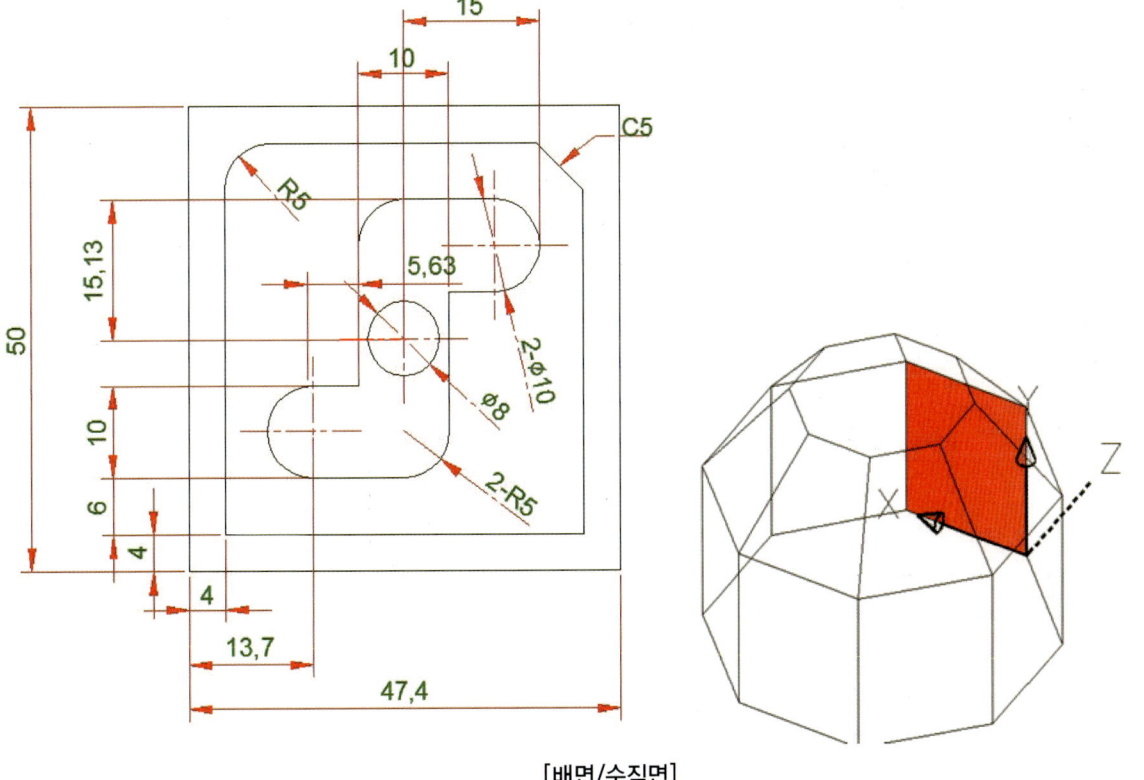

[배면/수직면]

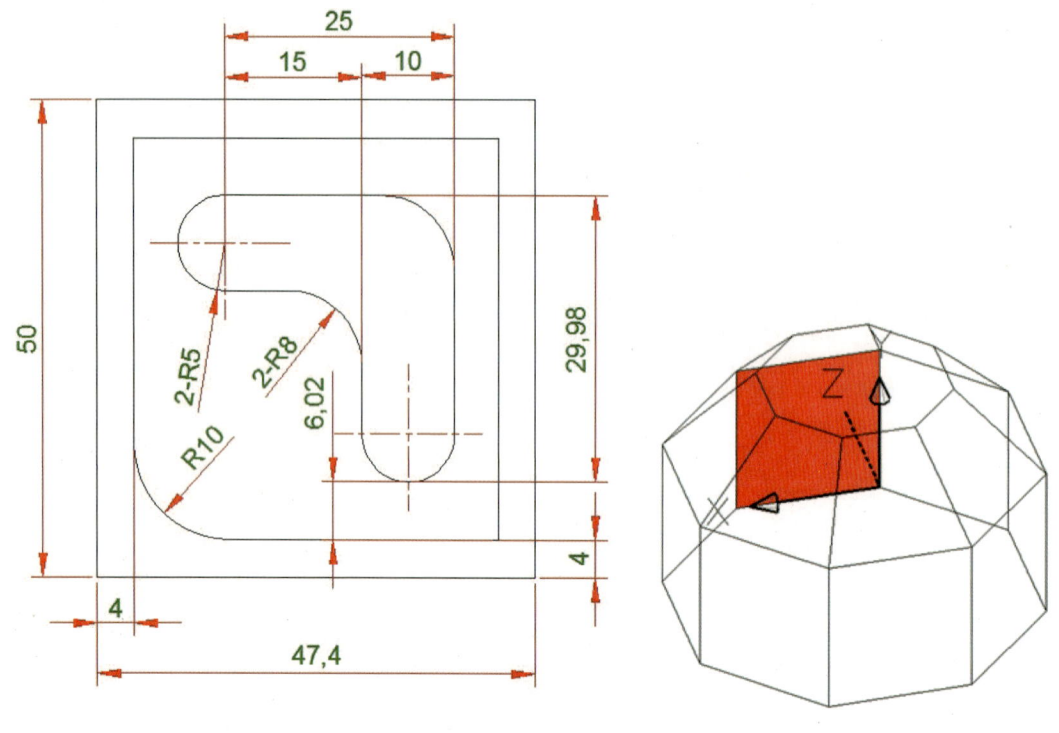

[좌배면/수직면]

[좌측면/수직면]

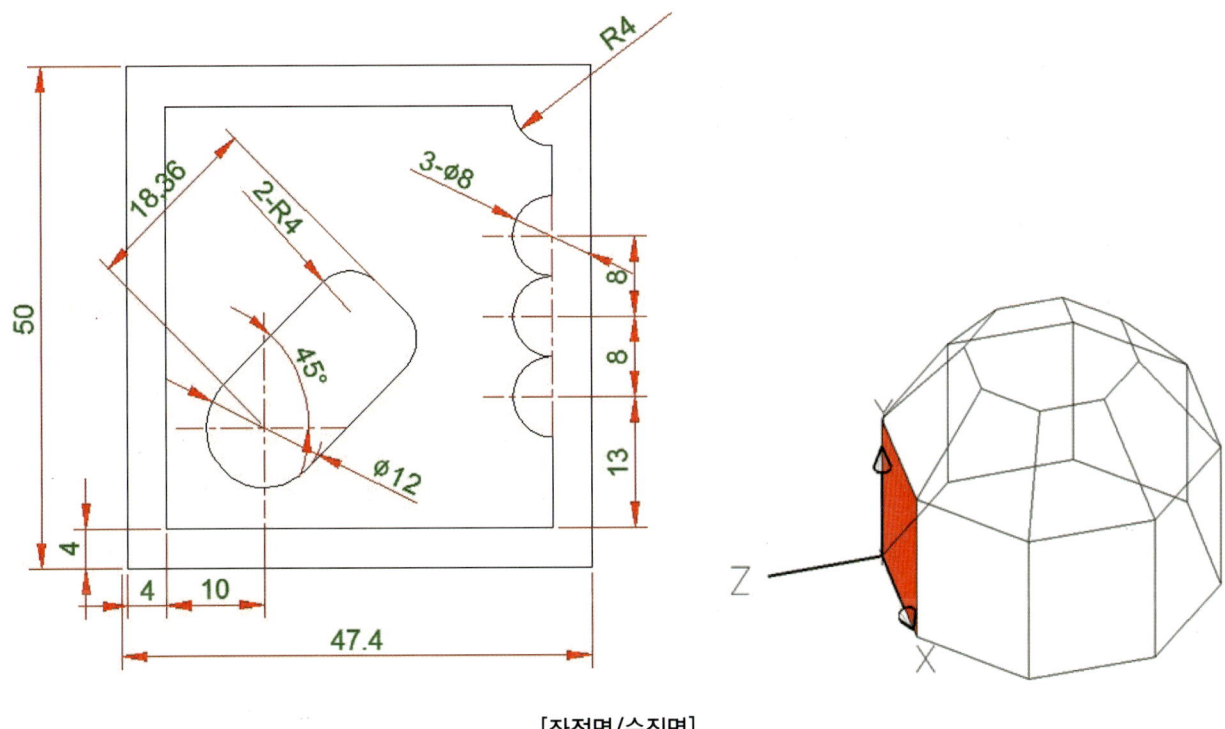

[좌정면/수직면]

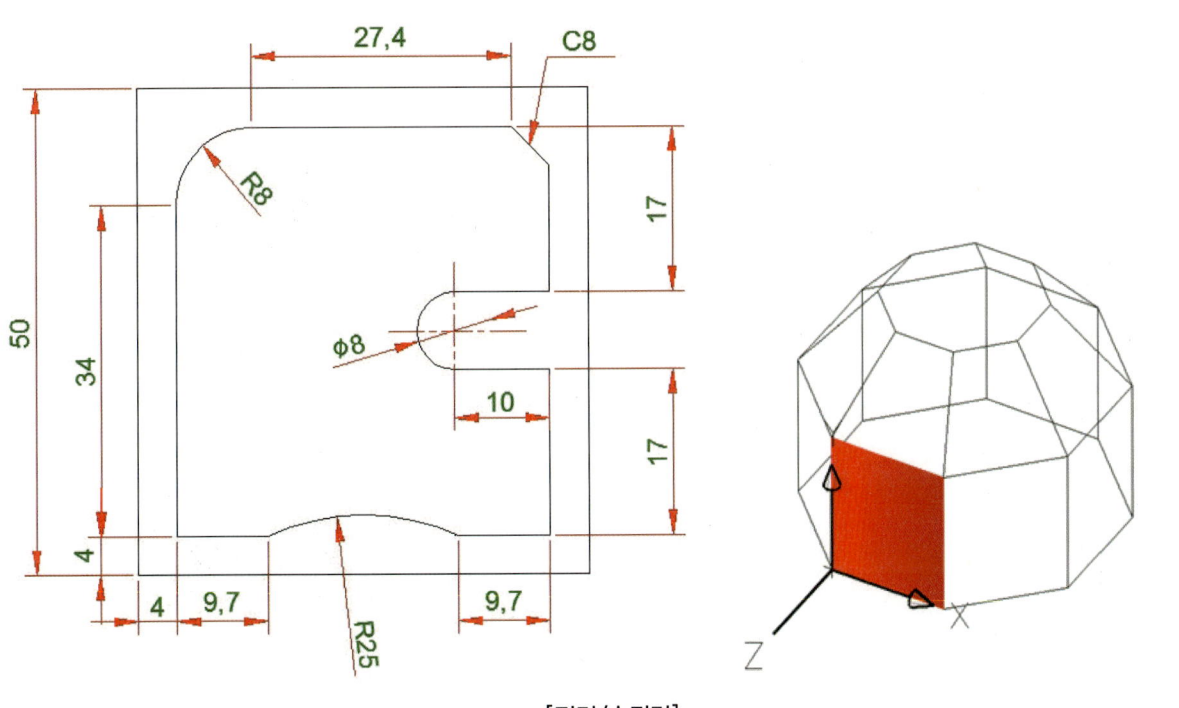

[정면/수직면]

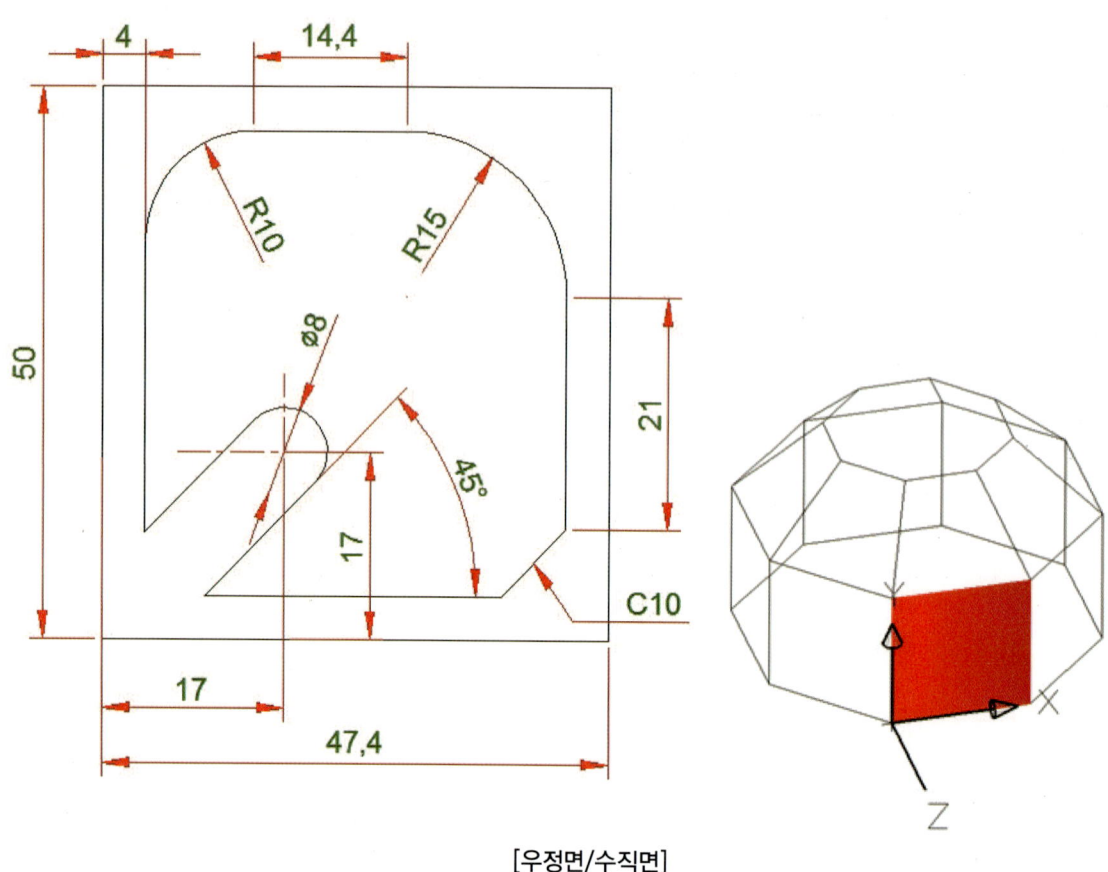

[우정면/수직면]

[주 프로그램]

```
%
O0100;
G17G40G80G49;
G91G28Z0.;
G91G28Y0.;
G91G28X0.;
M11;
M21;
G28B0.C0.;
```

N10(16E/M_윗면);

M01;

T1M06;

G54G90G0B0.C0.M03S1390;

G0X-60.Y-69.;

M10;

M20;

G43H1Z10.;

Z-15./M08;

G01Z-21.48F50;

Y60.F278;

X-50.;

Y-60.;

X-40.;

Y60.;

X-30.;

Y-60.;

X-20.;

Y60.;

X-10.;

Y-60.;

X0.;

Y60.;

X10.;

Y-60.;

X20.;

Y60.;

X30.;

Y-60.;

X40.;

Y60.;

X52.;

Y-60.;

G0G49Z180./M09;

G91G28Z0.;

N20(16E/M_11면_우측면/경사면);

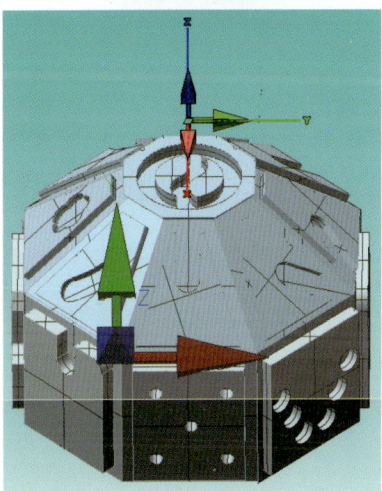

M01;

M11;

M21;

G54G90;

G68.2X55.433Y-22.961Z-50.I90.J42.K0.;

G53.1;

G0X0.Y-10.;

M10;

M20;

G43H1Z50.;

Z17./M08;

M98P0201;

Z14.;

M98P0201;

Z11.;

M98P0201;

Z8.;

M98P0201;

Z5.;

M98P0201;

Z2.;

M98P0201;

Z0.;

M98P0201;

G0G49Z220./M09;

G69;

G91G28Z0.;

N30(16E/M_12면_우배면/경사면);

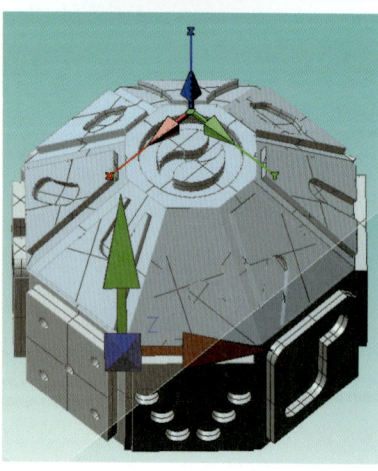

M01;

M11;

M21;

G54G90;

G68.2X55.433Y22.961Z-50.I135.J42.K0.;

G53.1;

G0X0.Y-10.;

M10;

M20;

G43H1Z50.;

Z17./M08;

M98P0201;

Z14.;

M98P0201;

Z11.;

M98P0201;

Z8.;

M98P0201;

Z5.;

M98P0201;

Z2.;

M98P0201;

Z0.;

M98P0201;

G0G49Z220./M09;

G69;

G91G28Z0.;

N40(16E/M_13면_배면/경사면);

M01;

M11;

M21;

G54G90;

G68.2X22.961Y55.433Z-50.I180.J42.

K0.;

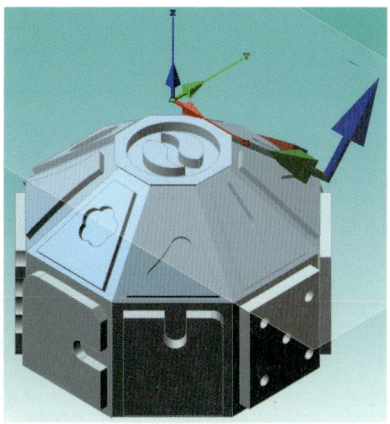

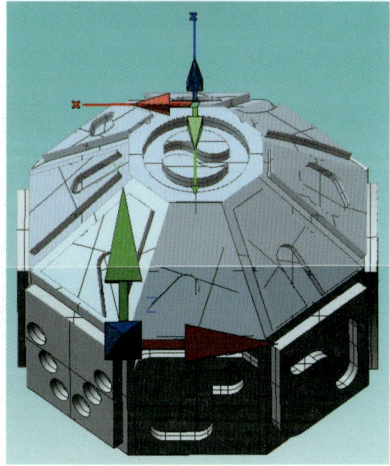

G53.1;

G0X0.Y-10.;

M10;

M20;

G43H1Z50.;

Z17./M08;

M98P0201;

Z14.;

M98P0201;

Z11.;

M98P0201;

Z8.;

M98P0201;

Z5.;

M98P0201;

Z2.;

M98P0201;

Z0.;

M98P0201;

G0G49Z220./M09;

G69;

G91G28Z0.;

N50(16E/M_14면_좌배면/경사면);

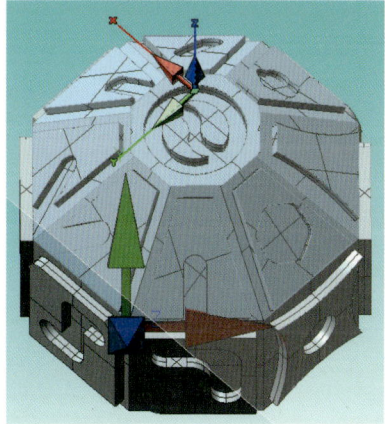

M01;

M11;

M21;

G54G90;

G68.2X-22.961Y55.433Z-50.I225.J42.K0.;

G53.1;

```
G0X0.Y-10.;
M10;
M20;
G43H1Z50.;
Z17./M08;
M98P0201;
Z14.;
M98P0201;
Z11.;
M98P0201;
Z8.;
M98P0201;
Z5.;
M98P0201;
Z2.;
M98P0201;
Z0.;
M98P0201;
G0G49Z220./M09;
G69;
G91G28Z0.;
```

N60(16E/M_15면_좌측면/경사면);

```
    M01;
    M11;
    M21;
    G54G90;
    G68.2X-55.433Y22.961Z-50.I270.J42.K0.;
    G53.1;
    G0X0.Y-10.;
    M10;
    M20;
    G43H1Z50.;
    Z17./M08;
    M98P0201;
```

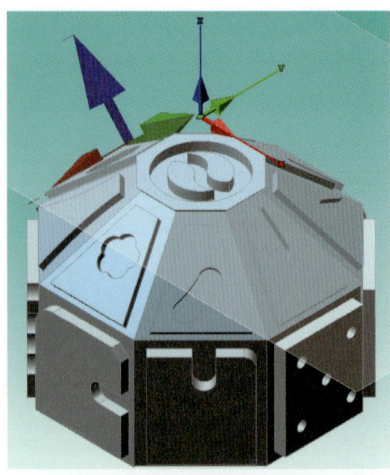

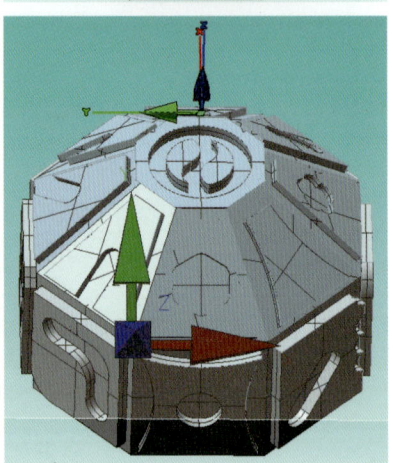

```
Z14.;
M98P0201;
Z11.;
M98P0201;
Z8.;
M98P0201;
Z5.;
M98P0201;
Z2.;
M98P0201;
Z0.;
M98P0201;
G0G49Z220./M09;
G69;
G91G28Z0.;
```

N70(16E/M_16면_좌정면/경사면);

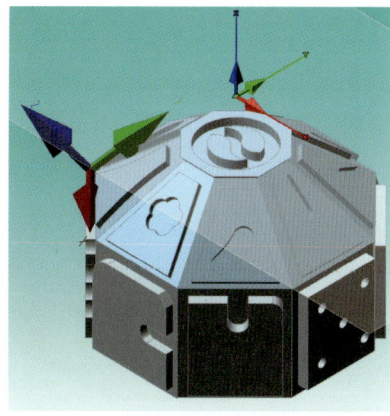

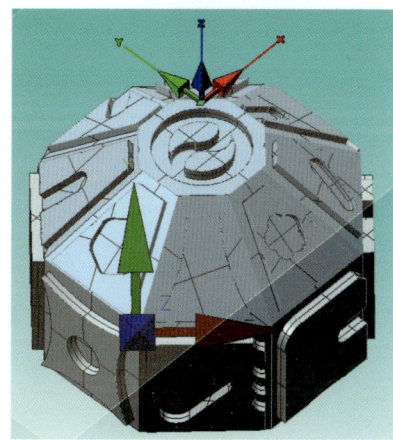

M01;

M11;

M21;

G54G90;

G68.2X-55.433Y-22.961Z-50.I315.J42.K0.;

G53.1;

G0X0.Y-10.;

M10;

M20;

G43H1Z50.;

Z17./M08;

M98P0201;

Z14.;

M98P0201;

Z11.;

M98P0201;

Z8.;

M98P0201;

Z5.;

M98P0201;

Z2.;

M98P0201;

Z0.;

M98P0201;

G0G49Z220./M09;

G69;

G91G28Z0.;

N80(16E/M_9면_정면/경사면);

M01;

M11;

```
M21;
G54G90;
G68.2X-22.961Y-55.433Z-50.I0.J42.K0.;
G53.1;
G0X0.Y-10.;
M10;
M20;
G43H1Z50.;
Z17./M08;
M98P0201;
Z14.;
M98P0201;
Z11.;
M98P0201;
Z8.;
M98P0201;
Z5.;
M98P0201;
Z2.;
M98P0201;
Z0.;
M98P0201;
G0G49Z220./M09;
G69;
G91G28Z0.;
```

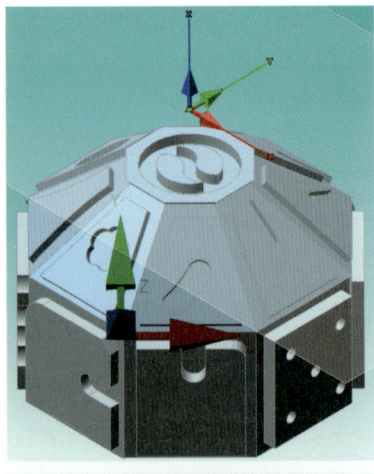

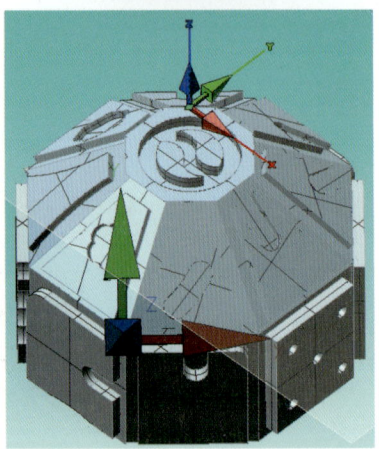

N90(16E/M_10면_우정면/경사면);

```
M01;
M11;
M21;
G54G90;
G68.2X22.961Y-55.433Z-50.I45.J42.K0.;
G53.1;
G0X0.Y-10.;
M10;
```

```
M20;
G43H1Z50.;
Z17./M08;
M98P0201;
Z14.;
M98P0201;
Z11.;
M98P0201;
Z8.;
M98P0201;
Z5.;
M98P0201;
Z2.;
M98P0201;
Z0.;
```

M98P0201;

G0G49Z220./M09;

G69;

G91G28Z0.;

N100(16E/M_3면_우측면/수직면);

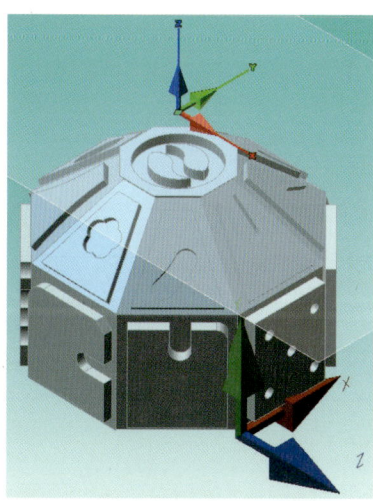

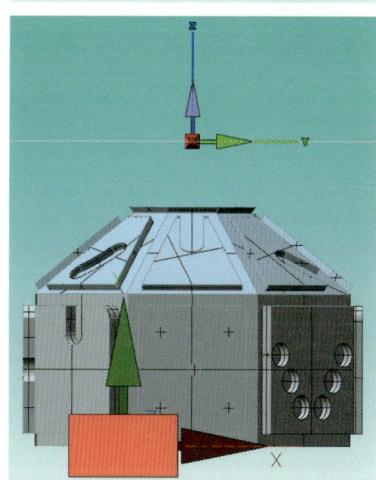

M01;

M11;

M21;

G54G90G0B90.C0.;

G68.2X55.433Y−22.961Z−100.I90.J90.K0.;

G53.1;

G0X0.Y60.;

M10;

M20;

G43H1Z20.;

Z10./M08;

G01Z1.5F100;

M98P0202;

G01Z0.F100;

M98P0202;

G0G49Z220./M09;

G69;

G91G28Z0.;

N110(16E/M_4면_우배면/수직면);

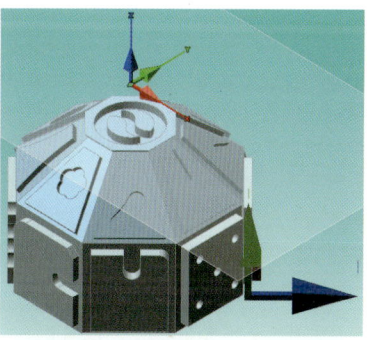

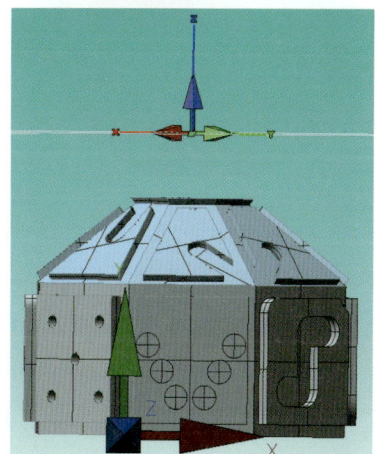

M01;

M11;

M21;

G54G90G0;

G68.2X55.433Y22.961Z−100.I135.J90.K0.;

G53.1;

G0X0.Y60.;

M10;

M20;

G43H1Z20.;

Z10./M08;

G01Z1.5F100;

M98P0202;

G01Z0.F100;

M98P0202;

G0G49Z220./M09;

G69;

G91G28Z0.;

N120(16E/M_5면_배면/수직면);

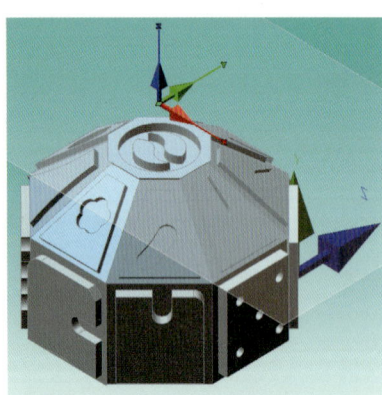

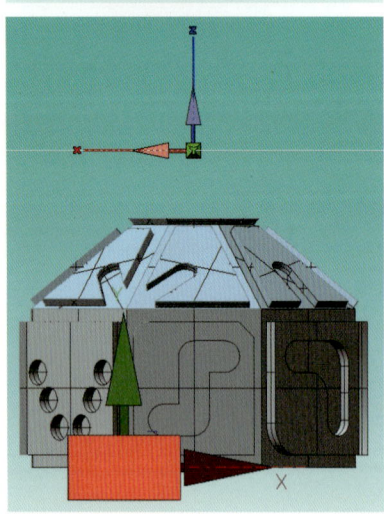

M01;

M11;

M21;

G54G90G0B90.C0.;

G68.2X22.961Y55.433Z-100.I180.J90.K0.;

G53.1;

G0X0.Y60.;

M10;

M20;

G43H1Z20.;

Z10./M08;

G01Z1.5F100;

M98P0202;

G01Z0.F100;

M98P0202;

G0G49Z220./M09;

G69;

G91G28Z0.;

N130(16E/M_6면_좌배면/수직면);

M01;

M11;

M21;

G54G90G0B90.C0.;

G68.2X-22.961Y55.433Z-100.I225.J90.K0.;

G53.1;

G0X0.Y60.;

M10;

M20;

G43H1Z20.;

Z10./M08;

G01Z1.5F100;

M98P0202;

G01Z0.F100;

M98P0202;

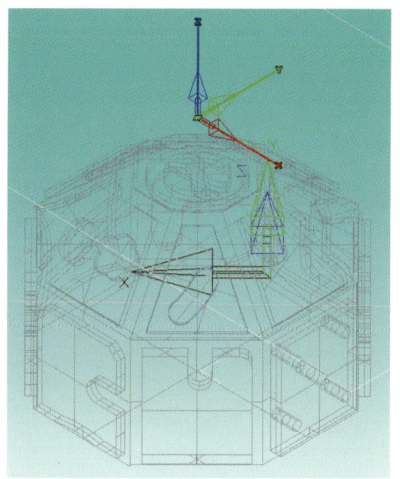

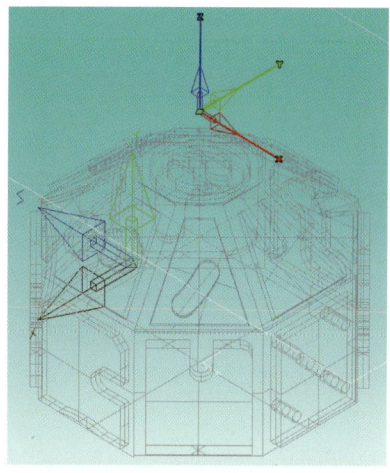

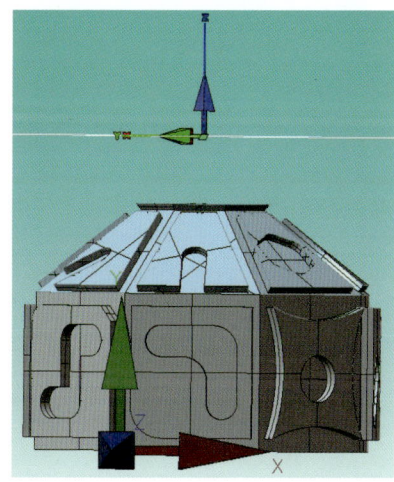

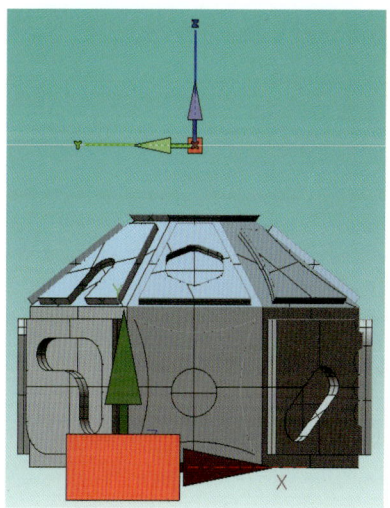

G0G49Z220./M09;

G69;

G91G28Z0.;

N140(16E/M_7면_좌측면/수직면);

M01;

M11;

M21;

G54G90G0B90.C0.;

G68.2X-55.433Y22.961Z-100.I270.J90.K0.;

G53.1;

G0X0.Y60.;

M10;

M20;

G43H1Z20.;

Z10./M08;

G01Z1.5F100;

M98P0202;

G01Z0.F100;

M98P0202;

G0G49Z220./M09;

G69;

G91G28Z0.;

N150(16E/M_8면_좌정면/수직면);

M01;

M11;

M21;

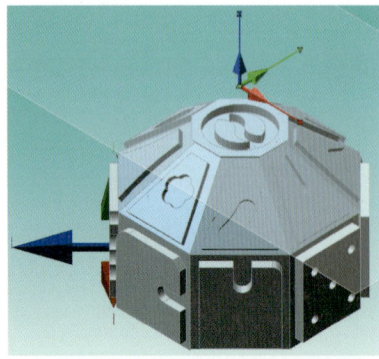

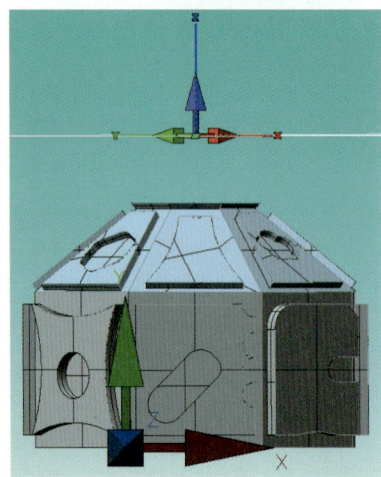

N160(16E/M_1면_정면/수직면);

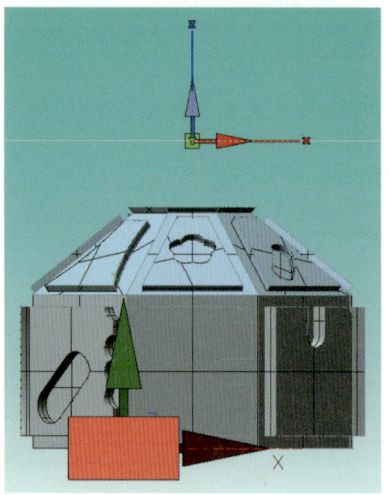

G54G90G0B90.C0.;

G68.2X-55.433Y-22.961Z-100.I315.J90.K0.;

G53.1;

G0X0.Y60.;

M10;

M20;

G43H1Z20.;

Z10./M08;

G01Z1.5F100;

M98P0202;

G01Z0.F100;

M98P0202;

G0G49Z220./M09;

G69;

G91G28Z0.;

M01;

M11;

M21;

G54G90G0B90.C0.;

G68.2X-22.961Y-55.433Z-100.I0.J90.K0.;

G53.1;

G0X0.Y60.;

M10;

M20;

G43H1Z20.;

Z10./M08;

G01Z1.5F100;

M98P0202;

G01Z0.F100;

M98P0202;
G0G49Z220./M09;
G69;
G91G28Z0.;

N170(16E/M_2면_우정면/수직면);

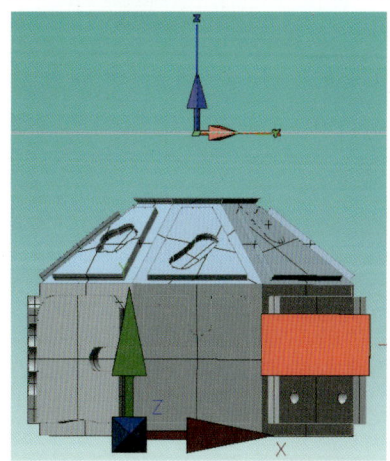

M01;
M11;
M21;
G54G90G0B90.C0.;
G68.2X22.961Y-55.433Z-100.I45.J90.K0.;
G53.1;
G0X0.Y60.;
M10;

M20;
G43H1Z20.;
Z10./M08;
G01Z1.5F100;
M98P0202;
G01Z0.F100;

M98P0202;
G0G49Z220./M09;
G69;
G91G28Z0.;
M05;

N180(6E/M_4면_우배면/수직면);

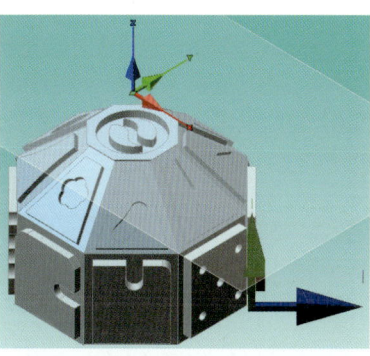

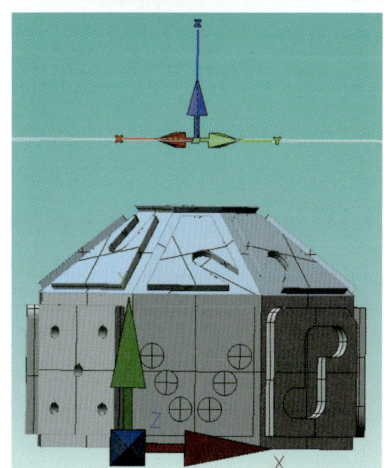

M01;
M11;
M21;

T5M06;

G54G90M03S3710;

G68.2X55.433Y22.961Z-100.I135.J90.K0.;

G53.1;

G0X0.Y50.;

M10;

M20;

G43H5Z20.;

Z5./M08;

G01Z-2.F50;

Y3.F371;

X45.92;

Y50.;

X0.;

G01Z-4.F50;

Y3.F371;

X45.92;

Y50.;

X0.;

G01Z-5.F50;

Y3.F371;

X45.92;

Y50.;

X0.;

G0Z10.;

G0G49Z220./M09;

G69;

G91G28Z0.;

N190(6E/M_5면_배면/수직면);

M01;

M11;

M21;

G54G90;

G68.2X22.961Y55.433Z-100.I180.J90.K0.;

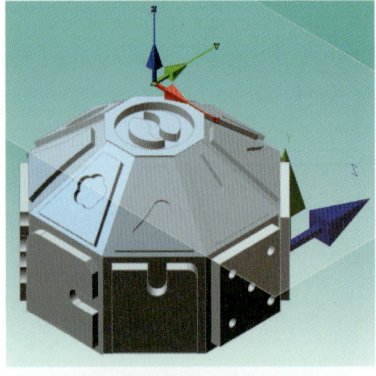

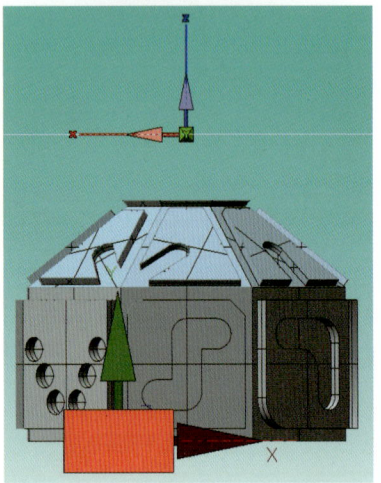

G53.1;

G0X-6.Y50.;

M10;

M20;

G43H5Z20.;

Z5./M08;

G01G42D5X3.F371;

G01Z-2.F50;

M98P0105;

G01G42D5X3.F371;

G01Z-4.F50;

M98P0105;

G01G42D5X3.F371;

G01Z-5.F50;

M98P0105;

G0G49Z220./M09;

G69;

G91G28Z0.;

N200(6E/M_6면_좌배면/수직면);

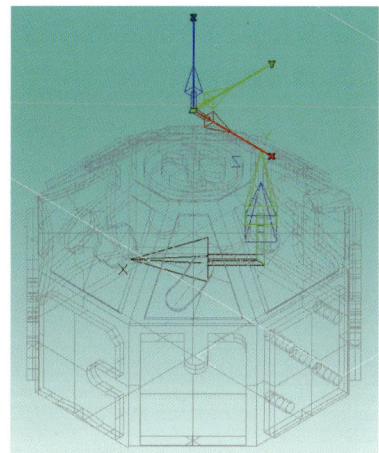

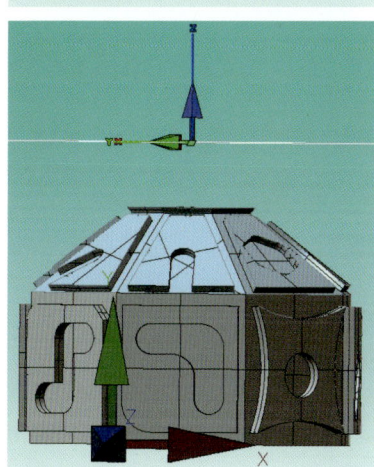

M01;

M11;

M21;

G54G90;

G68.2X-22.961Y55.433Z-100.I225.J90.K0.;

G53.1;

G0X-6.Y50.;

M10;

M20;

G43H5Z20.;

Z5./M08;

G01G42D5X3.F371;

G01Z-2.F50;

M98P0106;

G01G42D5X3.F371;

G01Z-4.F50;

M98P0106;

G01G42D5X3.F371;

G01Z-5.F50;

M98P0106;

G0G49Z220./M09;

G69;

G91G28Z0.;

N210(6E/M_7면_좌측면/수직면);

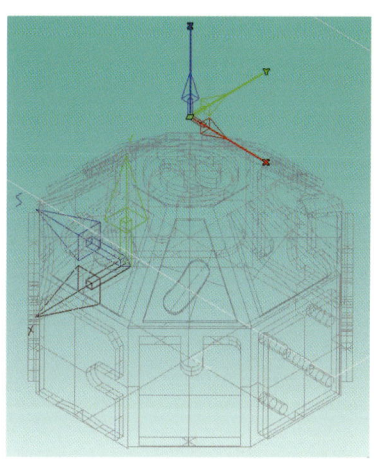

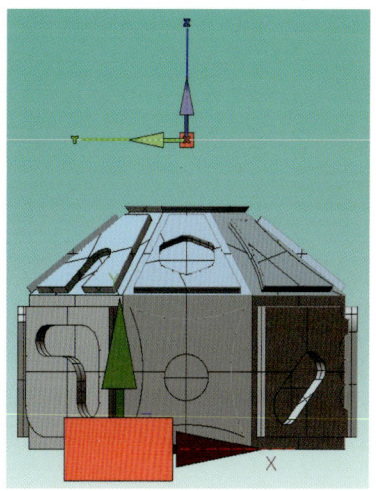

M01;

M11;

M21;

G54G90;

G68.2X-55.433Y22.961Z-100.I270.J90.K0.;

G53.1;

G0X-6.Y50.;

M10;

M20;

G43H5Z20.;

Z5./M08;

G01G42D5X3.F371;

G01Z-2.F50;

M98P0107;

G01G42D5X3.F371;

G01Z-4.F50;

M98P0107;

G01G42D5X3.F371;

G01Z-5.F50;

M98P0107;

G0G49Z220./M09;

G69;

G91G28Z0.;

N220(6E/M_1면_정면/수직면);

M01;

M11;

M21;

G54G90;

G68.2X-22.961Y-55.433Z-100.I0.J90.K0.;

G53.1;

G0X-6.Y50.;

M10;

M20;

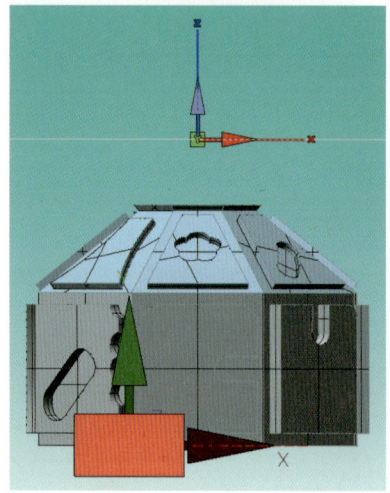

G43H5Z20.;

Z5./M08;

G01G42D5X3.F371;

G01Z-2.F50;

M98P0101;

G01G42D5X3.F371;

G01Z-4.F50;

M98P0101;

G01G42D5X3.F371;

G01Z-5.F50;

M98P0101;

G0G49Z220./M09;

G69;

G91G28Z0.;

N230(6E/M_2면_우정면/수직면);

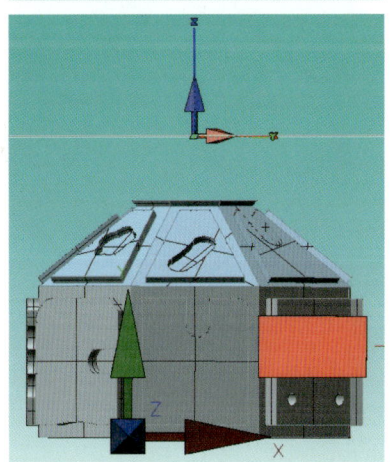

M01;

M11;

M21;

G54G90;

G68.2X22.961Y-55.433Z-100.I45.J90.K0.;

G53.1;

G0X-6.Y50.;

M10;

M20;

G43H5Z20.;

Z5./M08;

G01G42D5X3.F371;

G01Z-2.F50;

M98P0102;

G01G42D5X3.F371;

G01Z-4.F50;

M98P0102;

G01G42D5X3.F371;

G01Z-5.F50;

M98P0102;

G0G49Z220./M09;

G69;

G91G28Z0.;

N240(6E/M_11면_우측면/경사면);

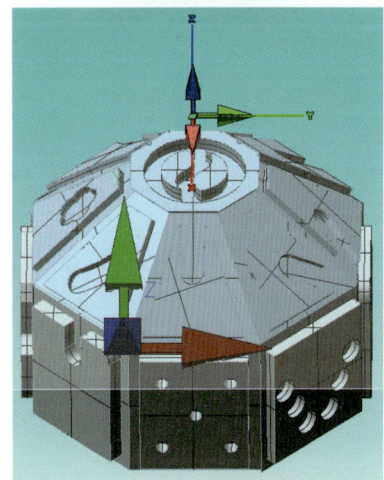

M01;

M11;

```
M21;
G54G90;
G68.2X55.433Y-22.961Z-50.I90.J42.K0.;
G53.1;
G0X12.94Y40.;
M10;
M20;
G43H5Z20.;
Z5./M08;
G01G41D5X12.94Y35.4F371;
G01Z-2.F50;
M98P0111;
G01G41D5X12.94Y35.4F371;
G01Z-4.F50;
M98P0111;
G01G41D5X12.94Y35.4F371;
G01Z-5.F50;
M98P0111;
G0G49Z220./M09;
G69;
G91G28Z0.;
```

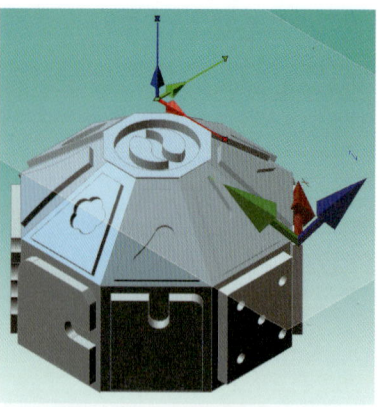

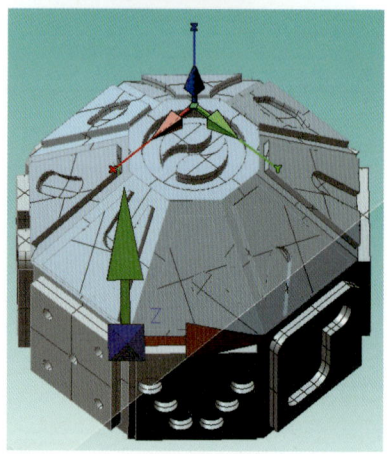

N250(6E/M_12면_우배면/경사면);

```
M01;
M11;
M21;
G54G90;
G68.2X55.433Y22.961Z-50.I135.J42.K0.;
G53.1;
G0X12.94Y40.;
M10;
M20;
G43H5Z20.;
Z5./M08;
G01G41D5X12.94Y35.4F371;
```

```
G01Z-2.F50;
M98P0112;
G01G41D5X12.94Y35.4F371;
G01Z-4.F50;
M98P0112;
G01G41D5X12.94Y35.4F371;
G01Z-5.F50;
M98P0112;
G0G49Z220./M09;
G69;
G91G28Z0.;
```

N260(6E/M_13면_배면/경사면);

```
M01;
M11;
M21;
```

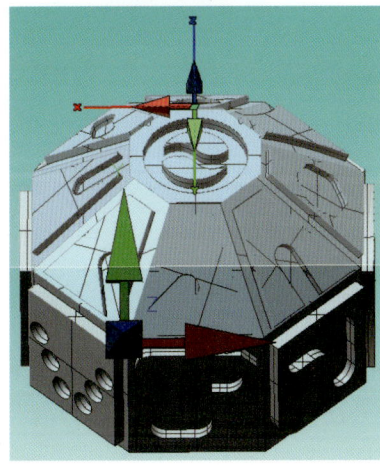

G54G90;

G68.2X22.961Y55.433Z−50.I180.J42.K0.;

G53.1;

G0X12.94Y40.;

M10;

M20;

G43H5Z20.;

Z5./M08;

G01G41D5X12.94Y35.4F371;

G01Z−2.F50;

M98P0113;

G01G41D5X12.94Y35.4F371;

G01Z−4.F50;

M98P0113;

G01G41D5X12.94Y35.4F371;

G01Z−5.F50;

M98P0113;

G0G49Z220./M09;

G69;

G91G28Z0.;

N270(6E/M_14면_좌배면/경사면);

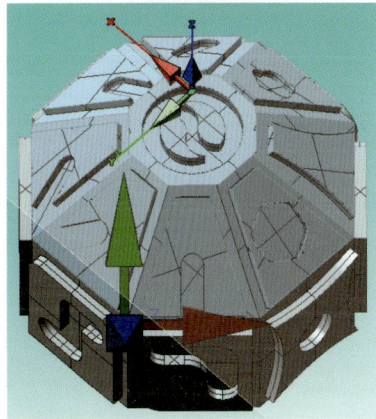

M01;

M11;

M21;

G54G90;

G68.2X−22.961Y55.433Z−50.I225.J42.K0.;

G53.1;

G0X12.94Y40.;

M10;

M20;

G43H5Z20.;
Z5./M08;
G01G41D5X12.94Y35.4F371;
G01Z-2.F50;
M98P0114;
G01G41D5X12.94Y35.4F371;
G01Z-4.F50;
M98P0114;
G01G41D5X12.94Y35.4F371;
G01Z-5.F50;
M98P0114;
G0G49Z220./M09;
G69;
G91G28Z0.;

N280(6E/M_15면_좌측면/경사면);

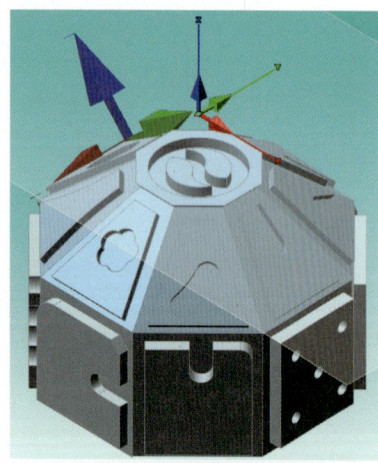

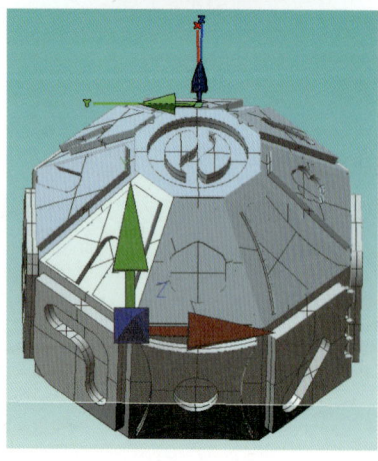

M01;
M11;
M21;
G54G90;
G68.2X-55.433Y22.961Z-50.I270.J42.K0.;

G53.1;
G0X12.94Y40.;
M10;
M20;
G43H5Z20.;
Z5./M08;
G01G41D5X12.94Y35.4F371;
G01Z-2.F50;
M98P0115;
G01G41D5X12.94Y35.4F371;
G01Z-4.F50;
M98P0115;
G01G41D5X12.94Y35.4F371;
G01Z-5.F50;
M98P0115;
G0G49Z220./M09;
G69;
G91G28Z0.;

N290(6E/M_16면_좌정면/경사면);

M01;
M11;
M21;
G54G90;
G68.2X-55.433Y-22.961Z-50.I315.J42.K0.;
G53.1;
G0X12.94Y40.;
M10;
M20;

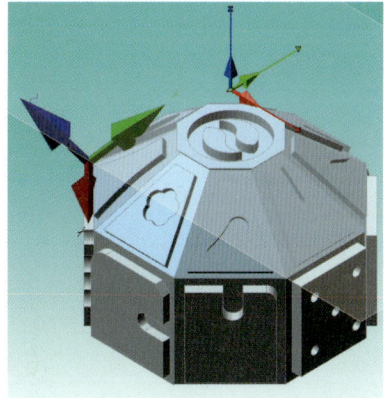

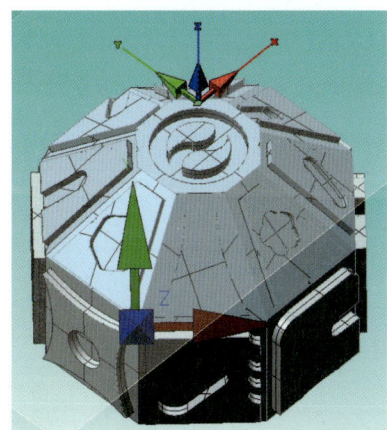

N300(6E/M_9면_정면/경사면);

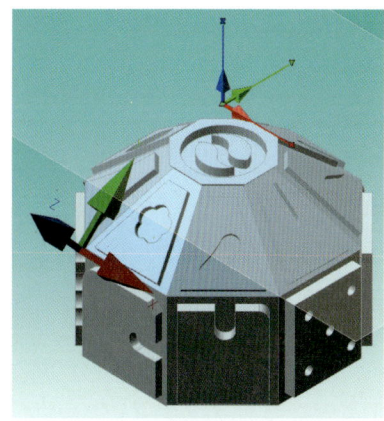

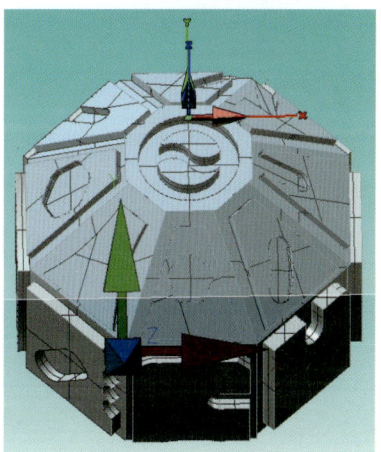

G43H5Z20.;

Z5./M08;

G01G41D5X12.94Y35.4F371;

G01Z-2.F50;

M98P0116;

G01G41D5X12.94Y35.4F371;

G01Z-4.F50;

M98P0116;

G01G41D5X12.94Y35.4F371;

G01Z-5.F50;

M98P0116;

G0G49Z220./M09;

G69;

G91G28Z0.;

M01;

M11;

M21;

G54G90;

G68.2X-22.961Y-55.433Z-50.I0.J42.K0.;

G53.1;

G0X12.94Y40.;

M10;

M20;

G43H5Z20.;

Z5./M08;

G01G41D5X12.94Y35.4F371;

G01Z-2.F50;

M98P0109;

G01G41D5X12.94Y35.4F371;

G01Z-4.F50;
M98P0109;
G01G41D5X12.94Y35.4F371;
G01Z-5.F50;
M98P0109;
G0G49Z220./M09;
G69;
G91G28Z0.;

N310(6E/M_10면_우정면/경사면);

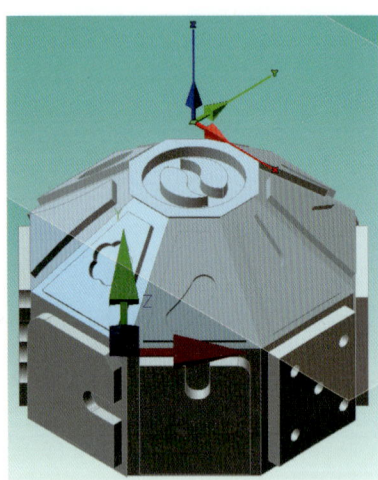

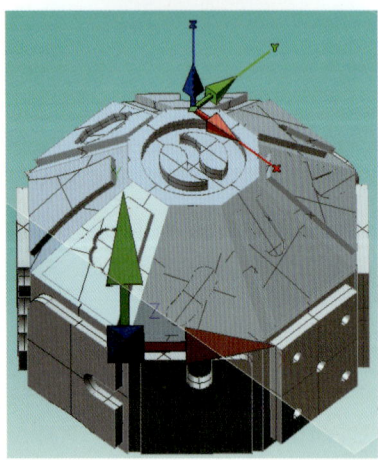

M01;
M11;
M21;
G54G90;
G68.2X22.961Y-55.433Z-50.I45.J42.K0.;

G53.1;
G0X12.94Y40.;
M10;
M20;
G43H5Z20.;
Z5./M08;
G01G41D5X12.94Y35.4F371;
G01Z-2.F50;
M98P0110;
G01G41D5X12.94Y35.4F371;
G01Z-4.F50;
M98P0110;
G01G41D5X12.94Y35.4F371;
G01Z-5.F50;
M98P0110;
G0G49Z220./M09;
G69;
G91G28Z0.;

N320(6E/M_윗면);

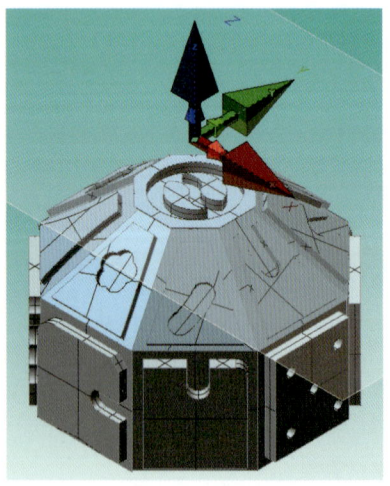

M01;
M11;
M21;
G28G91B0.;

G28G91C0.;

G54G90;

G0X-15.81Y0.;

M10;

M20;

G43H5Z10.;

Z-18./M08;

G01Z-23.98F50;

G03I15.81F371;

G01Z-25.193F50;

G03I15.81F371;

G00Z-18.;

X-12.81;

G01Z-23.98F50;

G02X0.R9.F371;

G03X12.81R9.;

G01Z-25.193F50;

G02X0.R9.F371;

G03X-12.81R9.;

G0Z-18.;

G49G0Z180./M09;

M05;

N330(CENTER Drill_3면_우측면/수직면);

M01;

M11;

M21;

T3M06;

G54G90G0M03S3180;

G68.2X55.433Y-22.961Z-100.I90.J90.K0.;

G53.1;

G0X11.5Y37.5;

M10;

M20;

G43H3Z50.;

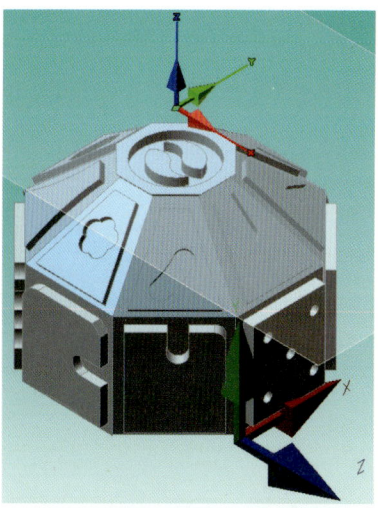

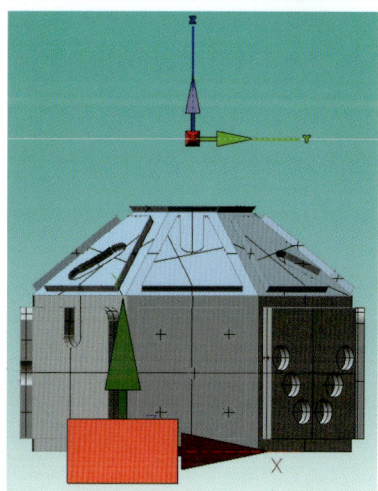

Z20./M08;

G81G99Z-3.R3.F200;

X34.5;

X22.96Y25.;

X11.5Y12.5;

X34.5;

G80;

G49Z250./M09;

G69;

G28G91Z0.;

N340(CENTER Drill_8면_좌정면/수직면);

    M01;

    M11;

    M21;

    G54G90;

    G68.2X-55.433Y-22.961Z-100.I315.J90.K0.;

    G53.1;

    G0X11.5Y37.5;

    M10;

    M20;

    G43H3Z50.;

    Z20./M08;

    G81G99Z-3.R3.F200;

    X34.5;

    X11.5Y12.5;

    X34.5;

    G80;

    G49Z250./M09;

    G69;

    G28G91Z0.;

    M05;

N350(4파이 Drill_3면_우측면/수직면);

    M01;

    M11;

    M21;

    T4M06;

    G54G90M03S3180;

    G68.2X55.433Y-22.961Z-100.I90.J90.K0.;

    G53.1;

    G0X11.5Y37.5;

    M10;

    M20;

    G43H4Z50.;

    Z20./M08;

    G73G99Z-10.R3.Q3.F200;

    X34.5;

    X22.96Y25.;

    X11.5Y12.5;

    X34.5;

    G80;

    G49Z250./M09;

    G69;

    G28G91Z0.;

N360(4파이 Drill_8면_좌정면/수직면);

    M01;

    M11;

    M21;

    G54G90;

    G68.2X-55.433Y-22.961Z-100.I315.J90.K0.;

    G53.1;

    G0X11.5Y37.5;

    M10;

    M20;

    G43H4Z50.;

    Z20./M08;

    G73G99Z-10.R3.Q3.F200;

    X34.5;

    X11.5Y12.5;

    X34.5;

    G80;

    G49Z250./M09;

    G69;

    G28G91Z0.;

    M05;

    M11;

    M21;

    G28G91B0.;

    G28G91C0.;

    M02;

    %

[보조 프로그램]

```
%
O0201;
G1Y41.F278;
X10.;
Y0.;
X20.;
Y41.;
X30.;
Y0.;
X40.;
Y41.;
G0Z20.;
X0.Y-10.;
M99;
%
```

[보조 프로그램]

```
%
O0202;
G1Y8.F278;
X10.;
Y50.;
X20.;
Y8.;
X30.;
Y50.;
X40.;
Y8.;
G0Z7.;
X0.Y60.;
M99;
%
```

[보조 프로그램]

```
%
O0105(5면 윤곽 파이 6);
Y6.F371;
X42.92;
Y21.;
X32.92;
G02Y29.R4.;
G1X42.92;
Y44.;
G91X-3.Y3.;
G90X13.;
G03X3.Y37.R10.;
G0Z5.;
G40X-6.Y50.;
M99;
%
```

[보조 프로그램]

```
%
O0106(6면 윤곽 파이 6);
Y29.F371;
X13.;
G2Y21.R4.;
G01X3.;
Y6.;
X42.92;
Y37.;
G03G91X-10.Y10.R10.;
G90G01X13.;
G03X3.Y37.R10.;
G0Z5.;
G40X-6.Y50.;
M99;
%
```

[보조 프로그램]

```
%
O0107(7면 윤곽 파이 6);
Y6.F371;
X42.92;
Y21.;
X32.92;
G02Y29.R4.;
G1X42.92;
Y44.;
G91X-3.Y3.;
G90X6.;
X3.Y44.;
G0Z5.;
G40X-6.Y50.;
M99;
%
```

[보조 프로그램]

```
%
O0102(2면 윤곽 파이 6);
Y6.F371;
X42.92;
Y42.;
G03G91X-5.Y5.R5.;
G90G01X26.961;
Y37.;
G02X18.961R4.;
G01Y47.;
X8.;
G03X3.Y42.R5.;
G0Z5.;
G40X-6.Y50.;
M99;
%
```

[보조 프로그램]

```
%
O0101(1면 윤곽 파이 6);
Y6.F371;
X18.961;
Y16.;
G02X26.961R4.;
G01Y6.;
X42.92;
Y44.;
G91X-3.Y3.;
G90X8.;
G03X3.Y42.R5.;
G0Z5.;
G40X-6.Y50.;
M99;
%
```

[보조 프로그램]

```
%
O0111(11면 윤곽 파이 6);
X18.96F371;
Y20.4;
G03X26.96R4.;
G01Y35.4;
X32.98;
X41.14Y6.;
X4.78;
X12.94Y35.4;
G0Z5.;
G40X12.94Y40.;
M99;
%
```

[보조 프로그램]

```
%
O0112(12면 윤곽 파이 6);
X32.98F371;
X39.8Y10.83;
X30.66Y19.97;
G03X25.Y14.31R4.;
G01X33.32Y6.;
X4.78;
X12.94Y35.4;
G0Z5.;
G40X12.94Y40.;
M99;
%
```

[보조 프로그램]

```
%
O0113(13면 윤곽 파이 6);
X32.98F371;
X41.14Y6.;
X12.6Y6.;
X20.92Y14.81;
G03X15.26Y19.97R4.;
G01X6.12Y10.83;
X12.94Y35.4;
G0Z5.;
G40X12.94Y40.;
M99;
%
```

[보조 프로그램]

```
%
O0114(14면 윤곽 파이 6);
X32.98F371;
X41.14Y6.;
```

```
X26.96;
Y18.;
G03X18.96R4.;
G01Y6.;
X4.78;
X12.94Y35.4;
G0Z5.;
G40X12.94Y40.;
M99;
%
```

[보조 프로그램]

```
%
O0115(15면 윤곽 파이 6);
X32.98F371;
X41.14Y6.;
X4.78;
X12.94Y35.4;
G91G0Z8.;
G90G40X12.94Y40.;
X22.96 Y24.2;
G91G1Z-8.F50;
G90Y30.41F371;
X17.58 Y27.31;
Y21.09;
X22.96 Y17.99;
X28.34 Y22.58;
Y27.31;
X22.96 Y30.41;
Y23.;
G0Z5.;
X12.94Y40.;
M99;
%
```

[보조 프로그램]

```
%
O0116(16면 윤곽 파이 6);
X32.98F371;
X41.14Y6.;
X4.78;
X12.94Y35.4;
G91G0Z8.;
G40G90X12.94Y40;.
X-1.Y6.;
G41D5G01X4.78Y6.F371;
G91G01Z-8.F50;
G03G90X12.94Y35.4R30.F371;
G91G0Z8.;
G90G40X7.;
X39.Y35.4;
G41D5G01X32.98Y35.4;
G91G01Z-8.F50;
G90G03X41.14Y6.R30.F371;
G0Z5.;
G40X48.;
X12.94Y40.;
M99;
%
```

[보조 프로그램]

```
%
O0109(9면 윤곽 파이 6);
X32.98F371;
X41.14Y6.;
X4.78;
X12.94Y35.4;
G91G0Z8.;
G90G40X12.94Y40.;
X22.96 Y28.2;
```

```
G91G1Z-8.F50;
G90Y24.2F371;
X19.16 Y25.44;
X22.96 Y24.2;
X20.61 Y20.96;
X22.96 Y24.2;
X26.76. Y25.44;
X22.96 Y24.2;
X25.31 Y20.96;
X22.96 Y24.2;
G0Z5.;
X12.94Y40.;
M99;
%
```

[보조 프로그램]

```
%
O0110(10면 윤곽 파이 6);
X32.98F371;
X41.14Y6.;
X4.78;
X12.94Y35.4;
G91G0Z8.;
G90G40X12.94Y40.;
X18. Y20.;
G91G1Z-8.F50;
G90G41 X20.68 Y17.03F371;
G03 X29.94 Y29. R43.;
G03 X22.85 Y32.71 R4.;
G02 X15.32 Y22.97 R35.;
G03 X20.68 Y17.03 R4.;
G0Z5.;
X12.94Y40.;
M99;
%
```

[실제 가공 사진]

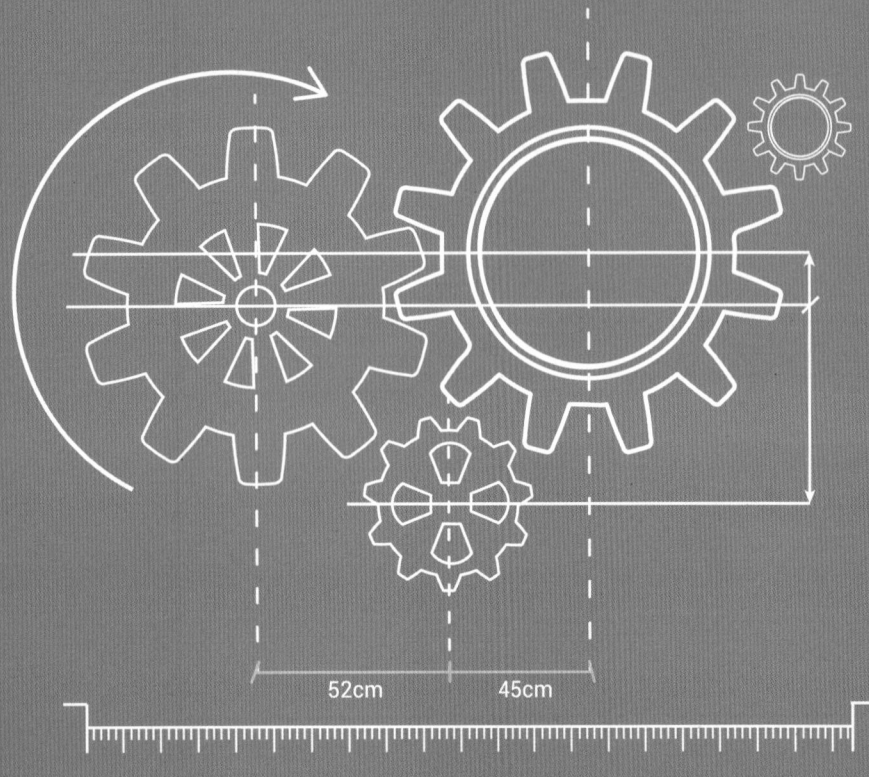

52cm 45cm

Chapter **4**

hyperMILL을 사용하여
인덱스 5축 가공 CAM 작업하기

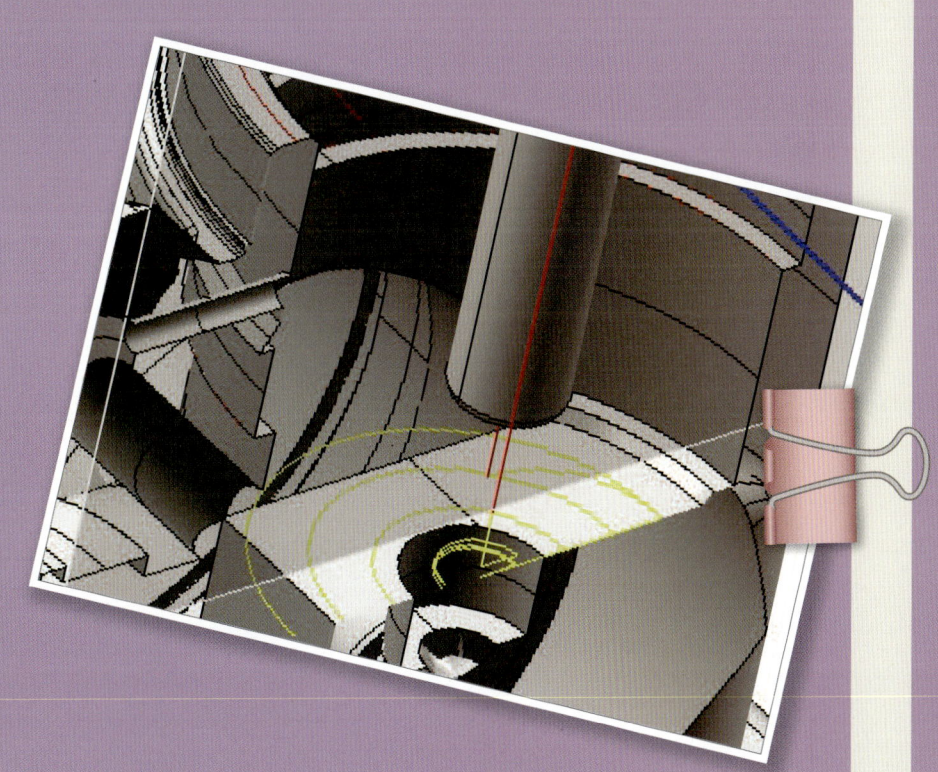

1 인덱스 5축 가공 CAM 작업하기 1 (5면 가공)

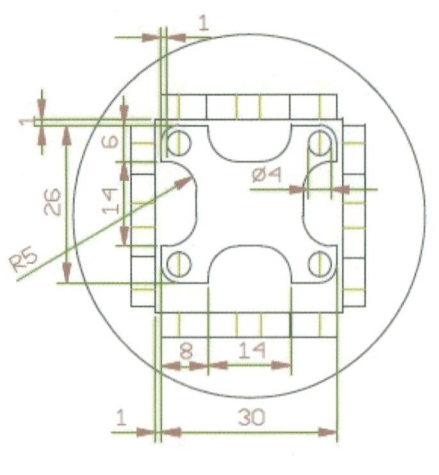

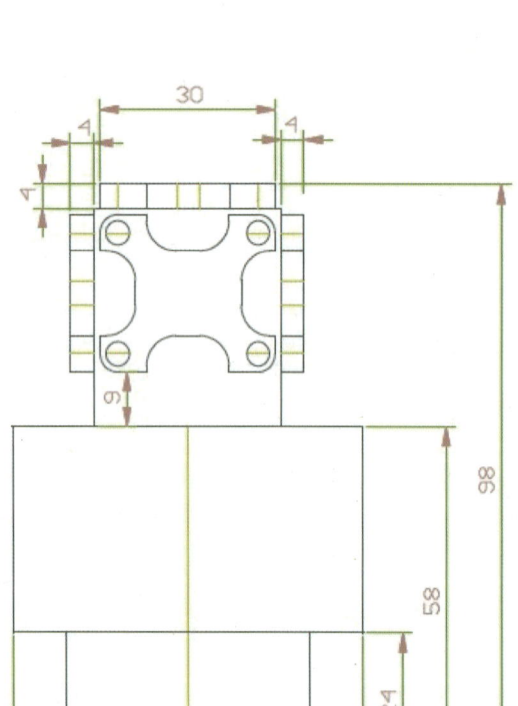

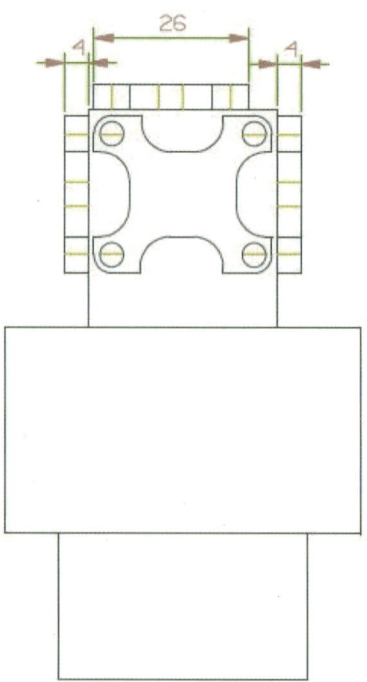

1-1 가공 모델 불러오기 및 가공 소재의 원점 Setting하기

인덱스 5축 가공을 이용하여 5면 가공 모델을 가공 해보자.

앞의 모델을 가공하기 위하여 몇 가지를 먼저 숙지한다.

- 가공 부분이 윗부분 5면이므로 환봉 규격 및 척에 고정할 부분, 인덱스 5축 가공 도중 공구 척과 소재를 고정한 척 사이의 충돌을 고려하여 R30, 길이 99mm 정도의 소재를 이용하여 가공하도록 한다.
- 모델의 사이즈를 파악하고 외곽 바운더리를 생성시킨다.
- 가공 소재의 원점 Setting – 가공 모델의 좌표축(WCS)과 NCS(프로그램 원점)를 일치시킨다.

01 모델 폴더에서 5면가공.igs 파일을 연다.

다른 CAD 시스템에서 작성한 3D 모델을 불러올 경우 모델의 중심축(Z축)과 hyperMILL의 절대 좌표계 Z축과 일치하지 않는 경우가 종종 있다. 이 경우 모델을 회전시켜 hyperMILL의 절대 좌표계 Z축과 일치시켜야 한다. 풀 다운 메뉴에서 편집 > 이동/복사 [이동/복사(V)] 를 실행한다.

그림과 같이 엔티티에서 모델을 선택하고 Y-Z 회전자를 드래그하여 90도 회전시킨다(약간 드래그한 후 각도 90도를 입력해도 된다).

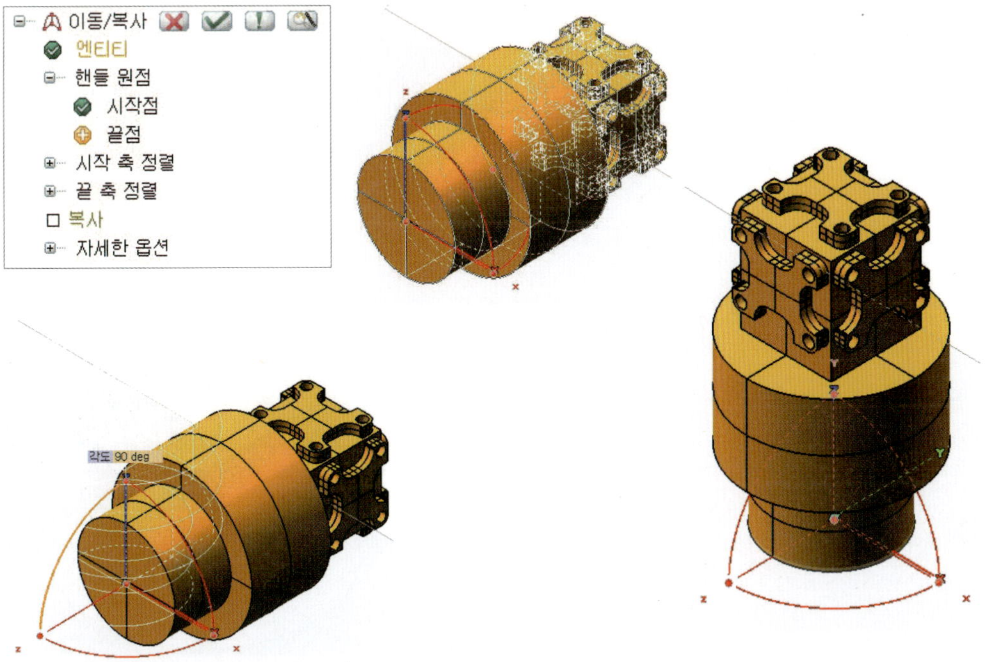

02 가공할 모델의 소재 사이즈를 확인하기 위해 풀 다운 메뉴에서 도구 > 정보 > 분석 > 엔티티 크기를 실행한다.

03 ➤ 화면에서 가공할 모델을 드래그하여 선택하고, 그림과 같이 지오메트릭 데이터 삽입 항목
을 체크 ✅ 한다. 체크를 해야 박스를 생성한다.

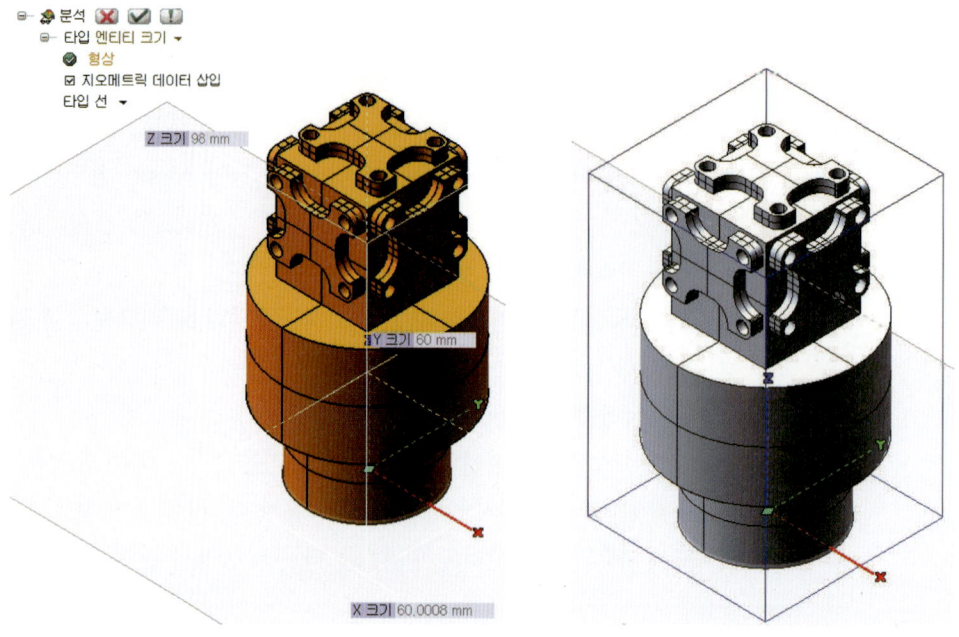

04 ➤ 가공 원점을 잡기 위해 이동/복사 명령을 이용하여 모델의 상단 중심점을 hyperMILL의
절대 좌표계 원점 아래 1mm 위치로 이동하자.

❶ 풀 다운 메뉴 삽입 > 제도 > 선 > 2 점 ◩
위쪽 라인 코너 끝점으로 하는 대각선 라인을 생성한다.

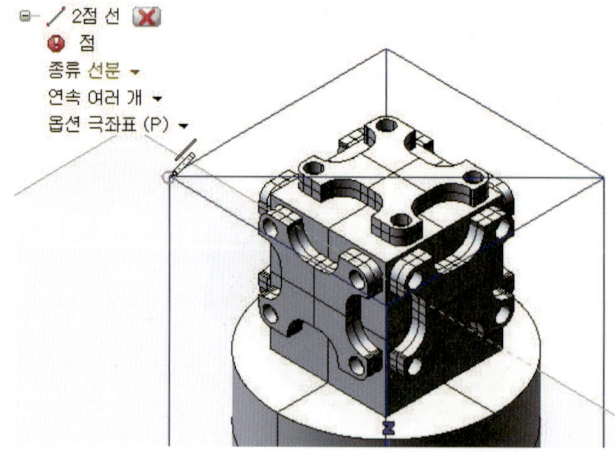

❷ 풀 다운 메뉴 편집 > 🅰 이동/복사(V)

이동시킬 엔티티를 선택한 후 시작점은 앞에서 새로 생성한 대각선 Line의 중심점을 선택한다. 끝점은 작업 평면 원점 스냅을 선택한다.

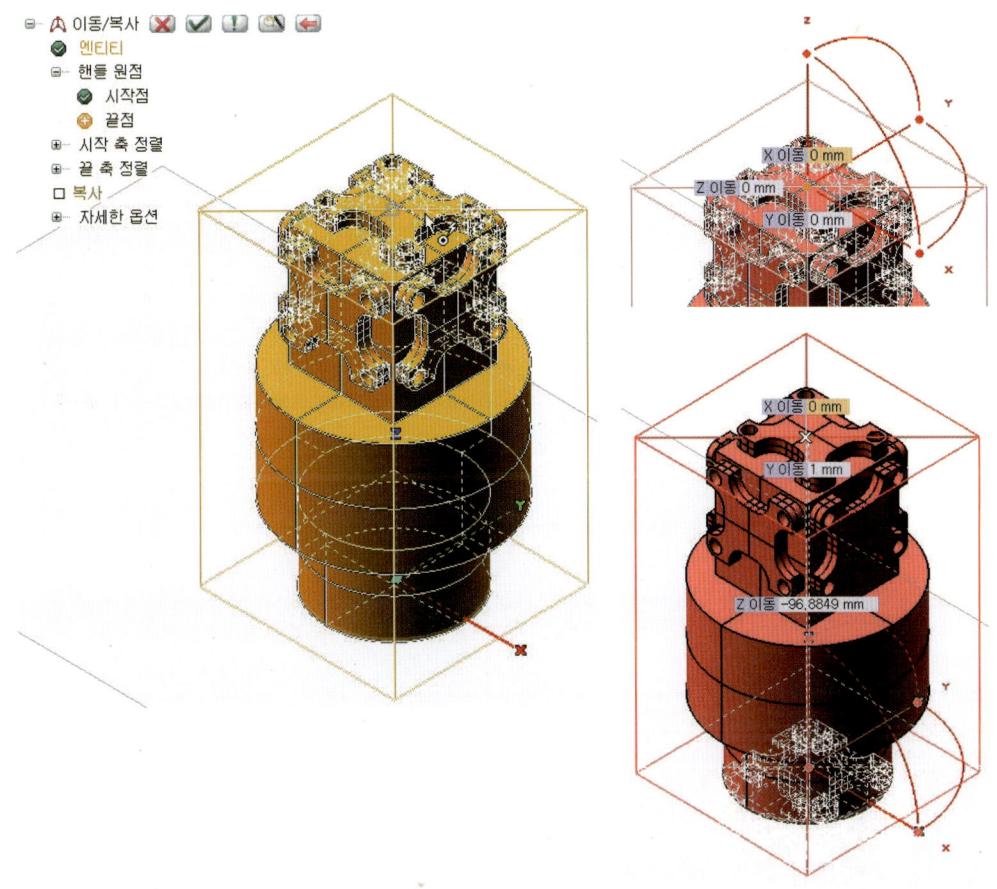

적용 버튼 🔲을 클릭한 후 이어서 Z 방향에 −1을 입력한다.

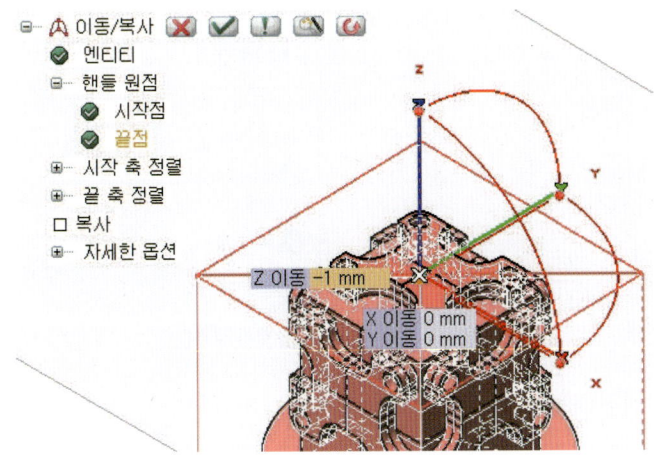

❸ 풀 다운 메뉴 도구 > 정보 > ▣ 단일 엔티티(S)
정확하게 이동되었는지 대각선 중심점의 좌표값(X0, Y0, Z-1)을 확인한다.

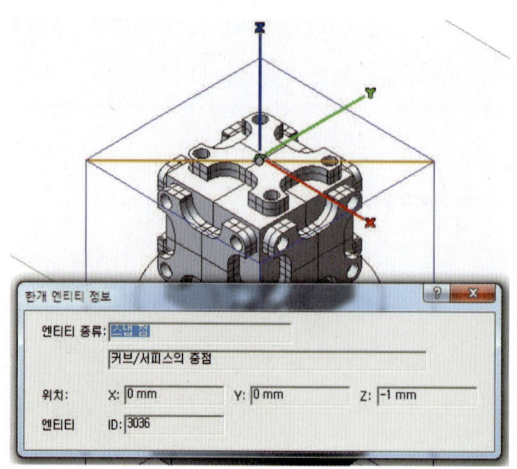

위와 같이 설정을 적용하면 모델링의 상면 중심이 절대 좌표계의 원점 아래 1mm 위치와 일치하게 된다(1mm 높게 지정된 소재 위에 NCS 원점 정의).

○-- 참고

지금까지 모델링의 상면 중심을 가공 원점 아래 1mm 위치에 일치시키는 작업을 해 보았다. Toolpath 를 생성한 NCS 원점과 실제 가공 장비의 공작물 좌표계 원점(G54)을 반드시 일치시켜야 한다.

1-2 hyperMILL Browser 열기 및 소재(stock) 모델 생성 / 밀링 영역 정의 / 가공 공구 설정 / 가공 좌표계 설정

 버튼을 클릭하여 CAM 작업 상태로 전환한다.

공정 탭에서 마우스 오른쪽 버튼을 눌러 신규 > 공정 리스트를 선택한다.

❶ 공정 리스트 : 작업 공정 이름 지정

❷ 공구 경로 : CL DATA 생성 위치 지정

❸ NCS : 가공 프레임(공작물 원점) 세팅

| 공정 | 공구 | 프레임 | 모델 | 피쳐 | 매크로 |

⋯ 🖳 5면가공

공정 리스트: 5면가공

공정리스트 설정 | 주석문 | 피소재정의 | 미러 | 포스트 프로세서 |

❶ 공정 리스트
이름   5면가공

❷ 공구경로
공구경로…   c:\users\public\documents\open mind\pof\5면가공

❸ NCS   계산
NCS 5면가공   🖳   ☐ 보정된 중심 경로

소재(stock) 모델 만들기

01 피소재정의 탭으로 이동한 후 소재(stock) 모델에서 설정에 체크하고, 신규 소재 ⊕ 버튼을 클릭(절삭 소재 지정)한다.

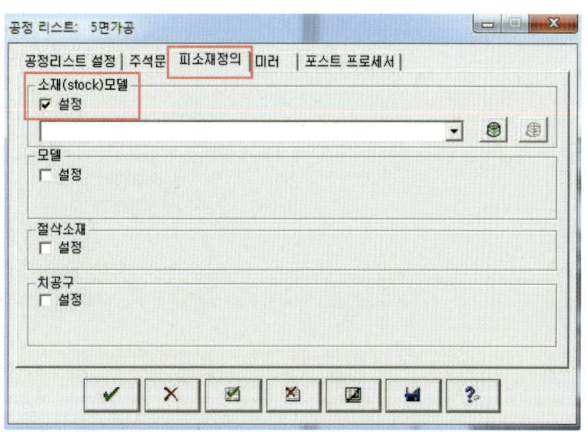

　　원형 소재를 사용하는 것이 바람직하므로 소재 Profile을 선택하기 전에 hyperCAD의 기능을 이용하여 원점 기준으로 60파이 circle을 그려 주고 그것을 프로파일로 잡으면 원형 소재를 생성시켜 줄 수 있다.

02 삽입 > 제도 > 원과 호 > [중심(C)] 을 선택하여 원의 중심과 반지름을 입력하여 원을 그린다.

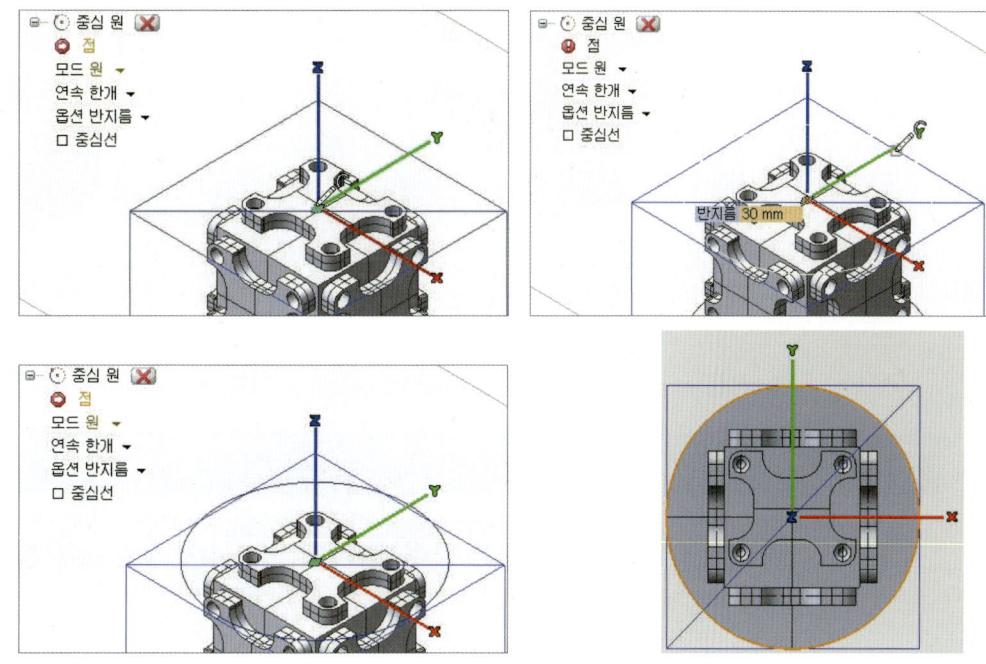

03 프로파일 신규 선택 버튼 을 클릭한 후 60파이 원을 선택한다. 오프셋 1 항목에서 높이값을 지정한다(98mm에 소재 여유를 1mm 더 넣는다. 즉 99mm로 정의한다).

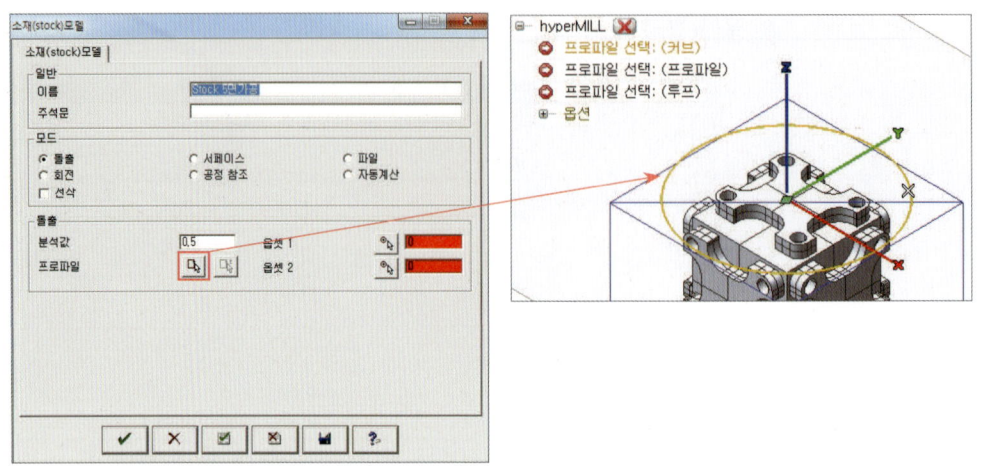

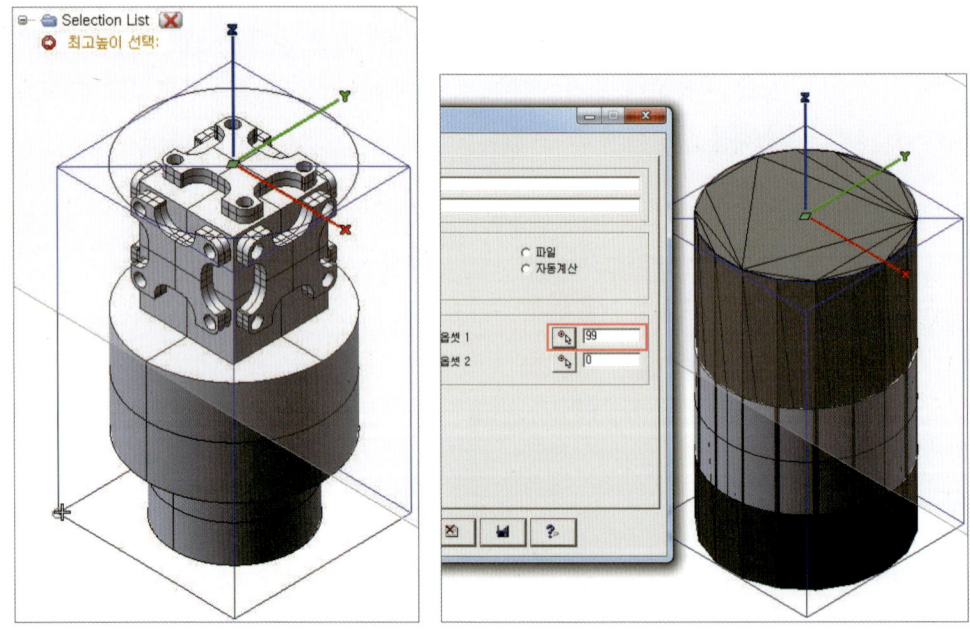

밀링 영역 정의하기(절삭 모델 정의)

01 피소재정의 탭의 모델에서 설정에 체크하고, 신규 절삭 모델 버튼 을 클릭하여 절삭 모델을 설정한다.

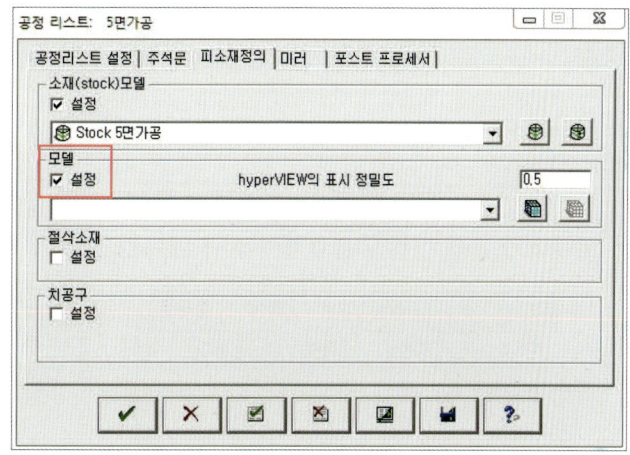

02 ▶ 신규 선택 아이콘 을 클릭한 후 모델 전체를 드래그하여 선택한다.

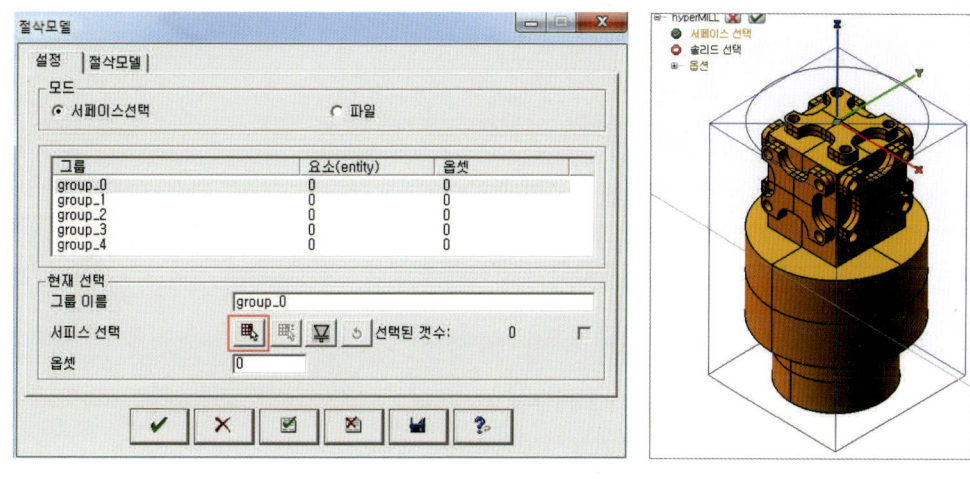

OK버튼 을 클릭하여 신규 절삭 모델 선택을 마친다.

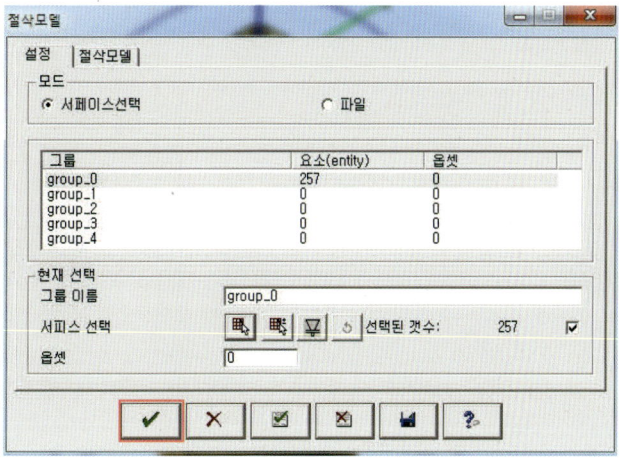

가공 공구 설정하기

01 hyperMILL 브라우저 상단의 공구 탭을 선택한다.

02 마우스 오른쪽 버튼을 클릭하여 신규 메뉴를 선택한 후 절삭 공구를 선택한다.

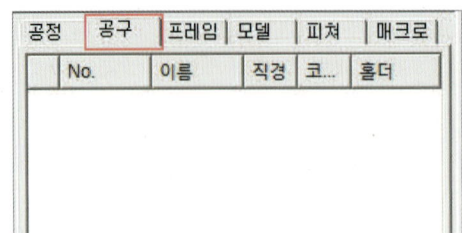
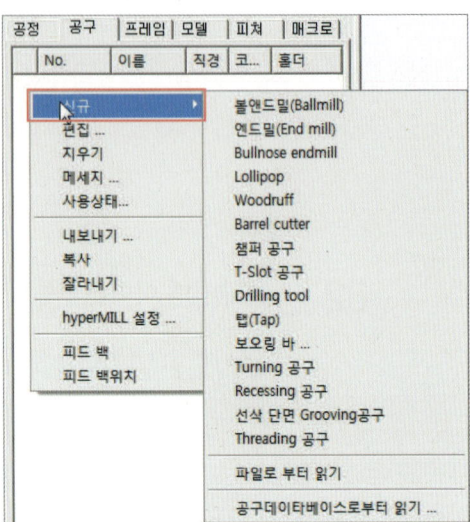

03 공구 정의 대화상자에서 지오메트리 탭, 테크놀러지 탭에 각각 다음 그림과 같이 설정한다.

❶ 1번 공구(파이 16 엔드밀) 설정
- 공구 직경 : 16(mm)
- 공구 길이(전장) : 53(mm)
- 공구 길이(날장) : 30(mm)

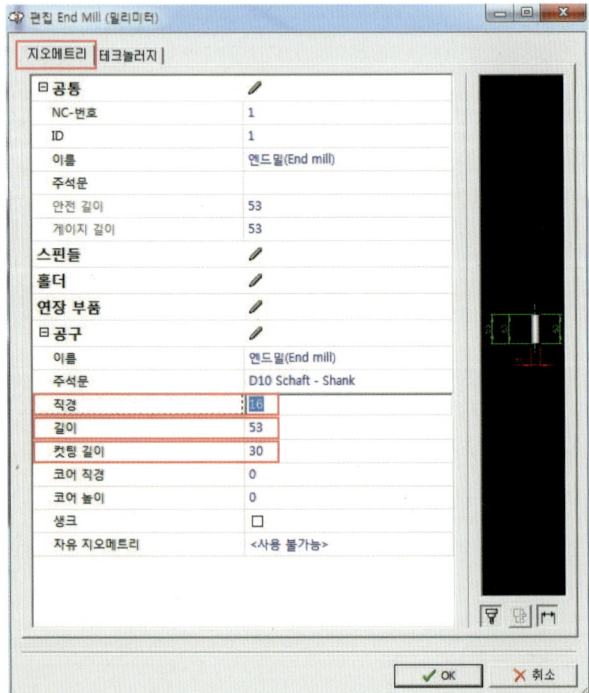

- 스핀들 : 1390(rpm)
- XY 이송속도 : 278(mm/min)
- Z축 이송속도 : 100(mm/min)
- 감속 XY 이송속도 : 150(mm/min)

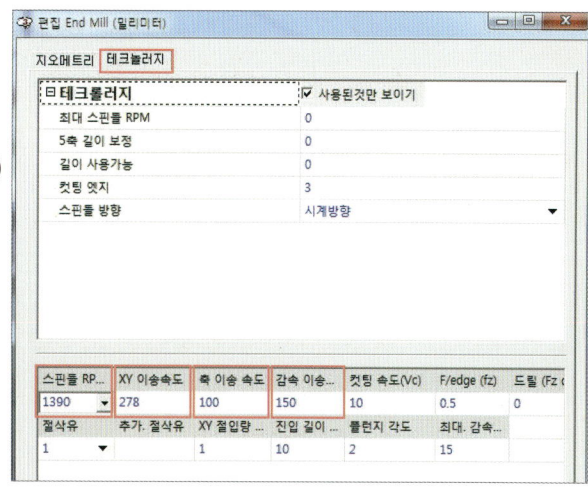

척의 형상 정의

5축 가공에서는 절삭 공구와 공작물의 충돌을 방지하기 위한 매우 중요한 설정이다. 실제의 크기보다 약간 더 크게 하여 CAM으로 하여금 공작물과의 충돌 전에 척을 회피시키도록 한다.

다음 그림의 순서대로 정의한다.

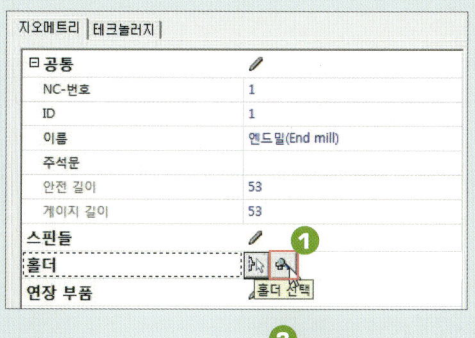

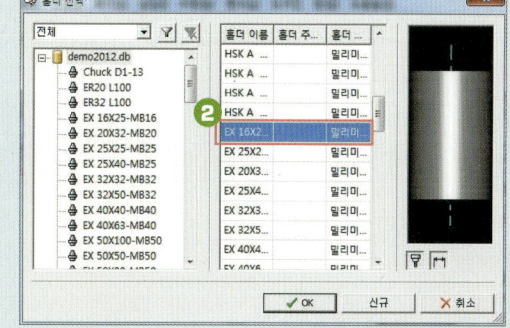

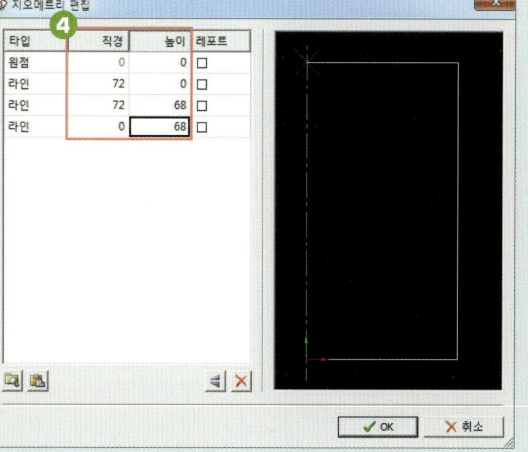

※ 척의 형상을 직사각형 형태로 단순화시킨 것으로, 실제 척의 형상이 정의된 직사각형 안에 포함되어야 한다.

❷ 2번 공구(파이 8 엔드밀) 설정
- 공구 직경 : 8(mm)
- 공구 길이(전장) : 33(mm)
- 공구 길이(날장) : 10(mm)

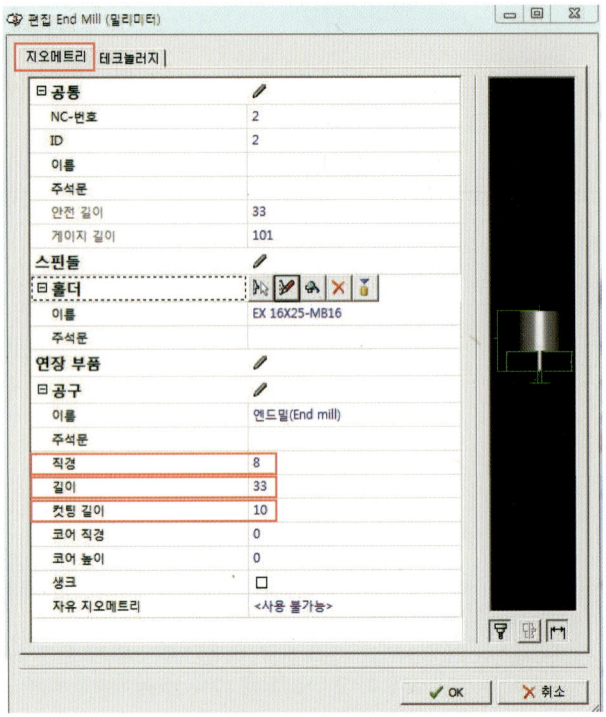

- 스핀들 : 2790(rpm)
- XY 이송속도 : 334(mm/min)
- Z축 이송속도 : 100(mm/min)
- 감속 XY 이송속도 :
  150(mm/min)

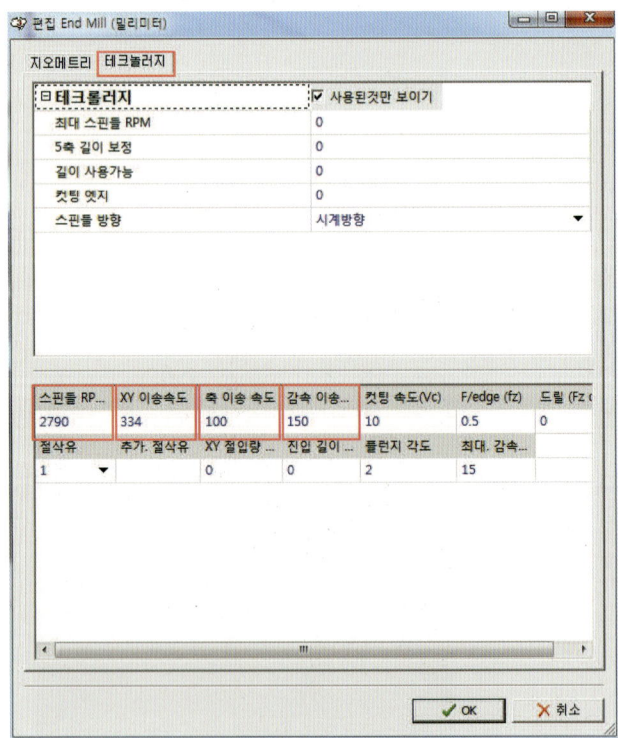

❸ 3번 공구(파이 4 드릴) 설정
• 공구 직경 : 4(mm)
• 공구 길이(전장) : 60(mm)

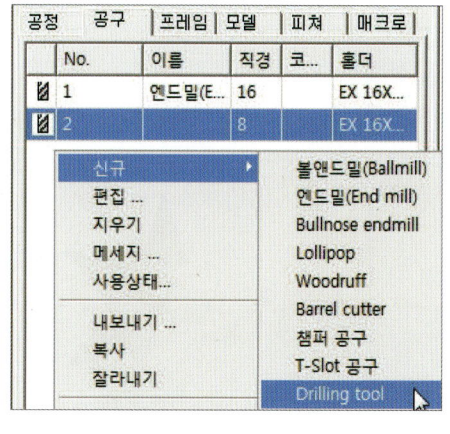

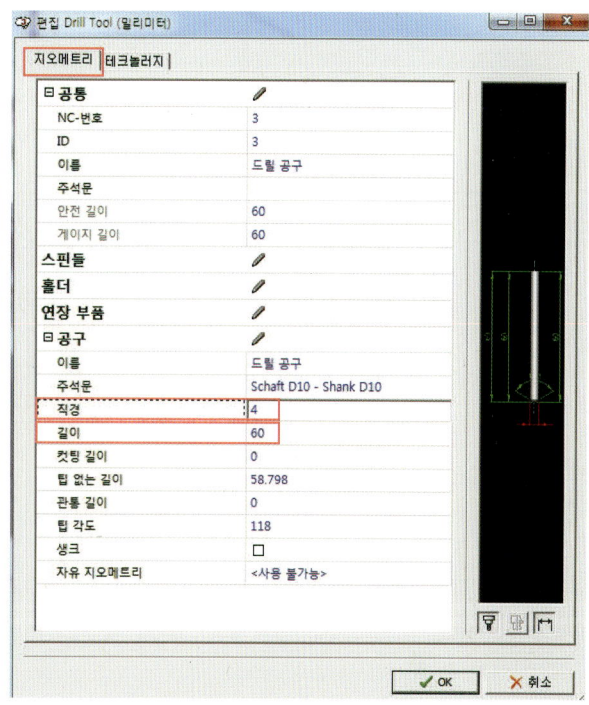

• 스핀들 : 3180(rpm)
• Z축 이송속도 : 100(mm/min)

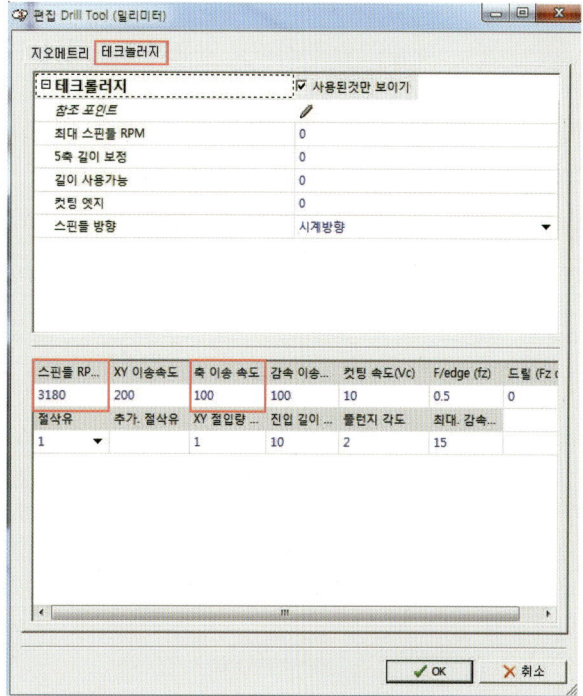

> ## 가공 좌표계 설정하기

3축 가공과 달리 인덱스 5축 가공에서는 G54 좌표계 외에 경사진 가공 면에 수직하게 공구를 세우기 위한 좌표계가 필요하다.

- hyperMILL 브라우저 상단의 프레임 탭을 선택한다.
- 오른쪽 하단의 신규 작성 버튼을 눌러 다음 그림과 같이 가공 좌표계를 설정한다.

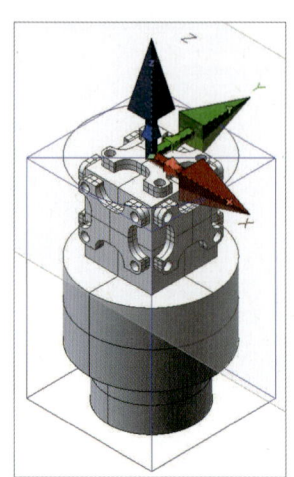

다음 그림 순서대로 좌표계를 설정한다.

01 우측면 좌표계 설정

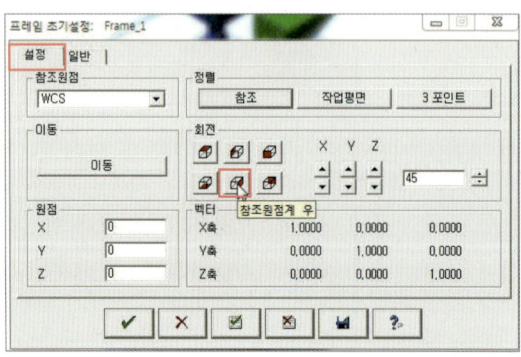
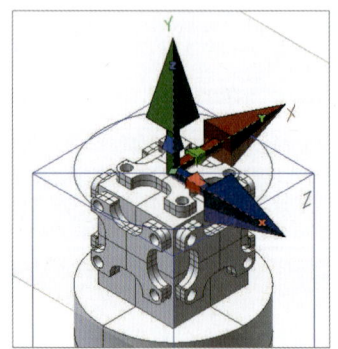

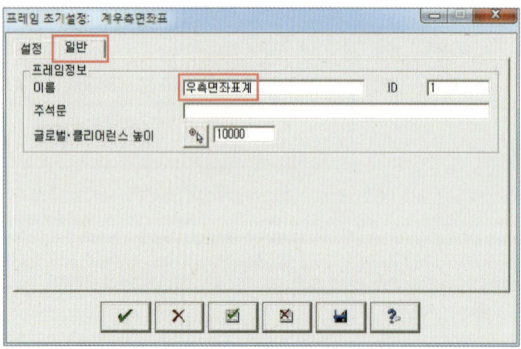

02 배면 좌표계 설정

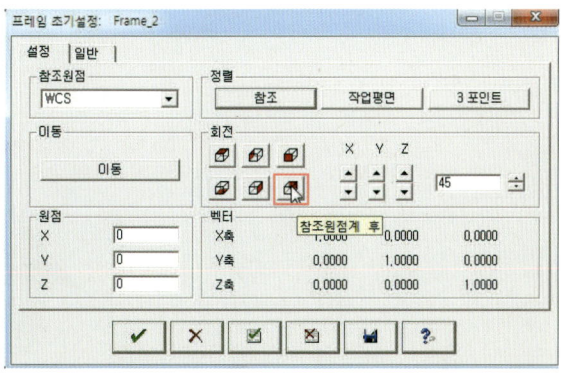
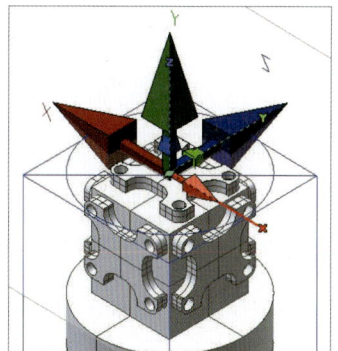

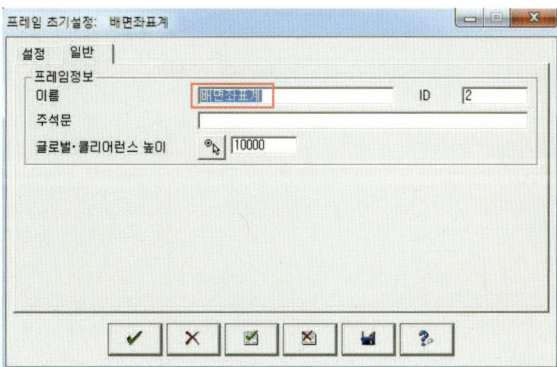

03 좌측면 좌표계 설정

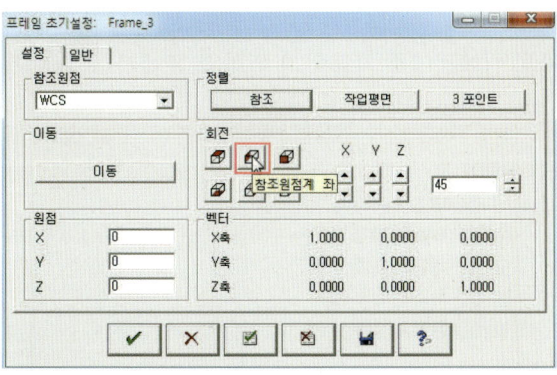
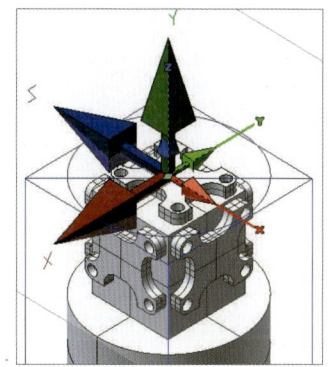

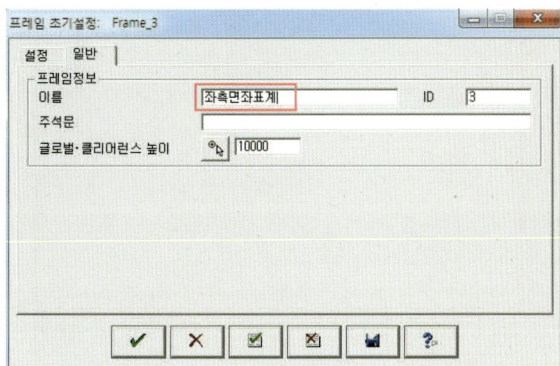

04 정면 좌표계 설정

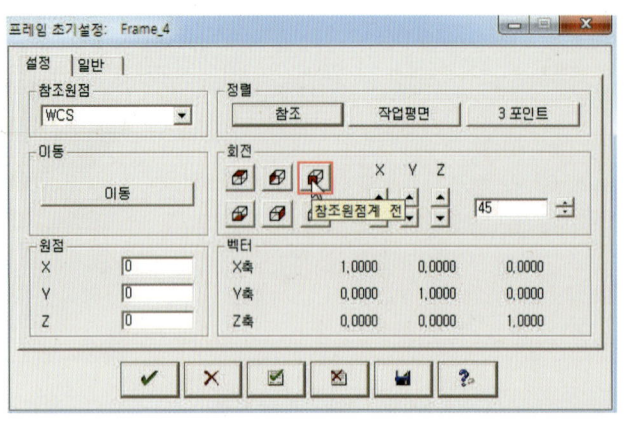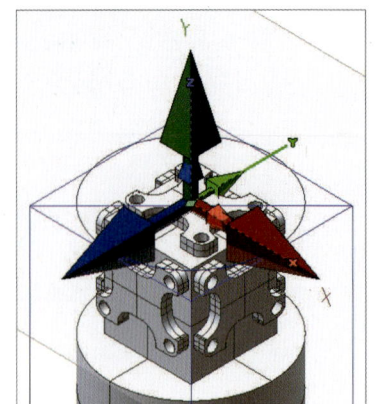

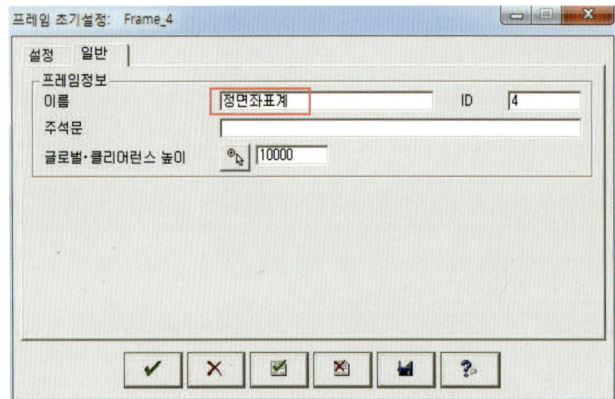

다음 그림은 5개의 면을 인덱스 5축 가공하기 위한 좌표계가 모두 설정된 상태이다.

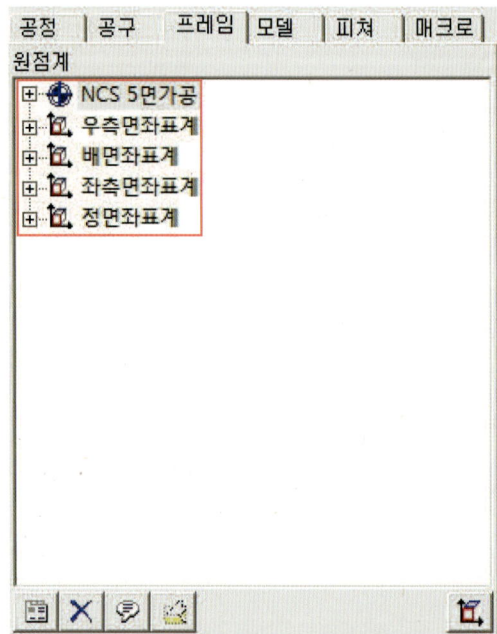

1-3 황삭 가공

윗면 황삭 가공

01 hyperMILL 브라우저 상단의 공정 탭을 선택한다.

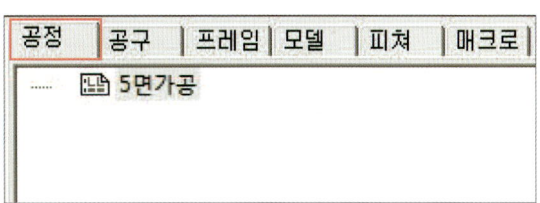

02 빈 공간에 마우스 오른쪽 버튼을 클릭하여 신규 메뉴를 선택한 후 3D 사이클 > 3D 등고선 황삭 가공(소재 지정)을 선택한다.

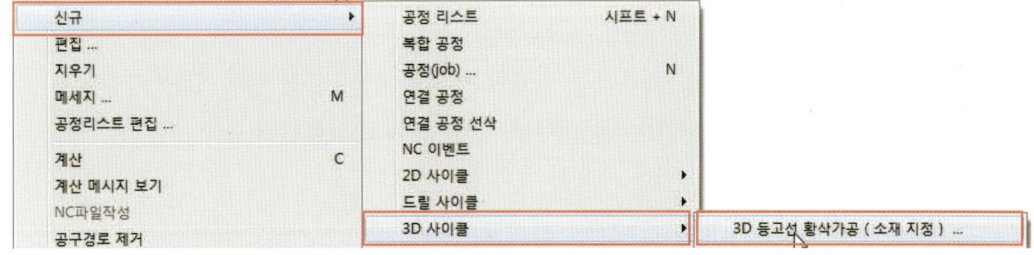

03 공구 탭

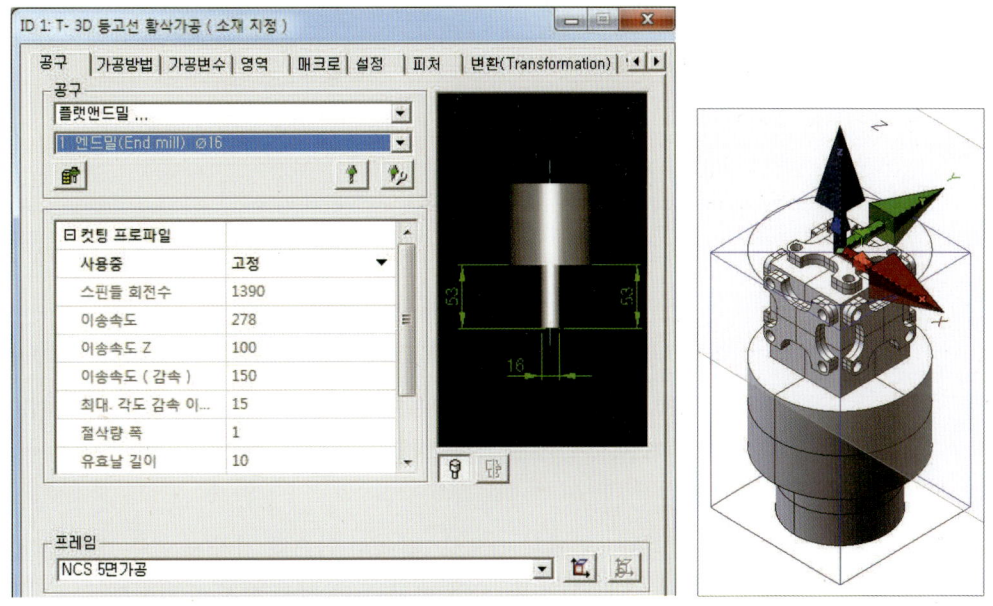

- 1번 공구를 사용하여 윗면을 가공한다.
- 좌표계는 hyperMILL이 자동으로 만들어 준 NCS 5면 가공 좌표계를 사용한다.

04 ▶ 설정 탭

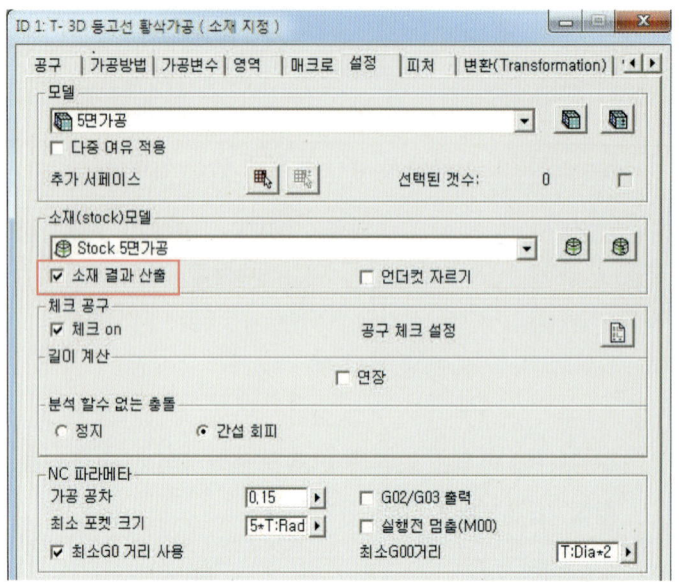

- 절삭 공구와 가공 좌표계가 결정되면, 설정 탭에 있는 가공할 모델과 소재를 선택한다. 기타 파라미터는 주어진 값을 그대로 사용한다.
- 다음 작업에 사용하기 위해 "☑ 소재 결과 산출" 파라미터를 체크한다.

05 ▶ 가공 방법 탭

가공 방법에 대한 기본적인 뼈대를 결정한다.

| 참고 | 결정할 주요 내용 |

- 가공 우선 순위 : 등고선 형태의 가공/ 포켓 우선의 가공 형태를 결정한다.
- 평면 : 평면 형태의 가공 → 등고선 가공
- 포켓 : 포켓 가공

여러 개의 포켓 형상이 있는 모델의 경우, 평면을 선택하면 전 영역에 걸쳐 등고선 형태로 가공한다. 포켓을 선택하면 한 개의 포켓 형상을 가공한 후 그 다음 포켓 형상, 또 그 다음 이와 같이 포켓 단위로 가공한다.

❶ 평면형 방식 : 안에서 밖으로, 밖에서 안으로 가공 방향을 결정한다.
❷ 절삭 방식 : 하향 가공, 상향 가공 등의 절삭 방식을 결정한다.

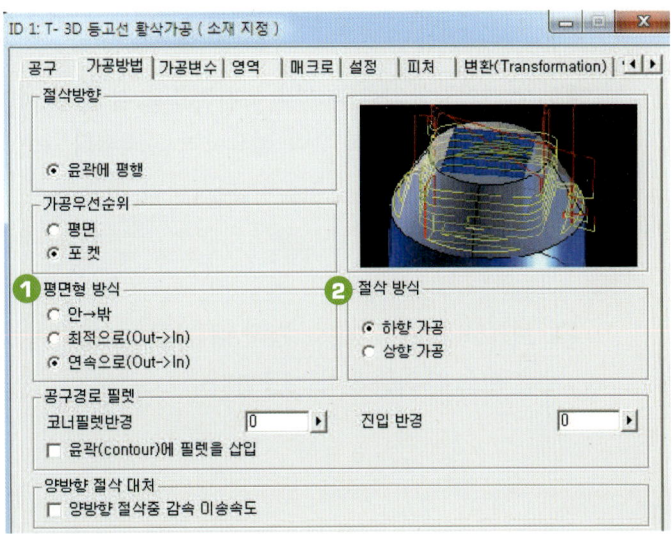

06 ▶ 가공변수 탭

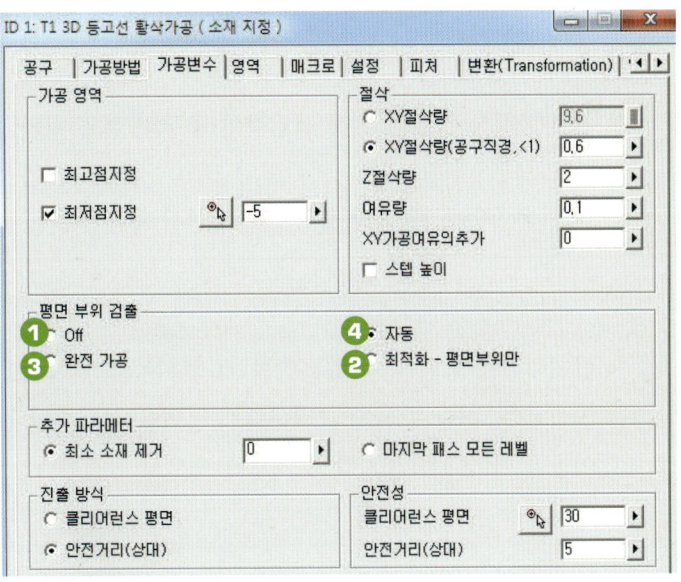

- 수직 절입 영역, XY평면 방향의 절입량(수평 절입량), 수직 절입량, 정삭을 위한 가공 여유량, 평면 부위 검출방식, 공구가 공작물로부터 빠지는 진출방식, 안전 높이(클리어런스 평면) 등을 결정한다.

- 수직 절입 영역을 결정하는 파라미터 인 가공 영역에서 최고점은 지정할 필요가 없다. 3D 등고선 황삭 가공 (소재 지정)은 소재 모델을 자동으로 인식하기 때문이다. 최저점은 다음 그림과 같이 최저 높이를 선택한다.

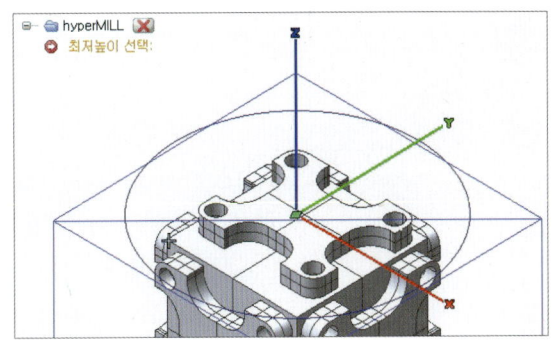

- 평면 부위 검출방식은 4가지 형태의 Z- 방향의 절입 형태를 결정한다.

  ❶ off : 가공물의 서피스와 독립적으로 각 황삭 레벨에 대해 정의된 수직 절삭량이 유지된다. 즉, 형상과 관계없이 Z절삭량 파라미터 값으로 수직 절입된다.

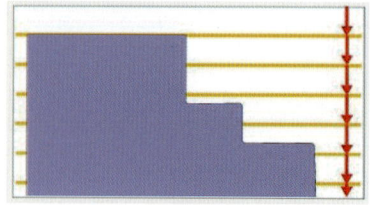

  ❷ 최적화-평면 부위만 : 정삭 여유량보다 많이 남은 평면 부위를 찾아 가공한다.

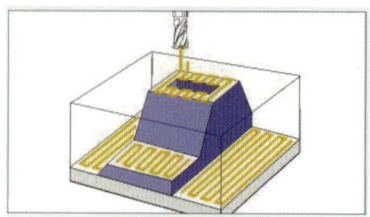

  ❸ 완전 가공 : 수직 가공 영역을 먼저 일정 이송속도(Z절삭량 파라미터 값)로 황삭 가공한다. 그런 다음 이전 작업에서 가공되지 않은 평면 서피스를 "최적화-평면 부위만" 형태로 가공한다.

  ❹ 자동 : 정의된 수직 절입량이 공구의 현 위치와 모델 서피스 간의 거리보다 크면, 자동으로 여유량만큼 뺀 수직 절입량을 주면서 가공한다.

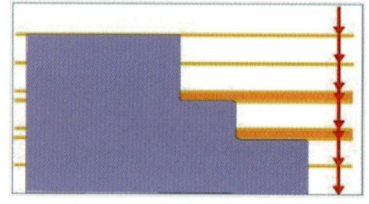

- 클리어런스 평면은 안전 높이를 지정하는 파라미터로 Z30. 위치를 주기 위해 "30" 값을 입력한다. 진출 방식을 클리어런스 평면을 선택하면 절삭 가공 중 다른 위치로 급속으로 이동할 때마다 G90 Z30. 위치로 급속으로 진출된다.

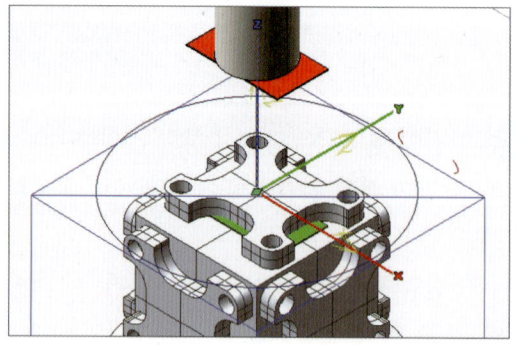

- 안전거리(상대)는 진입/진출 시 공작물과 공구 사이의 거리를 지정하는 파라미터로 보통 "5" 값을 입력한다. 진출 방식을 안전거리(상대)를 선택하면 절삭 가공 중 다른 위치로 급속으로 이동할 때마다 G91 Z5. 위치로 급속으로 진출된다. 5mm 만큼의 진출로 공구와 공작물의 충돌이 예상될 경우 CAM 프로그램은 충돌하지 않는 위치로 진출량을 결정한다.

07 영역 탭

작업 평면 영역을 결정하는데, 윗면 가공이므로 주변의 간섭이 없을 경우 바운더리를 선택하지 않아도 된다.

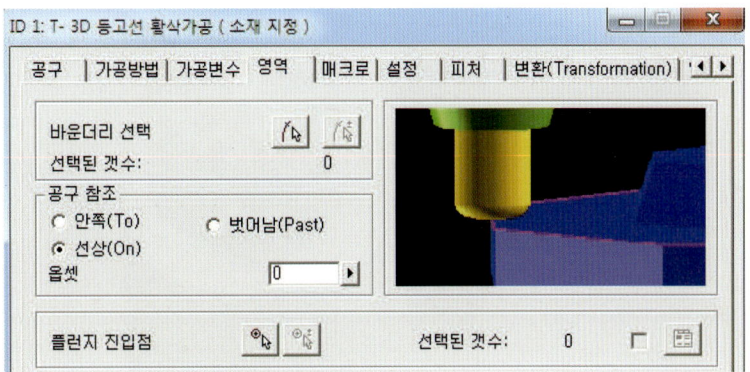

08 매크로 탭

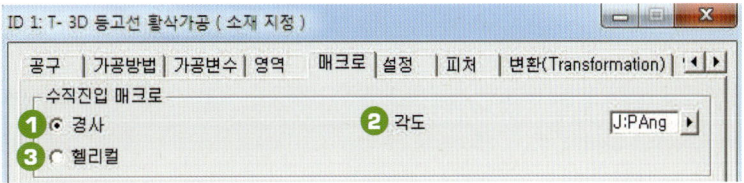

수직진입 플랜지 가공 형태를 지정한다.

❶ 경사 : 첫 번째 절삭 경로를 따라 경사 진입(Ramping-in) 동작이 진행된다.

❷ 각도 : 경사의 리드 각도를 입력한다.

❸ 헬리컬 : 3D 포켓의 소재를 제거하는 데 사용된다.

　헬릭스 반경 : 헬릭스의 축에 대한 커터 중심점의 오프셋(= 플랜지 점을 지나는 Z축)

　　각도 : 헬릭스의 리드 각

　　　진입량 이동 과정에서 공구가 실행한 회전수는 수직 절삭량 값과 헬릭스의 리드 각도에서 계산된다.

　　헬릭스 방향은 선택된 방향(하향/상향 절삭)으로 정의된다.

09 다음 그림은 각 탭(tab)에 파라미터 값이 입력되었을 때 공구의 위치와 안전 평면, Z방향의 가공 범위를 나타낸 것이다.

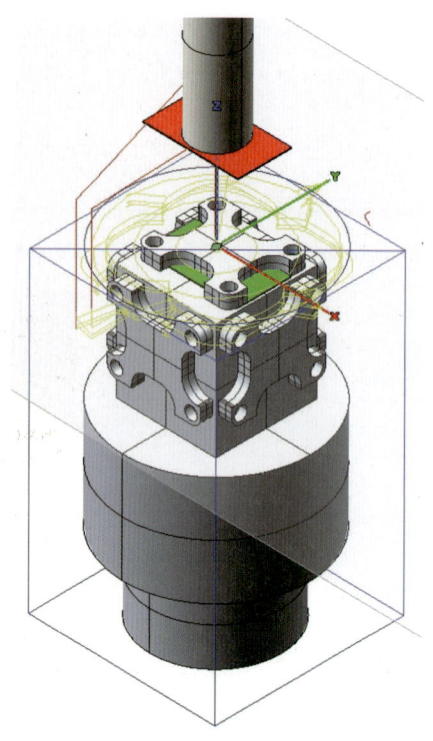

우측면 인덱스 황삭 가공

- 1번 공구를 사용하여 우측면을 가공한다.
- 가공 좌표계는 우측면 좌표계를 사용한다.
- 소재(stock) 모델은 윗면 황삭 가공에서 계산된 소재(1: T1 3D 등고선 황삭 가공 (소재 지정) (5 면 가공))를 사용한다.
- 우측면 인덱스 황삭 가공은 윗면 황삭 가공과 기본적으로 같은 형태의 가공이므로 윗면 황삭(1: T1 3D 등고선 황삭 가공 (소재 지정)) 공정을 복사하여 붙이기한 후 공구 탭의 프레임, 설정 탭, 가공변수 탭, 영역 탭에서 그림과 같이 우측면 황삭에 맞게 수정한다.

01 ▷ 공구 탭

가공 프레임을 우측면 좌표계로 변경한다.

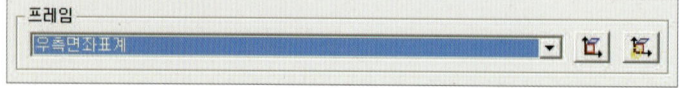

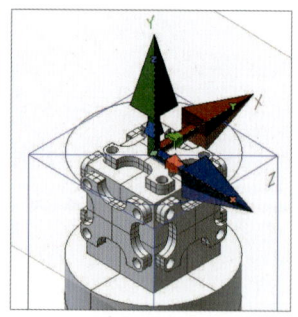

02 설정 탭

소재(stock) 모델을 윗면 황삭 가공 결과 자동으로 계산된 소재(1: T1 3D 등고선 황삭 가공 (소재 지정) (5면 가공))를 사용한다. 다음 작업에 사용하기 위해 "☑ 소재 결과 산출" 파라미터를 체크한다.

03 가공변수 탭

가공 영역의 최고점/최저점, 클리어런스 평면 파라미터 값을 변경한다. 우측면 인덱스 황삭 가공은 절삭 공구가 우측면으로 수직 진입하므로 가공 소재의 크기가 파이 60mm이므로 최고점 파라미터 값 "30"을 입력한다. 그리고 Z60. 위치에 안전 평면을 두어야 하므로 클리어런스 평면 파라미터 값 "60"을 입력한다.

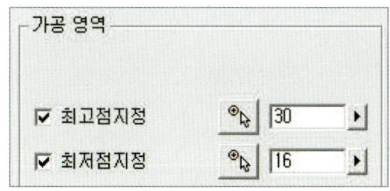
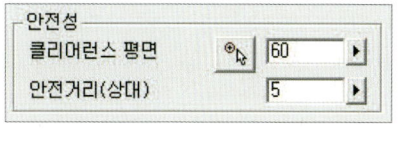

04 영역 탭

윗면을 제외한 나머지 4개면 가공은 XY평면 가공 영역을 반드시 지정해야 한다. 그렇지 않을 경우 절삭 공구가 가공 소재가 고정되어 있는 척과의 충돌이 발생한다.

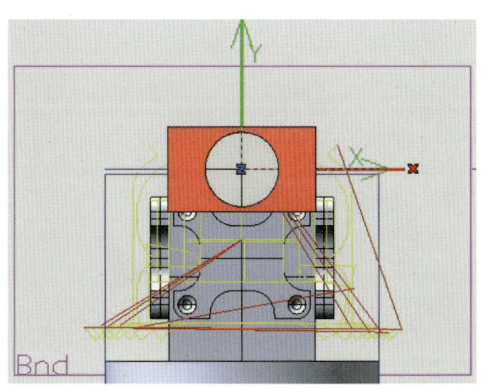
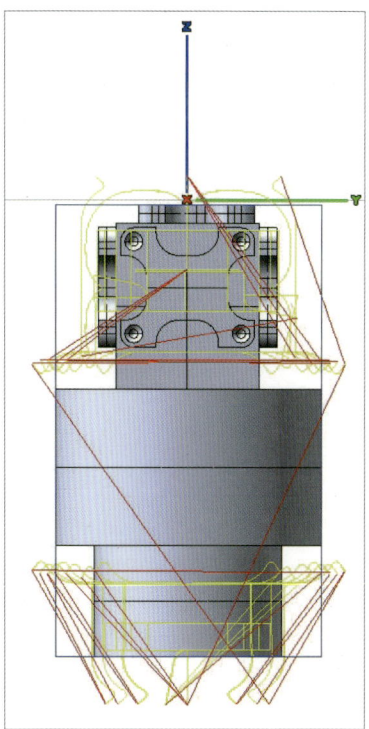

❶ Alt+4(우측면 보기) 한 후, 풀 다운 메뉴 편집 > 작업 평면 > 뷰 위에 설정 명령으로
그림과 같이 하여 작업 평면(도형을 그리는 평면)을 우측면에 평행하게 설정한 후 사각
형으로 가공 바운더리를 그린다.

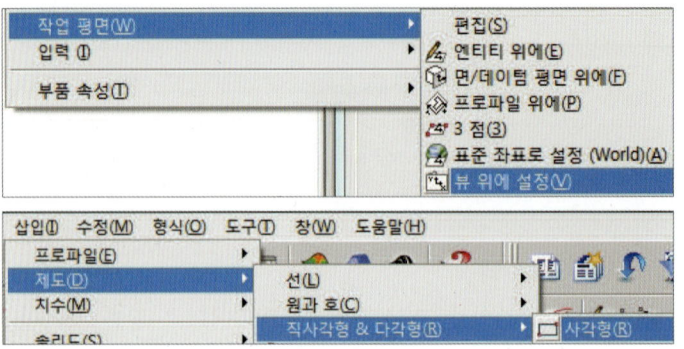

❷ 바운더리를 선택하고, 공구 참조를 안쪽으로 설정한다.

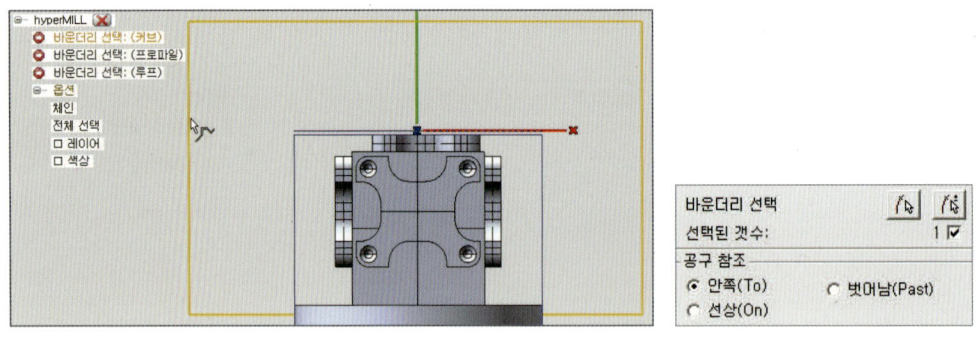

05 ⚙ 다음 그림은 각 탭(tab)에 파라미터 값이 입력되었을 때 공구의 위치와 안전 평면, Z방향의
가공 범위를 나타낸 것이다.

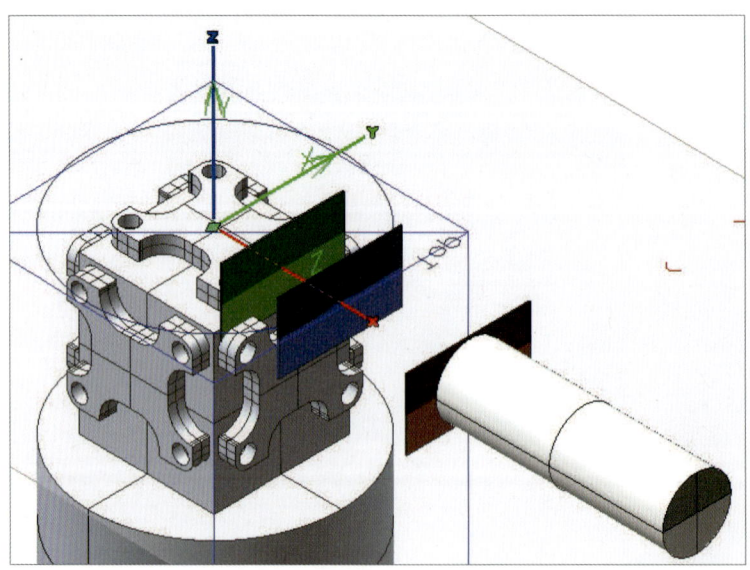

배면 인덱스 황삭 가공

- 1번 공구를 사용하여 배면을 가공한다.
- 가공 좌표계는 배면 좌표계를 사용한다.
- 소재(stock) 모델은 우측면 황삭 가공에서 계산된 소재(2: T1 3D 등고선 황삭 가공 (소재 지정) (5면 가공))를 사용한다.
- 배면 인덱스 황삭 가공은 우측면 인덱스 황삭 가공과 기본적으로 같은 형태의 가공이므로 우측 면 황삭(2: T1 3D 등고선 황삭 가공 (소재 지정)) 공정을 복사/붙이기한 후 공구 탭의 프레임, 설정 탭, 가공변수 탭, 영역 탭에서 그림과 같이 배면 황삭에 맞게 수정한다.

01 ▶ 공구 탭

가공 프레임을 배면 좌표계로 변경한다.

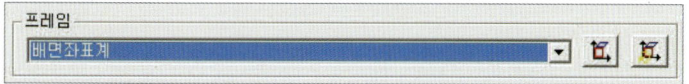
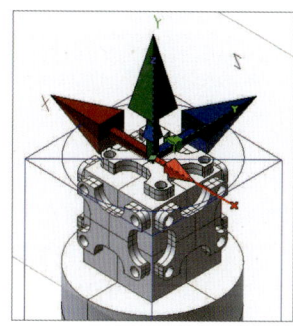

02 ▶ 설정 탭

소재(stock) 모델은 우측면 인덱스 황삭 가공 결과 자동으로 계산된 소재(2: T1 3D 등고선 황삭 가공 (소재 지정) (5면 가공))를 사용한다. 다음 작업에 사용하기 위해 "☑ 소재 결과 산출" 파라미터를 체크한다.

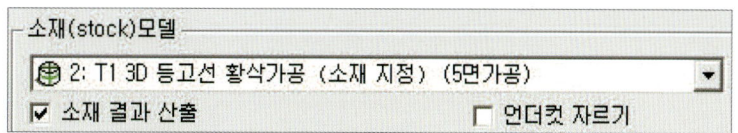

03 ▶ 가공변수 탭

배면 형상이 우측면과 동일하므로 가공변수 탭에 있는 파라미터는 그대로 사용한다.

04 ▶ 영역 탭

우측면과 동일한 방법으로 바운더리를 설정한다.

❶ Alt+5(배면보기) 한 후, 풀 다운 메뉴 편집 > 작업 평면 > 뷰 위에 설정 명령으로 그림과 같이 하여 작업 평면(도형을 그리는 평면)을 우측면에 평행하게 설정한 후 사각형으로 가공 바운더리를 그린다.

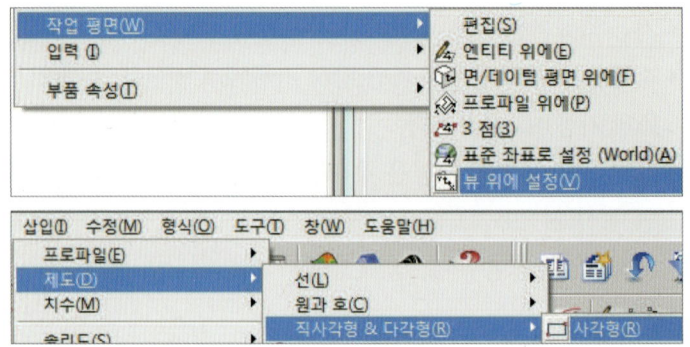

❷ 바운더리를 선택하고, 공구 참조를 안쪽으로 설정한다.

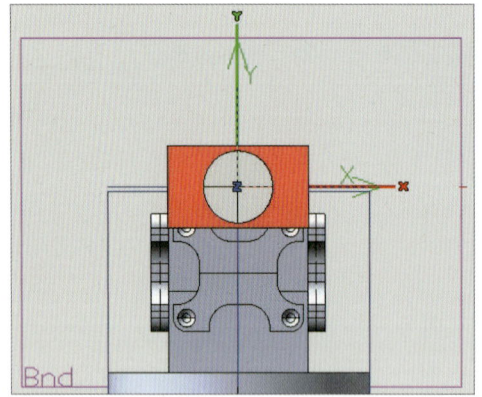
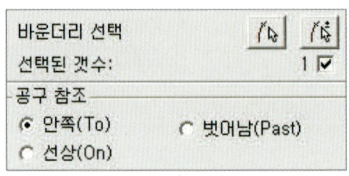

05 다음 그림은 각 탭(tab)에 파라미터 값이 입력되었을 때 공구의 위치와 안전 평면, Z방향의 가공 범위를 나타낸 것이다.

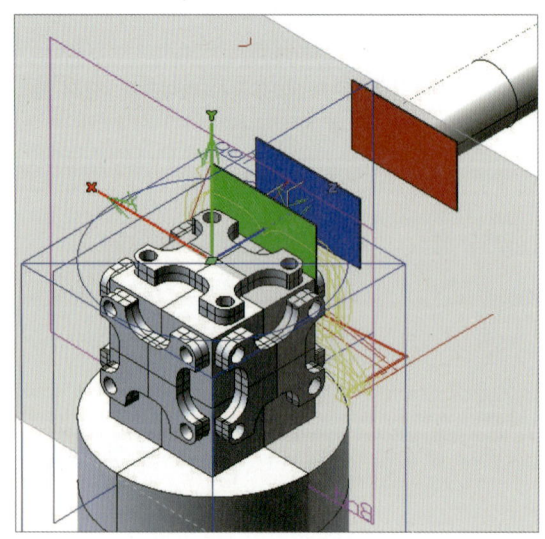

좌측면 인덱스 황삭 가공

- 1번 공구를 사용하여 좌측면을 가공한다.
- 가공 좌표계는 좌측면 좌표계를 사용한다.
- 소재(stock) 모델은 배면 황삭 가공에서 계산된 소재(3: T1 3D 등고선 황삭 가공 (소재 지정) (5 면 가공))를 사용한다.
- 좌측면 인덱스 황삭 가공은 배면 인덱스 황삭 가공과 기본적으로 같은 형태의 가공이므로 배면 황삭(3: T1 3D 등고선 황삭 가공 (소재 지정)) 공정을 복사/붙이기한 후 공구 탭의 프레임, 설 정 탭, 영역 탭에서 그림과 같이 좌측면 황삭에 맞게 수정한다.

01 공구 탭

가공 프레임을 좌측면 좌표계로 변경한다.

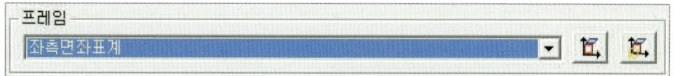

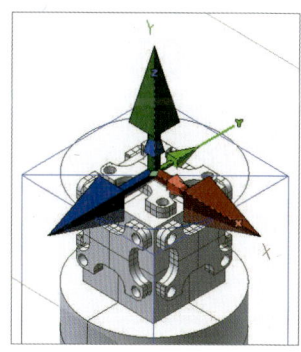

02 설정 탭

소재(stock) 모델은 배면 인덱스 황삭 가공 결과 자동으로 계산된 소재(3: T1 3D 등고선 황삭 가공 (소재 지정) (5면 가공))를 사용한다. 다음 작업에 사용하기 위해 "☑ 소재 결과 산출" 파라미터를 체크한다.

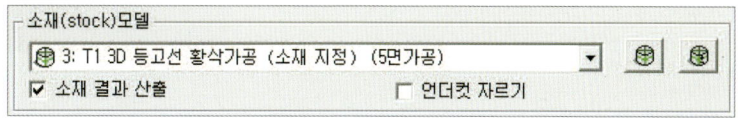

03 가공변수 탭

좌측면 형상이 배면과 동일하므로 가공변수 탭에 있는 파라미터는 그대로 사용한다.

04 영역 탭

우측면 인덱스 황삭 가공에서 사용한 바운더리를 사용한다.

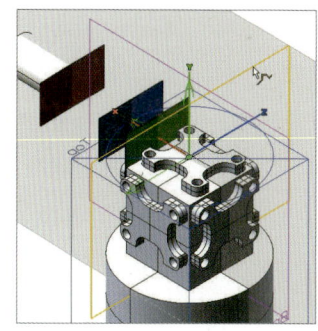

- 바운더리를 선택하고, 공구 참조를 안쪽으로 설정한다.

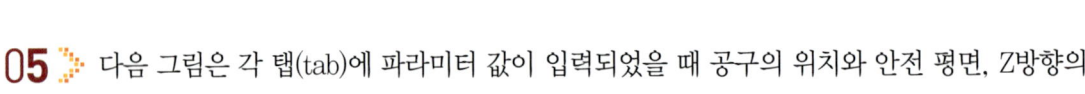

05 다음 그림은 각 탭(tab)에 파라미터 값이 입력되었을 때 공구의 위치와 안전 평면, Z방향의 가공 범위를 나타낸 것이다.

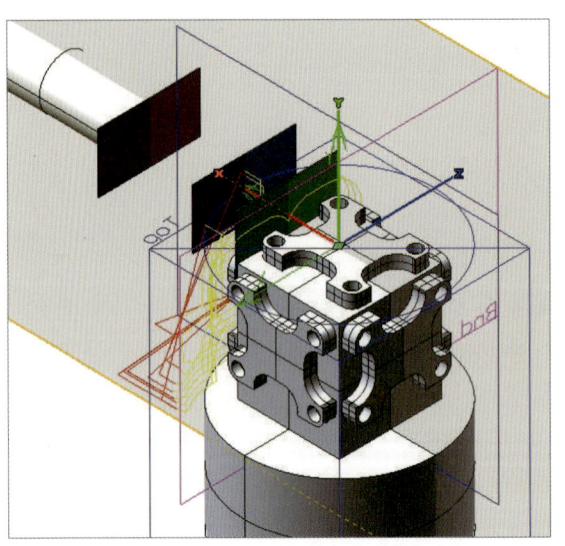

정면 인덱스 황삭 가공

- 1번 공구를 사용하여 정면을 가공한다.
- 가공 좌표계는 정면 좌표계를 사용한다.
- 소재(stock) 모델은 좌측면 황삭 가공에서 계산된 소재(4: T1 3D 등고선 황삭 가공 (소재 지정) (5면 가공))를 사용한다.
- 정면 인덱스 황삭 가공은 좌측면 인덱스 황삭 가공과 기본적으로 같은 형태의 가공이므로 좌측면 황삭(4: T1 3D 등고선 황삭 가공 (소재 지정)) 공정을 복사/붙이기한 후 공구 탭의 프레임, 설정 탭, 영역 탭에서 그림과 같이 정면 황삭에 맞게 수정한다.

01 ▶ 공구 탭

가공 프레임을 정면 좌표계로 변경한다.

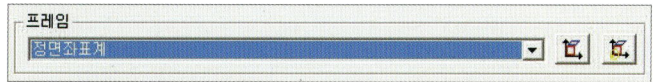

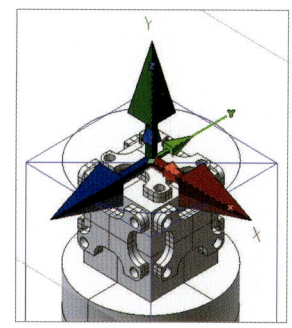

02 ▶ 설정 탭

소재(stock) 모델은 좌측면 인덱스 황삭 가공 결과 자동으로 계산된 소재(4: T1 3D 등고선 황삭 가공 (소재 지정) (5면 가공))를 사용한다. 다음 작업에 사용하기 위해 "☑ 소재 결과 산출" 파라미터를 체크한다.

03 ▶ 가공변수 탭

정면 형상이 좌측면과 동일하므로 가공변수 탭에 있는 파라미터는 그대로 사용한다.

04 ▶ 영역 탭

배면 인덱스 황삭 가공에서 사용한 바운더리를 사용한다.

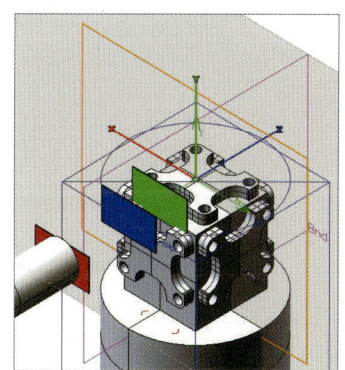

• 바운더리를 선택하고, 공구 참조를 안쪽으로 설정한다.

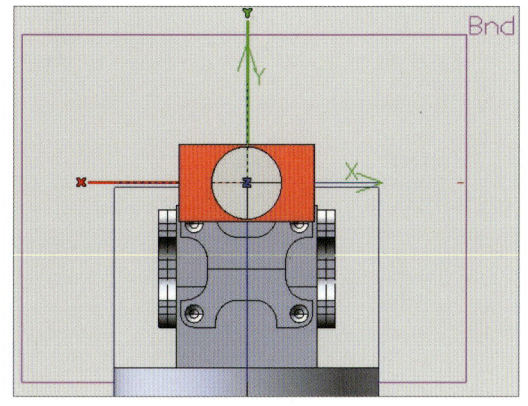

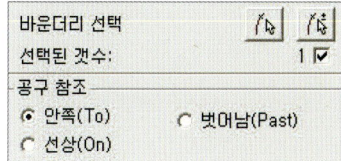

다음 그림은 각 탭(tab)에 파라미터 값이 입력되었을 때 공구의 위치와 안전 평면, Z방향의 가공 범위를 나타낸 것이다.

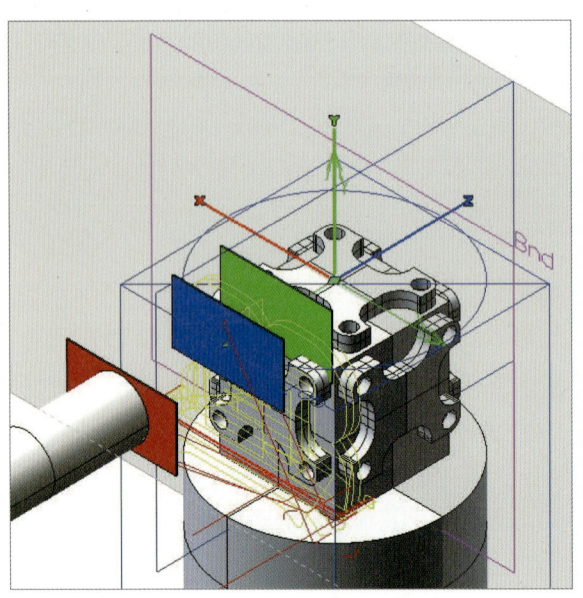

1-4 중삭 가공

각 면의 형상이 곡면이 없는 평면 형상이므로, 황삭 가공에서 사용한 공정을 사용하여 드릴 가공 부위를 제외한 나머지 부분을 중삭 가공하기로 한다.

01 ▶ 황삭 가공에 사용한 공정들을 복사하여 붙인다.

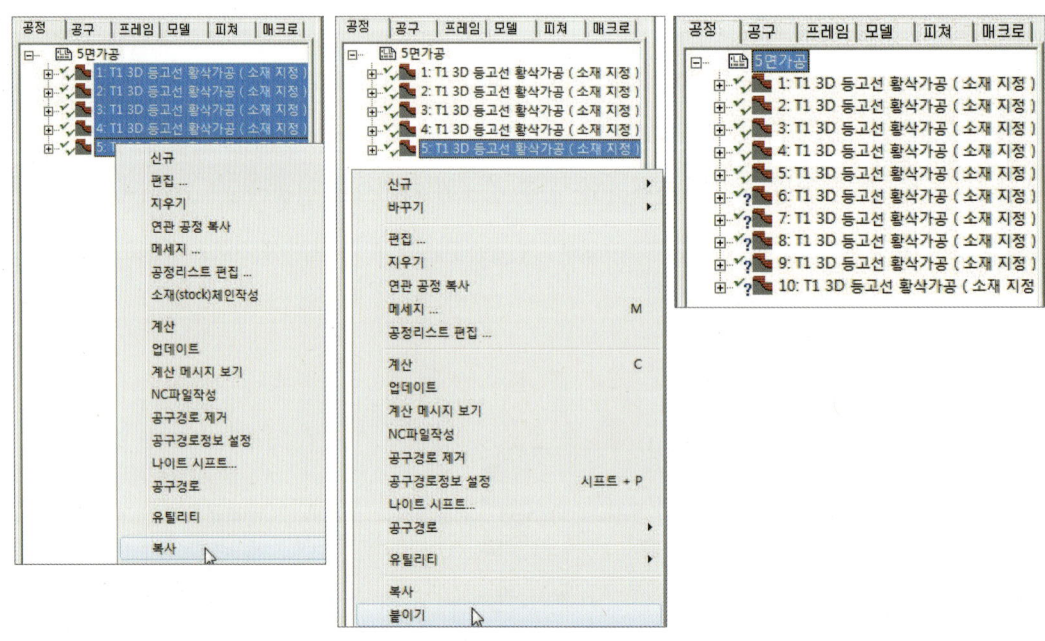

02 ▶ 복사된 공정(6~9) 들을 여러 개 공정 편집 기능을 이용하여 공구, 가공 공차를 수정한다.
가공 변수는 황삭에서 사용한 변수를 그대로 사용하기로 한다.

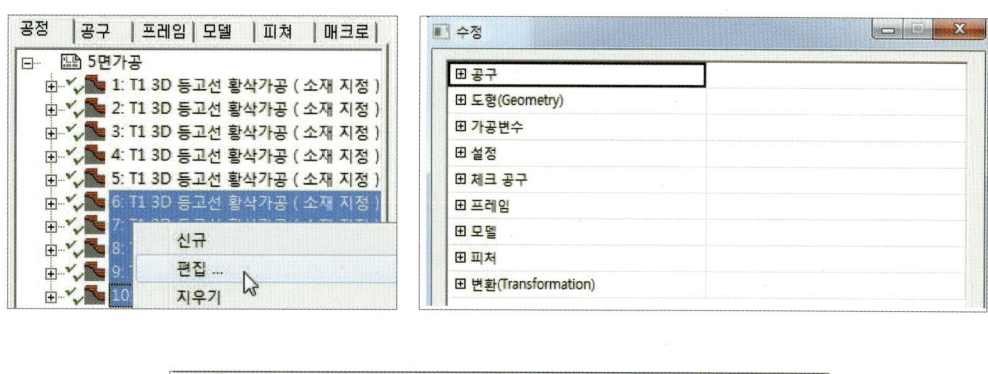

□ 설정	
가공 공차	0.1
G02/G03 출력	끄기
실행전 멈춤(M00)	끄기
최소G0 거리 사용	On
최소G00거리	T:Dia*2
NC파일작성	On

• 수정된 공정 리스트 : 공정(6~10)

03 ❯❯ 윗면 중삭 가공

공정(6: T2 3D 등고선 황삭 가공 (소재 지정))을 더블 클릭하여 편집 상태로 바꾼 후 절삭
공구와 가공 공차는 수정된 상태이므로 소재(stock) 모델만 수정하면 된다.

❶ 설정 탭에서 소재(stock) 모델을 전 단계 가공된 소재를 선택하고, "☑ 소재 결과 산출"
체크를 확인한다.

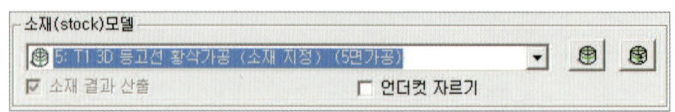

❷ ✔ 적용과 🖩 계산 버튼을 클릭하여 작업을 완료한다.

04 ❯❯ 우측면, 배면, 정면 인덱스 중삭 가공

윗면 중삭 가공과 같은 방법으로 작업을 완료한다.

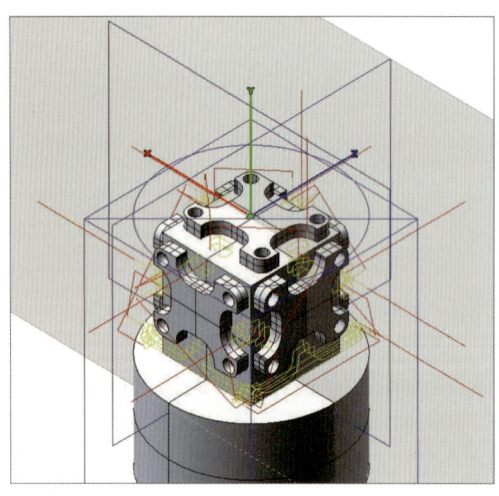 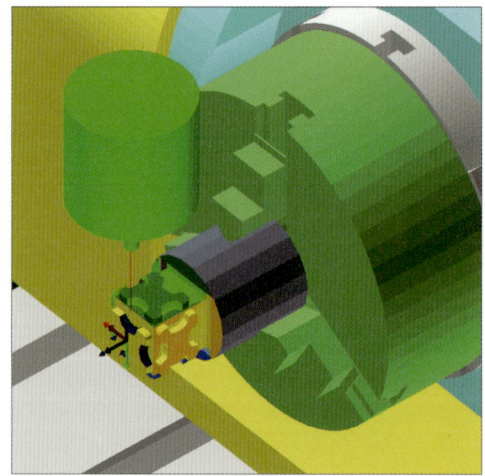

1-5 ❯ 정삭 가공

각 면의 형상이 곡면이 없는 평면 형상이므로, 중삭 가공에서 사용한 공정과 공구를 사용하여 드
릴 가공 부위를 제외한 나머지 부분을 완성 가공하기로 한다.

01 ▶ 중삭 가공에 사용한 공정들을 복사하여 붙인다.

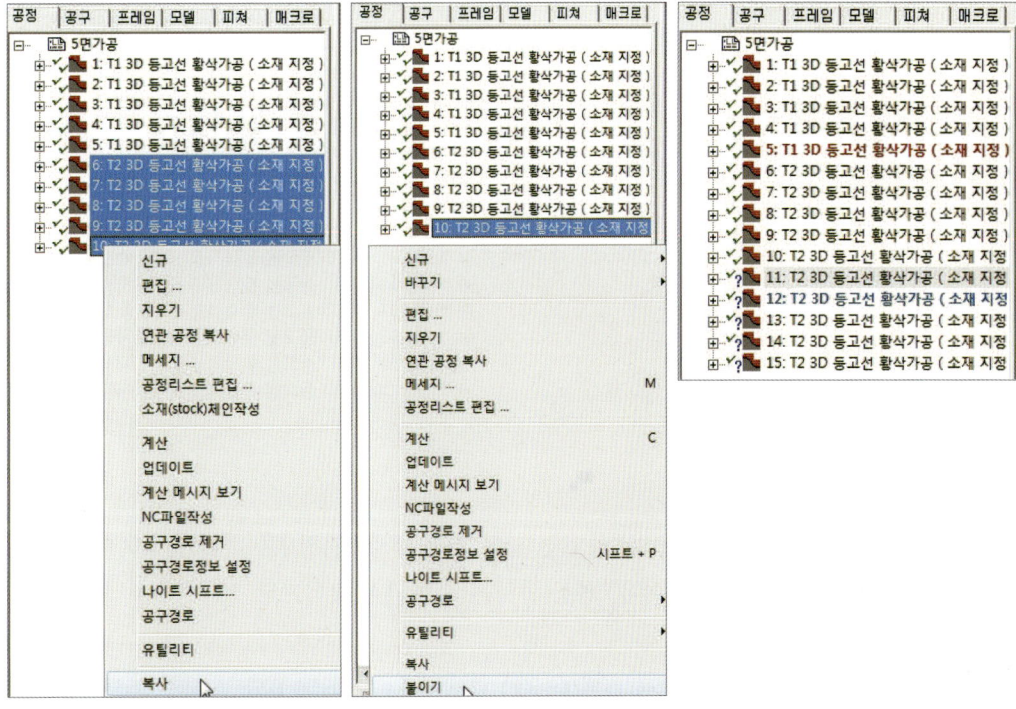

02 ▶ 복사된 공정(11~15) 들을 여러 개 공정 편집 기능을 이용하여 가공 여유, 가공 공차를 수 정한다. 공구는 중삭 가공에서 사용한 공구를 사용하기로 한다.

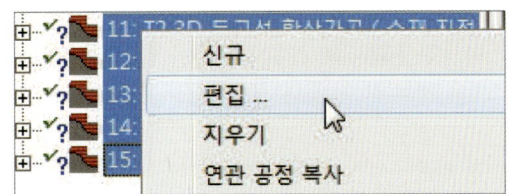

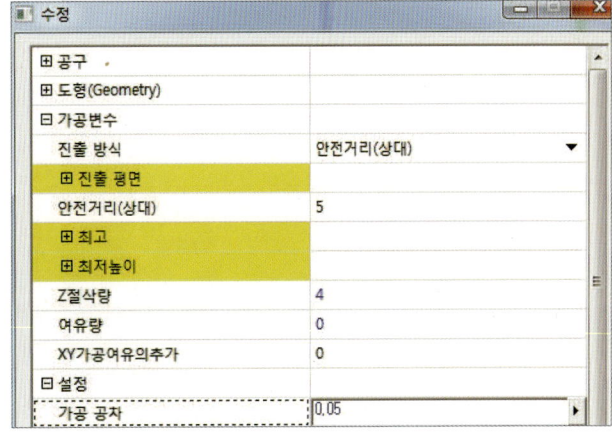

• 수정된 공정 리스트 : 공정(11~15)

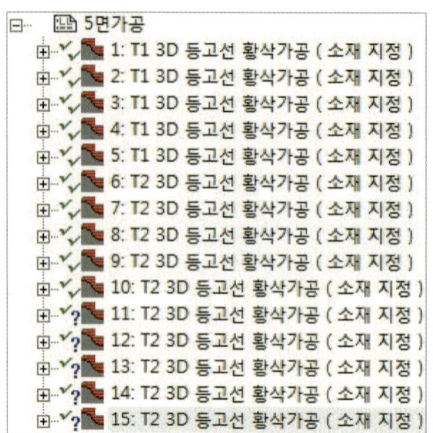

03 ▶ 윗면 정삭 가공

공정(11: T2 3D 등고선 황삭 가공 (소재 지정))을 더블 클릭하여 편집 상태로 바꾼 후 Z절삭량과 가공 여유, 가공 공차는 수정된 상태이므로 소재(stock) 모델만 수정하면 된다.

❶ 설정 탭에서 소재(stock) 모델을 전 단계 가공된 소재를 선택하고, ☑ "소재 결과 산출" 체크를 확인한다.

❷ ✔ 적용과 ▣ 계산 버튼을 클릭하여 작업을 완료한다.

04 ▶ 우측면, 배면, 정면 인덱스 정삭 가공

윗면 정삭 가공과 같은 방법으로 작업을 완료한다.

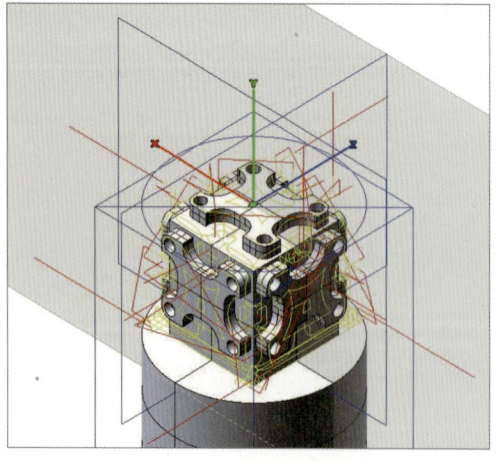
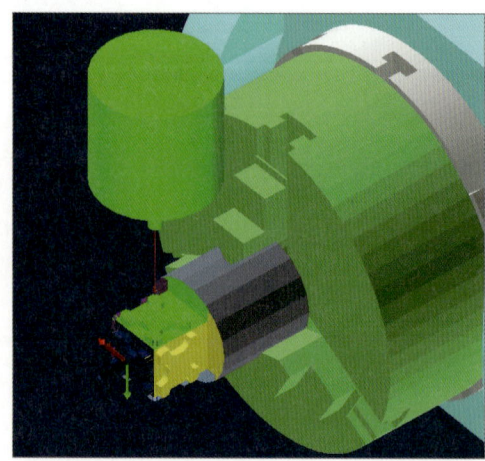

1-6 드릴 가공

hyperMILL에 있는 형상 인식 기능을 이용하여 5면에 있는 각각의 구멍을 간단히 가공하기로 한다.

구멍 형상 파악하기

01 hyperMILL 브라우저 상단의 피처 탭을 선택한다.

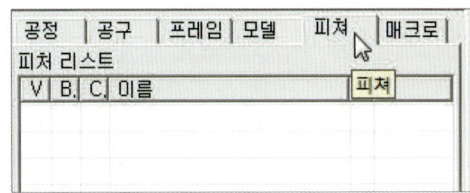

02 브라우저 안에서 마우스 오른쪽 버튼을 클릭하여 신규 → 피처 매핑(홀)을 실행한다.

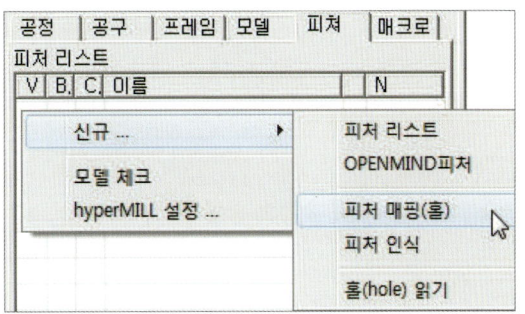

03 OK 버튼 ✔ 을 눌러 실행하면 모델에 있는 구멍 형상들을 매핑(mapping)하여 피처 탭에 그 정보들을 나타낸 것이다.

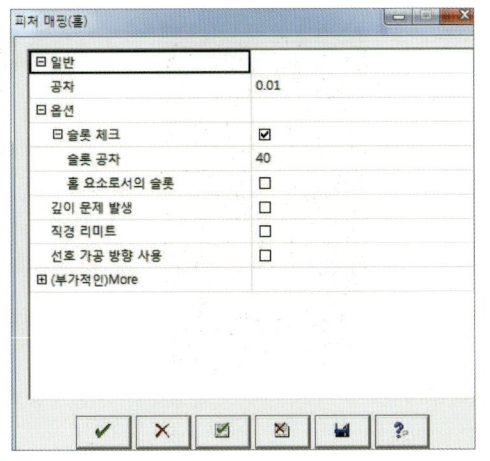
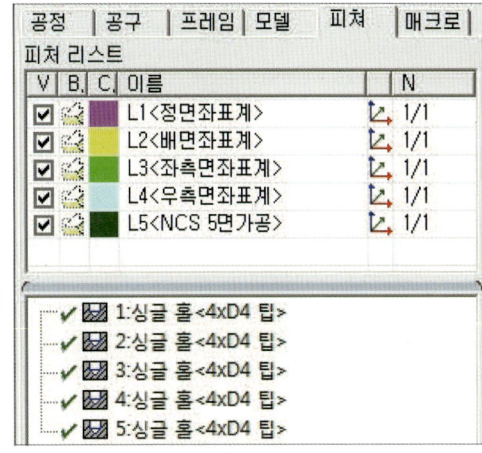

윗면 구멍 가공

01 ▷ 윗면 구멍 정보(5:싱글 홀⟨4×D4 탭⟩)에 마우스 오른쪽 버튼을 클릭하여 신규공정(피처) > 드릴 사이클 > 심플 드릴링을 실행한다.

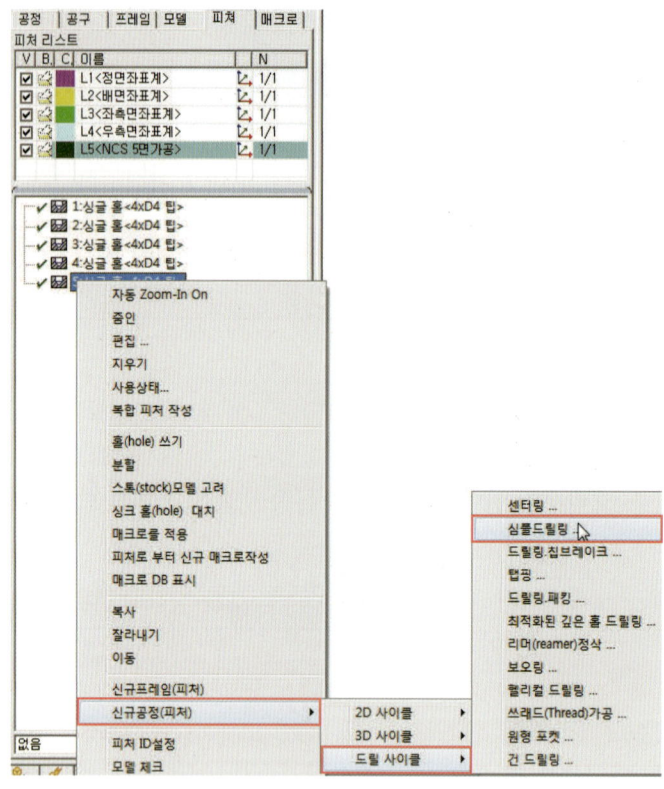

02 ▷ 공구 탭과 가공변수 탭에 그림과 같이 입력한다. 나머지 탭은 형상 인식 기능에 의해 심플 드릴링에 필요한 피처 정보가 입력되어 있다.

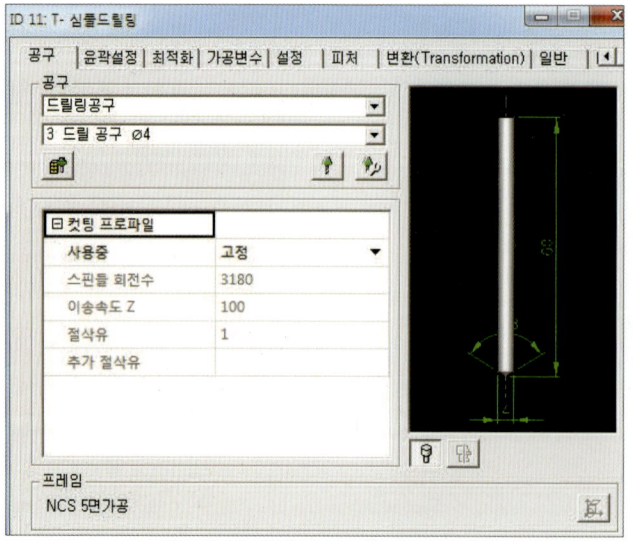

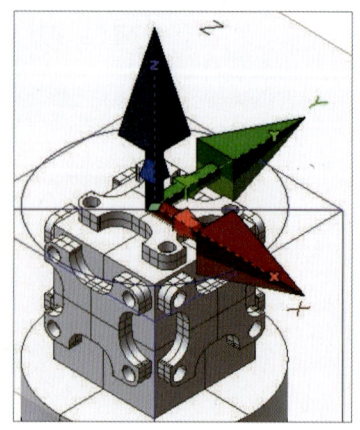

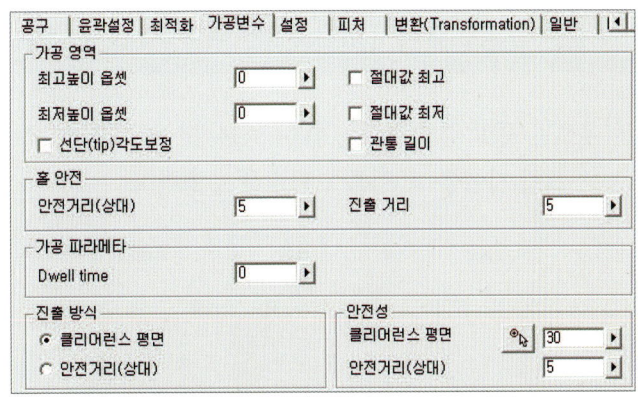

03 가공변수 탭에서 진출 방식이 클리어런스 평면의 경우는 드릴 가공에서 초기점 복귀를 나타내며, 안정성의 클리어런스 평면은 초기점, 홀 안전의 안전거리(상대)는 R점에 해당한다. 홀 안전의 진출 거리와 안전성의 안전거리(상대)는 의미가 없다. 진출 방식이 안전거리(상대)의 경우는 드릴 가공에서 R점 복귀를 나타내며, 홀 안전의 진출 거리가 R점이 되고, 홀 안전의 안전거리(상대)는 한번 더 급속 이송되는 위치의 의미를 갖는다. 따라서 홀 안전에서 안전거리(상대)는 진출 거리보다 낮은 위치에 있어야 한다. 그렇지 않을 경우 에러 표시(붉은색)를 나타낸다.

　　보통 홀 안전에서 안전거리(상대)와 진출 거리는 같은 위치를 사용한다.

　　안전성의 안전거리(상대)는 홀 안전의 진출 거리와 같은 값을 사용한다.

　　가공 파라미터의 Dwell time은 심플 드릴링에서 의미가 없다.

04 가공변수 탭에 설정된 파라미터 값은 드릴 가공(G81)에서 초기점 복귀를 하기 위해 설정된 값이다. 다음 그림은 초기점 복귀하는 공구 괘적이다.

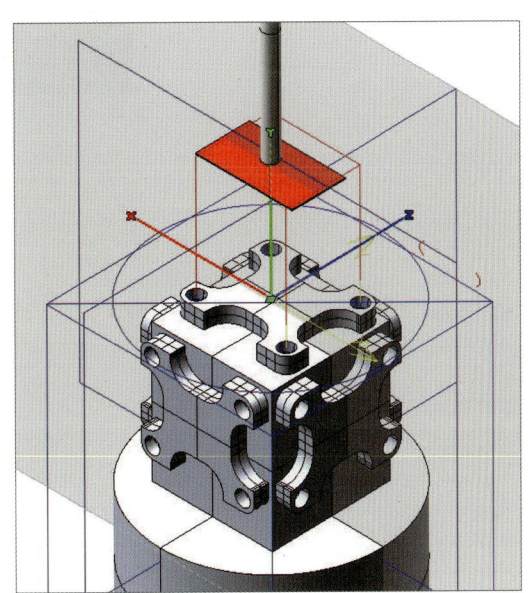

우측면 인덱스 구멍 가공

01 ▶ 우측면 구멍 정보(4:싱글 홀⟨4×D4 팁⟩)에 마우스 오른쪽 버튼을 클릭하여 신규공정(피처)
> 드릴 사이클 > 심플 드릴링을 실행한다.

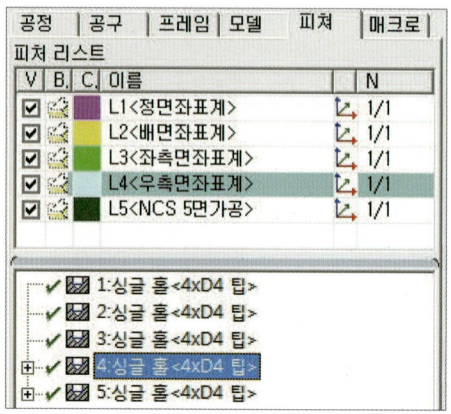

02 ▶ 공구 탭과 가공변수 탭에 그림과 같이 입력한다.

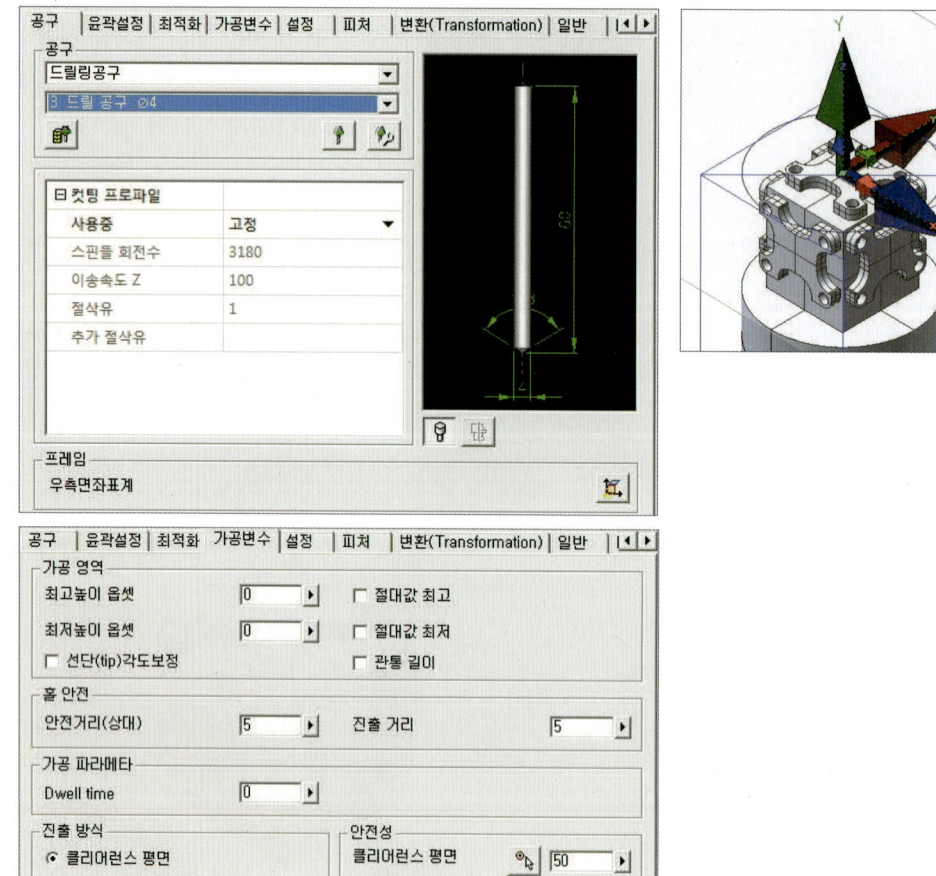

03 가공변수 탭에 설정된 파라미터 값은 드릴 가공(G81)에서 초기점 복귀를 하기 위해 설정된 값이다. 다음 그림은 우측면 인덱스 구멍 가공에서 초기점 복귀하는 공구 괘적이다.

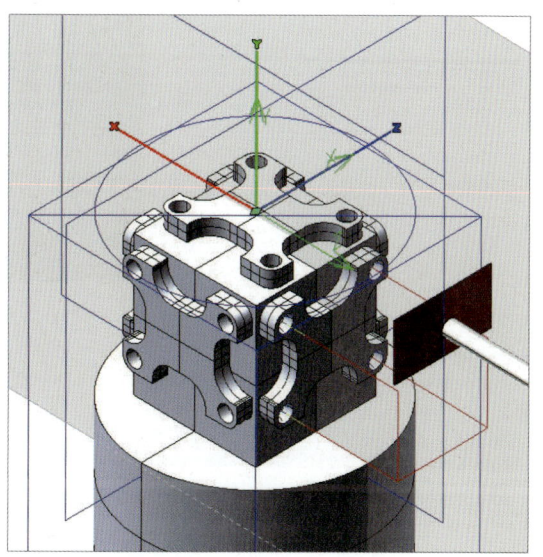

배면 인덱스 구멍 가공

배면은 R점 복귀 드릴 가공(G81)을 해보자.

01 배면 구멍 정보(2:싱글 홀〈4×D4 팁〉)에 마우스 오른쪽 버튼을 클릭하여 신규공정(피처) > 드릴 사이클 > 심플 드릴링을 실행한다.

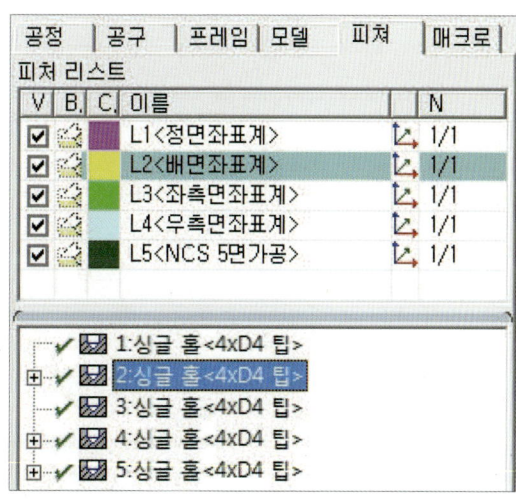

02 공구 탭과 가공변수 탭에 그림과 같이 입력한다.

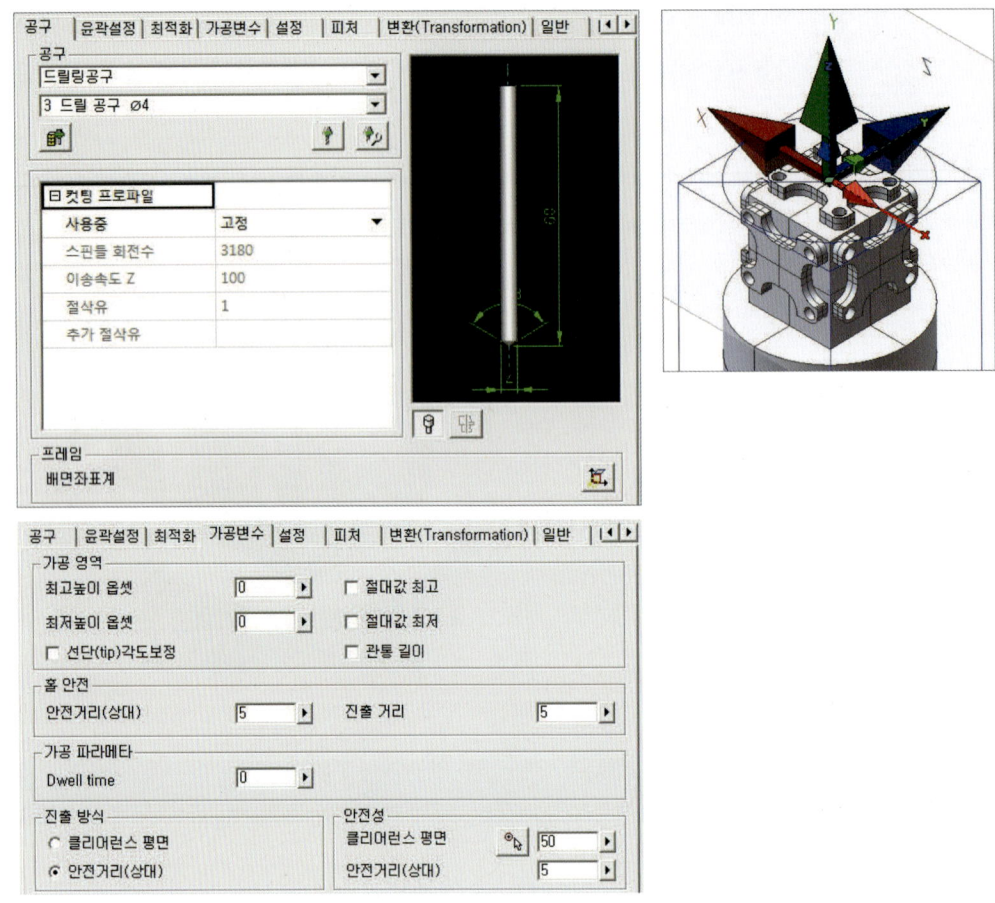

03 》가공변수 탭에 설정된 파라미터 값은 드릴 가공(G81)에서 R점 복귀를 하기 위해 설정된 값
이다. 다음 그림은 배면 인덱스 구멍 가공에서 R점 복귀하는 공구 궤적이다.

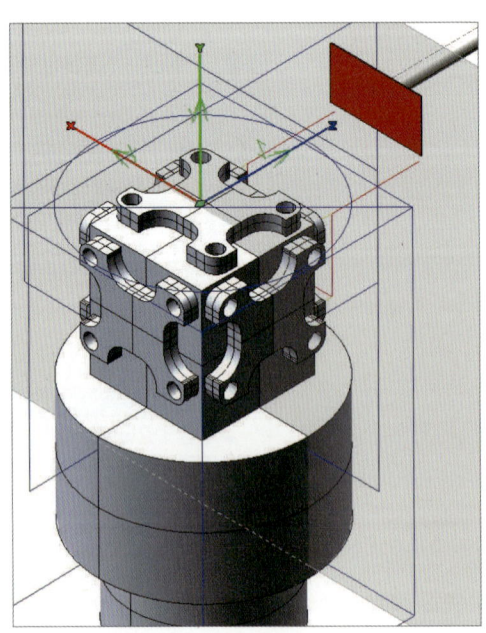

좌측면 인덱스 구멍 가공

좌측면은 심공 드릴 사이클(G83)로 가공 해보자.

01 ▷ 좌측면 구멍 정보(3:싱글 홀⟨4×D4 팁⟩)에 마
우스 오른쪽 버튼을 클릭하여 신규공정(피처)
> 드릴 사이클 > 드릴링.패킹을 실행한다.

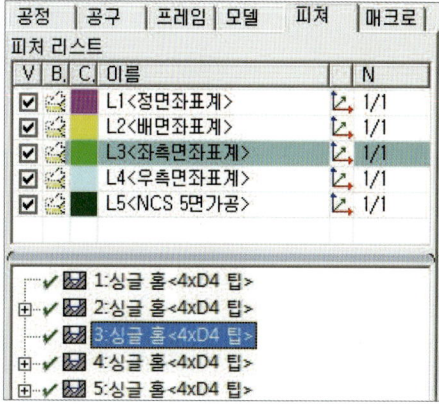

02 ▷ 공구 탭과 가공변수 탭에 그림과 같이 입력한다.

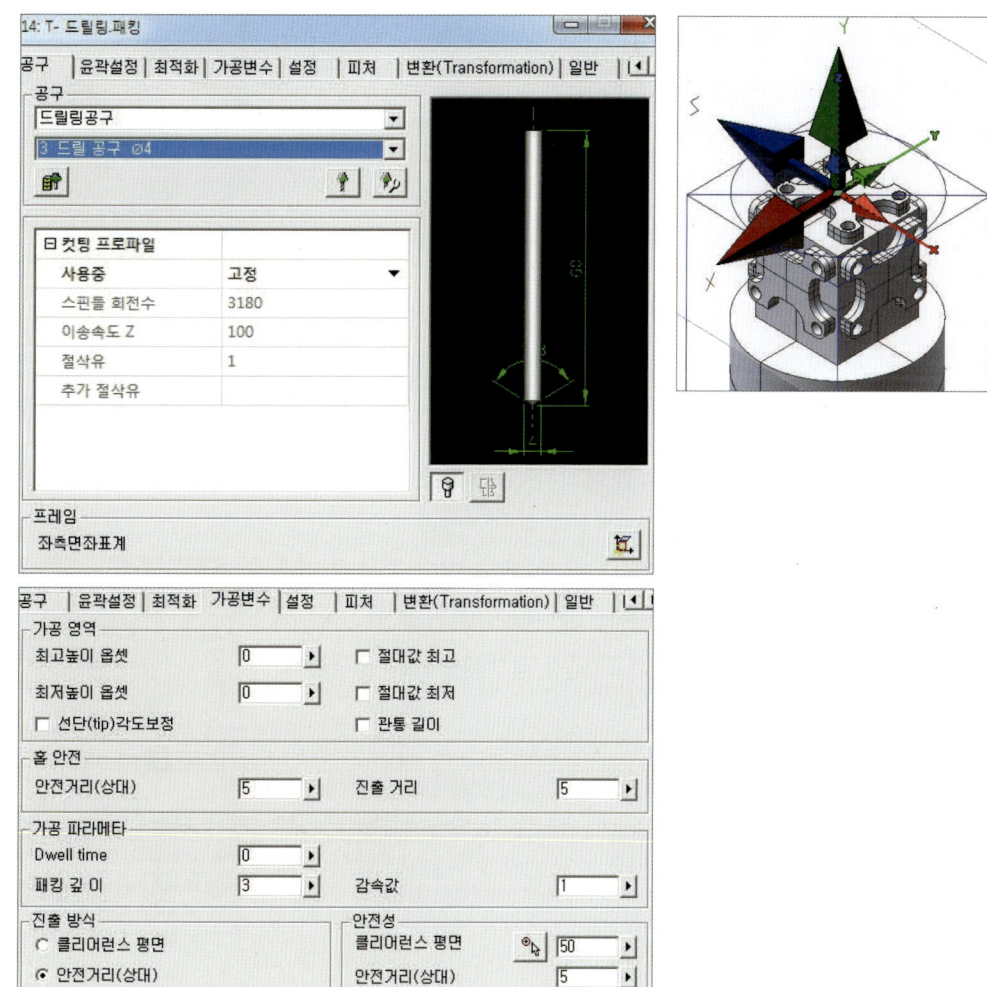

가공 파라미터의 패킹 깊이는 심공 드릴 사이클(G83)의 Q에 해당한다. 감속 값은 후퇴량에 해당하는 것으로 NC 코드 생성에서 의미가 없다 (후퇴량은 컨트롤러의 파라미터에 설정하여 사용한다).

03 가공변수 탭에 설정된 파라미터 값은 심공 드릴 가공에서 R점 복귀를 하기 위해 설정된 값이다. 다음 그림은 좌측면 인덱스 구멍 가공에서 R점 복귀하는 공구 괘적이다.

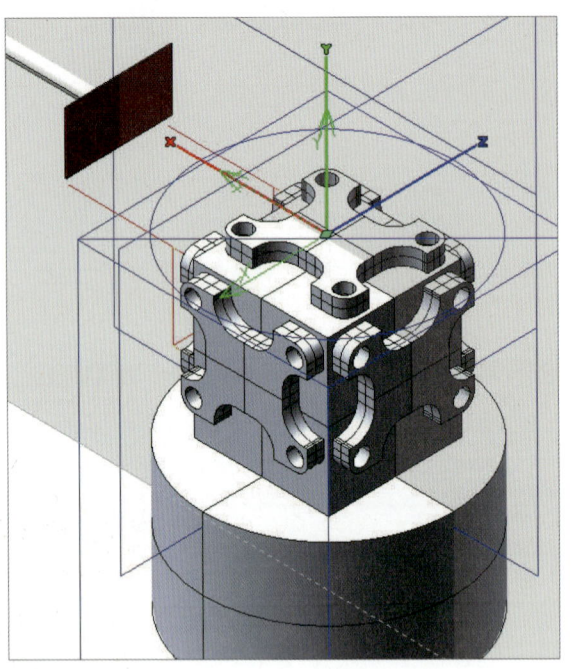

> ## 정면 인덱스 구멍 가공

정면은 고속 심공 드릴 사이클(G73)로 가공 해보자.

01 정면 구멍 정보(1:싱글 홀〈4×D4 팁〉)에 마우스 오른쪽 버튼을 클릭하여 신규공정(피처) > 드릴 사이클 > 드릴링.칩브레이크를 실행한다.

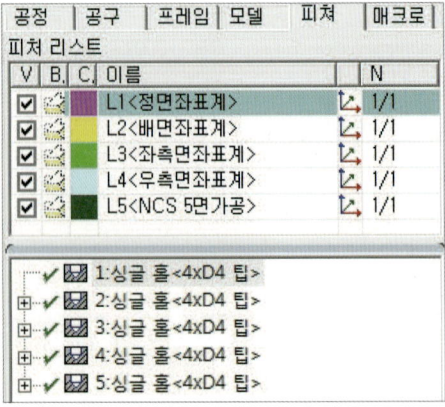

02 ▷ 공구 탭과 가공변수 탭에 그림과 같이 입력한다.

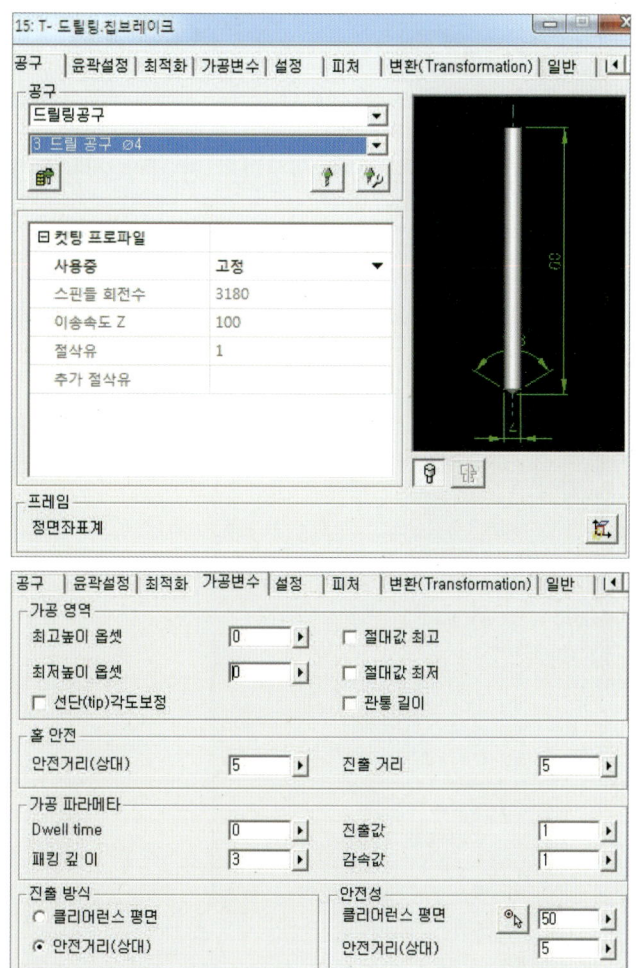

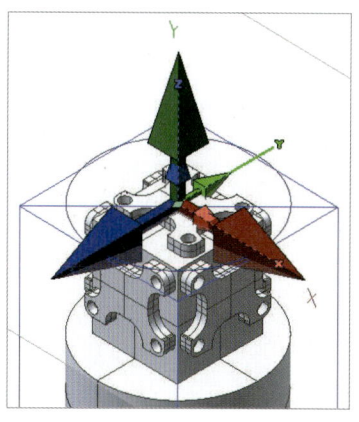

가공 파라미터의 패킹 깊이는 고속 심공 드릴 사이클(G73)의 Q에 해당한다. 감속 값은 후

퇴량에 해당하는 것으로 NC 코드
생성에서 의미가 없다 (후퇴량은 컨
트롤러의 파라미터에 설정하여 사
용한다).

03 ▷ 가공변수 탭에 설정된 파라미터 값
은 고속 심공 드릴 가공에서 R점 복
귀를 하기 위해 설정된 값이다. 다
음 그림은 정면 인덱스 구멍 가공에
서 R점 복귀하는 공구 괘적이다.

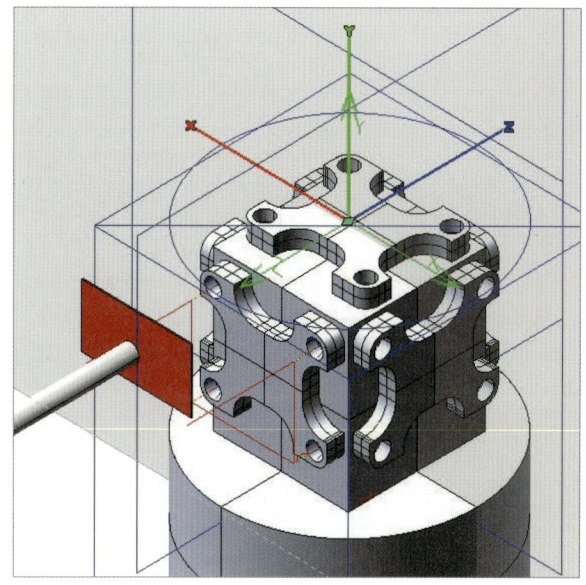

1-7 Simulation 및 NC-Data 생성

> ### 내부 시뮬레이션

각 공정에서 만들어진 CL-Data로 NC-Data를 생성하기 전 내부 시뮬레이션 기능을 사용하여 공구 궤적을 확인한다.

01 ▷ 확인할 작업 공정을 선택하고, 마우스 오른쪽 버튼을 클릭하여 선택 목록의 유틸리티 >내부 시뮬레이션을 선택한다.

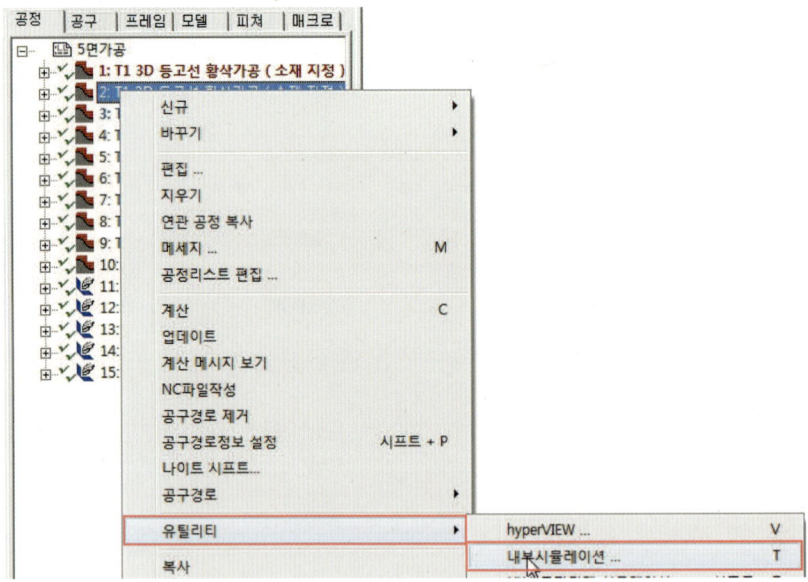

02 ▷ 명령어를 선택하면 내부 시뮬레이션 창이 열리고 간단한 공구 모델이 표시된다. 시뮬레이션 시작 버튼 ▶▶ 을 클릭하면 공구가 공구 궤적을 따라 움직이는 모습을 볼 수 있다.

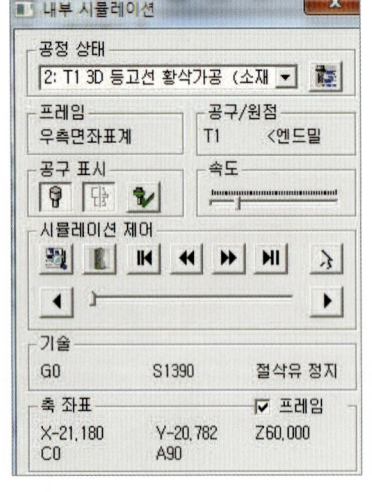

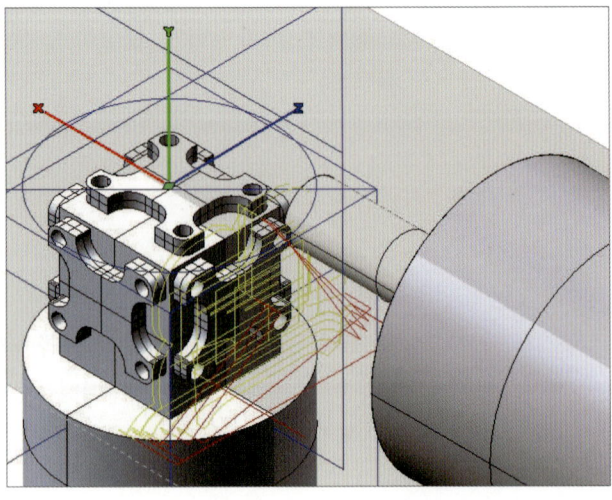

> **참고**

내부 시뮬레이션 창에서 기술 부분과 축 좌표 부분을 참고하면 보다 효과적으로 작업 공정을 확인할 수 있다.

hyperVIEW 시뮬레이션

내부 시뮬레이션을 통해 공구 괘적을 확인한 후 hyperVIEW 시뮬레이션 기능을 사용하여 실제 가공 상황에서의 절삭 과정, 특히 5축 가공에서 주의해야 하는 공구와 공작물 사이의 간섭을 체크한다. 각각의 공정을 확인할 수 있고, 전체 공정을 한 번에 확인할 수 있다.

01 ▶ 전체 작업 공정을 선택하고, 마우스 오른쪽 버튼을 클릭하여 선택 목록의 유틸리티 > hyperVIEW...를 선택한다.

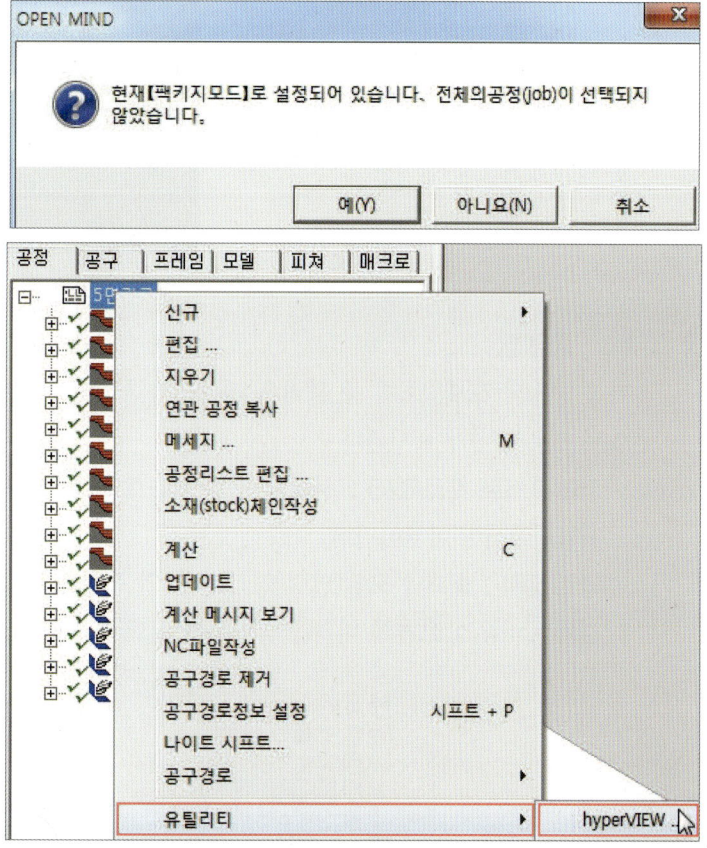

> **참고**

만일 하나 혹은 일부 작업 공정을 hyperVIEW 시뮬레이션하려면 나타나는 경고창에서 '아니오'를 선택하여 선택한 작업 공정만 불러온다.

02 명령어를 선택하면 별도의 hyperVIEW 시뮬레이션 창이 열린다. 왼쪽에는 hyperVIEW Browser가 표시되어 NC-공정 목록과 시뮬레이션, 기계 설정 등이 표시된다. 오른쪽에는 소재가 선택된 공구로 Toolpath를 따라 가공되는 모습을 볼 수 있다.

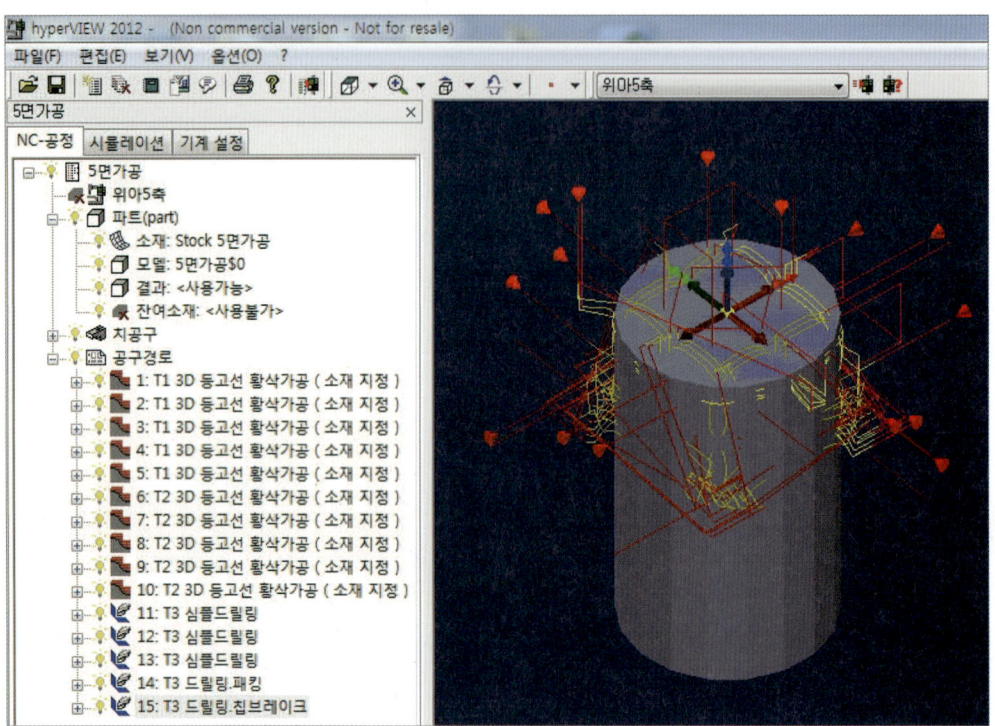

03 NC-공정 탭

가공 공정과 모델, 소재 등 불러온 데이터와 시뮬레이션 및 NC-데이터를 생성할 기계(포스트 프로세서)가 표시된다.

- 기계(포스트 프로세서) : 선택된 기계(포스트 프로세서)에 따라 NC-데이터로 변환되고, 시뮬레이션이 이루어진다.
- 파트(part) : 소재와 모델(밀링 영역)은 작업 공정에 설정된 데이터가 자동으로 불러온다. 결과는 마우스 오른쪽 버튼을 클릭하여 선택 목록의 계산을 선택하면 자동 계산된다.

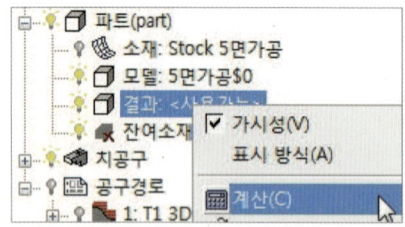
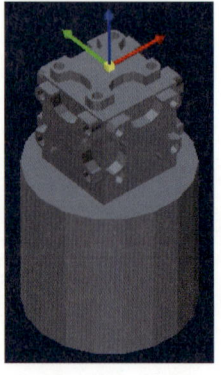

– 치공구 : 소재를 고정할 치공구를 불러온다.

• 치공구를 불러와서 소재와의 관계를 속성에서 맞추어 준다.

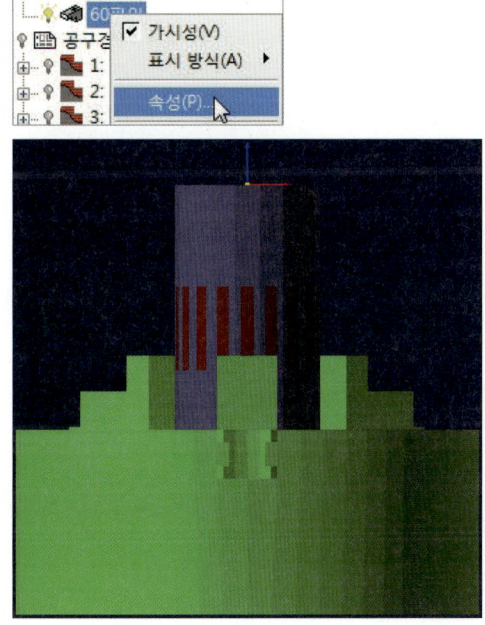

속성 60파이	
⊟ 직경	
X 최소	-96
X 최대	96
Y 최소	-96
Y 최대	96
Z 최소	-75
Z 최대	30.1
페이스	586
⊟ 표시 방법	
표시	☑
색상	
모드	쉐이드 ▼
⊟ 위치 정보	
좌표계 선택	WCS ▼
X 옵셋	0.00000000
Y 옵셋	0.00000000
Z 옵셋	-99
Z축 각도	0

– 공구 경로 : 불러들인 작업 공정이 표시된다.

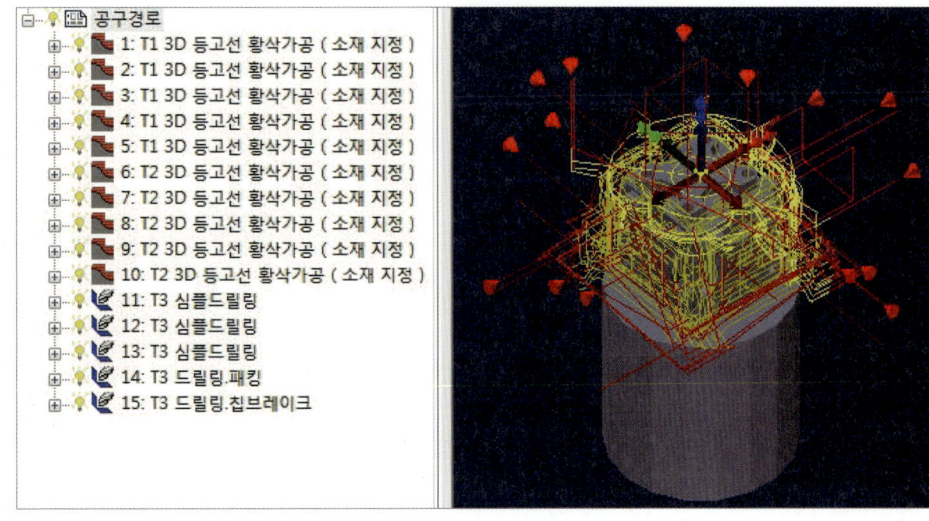

04 ▶ 시뮬레이션 탭

5축 가공에서는 절삭 공구(척 및 스핀들 포함)가 공작물(공작물을 고정하고 있는 치공구 포함) 사이의 간섭(충돌) 방지가 절대적으로 중요하다. 시뮬레이션을 통해 간섭(충돌) 여부, 간섭(충돌) 상황을 반드시 파악해야 한다.

• 시뮬레이션에서 작업 공정별 색상을 부여하기 위해 풀 다운 메뉴의 옵션에서 기본 설정을 열어 공구 테이블의 색상을 공구 경로로 조정한다.

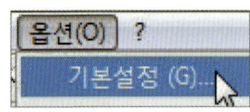 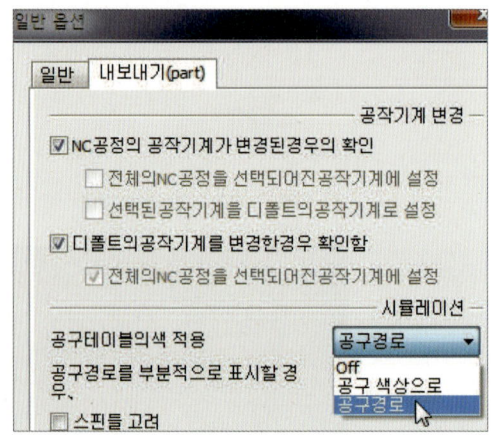

– 상태 : 시뮬레이션할 작업 공정의 목록과 진행률, 공구 정보가 표시되고, 충돌 체크 옵션 등을 조정한다.

– 설정 : 시뮬레이션을 실행할 옵션들이 있다.
  • 충돌 시 시뮬레이션을 정지하는 Coll 토글 키를 On 상태로 한다.
  • "연속적", "스텝모드" 선택, 속도제어 등을 통해 시뮬레이션 속도를 조절한다.

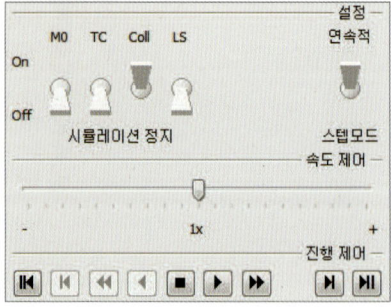

• 고속 앞으로 이동 버튼을 눌러 시뮬레이션을 시작한다.

– 모드 : 모델과 공구, 공구 경로 등의 View를 제어한다.

❶ 소재 제거 View

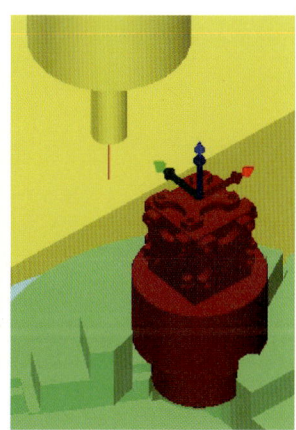

❷ 소재 제거를 표시할 방법 설정

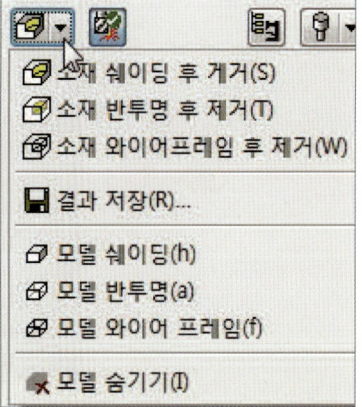

❸ 간섭체크 On/Off 설정

반드시 On으로 설정해야 한다.

간섭체크의On/Off

❹ 공작기계 구조 표시 : 시뮬레이션에 필요한 기계 부분만 보이게 한다.

공작기계 구조의표시

기계 구조

컴포넌트		색상	표시 방법
BODY	💡	☐ 정의되지 않음	쉐이드
BODY.door	💡	☐ 정의되지 않음	쉐이드
_BODY_housing	💡	☐ 정의되지 않음	쉐이드
_HEAD_Z	💡	☐ 정의되지 않음	쉐이드
_TABLE_X	💡	☐ 정의되지 않음	쉐이드
_TABLE_Y	💡	☐ 정의되지 않음	쉐이드
_TABLE_B	💡	☐ 정의되지 않음	쉐이드

모두 보이기   모두 숨기기   ✕ 닫기

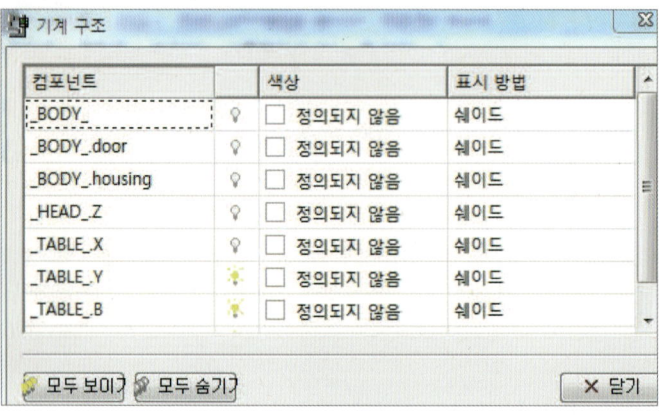

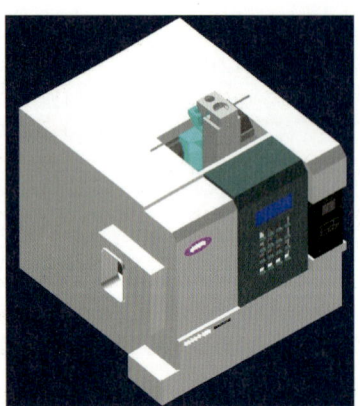

컴포넌트		색상	표시 방법
BODY.door	💡	☐ 정의되지 않음	쉐이드
_BODY_housing	💡	☐ 정의되지 않음	쉐이드
_HEAD_Z	💡	☐ 정의되지 않음	쉐이드
_TABLE_X	💡	☐ 정의되지 않음	쉐이드
_TABLE_Y	💡	☐ 정의되지 않음	쉐이드
_TABLE_B	💡	☐ 정의되지 않음	쉐이드
_TABLE_C	💡	☐ 정의되지 않음	쉐이드

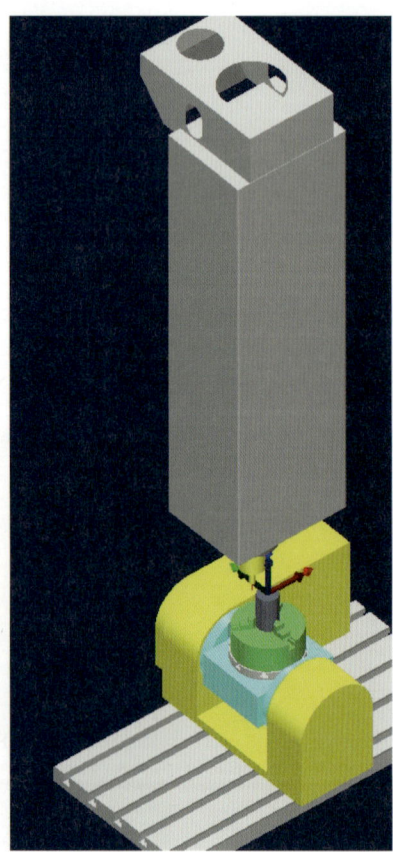

❺ 공구 표시 설정 : 공구 표시는 가공되는 과정에서 공구 뒤 부분을 볼 수 있도록 "공구 반투명"으로 설정하면 편리하다.

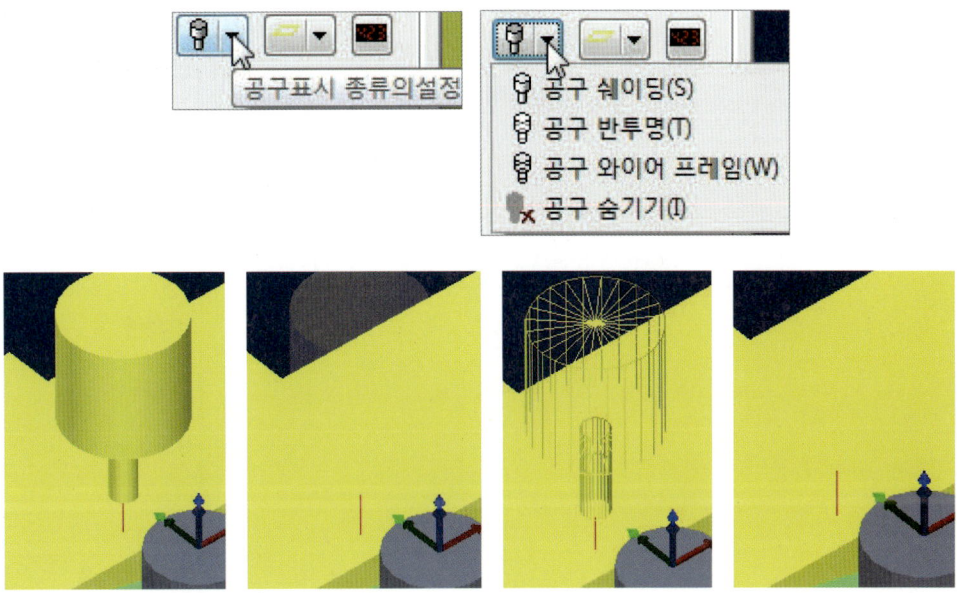

❻ 공구 경로 표시 설정 : 현재의 이동 요소 표시"로 설정하면 공구의 현재 이동 상태의 경로만 볼 수 있어 View가 깨끗하다.

❼ 시뮬레이션 정보 표시 : 시뮬레이션 정보 창을 열어 기계 움직임 순간의 공구의 위치, 회전축의 회전된 각도, 가공 시간 등을 체크한다.

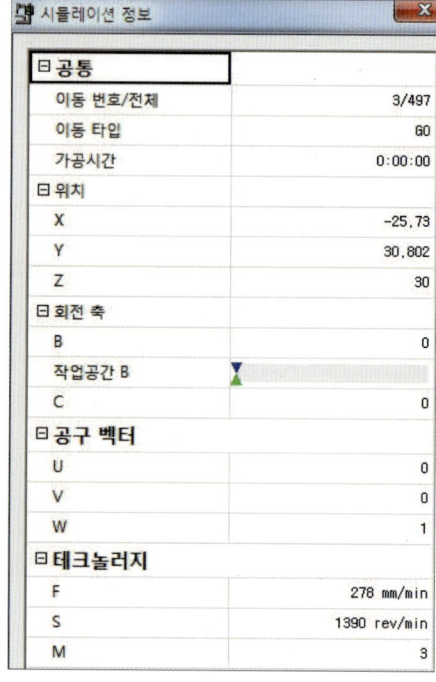

• 다음 그림은 드릴 가공까지 시뮬레이션이 완료된 모습과 NC-공정 탭이다.

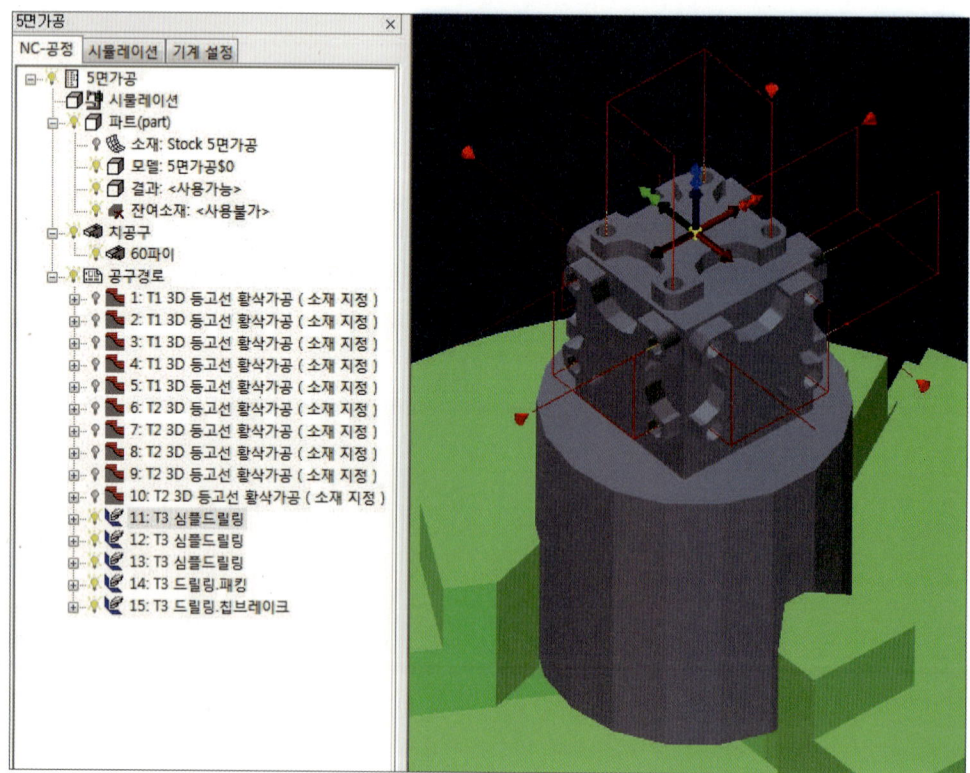

NC-Data 생성

NC-공정 탭에서 공정 리스트를 선택한 후 마우스 오른쪽 버튼으로 "NC-파일쓰기" 메뉴를 선택한다. 또 다른 방법으로 파일 풀 다운 메뉴에서 "NC-파일쓰기" 메뉴를 선택한다.

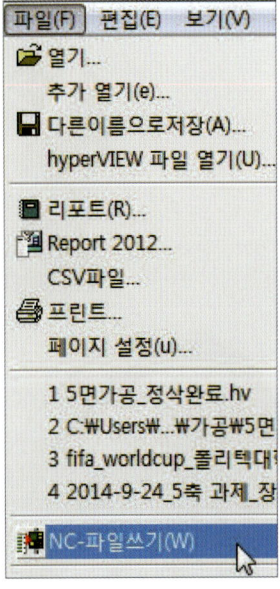

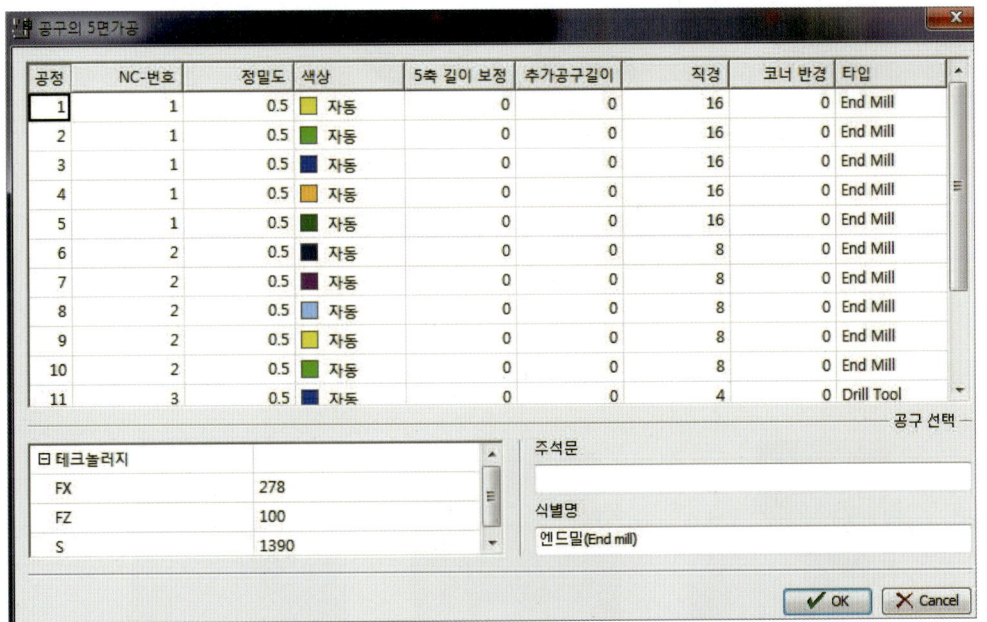

공정	NC-번호	정밀도	색상	5축 길이 보정	추가공구길이	직경	코너 반경	타입
1	1	0.5	자동	0	0	16	0	End Mill
2	1	0.5	자동	0	0	16	0	End Mill
3	1	0.5	자동	0	0	16	0	End Mill
4	1	0.5	자동	0	0	16	0	End Mill
5	1	0.5	자동	0	0	16	0	End Mill
6	2	0.5	자동	0	0	8	0	End Mill
7	2	0.5	자동	0	0	8	0	End Mill
8	2	0.5	자동	0	0	8	0	End Mill
9	2	0.5	자동	0	0	8	0	End Mill
10	2	0.5	자동	0	0	8	0	End Mill
11	3	0.5	자동	0	0	4	0	Drill Tool

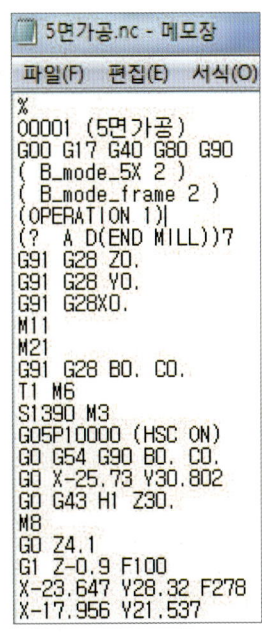

2 / 인덱스 5축 가공 CAM 작업하기 2 (다이케스팅 가공)

2-1 가공 모델 불러오기 및 가공 소재의 원점 Setting하기

인덱스 5축 가공을 이용하여 2016INDEX 모델을 가공 해보자.

앞의 모델을 가공하기 위하여 몇 가지를 먼저 숙지한다.

- 사용할 공구 및 척에 고정할 부분
- 가공 소재는 다이캐스트 주물을 사용하기로 한다.
- 가공 소재의 원점 Setting − 가공 모델의 좌표축(WCS)과 NCS(프로그램 원점)를 일치시킨다.

01 모델 폴더에서 2016INDEX모델.igs 파일을 연다.

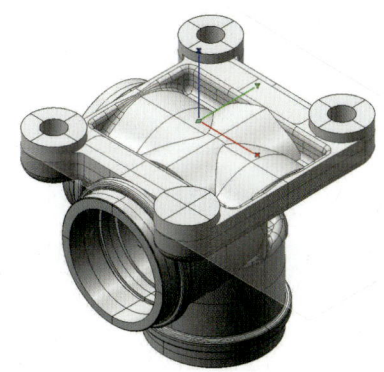

02 모델의 WCS 좌표계 원점을 NCS 원점(기계 가공 시 G54)으로 하기로 한다. 기계에서 소재
(다이캐스트 주물)를 가공할 때 Toolpath를 생성한 NCS 원점과 실제 가공 장비의 공작물
좌표계 원점(G54)을 반드시 일치시켜야 한다.

2-2 hyperMILL Browser 열기 및 소재(stock) 모델 생성 / 밀링 영역 정의 / 가공 공구 설정 / 가공 좌표계 설정

- 버튼을 클릭하여 CAM 작업 상태로 전환한다.
- 모델 탭에서 밀링 영역을 생성한다.

> ## 밀링 영역 정의하기(절삭 모델 정의)

01 ▷ 모델 탭의 밀링/선삭 영역에서 신규 절삭 모델 생성 아이콘을 클릭한다.

02 ▷ 절삭 모델 생성 창이 열리면 신규 선택 아이콘을 클릭한다.

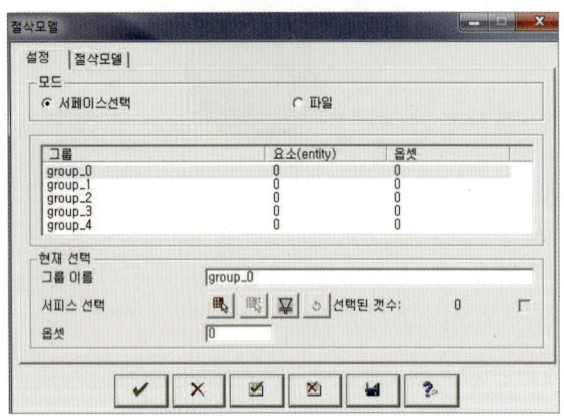

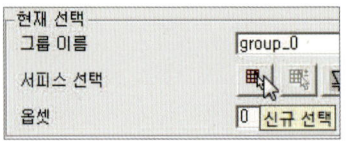

03 ▷ 밀링 영역에 해당하는 서피스를 선택한다. 여기서는 전체가 밀링 영역이므로 서피스 전체를 선택한다.

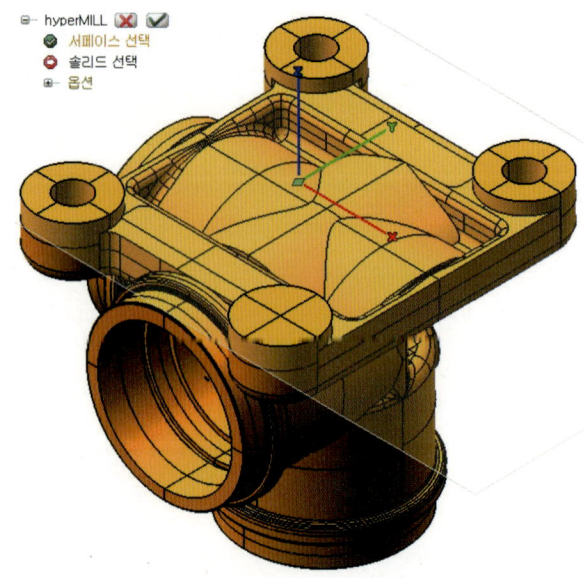

04 선택 후 확인을 클릭하면 선택된 서피스 개수가 나타난다.

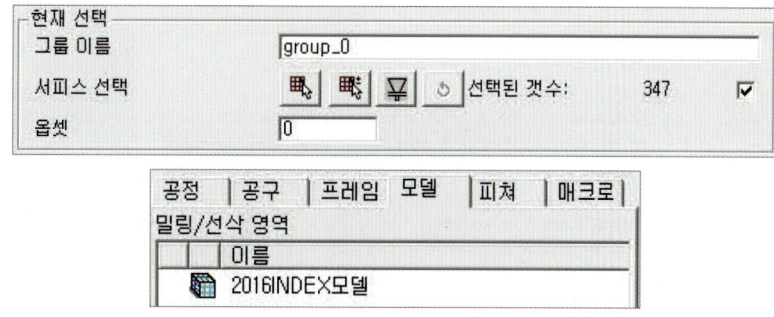

소재(stock) 모델 만들기

가공 소재로 다이캐스트 주물을 사용하므로 별도의 소재 모델은 만들지 않는다.

가공 공구 설정하기

01 모델의 단면 보기

보기 풀 다운 메뉴에서 수정 > 단면 보기 명령을 사용하여 원하는 방향으로 모델을 절단하여 단면을 생성한다.

◦-- 참고

XY평면으로 절단하기 위해 단면 보기 명령을 사용하기 앞서 좌표축(X)을 90도 회전시켜 그림과 같이 Z축을 위치시킨다.

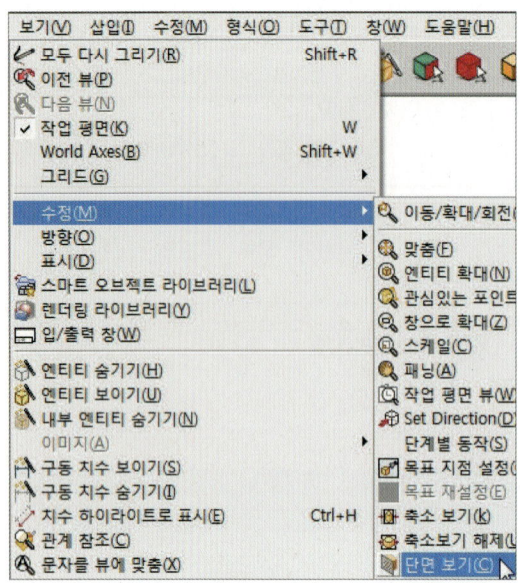

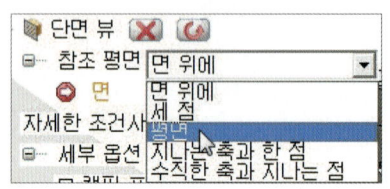

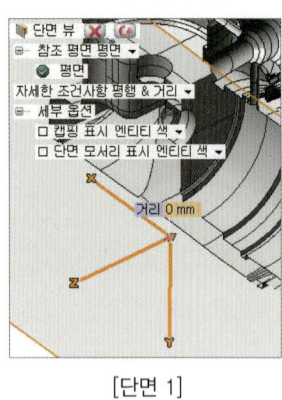

[단면 1]

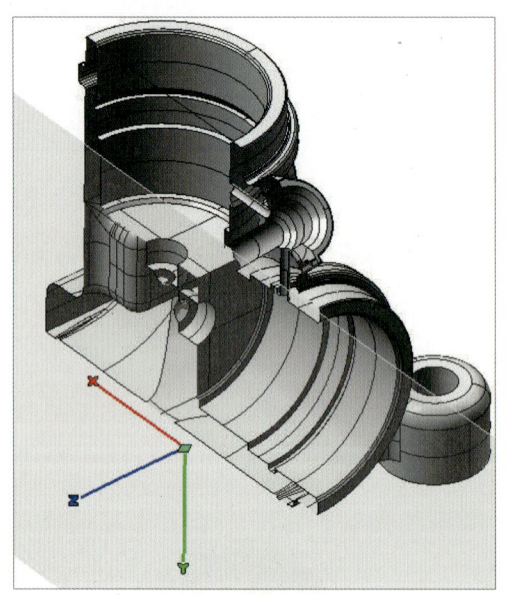

◎-- 참고

보기 풀 다운 메뉴에서 표시 > 단면 보기 명령을 사용하여 모델 전체 보기한다.

02 사용할 공구를 결정하기 위해 2016INDEX 모델을 hyperMILL Analysis 기능을 이용하여 가공할 면들을 분석한다.

해석	
두개 서페이스 해석	▼
⊟ 두번째 서페이스 해석 결과	
각도	☐ 301.051° (58.949°)

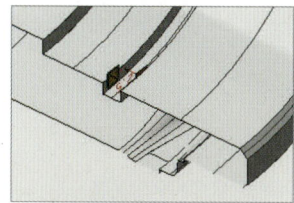
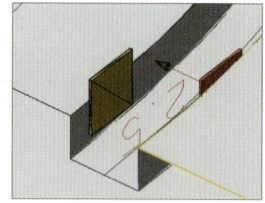

해석	
두개 서페이스 해석	
⊟ 두번째 서페이스 해석 결과	
포인트 거리	☐ 3.229
서페이스 거리	☑ 2.5

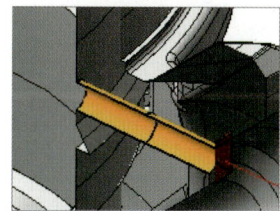

해석	
한개 서페이스 해석	
⊟ 첫번째 서페이스 해석 결과	
직경	☑ 3
실린더 높이	☐ 15.515

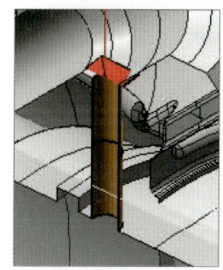

해석	
한개 서페이스 해석	
⊟ 첫번째 서페이스 해석 결과	
직경	☑ 3
실린더 높이	☐ 15.515

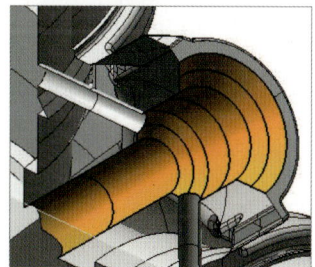
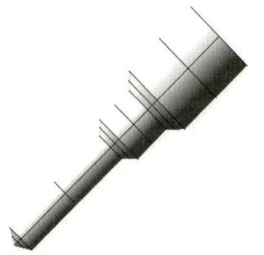

특수 제작 드릴 공구

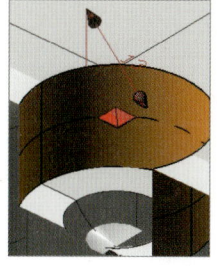

해석	
한개 서페이스 해석	
⊟ 첫번째 서페이스 해석 결과	
직경	☑ 13
실린더 높이	☐ 7.5

해석		
두개 서페이스 해석		
⊟ 두번째 서페이스 해석 결과		
포인트 거리	☐	3.656
서페이스 거리	☑	1

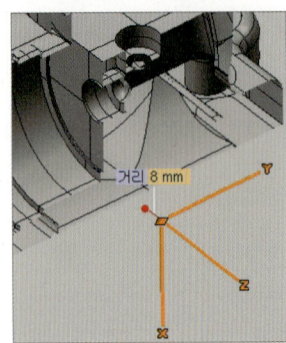

[단면 2]

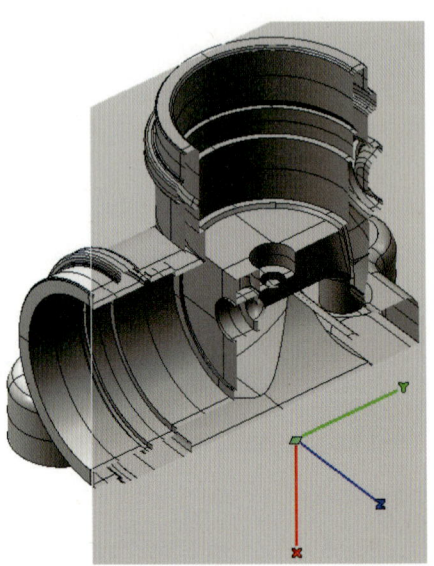

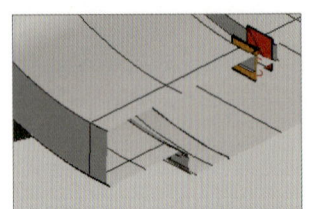 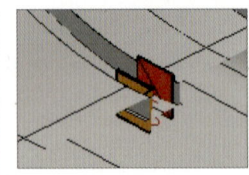

해석		
두개 서페이스 해석		
⊟ 두번째 서페이스 해석 결과		
포인트 거리	☐	2.571
서페이스 거리	☑	2.5

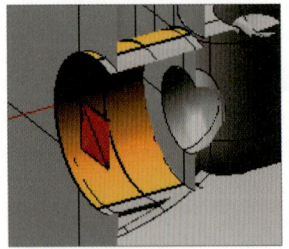

해석		
두개 서페이스 해석		
⊟ 두번째 서페이스 해석 결과		
포인트 거리	☐	3.563
서페이스 거리	☑	1

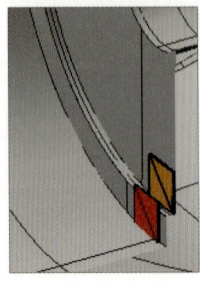

해석		
한개 서페이스 해석		
⊟ 첫번째 서페이스 해석 결과		
직경	☑	13
실린더 높이	☐	9

03 ▶ hyperMILL 브라우저 상단의 공구 탭을 선택한다.

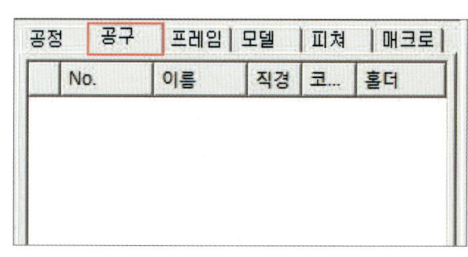
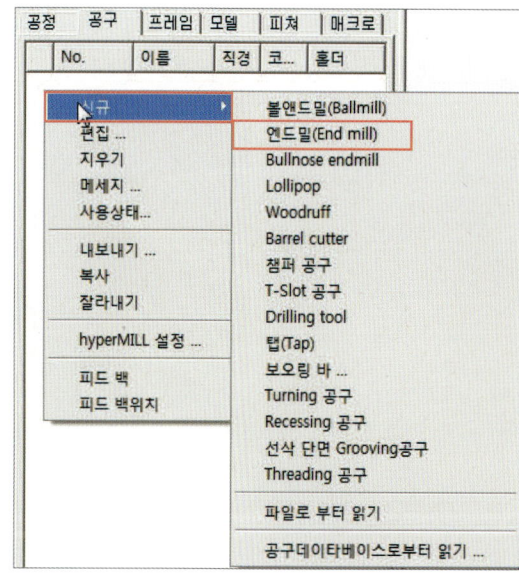

04 ▶ 마우스 오른쪽 버튼을 클릭하여 신규 메뉴를 선택한 후 절삭 공구를 선택한다.

05 ▶ 공구 정의 대화상자에서 지오메트리 탭, 테크놀러지 탭에 파라미터 값 설정에 대해서는 "인덱스 5축 가공 CAM 작업하기 1(5면 가공)"을 참고하기로 한다.

다음은 2016INDEX 모델을 가공하기 위한 공구 목록이다.
1번 공구(파이 80 불노이즈 엔드밀, 코너 반경 2) :
2번 공구(파이 10 엔드밀) :
3번 공구(파이 10 챔퍼 공구) :
4번 공구(파이 13 드릴 공구) :
5번 공구(파이 10 불노이즈 엔드밀, 코너 반경 1) :
6번 공구(파이 8 볼 엔드밀) :
7번 공구(파이 20 T-Slot 공구) :
8번 공구(파이 3.5 엔드밀) :
9번 공구(파이 20 더브테일 커터(60도)) :
10번 공구(특수 제작 드릴 공구) :
11번 공구(파이 2.7 드릴 공구) :

10번 공구(특수 제작 드릴 공구) 만들기 순서

1 단면 보기

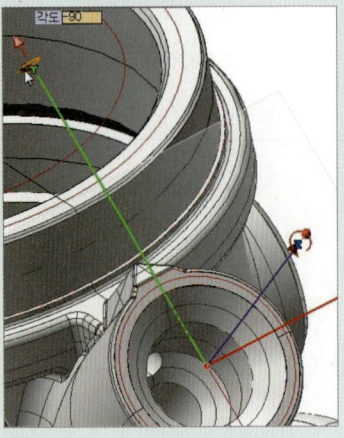 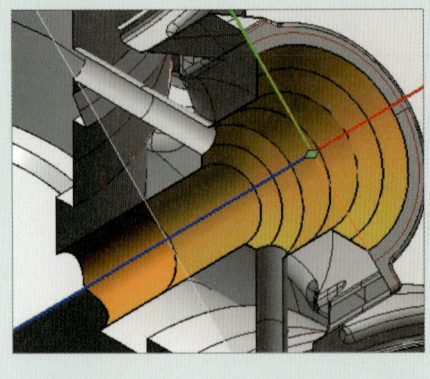

2 윤곽 그리기

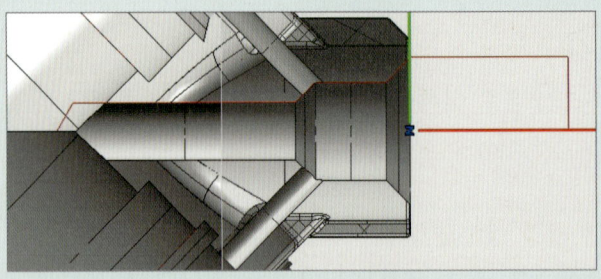

3 공구 탭에서 특수 제작 드릴 공구 등록하기

신규 > Drilling tool

지오메트리	테크놀러지	
⊟ 공통		🖉
NC-번호	10	
ID	10	
이름	특수제작드릴	
주석문		
안전 길이	50	
게이지 길이	50	
스핀들		🖉
홀더		🖉
연장 부품		🖉
⊟ 공구		🖉
이름	드릴	
주석문		
직경	10	
길이	50	
컷팅 길이	10	
팁 없는 길이	46.996	
관통 길이	0	
팁 각도	118	
생크	☐	
자유 지오메트리		

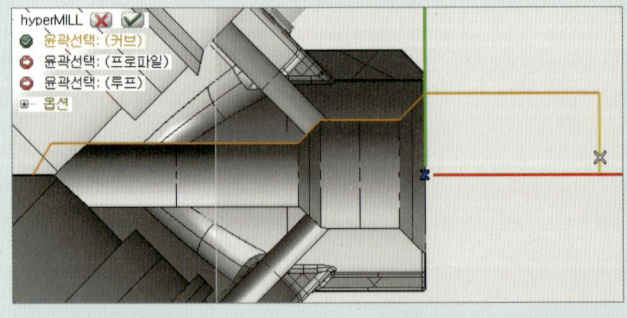

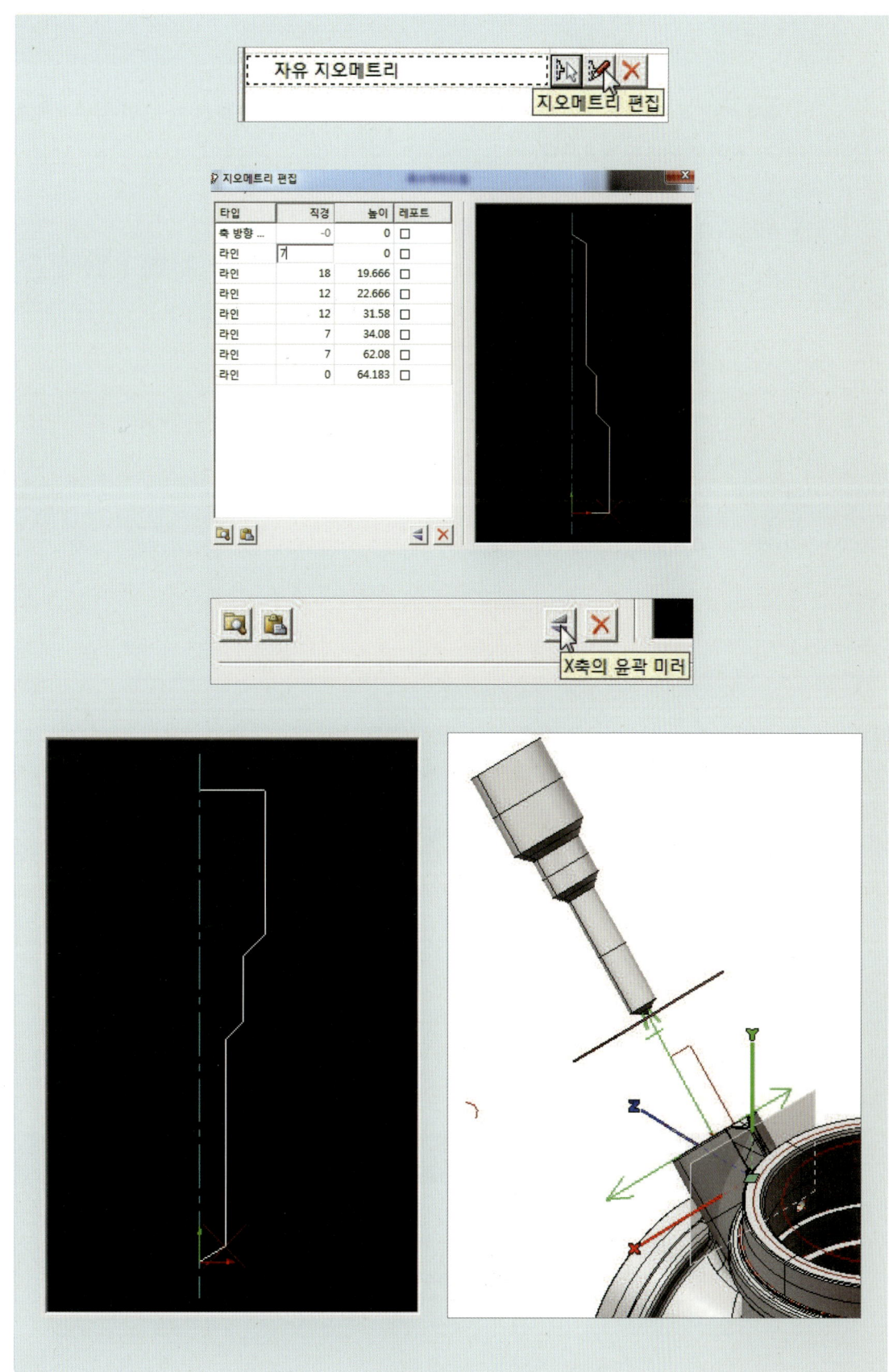

좌표계 설정하기

3축 가공과 달리 인덱스 5축 가공에서는 G54 좌표계 외에 경사진 가공 면에 수직하게 공구를 세우기 위한 좌표계가 필요하다.

- hyperMILL 브라우저 상단의 프레임 탭을 선택한다.
- 오른쪽 하단의 신규 작성 버튼을 눌러 다음 그림과 같이 가공 좌표계를 설정한다.

나머지 가공 좌표계는 가공 공정에서 설정하기로 한다.

2-3 ▶ 제1공정

2016INDEX 모델의 바닥 면을 가공하기로 한다.

공정 리스트 생성

01 ▶ 공정 탭에서 마우스 오른쪽 버튼을 눌러 신규 > 공정 리스트를 선택한다.

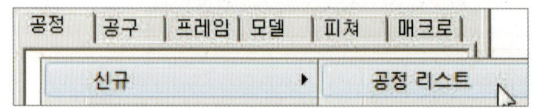

02 ⇒ 공정 리스트 이름 "2016INDEX 모델(제1공정)"을 입력한다.

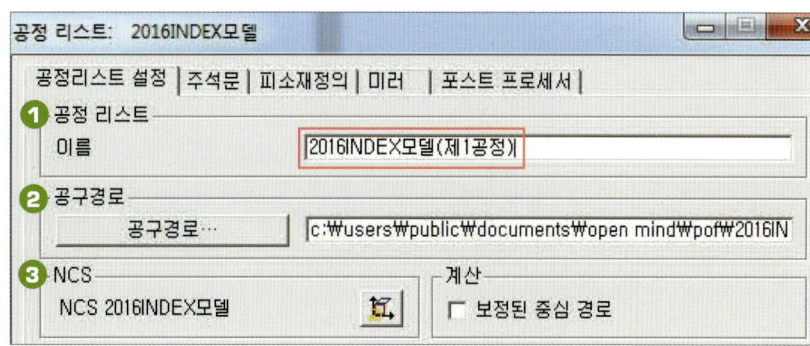

① 공정 리스트 : 작업 공정 이름 지정

② 공구 경로　: CL DATA 생성 위치 지정

③ NCS : 가공 프레임(공작물 원점) 세팅

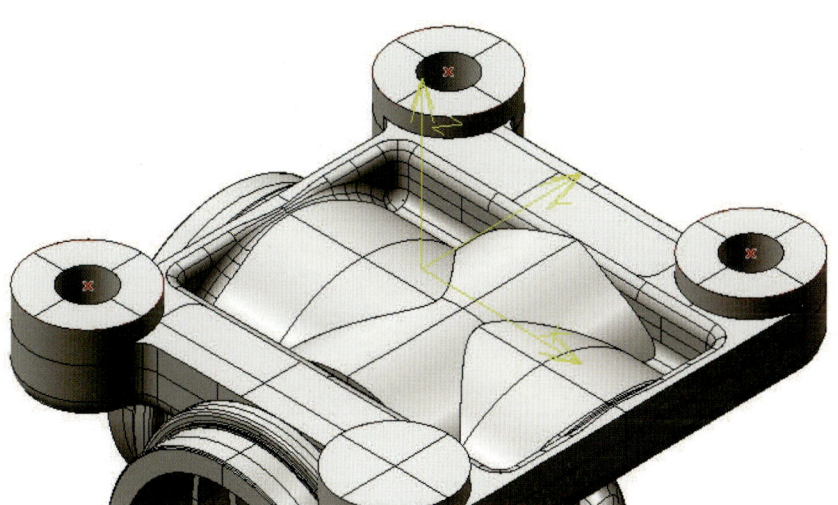

03 ⇒ 공구 경로 파일 이름과 공구 경로 변경 여부에 대하여 "예"를 클릭한다.

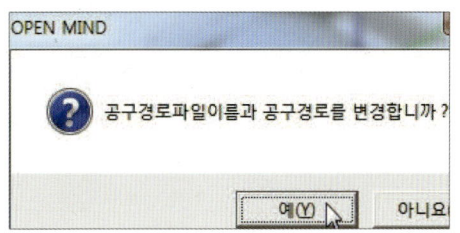

04 피소재정의 탭에서 가공 모델 설정을 체크하고, 앞에서 생성한 밀링 영역을 선택한다.

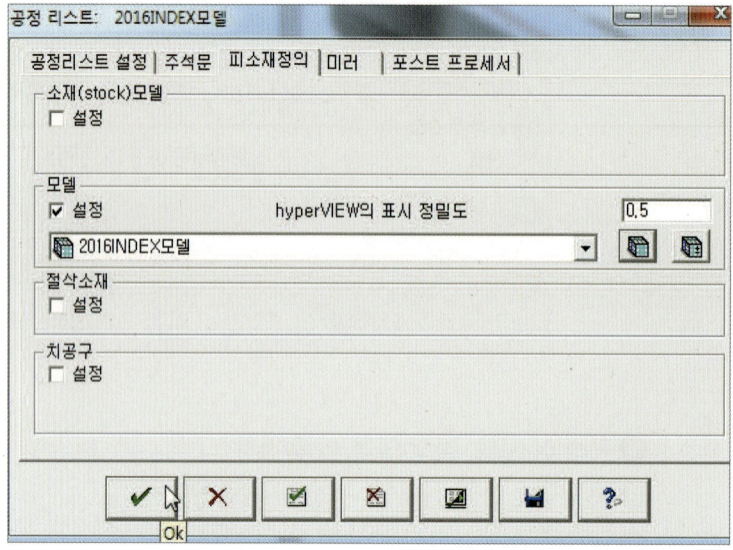

평면 가공하기

1번 공구(파이 80 불노이즈 엔드밀, 코너 반경 2)로 평면 가공을 해보자.

01 hyperMILL 툴 바에서 hyperMILL Job명령 아이콘을 클릭한다.

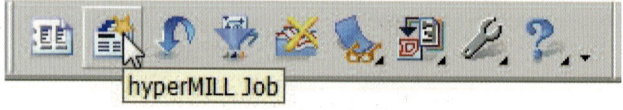

02 2D 사이클에서 "2D 윤곽 가공"을 선택한다.

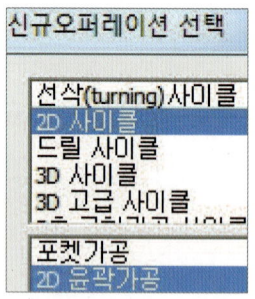

03 공구 탭

프레임의 가공 좌표계는 공정 리스트 설정 시 자동으로 만들어진 NCS 2016INDEX 모델 (제1공정)을 사용한다.

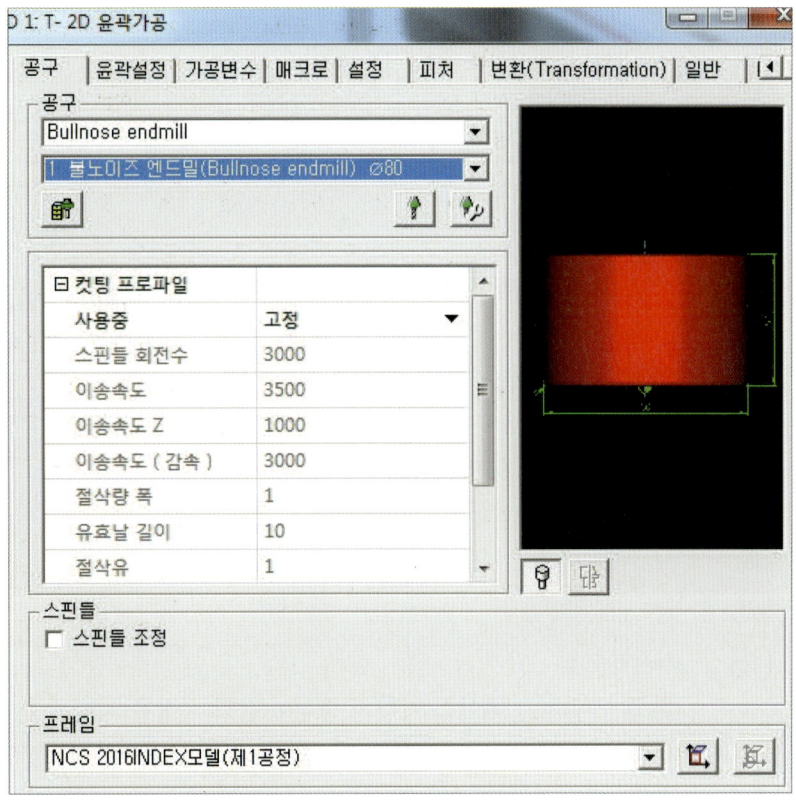

04 윤곽 설정 탭

윤곽 선택에서 신규 아이콘을 클릭하여 공구가 지나갈 윤곽을 선택한다.

❶ 사전에 공구 중심이 지나갈 윤곽을 그려 둔다.

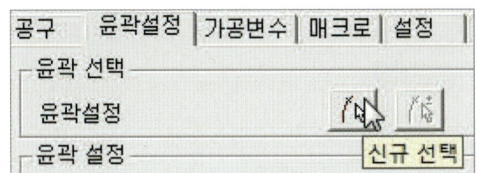
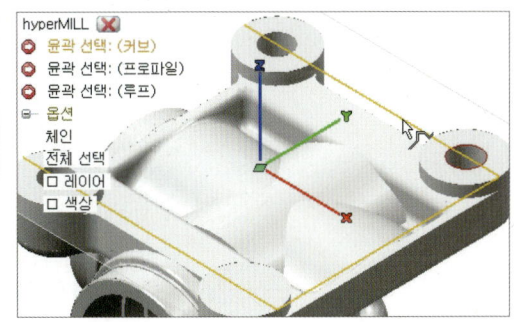

❷ 최고와 최저 파라미터는 절댓값(잡 프
레임)을 선택한 후 모델의 완성 가공
위치가 Z0이고, 가공 소재는 다이캐스
트 주물을 사용하므로 최고와 최저 모
두 "0"을 입력한다.

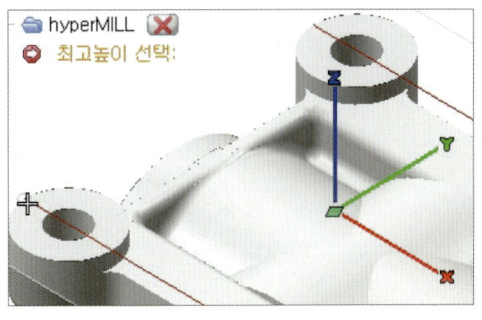

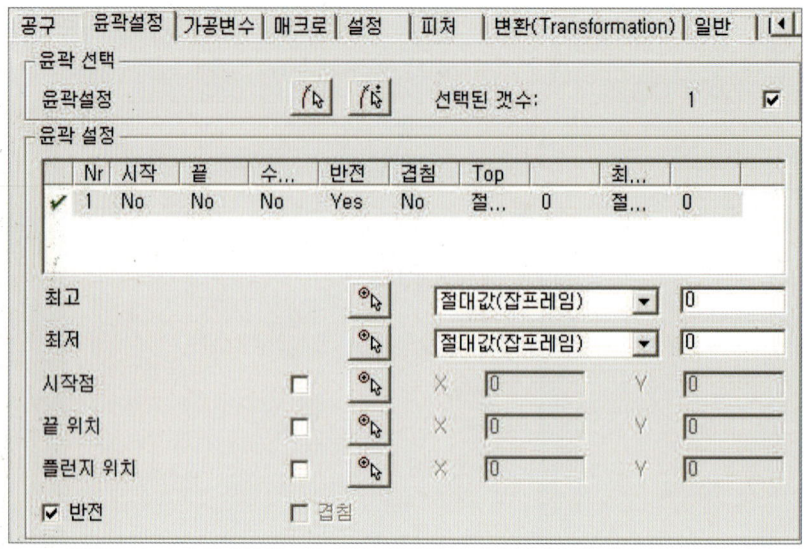

05 ▶ 가공변수 탭

❶ 공구 위치는 페이스 커터의 중심이 윤곽 선상을 지나게 한다.

❷ 절삭의 Z절삭량은 1회 윤곽을 지나는 것으로 완성 가공할 것이므로 윤곽 설정 탭에서의 최고/최저 사이의 간격보다 큰 값을 입력한다(여기서는 "10"을 입력한다).

❸ 완성 가공이므로 소재 여유량 Z는 "0"을 입력한다.

❹ 기타 파라미터는 그림과 같이 입력한다.

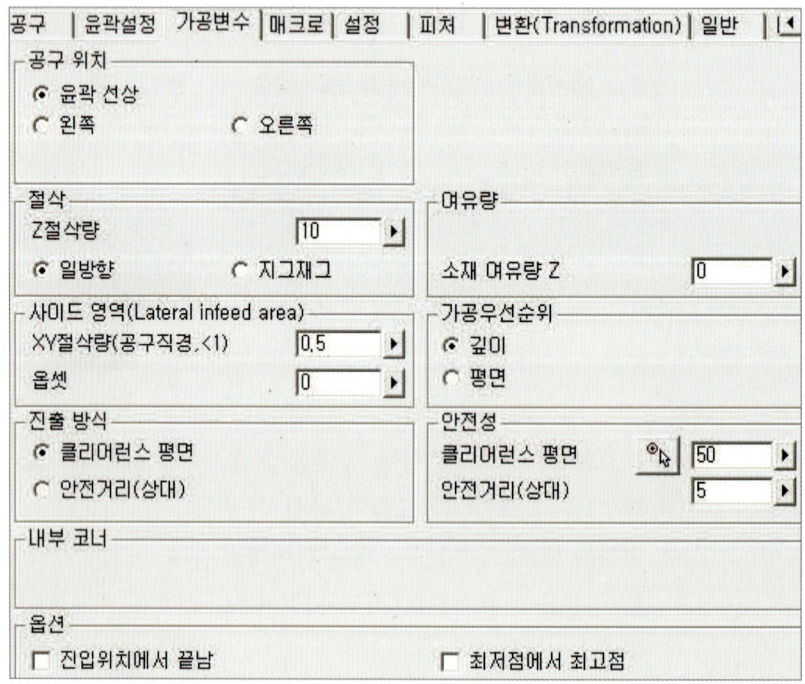

06 ▷ 매크로 탭

진입/진출 매크로를 접선형으로 한다. 매크로 길이는 공구 반경 치수(R40)보다 큰 50을 입력한다.

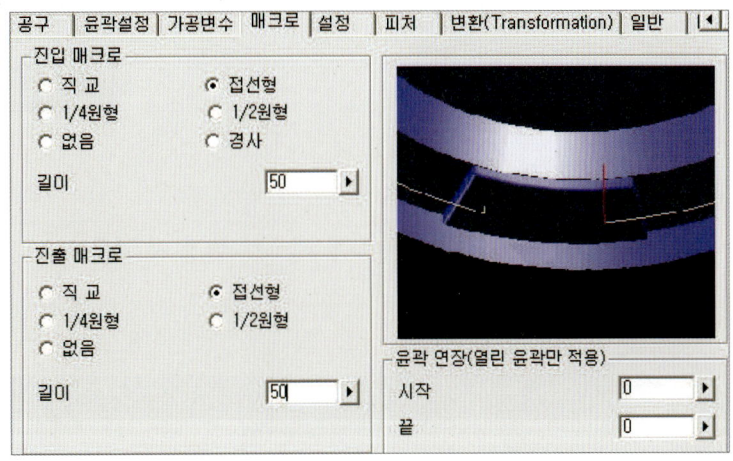

07 ▷ 다음 그림은 각 탭(tab)에 파라미터 값을 입력, 계산했을 때 공구의 위치와 안전 평면, Z방향의 가공 범위, XY방향의 가공 범위, 공구 괘적을 나타낸 것이다.

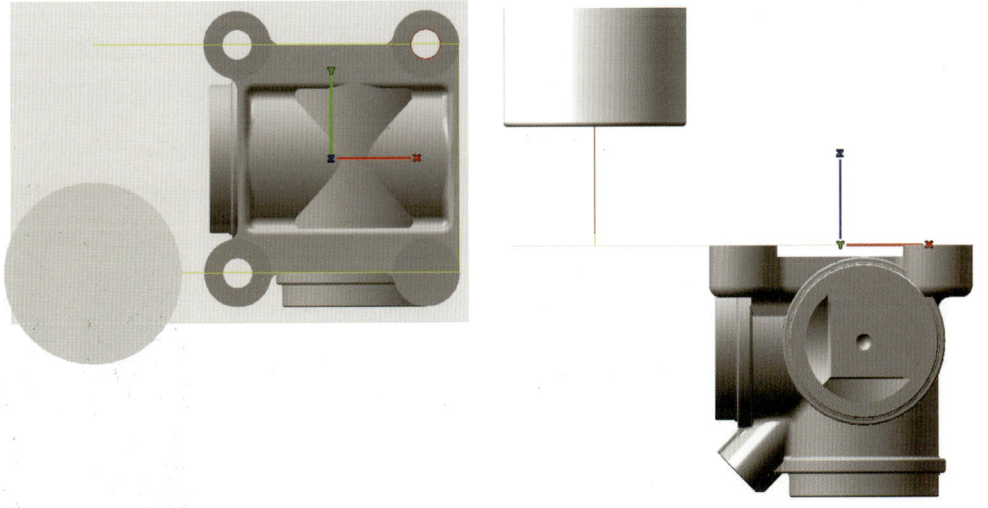

구멍 가공하기

4번 공구(파이 13 드릴 공구)로 구멍 가공 해보자.

01 ▷ hyperMILL 툴 바에서 hyperMILL Job명령 아이콘을 클릭한다.

02 드릴 사이클에서 “드릴링.칩브레이크”를 선택한다.

hyperMILL Job

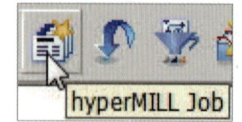

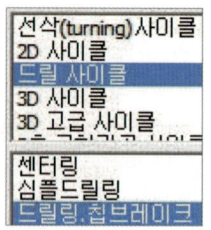

선삭(turning)사이클
2D 사이클
드릴 사이클
3D 사이클
3D 고급 사이클
센터링
심플드릴링
드릴링.칩브레이크

03 공구 탭

프레임의 가공 좌표계는 공정 리스트 설정 시 자동으로 만들어진 NCS 2016INDEX 모델(제1공정)을 사용한다.

구멍 분석

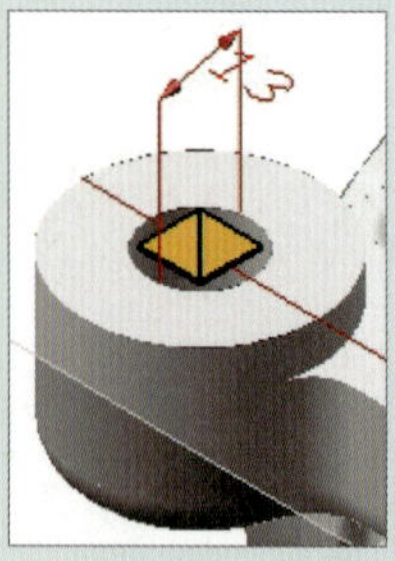

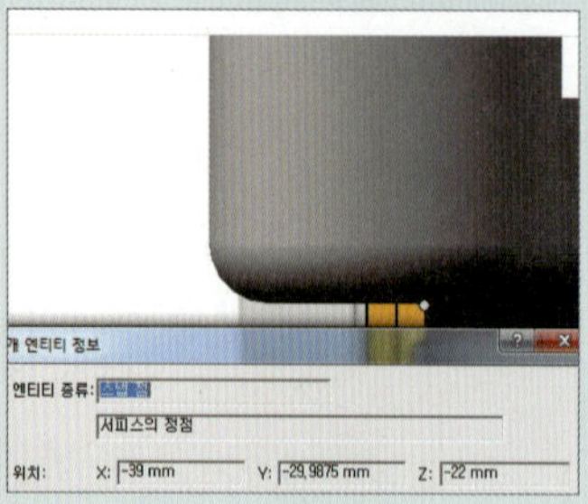

직경	☑ 13
실린더 높이	☐ 22

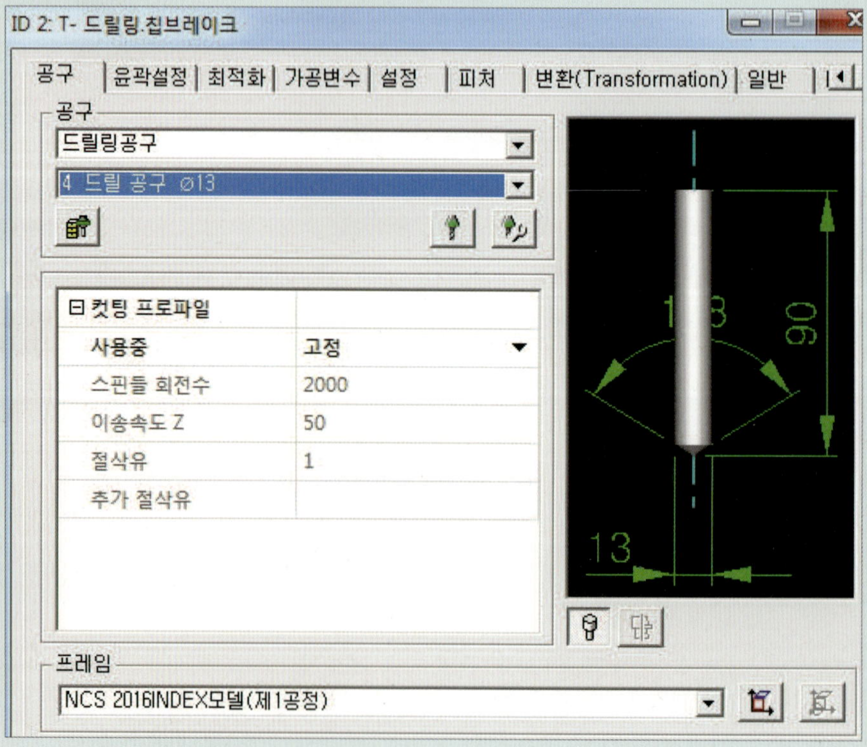
ID 2: T- 드릴링.칩브레이크
공구
윤곽설정
최적화
가공변수
설정
피처
변환(Transformation)
일반
공구
드릴링공구
4 드릴 공구 ø13
컷팅 프로파일
사용중
고정
스핀들 회전수
2000
이송속도 Z
50
절삭유
1
추가 절삭유
90
13
프레임
NCS 2016INDEX모델(제1공정)

04 ▶ 윤곽 설정 탭

윤곽 선택에서 "포인트" 라디오 버튼(radio button)을 클릭한 후 신규 선택 아이콘을 클릭하여 드릴 가공할 포인트를 선택한다.

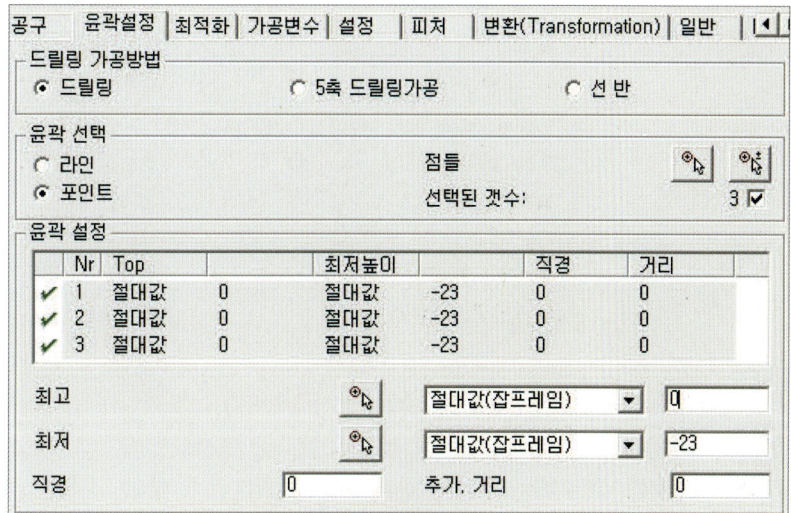

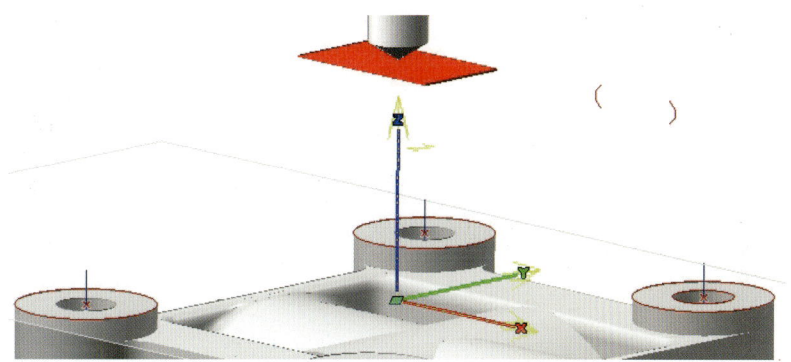

05 ▶ 가공변수 탭

❶ 윤곽 설정 탭에서 설정한 윤곽의 최저 위치(−23)가 드릴의 선단부를 제외한 드릴 몸통부의 위치가 되어야 하므로 가공 영역에서 "선단(tip) 각도 보정"을 체크한다.

❷ 가공 파라미터의 패킹 깊이는 고속 심공 드릴 사이클(G73)의 Q에 해당한다. 감속 값은 후퇴량에 해당하는 것으로 NC 코드 생성에서 의미가 없다 (후퇴량은 컨트롤러의 파라미터에 설정하여 사용한다).

❸ 홀 안전과 진출 방식에 설정된 파라미터 값은 고속 심공 드릴 가공에서 R점 복귀를 하기 위해 설정된 값이다.

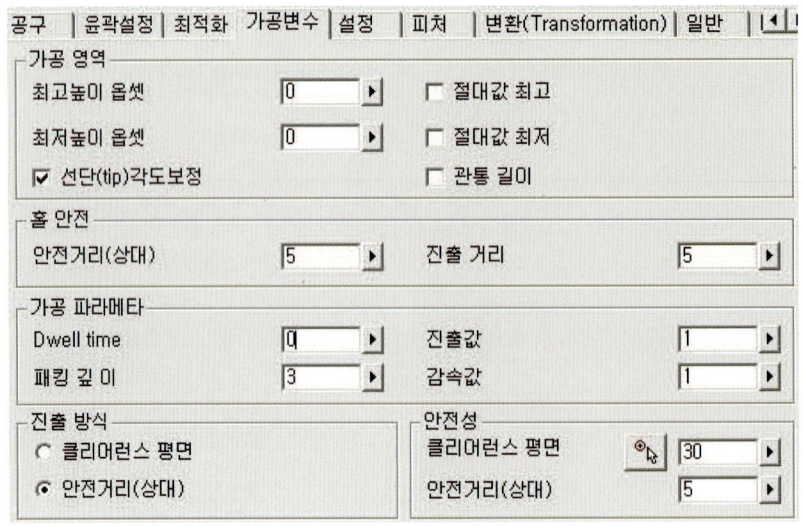

06 설정 탭

모든 탭들의 파라미터 값을 입력한 후 "계산
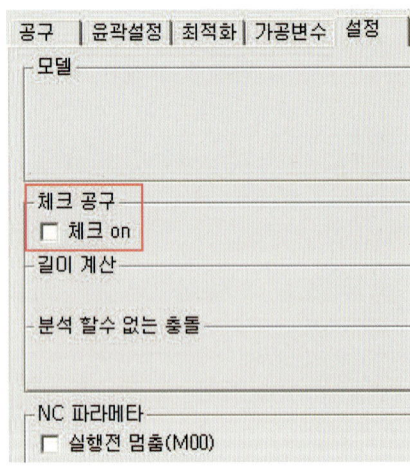 " 할 때 오류가 발생하면, 체크 공구 부분을
off 상태가 되도록 한다.

07 다음 그림은 각 탭(tab)에 파라미터 값을 입력, 계산했을 때 공구의 위치와 안전 평면, Z방
향의 가공 범위, XY방향의 가공 범위, 공구 괘적을 나타낸 것이다.

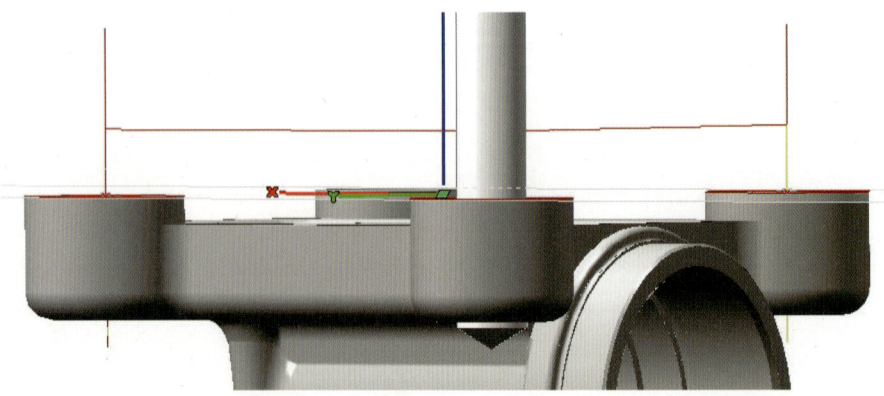

2-4 **제2공정**

2016INDEX 모델의 윗면 실린더 부분을 가공하기로 한다.

제1공정에서 완성한 드릴 구멍에 제2공정을 위한 NCS(가공 프레임)을 세팅하기 위해 다음 그림과 같이 모델을 복사하여 위치시킨다.

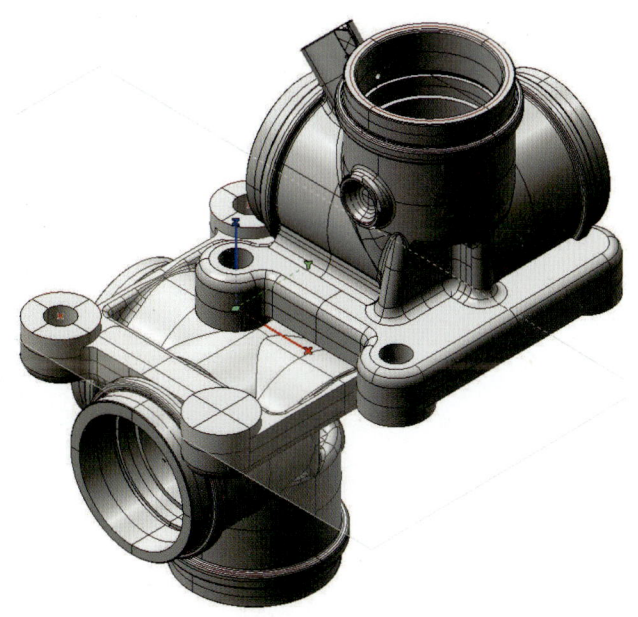

모델 복사하기

다음 순서에 따라 모델을 복사한다.

01 기존 모델을 선택한 후 복사(Ctrl+C)한다.

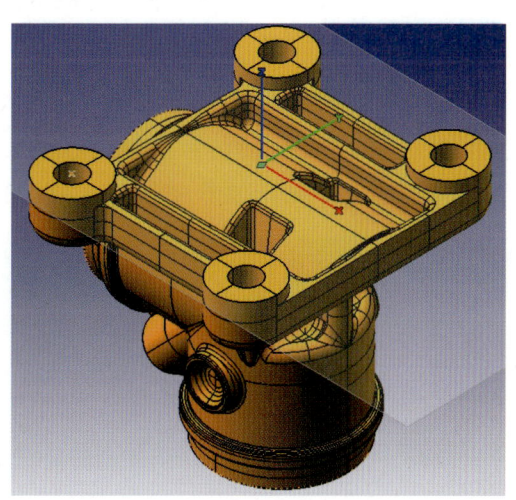

02 ▶ 윗면 실린더 부분을 가공하기 위한 다이캐스트 주물 고정 및 NCS(가공 프레임)를 설정하기 위해 좌표계를 이동시킨다.

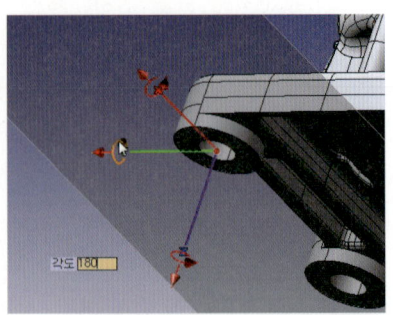

03 ▶ 위 그림과 같이 좌표계를 이동시킨 후 기존 모델을 붙이기(Ctrl+V) 한다.

04 ▶ 현재 모델들의 위치는 사용자 좌표계에 대한 위치이므로, 현재 좌표계(사용자 좌표계, UCS)에서 두 모델 모두 선택 후 잘라내기(Ctrl+X) → 절대 좌표계로 좌표계 이동(W)하기 → 붙이기(Ctrl+V)하여 두 모델 모두 절대 좌표계 상태로 표시한다.

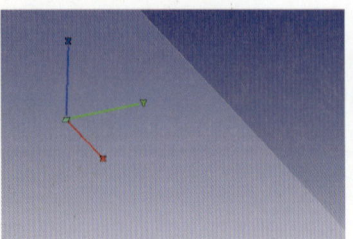
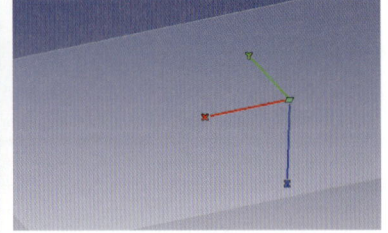

05 ▶ 두 모델은 같은 레이어에 존재한다.

 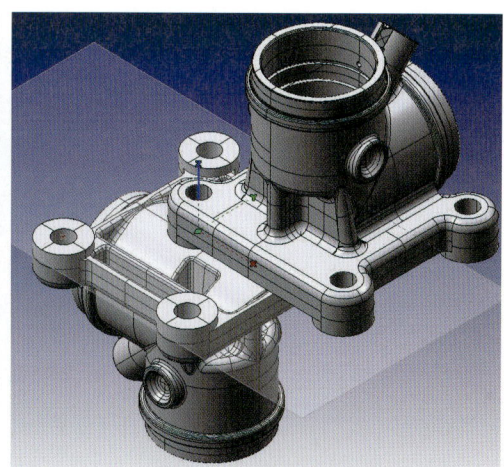

> ### 복사된 모델을 새 레이어로 이동하기

새로 만들어진 모델을 선택한 상태에서 새 레이어 만들기(새 레이어로 이동됨)

※ 새 레이어 만들기를 레이어 탭이 아닌 "레이어 툴 바"에서 해야 함

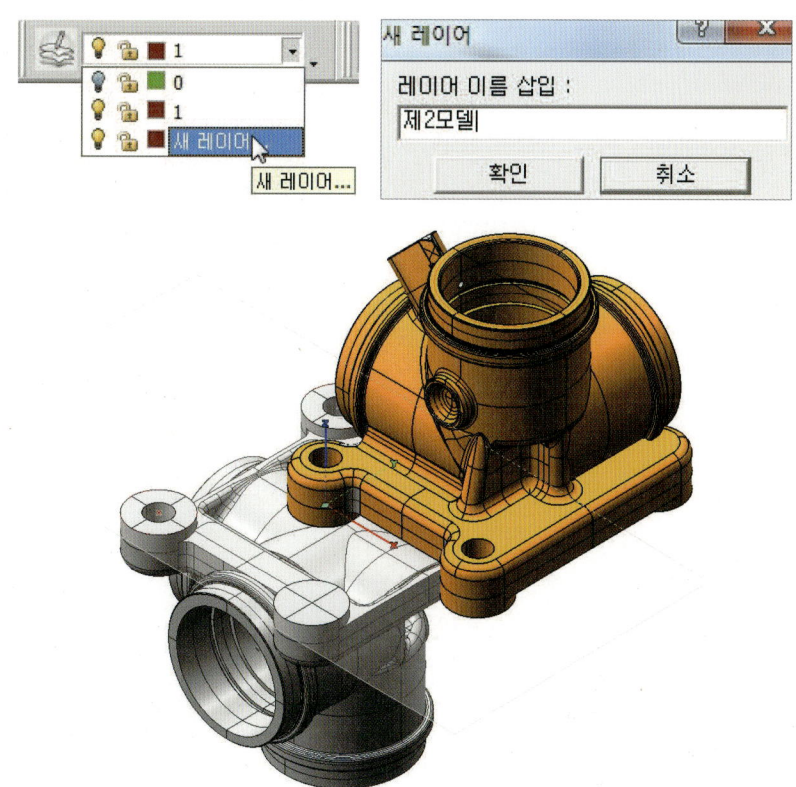

> ## 공정 리스트 생성

01 공정 탭에서 마우스 오른쪽 버튼을 눌러 신규 > 공정 리스트를 선택한다.

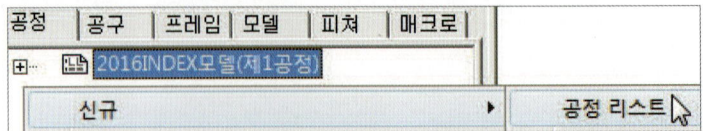

02 공정 리스트 이름 "2016INDEX 모델(제2공정)"을 입력한다.

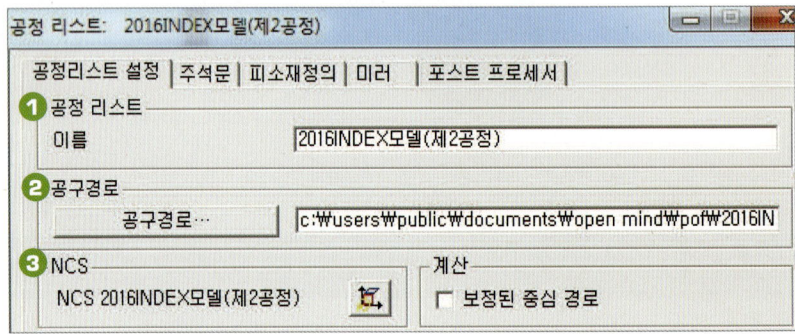

❶ 공정 리스트 : 작업 공정 이름 지정

❷ 공구 경로 : CL DATA 생성 위치 지정

❸ NCS : 가공 프레임(공작물 원점) 세팅

03 공구 경로 파일 이름과 공구 경로 변경 여부에 대하여 "예"를 클릭한다.

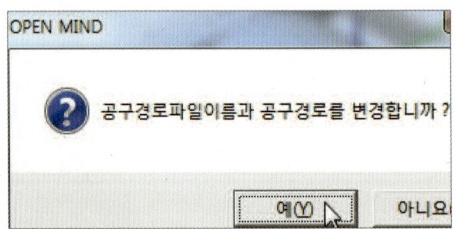

04 피소재정의 탭에서 가공 모델 설정을 체크하고, 신규 절삭 모델 버튼을 클릭한다.

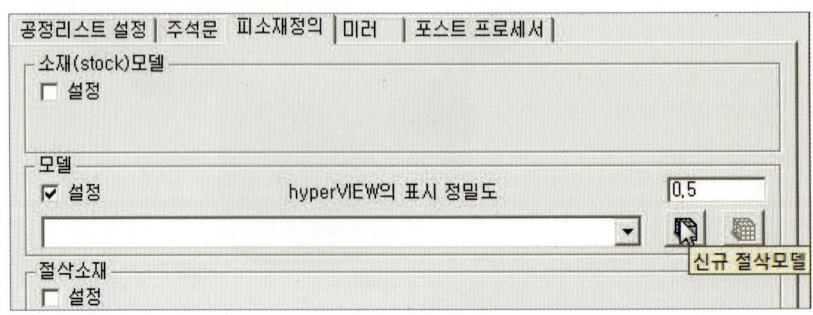

05 ➤ 이하 다음 그림 순서대로 가공 모델을 설정한다.

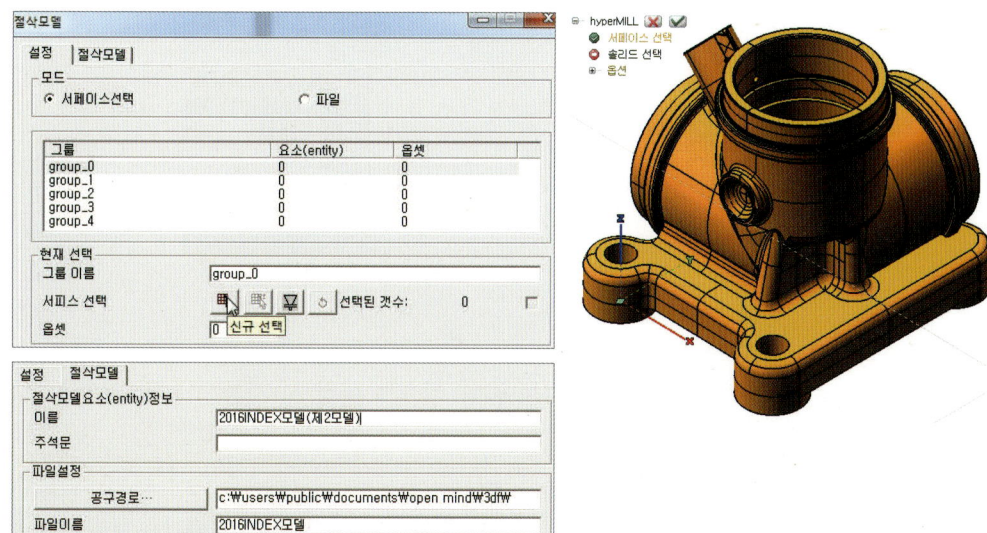

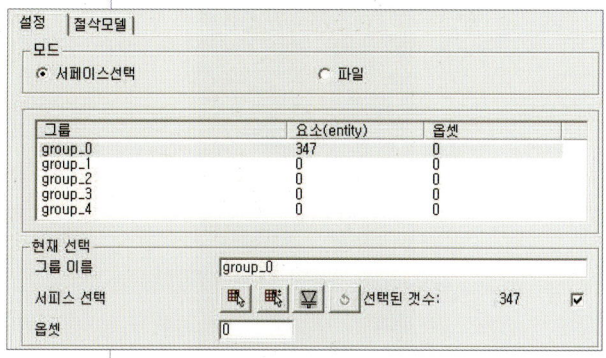

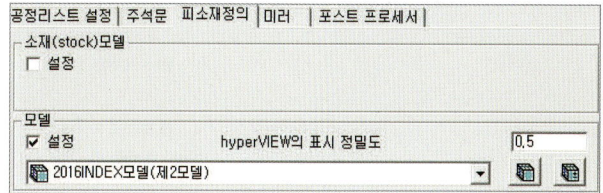

2D 윤곽 가공 1

모델 상부 윗 부분을 2번 공구(파이 10 엔드밀)로 가공 해보자.

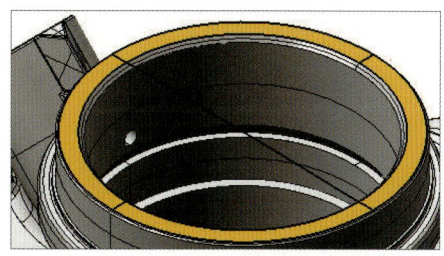

01 ➤ hyperMILL 툴 바에서 hyperMILL Job명령 아이콘을 클릭한다.

02 2D 사이클에서 "2D 윤곽 가공"을 선택한다.

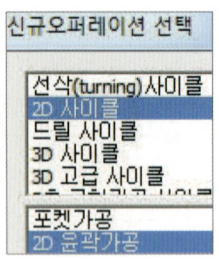

03 공구 탭

프레임의 가공 좌표계는 공정 리스트 설정 시 자동으로 만들어진 NCS 2016INDEX 모델 (제2공정)을 사용한다.

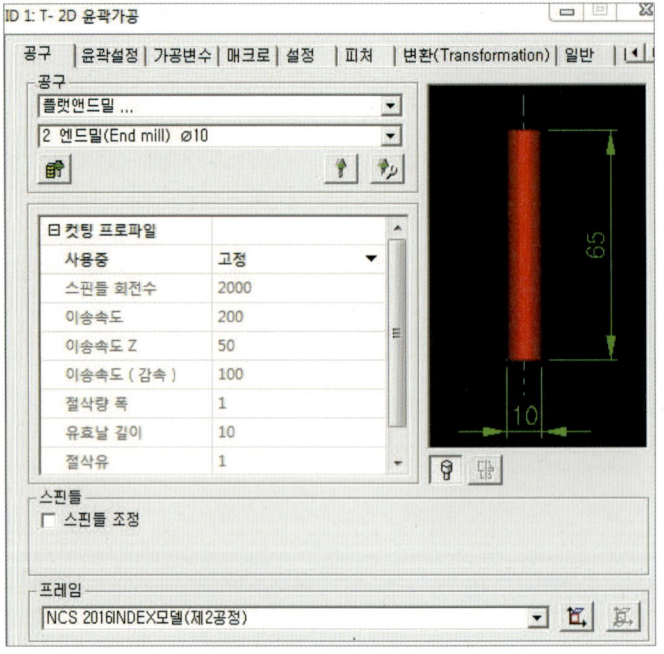

04 윤곽 설정 탭

❶ 가공 윤곽을 그리기 앞서 제2공정에서 그려지는 요소들을 "제2공정 삽입 요소" 레이어를 만들어 관리한다.

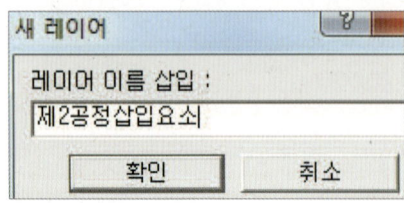

❷ 윤곽원 그리기

– 작업 평면을 대상 면 위로 설정한다.

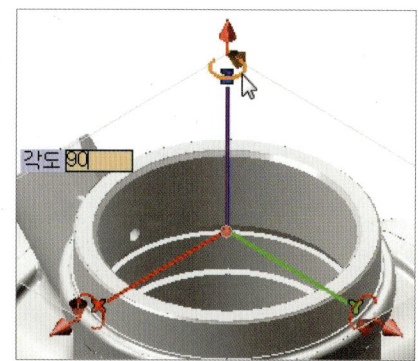

– 윤곽원을 그린다.

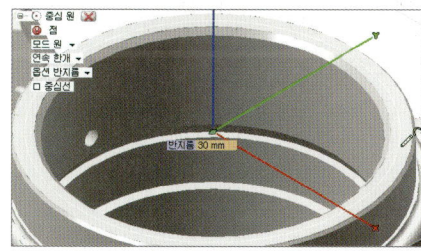
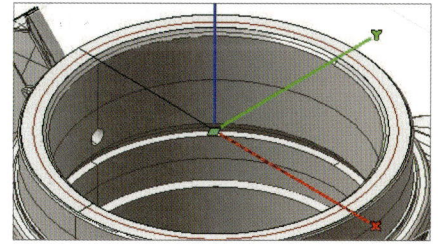

❸ 윤곽 선택에서 신규 선택 아이콘을 클릭하여 공구가 지나갈 윤곽을 선택한다.

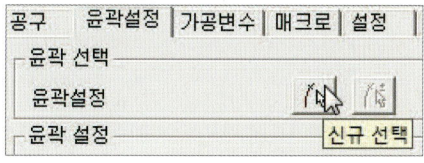
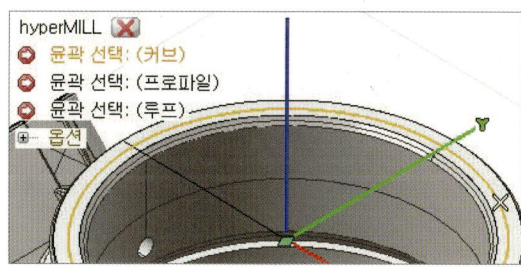

❹ 최고와 최저 파라미터는 절댓값(잡 프레임)을 선택한 후 모델의 완성 가공 위치가 Z106.이고, 가공 소재는 다이캐스트 주물을 사용하므로 최고와 최저 모두 "106."을 입력한다.

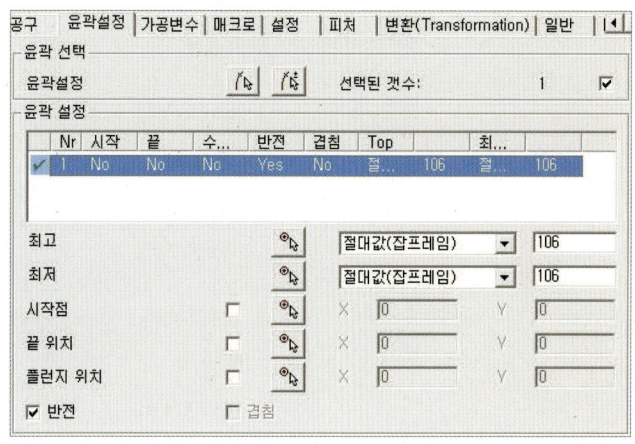

05 ░ 가공변수 탭

❶ 공구 위치는 엔드밀의 중심이 윤곽 선상을 지나게 한다.

❷ 절삭의 Z절삭량은 1회 윤곽을 지나는 것으로 완성 가공할 것이므로 윤곽 설정 탭에서의 최고/최저 사이의 간격보다 큰 값을 입력한다(여기서는 "10"을 입력한다).

❸ 완성 가공이므로 소재 여유량 Z는 "0"을 입력한다.

❹ 기타 파라미터는 그림과 같이 입력한다.

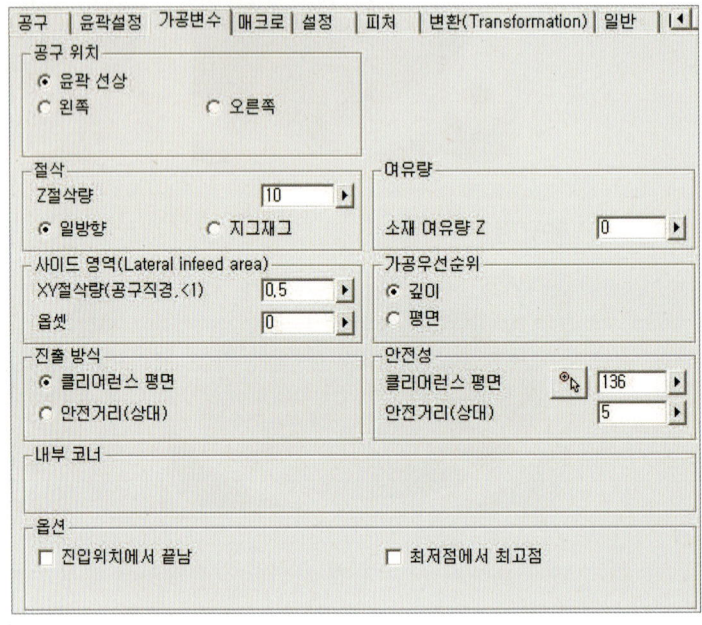

06 ░ 매크로 탭

진입/진출 매크로를 1/4원형으로 한다. 반경은 공구 직경치로 하면 무난하다. 그리고 매크로 연장은 주변에 간섭 부위가 없으므로 "0"을 그대로 유지한다.

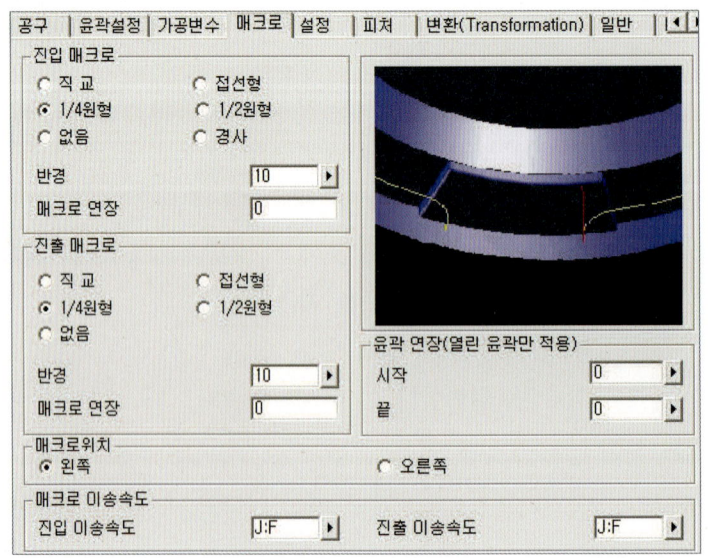

다음 그림은 각 탭(tab)에 파라미터 값을 입력, 계산했을 때 공구의 위치와 안전 평면, Z방향의 가공 범위, XY방향의 가공 범위, 공구 괘적을 나타낸 것이다.

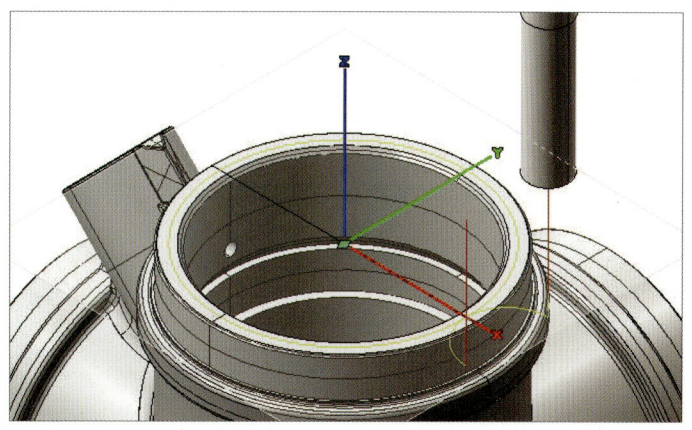

2D 윤곽 가공 2

모델 상부 안쪽을 2번 공구(파이 10 엔드밀)로 가공 해보자.

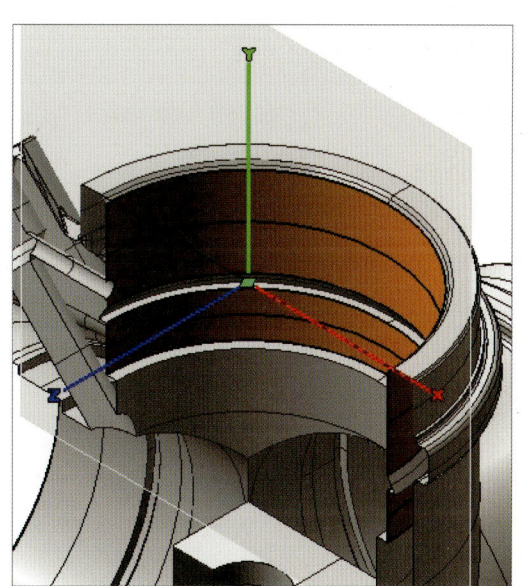

01 ▶ hyperMILL 툴 바에서 hyperMILL Job명령 아이콘을 클릭한다.

02 ▶ 2D 사이클에서 "2D 윤곽 가공"을 선택한다.

03 ▶ 공구 탭

프레임의 가공 좌표계는 공정 리스트 설정 시 자동으로 만들어진 NCS 2016INDEX 모델
(제2공정)을 사용한다.

04 ▶ 윤곽 설정 탭

❶ 윤곽 선택에서 신규 선택 아이콘을 클릭하여 공구가 지나갈 윤곽을 선택한다.

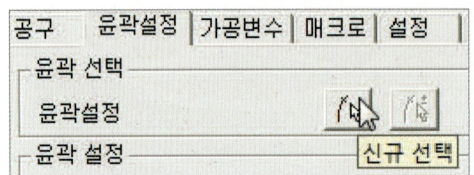 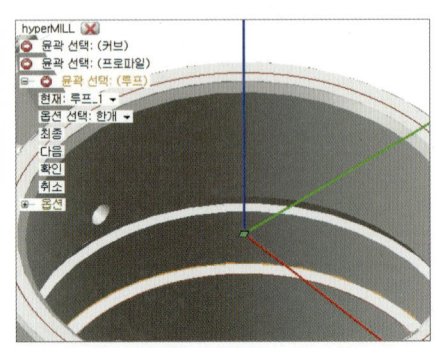

❷ 최고와 최저 파라미터는 절댓값(잡 프레임)을 선택한 후 포인트 선택 버튼을 눌러 최고/
최저 위치를 입력한다.

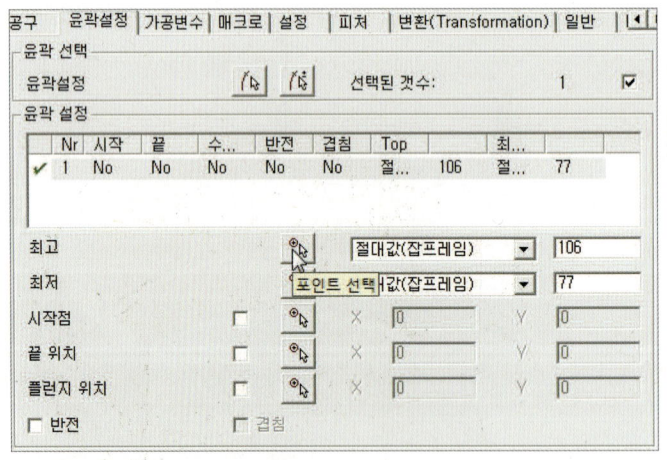 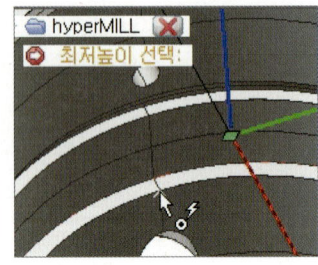

05 ▶ 가공변수 탭

❶ 공구 위치는 하향 밀링 가공이 되도록 왼쪽 라디오 버튼을 클릭한다.

❷ 절삭의 Z절삭량은 3mm씩 절입되도록 한다.

❸ 완성 가공이므로 소재 여유량 Z는 "0"을 입력한다.

❹ 기타 파라미터는 그림과 같이 입력한다.

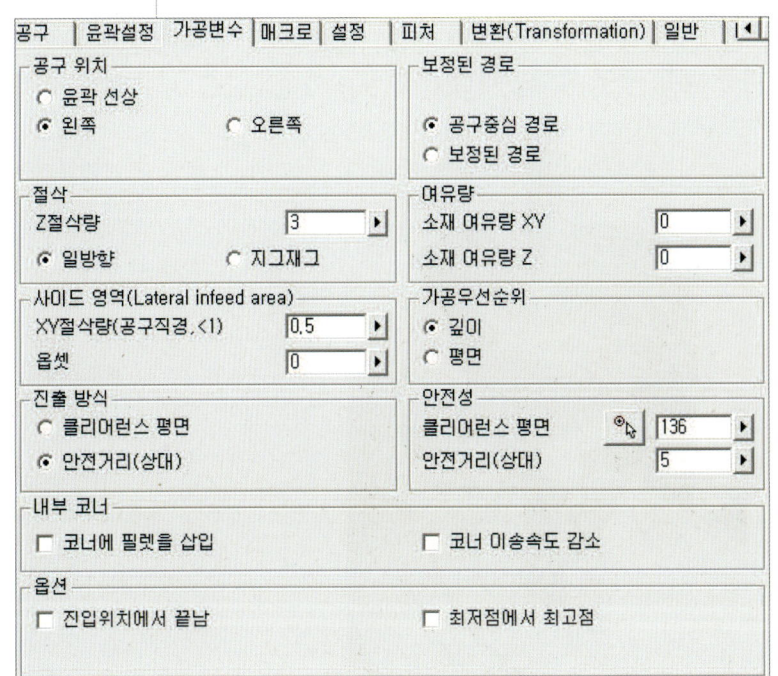

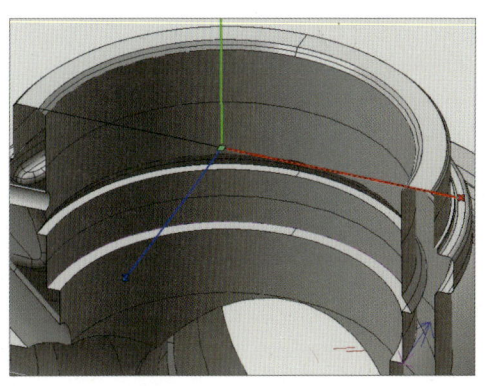

06 ⟫ 매크로 탭

진입/진출 매크로를 1/4원형으로 한다. 반경은 공구 직경치로 하면 무난하다. 그리고 매크로 연장은 주변에 간섭 부위가 없으므로 "0"을 그대로 유지한다.

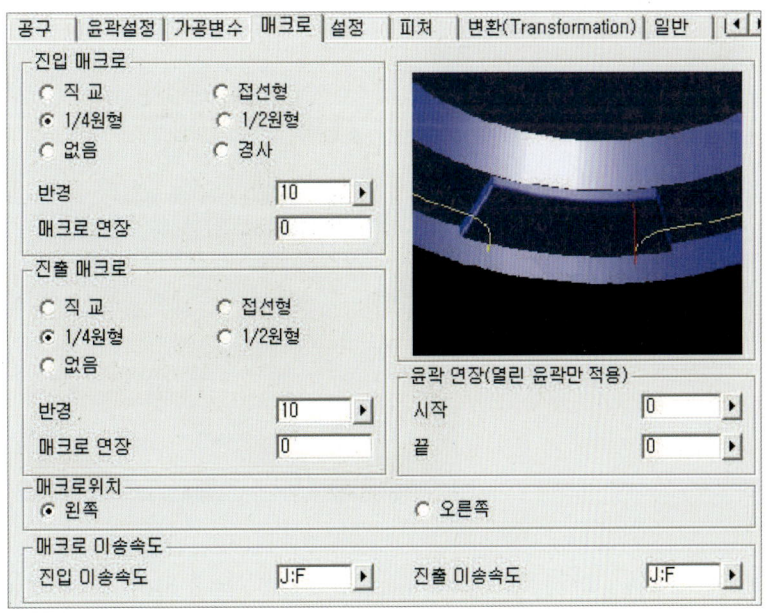

07 ▶ 다음 그림은 각 탭(tab)에 파라미터 값을 입력, 계산했을 때 공구의 위치와 안전 평면, Z방향의 가공 범위, XY방향의 가공 범위, 공구 괘적을 나타낸 것이다.

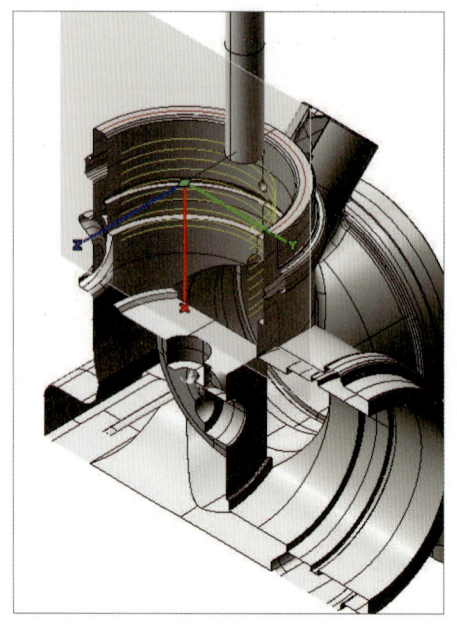

2D 윤곽 가공 3

모델 상부 안쪽을 2번 공구(파이 10 엔드밀)로 가공 해보자.

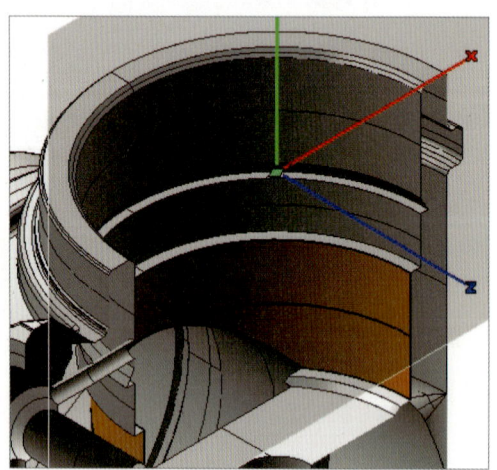

01 ▶ hyperMILL 툴 바에서 hyperMILL Job명령 아이콘을 클릭한다.

02 ▶ 2D 사이클에서 "2D 윤곽 가공"을 선택한다.

03 》 공구 탭

프레임의 가공 좌표계는 공정 리스트 설정 시 자동으로 만들어진 NCS 2016INDEX 모델
(제2공정)을 사용한다.

04 》 윤곽 설정 탭

❶ 윤곽 선택에서 신규 선택 아이콘을 클릭하여 공구가 지나갈 윤곽을 선택한다.

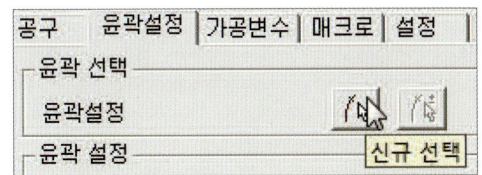 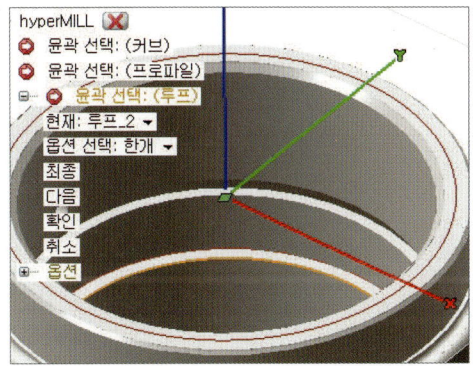

❷ 최고와 최저 파라미터는 절댓값(잡 프레임)을 선택한 후 포인트 선택 버튼을 눌러 최고/
최저 위치를 입력한다.

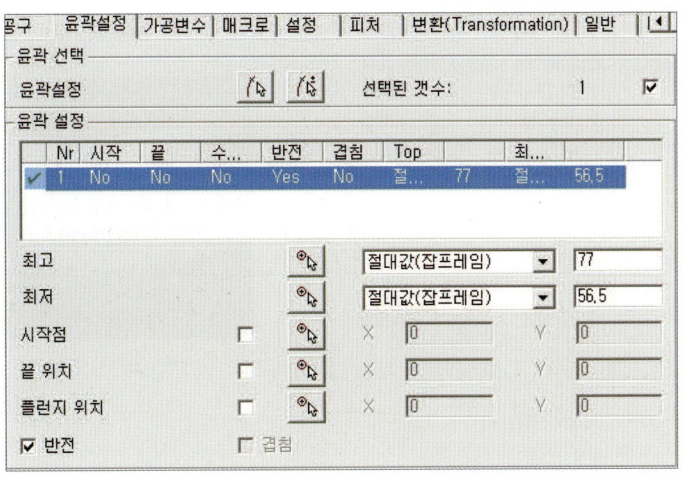 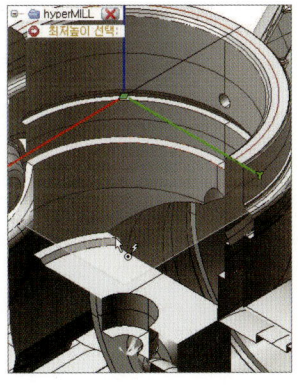

05 》 가공변수 탭

❶ 공구 위치는 하향 밀링 가공이 되도록 왼쪽 라디오 버튼을 클릭한다.

❷ 절삭의 Z절삭량은 3mm씩 절입되도록 한다.

❸ 완성 가공이므로 소재 여유량 Z는 "0"을 입력한다.

❹ 기타 파라미터는 그림과 같이 입력한다.

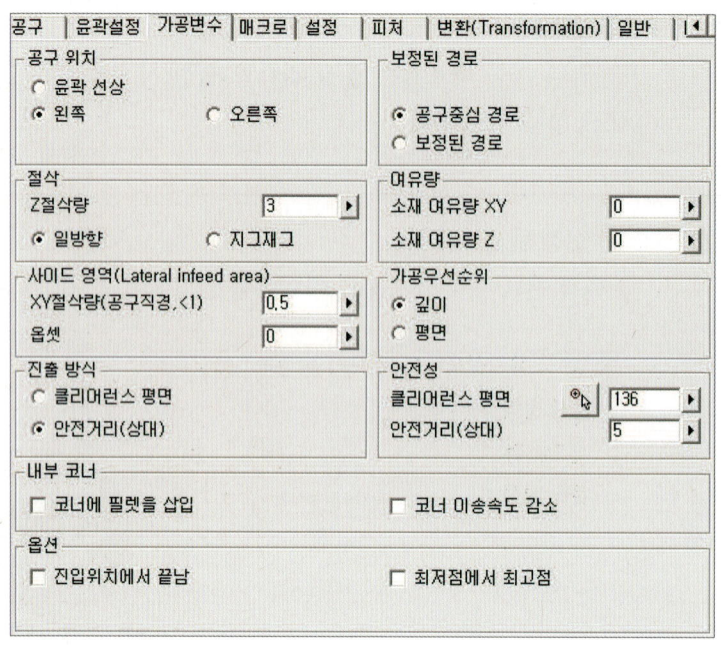

06 ⟫ 매크로 탭

진입/진출 매크로를 1/4원형으로 한다.　반경은 공구 직경치로 하면 무난하다. 그리고 매크로 연장은 주변에 간섭 부위가 없으므로 "0"을 그대로 유지한다.

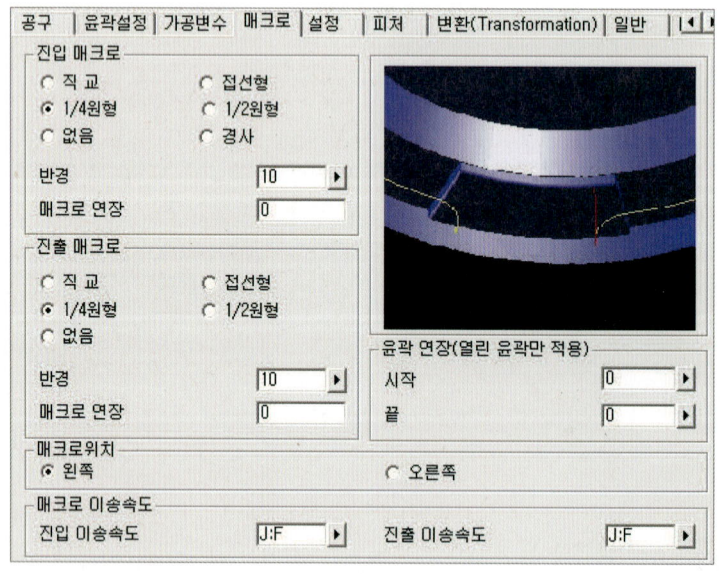

07 ⟫ 다음 그림은 각 탭(tab)에 파라미터 값을 입력, 계산했을 때 공구의 위치와 안전 평면, Z방향의 가공 범위, XY방향의 가공 범위, 공구 괘적을 나타낸 것이다.

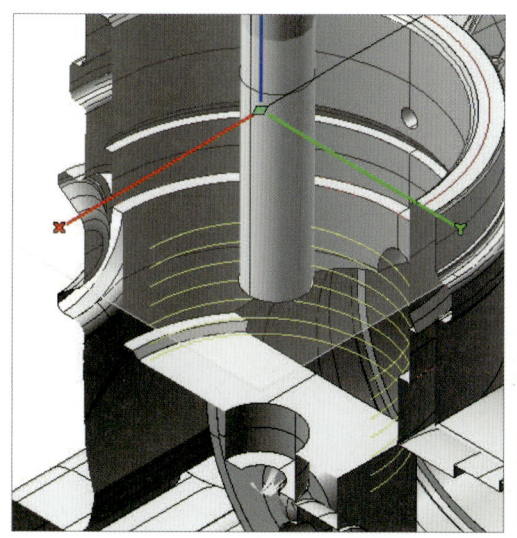 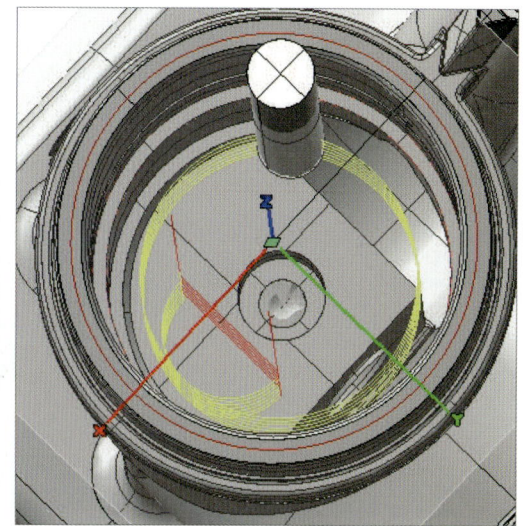

> **포켓 가공 1**

모델 상부 안쪽 포켓 부분을 5번 공구(파이 10 불노이즈 엔드밀, 코너 반경 1)로 가공 해보자.

01 ▷ hyperMILL 툴 바에서 hyperMILL Job명령 아이콘을 클릭한다.

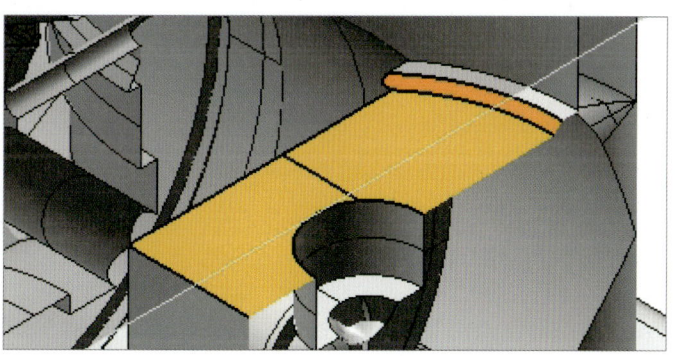

02 ▷ 2D 사이클에서 "포켓가공"을 선택한다.

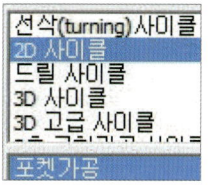

03 ▶ 공구 탭

프레임의 가공 좌표계는 공정 리스트 설정 시 자동으로 만들어진 NCS 2016INDEX 모델 (제2공정)을 사용한다.

04 ▶ 윤곽 설정 탭

❶ 윤곽원 그리기

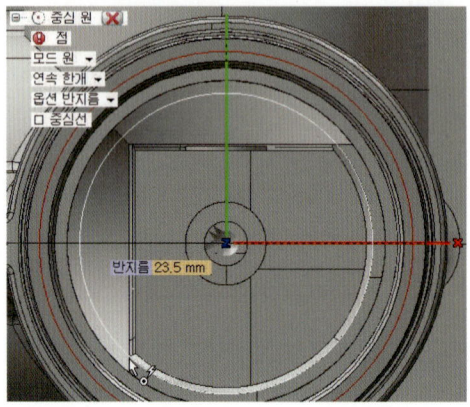

❷ 윤곽 선택에서 신규 선택 아이콘을 클릭하여 공구가 지나갈 윤곽을 선택한다.

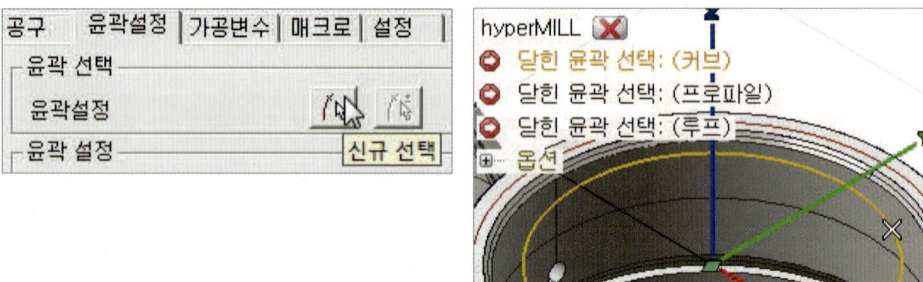

❸ 최고와 최저 파라미터는 절댓값(잡 프레임)을 선택한 후 포인트 선택 버튼을 눌러 최고/ 최저 위치를 입력한다.

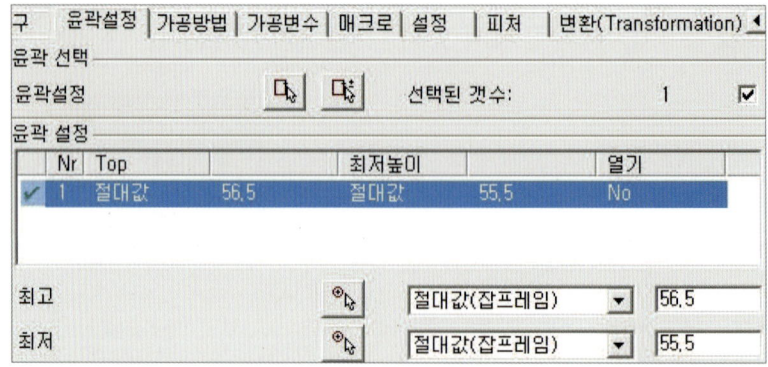

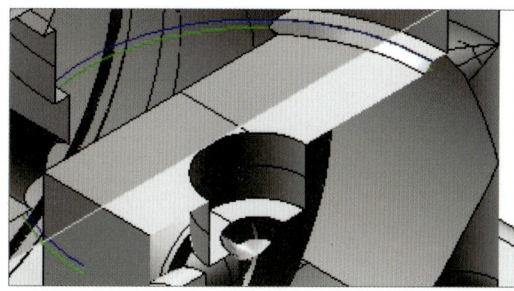 

05 가공변수 탭

❶ 절삭 깊이가 1mm이므로 절삭의 Z절삭량은 2mm로 하여 1회 가공으로 완성한다.

❷ 완성 가공이므로 소재 여유량 Z는 "0"을 입력한다.

❸ 기타 파라미터는 그림과 같이 입력한다.

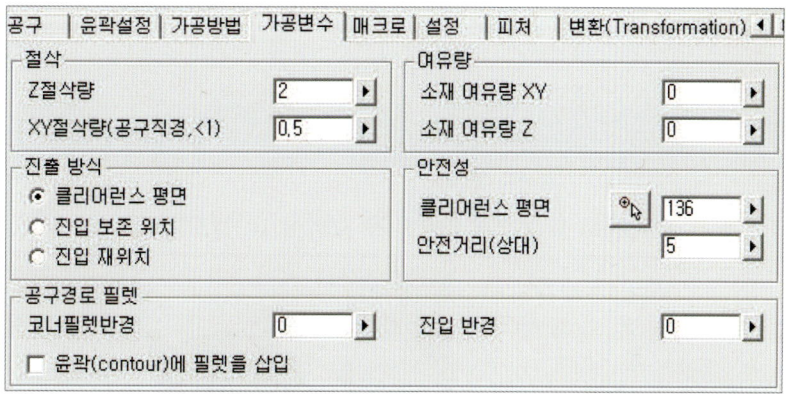

06 매크로 탭

❶ 진출 매크로를 원형으로 한다. 반경은 공구 직경치로 하면 무난하다.

❷ 수직진입 매크로는 경사 형태, 각도 2도로 한다.

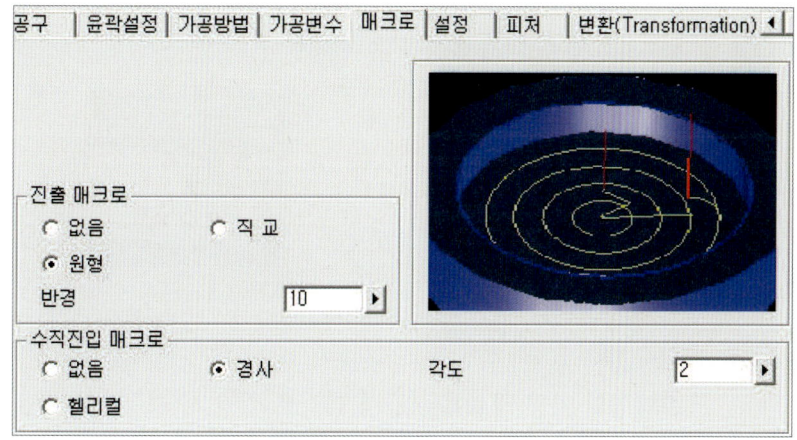

07 다음 그림은 각 탭(tab)에 파라미터 값을 입력, 계산했을 때 공구 괘적을 나타낸 것이다.

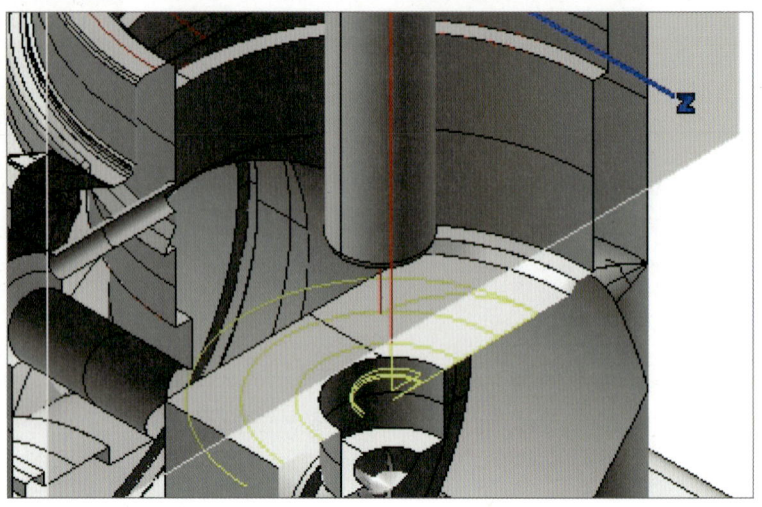

포켓 가공 2

모델 상부 안쪽 포켓 부분을 2번 공구(파이 10 엔드밀)로 가공 해보자.

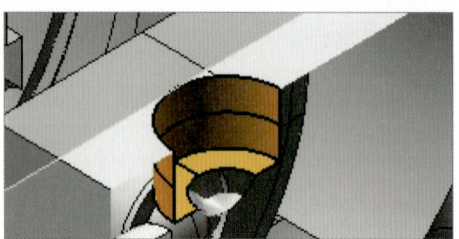

01 hyperMILL 툴 바에서 hyperMILL Job명령 아이콘을 클릭한다.

02 2D 사이클에서 "포켓 가공"을 선택한다.

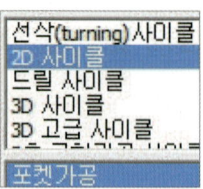

03 공구 탭

프레임의 가공 좌표계는 공정 리스트 설정 시 자동으로 만들어진 NCS 2016INDEX 모델 (제2공정)을 사용한다.

04 윤곽 설정 탭

❶ 윤곽 선택에서 신규 선택 아이콘을 클릭하여 공구가 지나갈 윤곽을 선택한다.

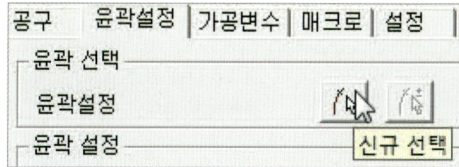
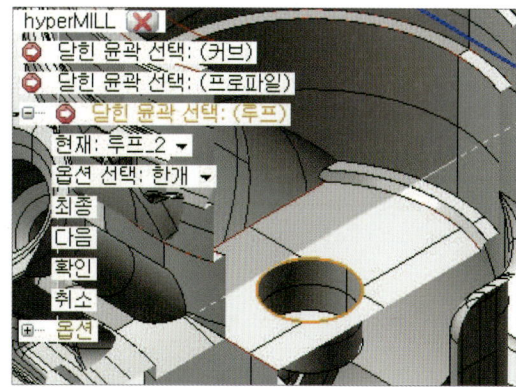

❷ 최고와 최저 파라미터는 절댓값(잡 프레임)을 선택한 후 포인트 선택 버튼을 눌러 최고/최저 위치를 입력한다.

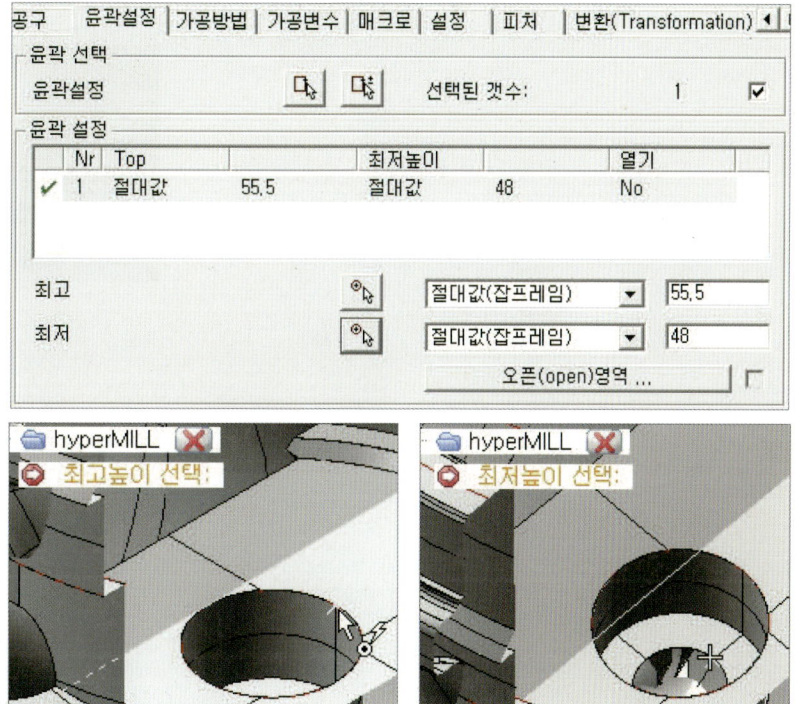

05 가공변수 탭

❶ 절삭 깊이가 7.5mm이므로 절삭의 Z절삭량은 2mm로 한다.

❷ 완성 가공이므로 소재 여유량 Z는 "0"을 입력한다.

❸ 진출방식은 빠른 가공을 위해 "진입 재위치"로 한다.

❹ 기타 파라미터는 그림과 같이 입력한다.

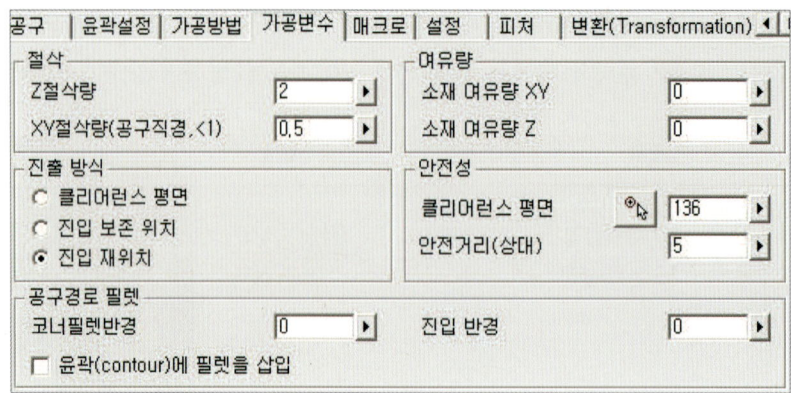

06 ➤ 매크로 탭

① 진출 매크로를 원형으로 한다. 반경은 공구 반경치로 한다.

② 수직진입 매크로는 경사 형태, 각도 2도로 한다.

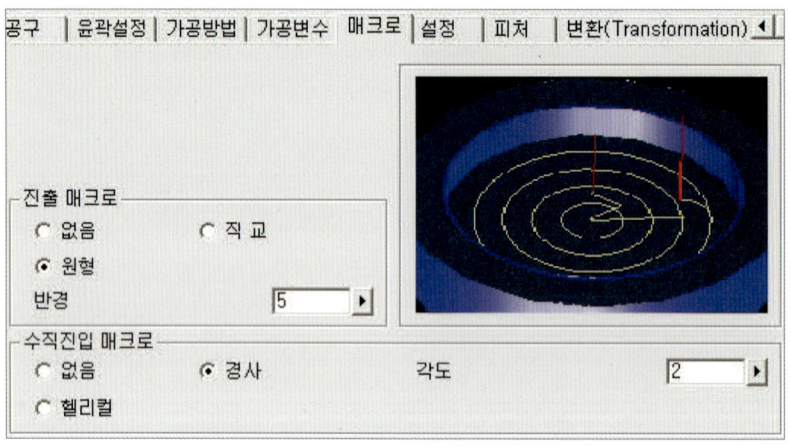

07 ➤ 다음 그림은 각 탭(tab)에 파라미터 값을 입력, 계산했을 때 공구 괘적을 나타낸 것이다.

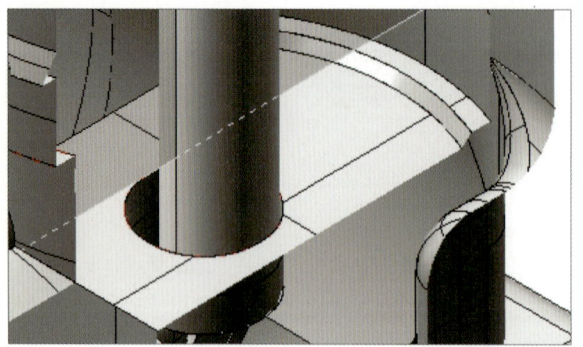 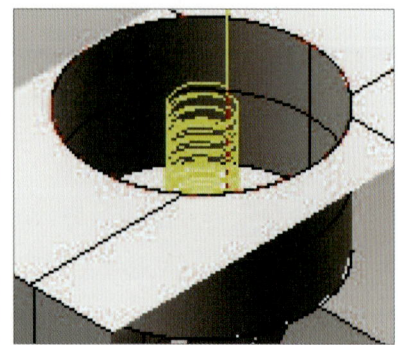

> ## 드릴 가공

모델 상부 안쪽 최하단 원추 부분을 6번 공구(파이 8 볼 엔드밀)로 가공 해보자.

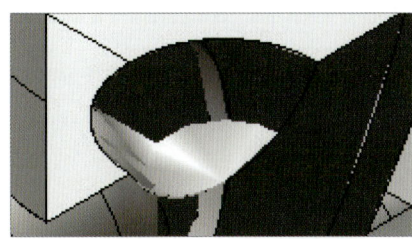

01 ▷ hyperMILL 툴 바에서 hyperMILL Job명령 아이콘을 클릭한다.

02 ▷ 드릴 사이클에서 "드릴링.패킹"을 선택한다.

03 ▷ 공구 탭

① 드릴 공구로 파이 8 볼 엔드밀을 사용한다.

② 프레임의 가공 좌표계는 공정 리스트 설정 시 자동으로 만들어진 NCS 2016INDEX 모델(제2공정)을 사용한다.

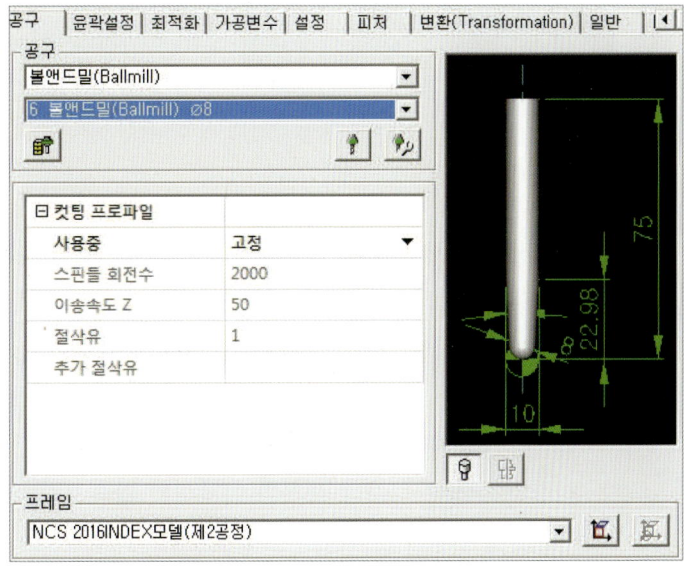

04 ▶ 윤곽 설정 탭

❶ 윤곽 선택에서 "포인트" 라디오 버튼(radio button)을 클릭한 후 신규 선택 아이콘을 클릭하여 드릴 가공할 포인트를 선택한다.

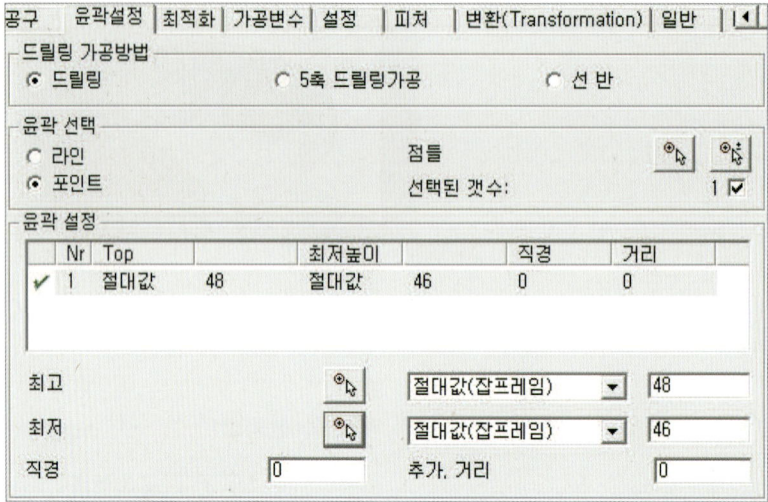

❷ 최고와 최저 파라미터는 절댓값(잡 프레임)을 선택한 후 포인트 선택 버튼을 눌러 최고/최저 위치를 입력한다.

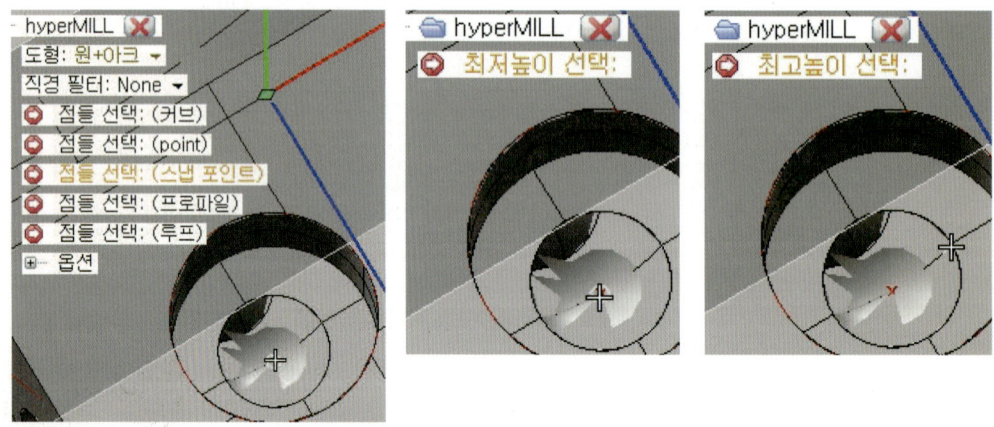

05 ▶ 가공변수 탭

❶ 윤곽 설정 탭에서 설정한 윤곽의 최저 위치(46)가 드릴의 선단부를 포함해야 하므로 가공 영역에서 "선단(tip) 각도 보정"을 체크하지 않는다.

❷ 가공 파라미터의 패킹 깊이는 심공 드릴 사이클(G83)의 Q에 해당한다. 감속 값은 후퇴량에 해당하는 것으로 NC 코드 생성에서 의미가 없다 (후퇴량은 컨트롤러의 파라미터에 설정하여 사용한다).

❸ 홀 안전과 진출 방식에 설정된 파라미터 값은 심공 드릴 사이클(G83)에서 R점 복귀를 하기 위해 설정된 값이다.

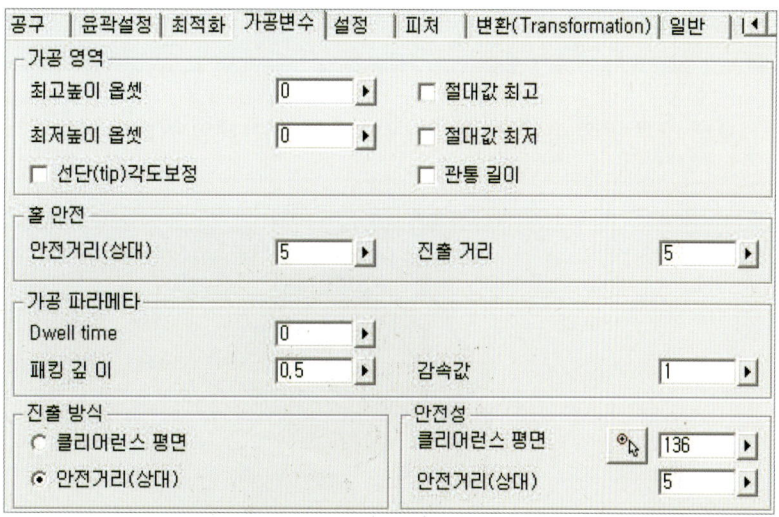

06 설정 탭

모든 탭들의 파라미터 값을 입력한 후 "계산 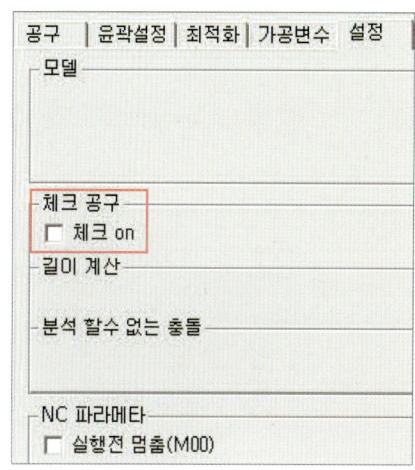" 할 때 오류가 발생하면, 체크 공구 부분을 off 상태가 되도록 한다.

07 다음 그림은 각 탭(tab)에 파라미터 값을 입력, 계산했을 때 공구의 위치와 공구 괘적을 나타낸 것이다.

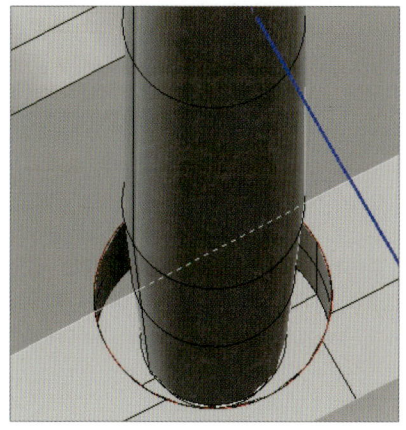
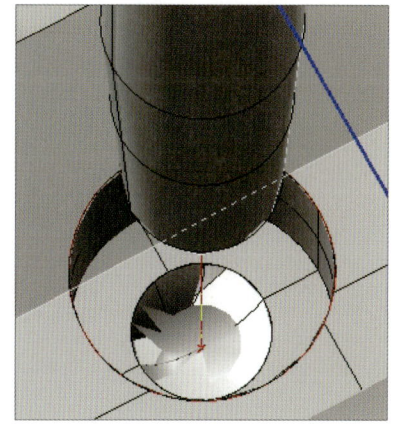

더브테일 가공

모델 상부 안쪽 측벽에 9번 공구(파이 20 더브테일 커터(60도))로 더브테일 가공 해보자.

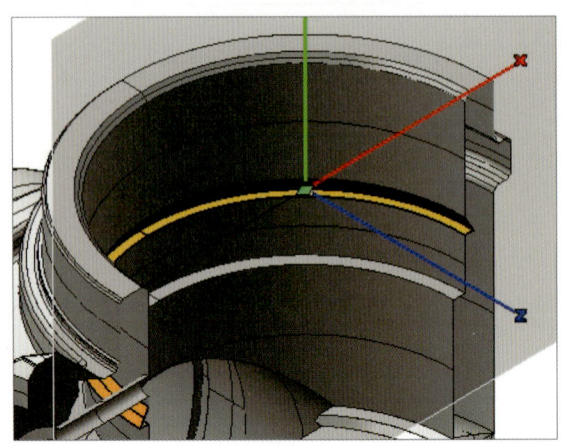

01 hyperMILL 툴 바에서 hyperMILL Job명령 아이콘을 클릭한다.

02 2D 사이클에서 "2D 윤곽 가공"을 선택한다.

03 공구 탭
공구 탭에서 파이 20 더브테일 커터(60도)를 T-Slot 공구에 등록한다.

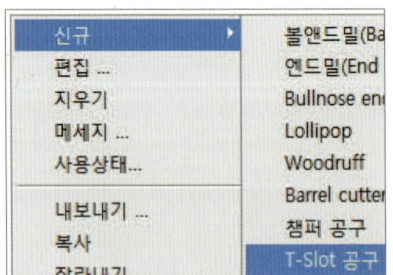

프레임의 가공 좌표계는 공정 리스트 설정 시 자동으로 만들어진 NCS 2016INDEX 모델
(제2공정)을 사용한다.

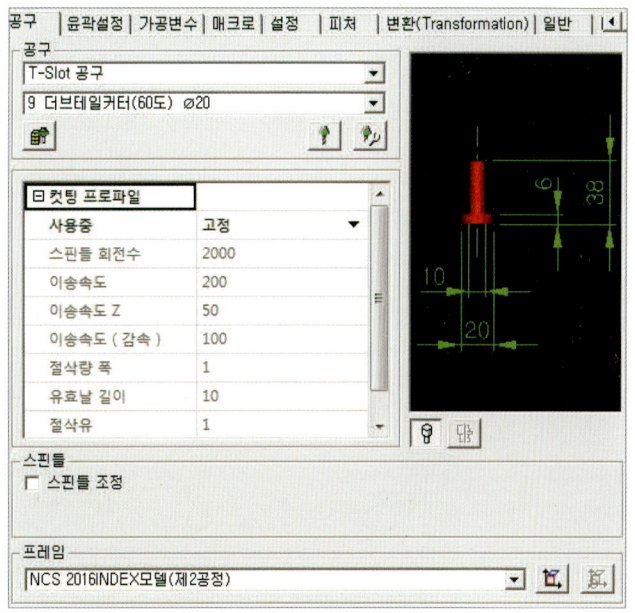

04 ▶ 윤곽 설정 탭

❶ 윤곽 선택에서 신규 선택 아이콘을 클릭하여 공구가 지나갈 윤곽을 선택한다.

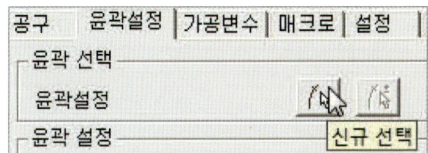 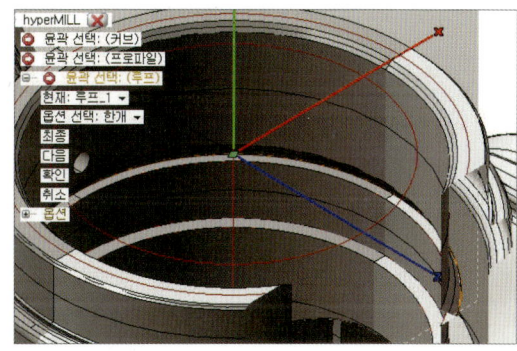

❷ 최고와 최저 파라미터는 절댓값(잡 프레임)을 선택한 후 포인트 선택 버튼을 눌러 최고/
최저 위치를 입력한다.

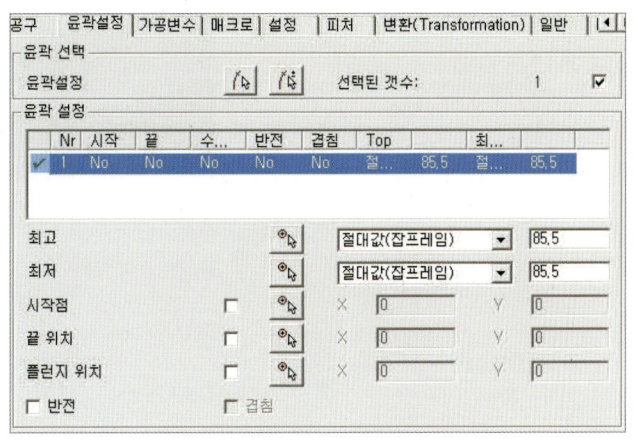 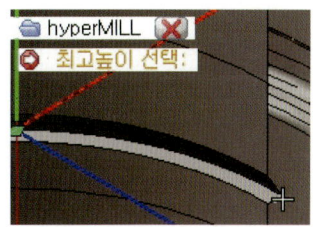

05 가공변수 탭

❶ 공구 위치는 하향 밀링 가공이 되도록 왼쪽 라디오 버튼을 클릭한다.

❷ 절삭의 Z절삭량은 1회 윤곽을 지나는 것으로 완성 가공할 것이므로 윤곽 설정 탭에서의 최고/최저 사이의 간격보다 큰 값을 입력한다(여기서는 "10"을 입력한다).

❸ 완성 가공이므로 소재 여유량 Z는 "0"을 입력한다.

❹ 기타 파라미터는 그림과 같이 입력한다.

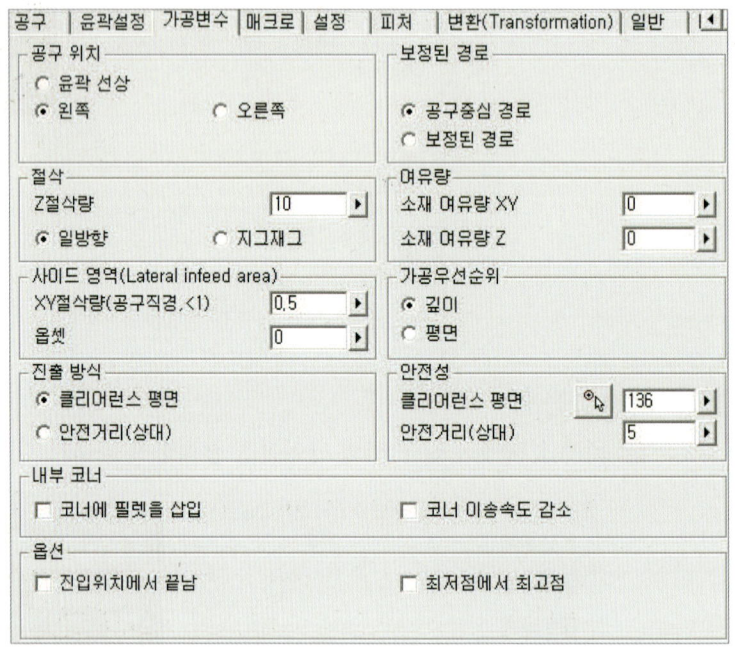

06 매크로 탭

진입/진출 매크로를 1/4원형으로 한다. 반경은 5mm, 매크로 연장은 10mm로 한다.

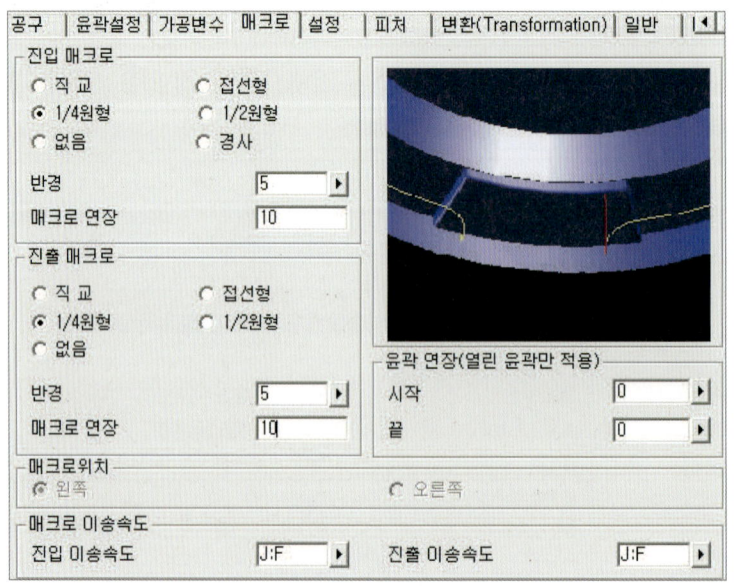

07 다음 그림은 각 탭(tab)에 파라미터 값을 입력, 계산했을 때 공구의 위치와 공구 괘적을 나타낸 것이다.

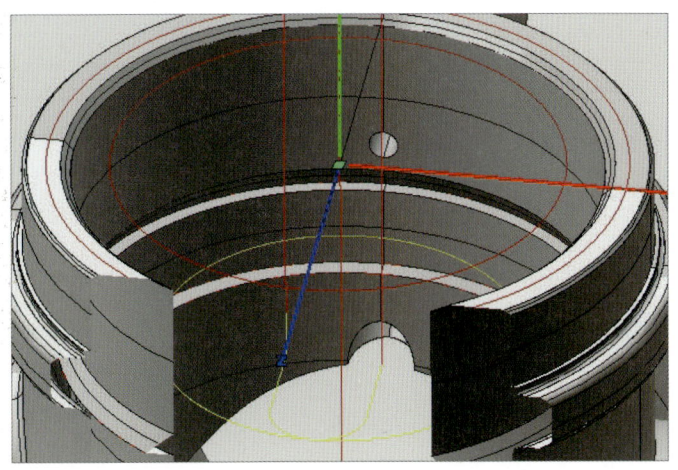

❯ 2D 윤곽 가공 4

모델 상부 바깥쪽을 8번 공구(파이 3.5 엔드밀)로 가공 해보자.

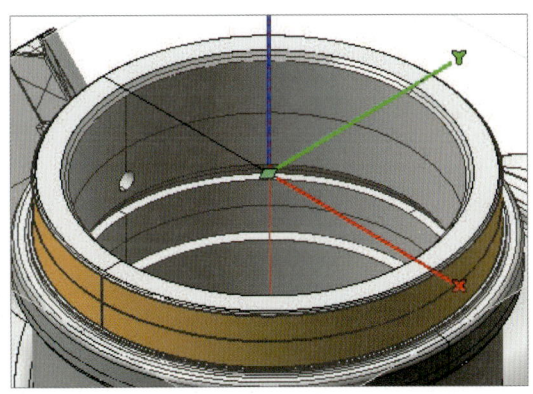

01 hyperMILL 툴 바에서 hyperMILL Job명령 아이콘을 클릭한다.

02 2D 사이클에서 "2D 윤곽 가공"을 선택한다.

03 공구 탭
프레임의 가공 좌표계는 공정 리스트 설정 시 자동으로 만들어진 NCS 2016INDEX 모델 (제2공정)을 사용한다.

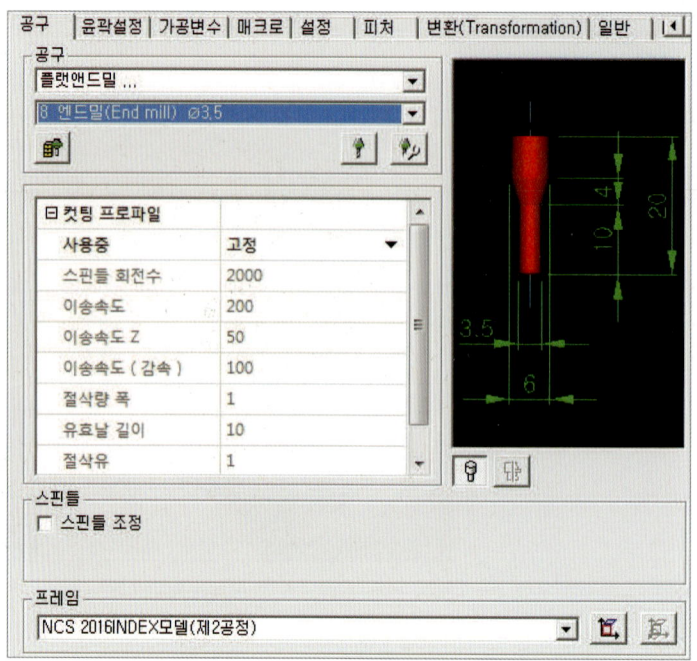

04 ▷ 윤곽 설정 탭

❶ 윤곽이 선택되지 않을 경우, 윤곽선을 그리기 위해 삽입 풀 다운 메뉴에서 커브 > 테두리 명령을 선택하여 바운더리 커브를 생성한다.

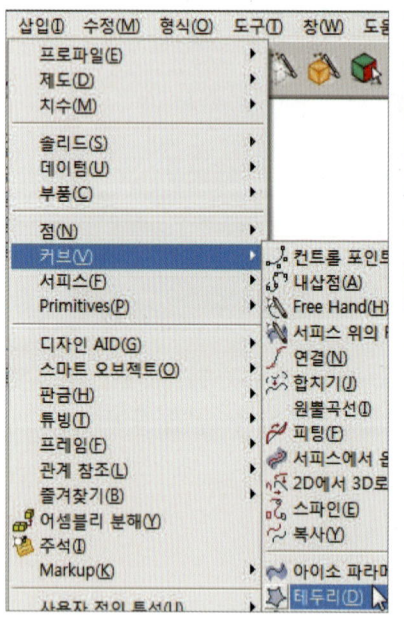
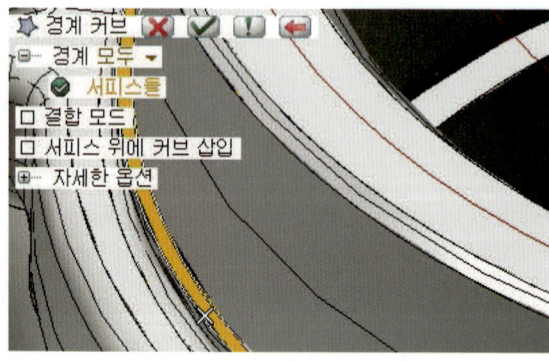

❷ 윤곽 선택에서 신규 선택 아이콘을 클릭하여 공구가 지나갈 윤곽을 선택한다.

❸ 최고와 최저 파라미터는 절댓값(잡 프레임)을 선택한 후 포인트 선택 버튼을 눌러 최고/
최저 위치를 입력한다.

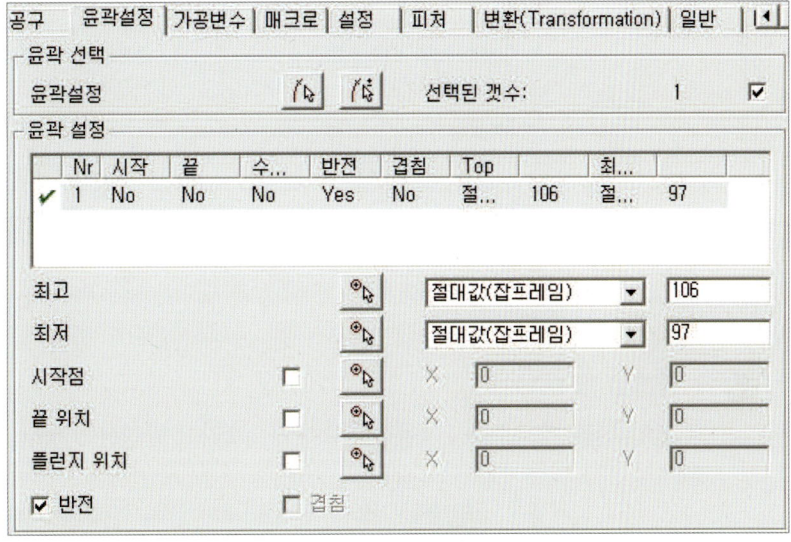

05 ▶▶ 가공변수 탭

❶ 공구 위치는 하향 밀링 가공이 되도록 왼쪽 라디오 버튼을 클릭한다.

❷ 절삭의 Z절삭량은 2mm씩 절입되도록 한다.

❸ 완성 가공이므로 소재 여유량 Z는 "0"을 입력한다.

❹ 기타 파라미터는 그림과 같이 입력한다.

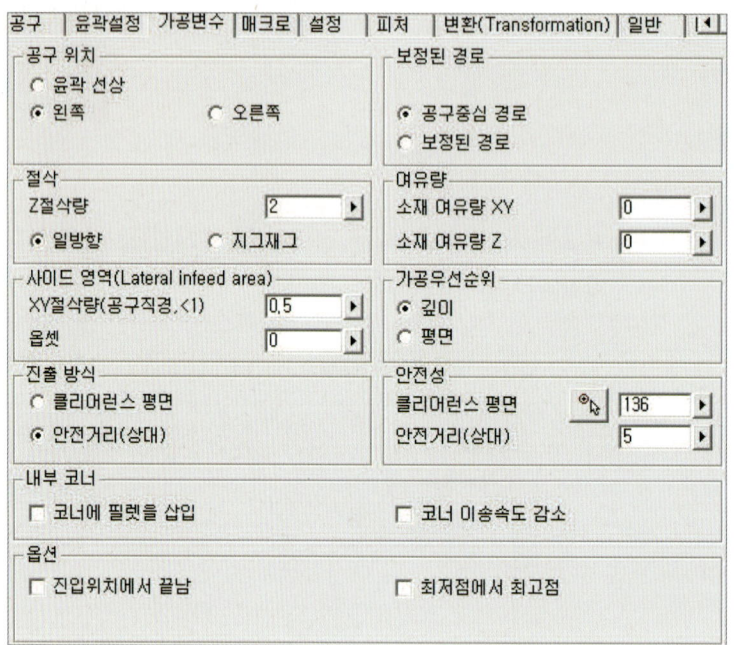

06 ▶▶ 매크로 탭

진입/진출 매크로를 1/4원형으로 한다. 그리고 반경은 3.5mm, 매크로 연장 10mm로 한다.

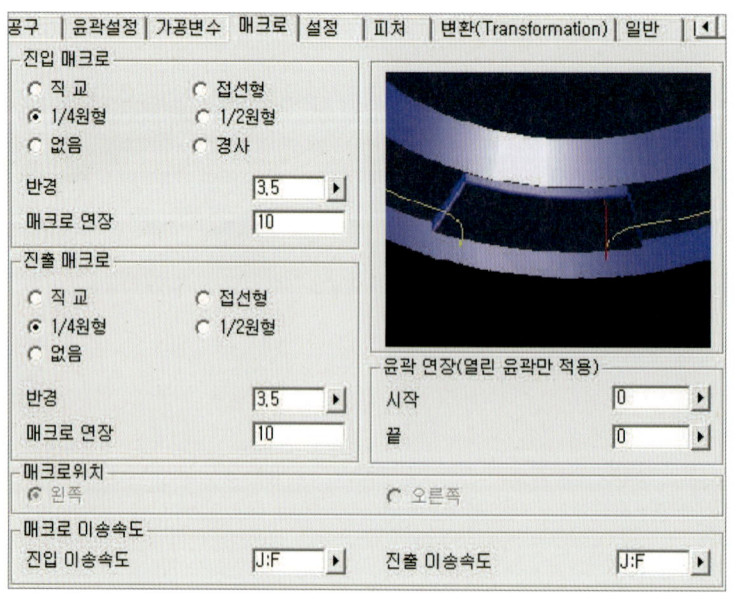

07 다음 그림은 각 탭(tab)에 파라미터 값을 입력, 계산했을 때 공구의 위치와 공구 괘적을 나타낸 것이다.

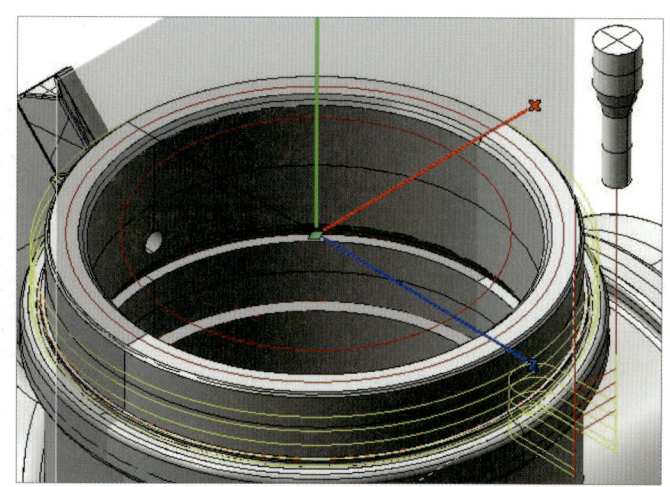

> ## 바깥쪽 모서리 챔퍼 가공

모델 상부 바깥쪽 모서리를 3번 공구(파이 10 챔퍼 공구)로 가공 해보자.

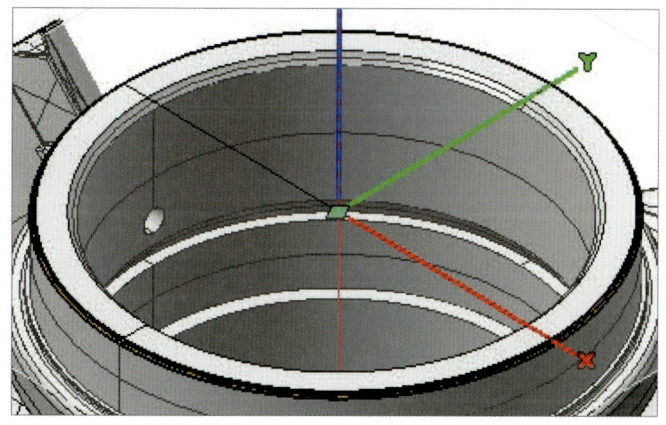

01 hyperMILL 툴 바에서 hyperMILL Job명령 아이콘을 클릭한다.

02 2D 사이클에서 "2D 윤곽 가공"을 선택한다.

03 공구 탭
프레임의 가공 좌표계는 공정 리스트 설정 시 자동으로 만들어진 NCS 2016INDEX 모델 (제2공정)을 사용한다.

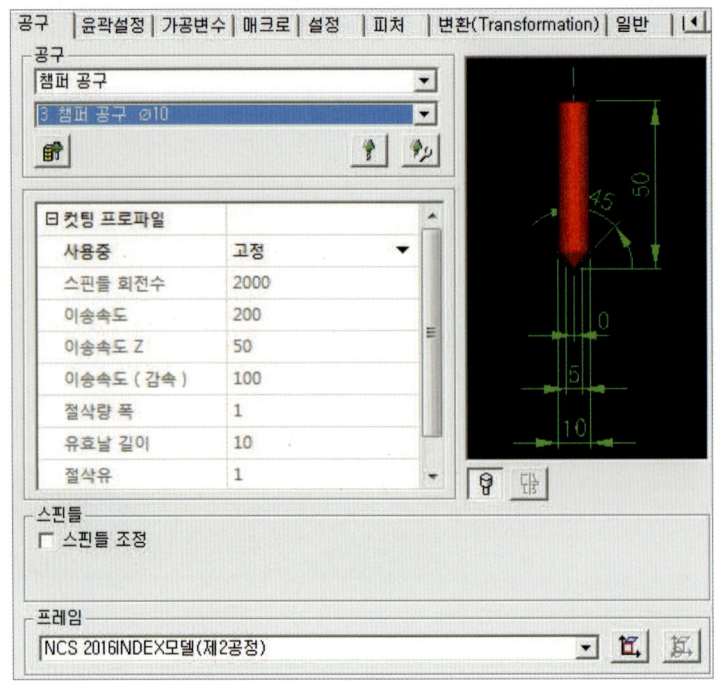

04 ▶ 윤곽 설정 탭

❶ 윤곽 선택에서 신규 선택 아이콘을 클릭하여 공구가 지나갈 윤곽을 선택한다.

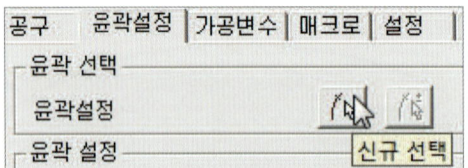
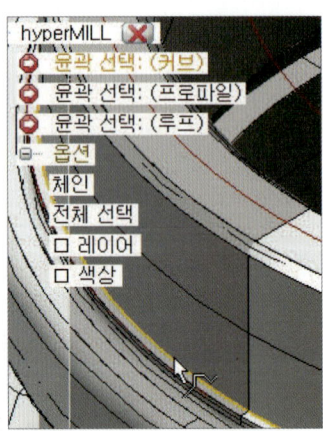

❷ 최고와 최저 파라미터는 절댓값(잡 프레임)을 선택한 후 포인트 선택 버튼을 눌러 최고/
   최저 위치를 입력한다.

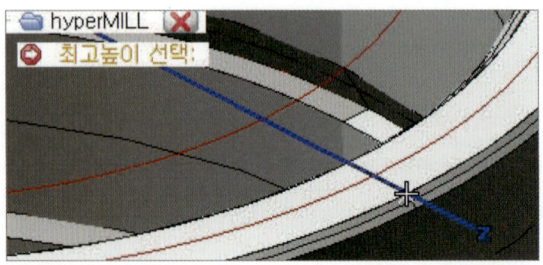

❸ 캠이 자동으로 설정한 위치에서 충돌이 예상되므로 시작점을 지정한다.

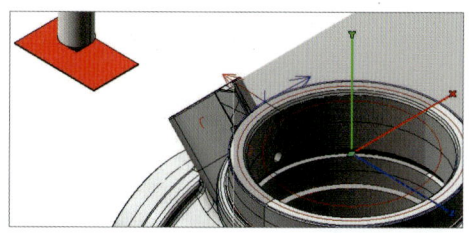 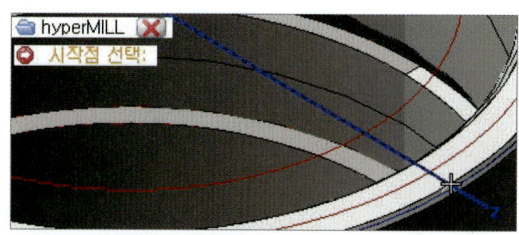

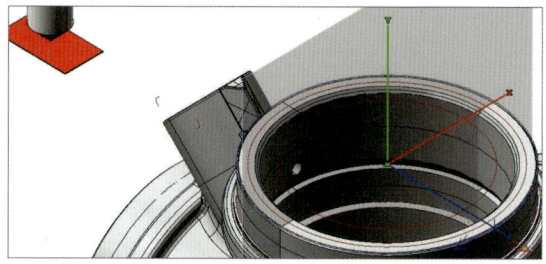 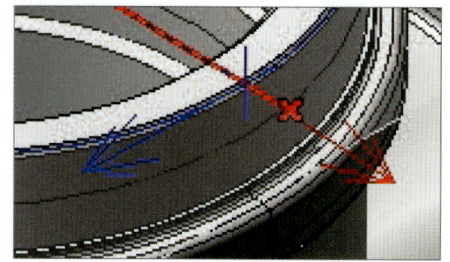

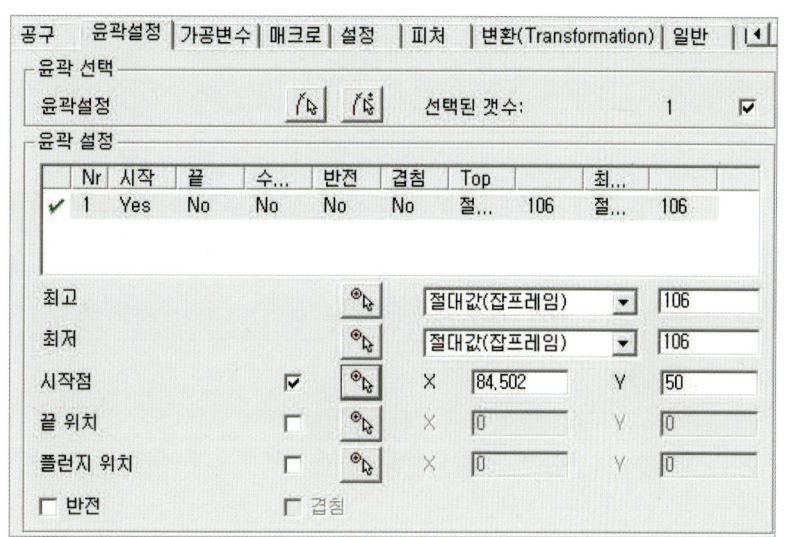

05 가공변수 탭

❶ 공구 위치는 하향 밀링 가공이 되도록 왼쪽 라디오 버튼을 클릭한다. 챔퍼 높이는 0.5 입력한다.

❷ 보정된 경로는 "공구 중심 경로" 라디오 버튼을 선택한다.

❸ 절삭의 Z절삭량은 1회 윤곽을 지나는 것으로 완성 가공할 것이므로 윤곽 설정 탭에서의 최고/최저 사이의 간격보다 큰 값을 입력한다(여기서는 "10"을 입력한다).

❹ 완성 가공이므로 소재 여유량 Z는 "0"을 입력한다.

❺ 기타 파라미터는 그림과 같이 입력한다.

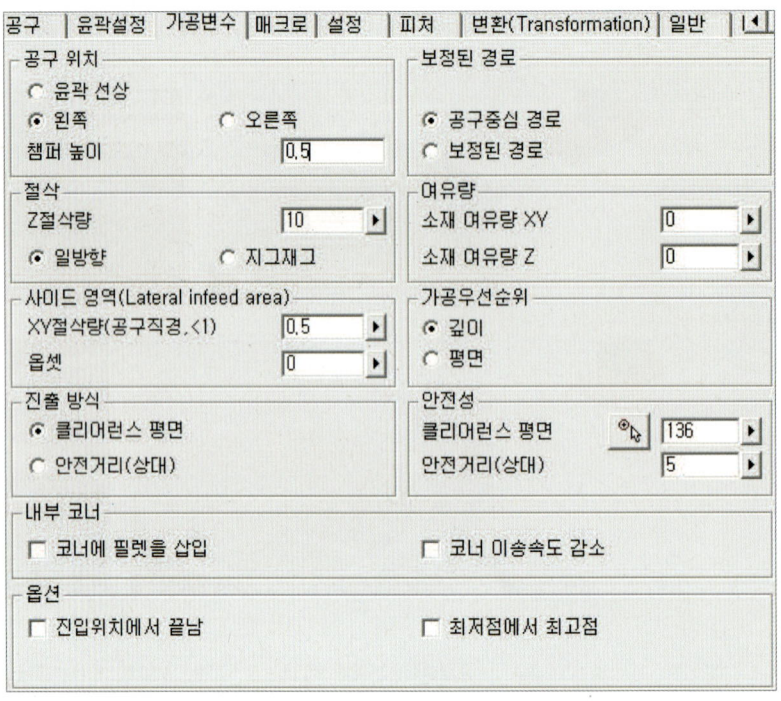

챔퍼량 측정하기

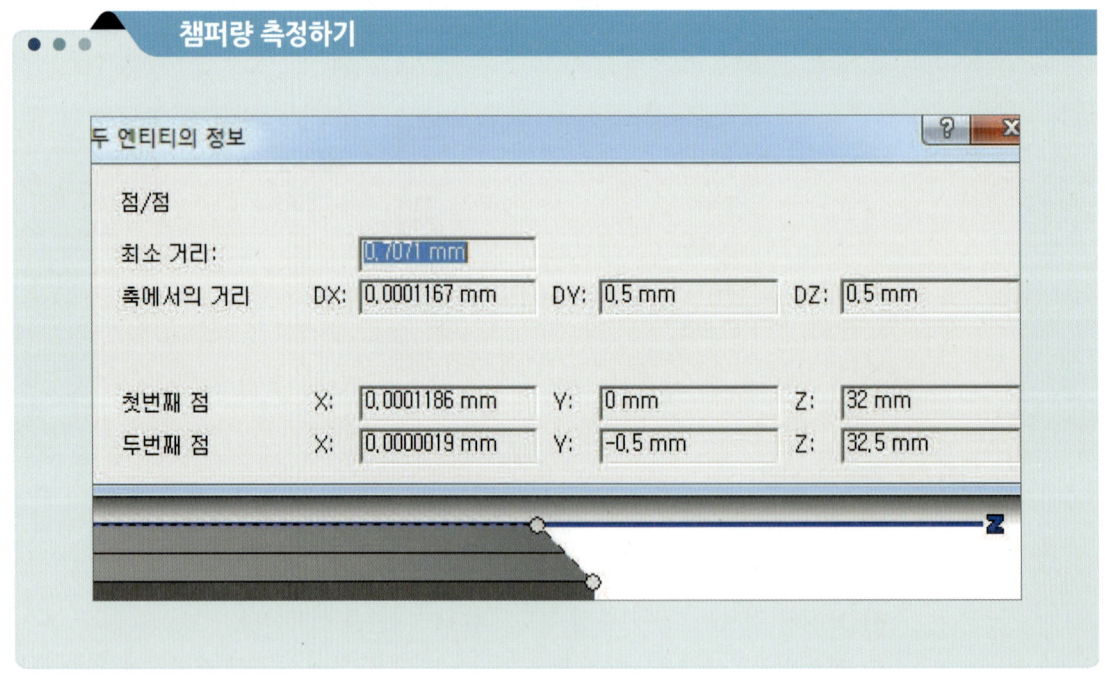

06 매크로 탭

진입/진출 매크로를 1/4원형으로 한다. 그리고 반경은 5mm, 매크로 연장 10mm로 한다.

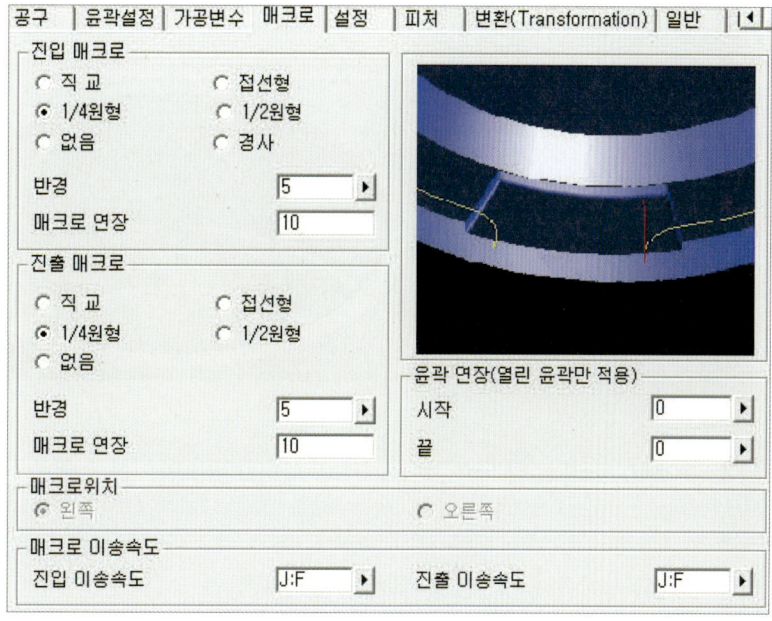

07 다음 그림은 각 탭(tab)에 파라미터 값을 입력, 계산했을 때 공구의 위치와 공구 궤적을 나타낸 것이다.

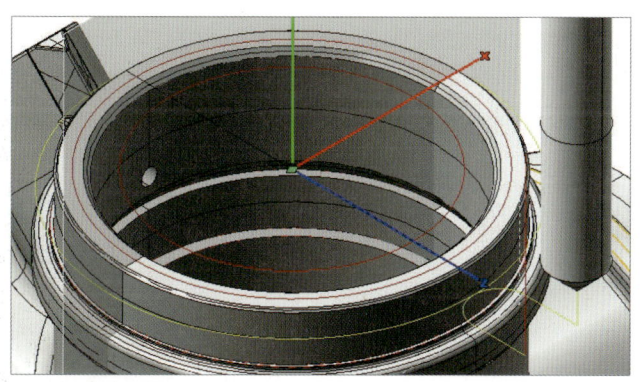
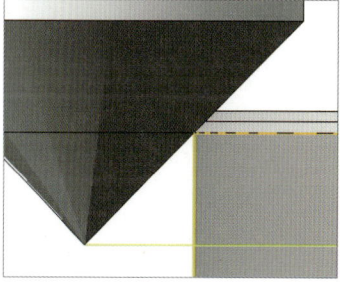

안쪽 모서리 챔퍼 가공

모델 상부 안쪽 모서리를 3번 공구(파이 10 챔퍼 공구)로 가공 해보자.

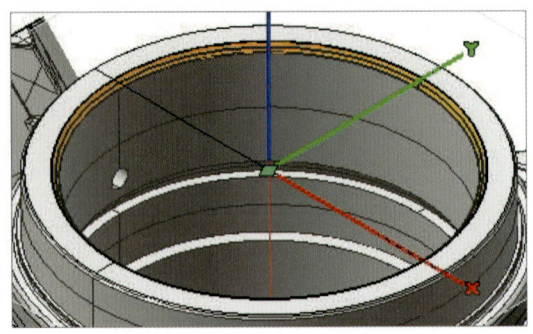

01 hyperMILL 툴 바에서 hyperMILL Job명령 아이콘을 클릭한다.

02 2D 사이클에서 "2D 윤곽 가공"을 선택한다.

03 공구 탭
프레임의 가공 좌표계는 공정 리스트 설정 시 자동으로 만들어진 NCS 2016INDEX모델(제2공정)을 사용한다.

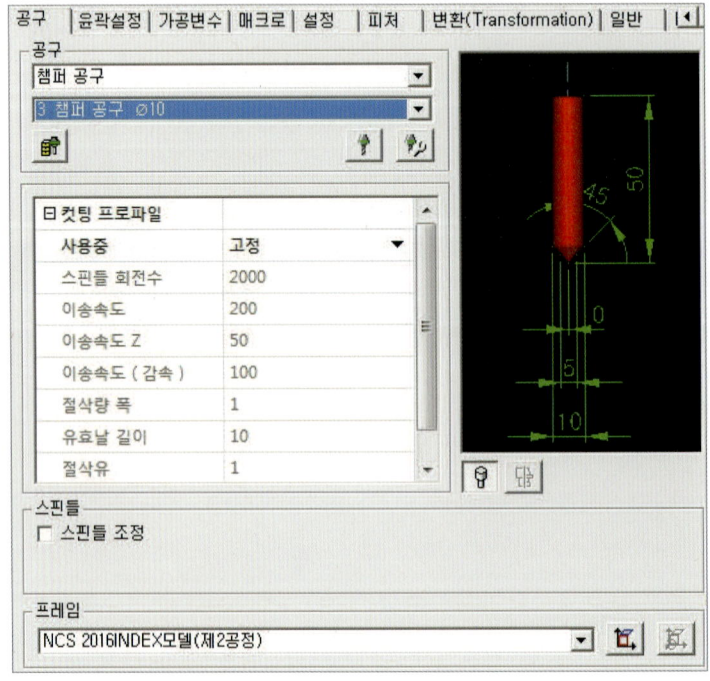

04 ▶ 윤곽 설정 탭

❶ 윤곽 선택에서 신규 선택 아이콘을 클릭하여 공구가 지나갈 윤곽을 선택한다.

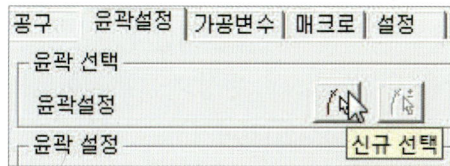
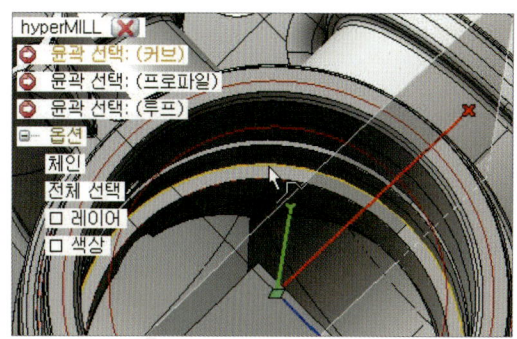

❷ 최고와 최저 파라미터는 절댓값(잡 프레임)을 선택한 후 포인트 선택 버튼을 눌러 최고/
최저 위치를 입력한다.

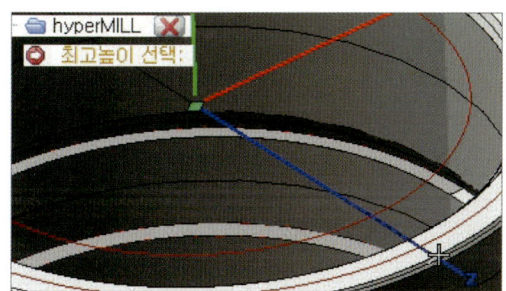
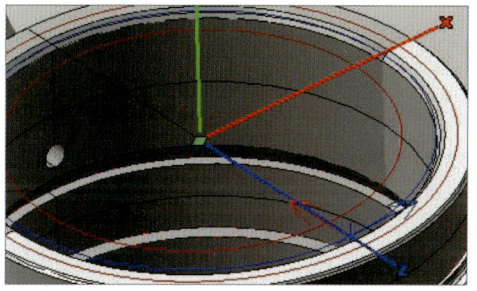

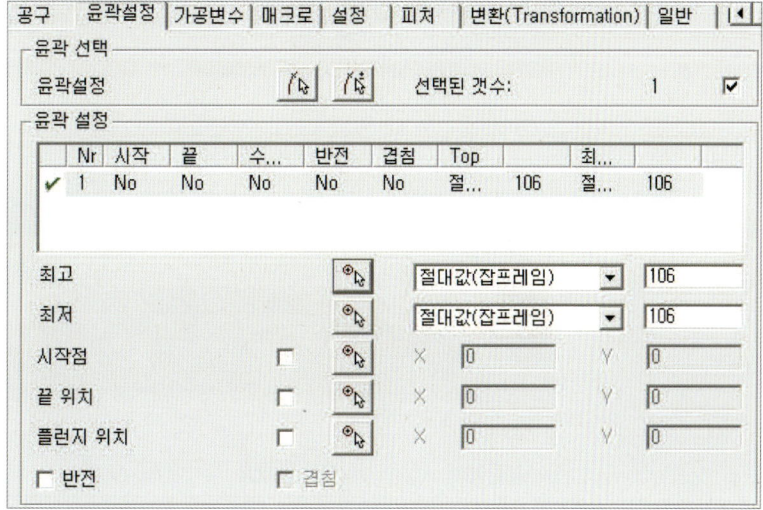

05 ⟩⟩ 가공변수 탭

❶ 공구 위치는 하향 밀링 가공이 되도록 왼쪽 라디오 버튼을 클릭한다. 챔퍼 높이는 1 입력한다.

❷ 보정된 경로는 "공구 중심 경로" 라디오 버튼을 선택한다.

❸ 절삭의 Z절삭량은 1회 윤곽을 지나는 것으로 완성 가공할 것이므로 윤곽 설정 탭에서의 최고/최저 사이의 간격보다 큰 값을 입력한다(여기서는 "10"을 입력한다).

❹ 완성 가공이므로 소재 여유량 Z는 "0"을 입력한다.

❺ 기타 파라미터는 그림과 같이 입력한다.

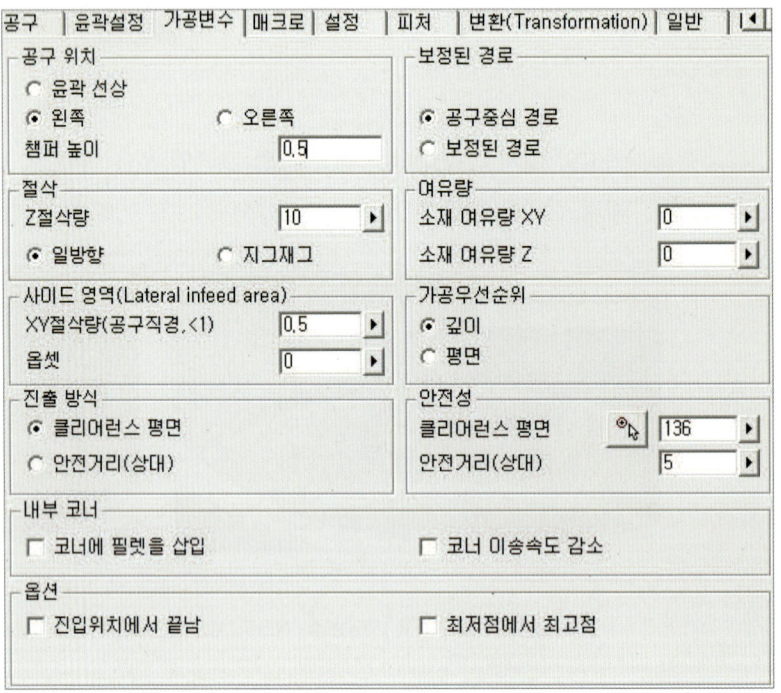

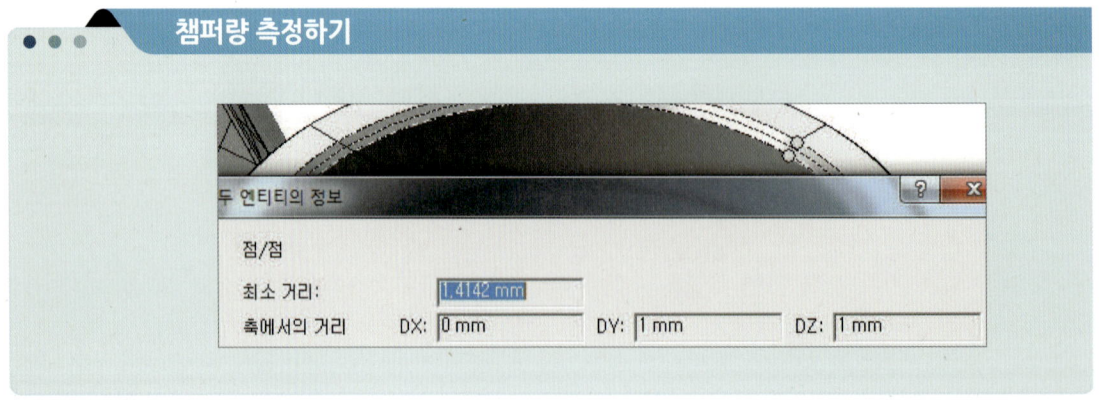

챔퍼량 측정하기

06 ▷ 매크로 탭

진입/진출 매크로를 1/4원형으로 한다. 그리고 반경은 5mm, 매크로 연장 10mm로 한다.

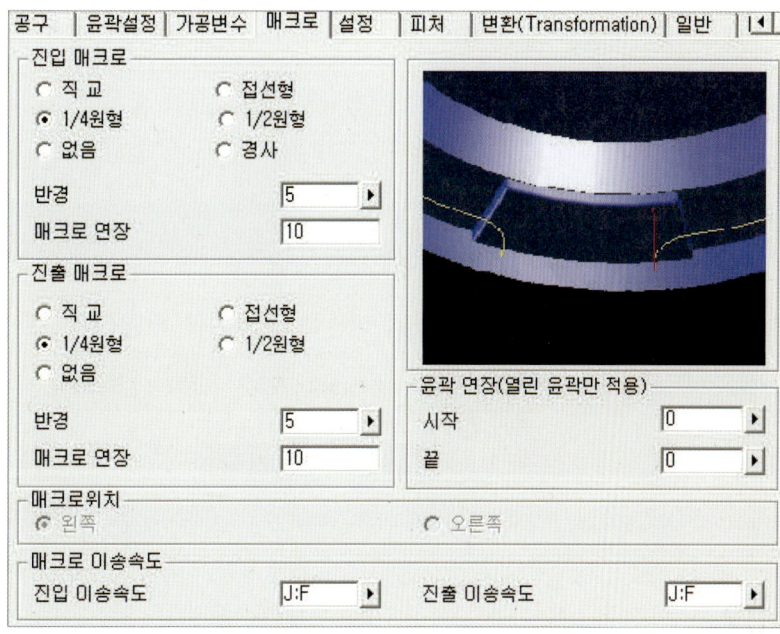

07 ▷ 다음 그림은 각 탭(tab)에 파라미터 값을 입력, 계산했을 때 공구의 위치와 공구 궤적을 나타낸 것이다.

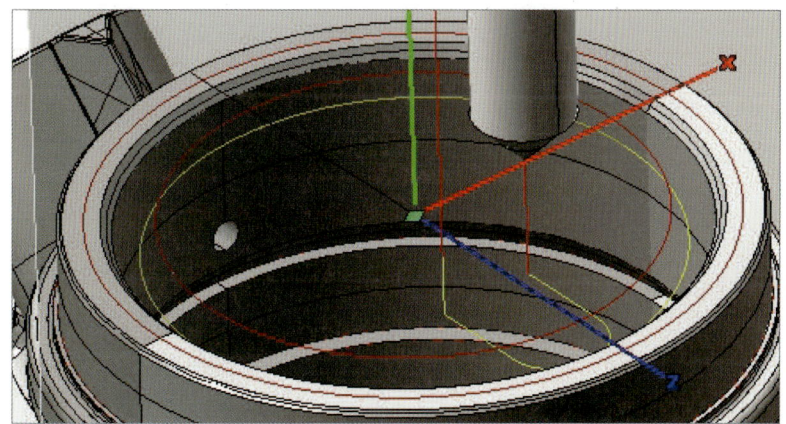

2-5 제3공정

2016INDEX 모델의 배면 실린더 부분을 가공하기로 한다.

　내부 가공 방법은 제2공정과 같으므로 배면 실린더의 1개 부분만 가공하고 다음 공정으로 넘어가기로 한다.

❯ 공정 리스트 생성

01 공정 탭에서 마우스 오른쪽 버튼을 눌러 신규 > 공정 리스트를 선택한다.

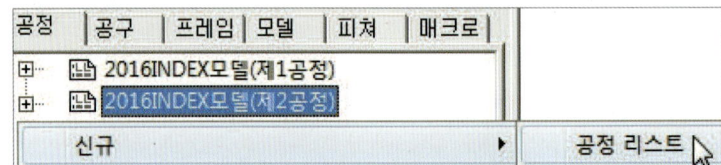

02 공정 리스트 이름 "2016INDEX모델(제3공정)"을 입력한다.

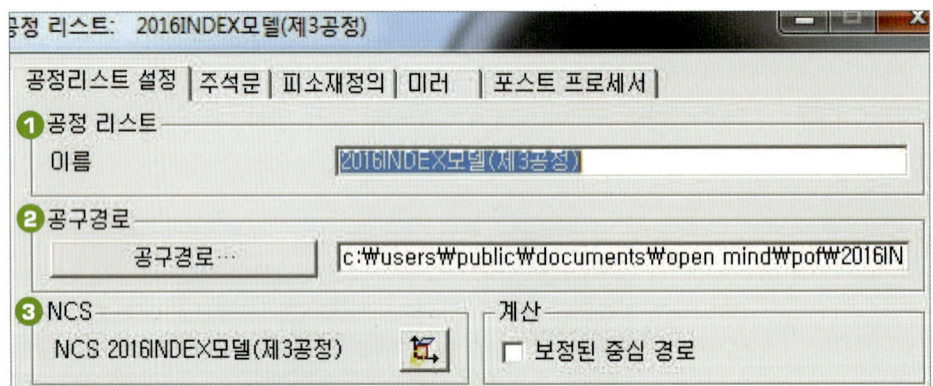

❶ 공정 리스트 : 작업 공정 이름 지정

❷ 공구 경로 : CL DATA 생성 위치 지정

❸ NCS : 가공 프레임(공작물 원점) 세팅

03 공구 경로 파일 이름과 공구 경로 변경 여부에 대하여 "예"를 클릭한다.

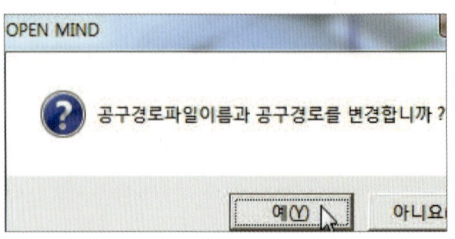

04 ▶ 피소재정의 탭에서 가공 모델 설정을 체크하고, 2016INDEX모델(제2모델)을 선택한다.

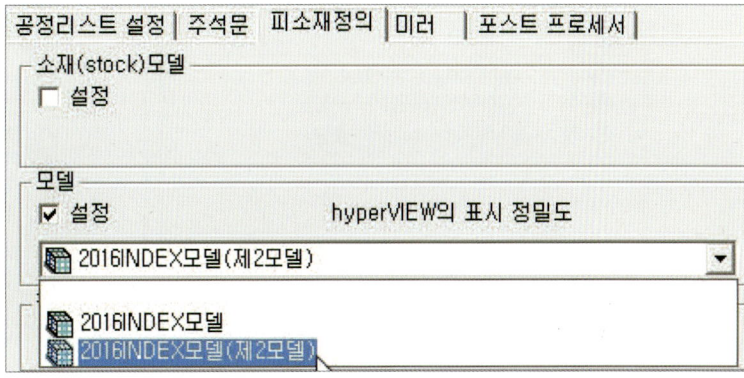

> ## 배면 실린더 가공 좌표계 생성

01 ▶ 배면 실린더 가공 좌표계 생성을 위해 작업 평면을 이동한다.

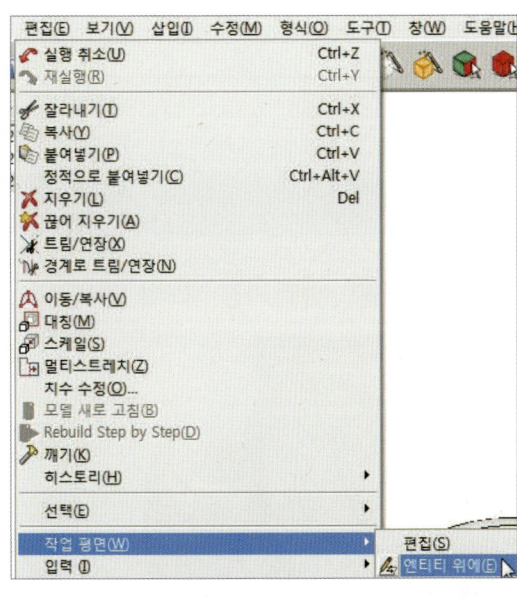

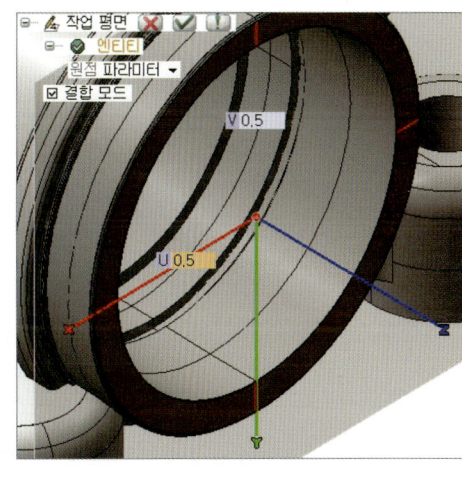

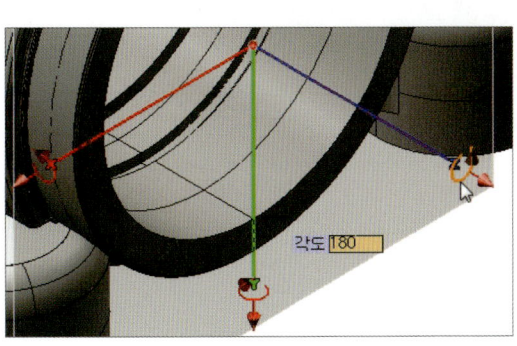

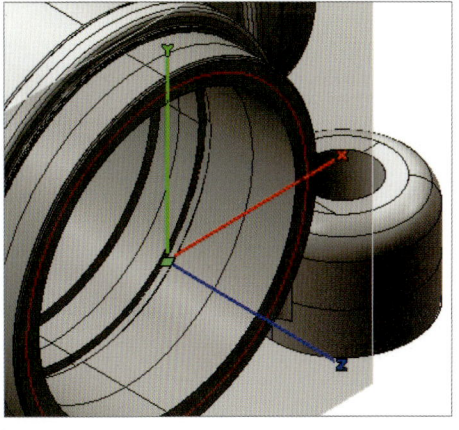

02 〉 프레임 탭에서 신규 작성 버튼을 클릭하여 배면 실린더 가공 좌표계를 생성한다.

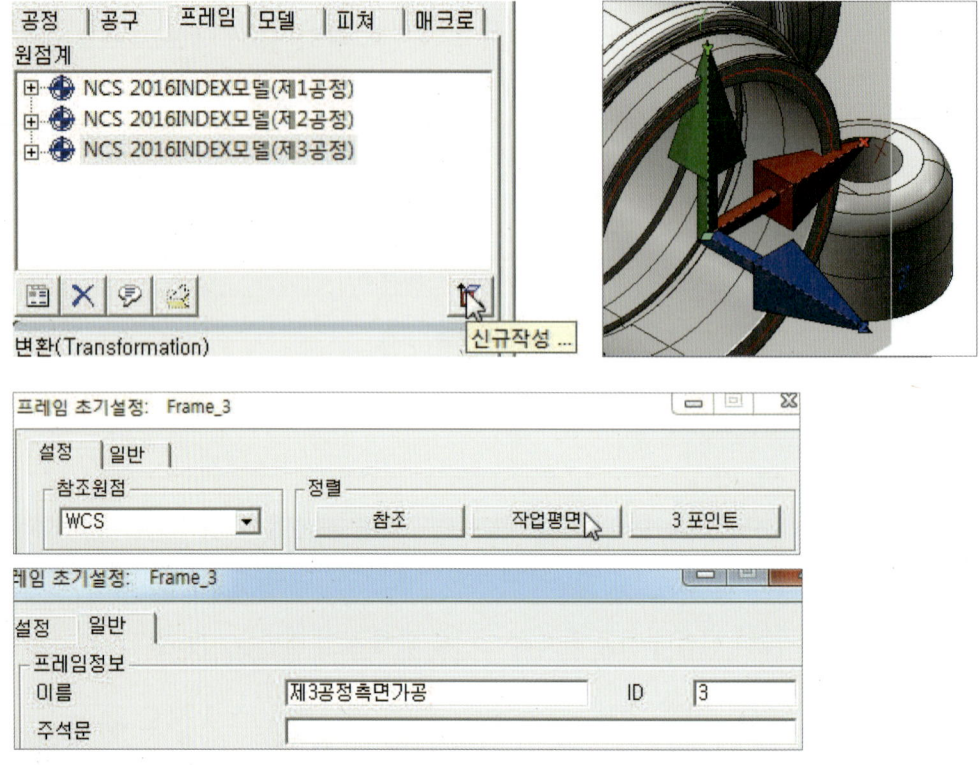

2D 윤곽 가공 1

배면 실린더의 윗 부분을 2번 공구(파이10 엔드밀)로 가공 해보자.

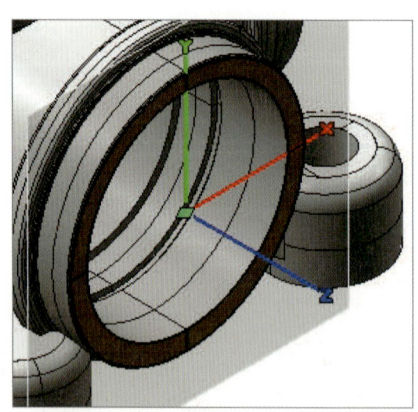

01 〉 hyperMILL 툴 바에서 hyperMILL Job명령 아이콘을 클릭한다.

02 〉 2D 사이클에서 "2D윤곽가공"을 선택한다.

03 공구 탭

프레임의 가공 좌표계는 배면 실린더를 가공하기 위한 "제3공정 측면 가공" 좌표계를 사용
할 것이다.

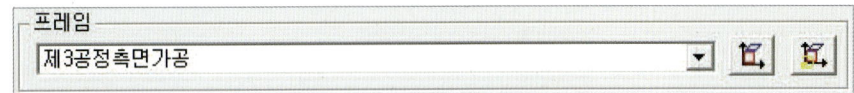

04 윤곽 설정 탭

① 가공 윤곽을 그리기 앞서 제3공정에서 그려지는 요소들을 "제3공정 삽입 요소" 레이어
를 만들어 관리한다.

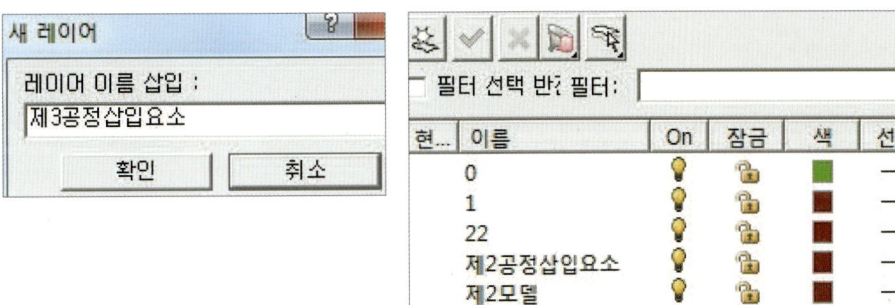

② 윤곽원 그리기

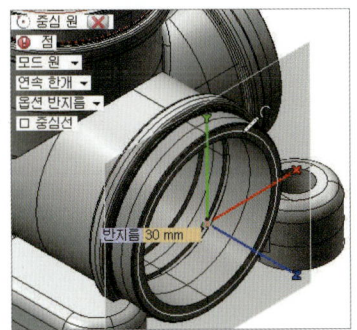

③ 윤곽 선택에서 신규 선택 아이콘을 클릭하여 공구가 지나갈 윤곽을 선택한다.

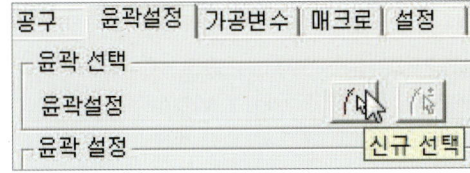

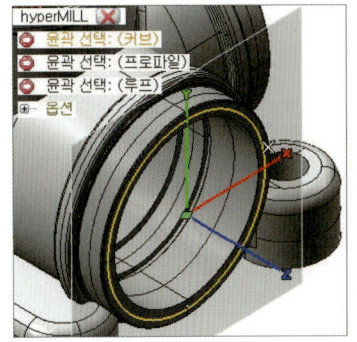

❹ 최고와 최저 파라미터는 절댓값(잡 프레임)을 선택한 후 모델의 완성 가공 위치가 Z0.
이고, 가공 소재는 다이캐스트 주물을 사용하므로 최고와 최저 모두 "0"을 입력한다.

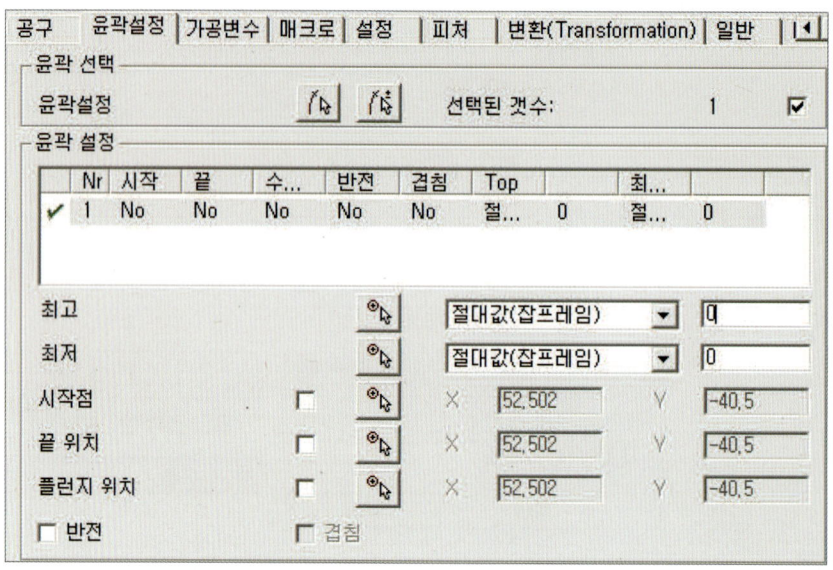

05 ▷ 가공변수 탭

❶ 공구 위치는 엔드밀의 중심이 윤곽 선상을 지나게 한다.

❷ 절삭의 Z절삭량은 1회 윤곽을 지나는 것으로 완성 가공할 것이므로 윤곽 설정 탭에서의
최고/최저 사이의 간격보다 큰 값을 입력한다(여기서는 "10"을 입력한다).

❸ 완성 가공이므로 소재 여유량 Z는 "0"을 입력한다.

❹ 기타 파라미터는 그림과 같이 입력한다.

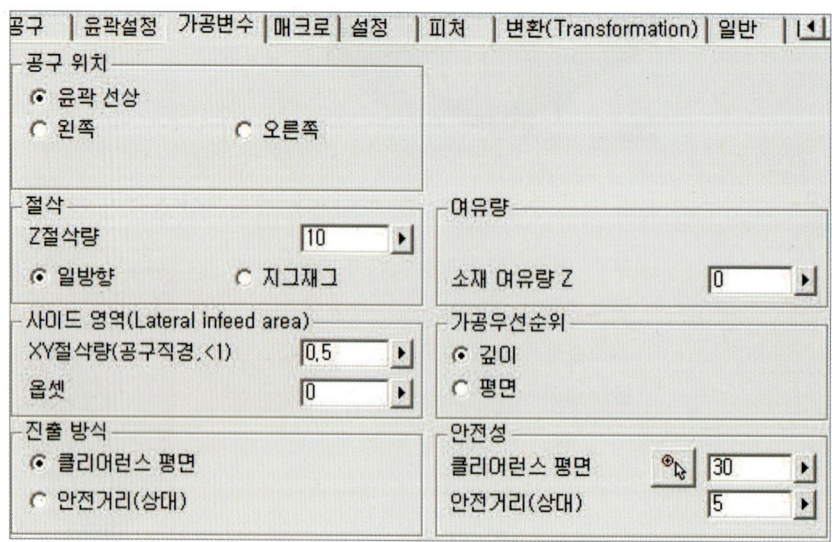

06 ▷ 매크로 탭

진입/진출 매크로를 1/4원형으로 한다. 반경은 공구 직경치로 하면 무난하다. 그리고 매
크로 연장은 주변에 간섭 부위가 없으므로 "0"을 그대로 유지한다.

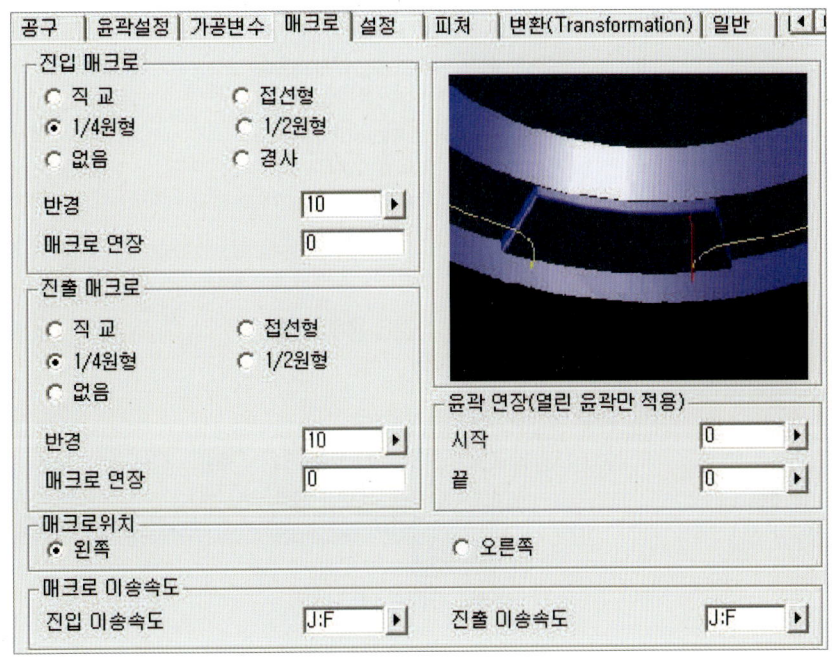

07 ▷ 다음 그림은 각 탭(tab)에 파라미터 값을 입력, 계산했을 때 공구의 위치와 안전 평면, Z방
향의 가공 범위, XY방향의 가공 범위, 공구 괘적을 나타낸 것이다.

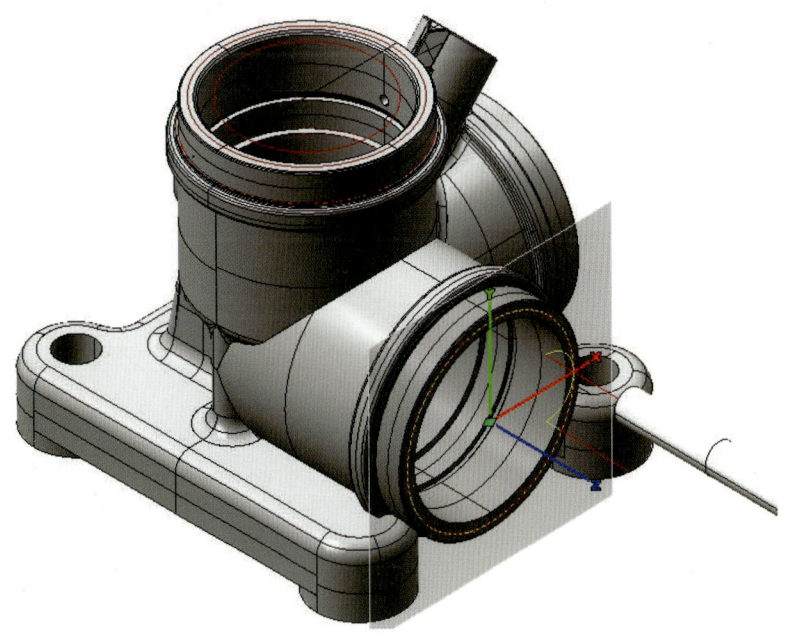

08 포스트 프로세싱하여 NC 코드를 생성하면 다음과 같은 코드가 생성된다.

```
%
O0001 (2016INDEX모델(제3공정))
G00 G17 G40 G80 G90
( B_mode_5X 2 )
( B_mode_frame 2 )
(OPERATION 1)
(?  A D(END MILL))
G91 G28 Z0.
G91 G28 Y0.
G91 G28X0.
M11
M21
G91 G28 B0. C0.
T2 M6
M8
S2000 M3
G05P10000 (HSC ON)
G0 G54 G90 B90. C90.
G68.2 X52.502 Y115. Z40.5 I180. J90. K0.
G53.1
G0 X20. Y-10.
```

2-6 제4공정

2016INDEX모델의 좌측면 실린더 부분을 가공 해보자.

내부 가공 방법은 제3공정과 같으므로 좌측면 실린더의 1개 부분만 가공하고 다음 공정으로 넘어가기로 한다.

공정 리스트 생성

01 공정 탭에서 마우스 오른쪽 버튼을 눌러 신규 > 공정 리스트를 선택한다.

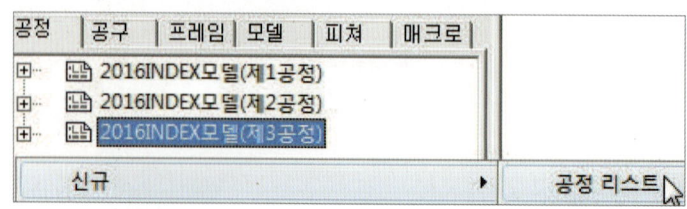

02 ▶ 공정 리스트 이름 "2016INDEX모델(제4공정)"을 입력한다.

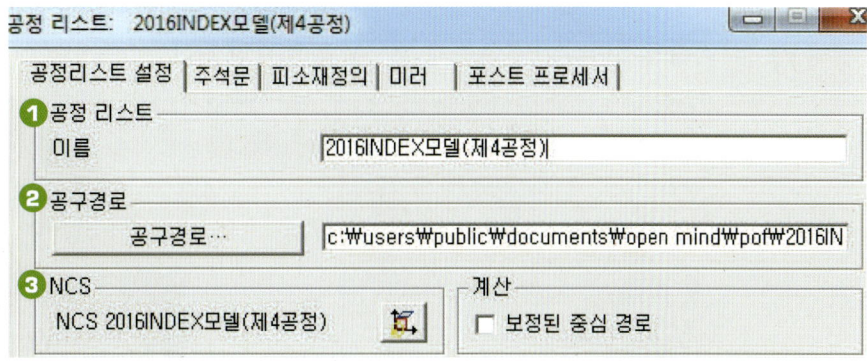

① 공정 리스트 : 작업 공정 이름 지정
② 공구 경로 : CL DATA 생성 위치 지정
③ NCS : 가공 프레임(공작물 원점) 세팅

03 ▶ 공구 경로 파일 이름과 공구 경로 변경 여부에 대하여 "예"를 클릭한다.

04 ▶ 피소재정의 탭에서 가공 모델 설정을 체크하고, 2016INDEX모델(제2모델)을 선택한다.

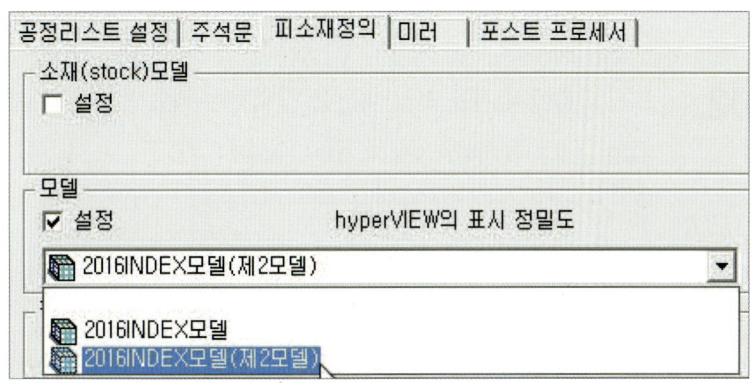

> ### 좌측면 실린더 가공 좌표계 생성

01 ⁍ 좌측면 실린더 가공 좌표계 생성을 위해 작업 평면을 이동한다.

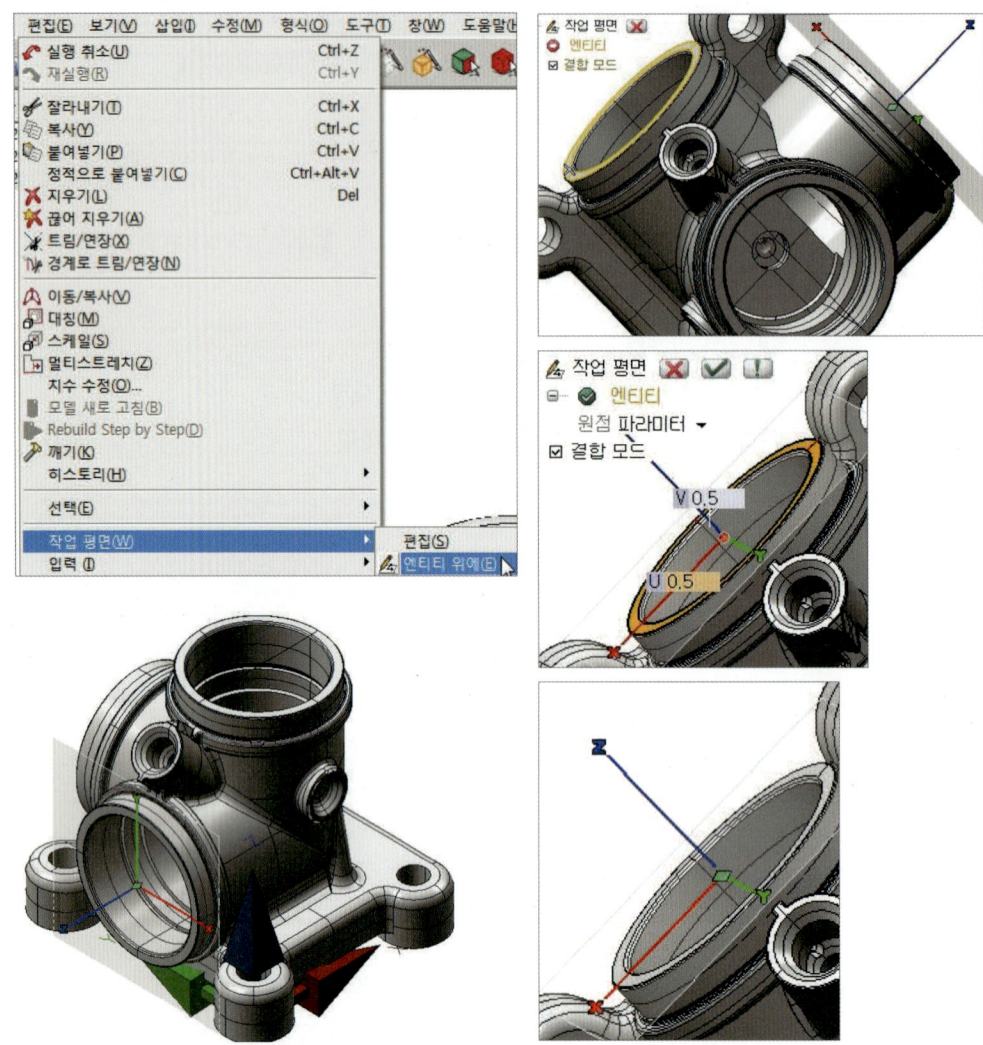

02 ⁍ 프레임 탭에서 신규 작성 버튼을 클릭하여 좌측면 실린더 가공 좌표계를 생성한다.

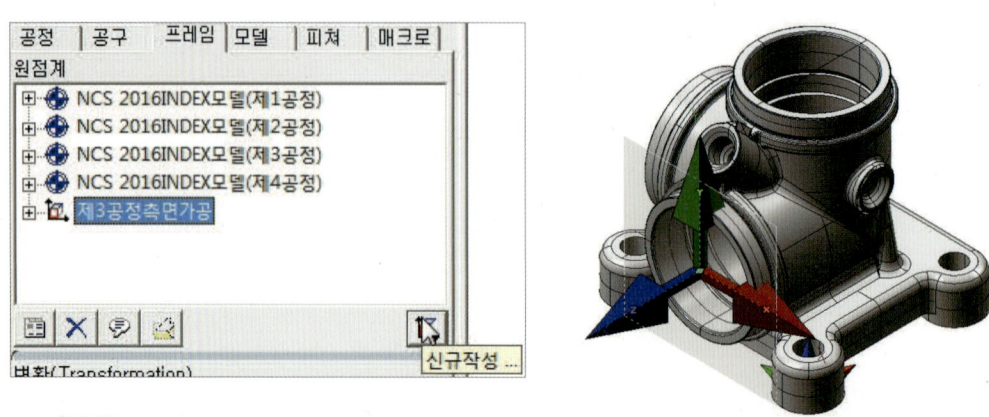

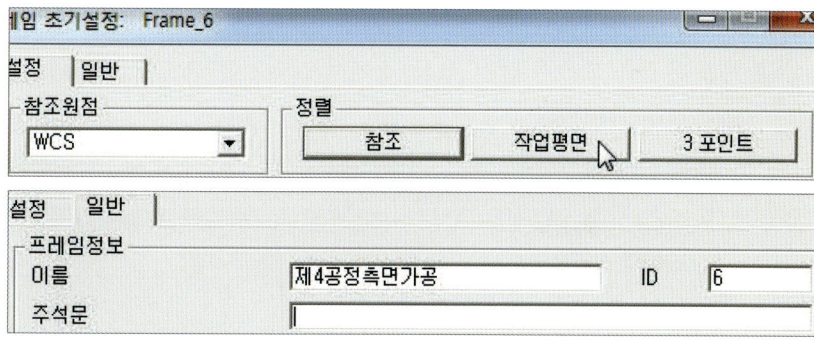

> ## T-홈 가공

배면 실린더 내부 측벽의 T-홈부분을 7번 공구(파이20 T-Slot 공구)로 가공 해보자.

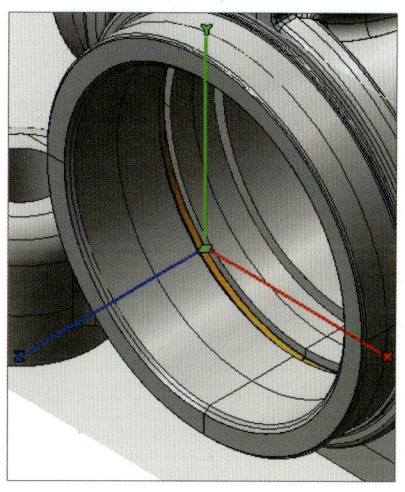

01 hyperMILL 툴 바에서 hyperMILL Job명령 아이콘을 클릭한다.

02 2D 사이클에서 "2D 윤곽 가공"을 선택한다.

03 공구 탭

프레임의 가공 좌표계는 좌측면 실린더를 가공하기 위한 "제4공정 측면 가공" 좌표계를 사용한다.

04 ❯ 윤곽 설정 탭

❶ 가공 윤곽을 그리기 앞서 제4공정에서 그려지는 요소들을 "제4공정 삽입 요소" 레이어
를 만들어 관리한다.

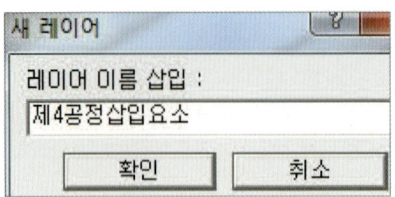
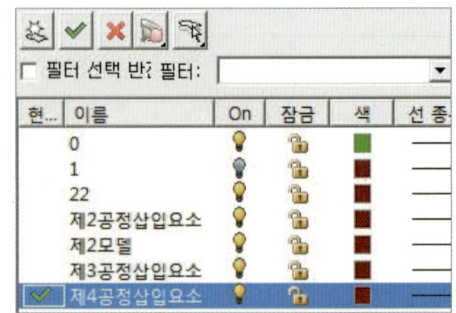

❷ 바운더리 커브로 윤곽원 그리기

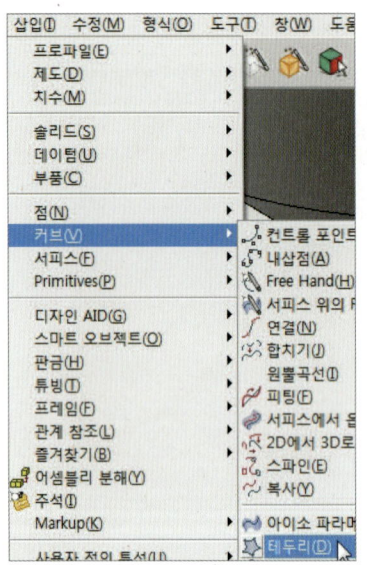
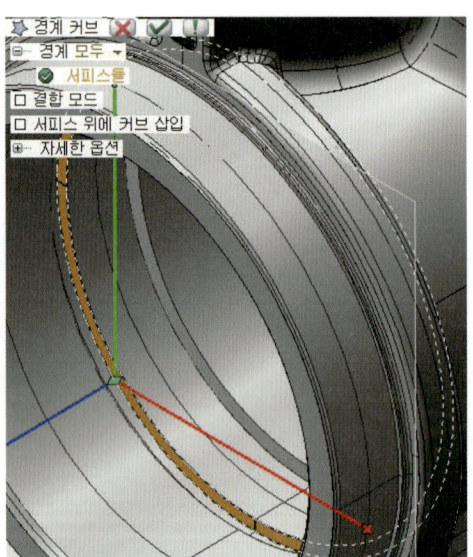

❸ 윤곽 선택에서 신규 선택 아이콘을 클릭하여 공구가 지나갈 윤곽을 선택한다.

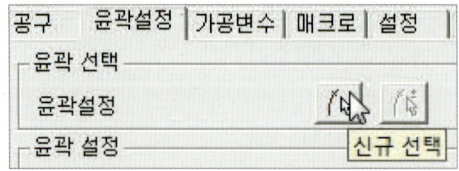
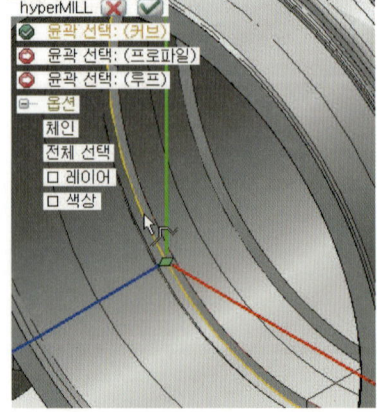

④ 최고와 최저 파라미터는 절댓값(잡 프레임)을 선택한 후 포인트 선택 버튼을 눌러 최고/
최저 위치를 입력한다.

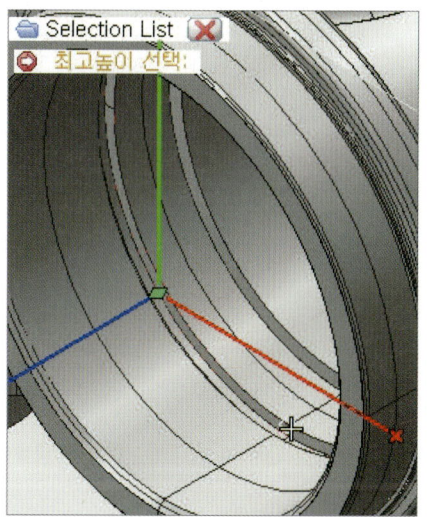 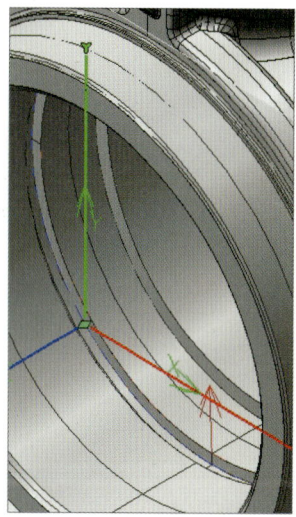

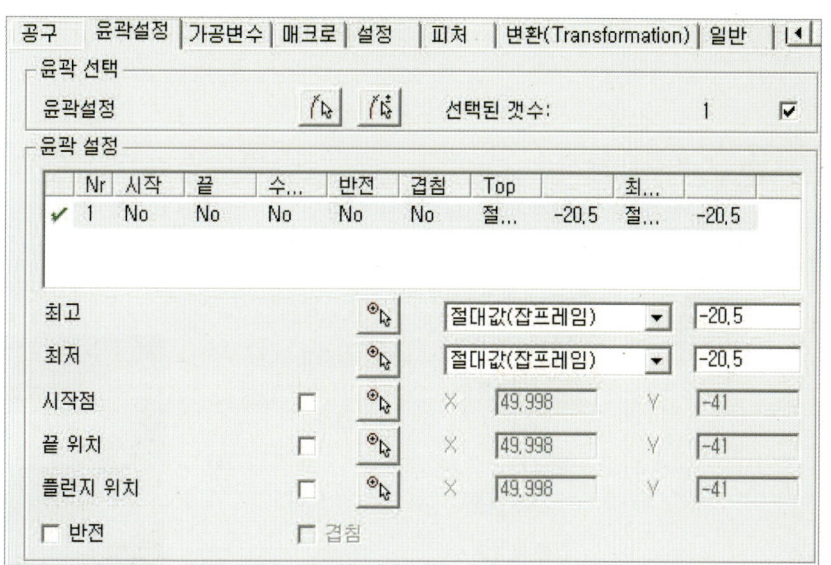

05 가공 변수 탭

❶ 공구 위치는 하향 밀링 가공이 되도록 왼쪽 라디오 버튼을 클릭한다.

❷ 절삭의 Z절삭량은 1회 윤곽을 지나는 것으로 완성 가공할 것이므로 윤곽 설정 탭에서의
최고/최저 사이의 간격보다 큰 값을 입력한다(여기서는 "10"을 입력한다).

❸ 완성 가공이므로 소재 여유량 Z는 "0"을 입력한다.

❹ 기타 파라미터는 그림과 같이 입력한다.

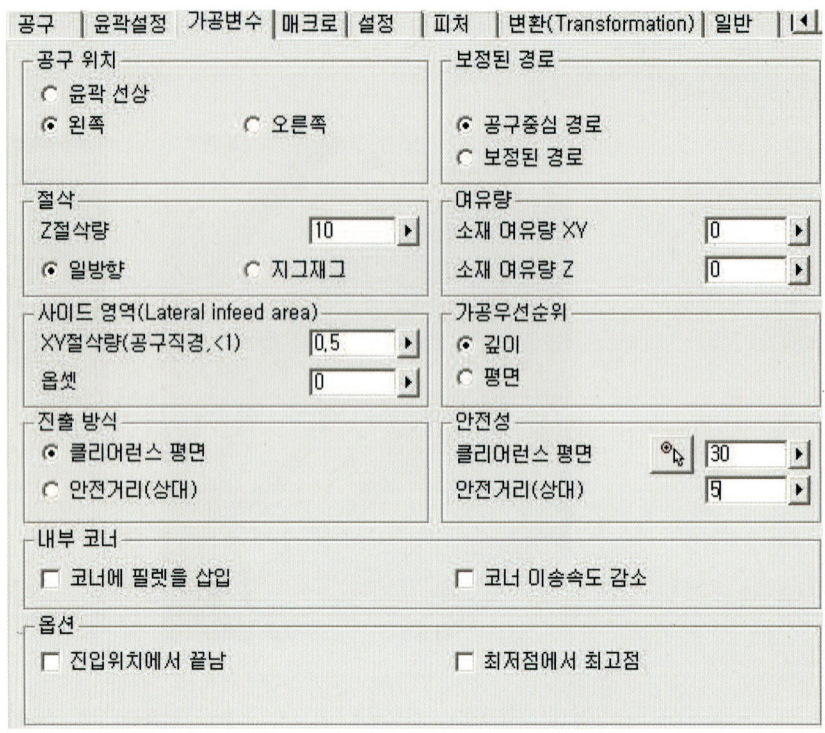

06 〉〉 매크로 탭

진입/진출 매크로를 1/4원형으로 한다. 반경은 5mm, 매크로 연장은 10mm로 한다.

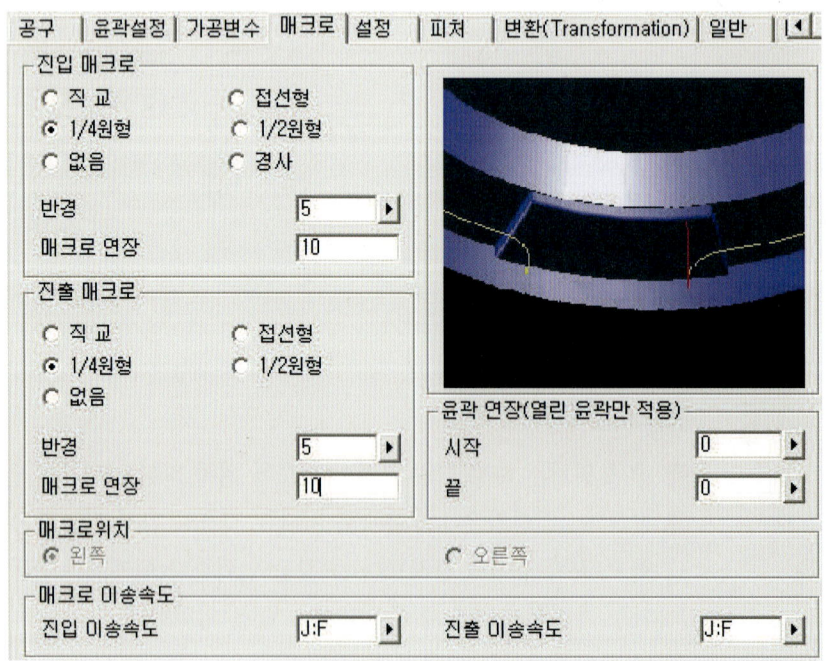

07 다음 그림은 각 탭(tab)에 파라미터 값을 입력, 계산했을 때 공구의 위치와 안전 평면, Z방향의 가공 범위, XY방향의 가공 범위, 공구 괘적을 나타낸 것이다.

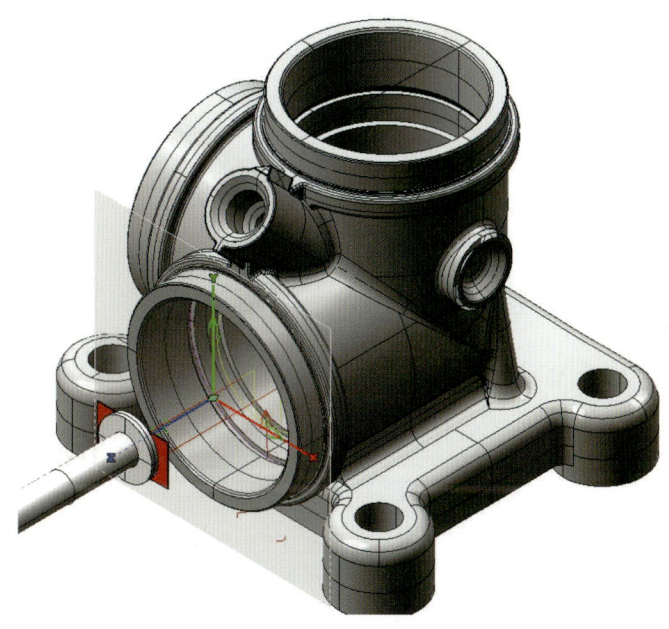

09 포스트 프로세싱하여 NC 코드를 생성하면 다음과 같은 코드가 생성된다.

```
%
O0001 (2016INDEX모델(제4공정))
G00 G17 G40 G80 G90
( B_mode_5X 2 )
( B_mode_frame 2 )
(OPERATION 1)
(T-SLOT    )
G91 G28 Z0.
G91 G28 Y0.
G91 G28X0.
M11
M21
G91 G28 B0. C0.
T7 M6
M8
S2000 M3
G05P10000 (HSC ON)
G0 G54 G90 B90. C180.
G68.2 X-12.498 Y49.998 Z41 I-90. J90. K0.
G53.1
G0 X-5.002 Y-4.
```

2-7 제5공정

2016INDEX모델의 주둥이 모양의 경사진 부분을 가공 해보자.

　제5공정에서는 특수 드릴을 사용하여 경사지게 가공해야 하는 구멍, 수평·수직으로 뚫려 있는 작은 구멍 등 다양한 위치의 구멍을 가공하기 위한 구멍 중심축에 대한 가공 좌표계 설정이 중요하다.

공정 리스트 생성

01 공정 탭에서 마우스 오른쪽 버튼을 눌러 신규 > 공정 리스트를 선택한다.

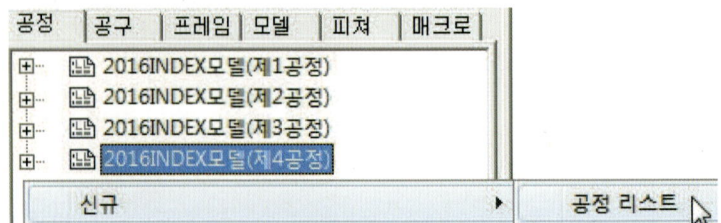

02 공정 리스트 이름 "2016INDEX모델(제5공정)"을 입력한다.

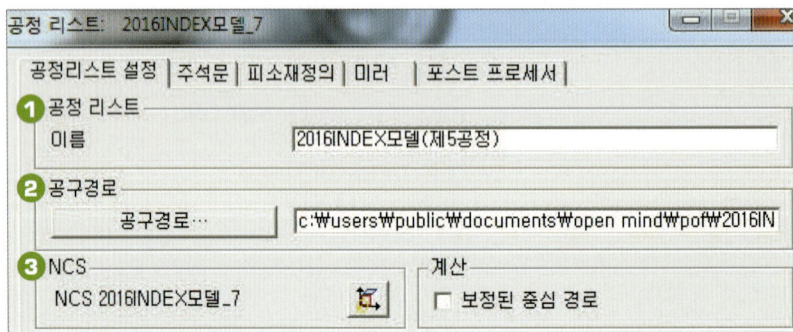

❶ 공정 리스트 : 작업 공정 이름 지정

❷ 공구 경로 : CL DATA 생성 위치 지정

❸ NCS : 가공 프레임(공작물 원점) 세팅

03 공구 경로 파일 이름과 공구 경로 변경 여부에 대하여 "예"를 클릭한다.

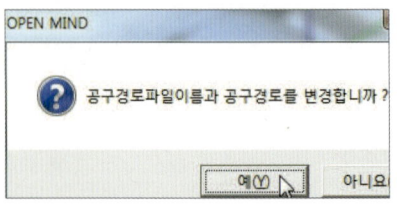

04 ▷ 피소재정의 탭에서 가공 모델 설정을 체크하고, 2016INDEX모델(제2모델)을 선택한다.

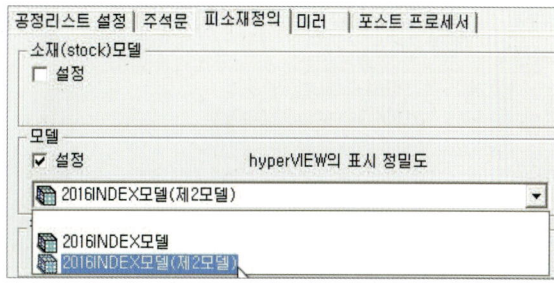

주둥이 부분 평면 가공 좌표계 생성

01 ▷ 좌표계 생성을 위해 작업 평면을 이동한다.

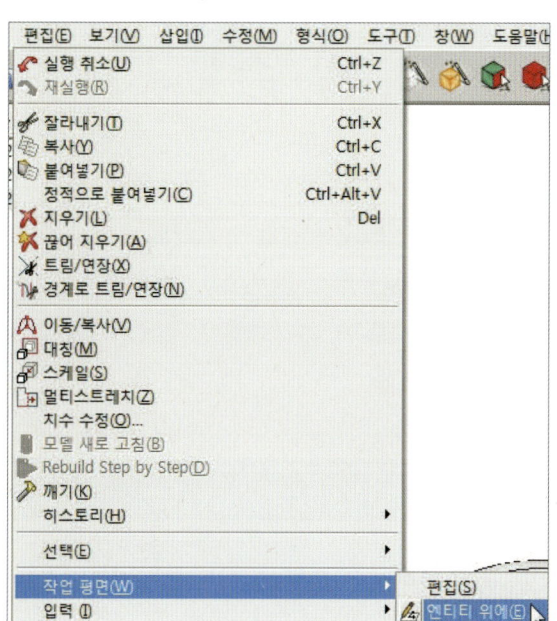

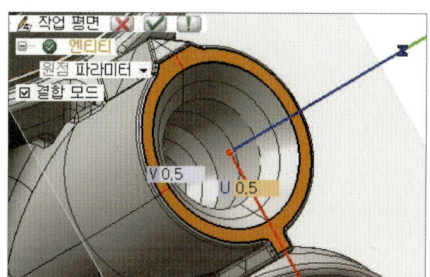

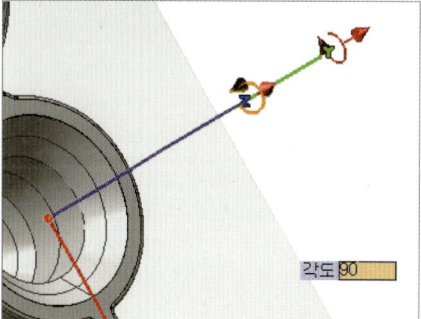

02 ▷ 프레임 탭에서 신규 작성 버튼을 클릭하여 주둥이 부분 평면 가공 좌표계를 생성한다.

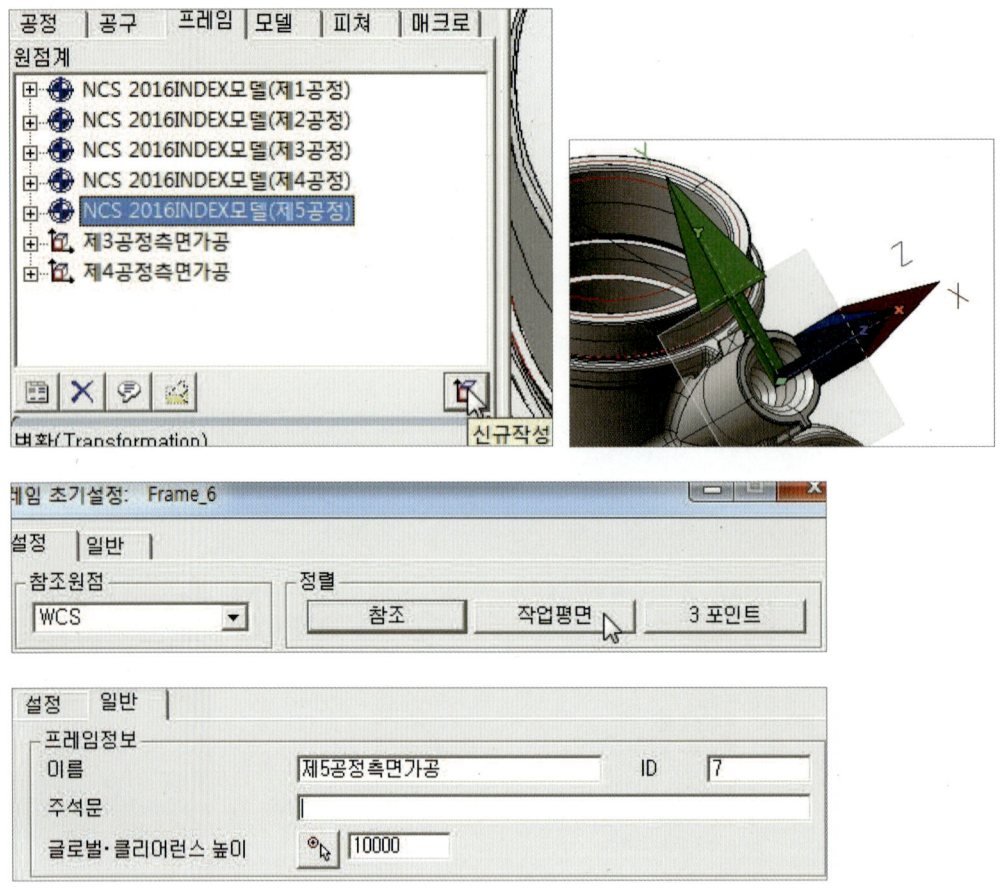

2D 윤곽 가공 1(주둥이 부분 평면 가공)

주둥이 부분의 평면 부분을 2번 공구(파이10 엔드밀)로 가공 해보자.

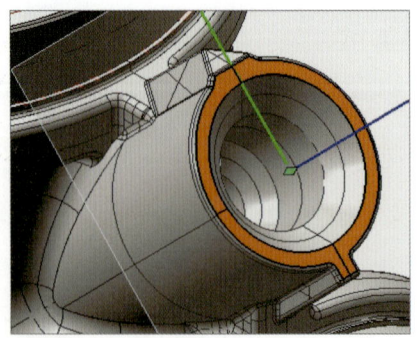

01 ▷ hyperMILL 툴 바에서 hyperMILL Job명령 아이콘을 클릭한다.

02 ▶ 2D 사이클에서 "2D 윤곽 가공"을 선택한다.

03 ▶ 공구 탭

프레임의 가공 좌표계는 주둥이 부분의 평면 부분을 가공하기 위한 "제5공정 측면 가공" 좌표계를 사용할 것이다.

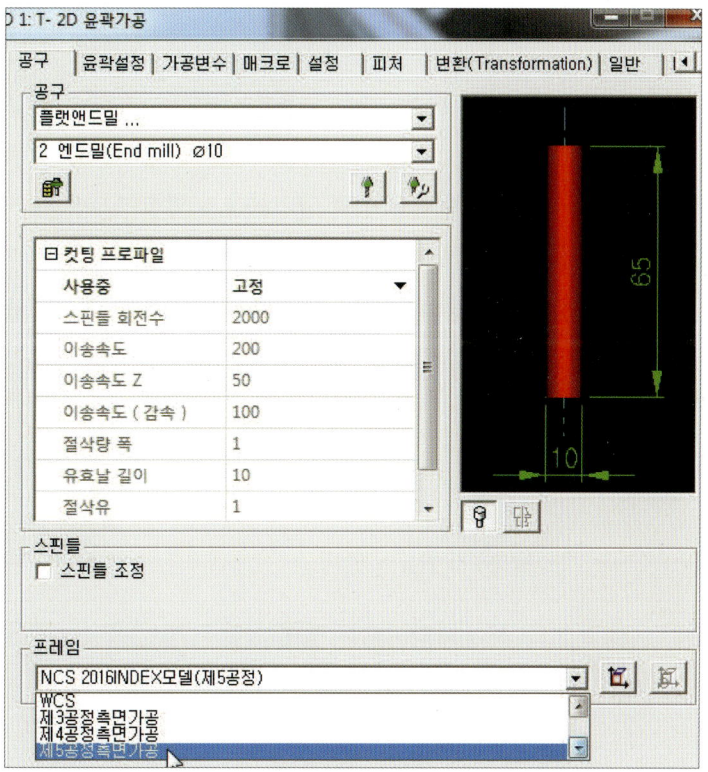

04 ▶ 윤곽 설정 탭

❶ 가공 윤곽을 그리기 앞서 제5공정에서 그려지는 요소들을 "제5공정 삽입 요소" 레이어를 만들어 관리한다.

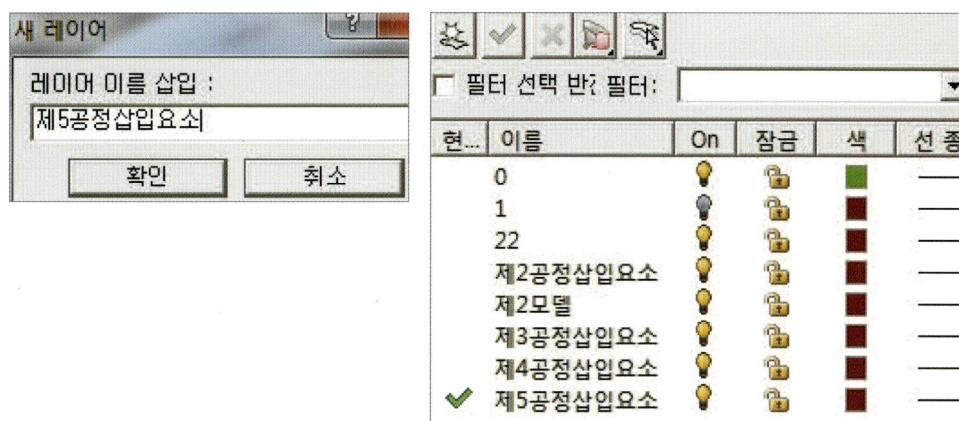

② 윤곽원 그리기

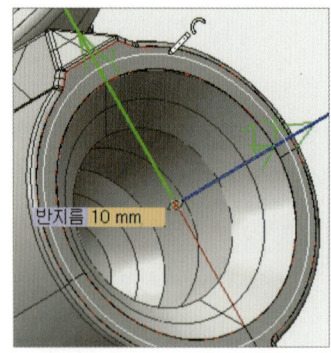

③ 윤곽 선택에서 신규 선택 아이콘을 클릭하여 공구가 지나갈 윤곽을 선택한다.

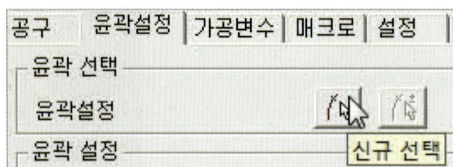

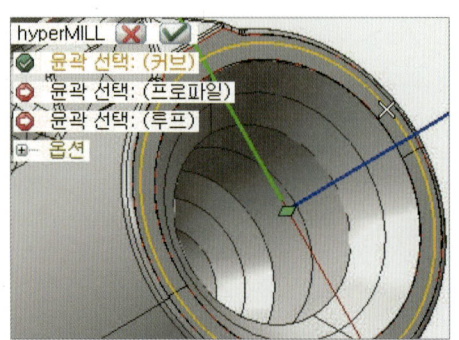

④ 최고와 최저 파라미터는 절댓값(잡 프레임)을 선
택한 후 포인트 선택 버튼을 눌러 최고/최저 위
치를 입력한다.

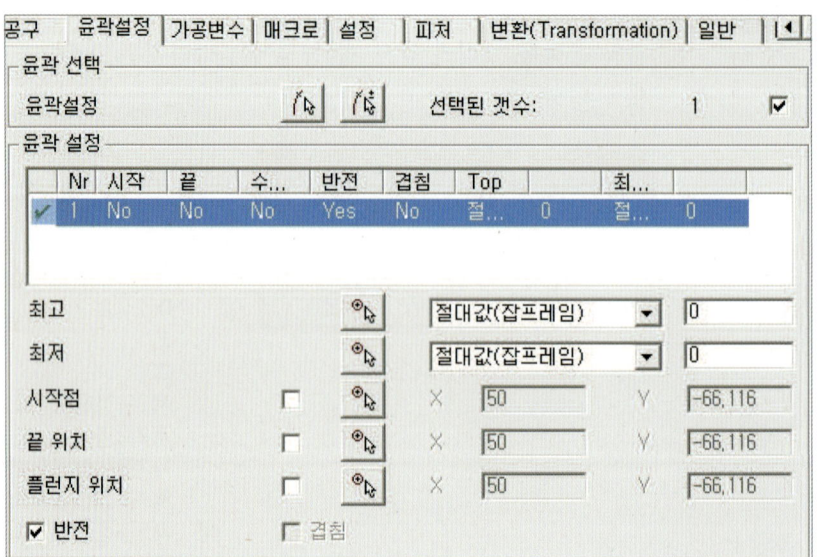

05 ▶ 가공변수 탭

❶ 공구 위치는 엔드밀의 중심이 윤곽 선상을 지나게 한다.

❷ 절삭의 Z절삭량은 1회 윤곽을 지나는 것으로 완성 가공할 것이므로 윤곽 설정 탭에서의 최고/최저 사이의 간격보다 큰 값을 입력한다(여기서는 "10"을 입력한다).

❸ 완성 가공이므로 소재 여유량 Z는 "0"을 입력한다.

❹ 기타 파라미터는 그림과 같이 입력한다.

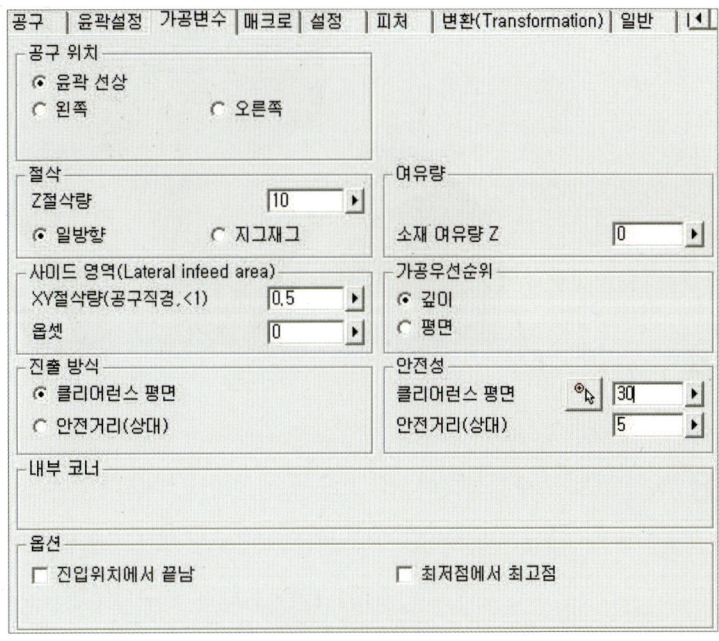

06 ▶ 매크로 탭

진입/진출 매크로를 1/4원형으로 한다. 반경은 공구 직경치로 하면 무난하다. 그리고 매크로 연장은 주변에 간섭 부위가 없으므로 "0"을 그대로 유지한다.

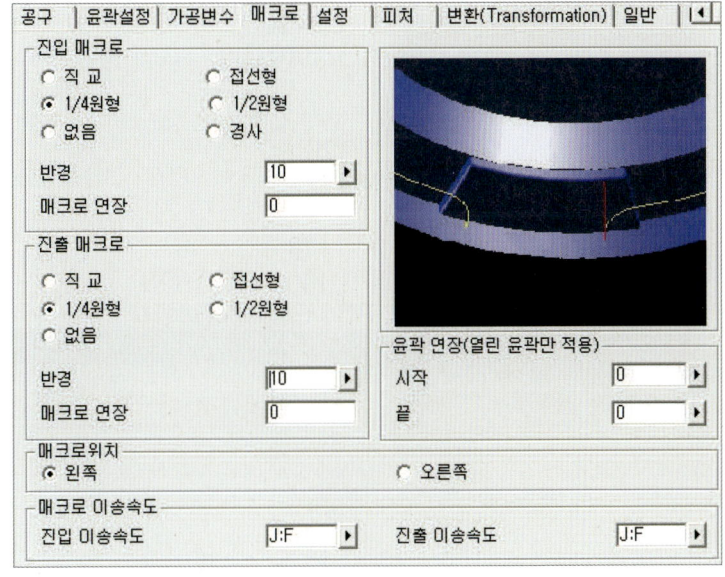

07 〉 다음 그림은 각 탭(tab)에 파라미터 값을 입력, 계산했을 때 공구의 위치와 공구 괘적을 나타낸 것이다.

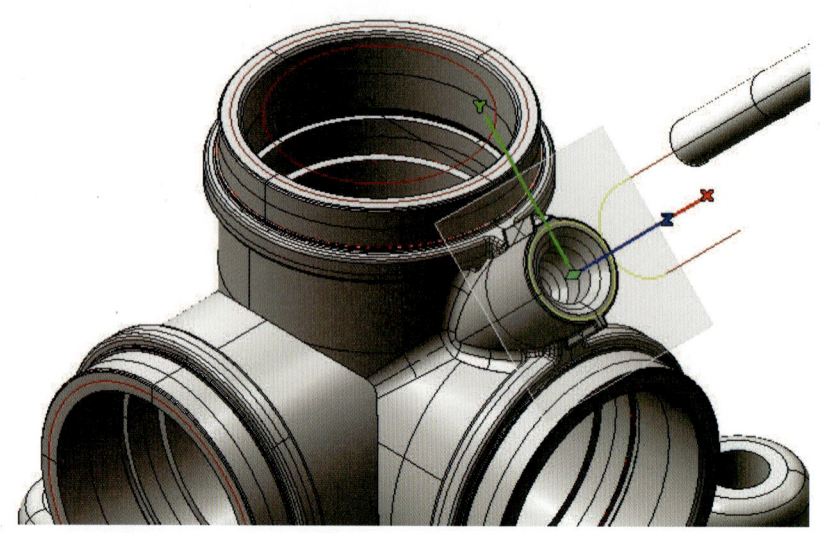

08 〉 포스트 프로세싱하여 NC 코드를 생성하면 다음과 같은 코드가 생성된다.

```
%
O0001 (2016INDEX모델(제5공정))
G00 G17 G40 G80 G90
( B_mode_5X 2 )
( B_mode_frame 2 )
(OPERATION 1)
(?  A D(END MILL))
M10
G91 G28 Z0.
G91 G28 Y0.
G91 G28X0.
M11
M21
G91 G28 B0. C0.
T2 M6
M8
S2000 M3
G05P10000 (HSC ON)
G0 G54 G90 B45. C180.
G68.2 X-2.498 Y50. Z96. I-90. J45. K0.
G53.1
G0 X20. Y10.
```

> ## 구멍 가공하기 1

10번 공구(특수 제작 드릴 공구)로 구멍 가공 해보자.

01 ▷ hyperMILL 툴 바에서 hyperMILL Job명령 아이콘을 클릭한다.

02 ▷ 드릴 사이클에서 "드릴링.패킹"을 선택한다.

03 ▷ 공구 탭

프레임의 가공 좌표계는 제5공정 측면 가공 좌표계를 사용한다.

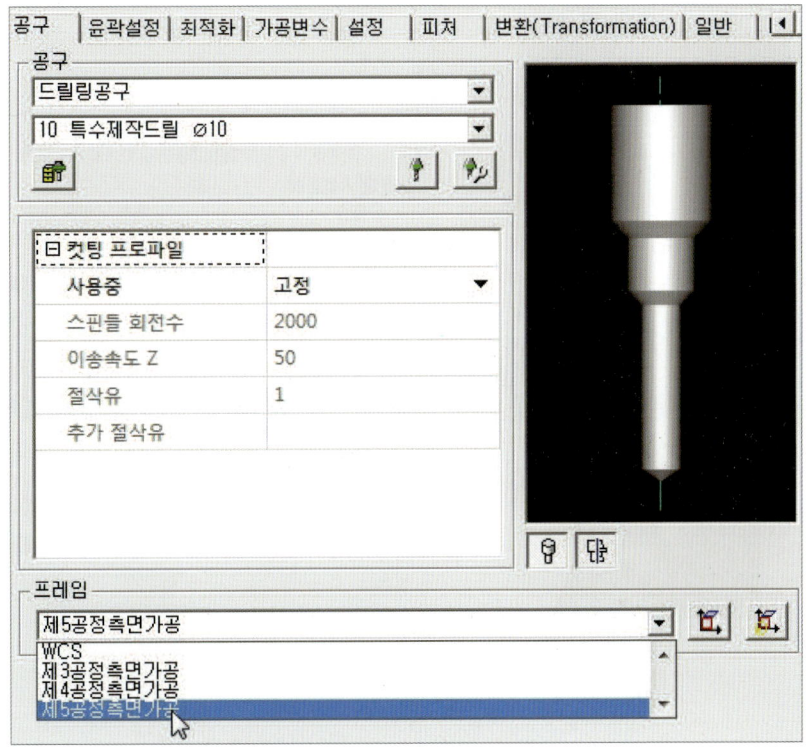

04 윤곽 설정 탭

❶ 윤곽 선택에서 "포인트" 라디오 버튼(radio button)을 클릭한 후 신규 선택 아이콘을 클릭하여 드릴 가공할 포인트를 선택한다.

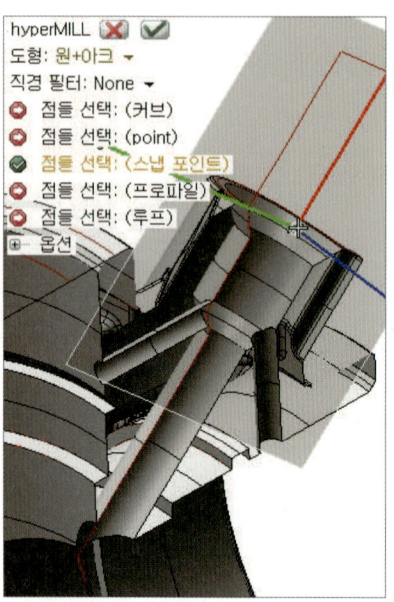

❷ 최고와 최저 파라미터는 절댓값(잡 프레임)을 선택한 후 포인트 선택 버튼을 눌러 최고/최저 위치를 입력한다.

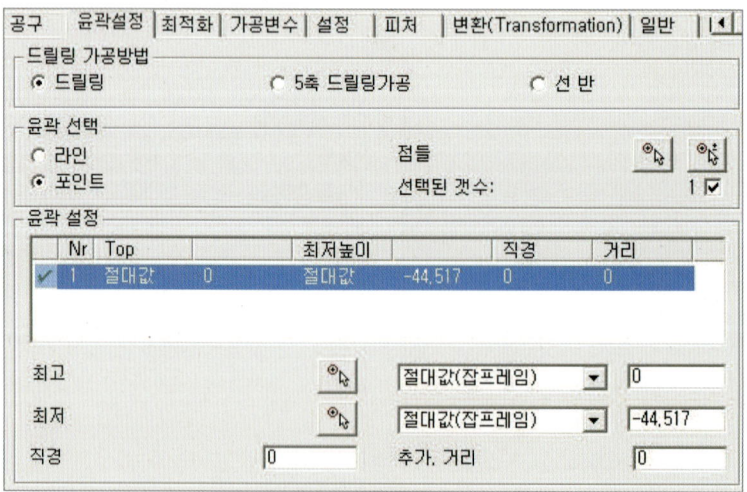

05 ▶ 가공변수 탭

❶ 윤곽 설정 탭에서 설정한 윤곽의 최저 위치(-44.517)가 드릴의 선단부를 포함해야 하므로 가공 영역에서 "선단(tip) 각도 보정"을 체크하지 않는다.

❷ 가공 파라미터의 패킹 깊이는 심공 드릴 사이클(G83)의 Q에 해당한다. 감속 값은 후퇴량에 해당하는 것으로 NC 코드 생성에서 의미가 없다 (후퇴량은 컨트롤러의 파라미터에 설정하여 사용한다).

❸ 홀 안전과 진출 방식에 설정된 파라미터 값은 심공 드릴 사이클(G83)에서 초기점 복귀를 하기 위해 설정된 값이다.

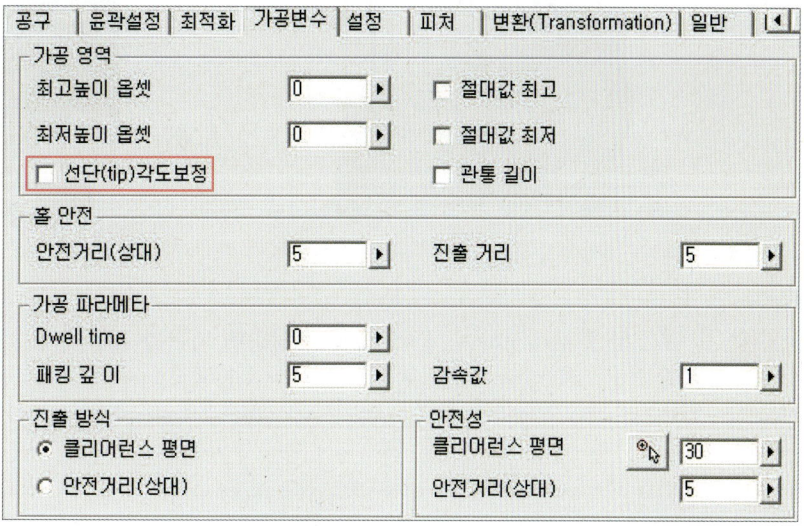

06 ▶ 설정 탭

모든 탭들의 파라미터 값을 입력한 후 "계산 [계산] " 할 때 오류가 발생하면, 체크 공구 부분을 off 상태가 되도록 한다.

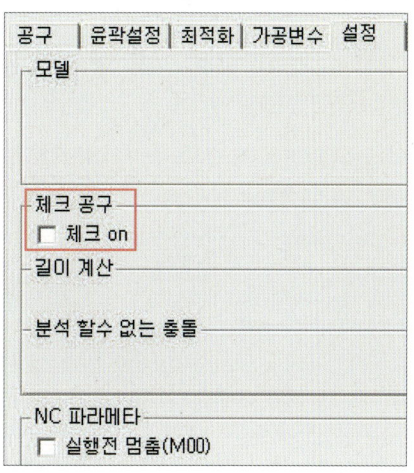

07 ▷ 다음 그림은 각 탭(tab)에 파라미터 값을 입력, 계산했을 때 공구의 위치와 공구 괘적을 나타낸 것이다.

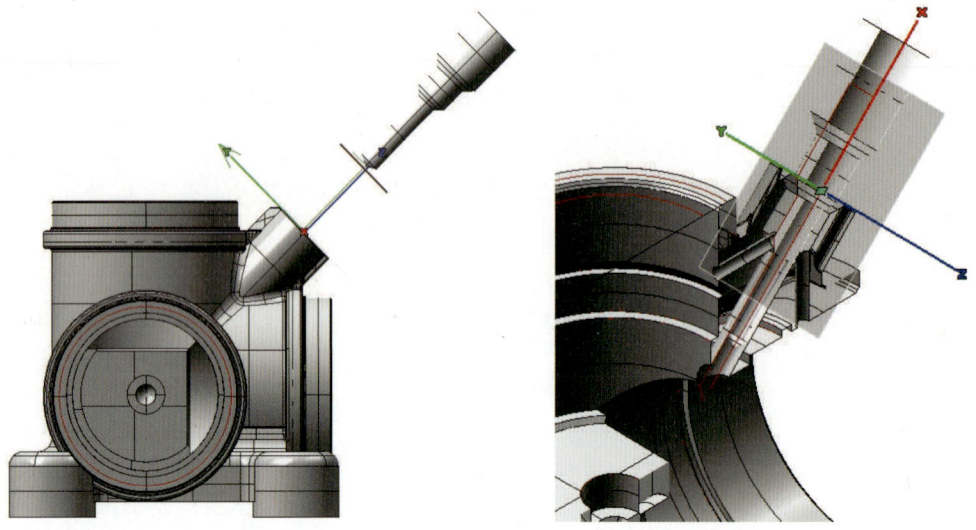

08 ▷ 포스트 프로세싱하여 NC 코드를 생성하면 다음과 같은 코드가 생성된다.

```
%
O0001 (2016INDEX모델(제5공정))
G00 G17 G40 G80 G90
( B_mode_5X 2 )
( B_mode_frame 2 )
(OPERATION 2)
(AE 1/4OEA AU A  )
M10
G91 G28 Z0.
G91 G28 Y0.
G91 G28X0.
M11
M21
G91 G28 B0. C0.
T10 M6
M8
S2000 M3
G0 G54 G90 B45. C180.
G68.2 X-2.498 Y50. Z96. I-90. J45. K0.
G53.1
G0 X0. Y0.
G0 G43 H10 Z30.
G98 G83 X0. Y0. Z-44.517 Q5. R5. F50.
G80
G0G91G49
G69
M5
M9
G91 G28 Z0.
G91 G28 Y0.
G91 G28X0.
G91 G28 B0. C0.
M30
%
```

구멍 가공하기 2

11번 공구(파이 2.7 드릴 공구)로 구멍 가공 해보자.

01 ⫸ 구멍 분석

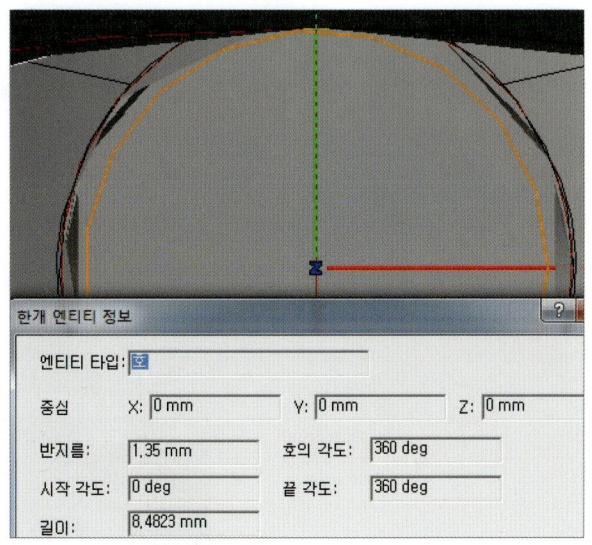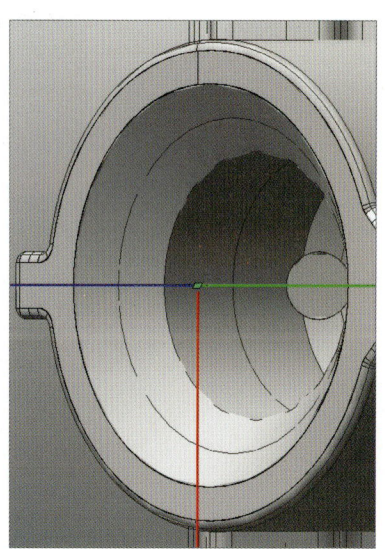

모델링은 파이 3 구멍이나 주둥이 부분과의 간섭으로 실제 가공할 수 있는 구멍의 최대 지름은 파이 2.7이다. 이러한 부분은 사전에 설계자와의 검토가 필요하다.

02 ⫸ 구멍을 가공할 수 있는 좌표계 설정하기

❶ 편집 풀 다운 메뉴에서 작업 평면 > 엔티티 위에(E) 명령으로 작업 평면을 이동시킨다.

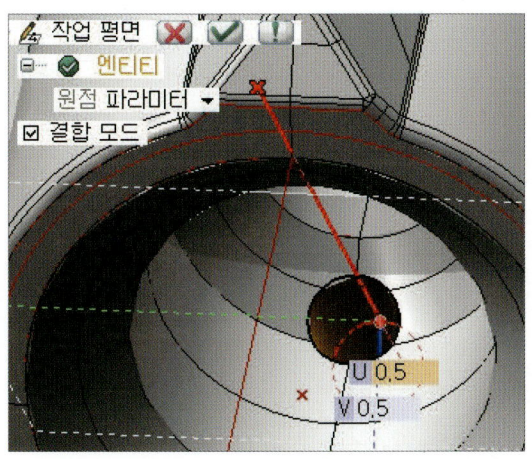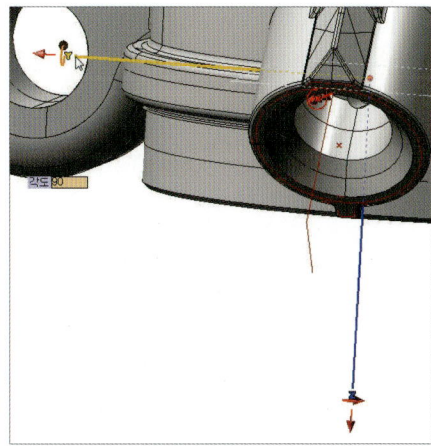

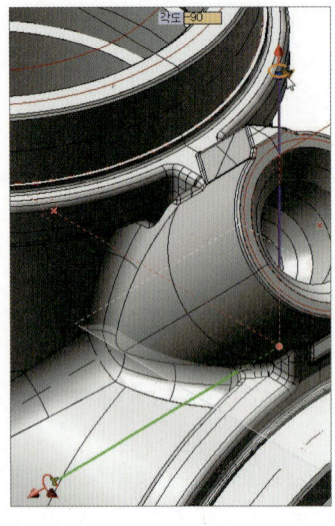
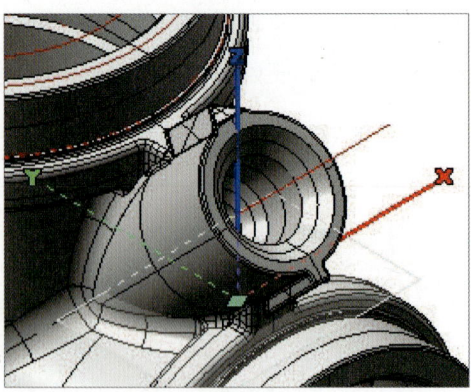

❷ 삽입 풀 다운 메뉴에서 커브 > 테두리 명령으로 경계 커브를 만든다.

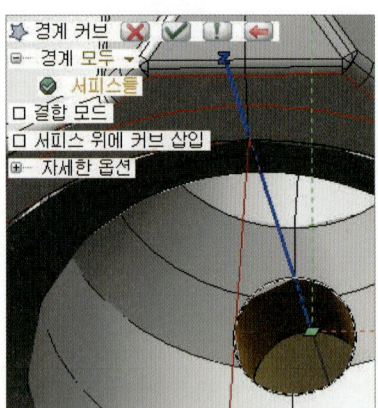

❸ 호 중심 스냅 기능을 사용하여 구멍의 중심으로 좌표계 원점을 이동시킨다.

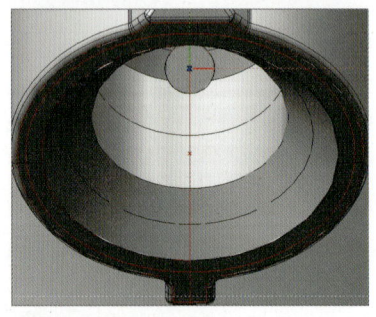

❹ 프레임 탭에서 가공 좌표계를 설정한다.

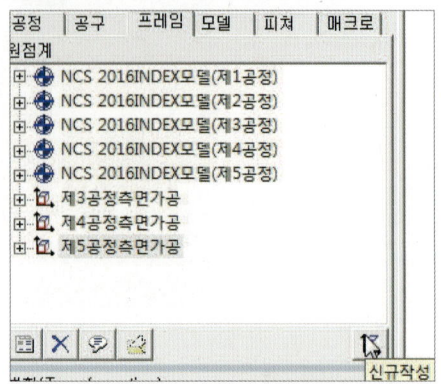

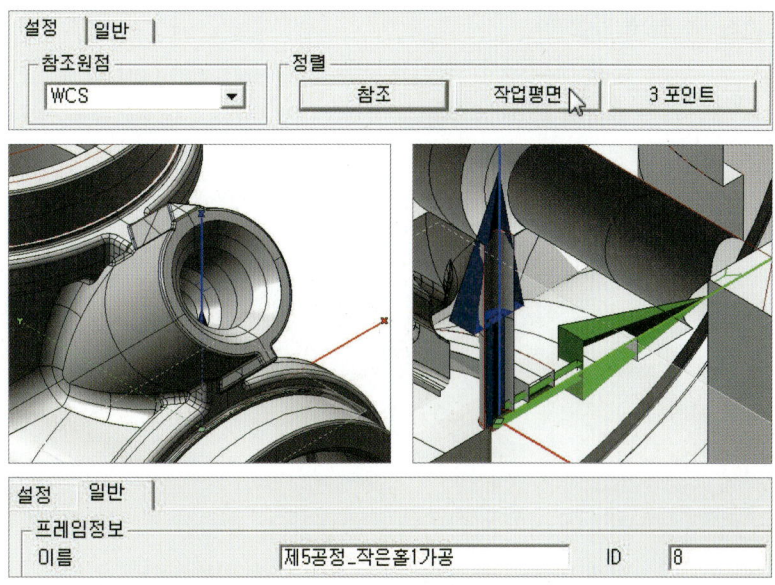

03 ▷ hyperMILL 툴 바에서 hyperMILL Job명령 아이콘을 클릭한다.

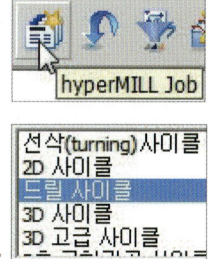

04 ▷ 드릴 사이클에서 "드릴링.칩브레이크"를 선택한다.

05 ▷ 공구 탭

프레임의 가공 좌표계는 "제5공정_작은홀1 가공" 좌표계를 사용한다.

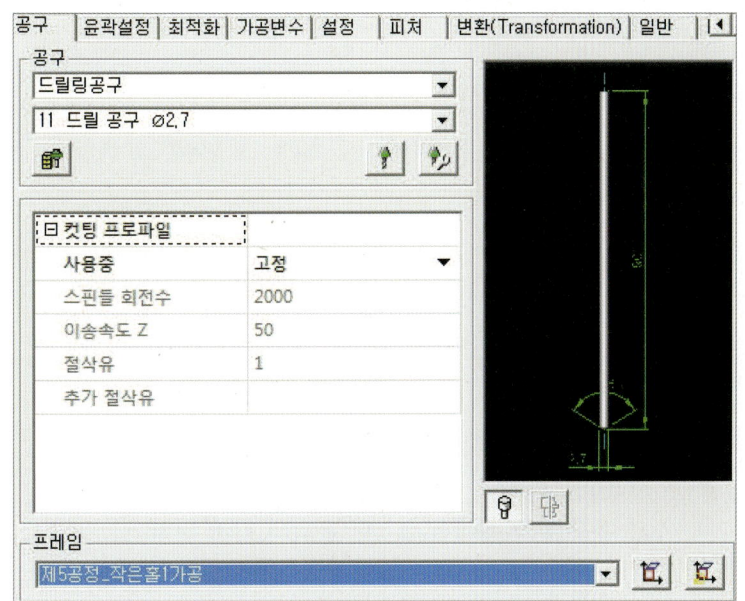

06 윤곽 설정 탭

❶ 윤곽 선택에서 "포인트" 라디오 버튼(radio button)을 클릭한 후 신규 선택 아이콘을 클릭하여 드릴 가공할 포인트를 선택한다.

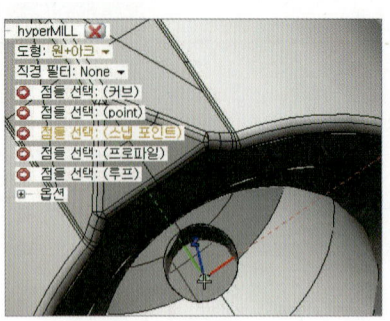

> **○-- 참고**
>
> 드릴 가공 포인트는 "스냅 포인트" 옵션을 사용하면 편리하게 선택할 수 있다.

❷ 최고와 최저 파라미터는 절댓값(잡 프레임)을 선택한 후 포인트 선택 버튼을 눌러 최고/최저 위치를 입력한다.

   – 최고점은 주둥이 부분의 최고점을 잡는다.

   – 최저점은 모델의 최하단 위치보다 1mm 낮게 잡는다.

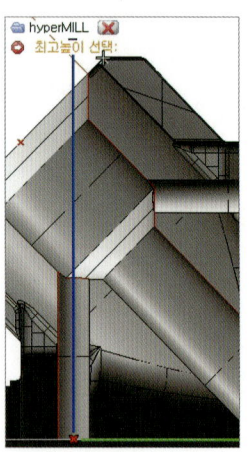

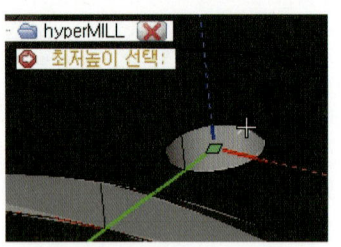

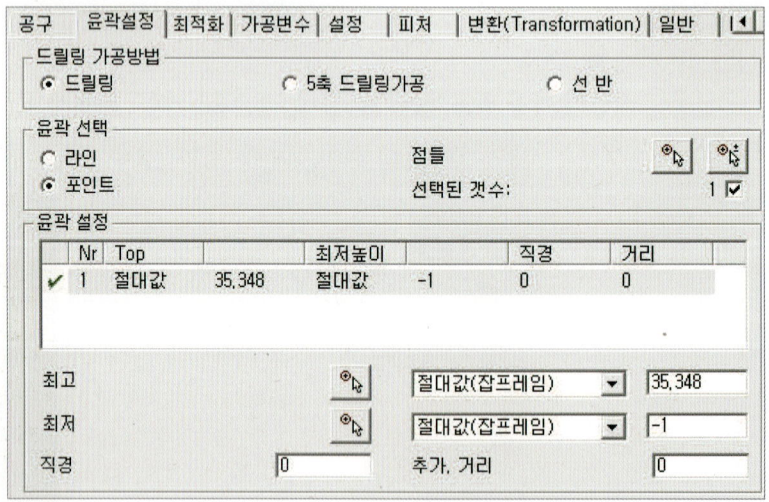

07 가공변수 탭

❶ 윤곽 설정 탭에서 설정한 윤곽의 최저 위치(−1)가 드릴의 선단부를 제외한 드릴 몸통부의 위치가 되어야 하므로 가공 영역에서 "선단(tip) 각도 보정"을 체크한다.

❷ 가공 파라미터의 패킹 깊이는 고속 심공 드릴 사이클(G73)의 Q에 해당한다. 감속 값은 후퇴량에 해당하는 것으로 NC 코드 생성에서 의미가 없다 (후퇴량은 컨트롤러의 파라미터에 설정하여 사용한다).

❸ 홀 안전과 진출 방식에 설정된 파라미터 값은 고속 심공 드릴 사이클(G73)에서 초기점 복귀를 하기 위해 설정된 값이다.

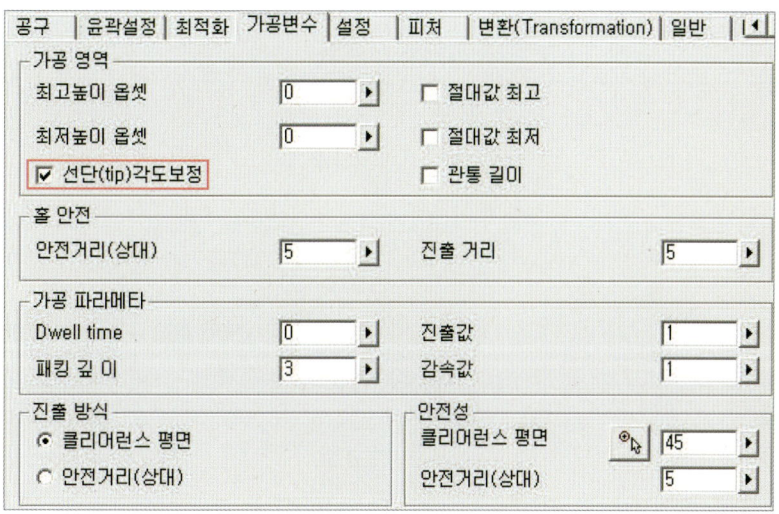

08 ▶ 설정 탭

모든 탭들의 파라미터 값을 입력한 후 "계산 [계산]"할 때 오류가 발생하면, 체크 공구 부분을 off 상태가 되도록 한다.

09 ▶ 다음 그림은 각 탭(tab)에 파라미터 값을 입력, 계산했을 때 공구의 위치와 공구 괘적을 나타낸 것이다.

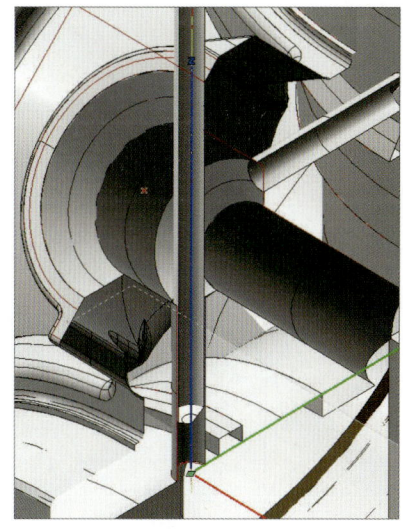

10 ▶ 포스트 프로세싱하여 NC 코드를 생성하면 다음과 같은 코드가 생성된다.

```
%
O0001 (2016INDEX모델(제5공정))
G00 G17 G40 G80 G90
( B_mode_5X 2 )
( B_mode_frame 2 )
(OPERATION 3)
( A      )
M10
G91 G28 Z0.
G91 G28 Y0.
G91 G28X0.
M11
M21
G91 G28 B0. C0.
T11 M6
M8
S2000 M3
G0 G54 G90 B0. C0.
G0 X2.502 Y50.
G0 G43 H11 Z113.5
G98 G73 X2.502 Y50.  Z66.689 Q3. R108.848 F50.
G80
G0G91G49
M5
M9
G91 G28 Z0.
G91 G28 Y0.
G91 G28X0.
G91 G28 B0. C0.
M30
%
```

구멍 가공하기 3

11번 공구(파이 2.7 드릴 공구)로 구멍 가공 해보자.

01 ▶ 구멍 분석

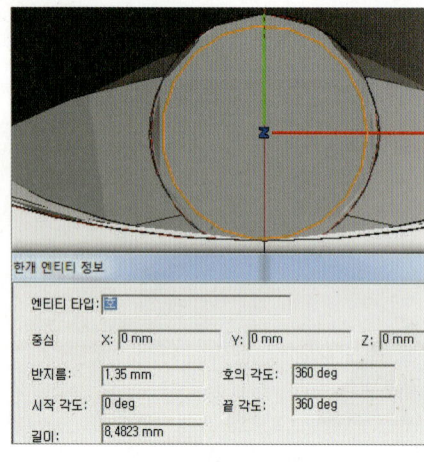

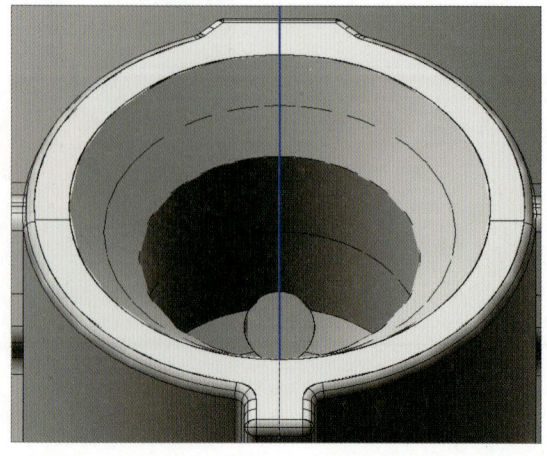

모델링은 파이 3 구멍이나 주둥이 부분과의 간섭으로 실제 가공할 수 있는 구멍의 최대 지름은 파이 2.7이다. 이러한 부분은 사전에 설계자와의 검토가 필요하다.

02 구멍을 가공할 수 있는 좌표계 설정하기

❶ 편집 풀 다운 메뉴에서 작업 평면 > 엔티티 위에(E) 명령으로 작업 평면을 이동시킨다.

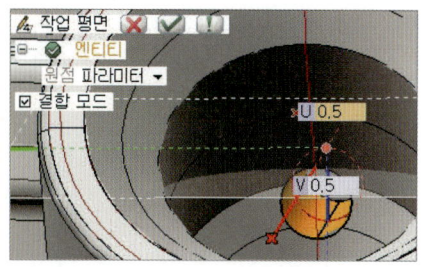

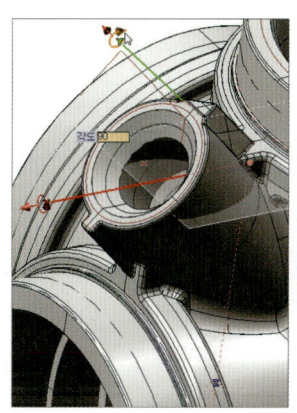 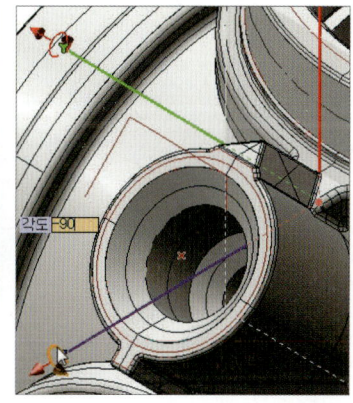 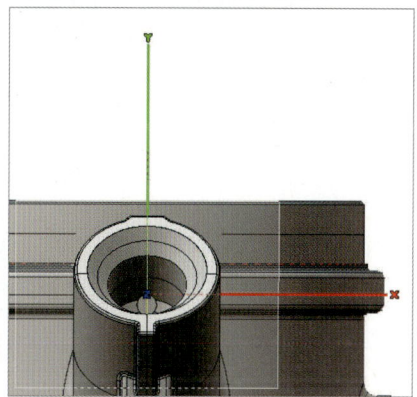

❷ 삽입 풀 다운 메뉴에서 커브 > 테두리 명령으로 경계 커브를 만든다.

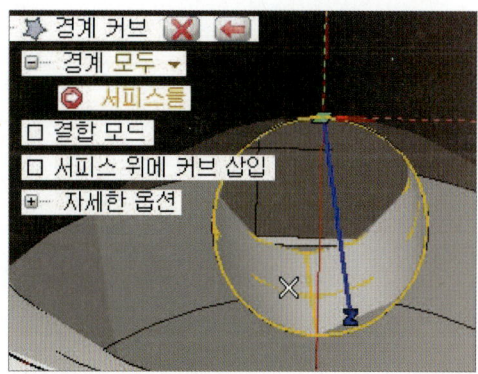

❸ 호 중심 스냅 기능을 사용하여 구멍의 중심으로 좌표계 원점을 이동시킨다.

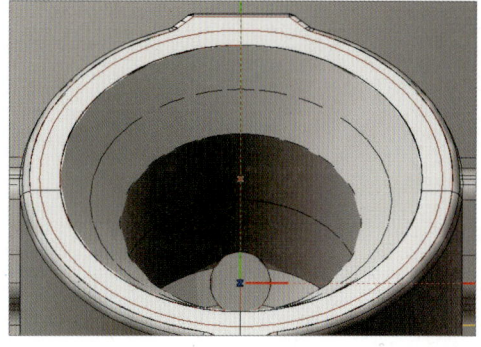

❹ 프레임 탭에서 가공 좌표계를 설정한다.

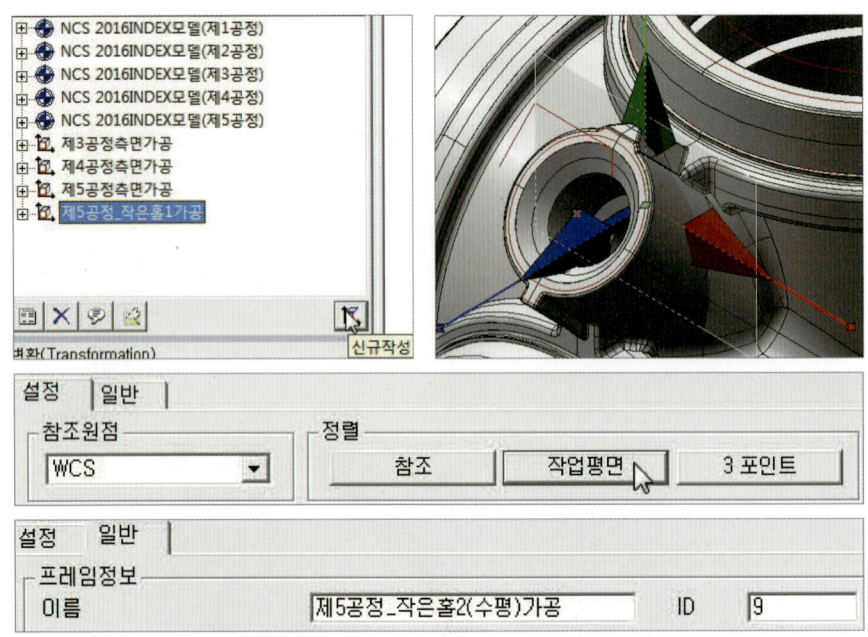

03 ▷ hyperMILL 툴 바에서 hyperMILL Job명령 아이콘을 클릭한다.

04 ▷ 드릴 사이클에서 "드릴링.칩브레이크"를 선택한다.

05 ▷ 공구 탭
프레임의 가공 좌표계는 "제5공정_작은홀2(수평) 가공" 좌표계를 사용한다.

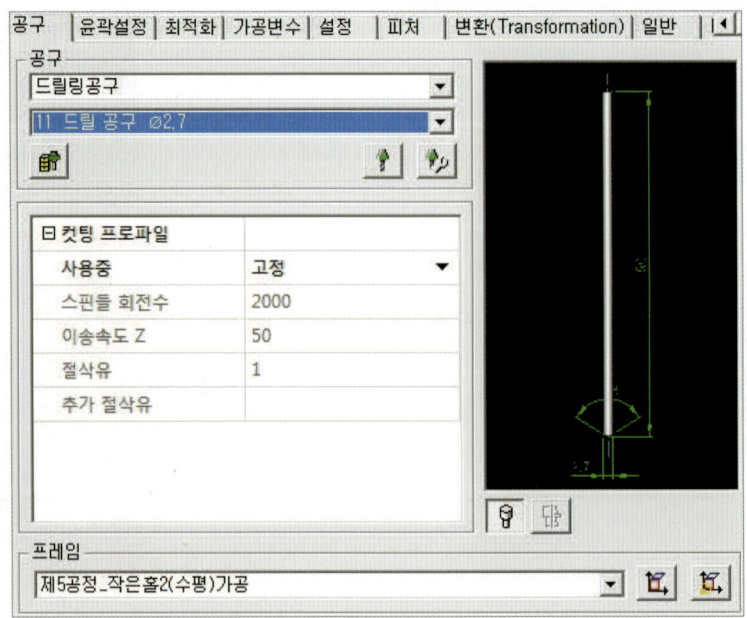

06 ▶ 윤곽 설정 탭

❶ 윤곽 선택에서 "포인트" 라디오 버튼(radio button)을 클릭한 후 신규 선택 아이콘을 클릭하여 드릴 가공할 포인트를 선택한다.

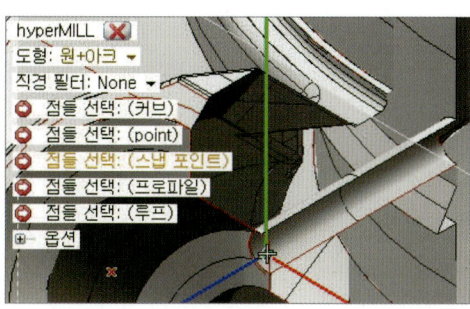

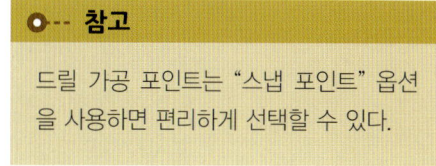

◎-- 참고

드릴 가공 포인트는 "스냅 포인트" 옵션을 사용하면 편리하게 선택할 수 있다.

❷ 최고와 최저 파라미터는 절댓값(잡 프레임)을 선택한 후 포인트 선택 버튼을 눌러 최고/최저 위치를 입력한다.

– 최고점은 주둥이 부분의 최고점을 잡는다.
– 최저점은 모델의 최하단 위치보다 1mm 낮게 잡는다.

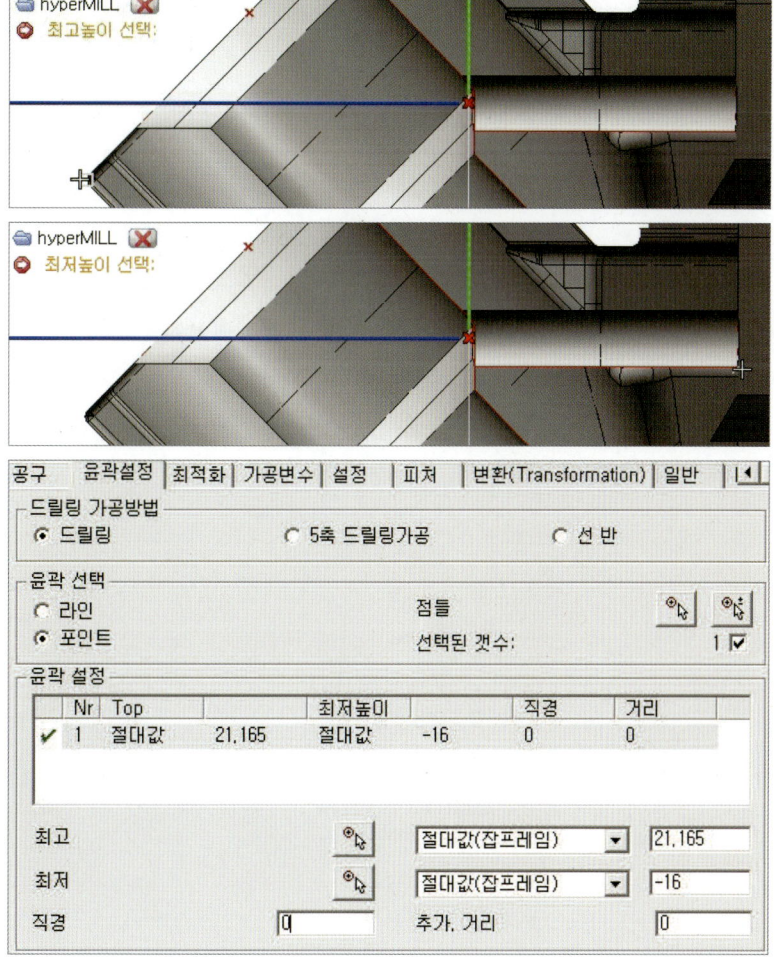

07 >> 가공변수 탭

❶ 윤곽 설정 탭에서 설정한 윤곽의 최저 위치(−16)가 드릴의 선단부를 제외한 드릴 몸통부의 위치가 되어야 하므로 가공 영역에서 "선단(tip) 각도 보정"을 체크한다.

❷ 가공 파라미터의 패킹 깊이는 고속 심공 드릴 사이클(G73)의 Q에 해당한다. 감속 값은 후퇴량에 해당하는 것으로 NC 코드 생성에서 의미가 없다 (후퇴량은 컨트롤러의 파라미터에 설정하여 사용한다).

❸ 홀 안전과 진출 방식에 설정된 파라미터 값은 고속 심공 드릴 사이클(G73)에서 초기점 복귀를 하기 위해 설정된 값이다.

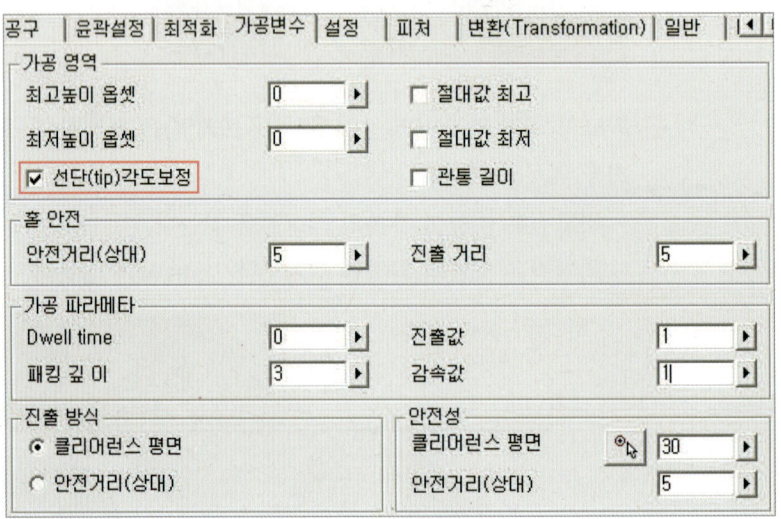

08 >> 설정 탭

모든 탭들의 파라미터 값을 입력한 후 "계산 ▦ "할 때 오류가 발생하면, 체크 공구 부분을 off 상태가 되도록 한다.

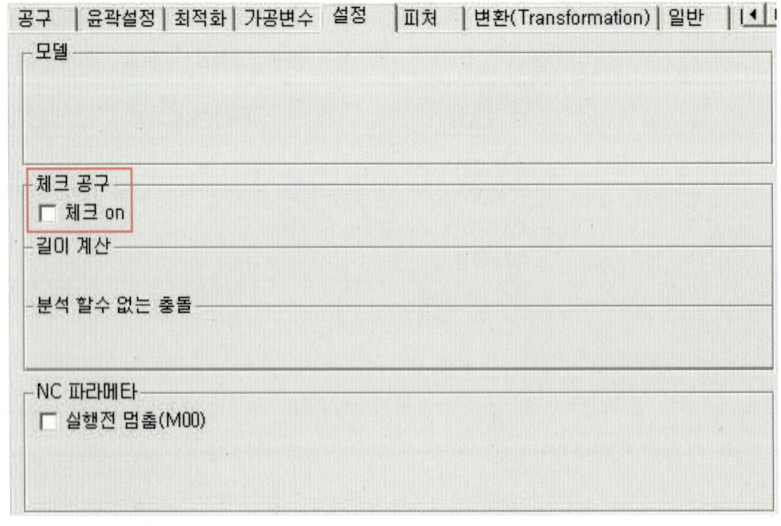

09 ▶ 다음 그림은 각 탭(tab)에 파라미터 값을 입력, 계산했을 때 공구의 위치와 공구 꽤적을 나타낸 것이다.

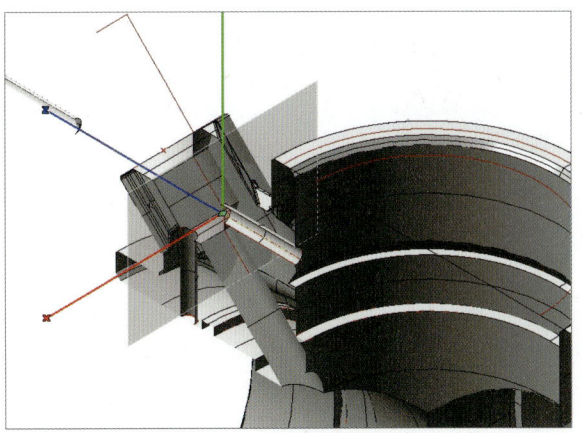

10 ▶ 포스트 프로세싱하여 NC 코드를 생성하면 다음과 같은 코드가 생성된다.

```
%
O0001 (2016INDEX모델(제5공정))
G00 G17 G40 G80 G90
( B_mode_5X 2 )
( B_mode_frame 2 )
(OPERATION 4)
( A        )
M10
G91 G28 Z0.
G91 G28 Y0.
G91 G28X0.
M11
M21
G91 G28 B0. C0.
T11 M6
M8
S2000 M3
G0 G54 G90 B90. C180.
G68.2 X9.829 Y50. Z91. I-90. J90. K-0.007
G53.1
G0 X0. Y0.
G0 G43 H11 Z30.
G98 G73 X0. Y0.  Z-16.811 Q3. R26.165 F50.
G80
G0G91G49
G69
M5
M9
G91 G28 Z0.
G91 G28 Y0.
G91 G28X0.
G91 G28 B0. C0.
M30
%
```

3 인덱스 5축 가공 CAM 작업하기 3 (7면 가공)

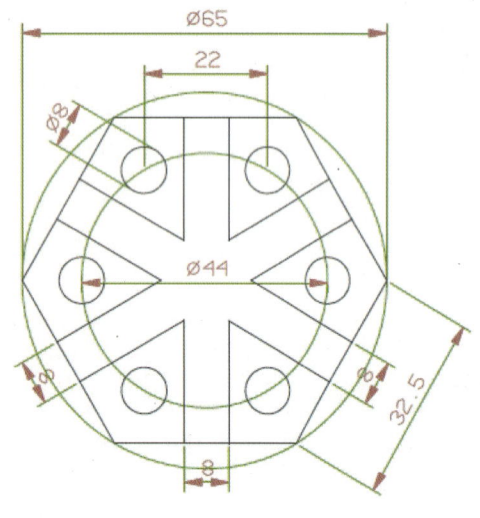

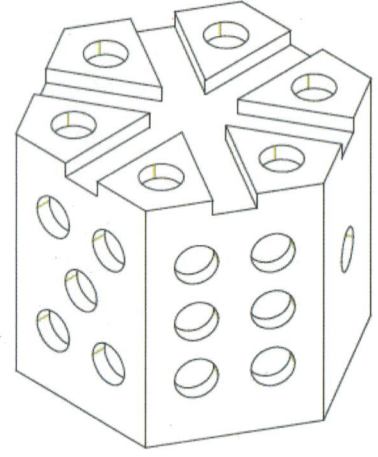

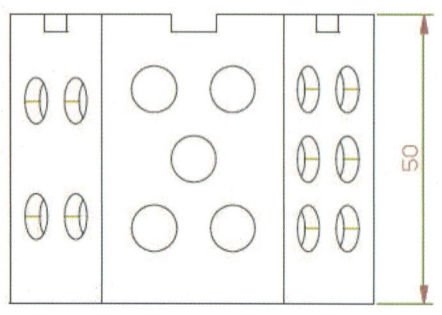

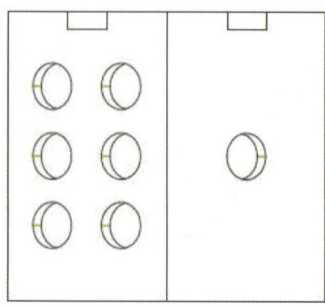

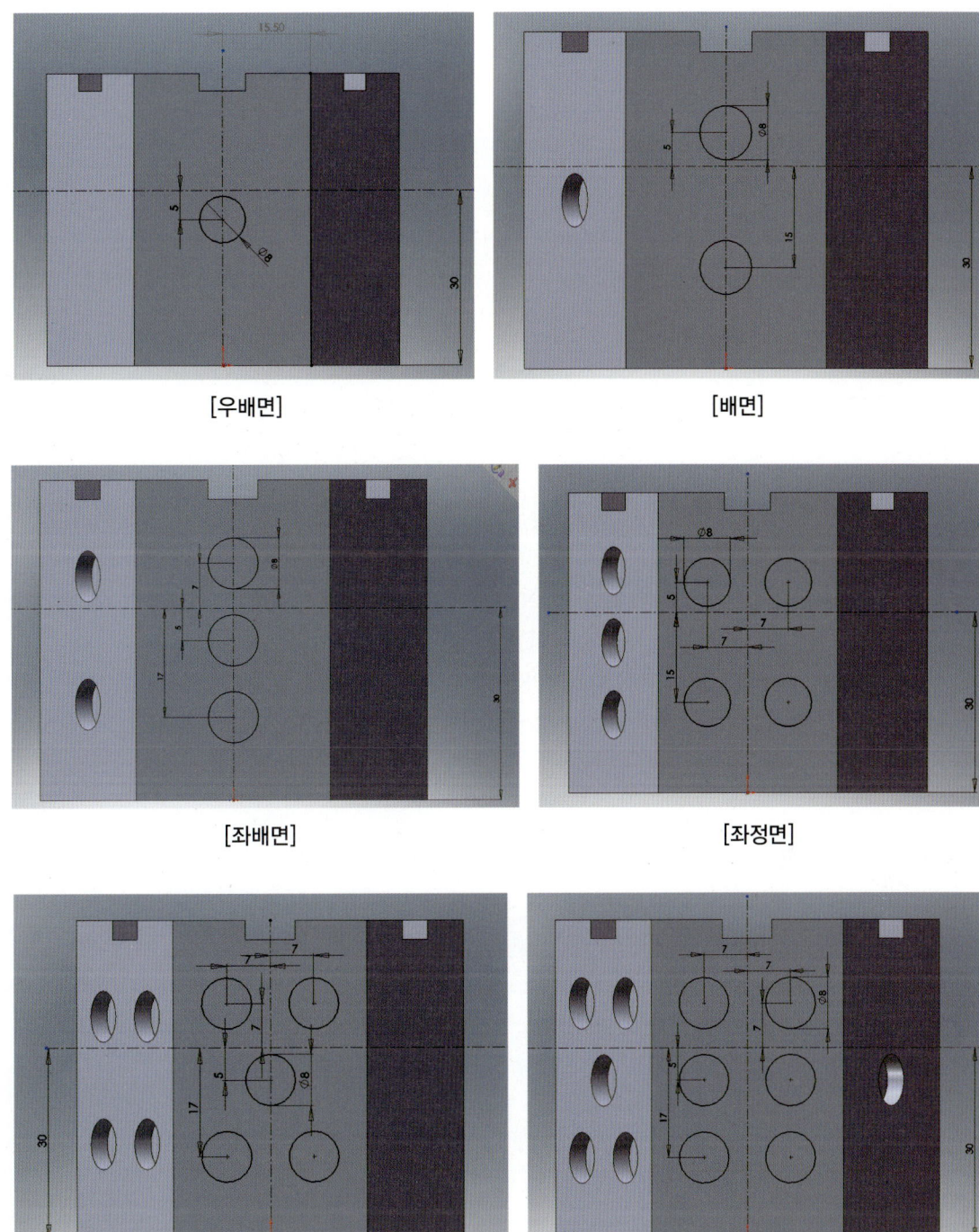

[우배면]

[배면]

[좌배면]

[좌정면]

[정면]

[우정면]

3-1 가공 모델 불러오기 및 가공 소재의 원점 Setting하기

인덱스 5축 가공을 이용하여 7면 가공 모델을 가공해 보자.

앞의 모델을 가공하기 위하여 몇 가지를 먼저 숙지한다.

- 환봉 규격 및 척에 고정할 부분, 인덱스 5축 가공 도중 공구 척과 소재를 고정한 척 사이의 충돌을 고려하여 R35, 높이 110mm 정도의 소재를 이용하여 가공하도록 한다.
- 모델을 가공하기 위하여 먼저 가공 소재의 원점(G54)과 가공 모델의 좌표축(WCS)를 일치시킨다.

01 모델 폴더에서 7면 가공 모델.igs 파일을 연다.

02 WCS 원점이 모델 중심 하단에 있으므로 가공할 소재에 설정할 G54 좌표계와 일치시키기 위해 WCS 원점이 모델 위 1mm 위치에 오도록 모델을 이동시킨다.

"인덱스 5축 가공 CAM 작업하기 1 (5면 가공)"에서와는 다른 방식으로 모델을 이동시키기로 한다. 즉, 좌표계를 이동하여 모델을 이동시키는 방식으로 매우 유용한 모델 이동 방식이다. 먼저 UCS 좌표계가 모델 위 1mm 위치에 오도록 한다. 이후 모델을 선택한 후 잘라내기(Ctrl+X), UCS 좌표계를 WCS 좌표계로 환원시키기, 모델 붙이기(Ctrl+V) 순으로 진행한다.

❶ 모델 불러오기

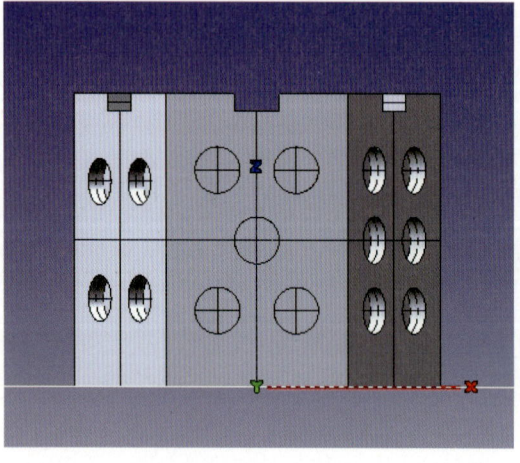
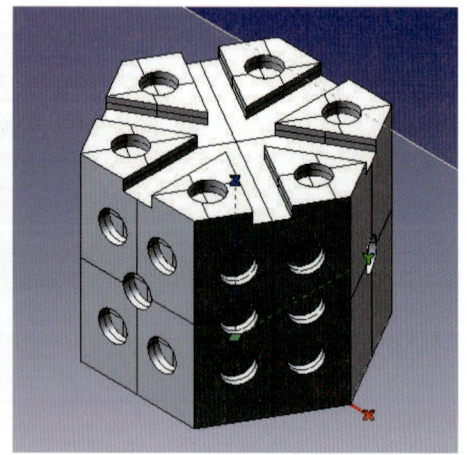

❷ 모델 크기 파악하기

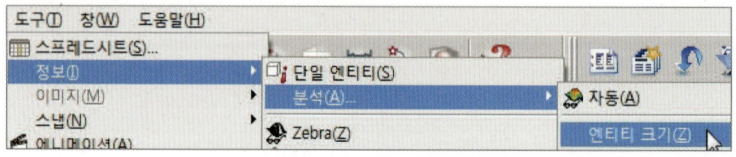

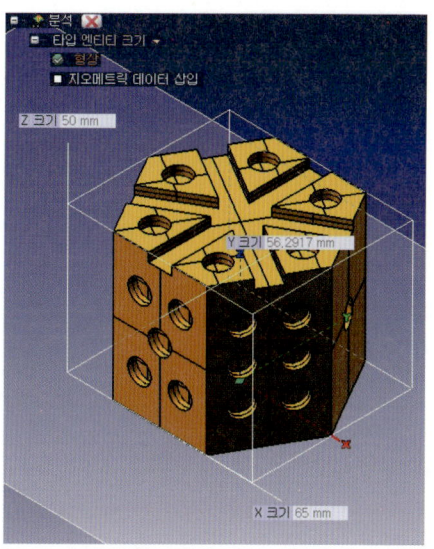

❸ 좌표계 이동하기

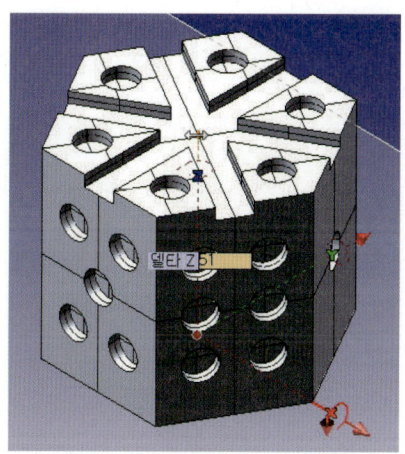 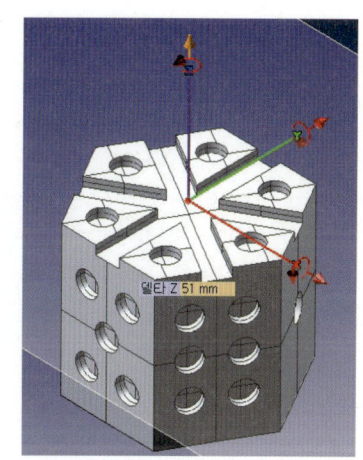

❹ 모델 선택하기 및 잘라내기(Ctrl+X)

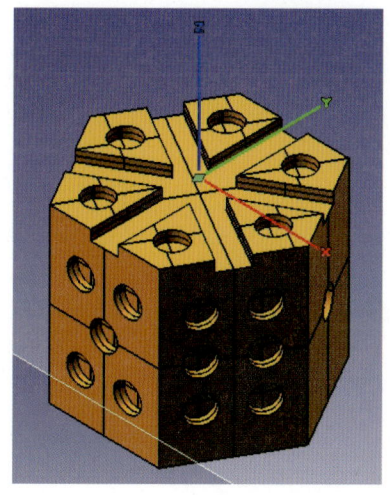 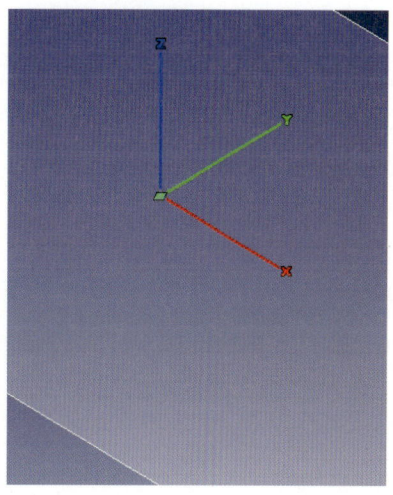

❺ 절대 좌표계(WCS)에 모델 붙이기

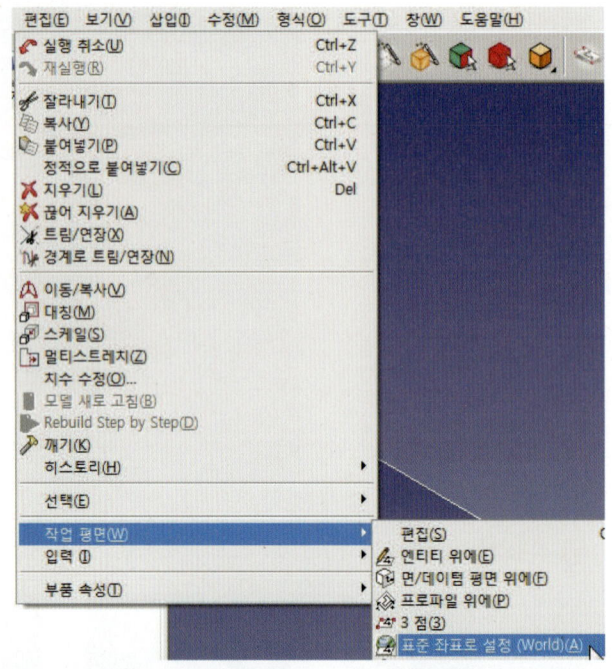

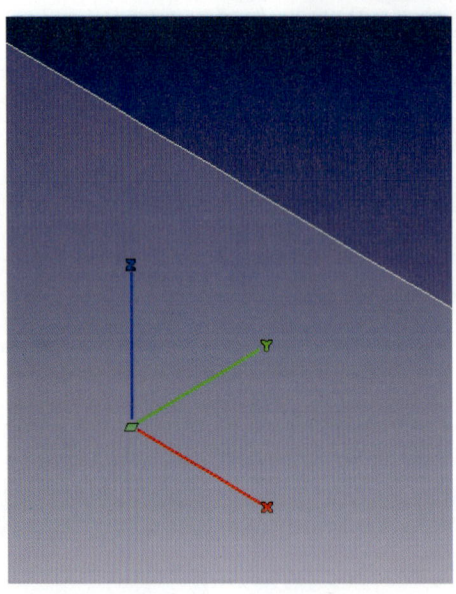

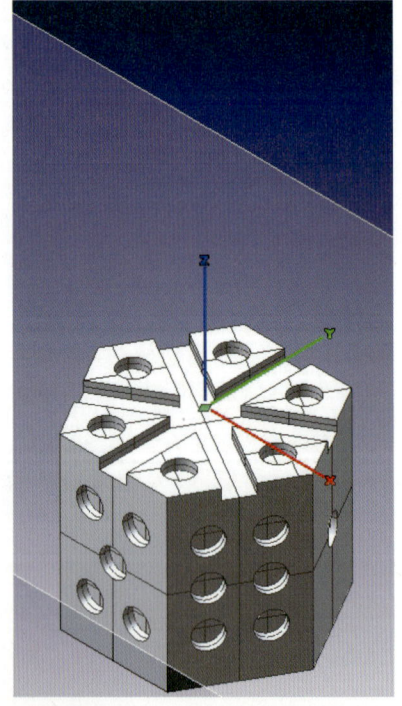

◐-- **참고**

지금까지 모델링의 상면 중심과 가공 원점을 일치시키는 작업을 해 보았다. Toolpath 생성 시 공작물 좌표계 원점 설정은 매우 중요하므로 hyperMILL에서 설정한 NCS원점과 실제 가공 장비의 공작물 좌표계 원점을 반드시 일치시켜야 한다.

3-2 hyperMILL Browser 열기 및 소재(stock) 모델 생성 / 밀링 영역 정의 / 가공
공구 설정 / 가공 좌표계 설정 / 공정 리스트 생성

● 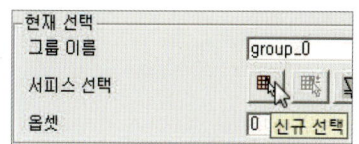 버튼을 클릭하여 CAM 작업 상태로 전환한다.

● 모델 탭에서 밀링 영역과 소재(stock) 모델을 생성한다.

> ## 밀링 영역 정의하기(절삭 모델 정의)

01 ▷ 모델 탭의 밀링/선삭 영역에서 신규 절
삭 모델 생성 아이콘을 클릭한다.

02 ▷ 절삭 모델 생성 창이 열리면 신규 선택 아이콘을 클릭한다.

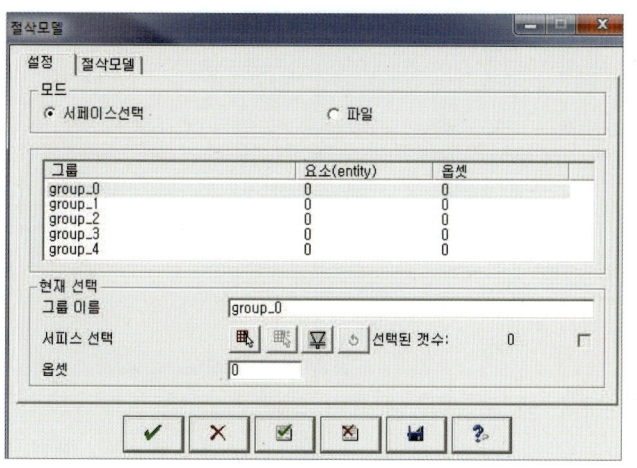

03 밀링 영역에 해당하는 서피스를 선택한다. 여기서는 전체가 밀링 영역이므로 서피스 전체를 선택한다.

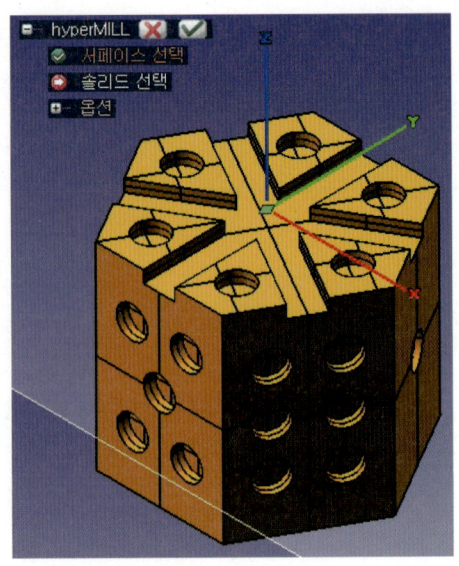

04 선택 후 확인을 클릭하면 선택된 서피스 개수가 나타난다.

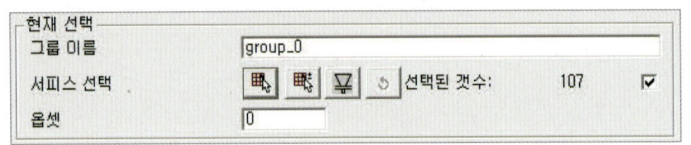

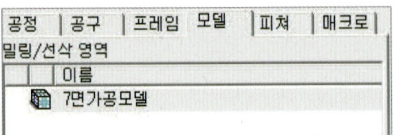

소재(stock) 모델 만들기

01 모델 탭의 소재 모델에서 신규 소재 (stock) 생성 아이콘을 클릭한다.

02 ▶ 소재(stock) 모델 생성 창이 열리면 소재 모델을 생성하기 위해 필요한 프로파일 선택을 위한 신규 선택 아이콘을 클릭한다.

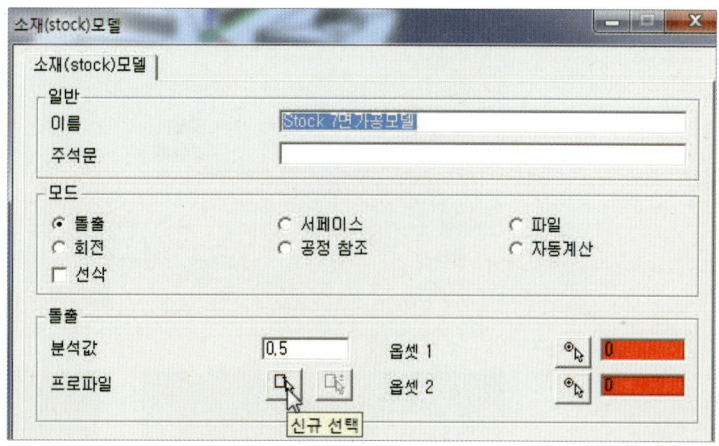

03 ▶ 소재 모델 생성을 위한 원형 프로파일이 없으므로 CAM 작업 도중 프로파일을 만들기 위해 다음과 같이 CAD 작업을 통해 원형 프로파일을 만든다.

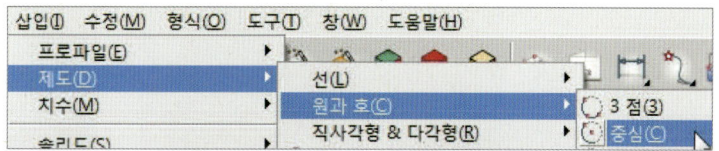

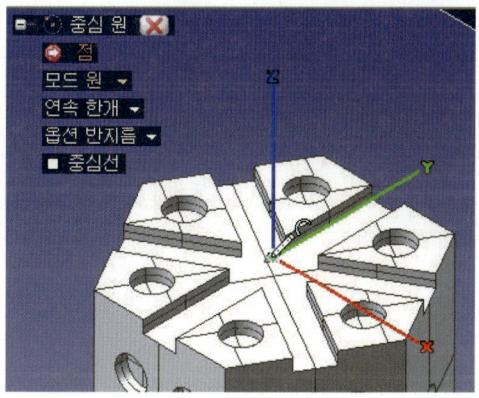

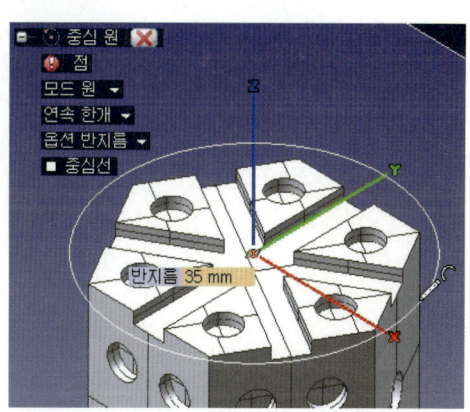

04 ▶ 다시 CAM 작업으로 돌아와 원형의 프로파일을 선택한 후 소재의 길이 값 110을 오프셋 1에 입력한다.

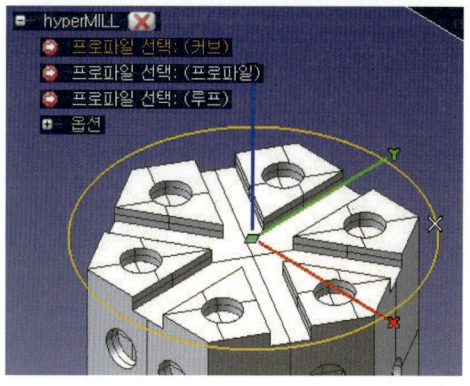

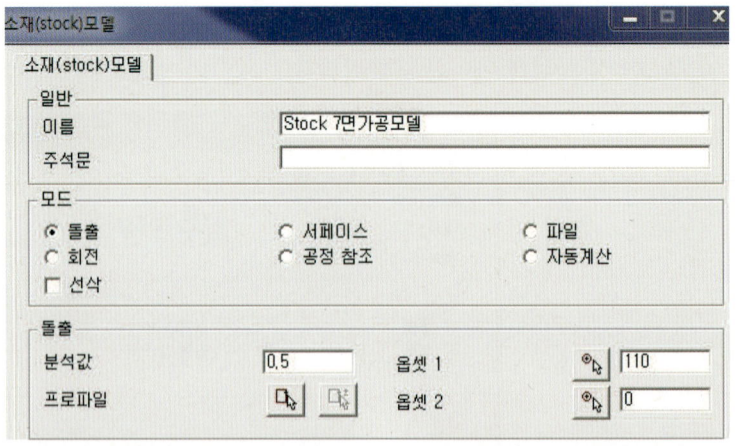

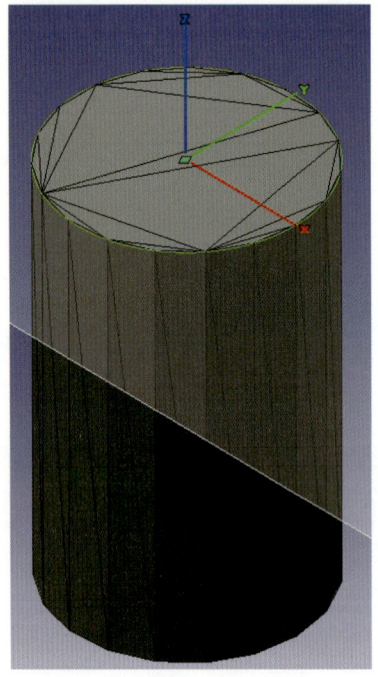
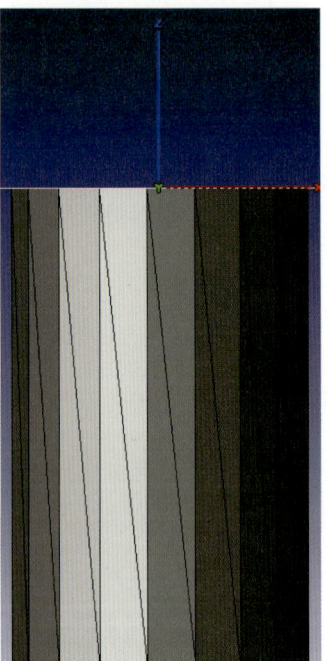

가공 공구 설정하기

01 ▷ hyperMILL 브라우저 상단의 공구 탭을 선택한다.

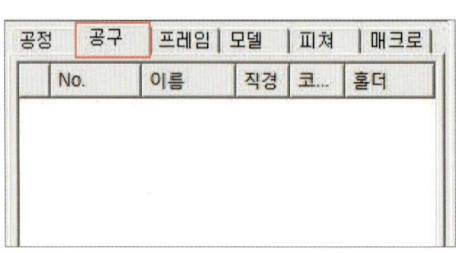

02 ▷ 마우스 오른쪽 버튼을 클릭하여 신규 메뉴를 선택한 후 절삭 공구(엔드밀)를 선택한다.

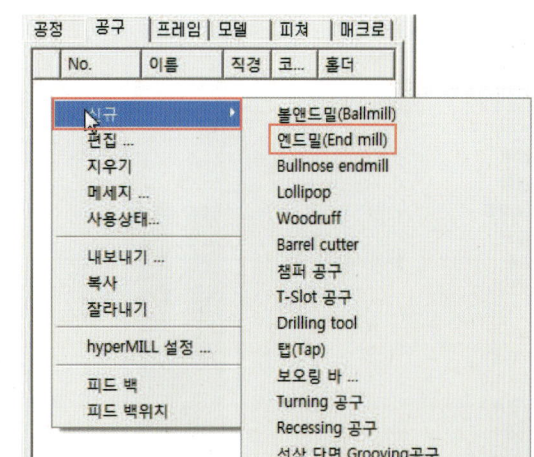

03 ▷ 공구 정의 대화상자에서 지오메트리 탭, 테크놀러지 탭에 파라미터 값 설정에 대해서는 "인덱스 5축 가공 CAM 작업하기 1 (5면 가공)"을 참고하기로 한다.

❶ 1번 공구(파이 16 엔드밀) 설정 : "인덱스 5축 가공 CAM 작업하기 1 (5면 가공)" 공구 와 동일

❷ 5번 공구(파이 6 엔드밀) 설정 : 다음은 설정 파라미터 값이다.

- 공구 직경 : 6(mm)
- 공구 길이(전장) : 39(mm)
- 공구 길이(날장) : 10(mm)
- 섕크 직경 : 8(mm)
- 팁 길이 : 12(mm)
- 챔퍼 길이 : 8(mm)
- 스핀들 : 3710(rpm)
- XY 이송속도 : 371(mm/min)
- Z축 이송속도 : 100(mm/min)
- 감속 XY 이송속도 : 200(mm/min)

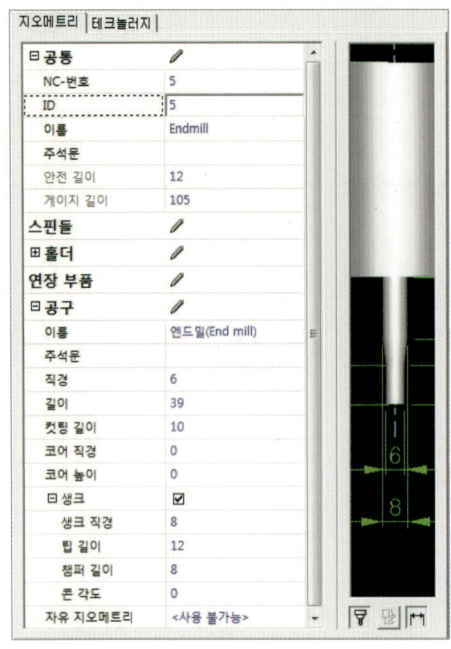

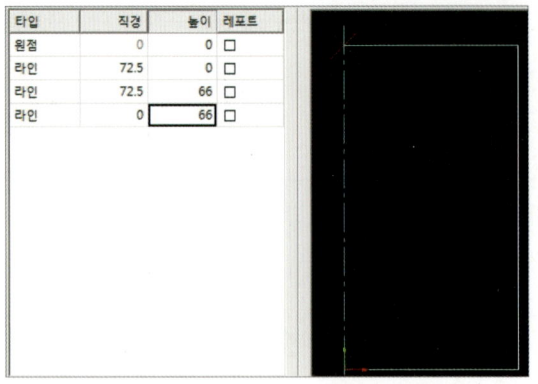

타입	직경	높이	레포트
원점	0	0	☐
라인	72.5	0	☐
라인	72.5	66	☐
라인	0	66	☐

스핀들 RP...	XY 이송속도	축 이송 속도	감속 이송속도	컷팅 속도(Vc)
3710	371	100	200	10
절삭유	추가. 절삭유	XY 절입량 ...	진입 길이 (ap)	플런지 각도
1		1	0	2

좌표계 설정하기

3축 가공과 달리 인덱스 5축 가공에서는 G54 좌표계 외에 경사진 가공 면에 수직하게 공구를 세우기 위한 좌표계가 필요하다.

01 ❯ hyperMILL 브라우저 상단의 프레임 탭을 선택한다.

02 ❯ 오른쪽 하단의 신규 작성 버튼을 눌러 다음 그림과 같이 가공 좌표계를 설정한다.

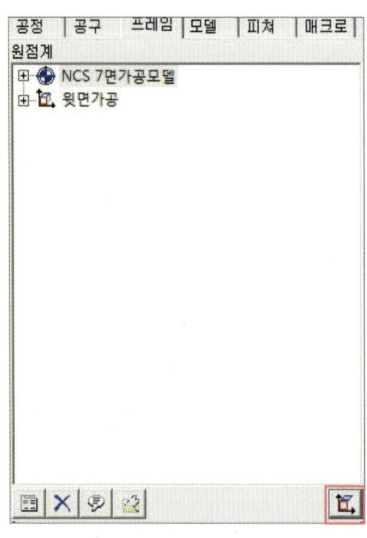

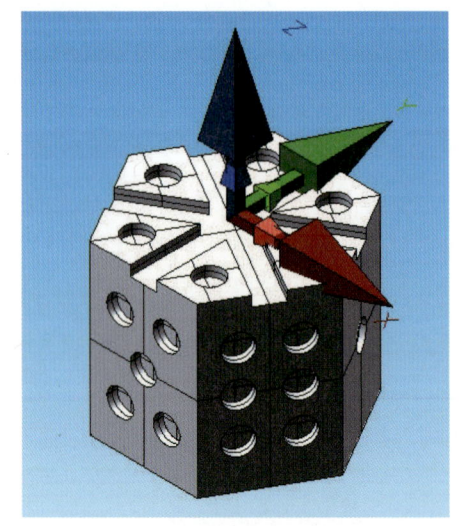

나머지 가공 좌표계는 "인덱스 5축 가공 CAM 작업하기 1 (5면 가공)"에서와는 달리 가공 공정에서 설정하기로 한다.

공정 리스트 생성

01 ▷ 공정 탭에서 마우스 오른쪽 버튼을 눌러 신규 > 공정 리스트를 선택한다.

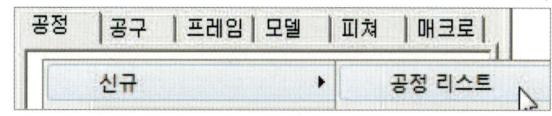

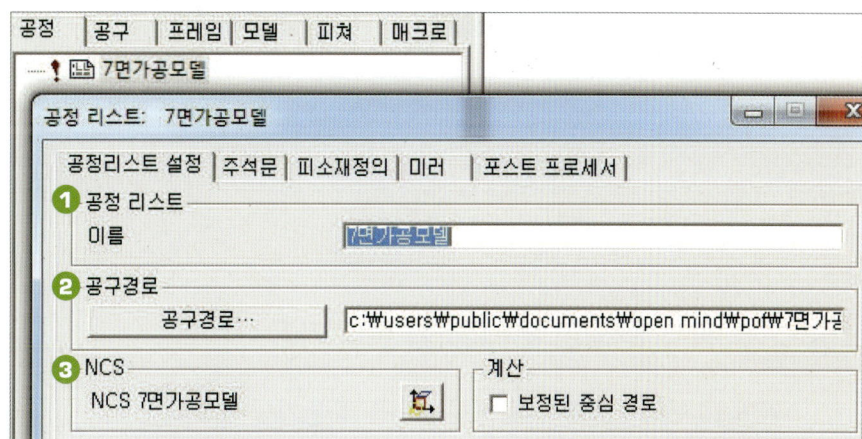

❶ 공정 리스트 : 작업 공정 이름 지정
❷ 공구경로 : CL DATA 생성 위치 지정
❸ NCS : 가공 프레임(공작물 원점) 세팅

02 ▷ 피소재정의 탭에서 앞에서 생성한 소재(stock) 모델과 밀링 영역을 선택한다.

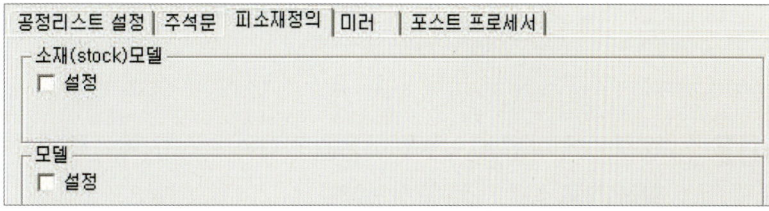

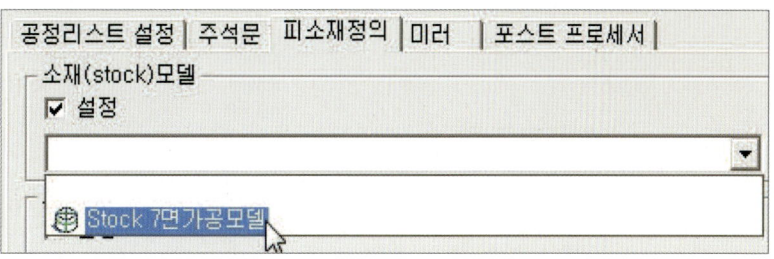

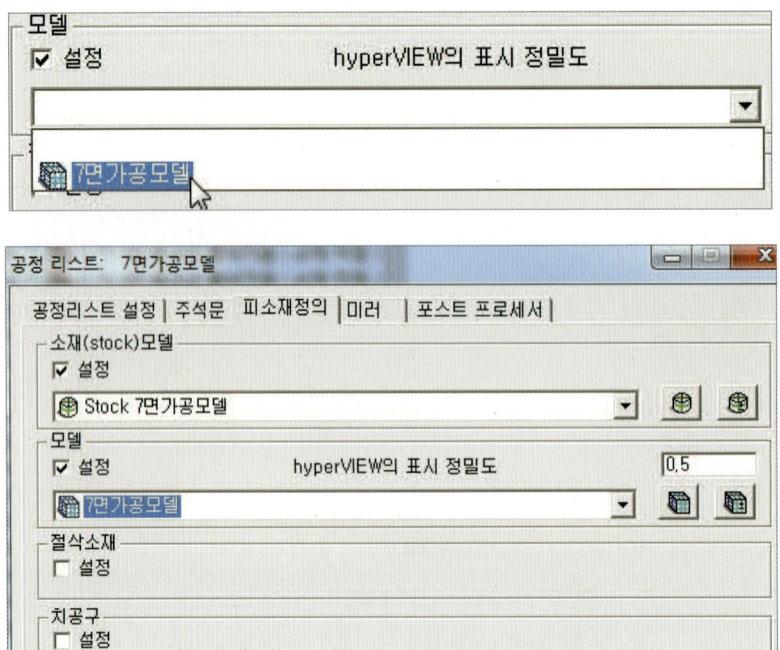

3-3 황삭 및 평면 부위(部位) 정삭 가공

파이 16 엔드밀로 황삭 및 평면 부위를 정삭 가공 해보자.

황삭 가공

01 ▷ hyperMILL 브라우저 상단의 공정 탭을 선택한다.

02 ▷ 빈 공간에 마우스 오른쪽 버튼을 클릭하여 신규 메뉴를 선택한 후 3D 사이클 > 3D 등고선
황삭 가공(소재 지정)을 선택한다.

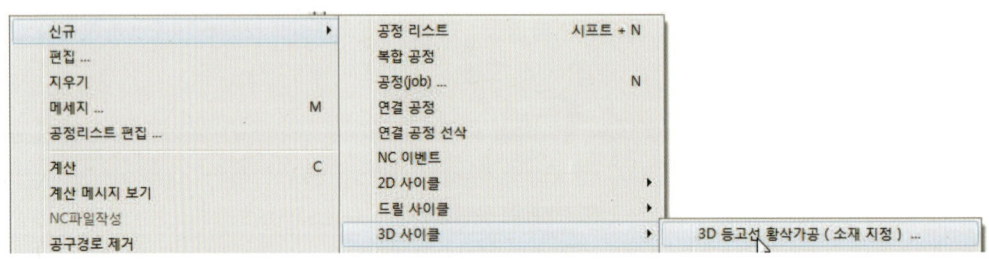

03 ▶ 공구 탭

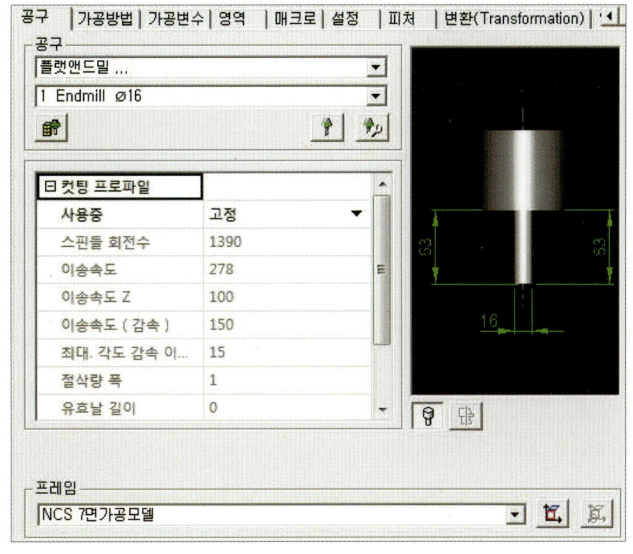

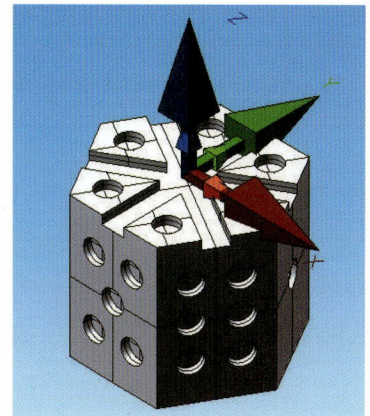

❶ 1번 공구를 사용하여 윗면을 가공한다.

❷ 좌표계는 윗면 가공 좌표계를 사용한다.

04 ▶ 설정 탭

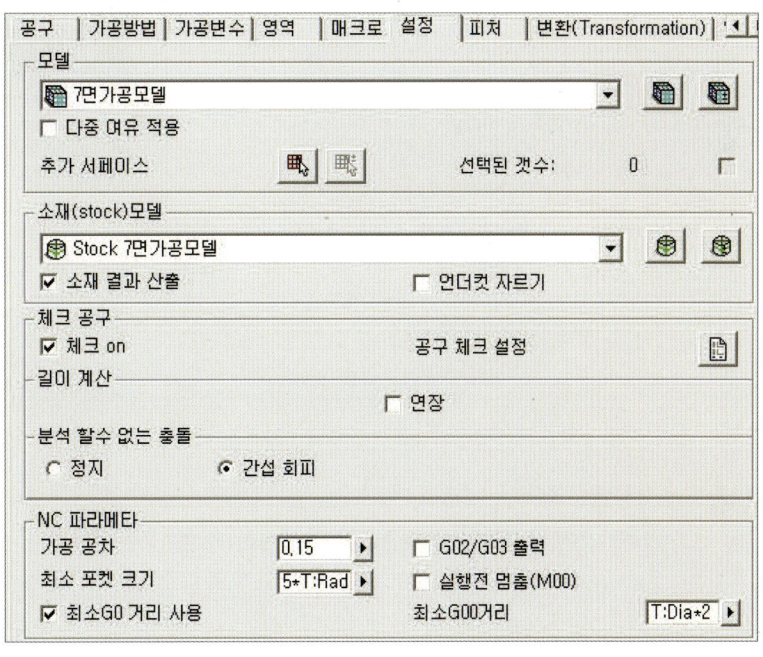

❶ 절삭 공구와 가공 좌표계가 결정되면, 설정 탭에 있는 가공할 모델과 소재를 선택한다. 기타 파라미터는 주어진 값을 그대로 사용한다.

❷ 다음 작업에 사용하기 위해 "☑ 소재 결과 산출" 파라미터를 체크한다.

05 🔅 가공 방법 탭

가공 방법에 대한 기본적인 뼈대를 결정한다.

> **참고 | 결정할 주요 내용**
>
> • 가공 우선 순위 : 등고선 형태의 가공, 포켓 우선의 가공 형태를 결정한다.
> • 평면 : 평면 형태의 가공 → 등고선 가공
> • 포켓 : 포켓 가공

여러 개의 포켓 형상이 있는 모델의 경우, 평면을 선택하면 전 영역에 걸쳐 등고선 형태로 가공한다. 포켓을 선택하면 한 개의 포켓 형상을 가공한 후 그 다음 포켓 형상, 또 그 다음 이와 같이 포켓 단위로 가공한다.

❶ 평면형 방식 : 안에서 밖으로, 밖에서 안으로 가공 방향을 결정한다.
❷ 절삭 방식 : 하향 가공, 상향 가공 등의 절삭 방식을 결정한다.

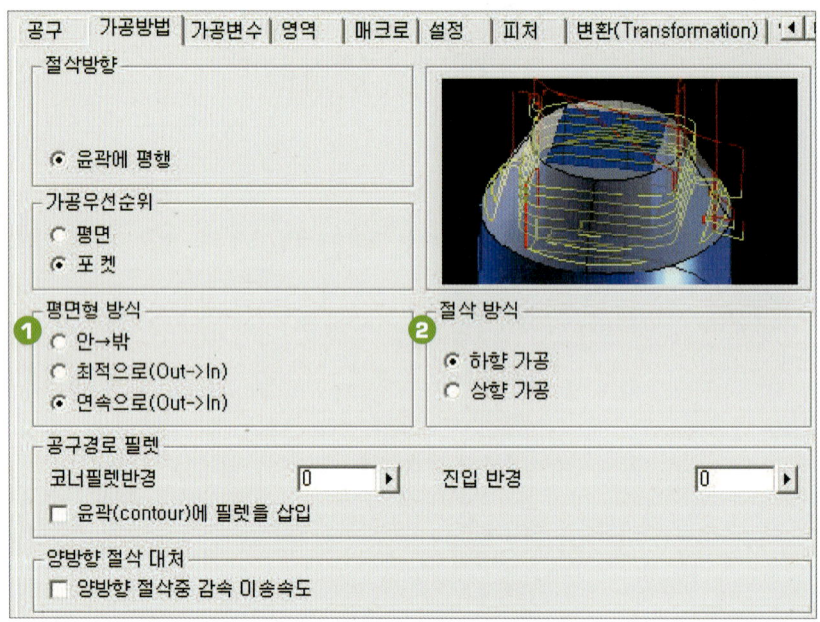

06 🔅 가공변수 탭

수직 절입 영역, XY평면 방향의 절입량(수평 절입량), 수직 절입량, 정삭을 위한 가공 여유량, 평면 부위 검출방식, 공구가 공작물로부터 빠지는 진출방식, 안전 높이(클리어런스 평면) 등을 결정한다.

❶ 수직 절입 영역을 결정하는 파라미터인 가공 영역에서 최고점은 지정할 필요가 없다. 3D 등고선 황삭 가공(소재 지정)은 소재 모델을 자동으로 인식하기 때문이다. 최저점은 다음 그림과 같이 최저 높이를 선택한다.

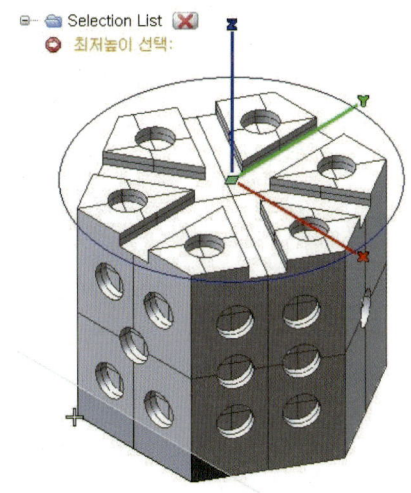

❷ 평면 부위 검출방식은 4가지 형태의 Z– 방향의 절입 형태를 결정한다.

① off : 가공물의 서피스와 독립적으로 각 황삭 레벨에 대해 정의된 수직 절삭량이 유지된다. 즉, 형상과 관계없이 Z절삭량 파라미터 값으로 수직 절입된다.

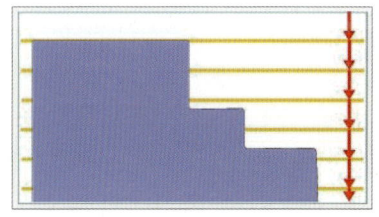

② 최적화–평면 부위만 : 정삭 여유량보다 많이 남은 평면 부위를 찾아 가공한다.

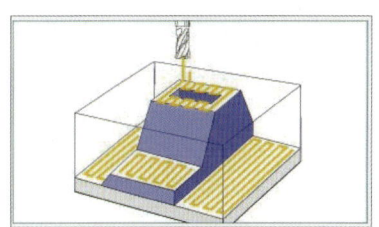

③ 완전 가공 : 수직 가공 영역을 먼저 일정 이송속도(Z절삭량 파라미터 값)로 황삭 가공한다. 그런 다음 이전 작업에서 가공되지 않은 평면 서피스를 "최적화–평면 부위만" 형태로 가공한다.

④ 자동 : 정의된 수직 절입량이 공구의 현 위치와 모델 서피스 간의 거리보다 크면, 자동으로 여유량 만큼 뺀 수직 절입량을 주면서 가공한다.

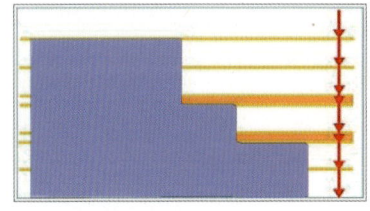

❸ 클리어런스 평면은 안전 높이를 지정하는 파라미터로 Z30. 위치를 주기 위해 "30" 값을 입력한다. 진출 방식을 클리어런스 평면을 선택하면 절삭 가공 중 다른 위치로 급속으로 이동할 때마다 G90 Z30. 위치로 급속으로 진출된다.

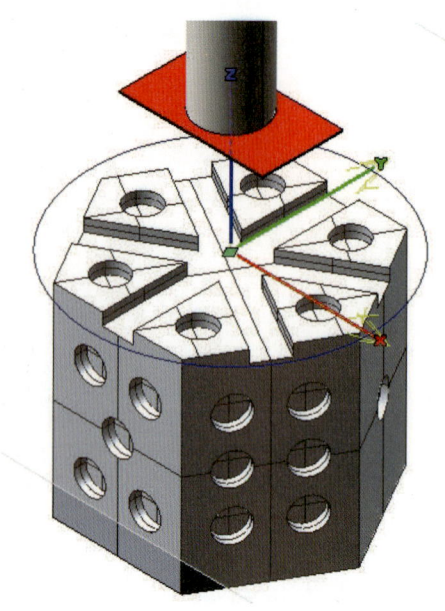

❹ 안전거리(상대)는 진입/진출 시 공작물과 공구 사이의 거리를 지정하는 파라미터로 보통 "5" 값을 입력한다. 진출 방식을 안전거리(상대)를 선택하면 절삭 가공 중 다른 위치로 급속으로 이동할 때마다 G91 Z5. 위치로 급속으로 진출된다. 5mm만큼의 진출로 공구와 공작물의 충돌이 예상될 경우 CAM 프로그램은 충돌하지 않는 위치로 진출량을 결정한다.

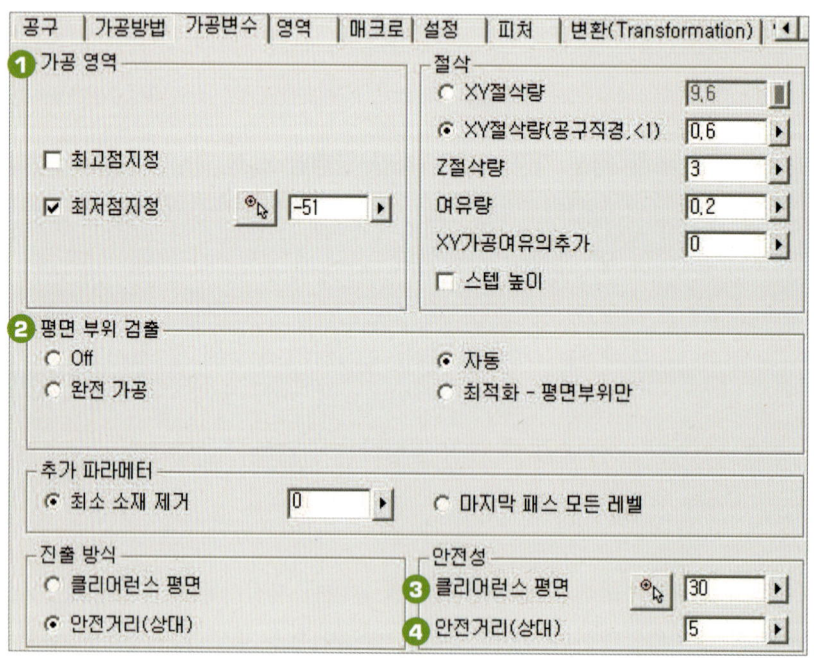

07 >> 영역 탭

작업 평면 영역을 결정하는데, 윗면 가공이므로 주변의 간섭이 없을 경우 바운더리를 선택 하지 않아도 된다.

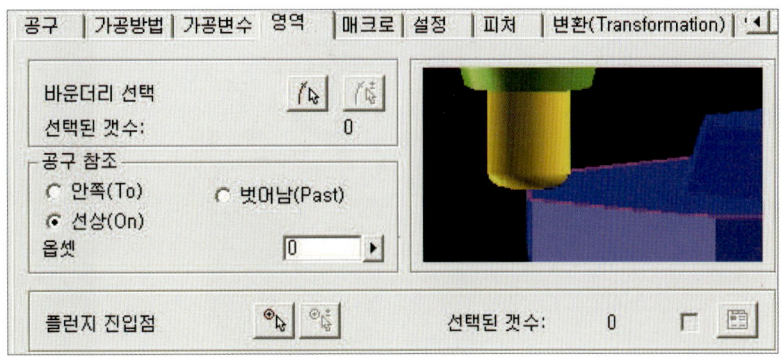

08 >> 매크로 탭

수직진입 플랜지 가공 형태를 지정한다.

❶ 경사 : 첫 번째 절삭 경로를 따라 경사 진입(Ramping-in) 동작이 진행된다.

❷ 각도: 경사의 리드 각도를 입력한다.

❸ 헬리컬 : 3D 포켓의 소재를 제거하는 데 사용된다.

　헬릭스 반경 : 헬릭스의 축에 대한 커터 중심점의 오프셋(= 플랜지 점을 지나는 Z축)

　　각도 : 헬릭스의 리드 각

　　　진입량 이동 과정에서 공구가 실행한 회전수는 수직 절삭량 값과 헬릭스의 리드 각 도에서 계산된다. 헬릭스 방향은 선택된 방향(하향/상향 절삭)으로 정의된다.

09 다음 그림은 각 탭(tab)에 파라미터 값을 입력하고 계산한 공구 괘적 및 소재를 절삭한 결과이다.

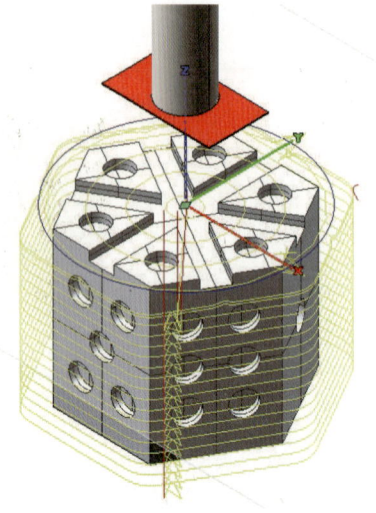 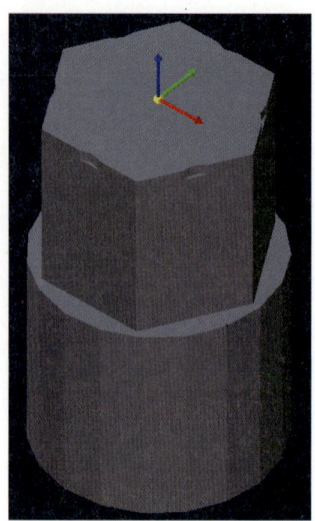

윗면 정삭 가공(평면)

01 1번 공구를 사용하여 윗면 평면 부위를 정삭 가공한다.

02 황삭 공정에서 사용한 "3D 등고선 황삭 가공 (소재 지정)" 가공 사이클을 사용하여 윗면 정삭 가공을 한다. 1: T1 3D 등고선 황삭 가공 (소재 지정) 공정을 복사/붙이기 한다.

03 복사된 공정을 더블 클릭하여 다음과 같이 편집, 계산한다.

❶ 설정 탭에서 소재(stock) 모델을 1번 공정 계산 결과 만들어진 소재(1: T1 3D 등고선 황삭 가공 (소재 지정) (7면 가공 모델))로, 가공 공차를 0.05로 변경한다. 그리고 "☑ 소재 결과 산출" 파라미터를 체크한다.

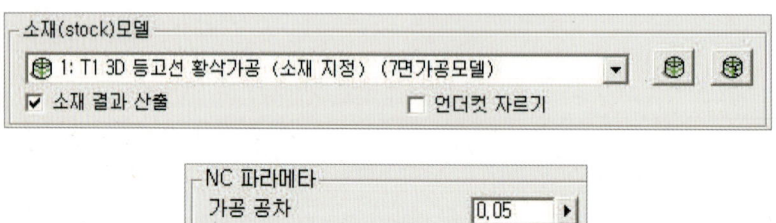

❷ 가공변수 탭에서 가공 영역 최저점의 위치를 −1로, 절삭 여유량을 0으로 변경한다.

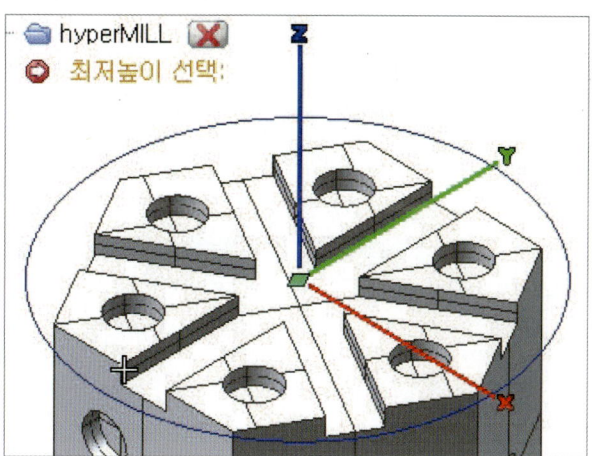

> ## 우배면 인덱스 정삭 가공(평면)

- 1번 공구를 사용하여 우배면을 가공한다.
- 가공 좌표계(우배면 가공 좌표계)를 생성한다.
- 소재(stock) 모델은 윗면 정삭 가공에서 계산된 소재(2: T1 3D 등고선 황삭 가공 (소재 지정) (7면 가공 모델))를 사용한다.
- 우배면 인덱스 정삭 가공(평면)은 윗면 정삭 가공(평면)과 기본적으로 같은 형태의 가공이므로 윗면 정삭(2: T1 3D 등고선 황삭 가공 (소재 지정)) 공정을 복사/붙이기한 후 공구 탭의 프레임, 설정 탭, 가공변수 탭, 영역 탭에서 그림과 같이 우배면 정삭에 맞게 수정한다.

01 ▷ 공구 탭

프레임의 가공 좌표계 생성 아이콘을 클릭하여 우배면 가공 좌표계를 생성하여 가공 좌표계로 사용한다.

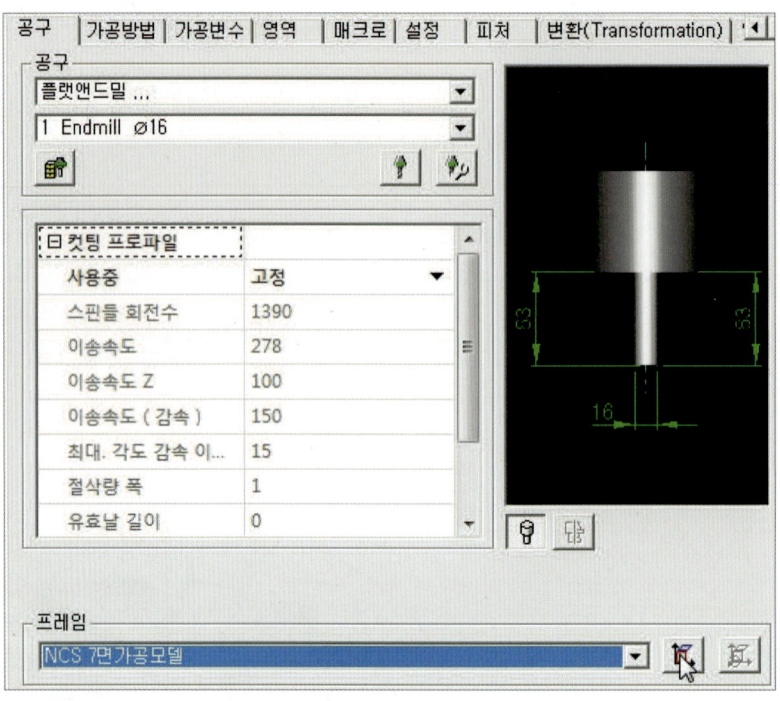

우배면 가공 좌표계 생성 순서

① 작업 평면을 다음 그림 순서대로 우배면 위에 놓는다.

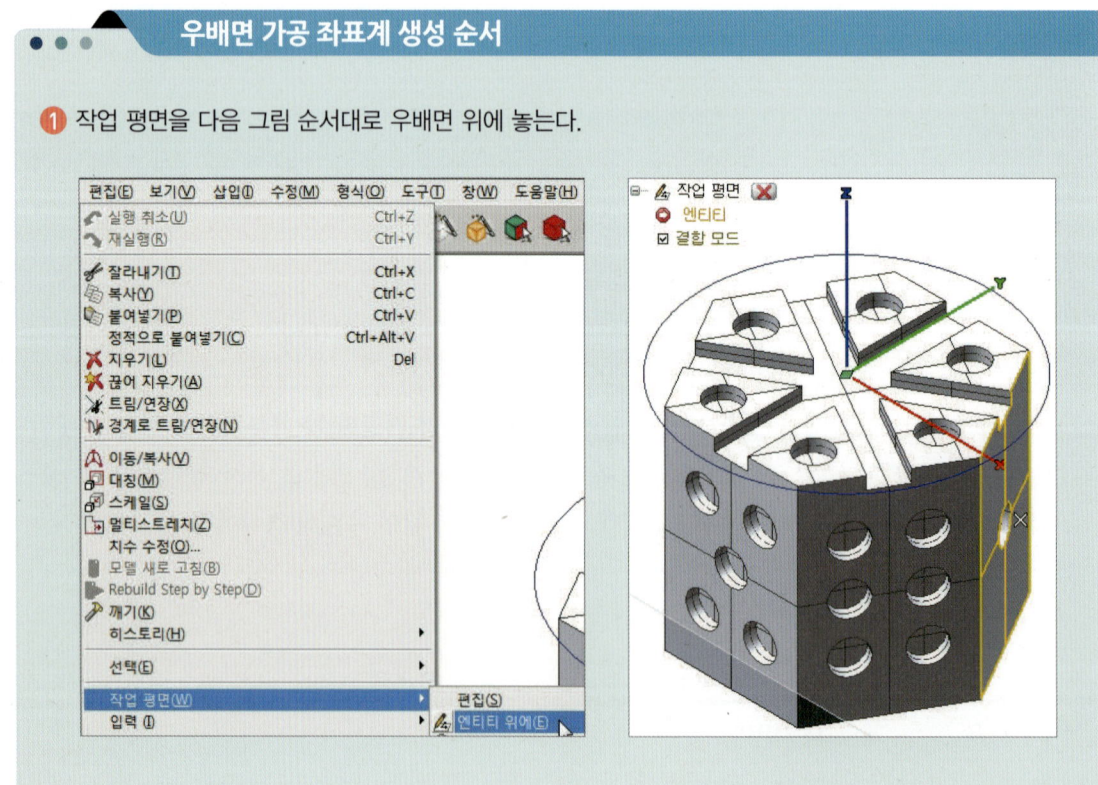

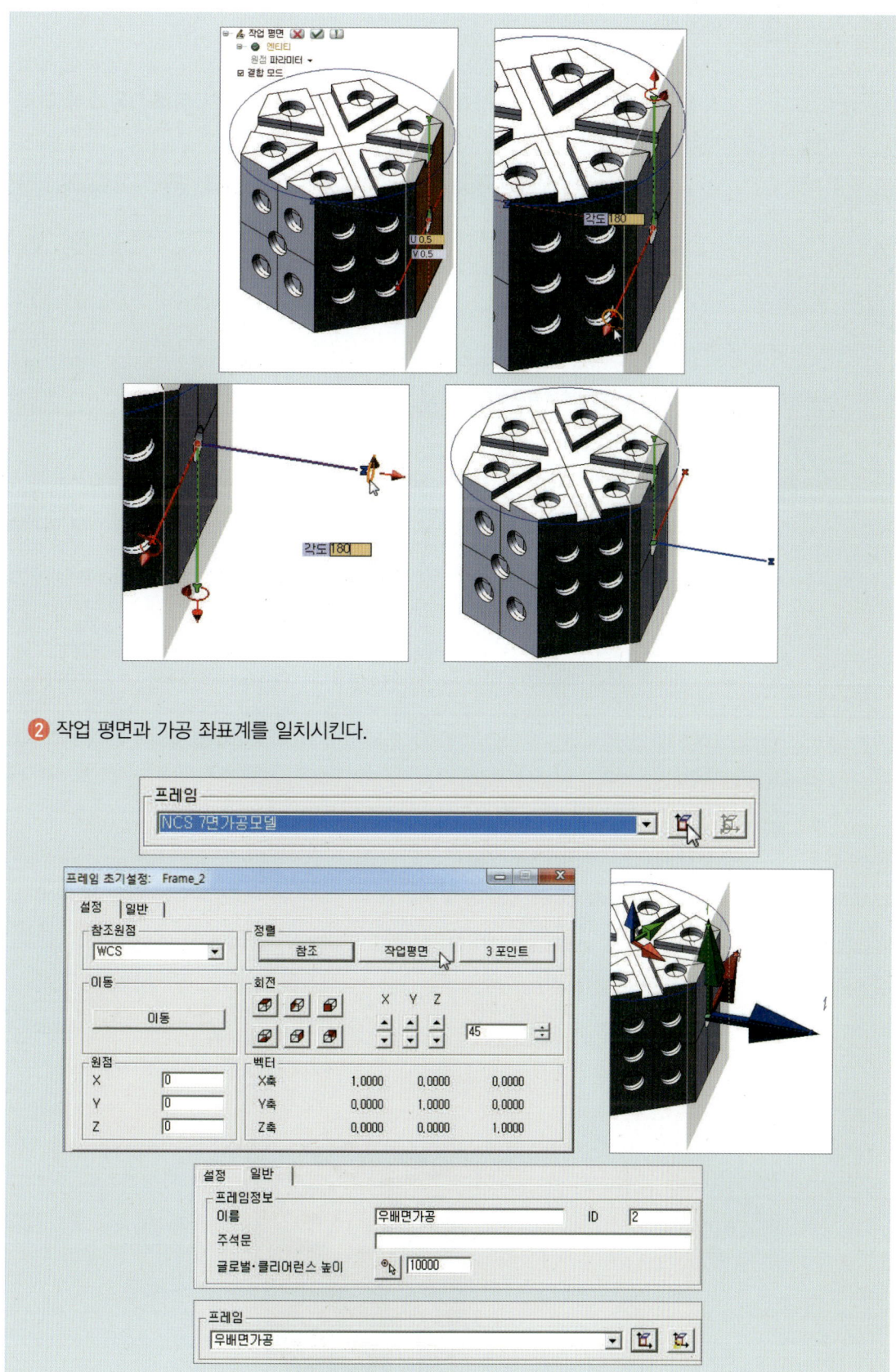

❷ 작업 평면과 가공 좌표계를 일치시킨다.

02 ▶ 설정 탭

소재 모델을 윗면 정삭 가공 결과 자동으로 계산된 소재(2: T1 3D 등고선 황삭 가공 (소재 지정) (7면 가공 모델))를 사용한다. 다음 작업에 사용하기 위해 "☑ 소재 결과 산출" 파라미터를 체크한다.

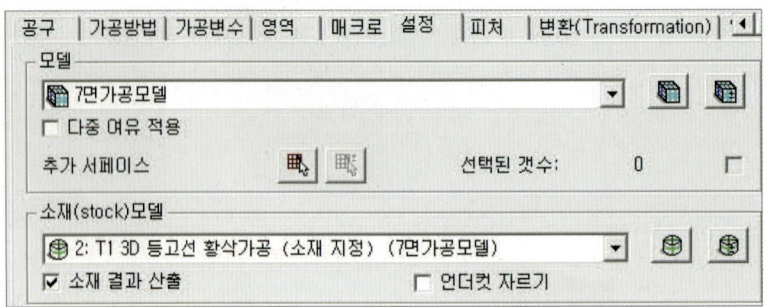

03 ▶ 가공변수 탭

가공 영역의 최고점/최저점, 클리어런스 평면 파라미터 값을 다음과 같이 변경한다.

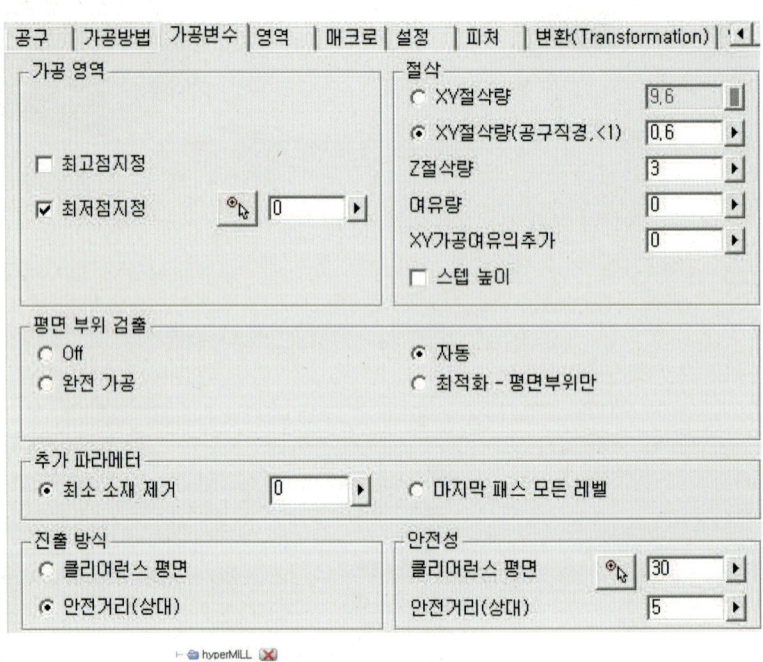

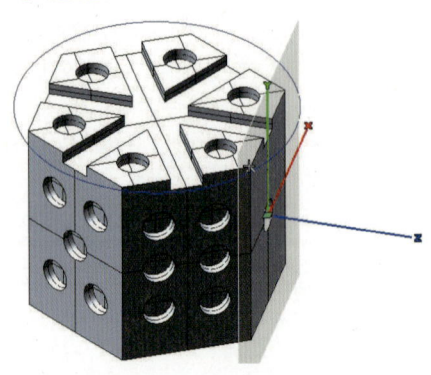

04 ▶ 영역 탭

윗면을 제외한 나머지 6개면 가공은 XY평면 가공 영역을 반드시 지정해야 한다. 그렇지 않을 경우 절삭 공구가 가공 소재가 고정되어 있는 척과의 충돌이 발생한다.

우배면 가공 영역 생성 순서

❶ 풀 다운 메뉴 삽입 > 제도 > 직사각형 & 다각형 > 사각형(R) 명령으로 작업 평면 위에 다음 그림 순서대로 가공 영역을 그린다.

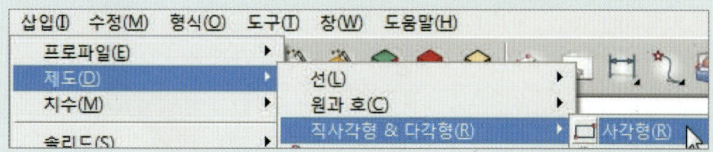

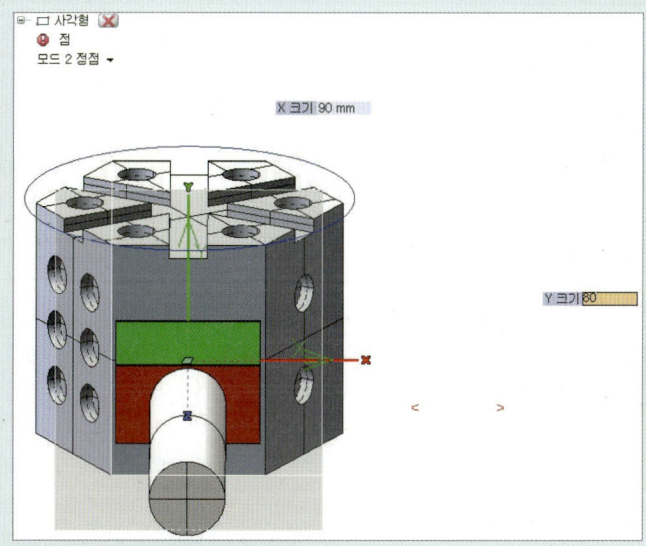

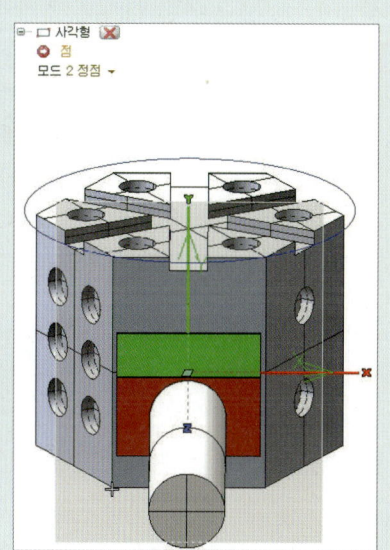

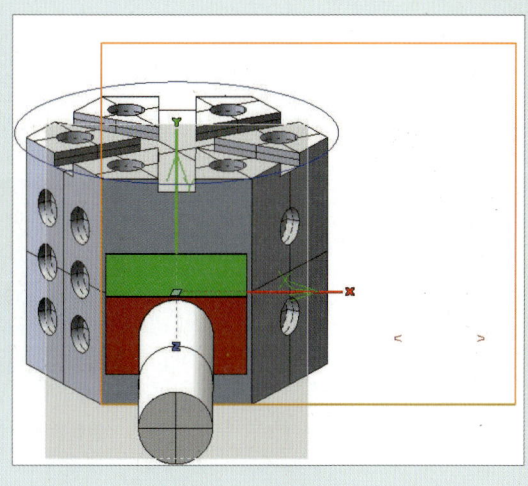

❷ 작업 평면 위에 그려진 사각형을 우배면이 중앙에 오도록 이동/복사 명령을 사용하여 다음 그림 순서대로 이동시킨다.

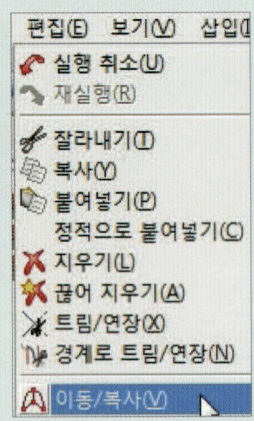 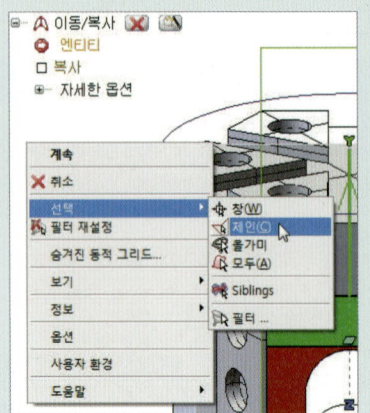 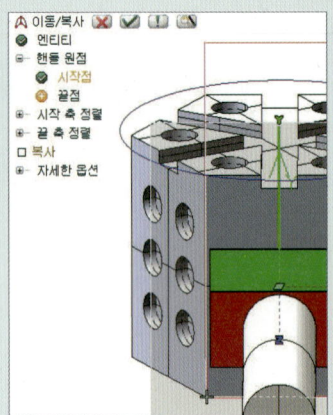

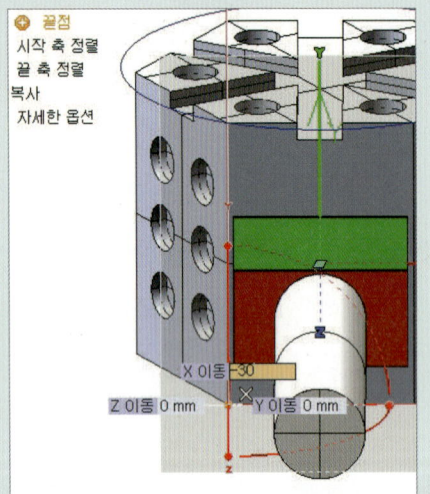 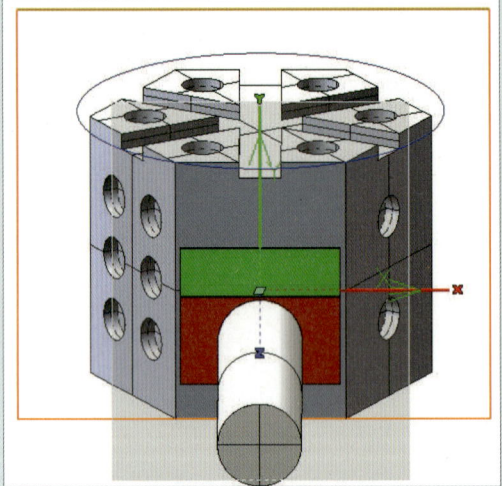

❸ 영역 탭의 바운더리 선택에서 신규 아이콘을 클릭하여 그려진 사각형을 선택한다.

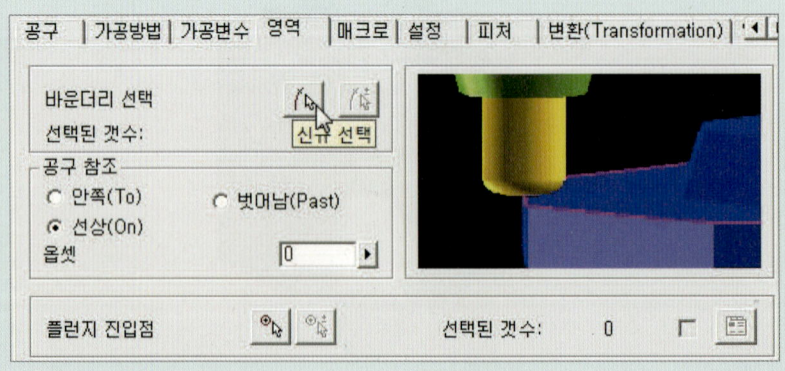

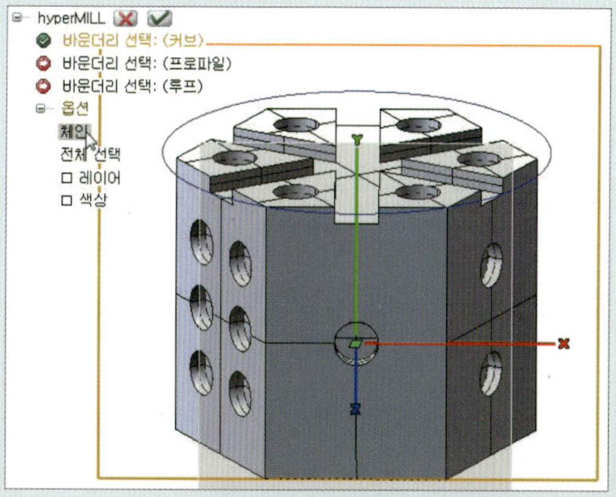

※ 공구가 영역 안쪽에서만 가공하도록 공구 참조를 "안쪽"을 선택한다.

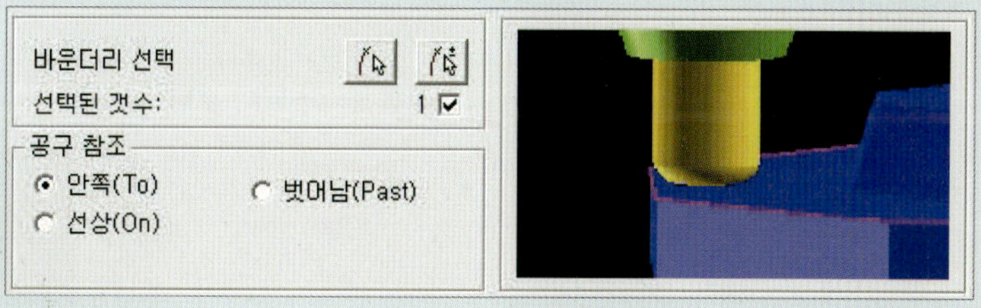

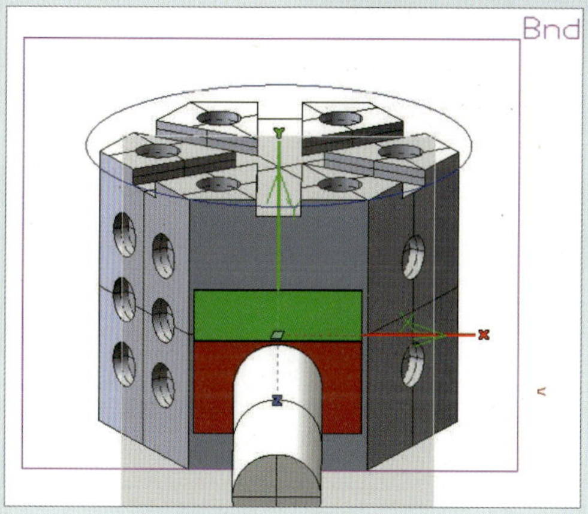

05 ▶ 다음 그림은 각 탭(tab)에 파라미터 값을 입력, 계산했을 때 공구의 위치와 안전 평면, Z방향의 가공 범위, XY방향의 가공 범위, 공구 궤적을 나타낸 것이다.

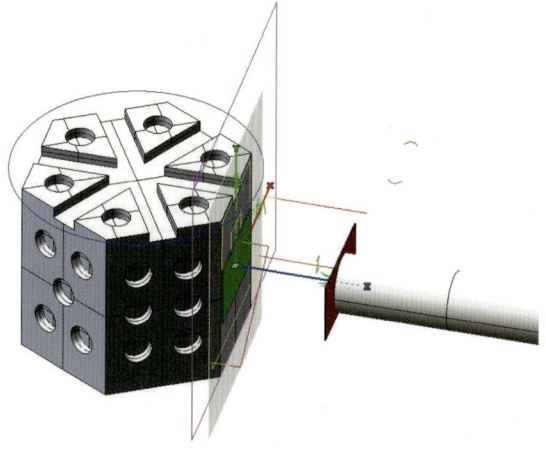

> **배면 인덱스 정삭 가공(평면)**

배면, 좌배면, 좌정면, 정면, 우정면 인덱스 정삭 가공(평면)의 가공 방법은 "우배면 인덱스 정삭 가공(평면)"의 경우와 동일하다. 따라서 (3: T1 3D 등고선 황삭 가공 (소재 지정)) 공정을 복사/붙이기한 후 공구 탭의 프레임, 설정 탭의 소재(stock) 모델, 가공변수 탭, 영역 탭에서 파라미터를 각각의 공정에 맞게 수정한다.

01 > 공구 탭

프레임의 가공 좌표계 생성 아이콘을 클릭하여 우배면 가공 좌표계를 생성하여 가공 좌표계로 사용한다.

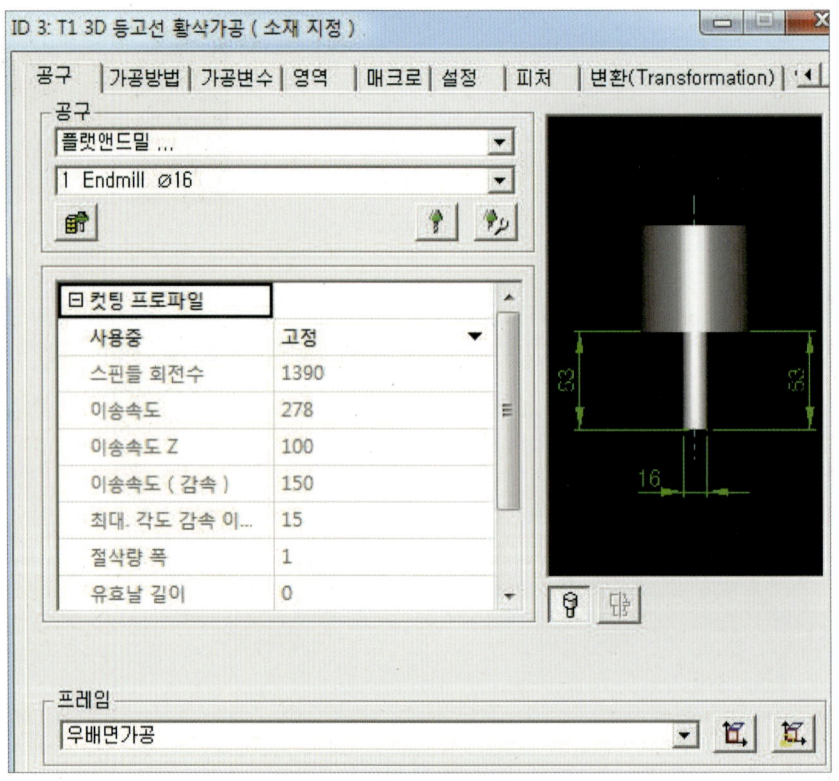

배면 가공 좌표계 생성 순서

① 작업 평면을 다음 그림 순서대로 배면 위에 놓는다.

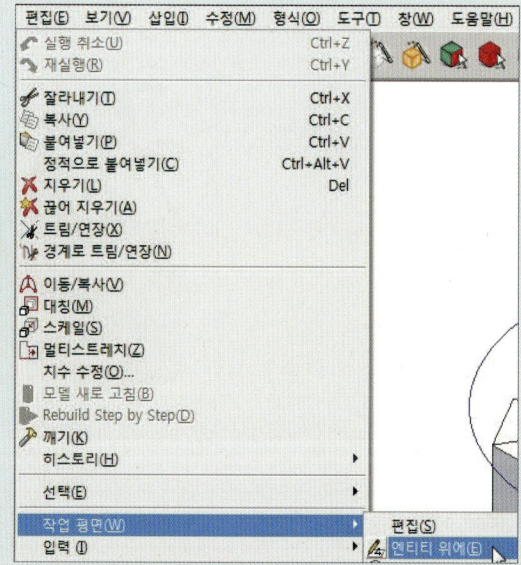
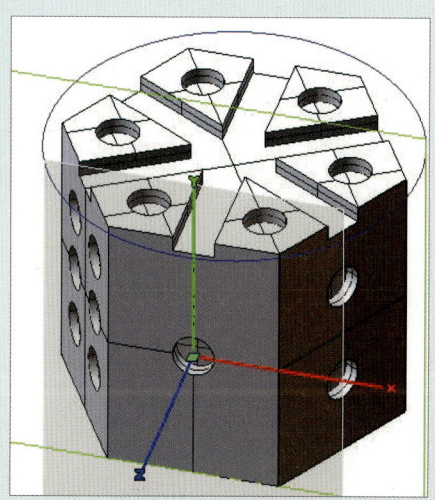
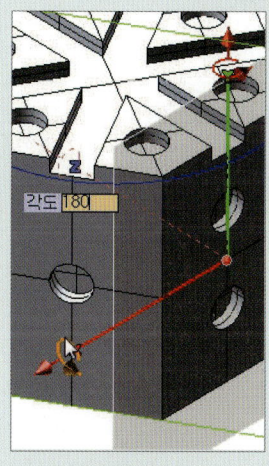
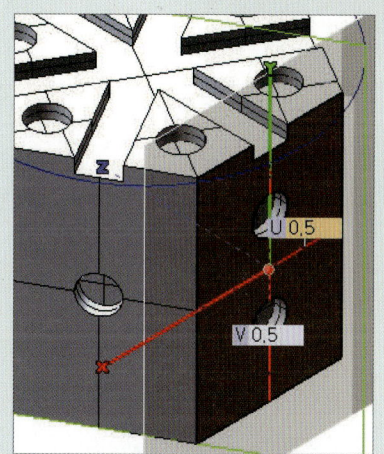
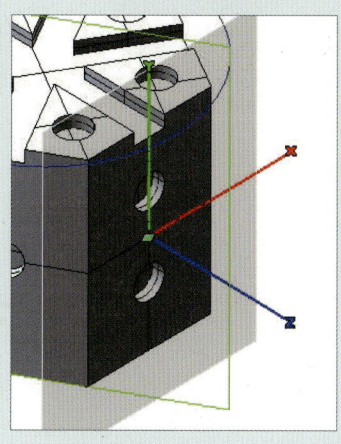
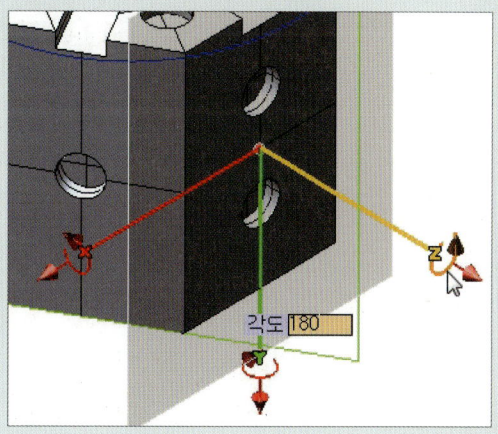

❷ 작업 평면과 가공 좌표계를 일치시킨다.

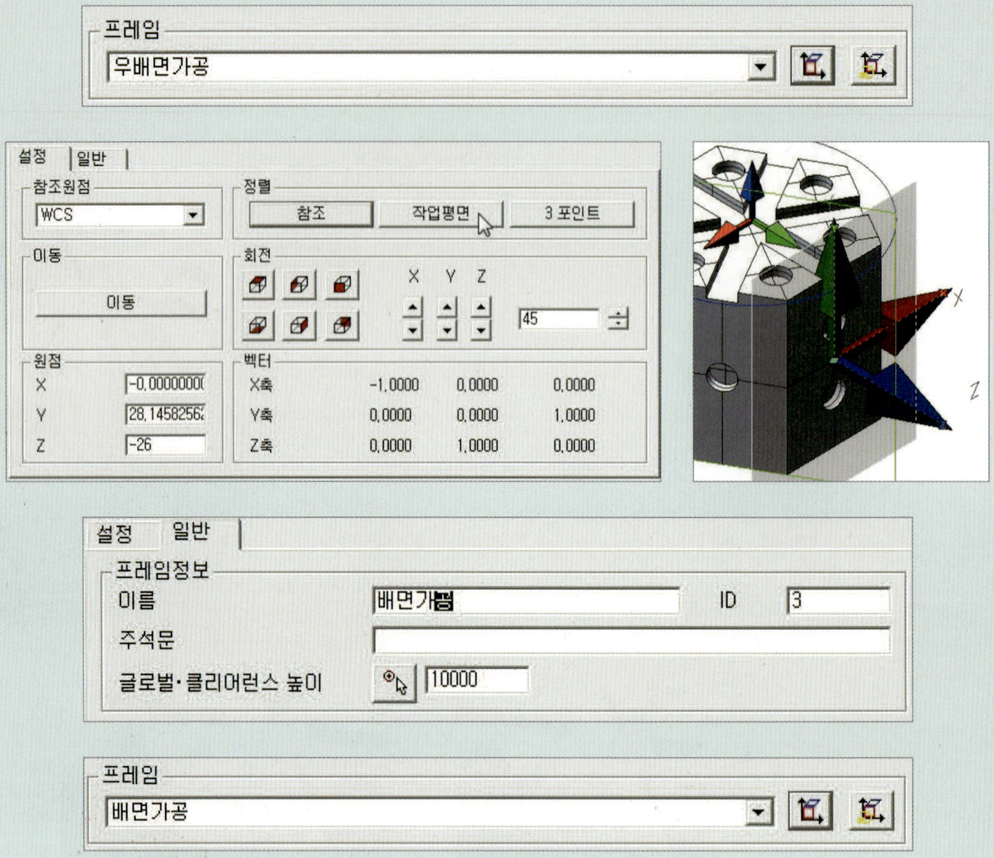

프레임
우배면가공

설정 | 일반

참조원점
WCS

정렬
참조   작업평면   3 포인트

이동
이동

회전
            X   Y   Z
                      45

원점
X   -0.00000000
Y   28.14582562
Z   -26

벡터
X축   -1.0000   0.0000   0.0000
Y축   0.0000   0.0000   1.0000
Z축   0.0000   1.0000   0.0000

설정   일반

프레임정보
이름   배면가공   ID   3
주석문
글로벌·클리어런스 높이   10000

프레임
배면가공

02 ▷ 설정 탭

소재 모델을 우배면 정삭 가공 결과 자동으로 계산된 소재(3: T1 3D 등고선 황삭 가공 (소재 지정) (7면 가공 모델))를 사용한다. 다음 작업에 사용하기 위해 "☑ 소재 결과 산출" 파라미터를 체크한다.

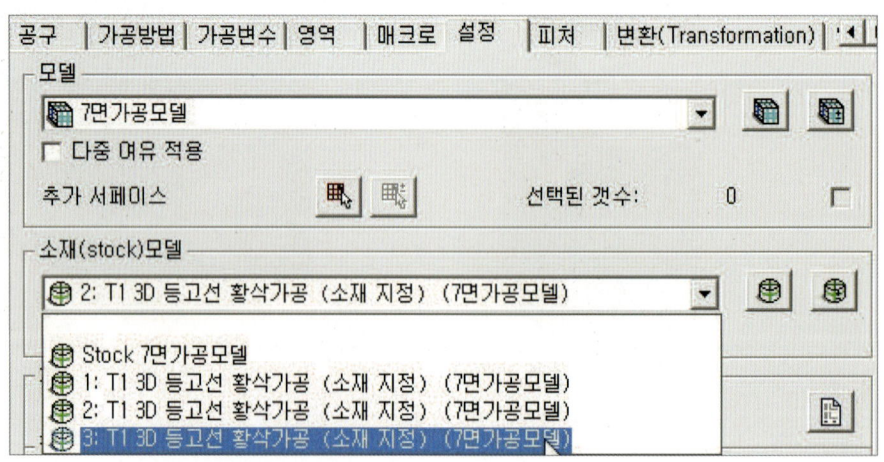

공구 | 가공방법 | 가공변수 | 영역 | 매크로 | 설정 | 피처 | 변환(Transformation) |

모델
🔲 7면가공모델
☐ 다중 여유 적용
추가 서페이스   선택된 갯수: 0

소재(stock)모델
⚙ 2: T1 3D 등고선 황삭가공 (소재 지정) (7면가공모델)
    ⚙ Stock 7면가공모델
    ⚙ 1: T1 3D 등고선 황삭가공 (소재 지정) (7면가공모델)
    ⚙ 2: T1 3D 등고선 황삭가공 (소재 지정) (7면가공모델)
    ⚙ 3: T1 3D 등고선 황삭가공 (소재 지정) (7면가공모델)

03 ▶ 가공변수 탭

우배면 정삭(평면) 가공과 동일 상태이므로 가공 영역의 최고점/
최저점만 확인하고 지나간다.

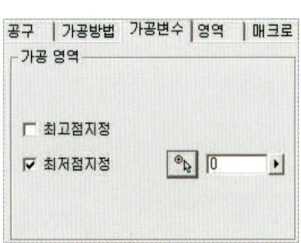

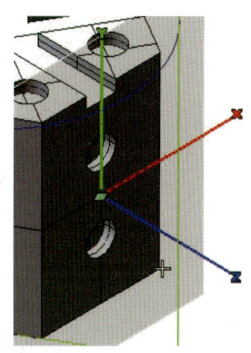

04 ▶ 영역 탭

윗면을 제외한 나머지 6개면 가공은 XY평면 가공 영역을 반드시 지정해야 한다. 그렇지 않
을 경우 절삭 공구가 가공 소재가 고정되어 있는 척과의 충돌이 발생한다.

배면 가공 영역 생성 순서

❶ 풀 다운 메뉴 삽입 > 제도 > 직사각형 & 다각형 > 사각형(R) 명령으로 작업 평면 위에 다음 그림 순
서대로 가공 영역을 그린다.

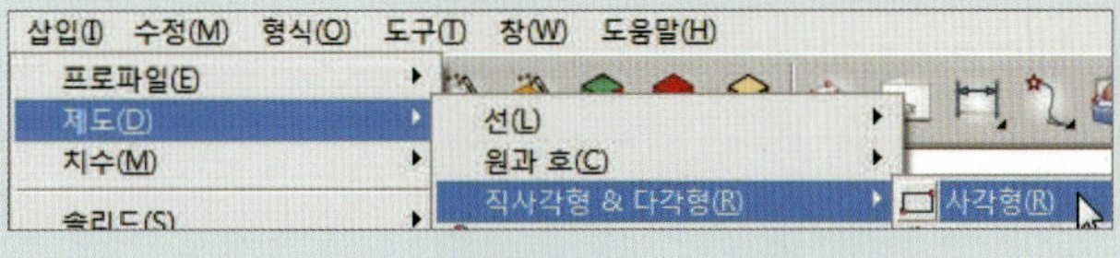

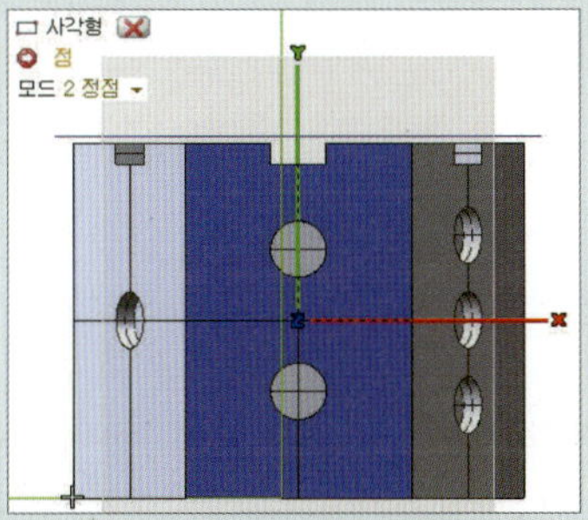

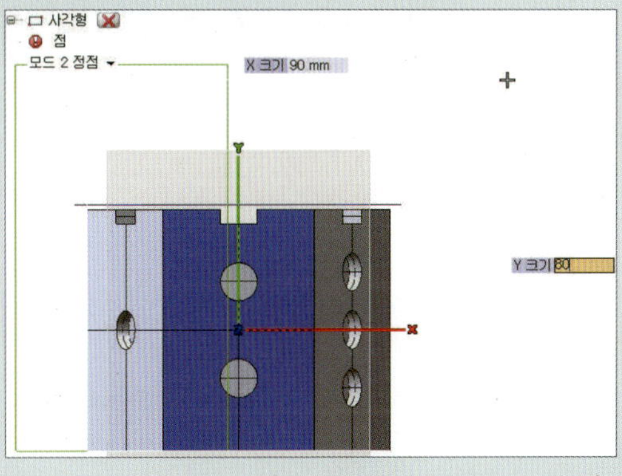

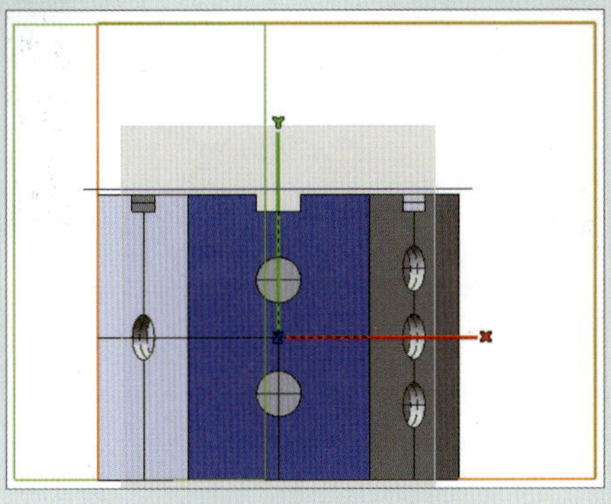

❷ 작업 평면 위에 그려진 사각형을 배면이 중앙에 오도록 이동/복사 명령을 사용하여 다음 그림 순서대로 이동시킨다.

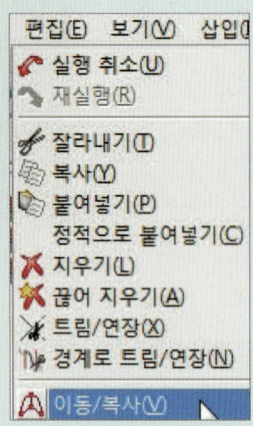 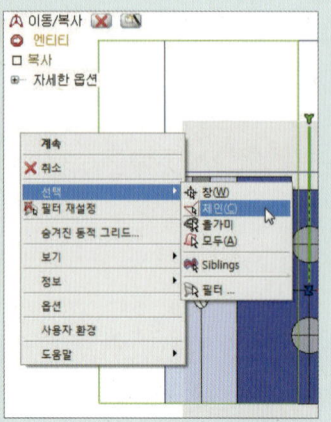 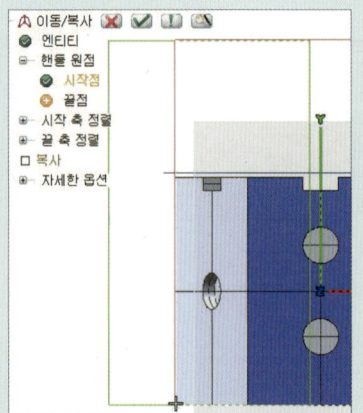

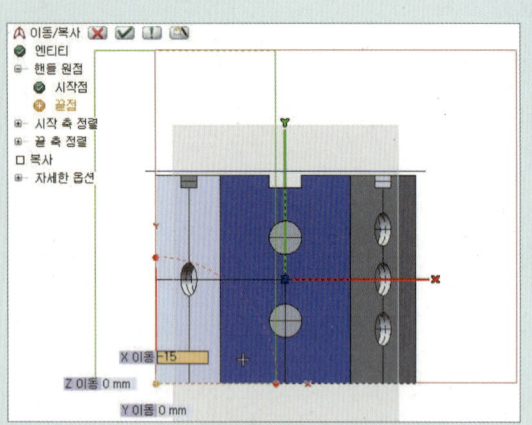 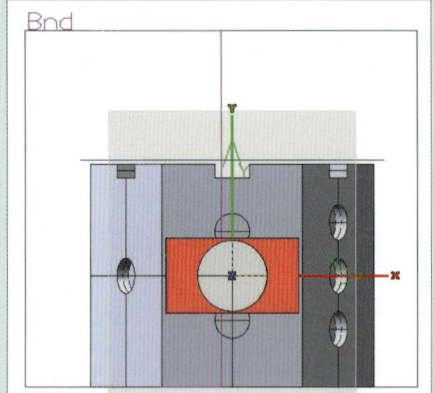

❸ 영역 탭의 바운더리 선택에서 신규 아이콘을 클릭하여 그려진 사각형을 선택한다.

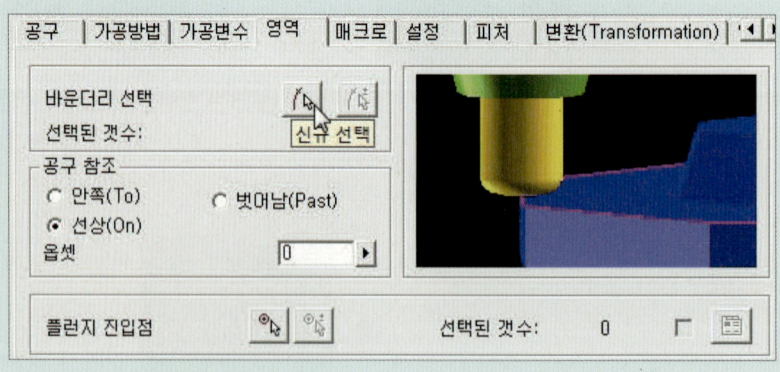

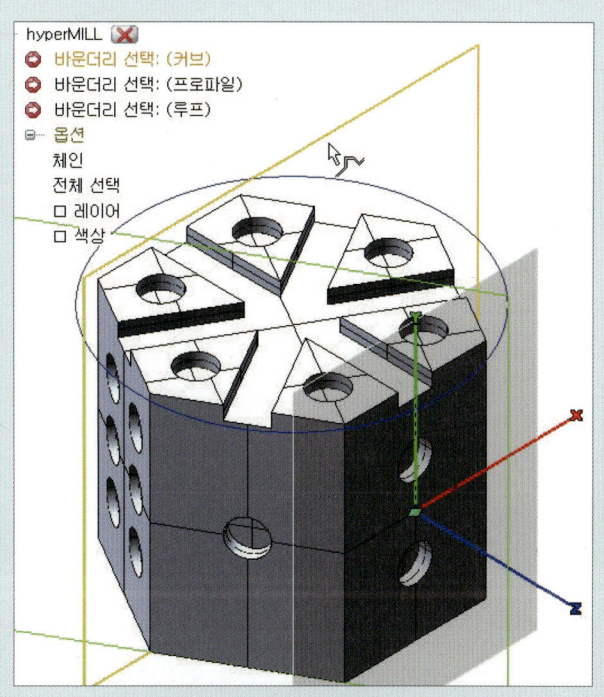

※ 공구가 영역 안쪽에서만 가공하도록 공구 참조를 "안쪽"을 선택한다.

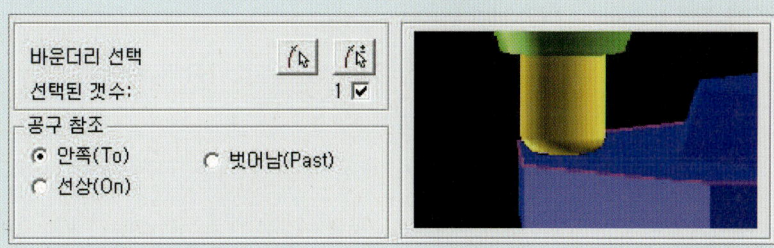

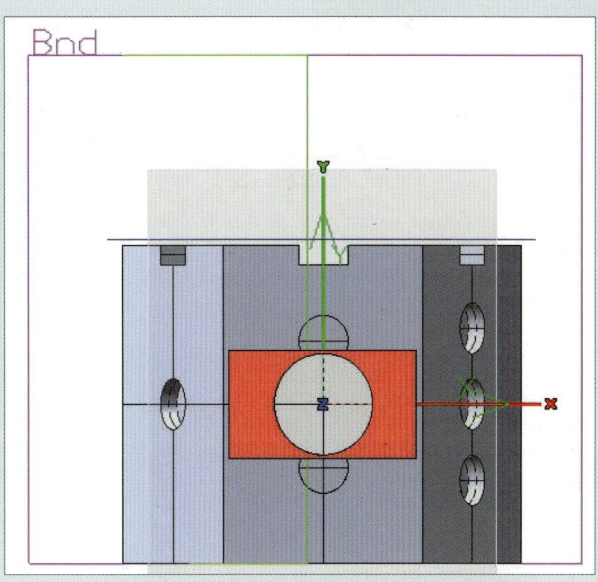

05 ▷ 다음 그림은 각 탭(tab)에 파라미터 값을 입력, 계산했을 때 공구의 위치와 안전 평면, Z 방향의 가공 범위, XY방향의 가공 범위, 공구 괘적을 나타낸 것이다.

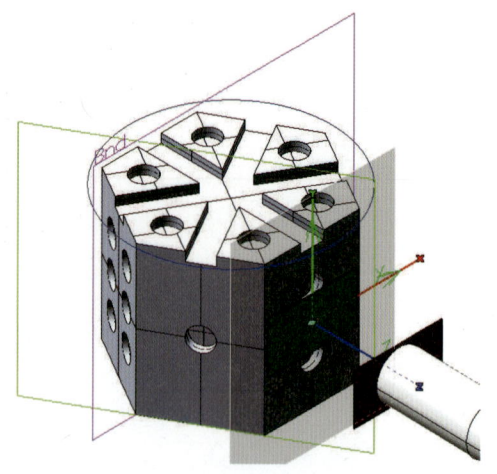

> ## 좌배면 인덱스 정삭 가공(평면)

좌배면 인덱스 정삭 가공(평면)의 가공 방법은 "배면 인덱스 정삭 가공(평면)"의 경우와 동일하다. 따라서 (4: T1 3D 등고선 황삭 가공 (소재 지정)) 공정을 복사/붙이기한 후 공구 탭의 프레임, 설정 탭의 소재(stock) 모델, 가공변수 탭, 영역 탭에서 파라미터를 각각의 공정에 맞게 수정한다.

01 ▷ 공구 탭

프레임의 가공 좌표계 생성 아이콘을 클릭하여 좌배면 가공 좌표계를 생성하여 가공 좌표계로 사용한다.

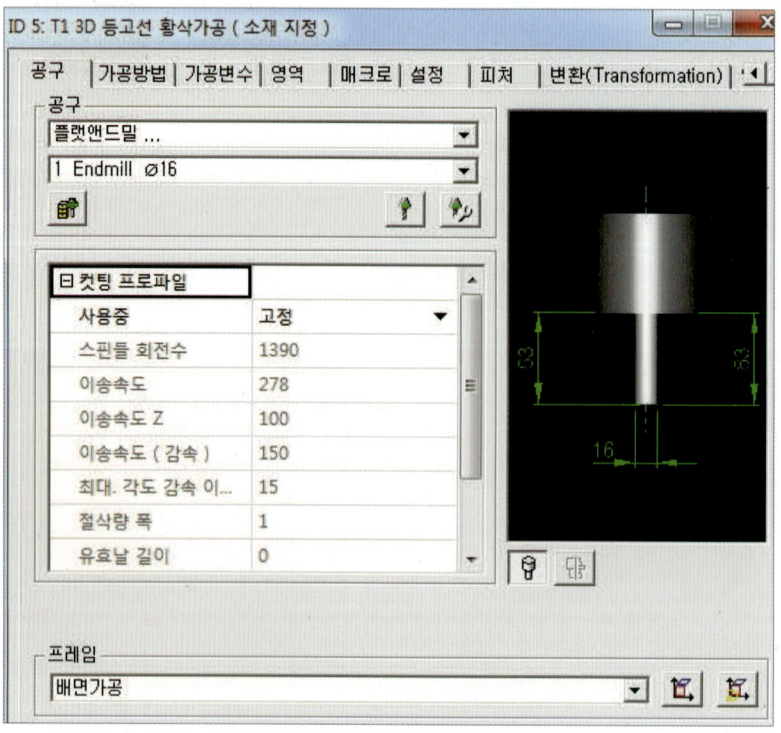

좌배면 가공 좌표계 생성 순서

① 작업 평면을 다음 그림 순서대로 좌배면 위에 놓는다.

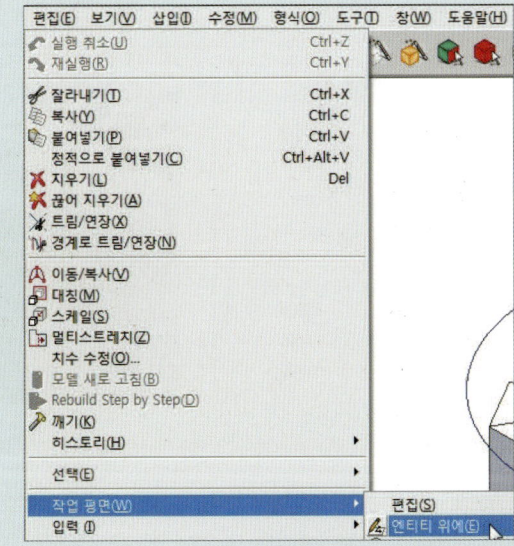

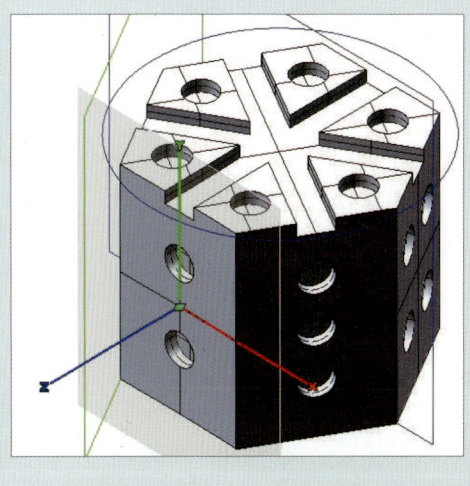

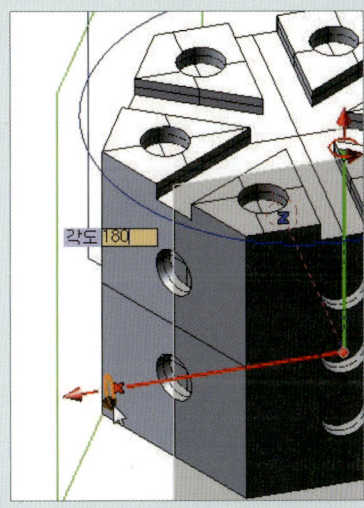

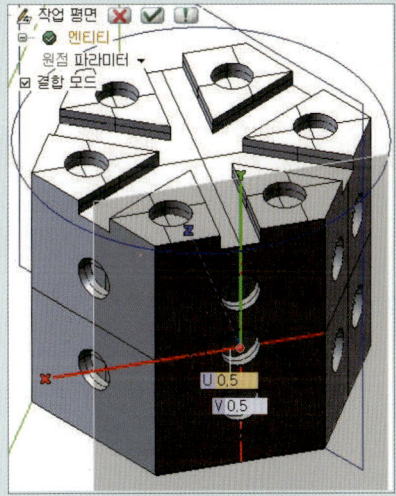

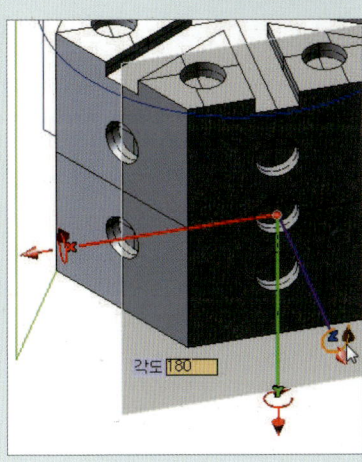

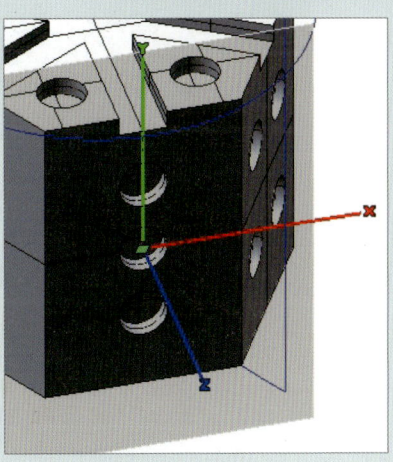

❷ 작업 평면과 가공 좌표계를 일치시킨다.

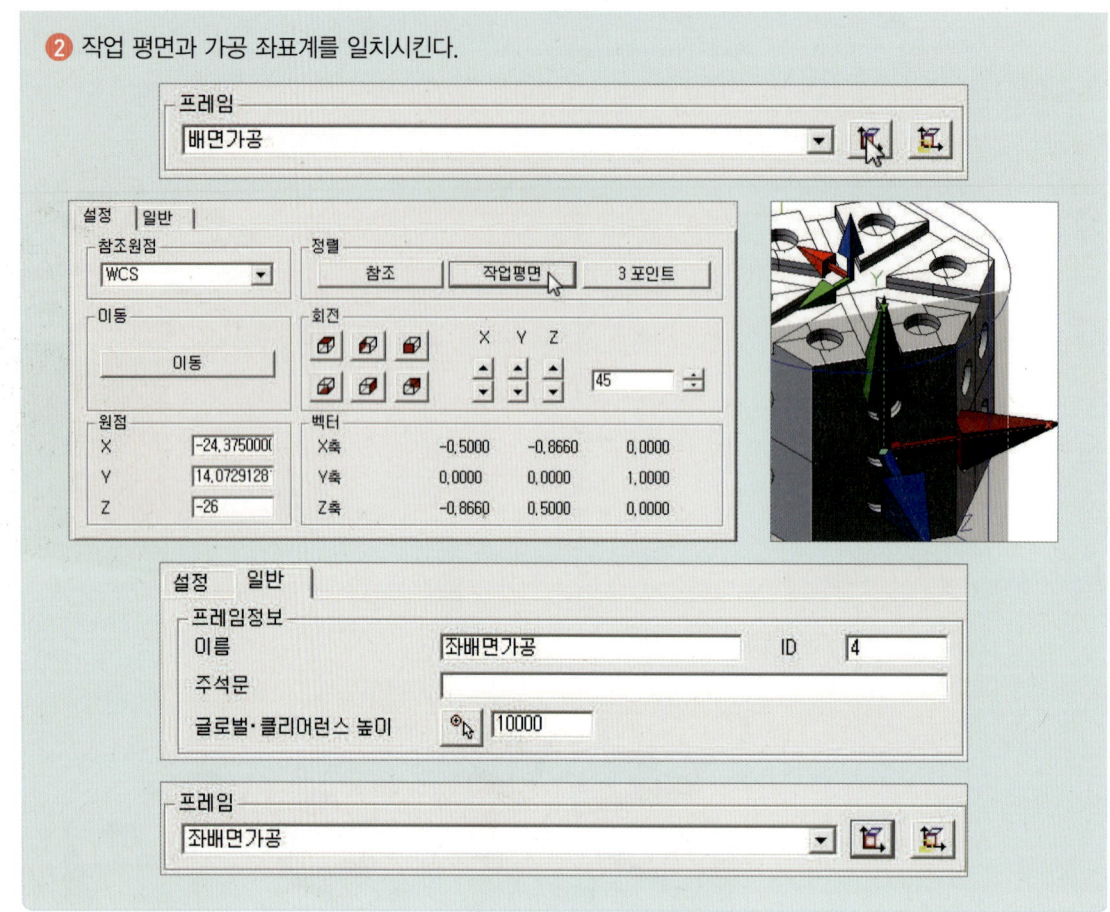

02 ▶ 설정 탭

소재 모델을 배면 정삭 가공 결과 자동으로 계산된 소재(4: T1 3D 등고선 황삭 가공 (소재 지정) (7면 가공 모델))를 사용한다. 다음 작업에 사용하기 위해 "☑ 소재 결과 산출" 파라 미터를 체크한다.

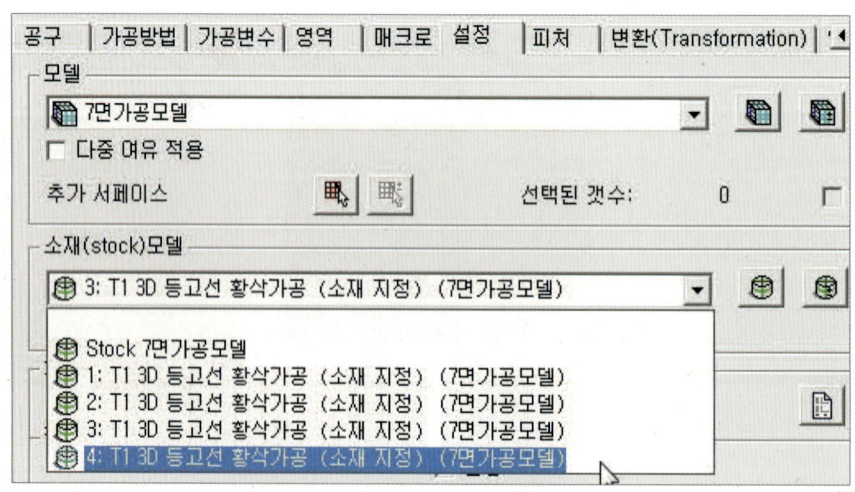

03 ▶ 가공변수 탭

배면 정삭(평면) 가공과 동일 상태이므로 가공 영역의 최고점/최저점만 확인하고 지나 간다.

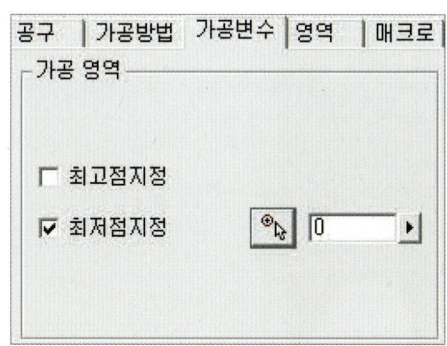
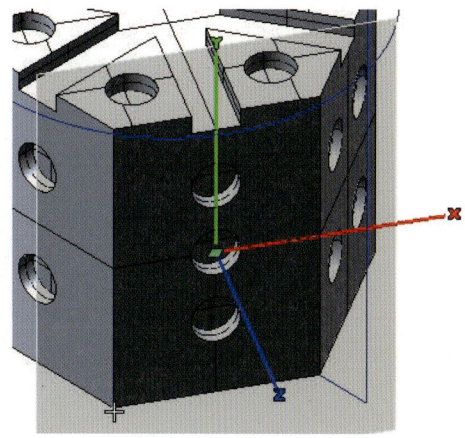

04 ▶ 영역 탭

윗면을 제외한 나머지 6개면 가공은 XY평면 가공 영역을 반드시 지정해야 한다. 그렇지 않 을 경우 절삭 공구가 가공 소재가 고정되어 있는 척과의 충돌이 발생한다.

좌배면 가공 영역 생성 순서

❶ 풀 다운 메뉴 삽입 > 제도 > 직사각형 & 다각형 > 사각형(R) 명령으로 작업 평면 위에 다음 그림 순 서대로 가공 영역을 그린다.

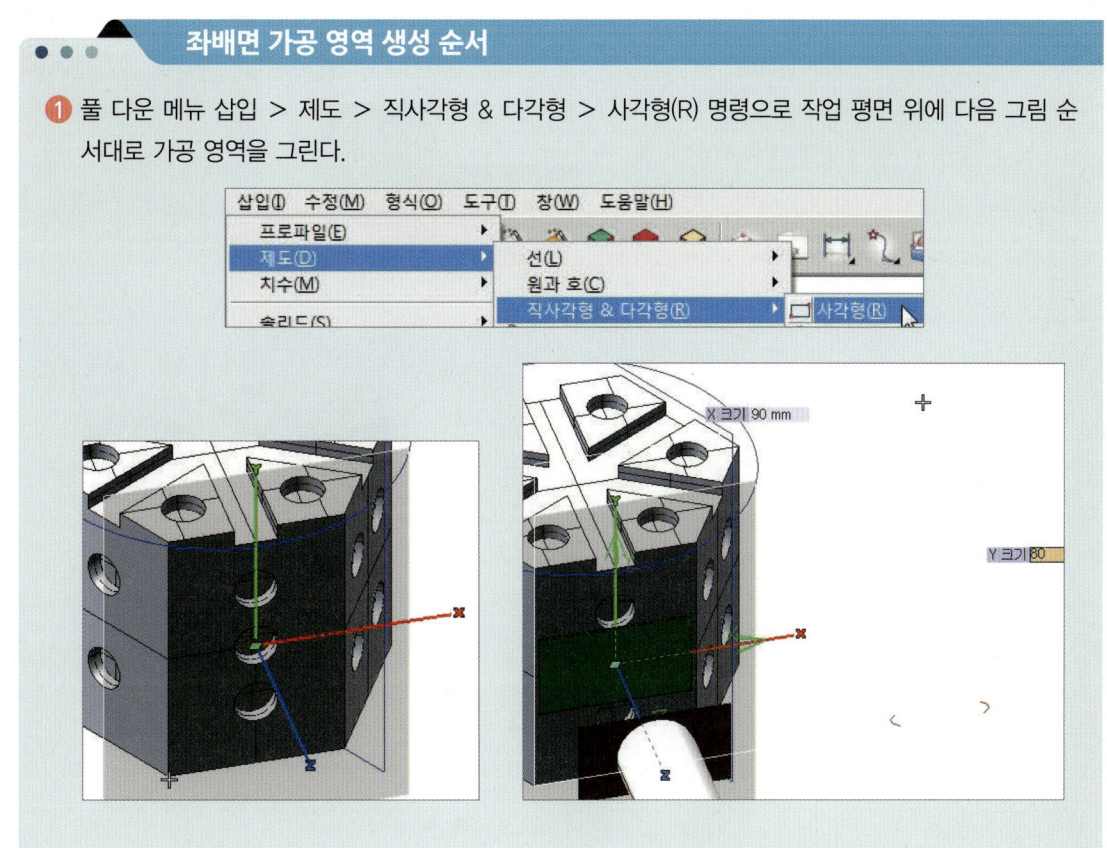

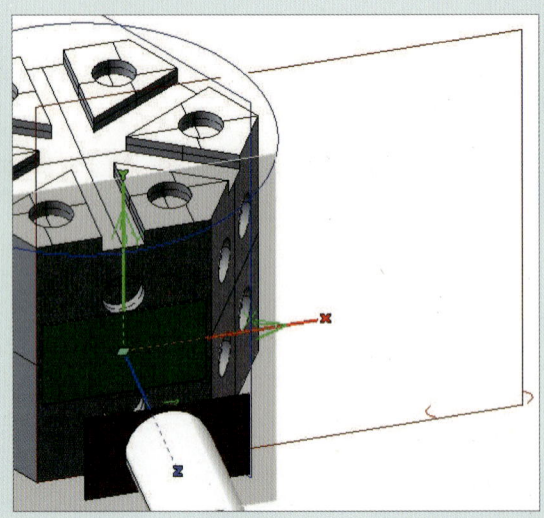

❷ 작업 평면 위에 그려진 사각형을 좌배면이 중앙에 오도록 이동/복사 명령을 사용하여 다음 그림 순서대로 이동시킨다.

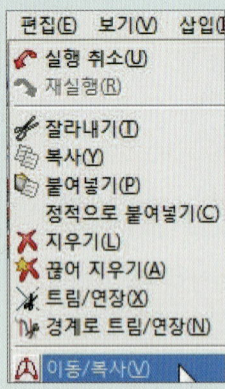

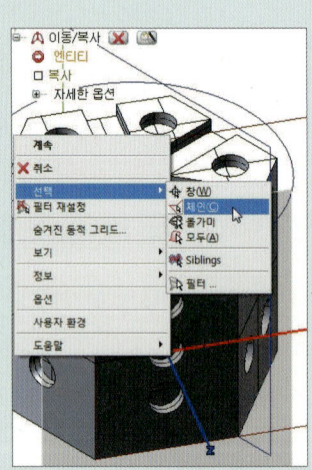

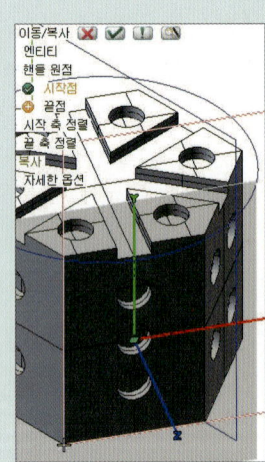

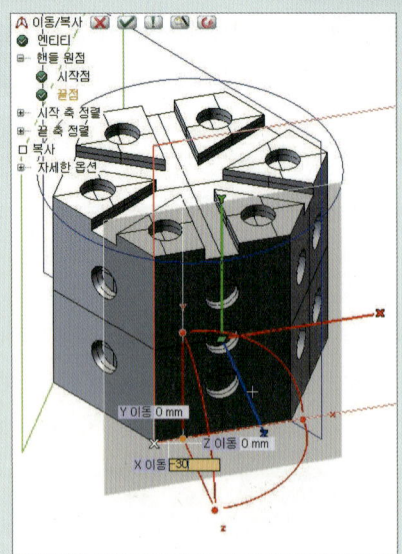

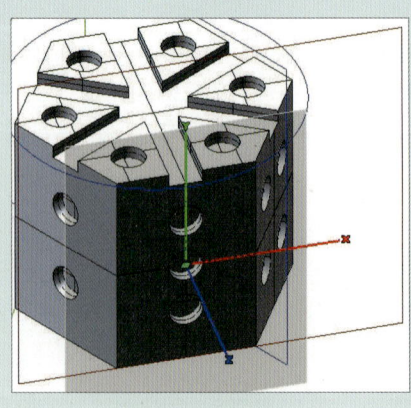

❸ 영역 탭의 바운더리 선택에서 신규 아이콘을 클릭하여 그려진 사각형을 선택한다.

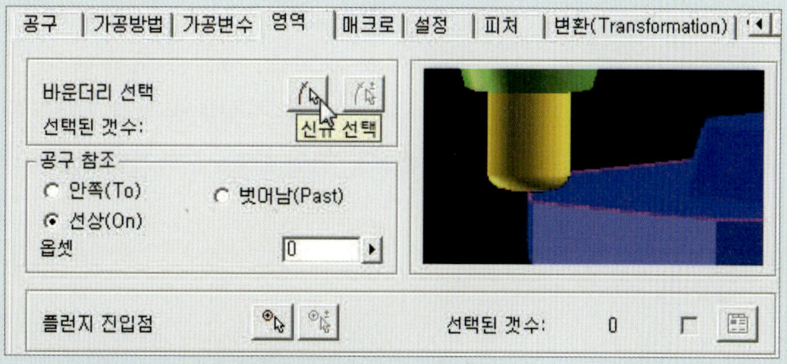

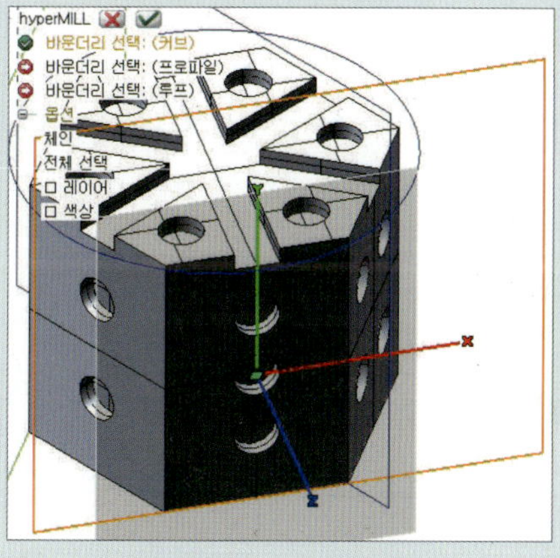

※ 공구가 영역 안쪽에서만 가공하도록 공구 참조를 "안쪽"을 선택한다.

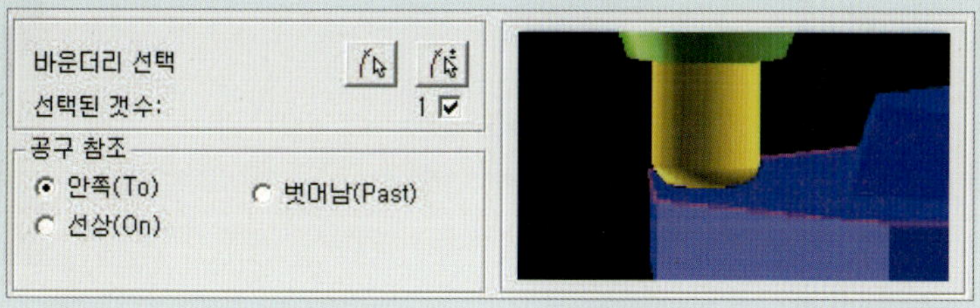

05 다음 그림은 각 탭(tab)에 파라미터 값을 입력, 계산했을 때 공구의 위치와 안전 평면, Z방향의 가공 범위, XY방향의 가공 범위, 공구 괘적을 나타낸 것이다.

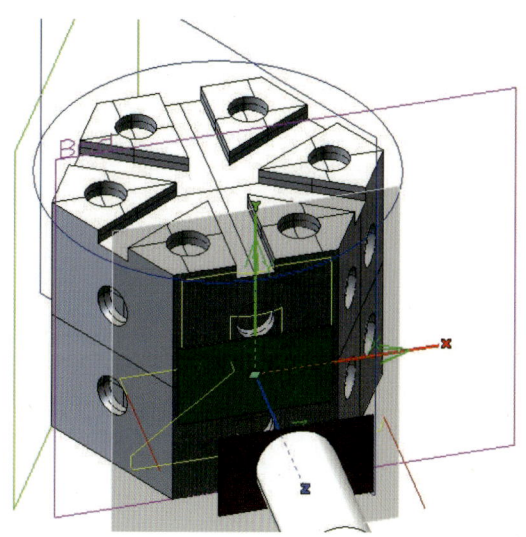

좌정면 인덱스 정삭 가공(평면)

좌정면 인덱스 정삭 가공(평면)의 가공 방법은 "좌배면 인덱스 정삭 가공(평면)"의 경우와 동일하다. 따라서 (5: T1 3D 등고선 황삭 가공 (소재 지정)) 공정을 복사/붙이기한 후 공구 탭의 프레임, 설정 탭의 소재(stock) 모델, 가공변수 탭, 영역 탭에서 파라미터를 각각의 공정에 맞게 수정한다.

01 ▷ 공구 탭

프레임의 가공 좌표계 생성 아이콘을 클릭하여 좌정면 가공 좌표계를 생성하여 가공 좌표계로 사용한다.

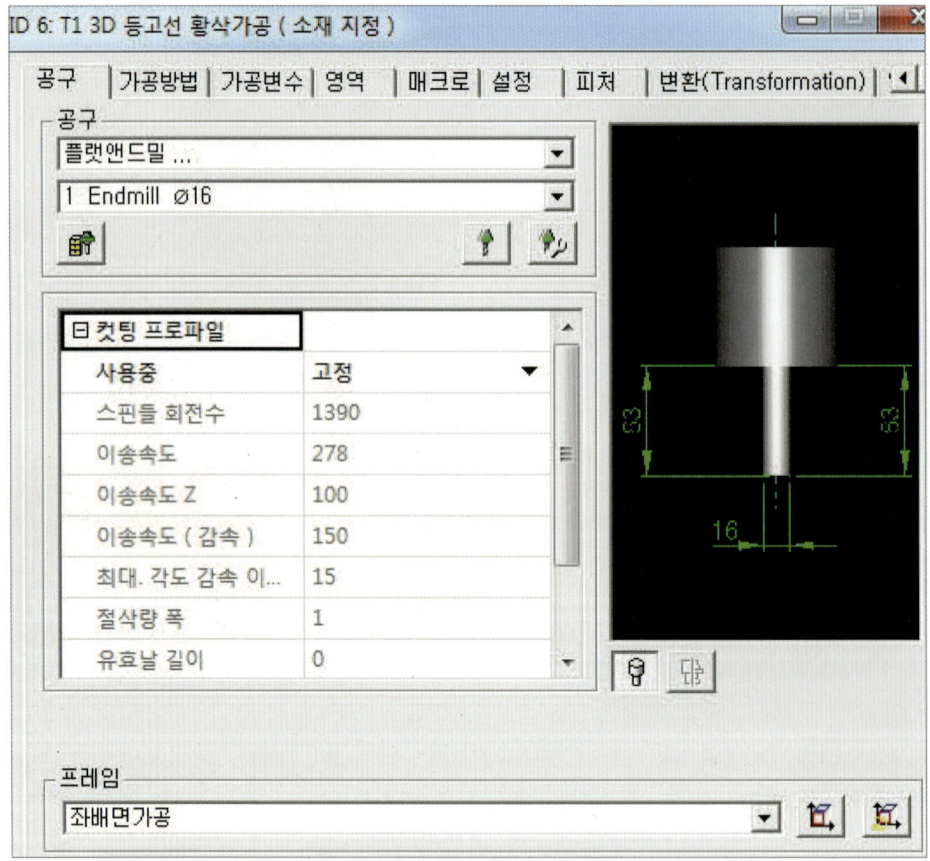

좌정면 가공 좌표계 생성 순서

① 작업 평면을 다음 그림 순서대로 좌정면 위에 놓는다.

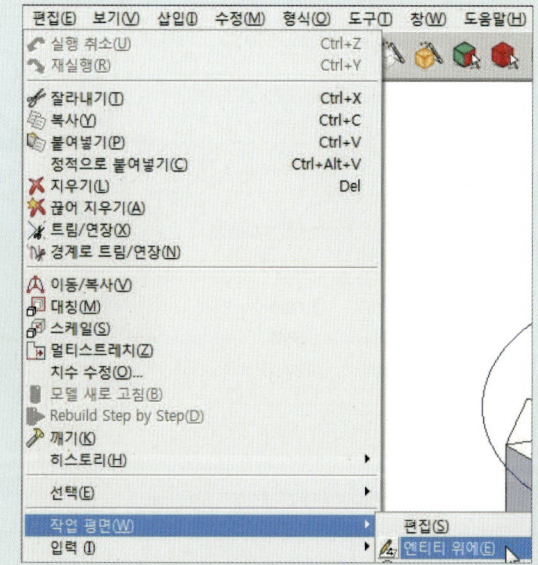

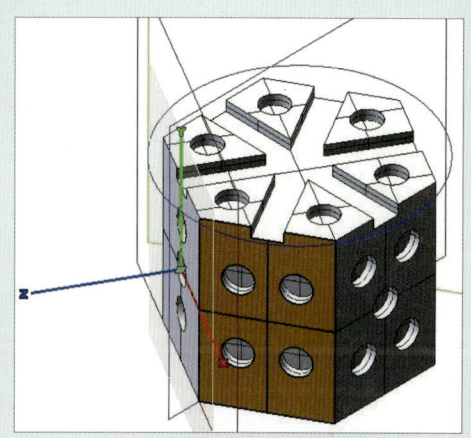

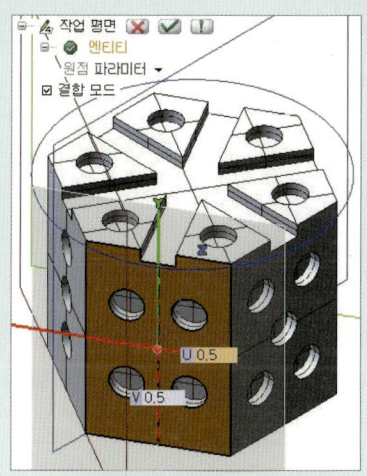

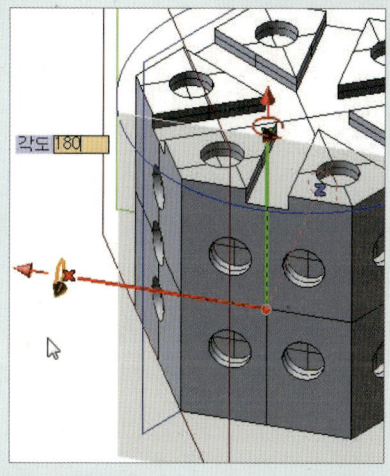

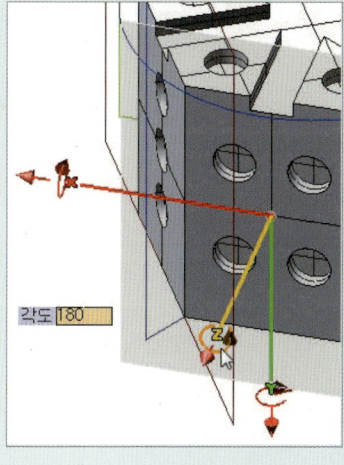

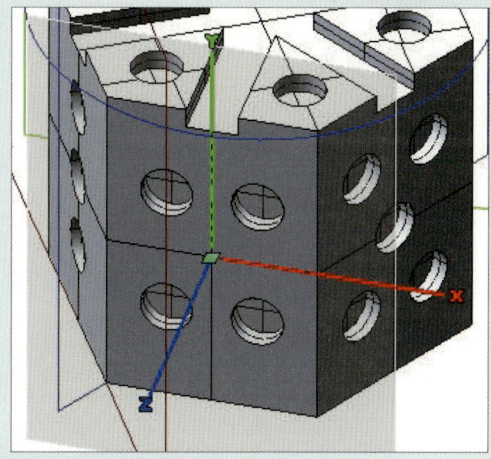

❷ 작업 평면과 가공 좌표계를 일치시킨다.

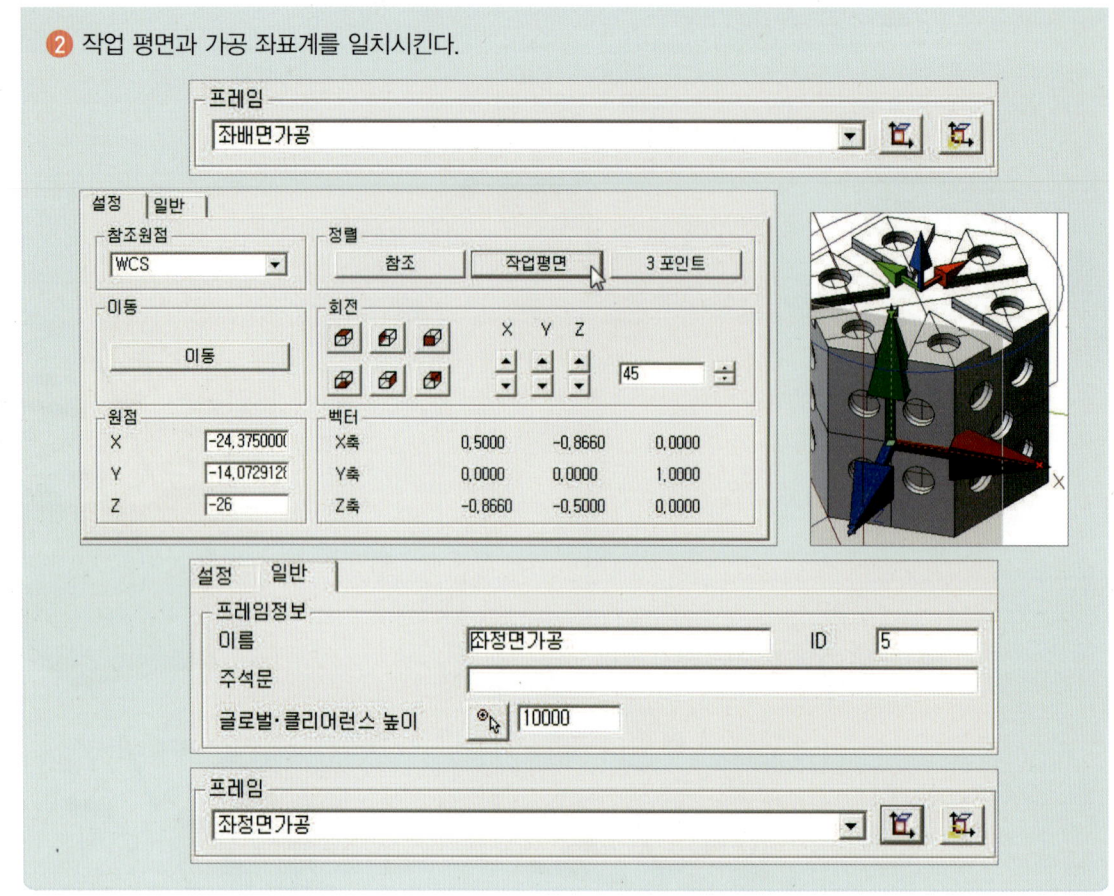

02 ▶ 설정 탭

소재 모델을 좌배면 정삭 가공 결과 자동으로 계산된 소재(5: T1 3D 등고선 황삭 가공 (소재 지정) (7면 가공 모델))를 사용한다. 다음 작업에 사용하기 위해 "☑ 소재 결과 산출" 파라미터를 체크한다.

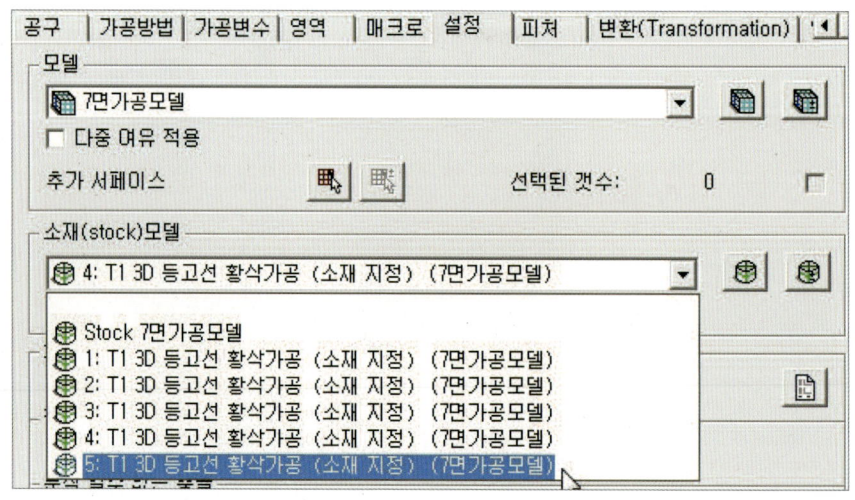

03 가공변수 탭

좌배면 정삭(평면) 가공과 동일 상태이므로 가공 영역의 최고점/최저점만 확인하고 지나간다.

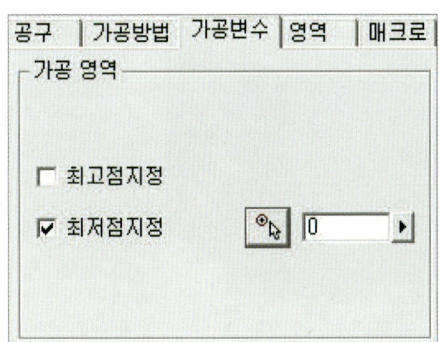
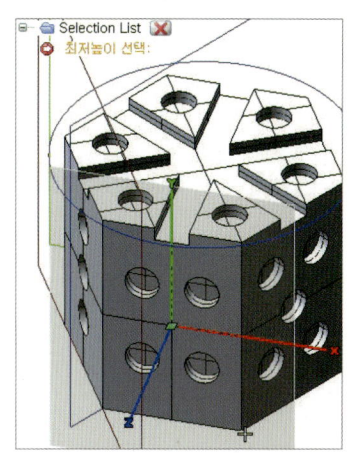

04 영역 탭

윗면을 제외한 나머지 6개면 가공은 XY평면 가공 영역을 반드시 지정해야 한다. 그렇지 않을 경우 절삭 공구가 가공 소재가 고정되어 있는 척과의 충돌이 발생한다.

좌정면 가공 영역 생성 순서

❶ 풀 다운 메뉴 삽입 > 제도 > 직사각형 & 다각형 > 사각형(R) 명령으로 작업 평면 위에 다음 그림 순서대로 가공 영역을 그린다.

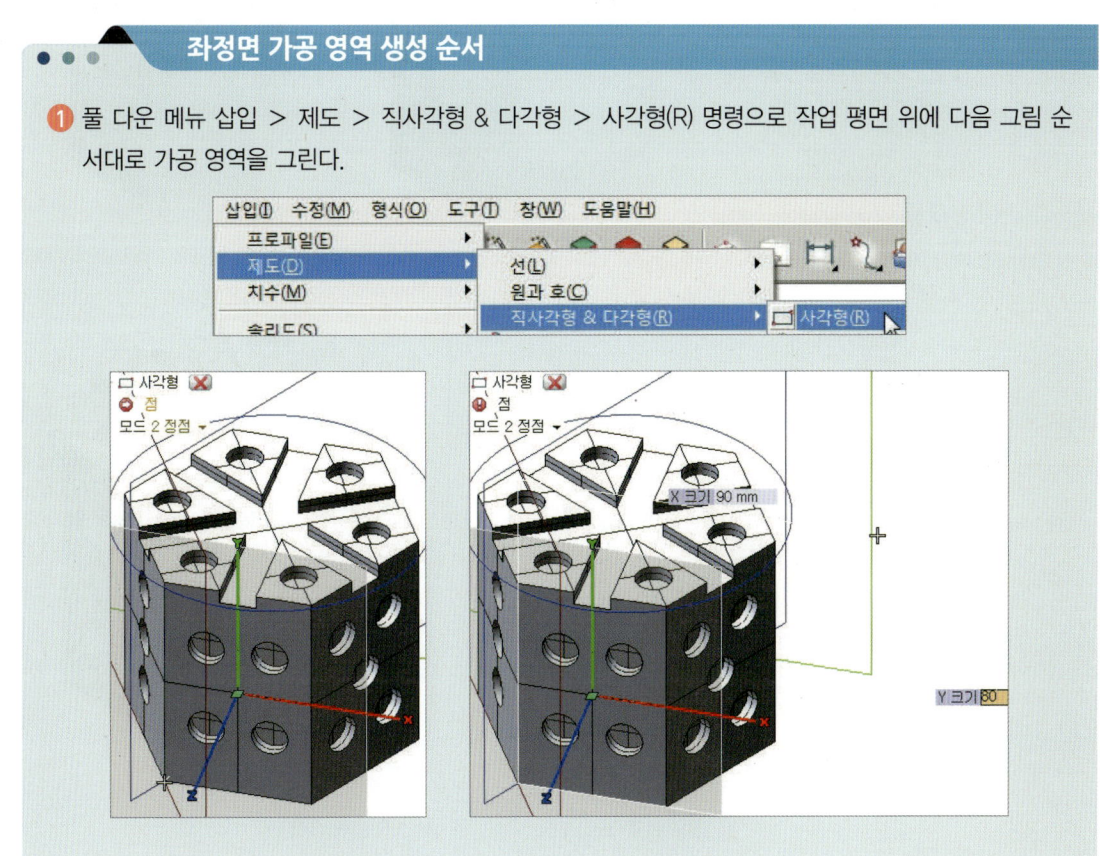

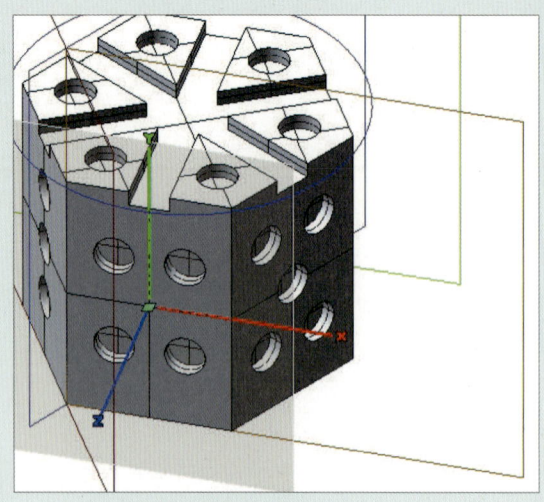

❷ 작업 평면 위에 그려진 사각형을 좌정면이 중앙에 오도록 이동/복사 명령을 사용하여 다음 그림 순서대
로 이동시킨다.

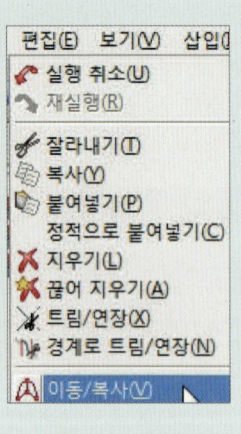
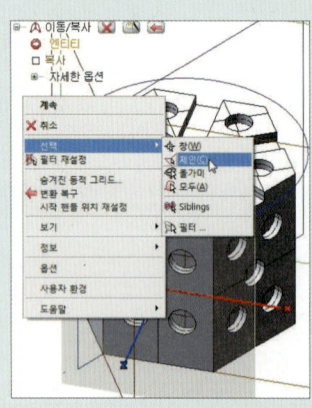
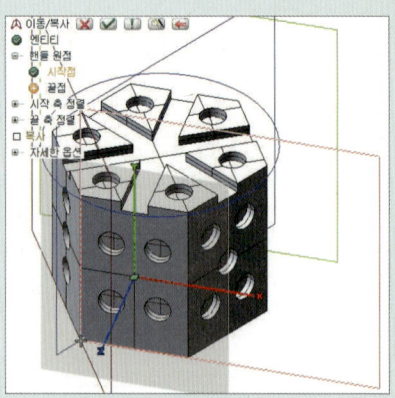

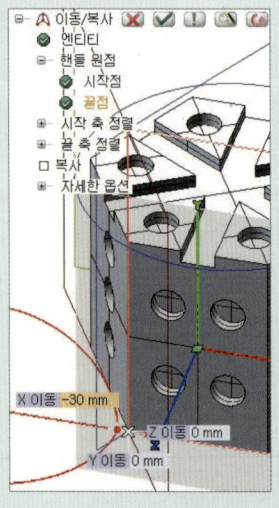
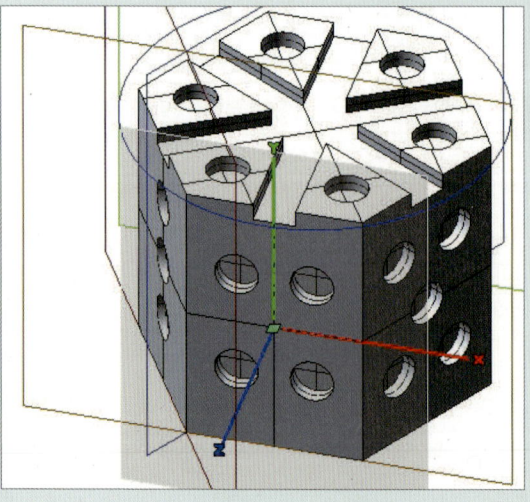

❸ 영역 탭의 바운더리 선택에서 신규 아이콘을 클릭하여 그려진 사각형을 선택한다.

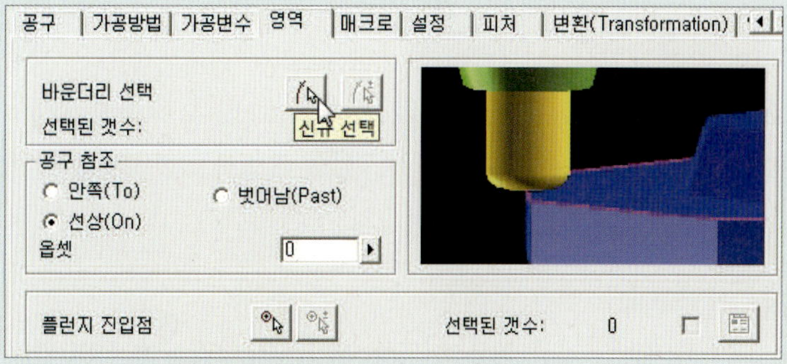

| 공구 | 가공방법 | 가공변수 | 영역 | 매크로 | 설정 | 피처 | 변환(Transformation) | ◀▶ |

바운더리 선택
선택된 갯수: 신규 선택

공구 참조
○ 안쪽(To)   ○ 벗어남(Past)
◉ 선상(On)
옵셋   [0]   ▶

플런지 진입점   🔾 🔾   선택된 갯수: 0   □ 📋

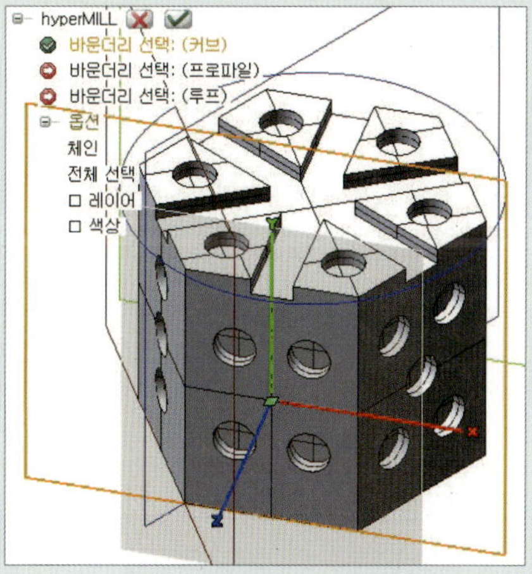

- hyperMILL ❌ ✔
  - ● 바운더리 선택: (커브)
  - ⊘ 바운더리 선택: (프로파일)
  - ⊘ 바운더리 선택: (루프)
  - 옵션
    - 체인
    - 전체 선택
    - □ 레이어
    - □ 색상

※ 공구가 영역 안쪽에서만 가공하도록 공구 참조를 "안쪽"을 선택한다.

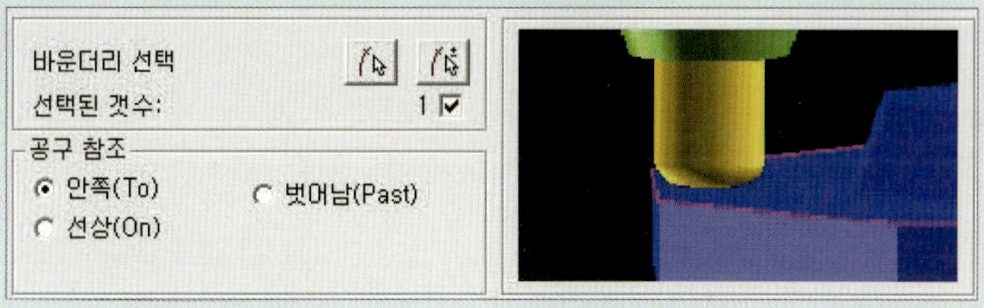

바운더리 선택
선택된 갯수: 1 ☑

공구 참조
◉ 안쪽(To)   ○ 벗어남(Past)
○ 선상(On)

05 다음 그림은 각 탭(tab)에 파라미터 값을 입력,
계산했을 때 공구의 위치와 안전 평면, Z방향
의 가공 범위, XY방향의 가공 범위, 공구 괘적
을 나타낸 것이다.

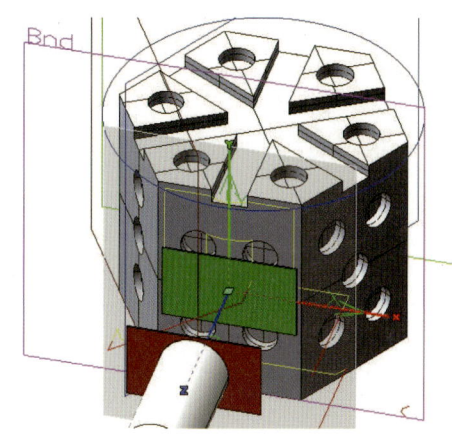

> ## 정면 인덱스 정삭 가공(평면)

정면 인덱스 정삭 가공(평면)의 가공 방법은 "좌정면 인덱스 정삭 가공(평면)"의 경우와 동일하다. 따라서 (6: T1 3D 등고선 황삭 가공 (소재 지정)) 공정을 복사/붙이기한 후 공구 탭의 프레임, 설정 탭의 소재(stock) 모델, 가공변수 탭, 영역 탭에서 파라미터를 각각의 공정에 맞게 수정한다.

01 공구 탭
프레임의 가공 좌표계 생성 아이콘을 클릭하여 정면 가공 좌표계를 생성하여 가공 좌표계로 사용한다.

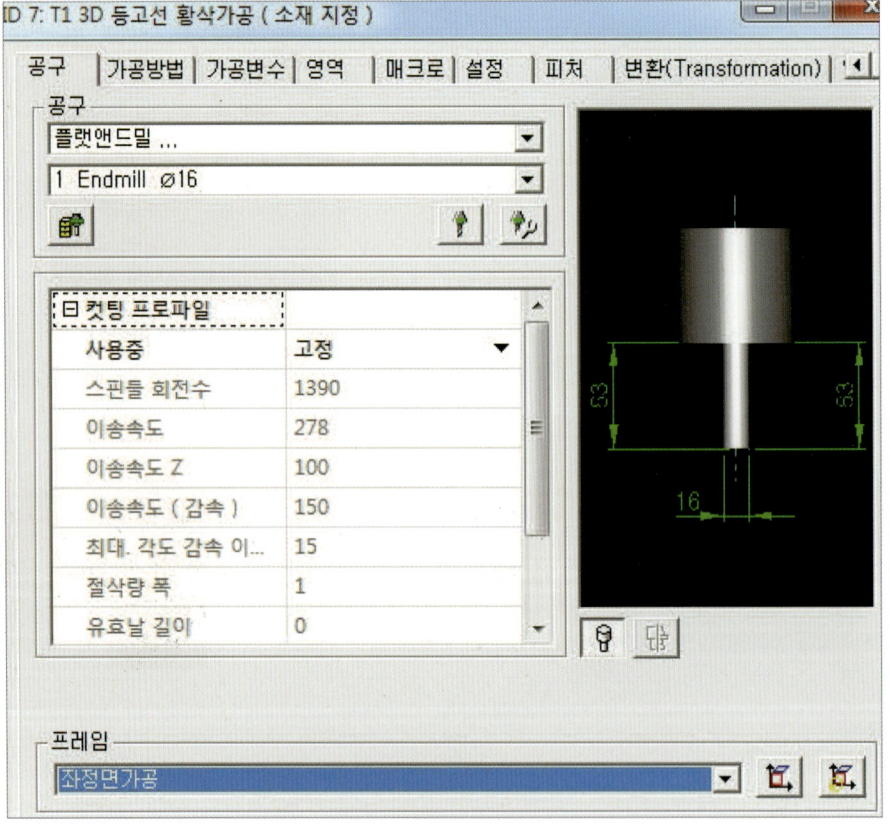

정면 가공 좌표계 생성 순서

❶ 작업 평면을 다음 그림 순서대로 정면 위에 놓는다.

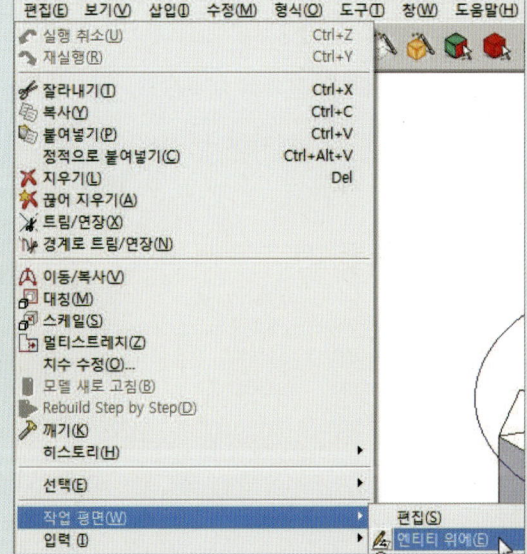

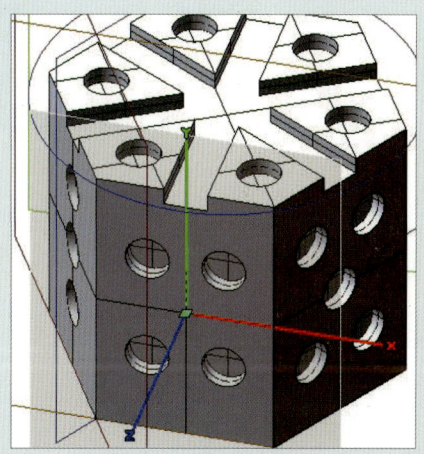

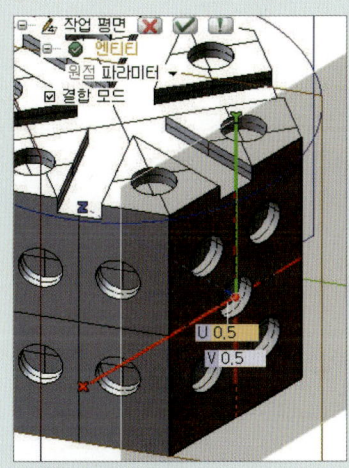

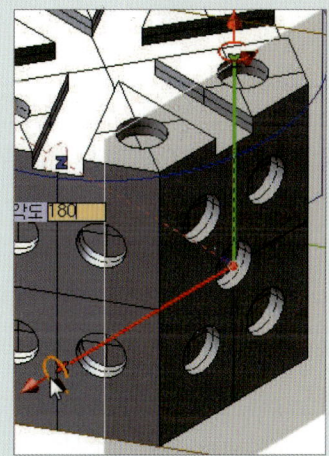

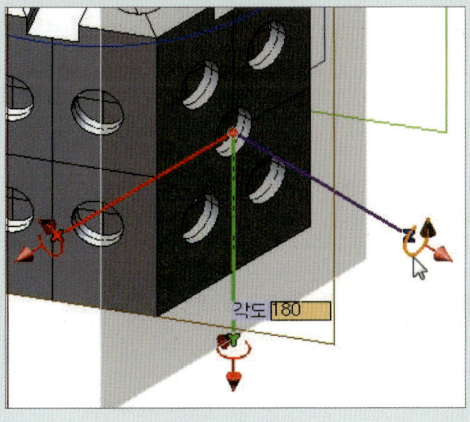

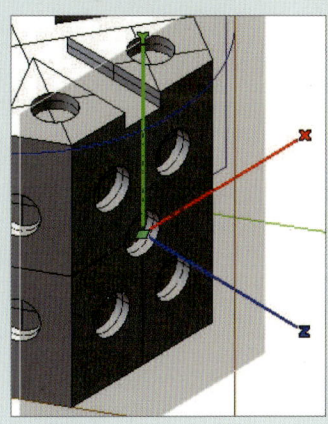

❷ 작업 평면과 가공 좌표계를 일치시킨다.

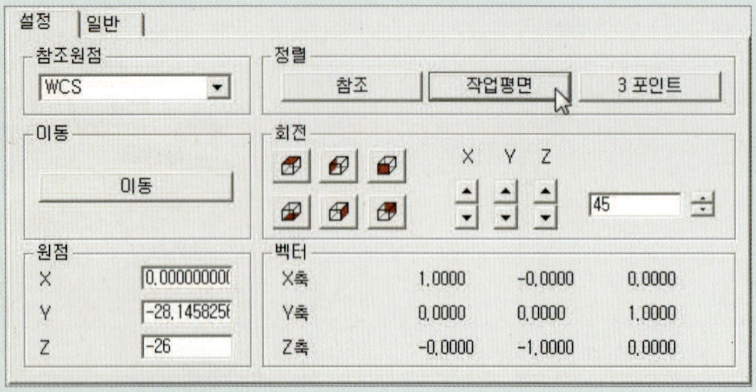

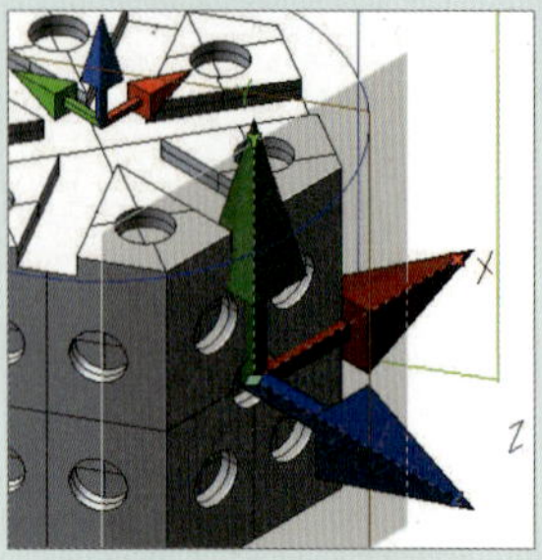

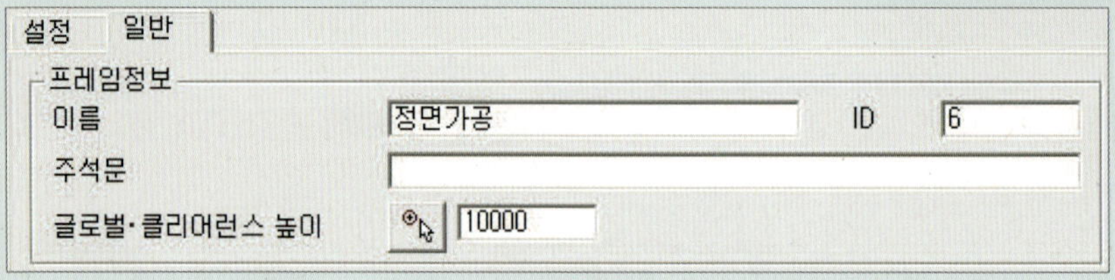

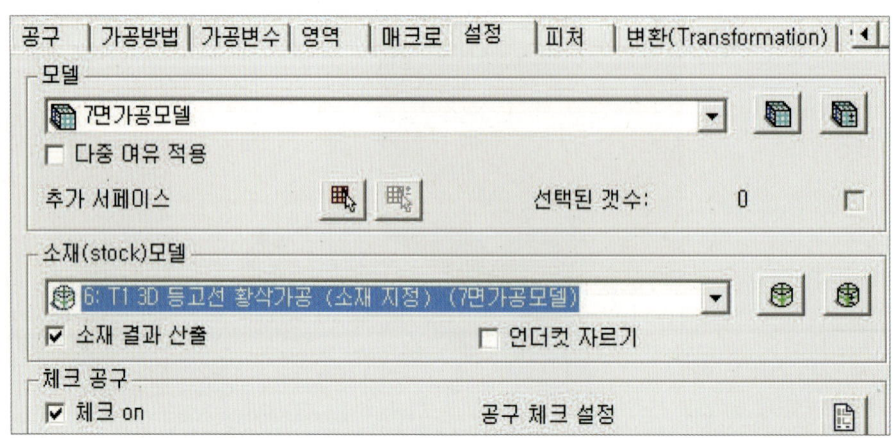

02 ▶ 설정 탭

소재 모델을 좌정면 정삭 가공 결과 자동으로 계산된 소재(6: T1 3D 등고선 황삭 가공 (소재 지정) (7면 가공 모델))를 사용한다. 다음 작업에 사용하기 위해 "☑ 소재 결과 산출" 파라미터를 체크한다.

03 가공변수 탭

좌정면 정삭(평면) 가공과 동일 상태이므로 가공 영역의 최고점/최저점만 확인하고 지나
간다.

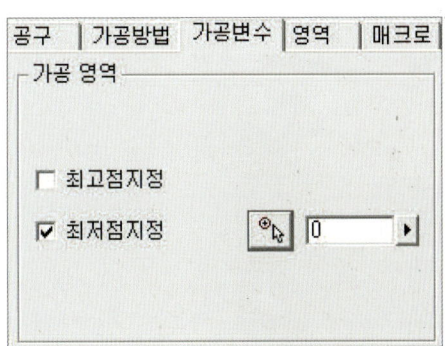
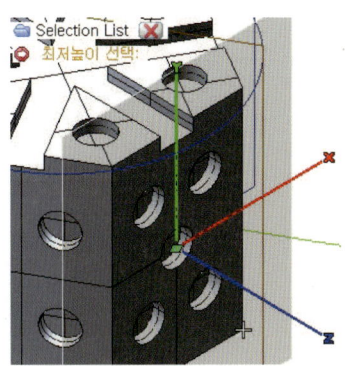

04 영역 탭

윗면을 제외한 나머지 6개면 가공은 XY평면 가공 영역을 반드시 지정해야 한다. 그렇지 않
을 경우 절삭 공구가 가공 소재가 고정되어 있는 척과의 충돌이 발생한다.

정면 가공 영역 생성 순서

❶ 풀 다운 메뉴 삽입 > 제도 > 직사각형 & 다각형 > 사각형(R) 명령으로 작업 평면 위에 다음 그림 순
서대로 가공 영역을 그린다.

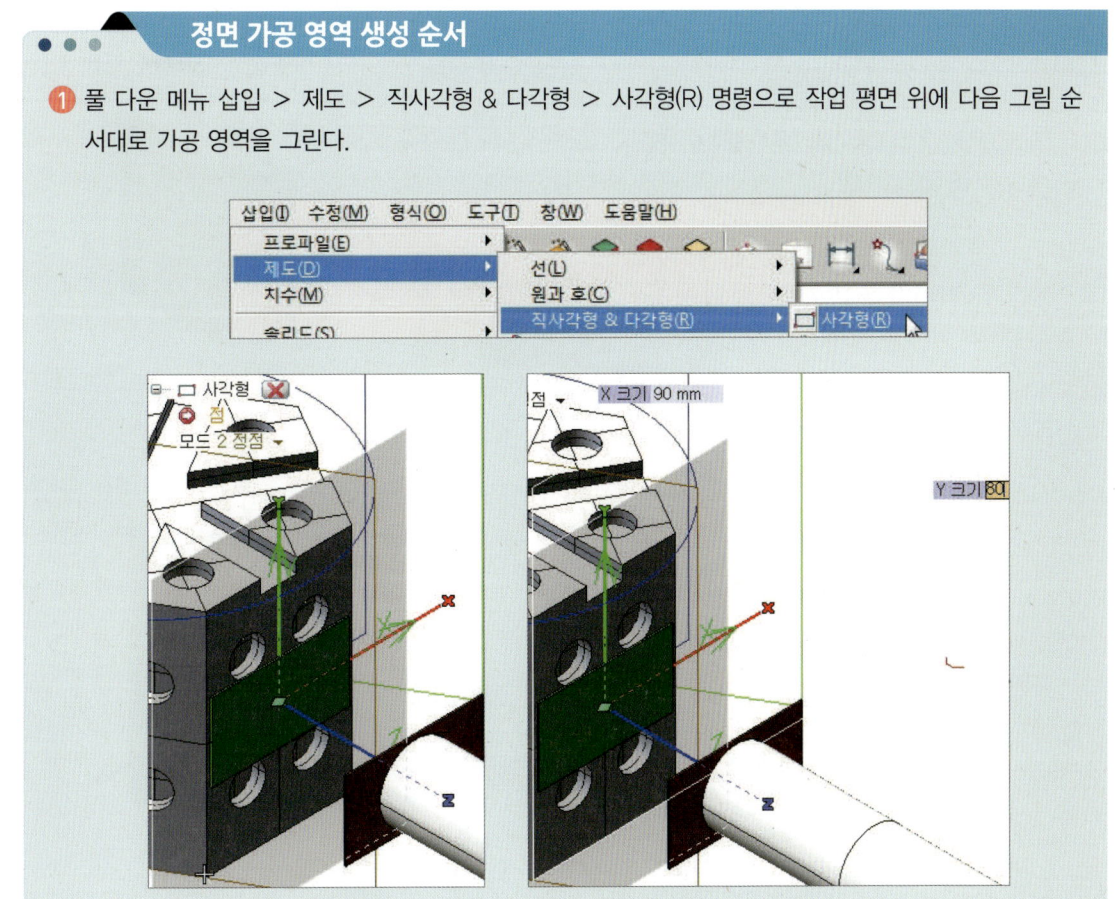

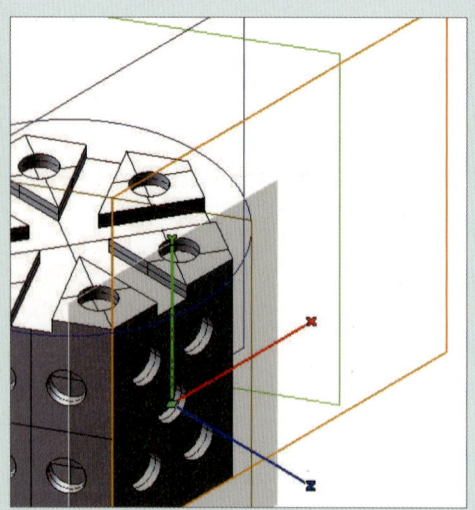

❷ 작업 평면 위에 그려진 사각형을 정면이 중앙에 오도록 이동/복사 명령을 사용하여 다음 그림 순서대로
이동시킨다.

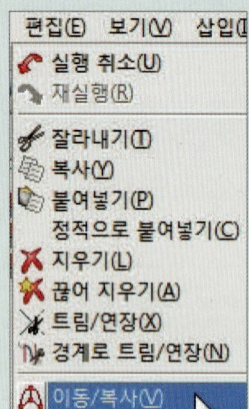

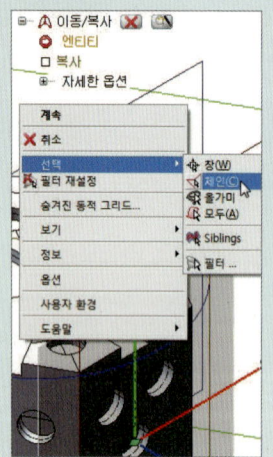

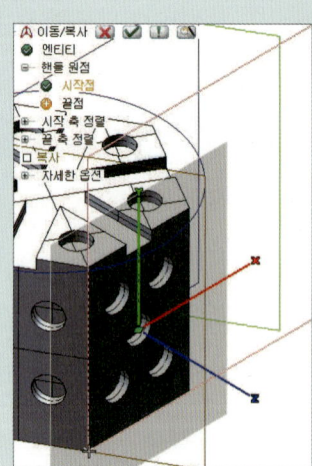

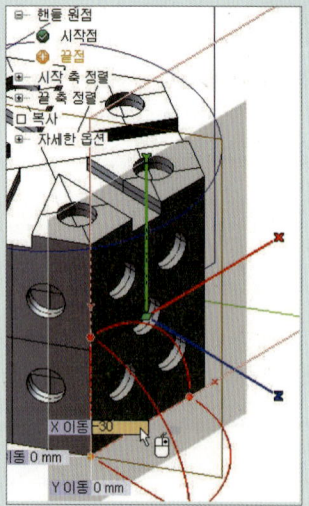

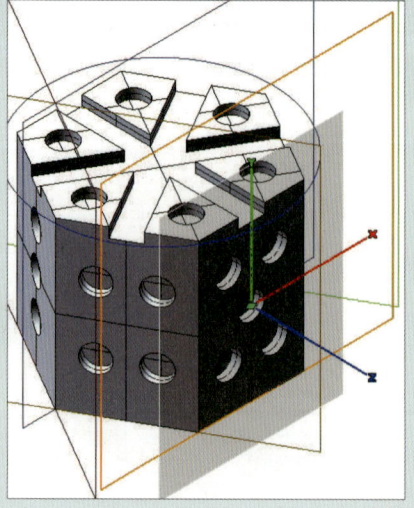

❸ 영역 탭의 바운더리 선택에서 신규 아이콘을 클릭하여 그려진 사각형을 선택한다.

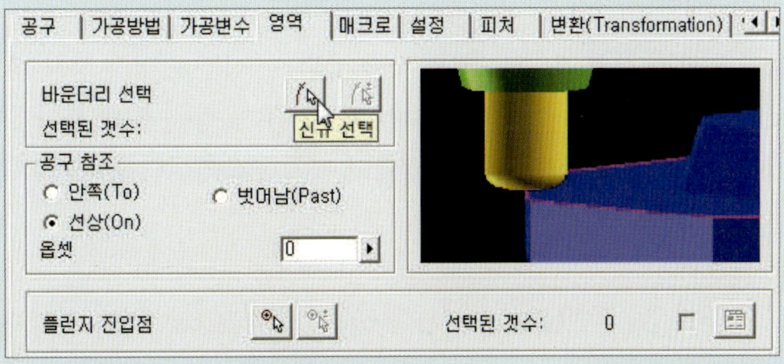

| 공구 | 가공방법 | 가공변수 | 영역 | 매크로 | 설정 | 피처 | 변환(Transformation) |

바운더리 선택
선택된 갯수:　　　　　　　　신규 선택

공구 참조
○ 안쪽(To)　　　　○ 벗어남(Past)
● 선상(On)
옵셋　　　　　　　　　　0　▶

플런지 진입점　　🔹　🔹　　　선택된 갯수:　0　□　🔲

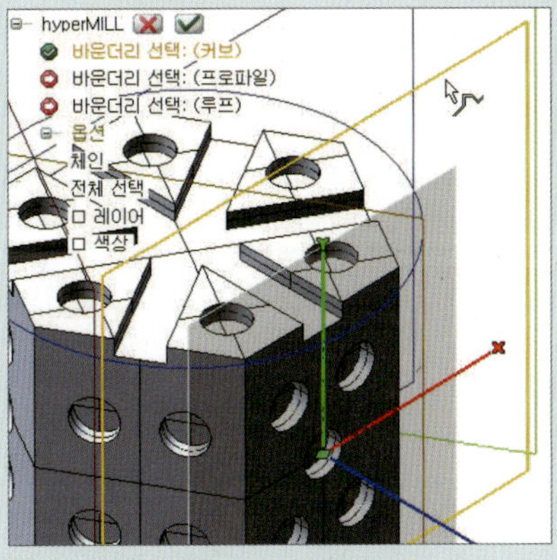

hyperMILL ❌ ✅
　🟢 바운더리 선택: (커브)
　🔴 바운더리 선택: (프로파일)
　📍 바운더리 선택: (루프)
　□ 옵션
　체인
　전체 선택
　□ 레이어
　□ 색상

※ 공구가 영역 안쪽에서만 가공하도록 공구 참조를 "안쪽"을 선택한다.

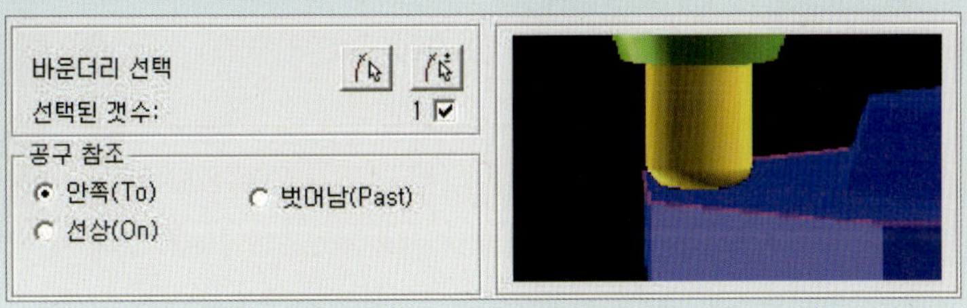

바운더리 선택
선택된 갯수:　　　　　　　　1 ☑

공구 참조
● 안쪽(To)　　　　○ 벗어남(Past)
○ 선상(On)

05 ▶ 다음 그림은 각 탭(tab)에 파라미터 값을 입력, 계산했을
　　 때 공구의 위치와 안전 평면, Z방향의 가공 범위, XY방향
　　 의 가공 범위, 공구 괘적을 나타낸 것이다.

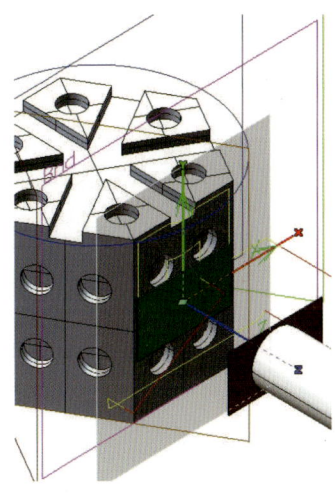

우정면 인덱스 정삭 가공(평면)

우정면 인덱스 정삭 가공(평면)의 가공 방법은 "정면 인덱스 정삭 가공(평면)"의 경우와 동일하다. 따라서 (7: T1 3D 등고선 황삭 가공 (소재 지정)) 공정을 복사/붙이기한 후 공구 탭의 프레임, 설정 탭의 소재(stock) 모델, 가공변수 탭, 영역 탭에서 파라미터를 각각의 공정에 맞게 수정한다.

01 ▷ 공구 탭

프레임의 가공 좌표계 생성 아이콘을 클릭하여 우정면 가공 좌표계를 생성하여 가공 좌표계로 사용한다.

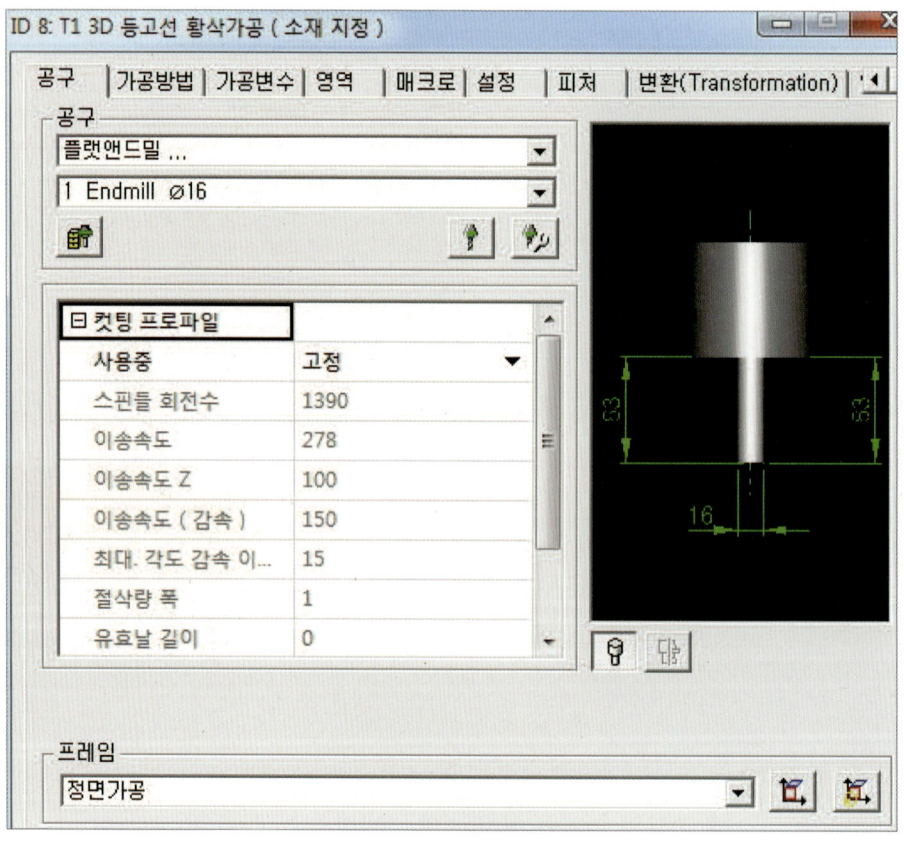

우정면 가공 좌표계 생성 순서

❶ 작업 평면을 다음 그림 순서대로 우정면 위에 놓는다.

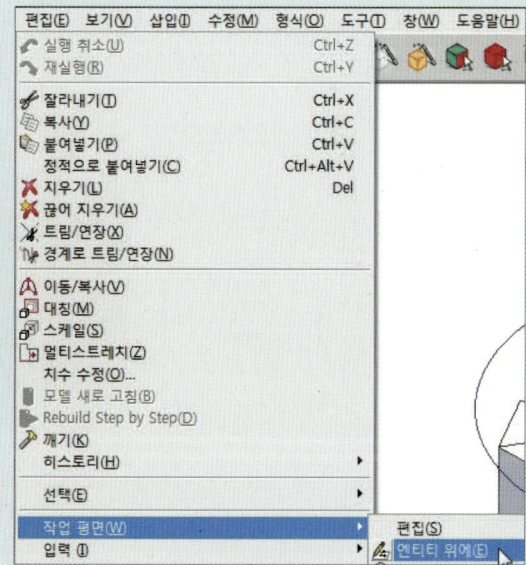

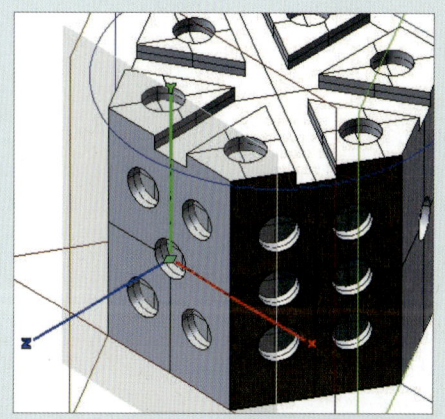

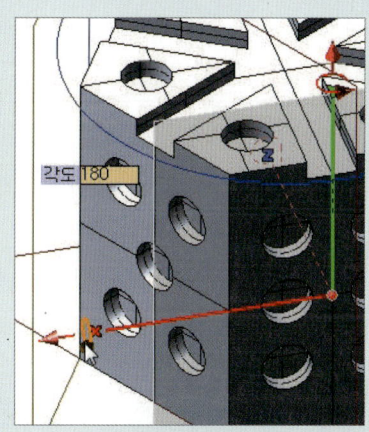

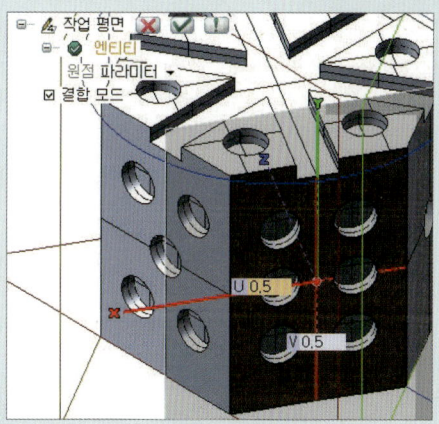

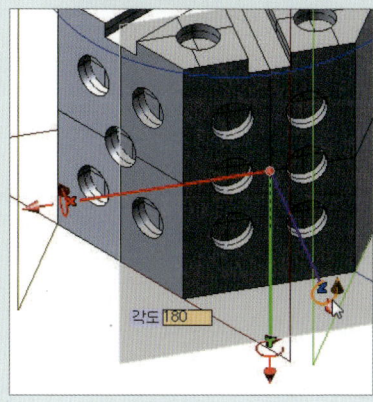

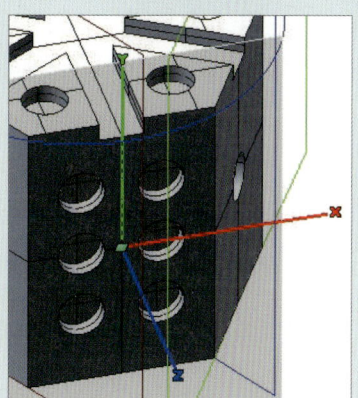

❷ 작업 평면과 가공 좌표계를 일치시킨다.

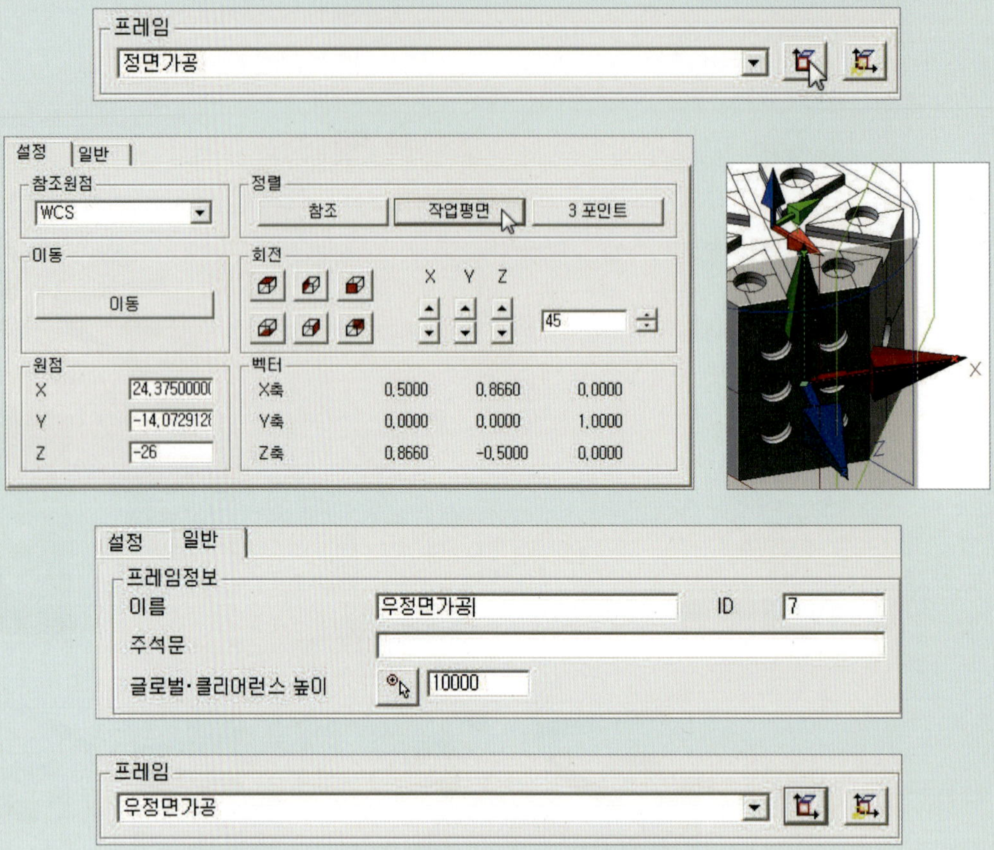

프레임
정면가공
설정 일반
참조원점
WCS
정렬
참조
작업평면
3 포인트
이동
이동
회전
X Y Z
45
원점
X 24,3750000
Y -14,072912
Z -26
벡터
X축 0,5000 0,8660 0,0000
Y축 0,0000 0,0000 1,0000
Z축 0,8660 -0,5000 0,0000
X
Z
설정 일반
프레임정보
이름
우정면가공
ID
7
주석문
글로벌·클리어런스 높이
10000
프레임
우정면가공

02 설정 탭

소재 모델을 정면 정삭 가공 결과 자동으로 계산된 소재(7: T1 3D 등고선 황삭 가공 (소재 지정) (7면 가공 모델))를 사용한다. 다음 작업에 사용하기 위해 "☑ 소재 결과 산출" 파라미터를 체크한다.

공구
가공방법
가공변수
영역
매크로
설정
피처
변환(Transformation)
모델
7면가공모델
다중 여유 적용
추가 서페이스
선택된 갯수:
0
소재(stock)모델
7: T1 3D 등고선 황삭가공 (소재 지정) (7면가공모델)
소재 결과 산출
언더컷 자르기

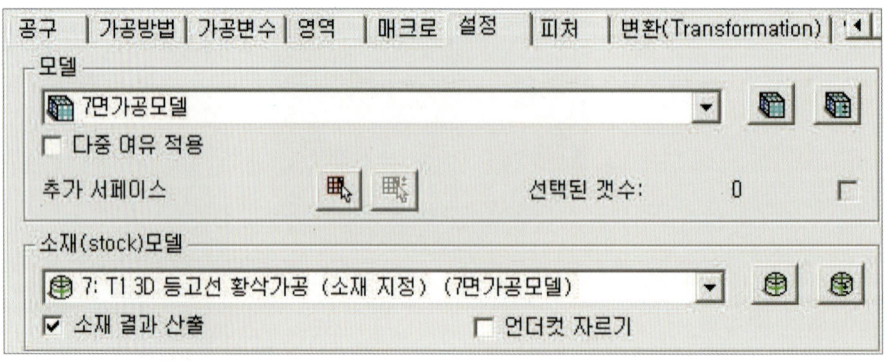

03 가공변수 탭

정면 정삭(평면) 가공과 동일 상태이므로 가공 영역의 최고점/최저점만 확인하고 지나
간다.

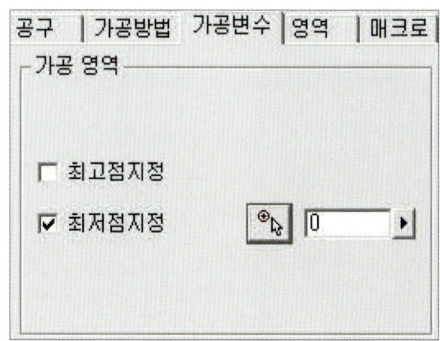
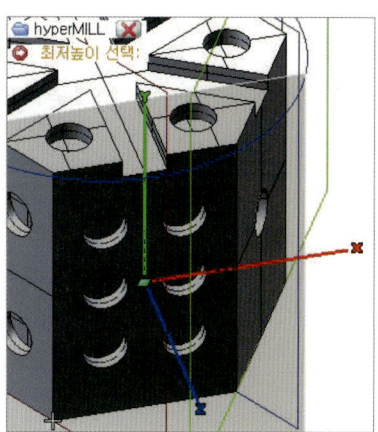

04 영역 탭

윗면을 제외한 나머지 6개면 가공은 XY평면 가공 영역을 반드시 지정해야 한다. 그렇지 않
을 경우 절삭 공구가 가공 소재가 고정되어 있는 척과의 충돌이 발생한다.

우정면 가공 영역 생성 순서

① 풀 다운 메뉴 삽입 > 제도 > 직사각형 & 다각형 > 사각형(R) 명령으로 작업 평면 위에 다음 그림 순
서대로 가공 영역을 그린다.

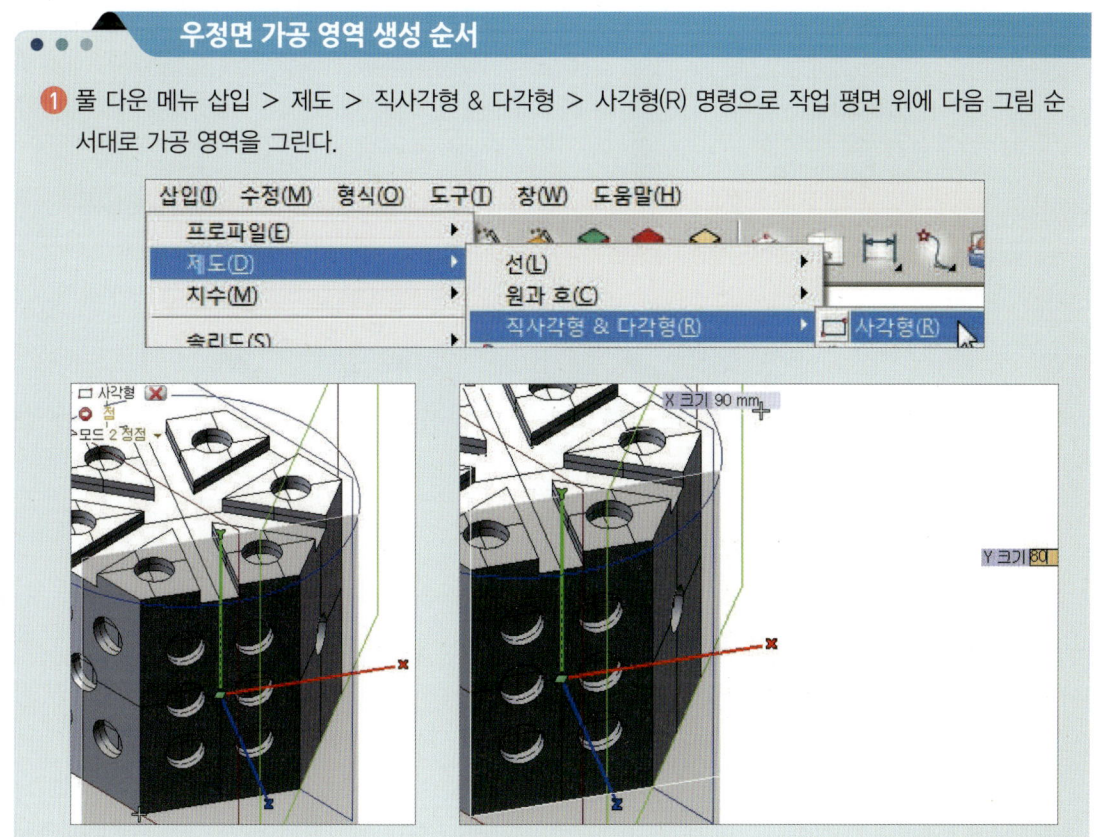

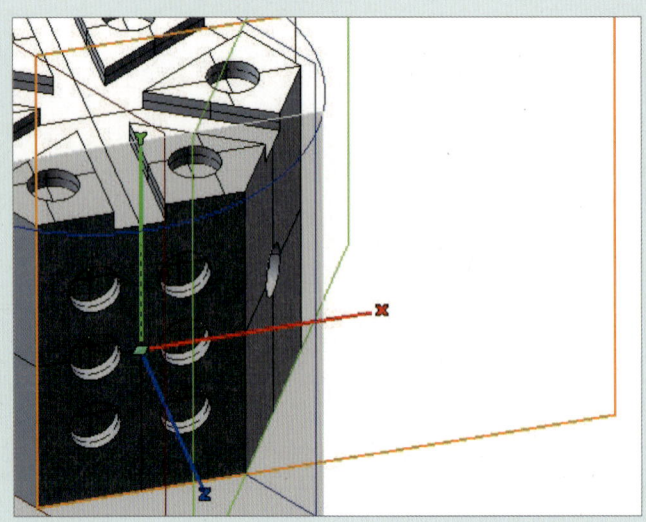

② 작업 평면 위에 그려진 사각형을 정면이 중앙에 오도록 이동/복사 명령을 사용하여 다음 그림 순서대로
이동시킨다.

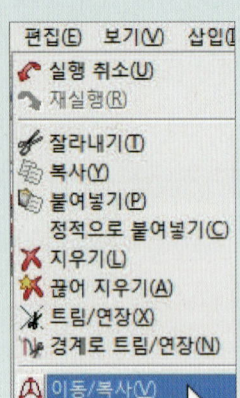
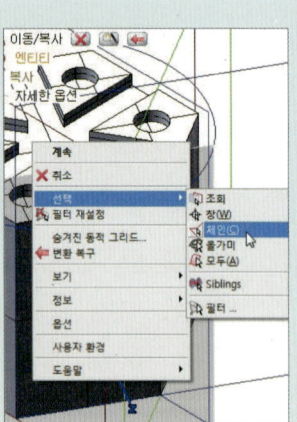
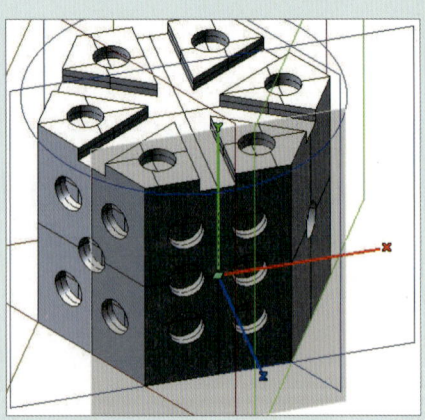

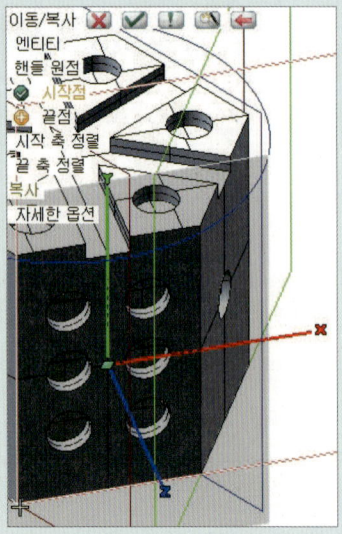
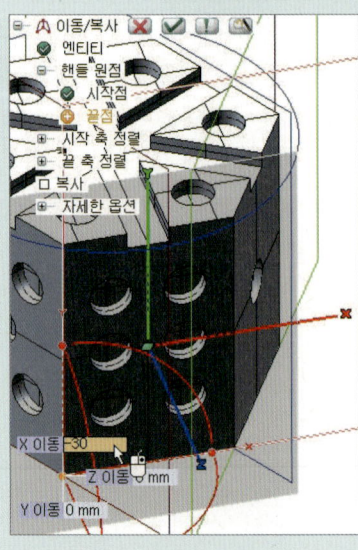

❸ 영역 탭의 바운더리 선택에서 신규 아이콘을 클릭하여 그려진 사각형을 선택한다.

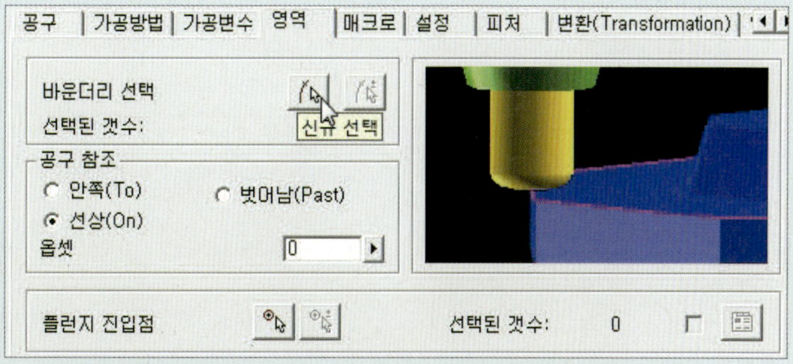

| 공구 | 가공방법 | 가공변수 | 영역 | 매크로 | 설정 | 피처 | 변환(Transformation) |

바운더리 선택
선택된 갯수:
신규 선택

공구 참조
○ 안쪽(To)   ○ 벗어남(Past)
◉ 선상(On)
옵셋   0

플런지 진입점   선택된 갯수: 0

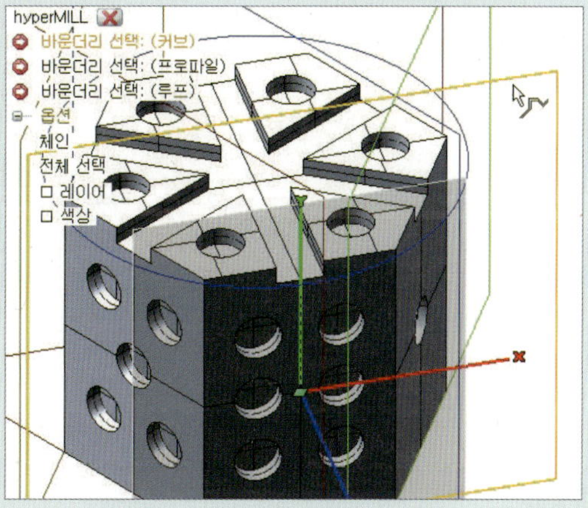

hyperMILL
❌ 바운더리 선택: (커브)
❌ 바운더리 선택: (프로파일)
❌ 바운더리 선택: (루프)
옵션
체인
전체 선택
□ 레이어
□ 색상

※ 공구가 영역 안쪽에서만 가공하도록 공구 참조를 "안쪽"을 선택한다.

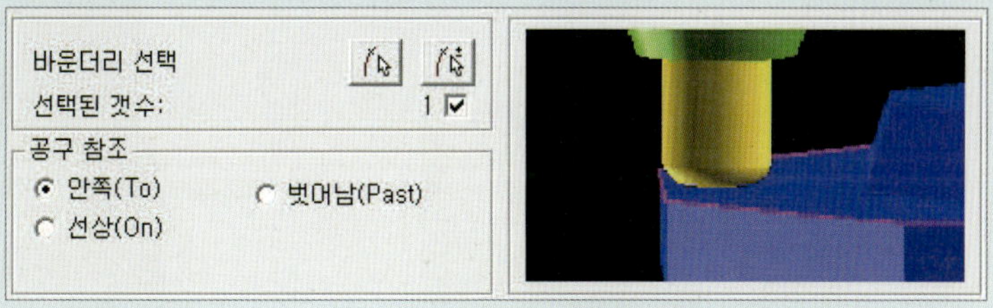

바운더리 선택
선택된 갯수: 1 ☑

공구 참조
◉ 안쪽(To)   ○ 벗어남(Past)
○ 선상(On)

05 다음 그림은 각 탭(tab)에 파라미터 값을 입력, 계산했을 때 공구의 위치와 안전 평면, Z방향의 가공 범위, XY방향의 가공 범위, 공구 궤적을 나타낸 것이다.

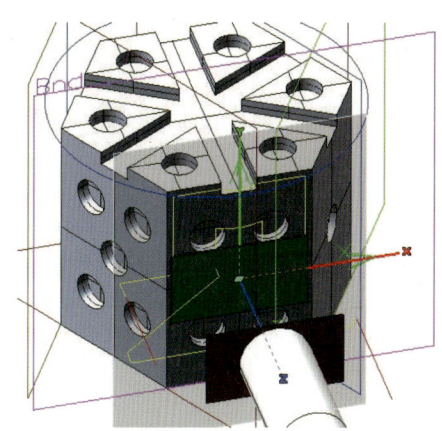

06 ▶ 다음 그림은 파이 16 엔드밀로 평면 부위를 정삭한 결과이다.

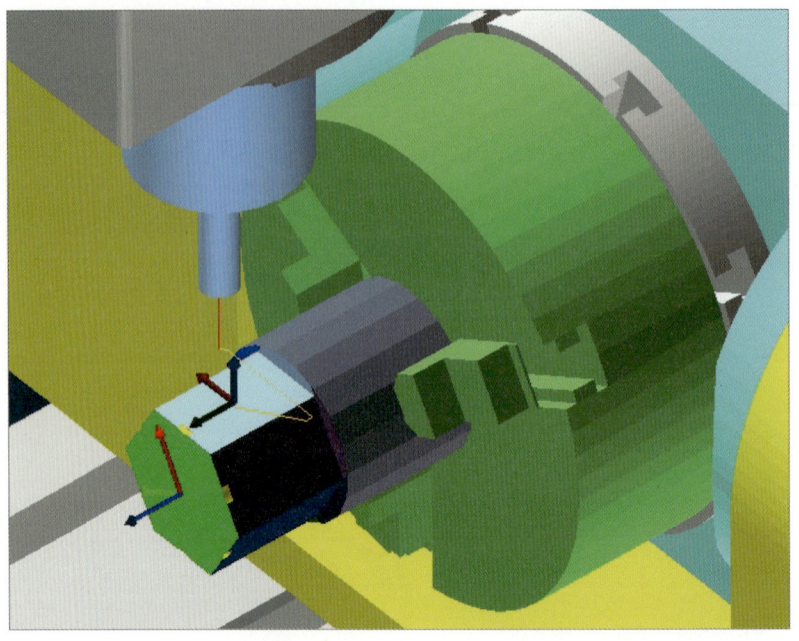

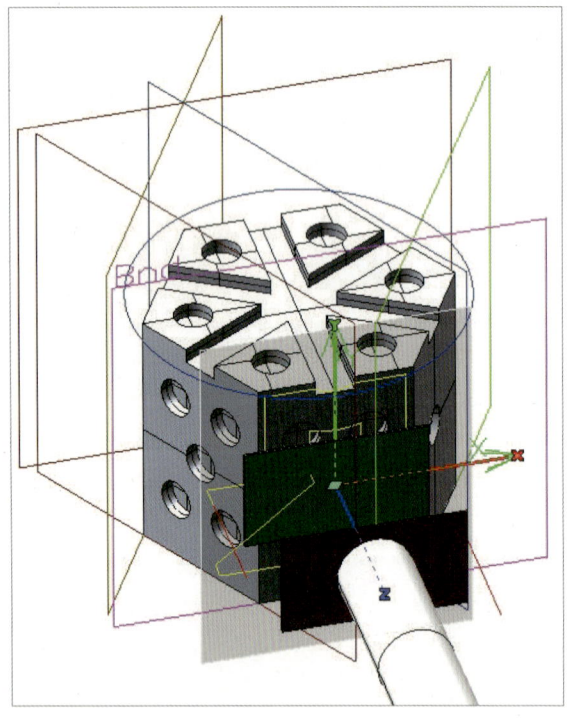

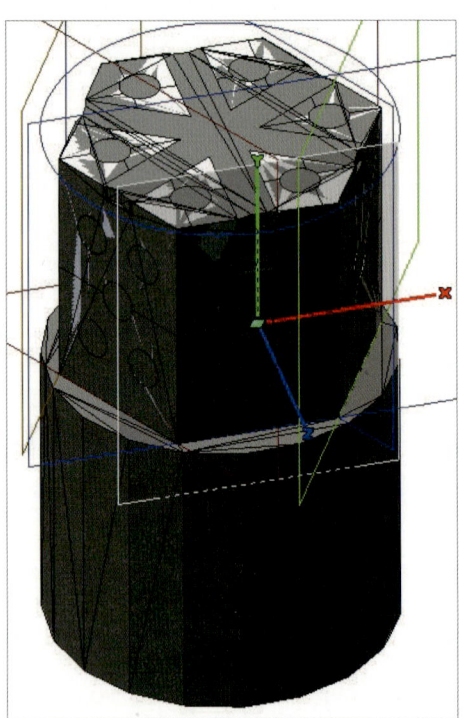

3-4 홈과 구멍 황삭 가공

파이 6 엔드밀로 홈과 구멍을 황삭 가공 해보자.

› 윗면 황삭 가공

- 3D 사이클 > 3D 등고선 황삭 가공(소재 지정)을 사용하여 윗면을 황삭 가공한다.
   → 8번 공정(우정면 인덱스 정삭 가공)을 복사/붙이기 한다.
- 5번 공구(파이 6 엔드밀)를 사용한다.
- 가공 좌표계는 앞 공정에서 생성한 윗면 가공 좌표계를 사용한다.
- 소재(stock) 모델은 우정면 인덱스 정삭 가공(평면)에서 계산된 소재(8: T1 3D 등고선 황삭 가 공 (소재 지정) (7면 가공 모델))를 사용한다.

01 › 공구 탭

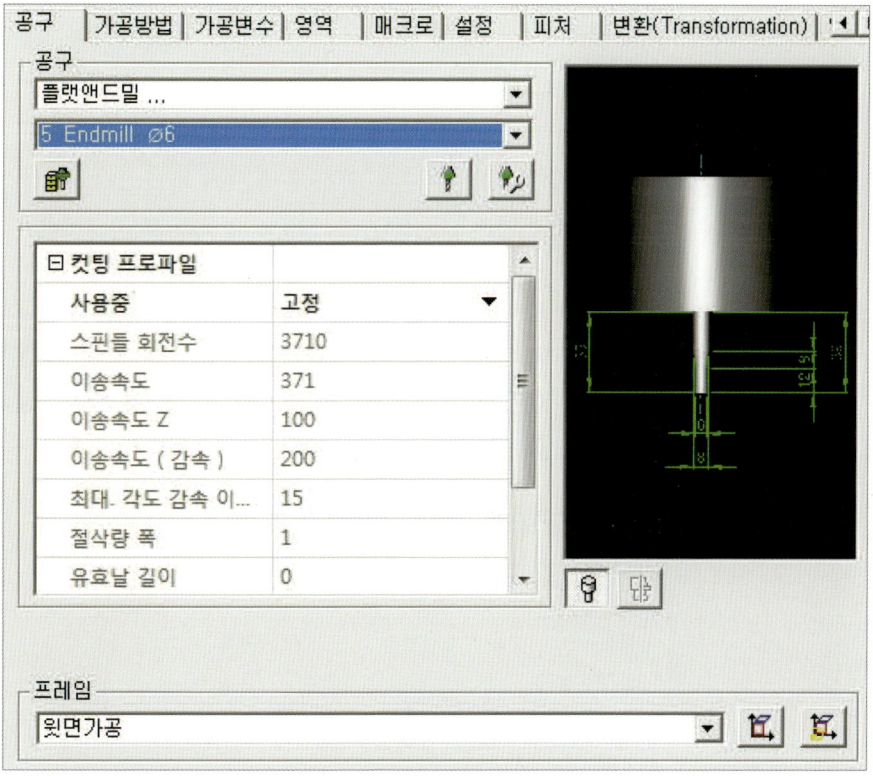

02 ▷ 설정 탭

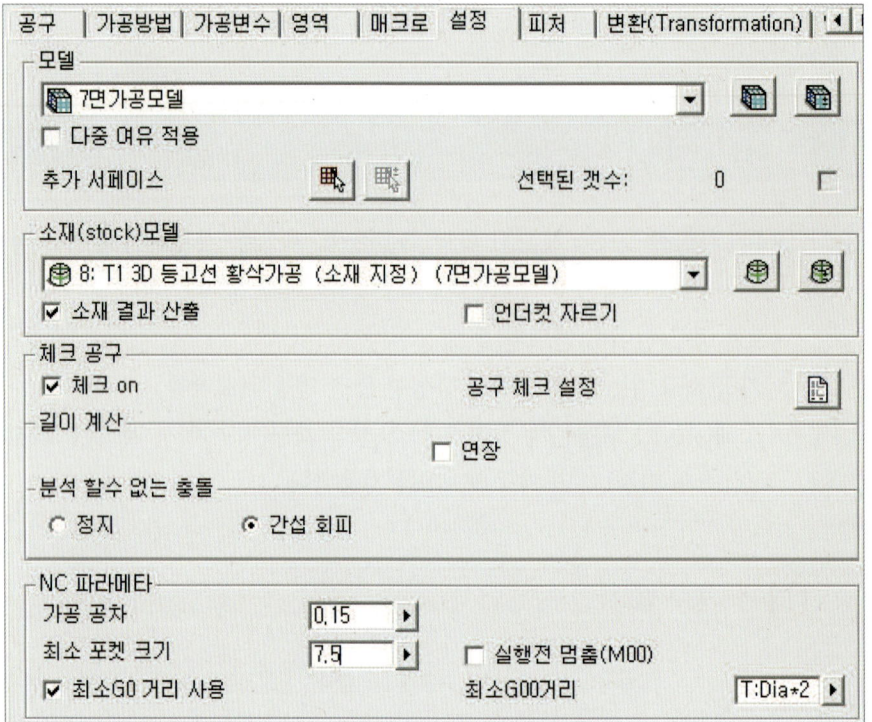

❶ 가공 공차는 황삭 가공이므로 0.15로 변경한다.

❷ 포켓의 크기가 파이 8이므로 최소 포켓 크기 파라미터를 8보다 작은 7.5를 입력한다.

❸ 포켓의 크기 측정은 hyperMILL Analysis 기능을 이용한다.

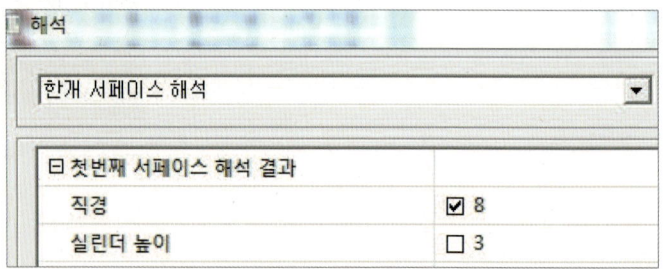

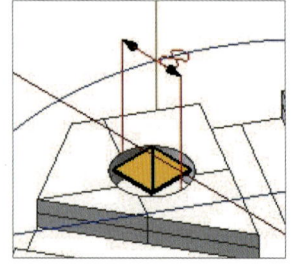

다음 그림은 최소 포켓 크기 파라미터를 (a) 7.5로 한 경우, (b) 8보다 크게 한 경우의 공구 괘적이다.

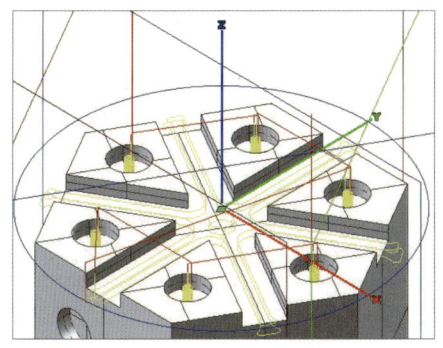

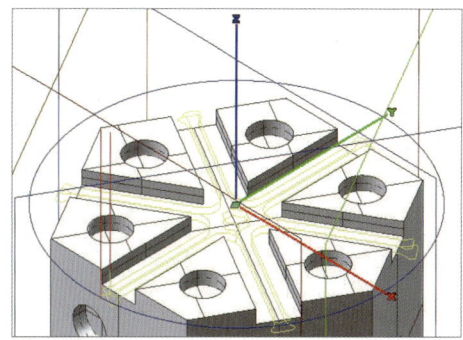

(a) 7.5로 한 경우   (b) 8보다 크게 한 경우

03 가공 방법 탭

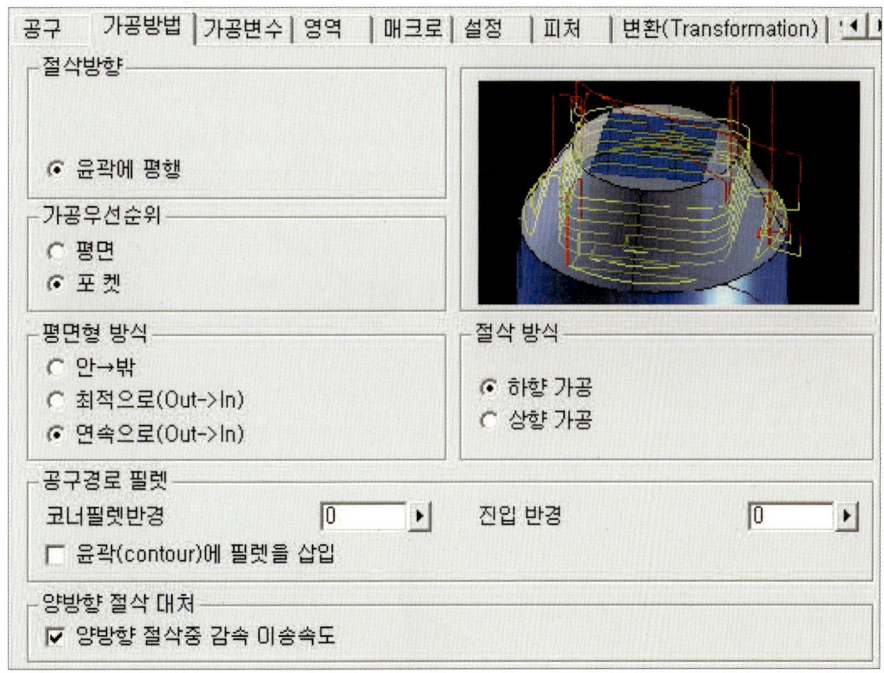

- 포켓 형상이 많으므로 가공 우선 순위 파라미터를 등고선 가공 형태의 "평면" 보다 가공 속도가 빠른 "포켓" 파라미터를 선택한다.

04 ❯❯ 가공변수 탭

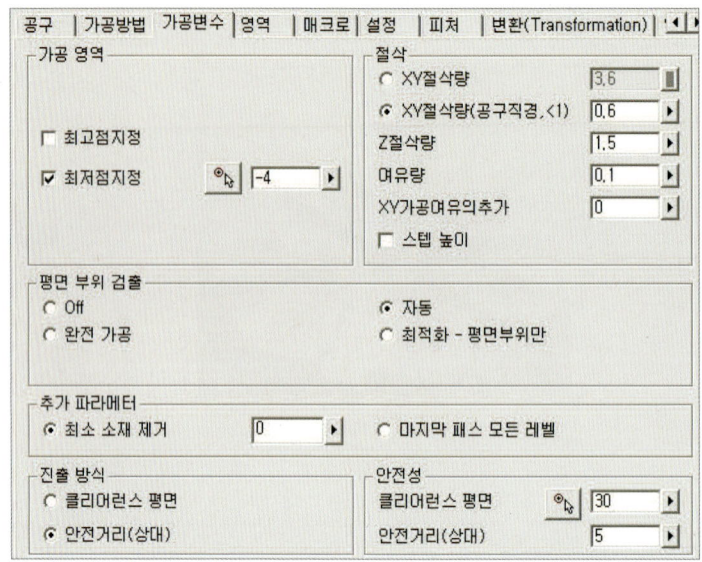

- Z 방향의 가공 범위

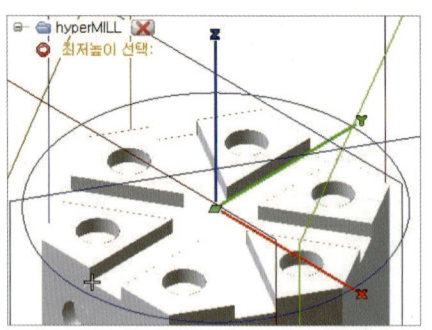

05 ❯❯ 다음 그림은 각 탭(tab)에 파라미터 값을 입력, 계산했을 때 공구의 위치와 안전 평면, Z방향의 가공 범위, 공구 괘적을 나타낸 것이다.

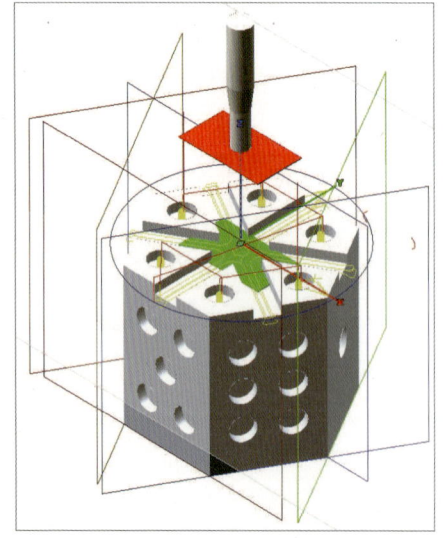
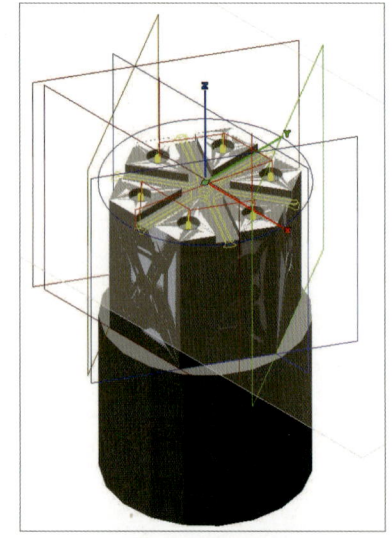

우배면 인덱스 황삭 가공

- 5번 공구를 사용하여 우배면을 가공한다.
- 가공 좌표계는 앞 공정에서 생성한 우배면 가공 좌표계를 사용한다.
- 소재(stock) 모델은 윗면 황삭 가공에서 계산된 소재(9: T5 3D 등고선 황삭 가공 (소재 지정) (7면 가공 모델))를 사용한다.
- 우배면 인덱스 황삭 가공은 윗면 황삭 가공과 기본적으로 같은 형태의 가공이므로 윗면 황삭(9: T5 3D 등고선 황삭 가공 (소재 지정)) 공정을 복사/붙이기한 후 공구 탭의 프레임, 설정 탭, 가공변수 탭, 영역 탭에서 그림과 같이 우배면 인덱스 황삭에 맞게 수정한다.

01 공구 탭

프레임에서 앞 공정에서 생성한 우배면 가공 좌표계를 선택한다.

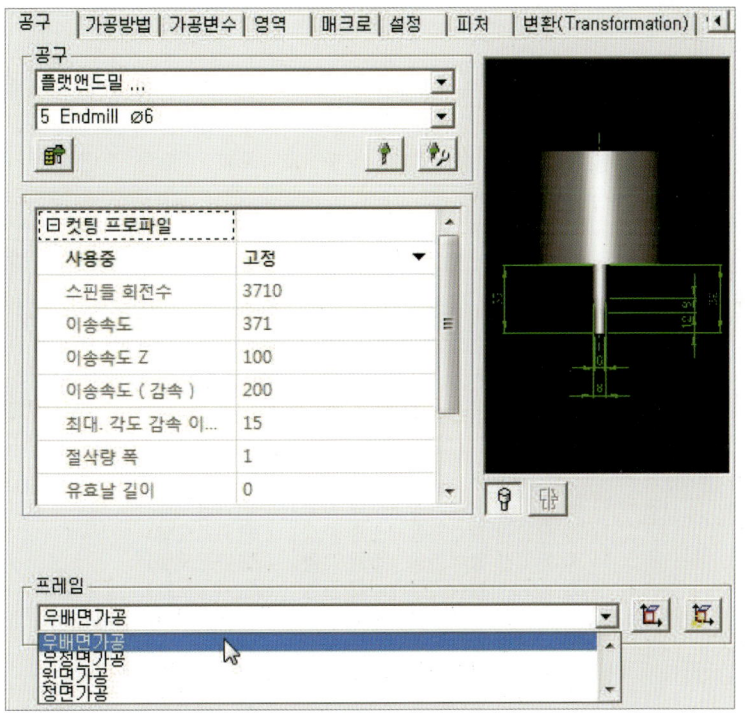
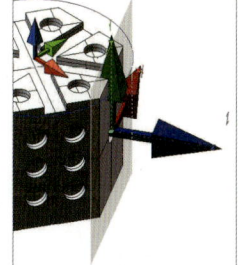

02 ▶ 설정 탭

❶ 소재 모델을 윗면 황삭 가공 결과 자동으로 계산된 소재(9: T5 3D 등고선 황삭 가공 (소 재 지정) (7면 가공 모델))를 사용한다. 다음 작업에 사용하기 위해 "☑ 소재 결과 산출" 파라미터를 체크한다.

❷ 포켓의 크기를 hyperMILL Analysis 기능을 이용하여 측정한다.

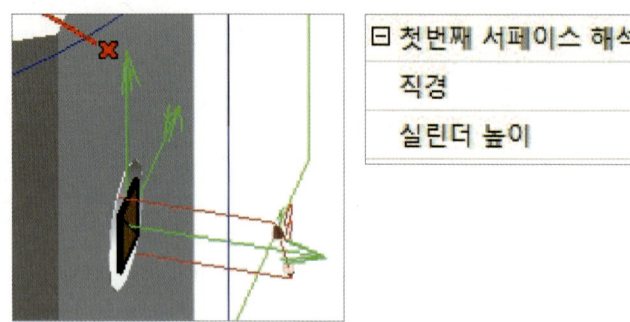

⊟ 첫번째 서페이스 해석 결과	
직경	☑ 8
실린더 높이	☐ 3

포켓의 크기가 파이 8이므로 최소 포켓 크기 파라미터를 8보다 작은 7.5를 입력한다.

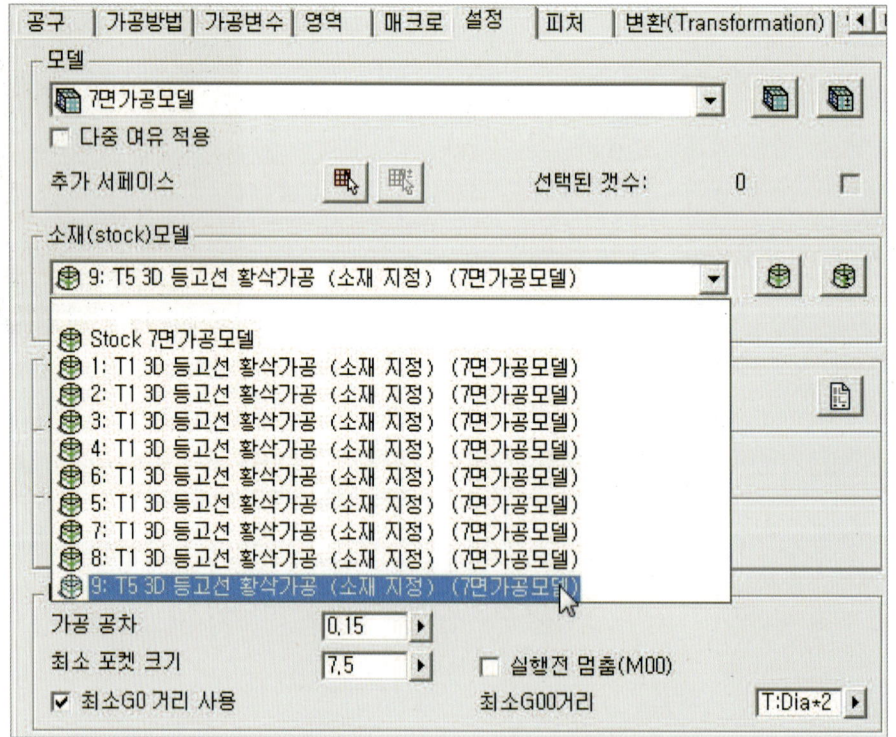

03 가공변수 탭

가공 영역의 최고점/최저점, 클리어런스 평면 파라미터 값을 다음과 같이 변경한다.

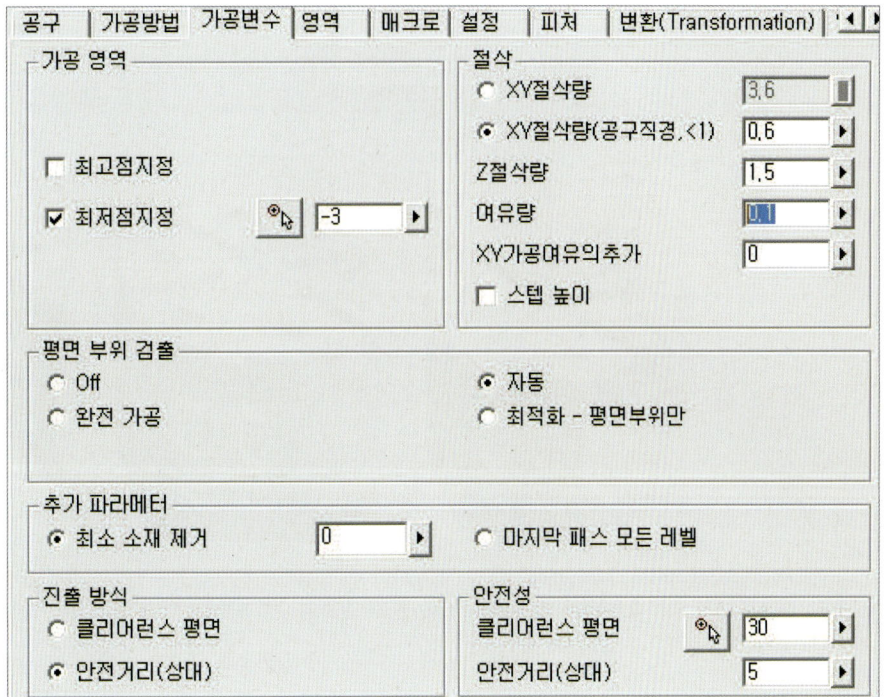

– 최저점 지정

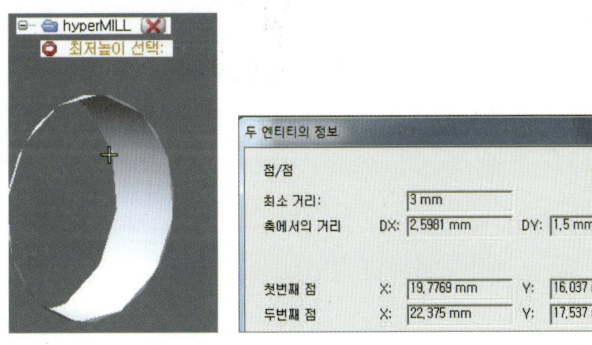

04 영역 탭

윗면을 제외한 나머지 6개면 가공은 XY평면 가공 영역을 반드시 지정해야 한다. 그렇지 않을 경우 절삭 공구가 가공 소재가 고정되어 있는 척과의 충돌이 발생한다.

　앞 공정과 다른 방식으로 영역을 설정 해보자. hyperMILL 영역 선택 방식에서 바운더리 선택: (루프)를 사용한다.

우배면 가공 영역 생성 순서

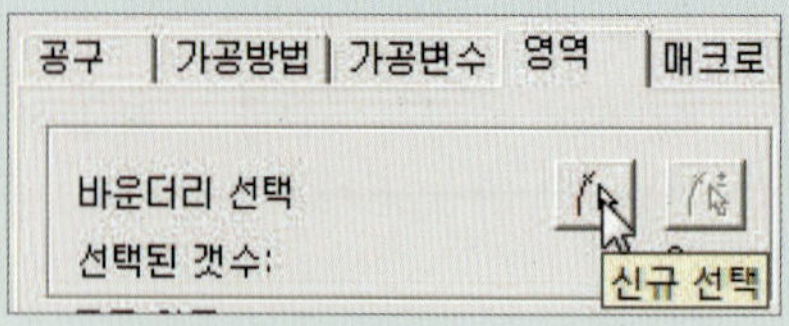

| 공구 | 가공방법 | 가공변수 | 영역 | 매크로 |

바운더리 선택
선택된 갯수:
신규 선택

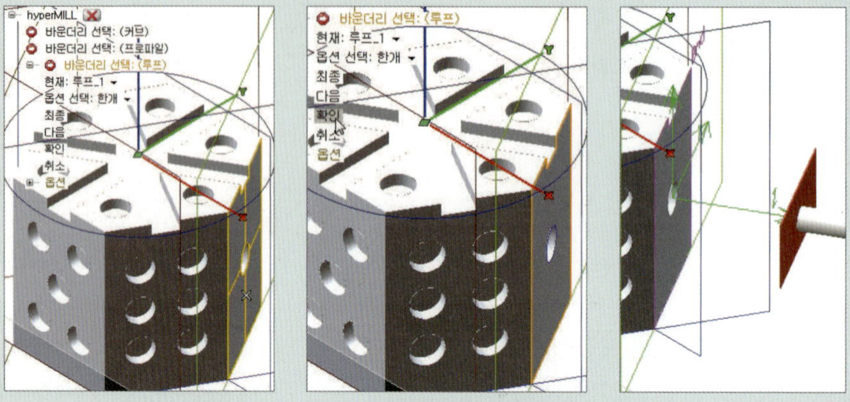

※ 공구가 영역 안쪽에서만 가공하도록 공구 참조를 "안쪽"을 선택한다.

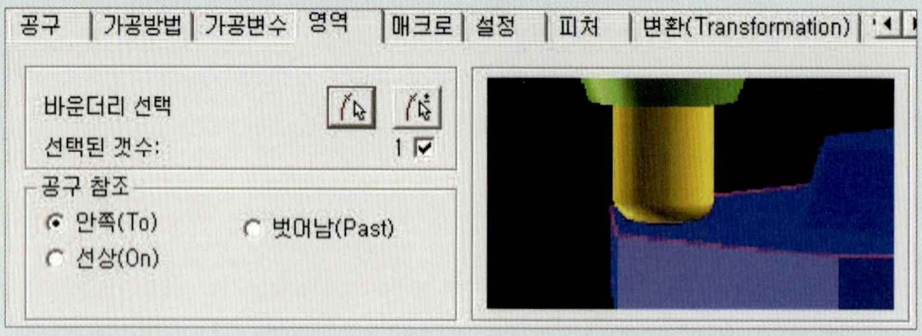

| 공구 | 가공방법 | 가공변수 | 영역 | 매크로 | 설정 | 피처 | 변환(Transformation) |

바운더리 선택
선택된 갯수: 1 ☑

공구 참조
⦿ 안쪽(To)   ○ 벗어남(Past)
○ 선상(On)

05 ▷ 다음 그림은 각 탭(tab)에 파라미터 값을 입력, 계산했을 때 공구의 위치와 안전 평면, XY
방향의 가공 범위, 공구 괘적을 나타낸 것이다.

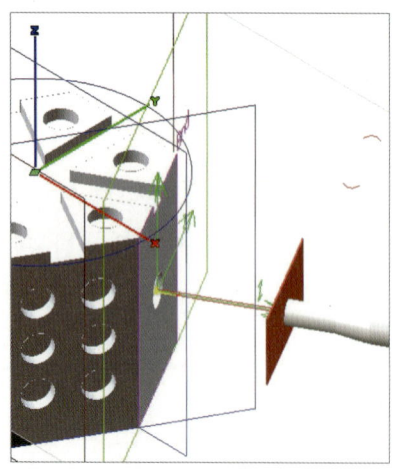
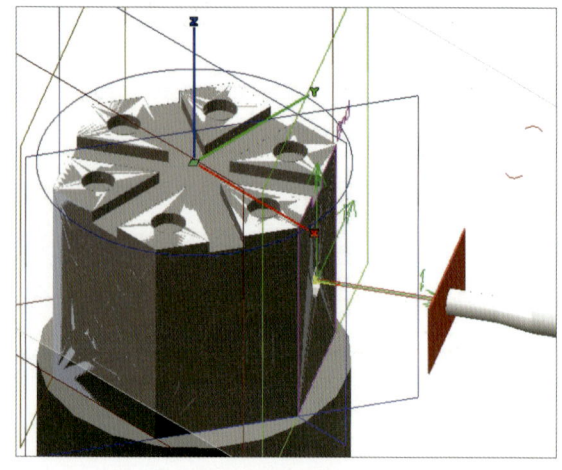

배면 인덱스 황삭 가공

- 5번 공구를 사용하여 배면을 가공한다.
- 가공 좌표계는 앞 공정에서 생성한 배면 가공 좌표계를 사용한다.
- 소재(stock) 모델은 우배면 황삭 가공에서 계산된 소재(10: T5 3D 등고선 황삭 가공 (소재 지정) (7면 가공 모델))를 사용한다.
- 배면 인덱스 황삭 가공은 우배면 인덱스 황삭 가공과 기본적으로 같은 형태의 가공이므로 우배면 인덱스 황삭(10: T5 3D 등고선 황삭 가공 (소재 지정)) 공정을 복사/붙이기한 후 공구 탭의 프레임, 설정 탭, 가공변수 탭, 영역 탭에서 그림과 같이 배면 인덱스 황삭에 맞게 수정한다.

01 공구 탭

프레임에서 앞 공정에서 생성한 배면 가공 좌표계를 선택한다.

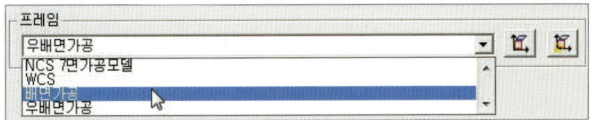
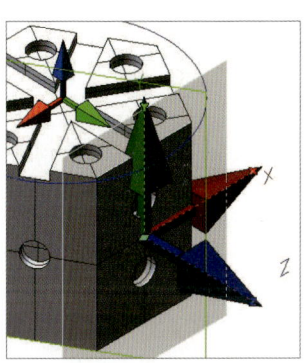

02 설정 탭

❶ 소재 모델을 우배면 황삭 가공 결과 자동으로 계산된 소재(10: T5 3D 등고선 황삭 가공 (소재 지정) (7면 가공 모델))를 사용한다. 다음 작업에 사용하기 위해 "☑ 소재 결과 산출" 파라미터를 체크한다.

❷ 포켓의 크기를 hyperMILL Analysis 기능을 이용하여 측정한다.

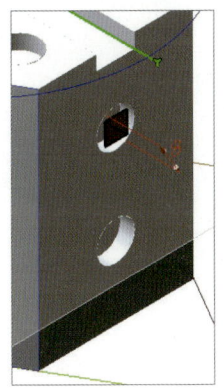

🗆 첫번째 서페이스 해석 결과	
직경	☑ 8
실린더 높이	☐ 3

❸ 포켓의 크기가 파이 8이므로 최소 포켓 크기 파라미터를 8보다 작은 7.5를 입력한다.

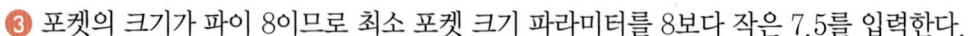

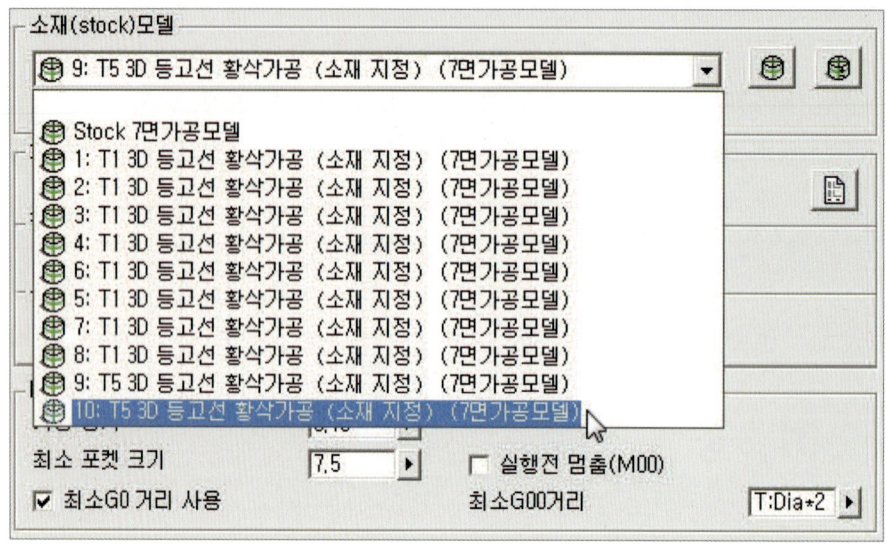

03 ▶ 가공변수 탭

우배면 인덱스 황삭 가공 공정 파라미터 값을 그대로 사용한다.

04 ▶ 영역 탭

앞 공정과 같은 방식으로 영역을 설정 해보자. hyperMILL 영역 선택 방식에서 바운더리
선택: (루프)를 사용한다.

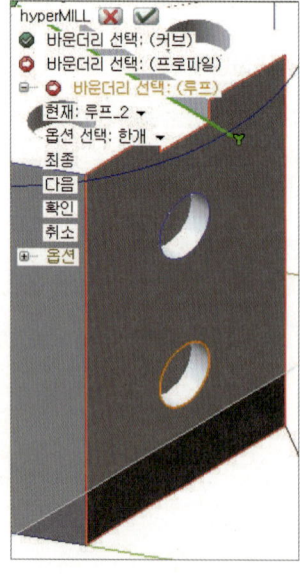
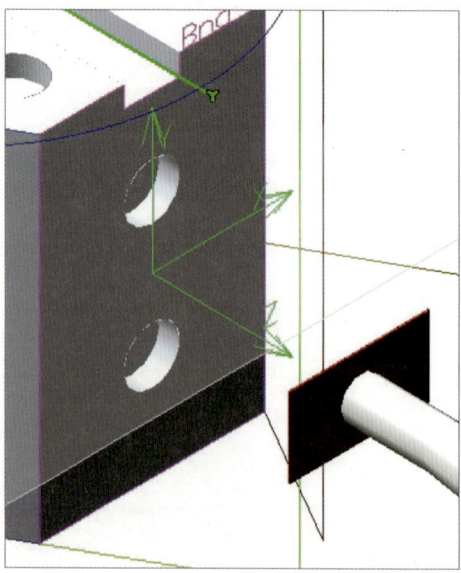

05 ▶ 다음 그림은 각 탭(tab)에 파라미터 값을 입력, 계산했을 때 공구의 위치와 안전 평면, XY
방향의 가공 범위, 공구 괘적을 나타낸 것이다.

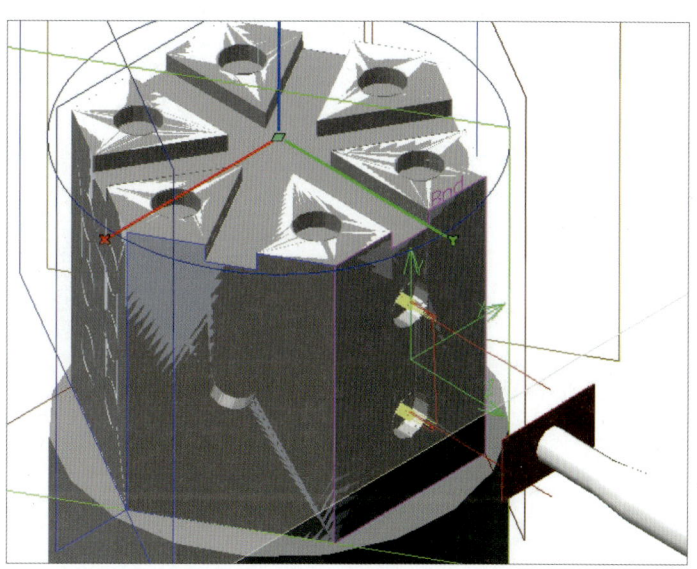

좌배면 인덱스 황삭 가공

- 5번 공구를 사용하여 좌배면을 가공한다.
- 가공 좌표계는 앞 공정에서 생성한 좌배면 가공 좌표계를 사용한다.
- 소재(stock) 모델은 배면 황삭 가공에서 계산된 소재(11: T5 3D 등고선 황삭 가공 (소재 지정)
(7면 가공 모델))를 사용한다.
- 좌배면 인덱스 황삭 가공은 배면 인덱스 황삭 가공과 기본적으로 같은 형태의 가공이므로 배면
인덱스 황삭(11: T5 3D 등고선 황삭 가공 (소재 지정)) 공정을 복사/붙이기한 후 공구 탭의 프
레임, 설정 탭, 가공변수 탭, 영역 탭에서 그림과 같이 좌배면 인덱스 황삭에 맞게 수정한다.

01 ▶ 공구 탭
프레임에서 앞 공정에서 생성한 좌배면 가공 좌표계를 선택
한다.

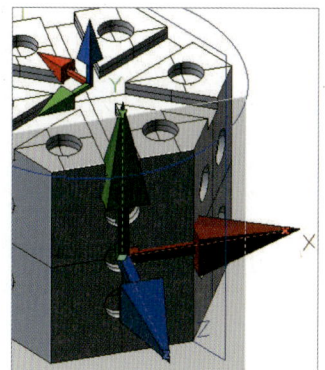

02 ▶ 설정 탭

① 소재 모델을 배면 황삭 가공 결과 자동으로 계산된 소재(11: T5 3D 등고선 황삭 가공 (소재 지정) (7면 가공 모델))를 사용한다. 다음 작업에 사용하기 위해 "☑ 소재 결과 산출" 파라미터를 체크한다.

② 포켓의 크기를 hyperMILL Analysis 기능을 이용하여 측정한다.

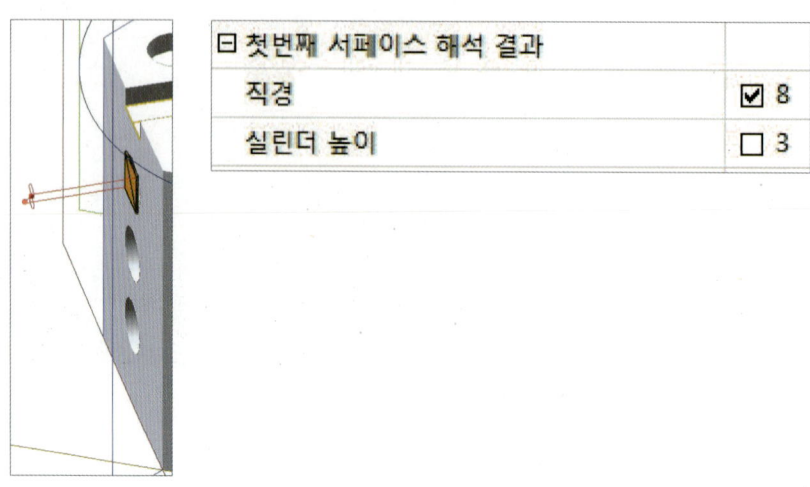

□ 첫번째 서페이스 해석 결과	
직경	☑ 8
실린더 높이	□ 3

③ 포켓의 크기가 파이 8이므로 최소 포켓 크기 파라미터를 8보다 작은 7.5를 입력한다.

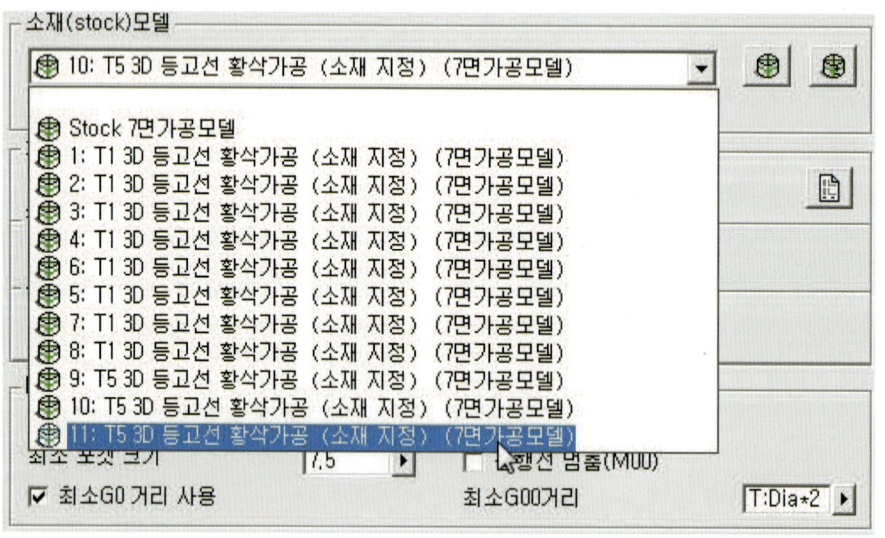

03 ▶ 가공변수 탭

배면 인덱스 황삭 가공 공정 파라미터 값을 그대로 사용한다.

04 ▷ 영역 탭

앞 공정과 같은 방식으로 영역을 설정 해보자.

hyperMILL 영역 선택 방식에서 바운더리 선택: (루프)를 사용한다.

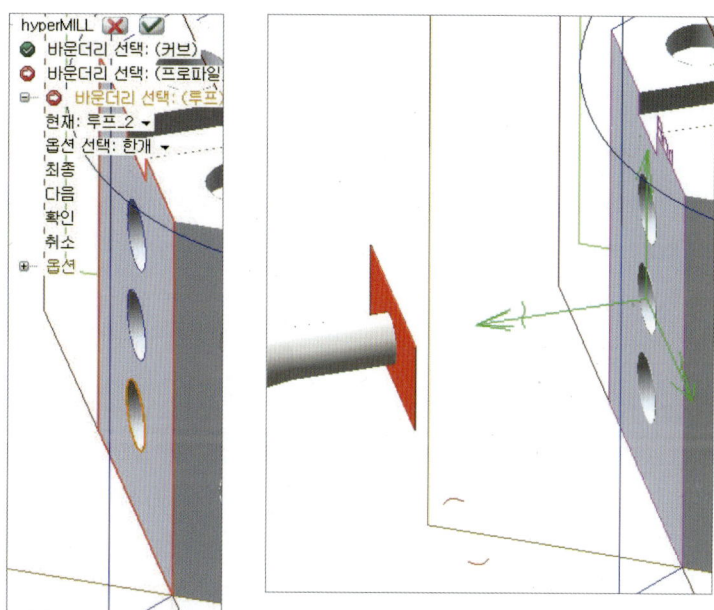

05 ▷ 다음 그림은 각 탭(tab)에 파라미터 값을 입력, 계산했을 때 공구의 위치와 안전 평면, XY 방향의 가공 범위, 공구 괘적을 나타낸 것이다.

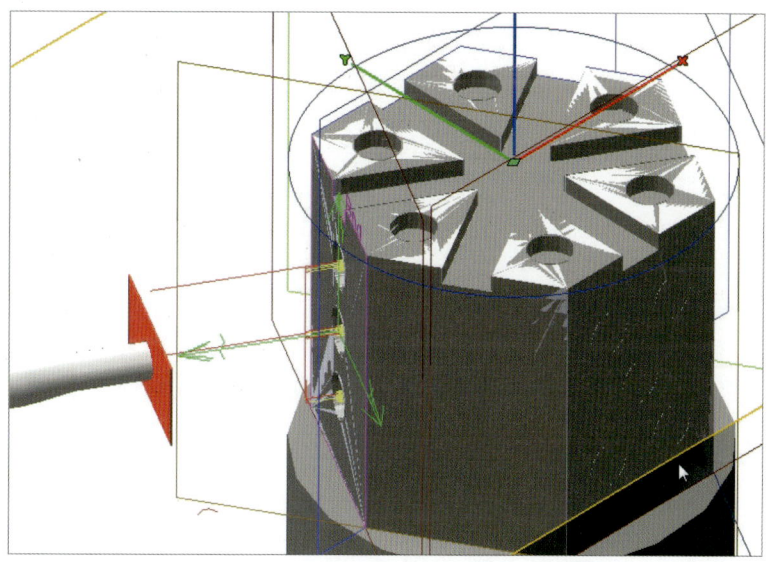

좌정면 인덱스 황삭 가공

- 5번 공구를 사용하여 좌정면을 가공한다.
- 가공 좌표계는 앞 공정에서 생성한 좌정면 가공 좌표계를 사용한다.
- 소재(stock) 모델은 좌배면 황삭 가공에서 계산된 소재(12: T5 3D 등고선 황삭 가공 (소재 지정) (7면 가공 모델))를 사용한다.
- 좌정면 인덱스 황삭 가공은 좌배면 인덱스 황삭 가공과 기본적으로 같은 형태의 가공이므로 좌배면 인덱스 황삭(12: T5 3D 등고선 황삭 가공 (소재 지정)) 공정을 복사/붙이기한 후 공구 탭의 프레임, 설정 탭, 가공변수 탭, 영역 탭에서 그림과 같이 좌정면 인덱스 황삭에 맞게 수정한다.

01 공구 탭

프레임에서 앞 공정에서 생성한 좌정면 가공 좌표계를 선택한다.

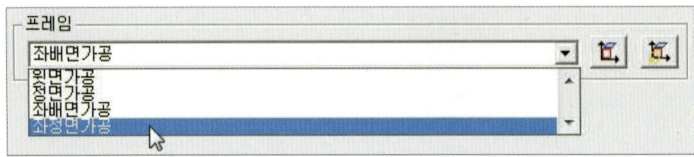
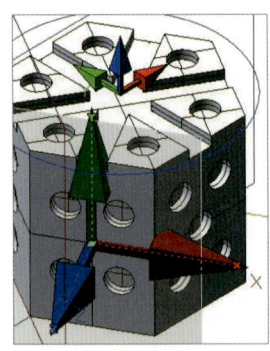

02 설정 탭

❶ 소재 모델을 좌배면 황삭 가공 결과 자동으로 계산된 소재(12: T5 3D 등고선 황삭 가공 (소재 지정) (7면 가공 모델))를 사용한다. 다음 작업에 사용하기 위해 "☑ 소재 결과 산출" 파라미터를 체크한다.

❷ 포켓의 크기를 hyperMILL Analysis 기능을 이용하여 측정한다.

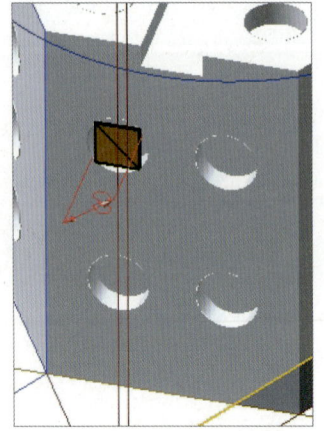

⊟ 첫번째 서페이스 해석 결과	
직경	☑ 8
실린더 높이	☐ 3

❸ 포켓의 크기가 파이 8이므로 최소 포켓 크기 파라미터를 8보다 작은 7.5를 입력한다.

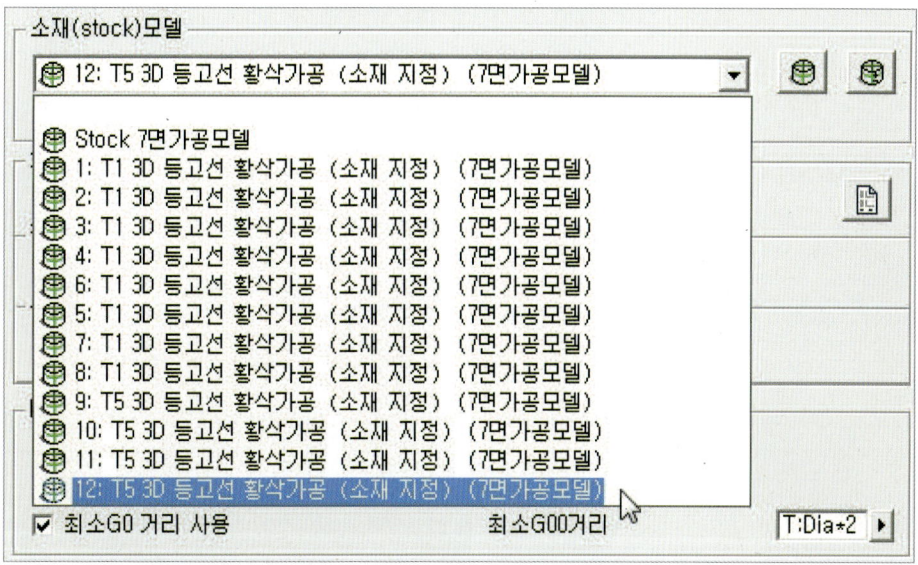

03 ▶ 가공변수 탭

좌배면 인덱스 황삭 가공 공정 파라미터 값을 그대로 사용한다.

04 ▶ 영역 탭

앞 공정과 같은 방식으로 영역을 설정 해보자.

hyperMILL 영역 선택 방식에서 바운더리 선택: (루프)를 사용한다.

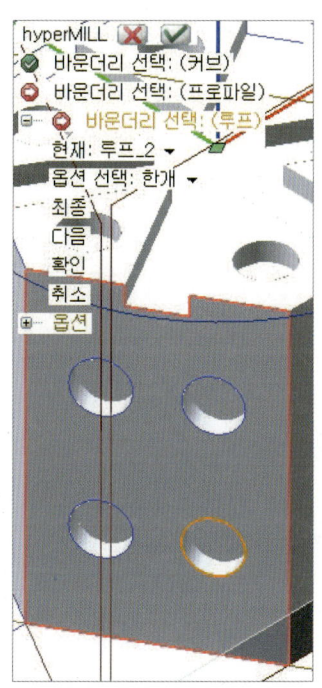
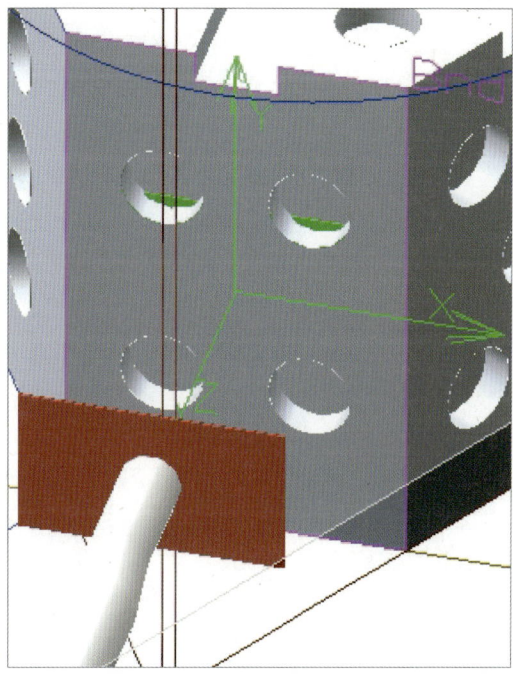

05 다음 그림은 각 탭(tab)에 파라미터 값을 입력, 계산했을 때 공구의 위치와 안전 평면, XY 방향의 가공 범위, 공구 궤적을 나타낸 것이다.

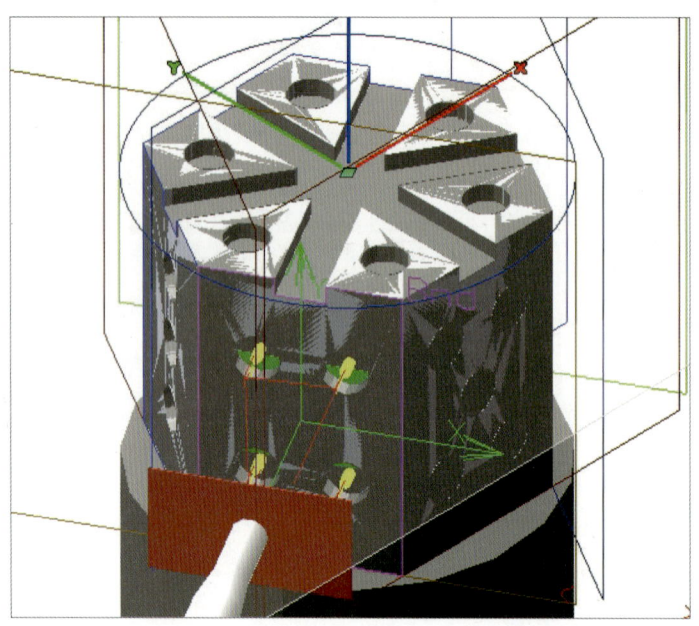

정면 인덱스 황삭 가공

- 5번 공구를 사용하여 정면을 가공한다.
- 가공 좌표계는 앞 공정에서 생성한 정면 가공 좌표계를 사용한다.
- 소재(stock) 모델은 좌정면 황삭 가공에서 계산된 소재(13: T5 3D 등고선 황삭 가공 (소재 지정) (7면 가공 모델))를 사용한다.
- 정면 인덱스 황삭 가공은 좌정면 인덱스 황삭 가공과 기본적으로 같은 형태의 가공이므로 좌정면 인덱스 황삭(13: T5 3D 등고선 황삭 가공 (소재 지정)) 공정을 복사/붙이기한 후 공구 탭의 프레임, 설정 탭, 가공변수 탭, 영역 탭에서 그림과 같이 정면 인덱스 황삭에 맞게 수정한다.

01 공구 탭

프레임에서 앞 공정에서 생성한 정면 가공 좌표계를 선택한다.

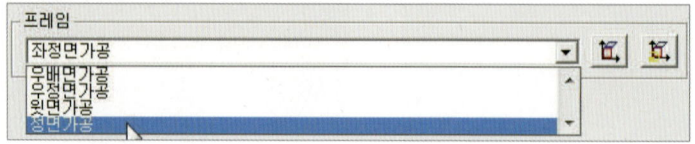

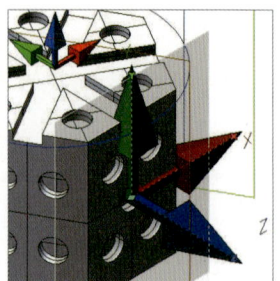

02 ➤ 설정 탭

❶ 소재 모델을 좌정면 황삭 가공 결과 자동으로 계산된 소재(13: T5 3D 등고선 황삭 가공 (소재 지정) (7면 가공 모델))를 사용한다. 다음 작업에 사용하기 위해 "☑ 소재 결과 산출" 파라미터를 체크한다.

❷ 포켓의 크기를 hyperMILL Analysis 기능을 이용하여 측정한다.

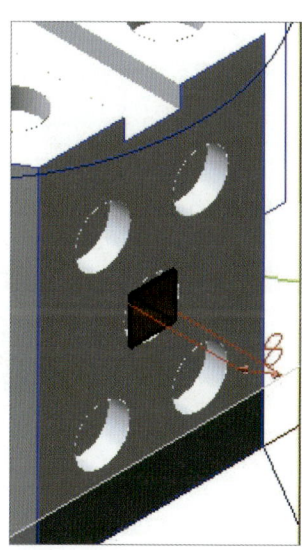

⊟ 첫번째 서페이스 해석 결과	
직경	☑ 8
실린더 높이	☐ 3

❸ 포켓의 크기가 파이 8이므로 최소 포켓 크기 파라미터를 8보다 작은 7.5를 입력한다.

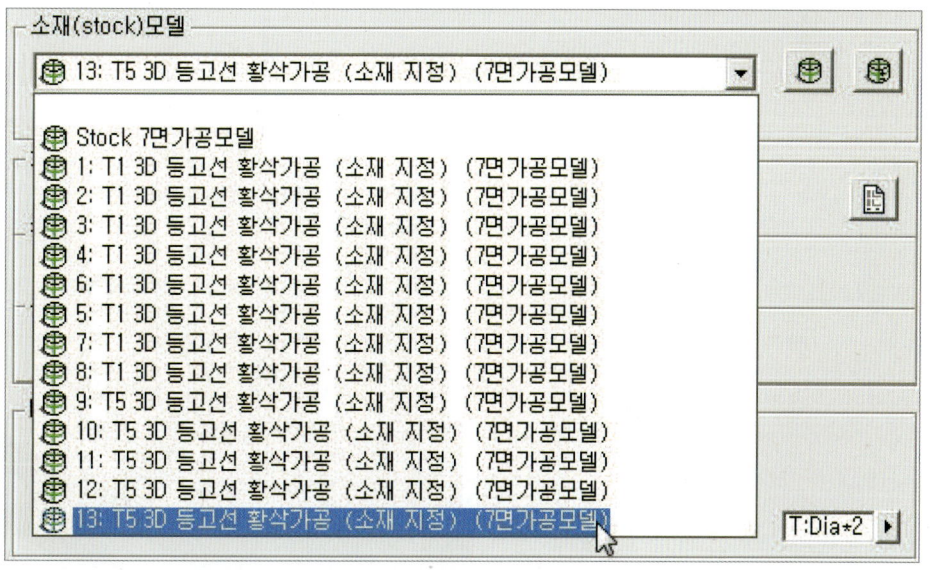

03 ➤ 가공변수 탭

좌정면 인덱스 황삭 가공 공정 파라미터 값을 그대로 사용한다.

04 영역 탭

앞 공정과 같은 방식으로 영역을 설정 해보자.

hyperMILL 영역 선택 방식에서 바운더리 선택: (루프)를 사용한다.

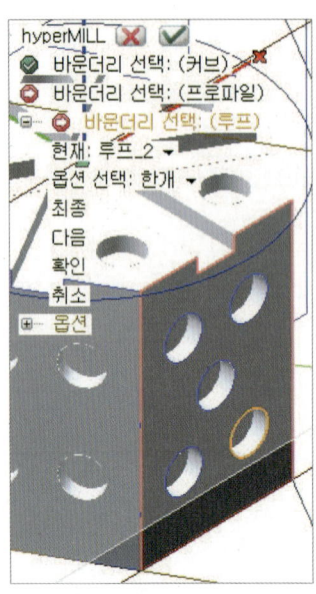
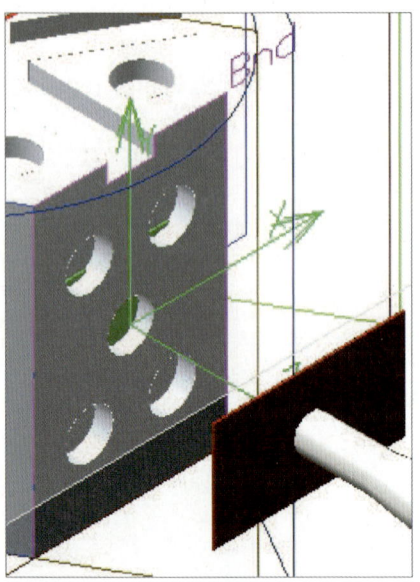

05 다음 그림은 각 탭(tab)에 파라미터 값을 입력, 계산했을 때 공구의 위치와 안전 평면, XY 방향의 가공 범위, 공구 괘적을 나타낸 것이다.

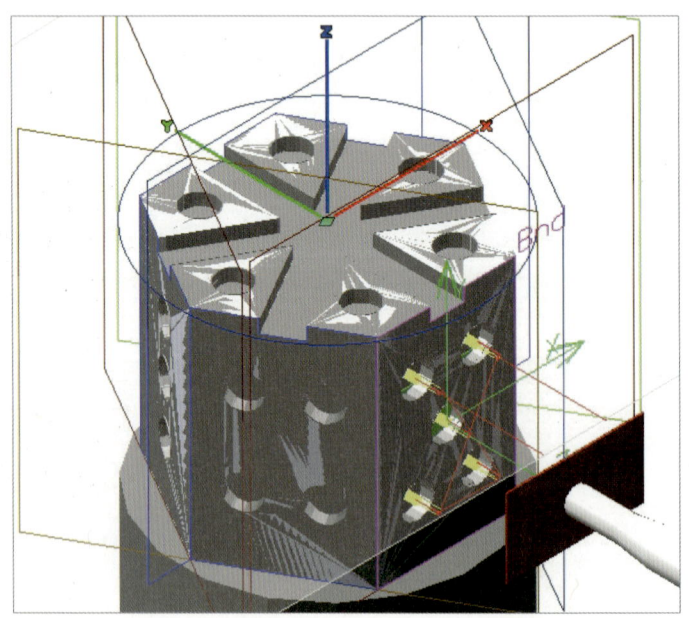

우정면 인덱스 황삭 가공

- 5번 공구를 사용하여 우정면을 가공한다.
- 가공 좌표계는 앞 공정에서 생성한 우정면 가공 좌표계를 사용한다.
- 소재(stock) 모델은 정면 황삭 가공에서 계산된 소재(14: T5 3D 등고선 황삭 가공 (소재 지정) (7면 가공 모델))를 사용한다.
- 우정면 인덱스 황삭 가공은 정면 인덱스 황삭 가공과 기본적으로 같은 형태의 가공이므로 정면 인덱스 황삭(14: T5 3D 등고선 황삭 가공 (소재 지정)) 공정을 복사/붙이기한 후 공구 탭의 프레임, 설정 탭, 가공변수 탭, 영역 탭에서 그림과 같이 우정면 인덱스 황삭에 맞게 수정한다.

01 공구 탭

프레임에서 앞 공정에서 생성한 우정면 가공 좌표계를 선택한다.

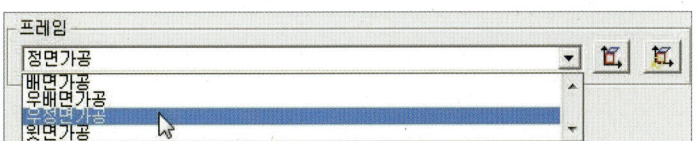 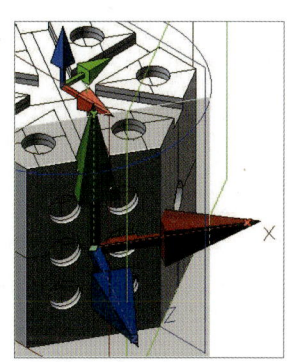

02 설정 탭

❶ 소재 모델을 정면 황삭 가공 결과 자동으로 계산된 소재(14: T5 3D 등고선 황삭 가공 (소재 지정) (7면 가공 모델))를 사용한다. 다음 작업에 사용하기 위해 "☑ 소재 결과 산출" 파라미터를 체크한다.

❷ 포켓의 크기를 hyperMILL Analysis 기능을 이용하여 측정한다.

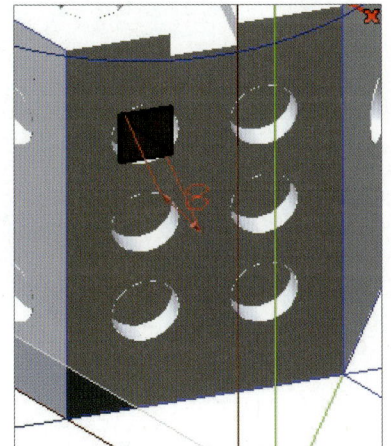

⊟ 첫번째 서페이스 해석 결과	
직경	☑ 8
실린더 높이	☐ 3

❸ 포켓의 크기가 파이 8이므로 최소 포켓 크기 파라미터를 8보다 작은 7.5를 입력한다.

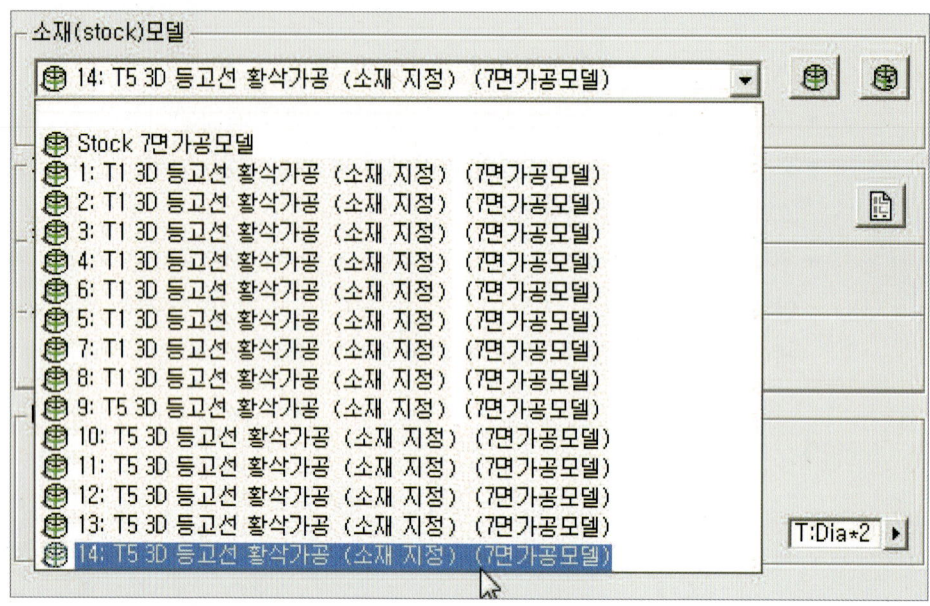

03 〉 가공변수 탭

정면 인덱스 황삭 가공 공정 파라미터 값을 그대로 사용한다.

04 〉 영역 탭

앞 공정과 같은 방식으로 영역을 설정 해보자.

hyperMILL 영역 선택 방식에서 바운더리 선택: (루프)를 사용한다.

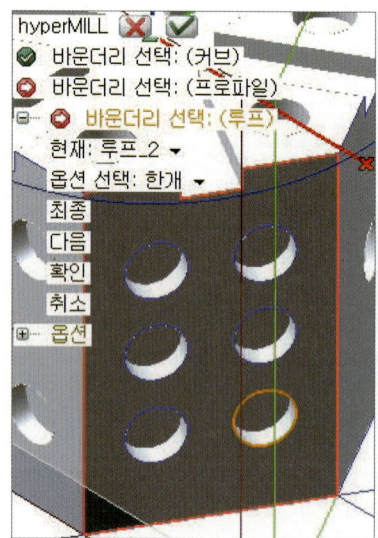 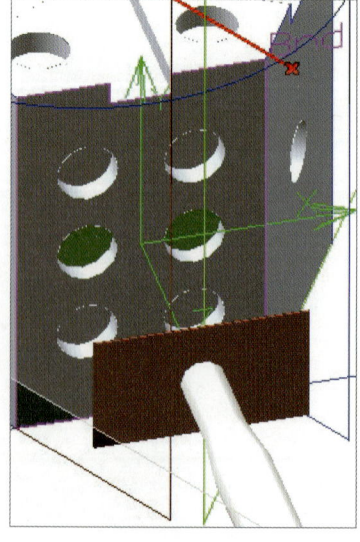

05 다음 그림은 각 탭(tab)에 파라미터 값을 입력, 계산했을 때 공구의 위치와 안전 평면, XY 방향의 가공 범위, 공구 괘적을 나타낸 것이다.

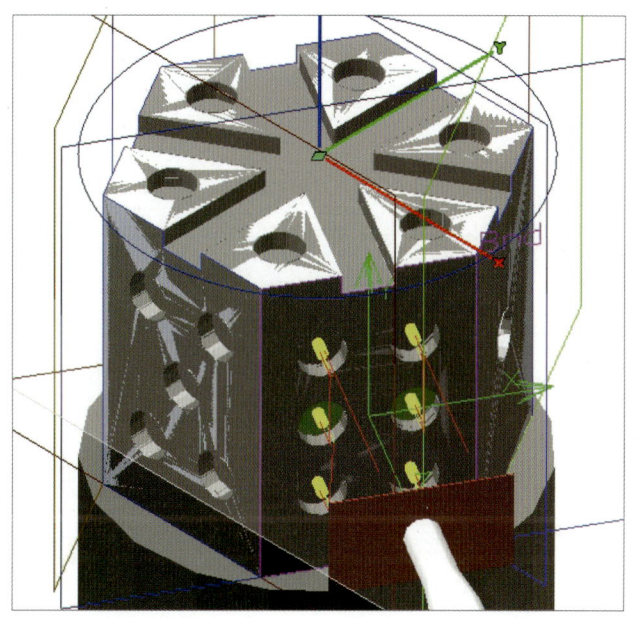

3-5 홈과 구멍 정삭 가공

황삭 가공에서 사용한 공정과 공구를 사용하여 정삭 가공하기로 한다.

01 황삭 가공에 사용한 공정들을 복사하여 붙인다.

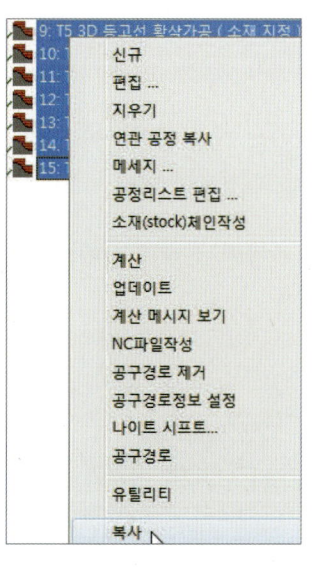
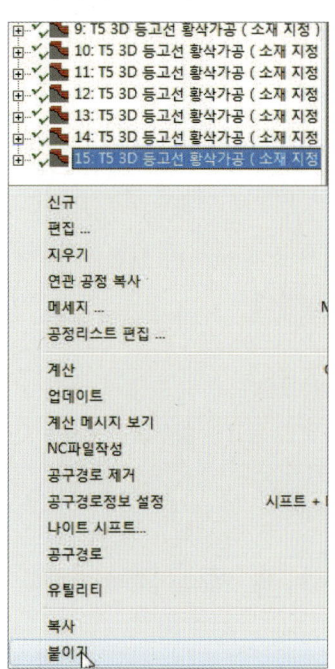
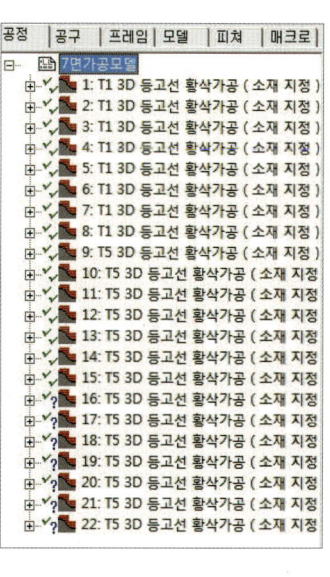

02 ▶ 복사된 공정(16~22)들을 여러 개 공정 편집 기능을 이용하여 가공 여유, Z절삭량, 가공 공차를 수정한다.

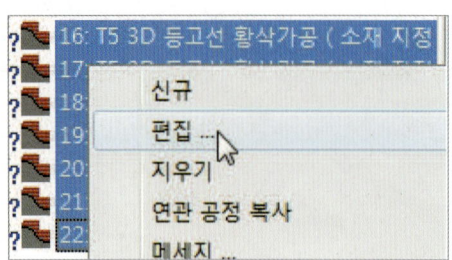 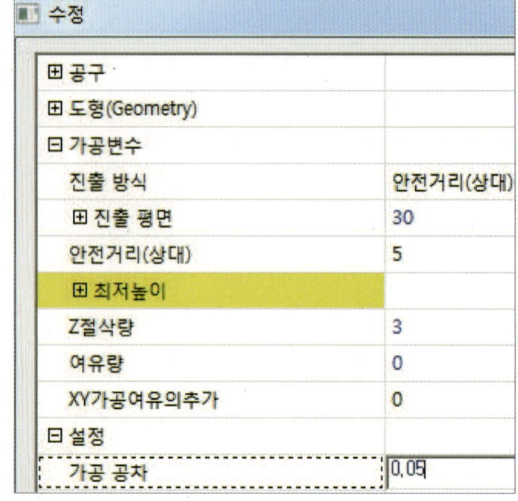

● 수정된 공정 리스트: 공정(16~22)

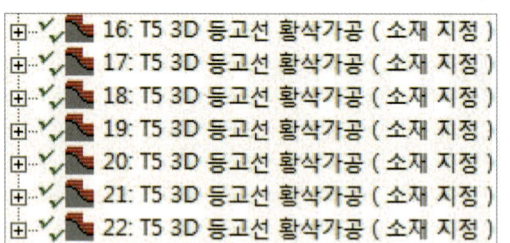

03 ▶ 윗면 정삭 가공

공정 16: T5 3D 등고선 황삭 가공 (소재 지정)을 더블 클릭하여 편집 상태로 바꾼 후 가공 공차는 수정된 상태이므로 소재(stock) 모델만 수정하면 된다.

❶ 설정 탭에서 소재(stock) 모델을 전 단계 가공된 소재를 선택하고, "☑ 소재 결과 산출" 체크를 확인한다.

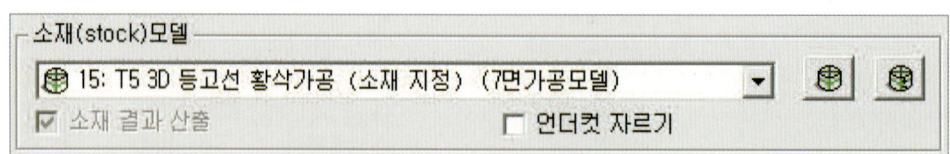

❷ ☑ 적용과 ☑ 계산 버튼을 클릭하여 작업을 완료한다.

04 우배면, 배면, 좌배면, 좌정면, 정면, 우정면 인덱스 정삭 가공
윗면 정삭 가공과 같은 방법으로 작업을 완료한다.

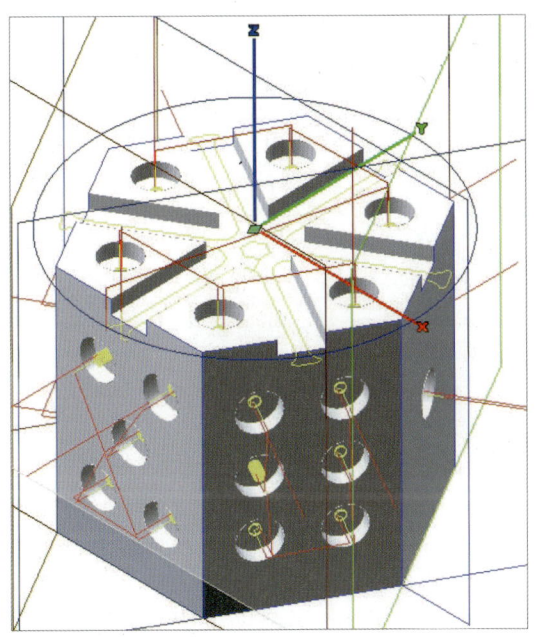 

3-6 Simulation 및 NC-Data 생성

(1) 내부 시뮬레이션

각 공정에서 만들어진 CL-Data를 사용하여 NC-Data를 생성하기 전 내부 시뮬레이션 기능을 사용하여 공구 궤적을 확인한다.

(2) hyperVIEW 시뮬레이션

내부 시뮬레이션을 통해 공구 괘적을 확인한 후 hyperVIEW 시뮬레이션 기능을 사용하여 실제 가공 상황에서의 절삭 과정, 특히 5축 가공에서 주의해야 하는 공구와 공작물 사이의 간섭을 체크한다.

각각의 공정을 확인할 수 있고, 전체 공정을 한 번에 확인할 수 있다.

(3) NC-Data 생성

NC-공정 탭에서 공정 리스트를 선택한 후 마우스 오른쪽 버튼으로 "NC-파일쓰기" 메뉴를 선택한다. 또 다른 방법으로 파일 풀 다운 메뉴에서 "NC-파일쓰기" 메뉴를 선택한다.

시뮬레이션과 NC-Data 생성에 대해서는 "인덱스 5축 가공 CAM 작업하기 1 (5면 가공)"을 참고하기로 한다.

4 인덱스 5축 가공 CAM 작업하기 4 (17면 가공)

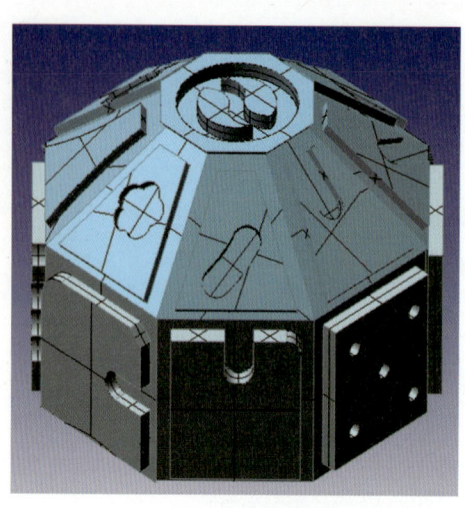

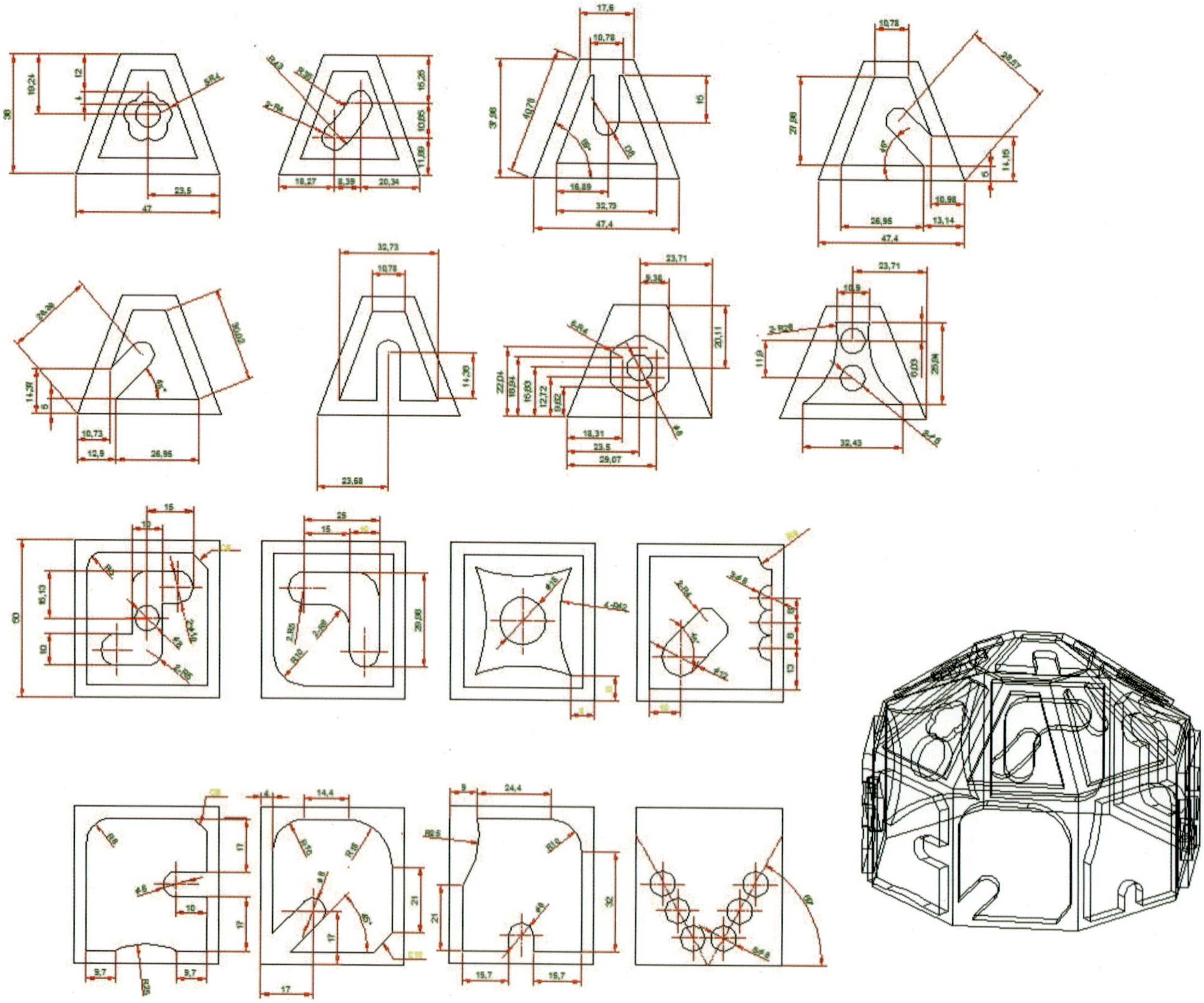

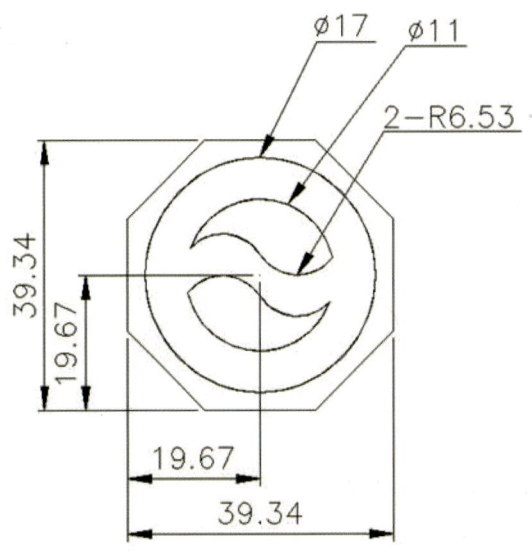

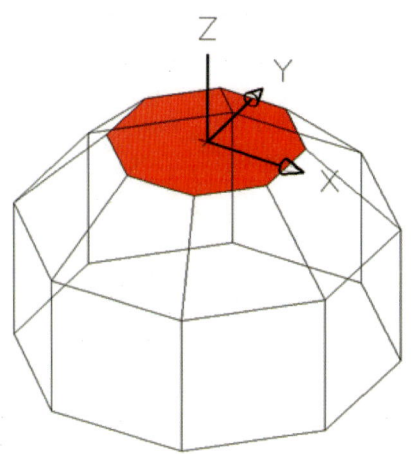

[윗면]

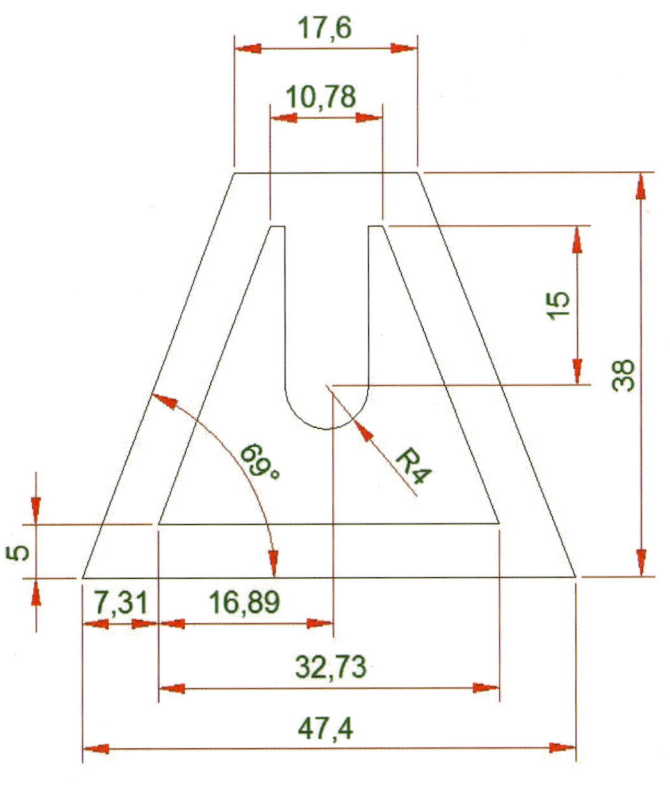

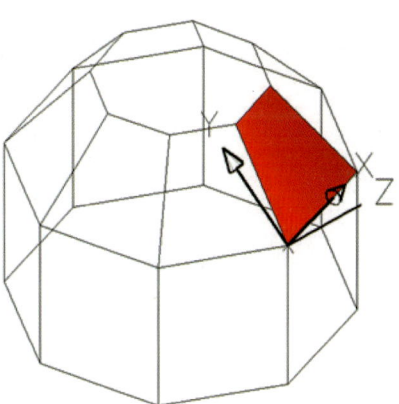

[우측면/경사면]

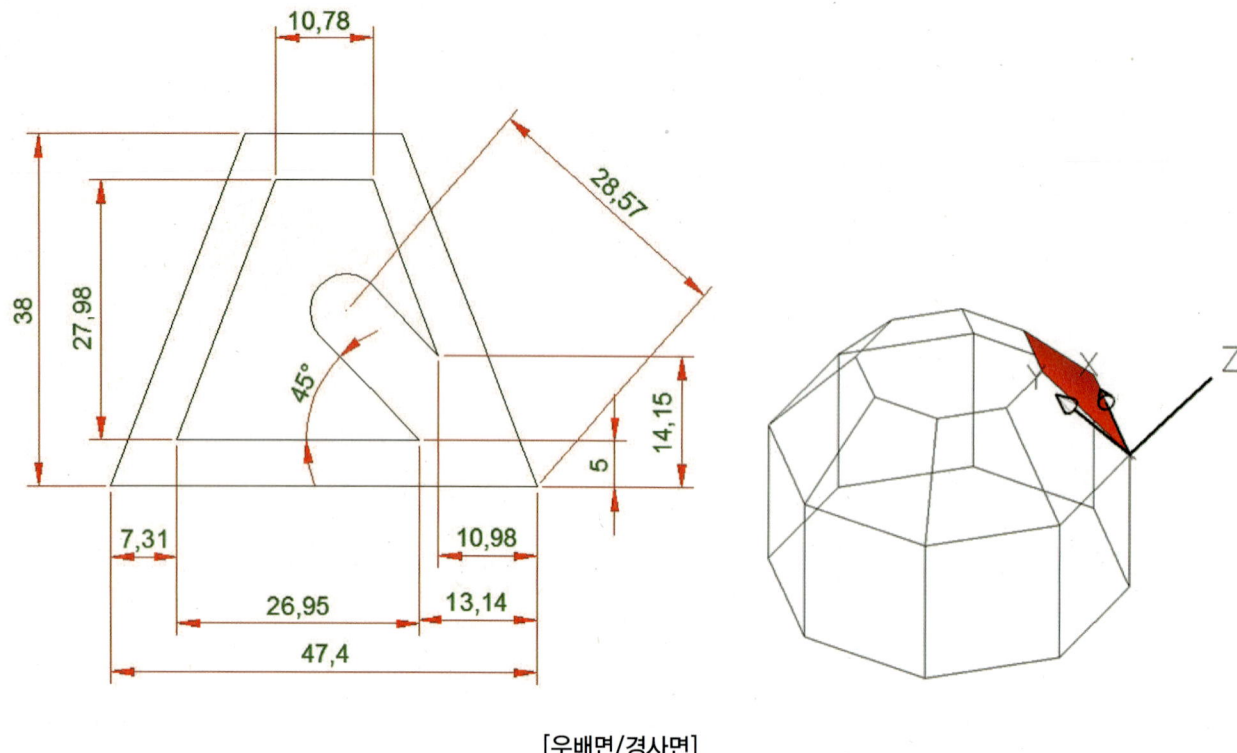

[우배면/경사면]

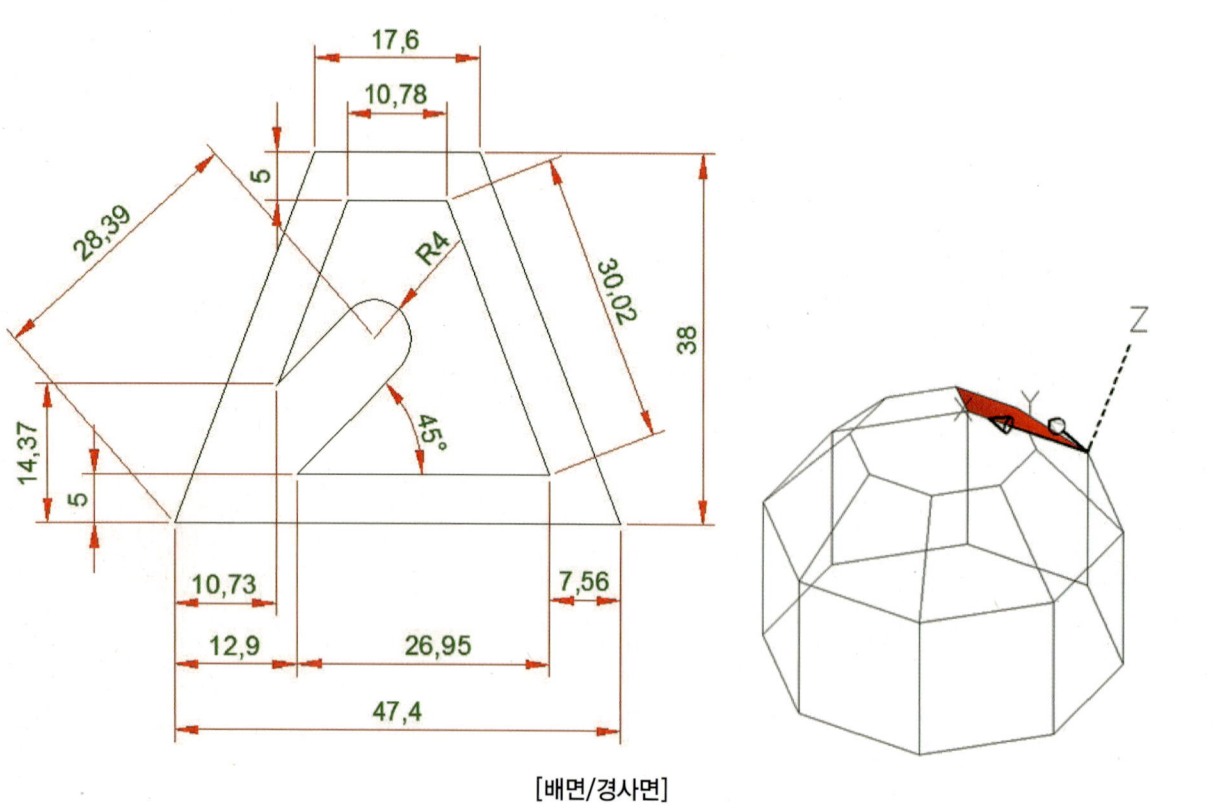

[배면/경사면]

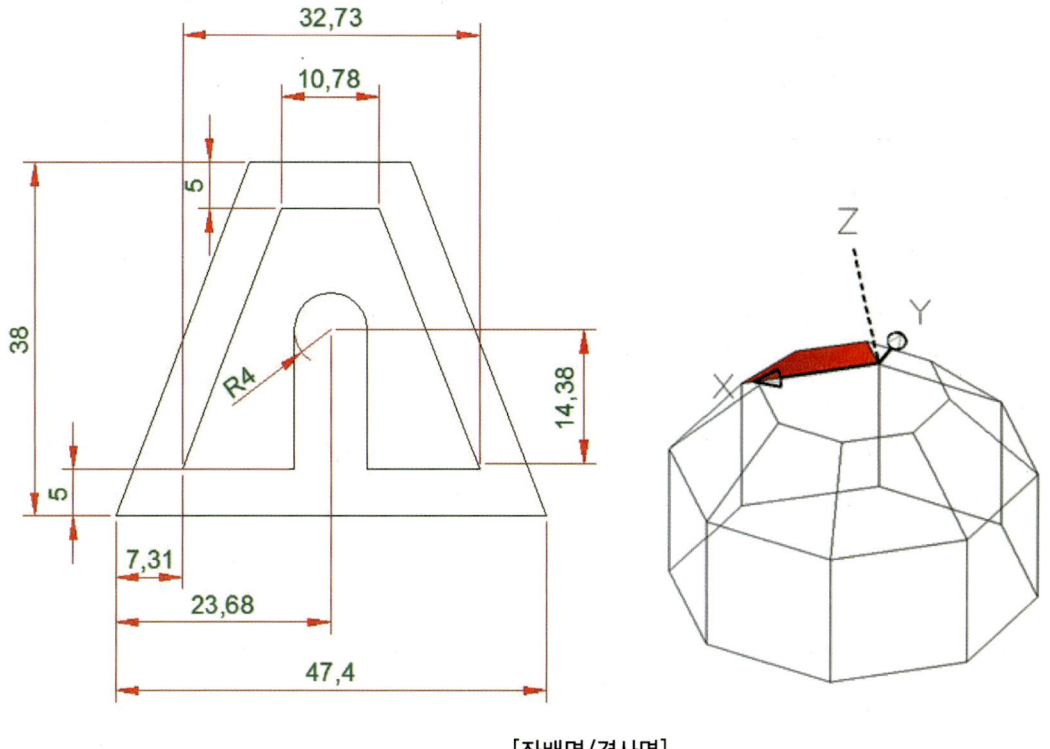

[좌배면/경사면]

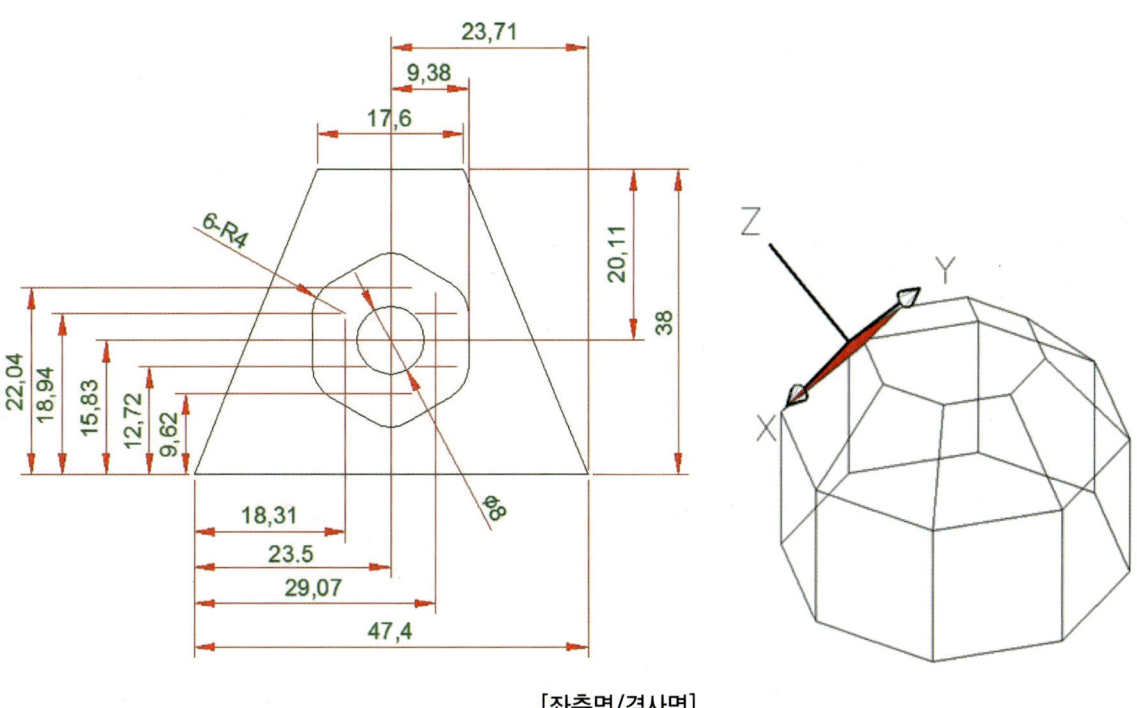

[좌측면/경사면]

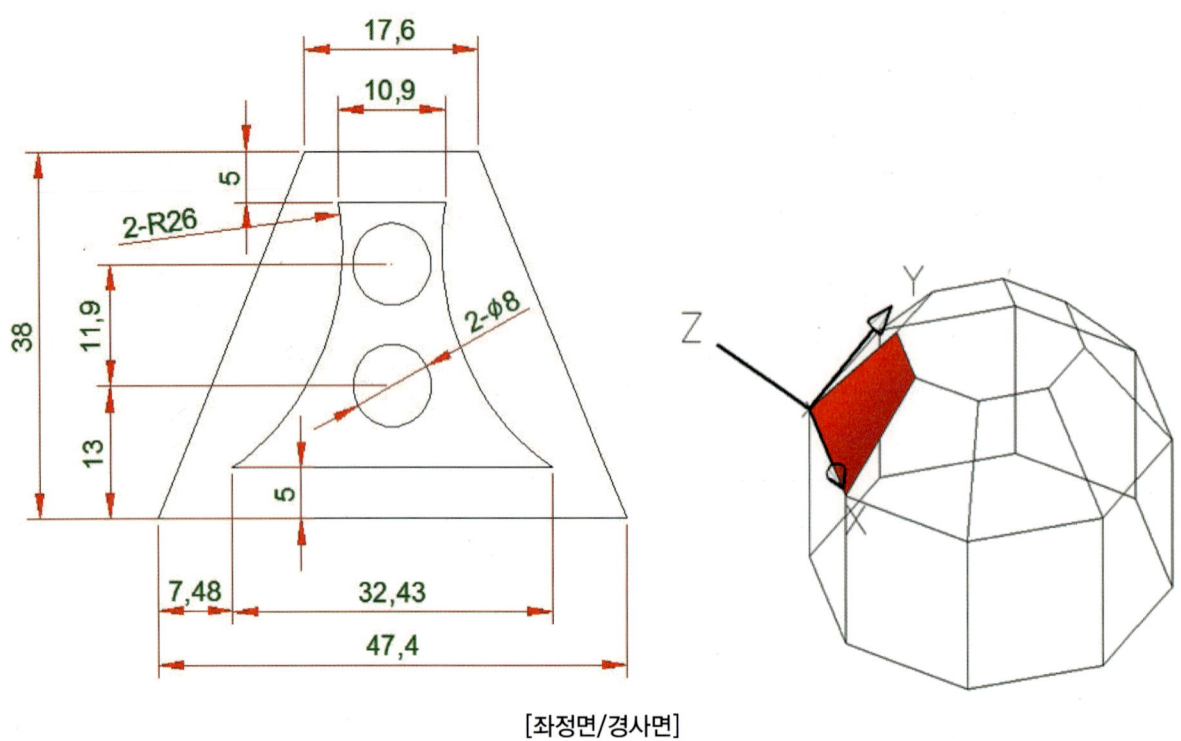

[좌정면/경사면]

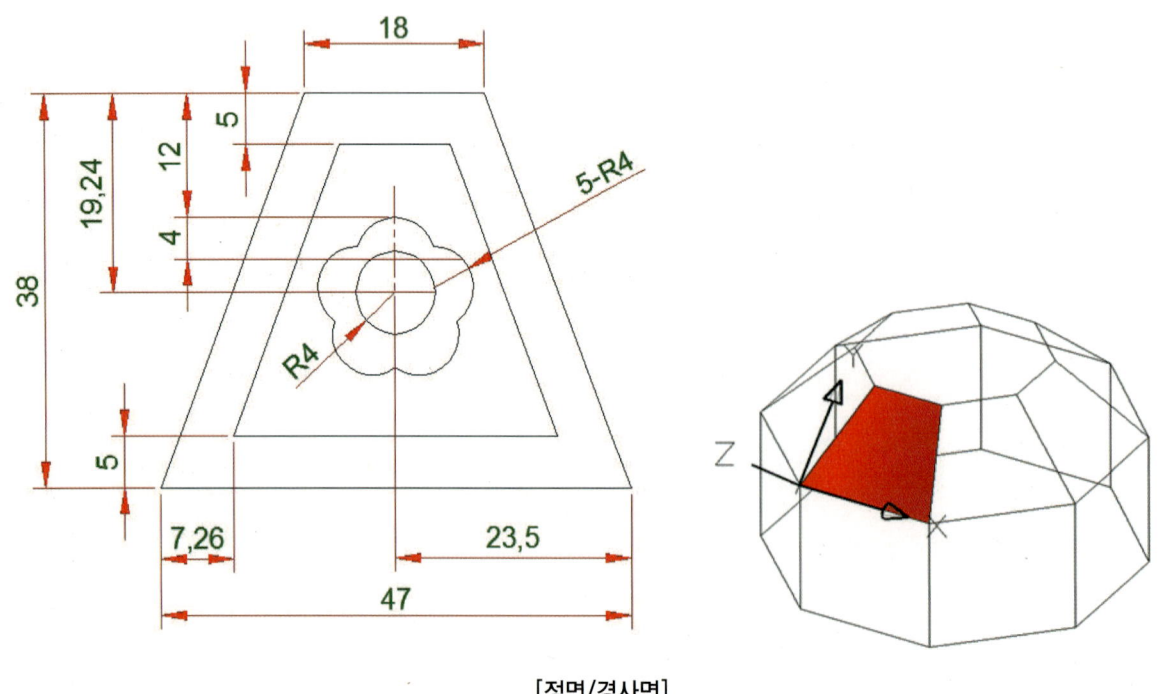

[정면/경사면]

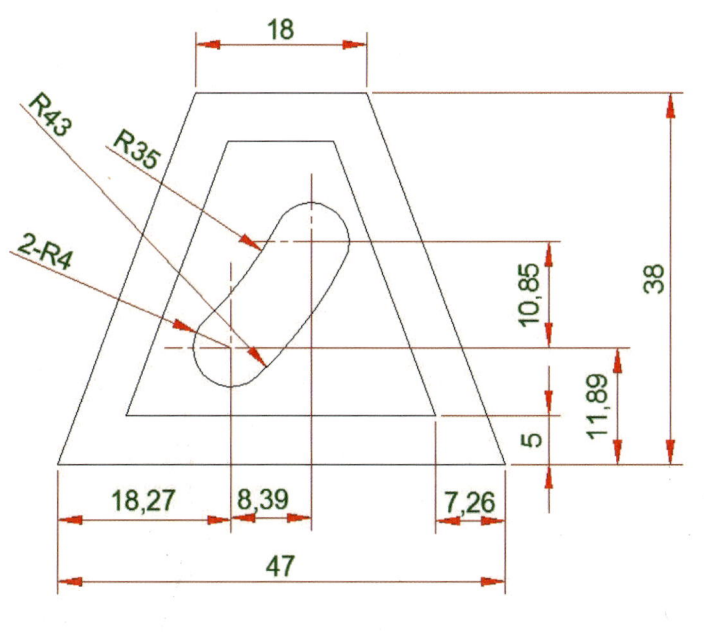

[우정면/경사면]

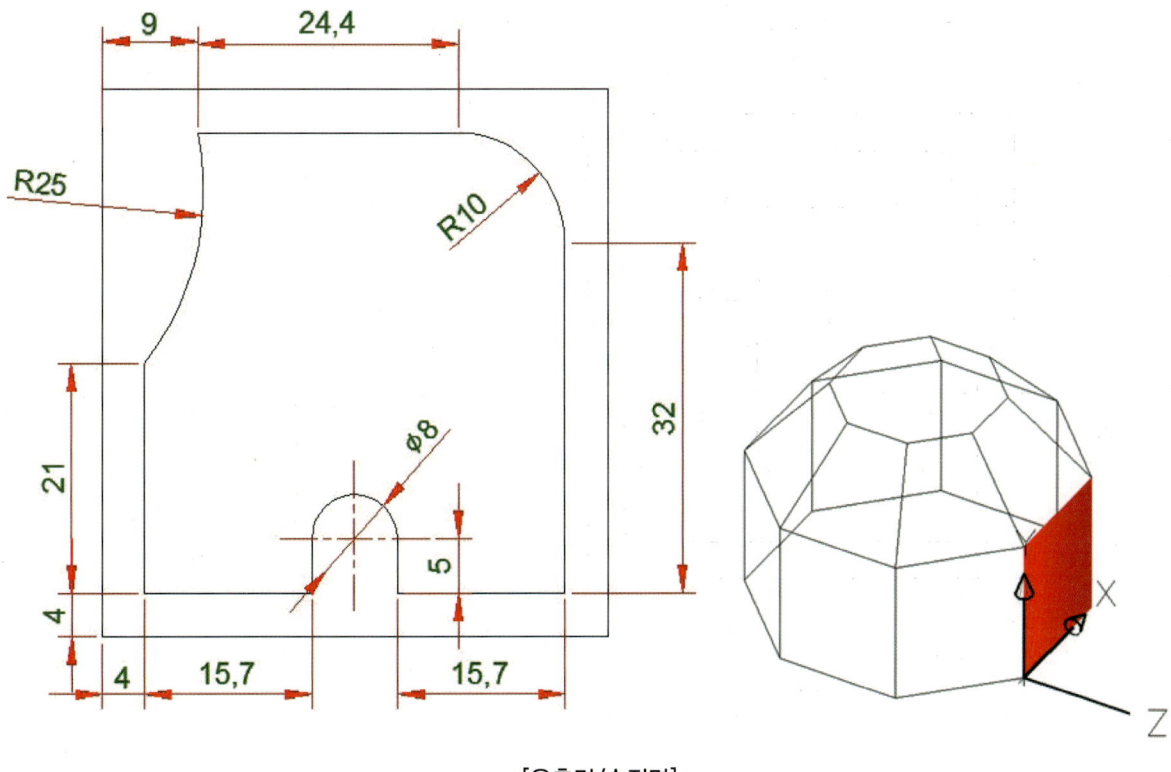

[우측면/수직면]

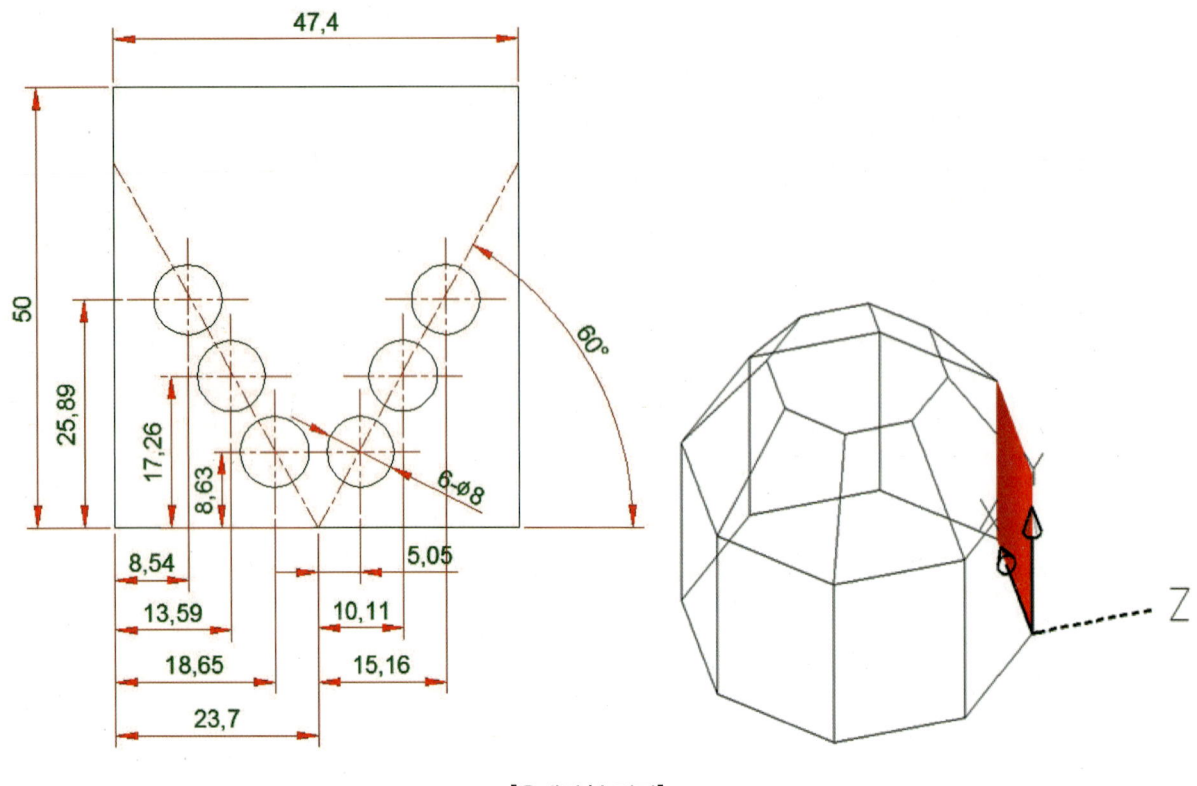

[우배면/수직면]

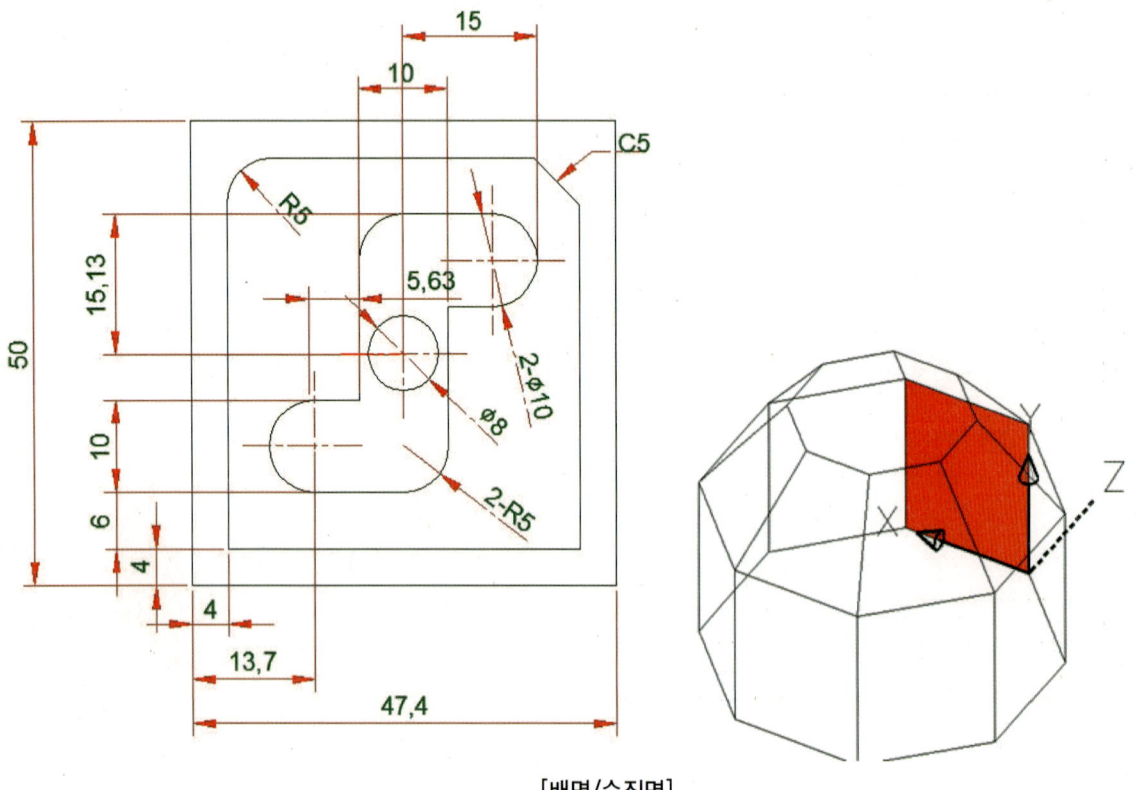

[배면/수직면]

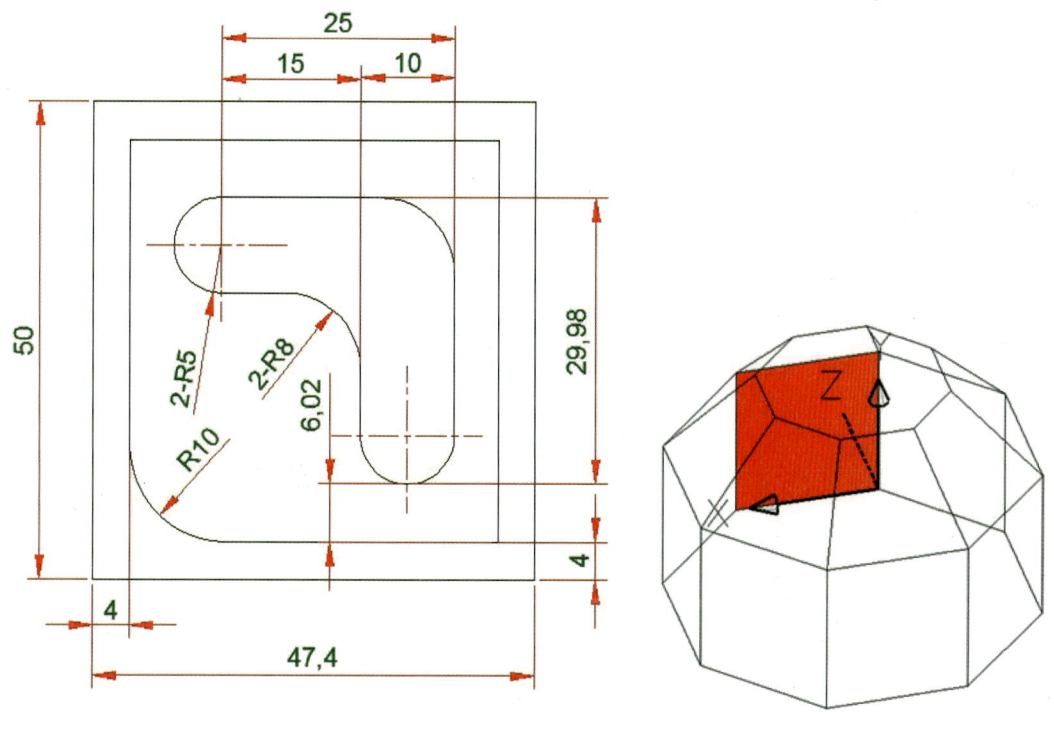

[좌배면/수직면]

[좌측면/수직면]

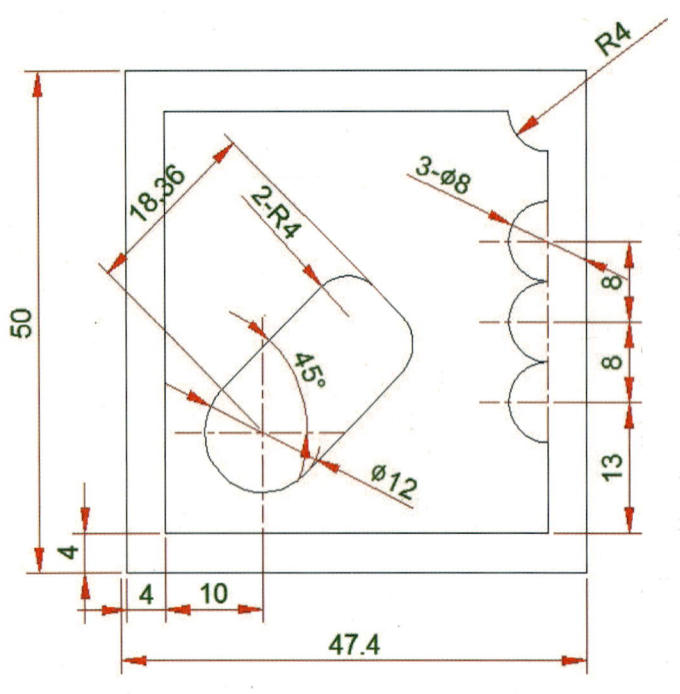

[좌정면/수직면]

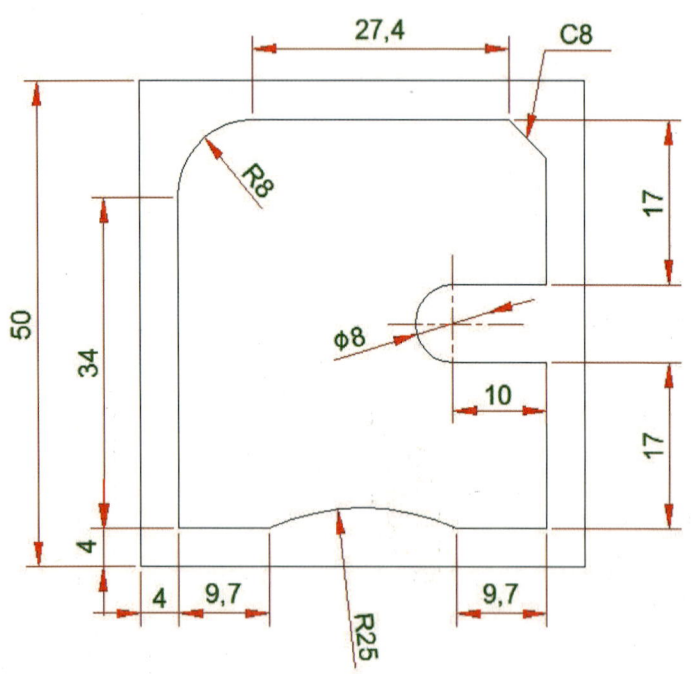

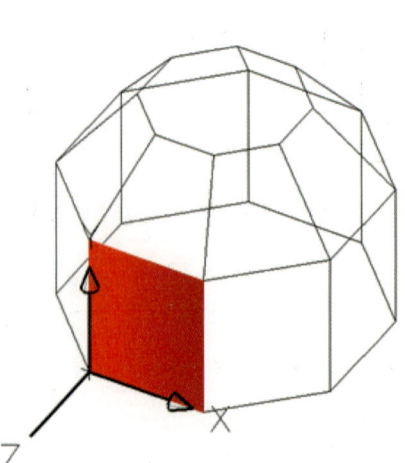

[정면/수직면]

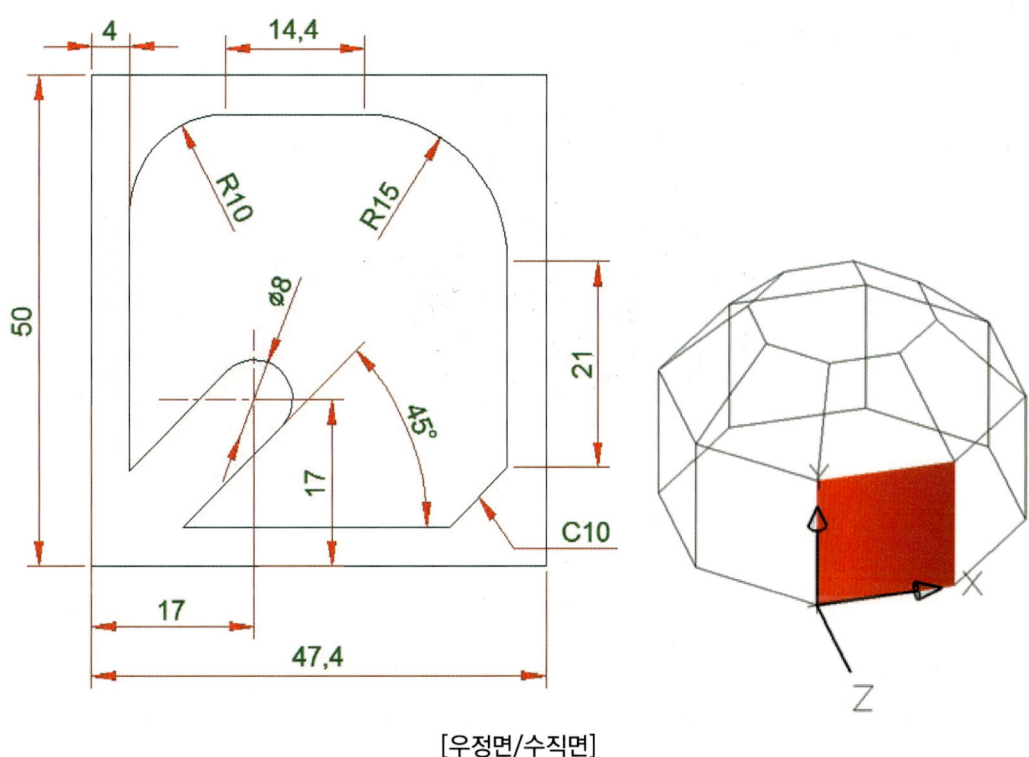

[우정면/수직면]

◉-- **참고**

정면(WCS 좌표계에서 Y-방향) 기준으로 반시계 방향으로 우정면, 우측면, 우배면, 배면, 좌배면, 좌측면, 좌정면으로 명명함.

4-1 가공 모델 불러오기 및 가공 소재의 원점 Setting하기

인덱스 5축 가공을 이용하여 17면 가공 모델을 가공 해보자.

앞의 모델을 가공하기 위하여 몇 가지를 먼저 숙지한다.

● 사용할 공구 및 척에 고정할 부분, 인덱스 5축 가공 도중 공구 척과 소재를 고정한 척 사이의 충돌을 고려하여 R62, 높이 130mm 정도의 소재를 이용하여 가공하도록 한다.

● 모델의 사이즈를 파악하고 외곽 바운더리를 생성시킨다.

● 가공 소재의 원점 Setting – 가공 모델의 좌표축(WCS)과 NCS(프로그램 원점)를 일치시킨다.

01 ▶ 모델 폴더에서 17면 가공 모델.igs 파일을 연다.

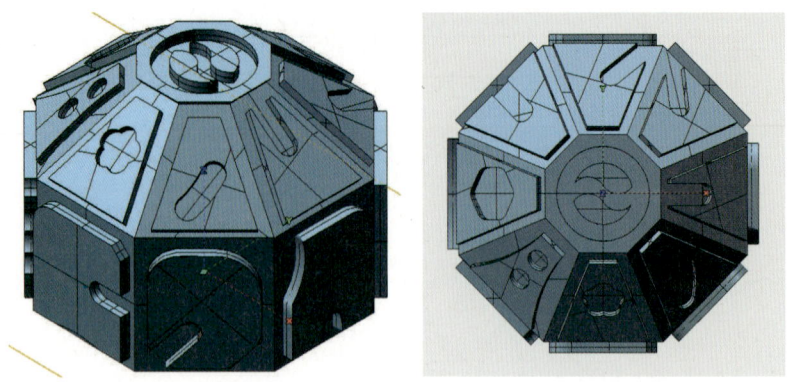

02 ▶ 가공할 모델의 소재 사이즈를 확인하기 위해 풀 다운 메뉴에서 도구 > 정보 > 분석 > 엔티티 크기를 실행한다.

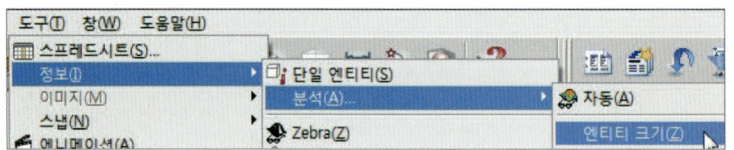

03 ▶ 화면에서 가공할 모델을 드래그하여 선택하고, 그림과 같이 지오메트릭 데이터 삽입 항목을 체크☑한다. 체크를 해야 박스를 생성한다.

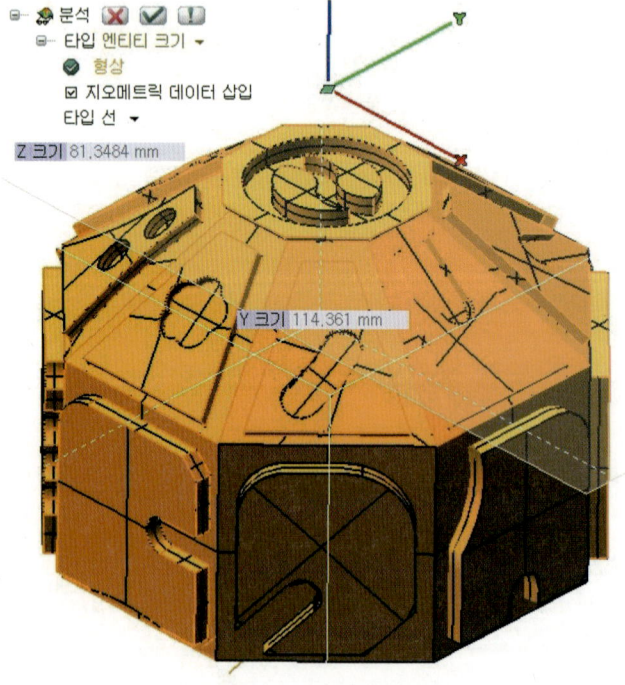

04 가공 원점을 잡기 위해, 즉 모델의 WCS 좌표계 원점과 모델을 가공할 소재의 NCS 원점 (기계 가공 시 G54)을 일치시키기 위해 이동/복사 명령을 이용하여 모델의 상단 중심점을 hyperMILL의 절대 좌표계 원점 아래 1mm 위치로 이동한다.

❶ 풀 다운 메뉴 삽입 > 제도 > 선 > 2 점

위쪽 라인 코너 끝점으로 하는 대각선 라인을 생성한다.

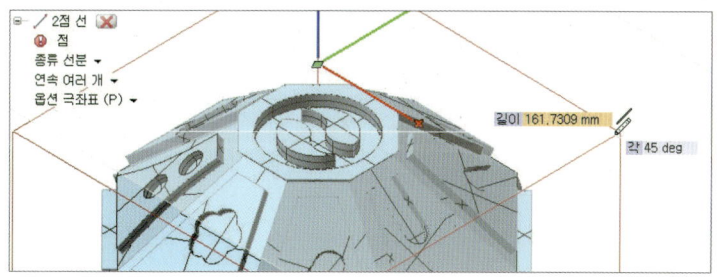

❷ 풀 다운 메뉴 편집 > 이동/복사

이동시킬 엔티티(모델 및 지오메트릭 선 데이터)를 선택한 후 시작점은 앞에서 새로 생성 한 대각선 Line의 중심점을 선택한다. 끝점은 작업 평면 원점 스냅 작업 평면 원점 스냅 을 선택한다.

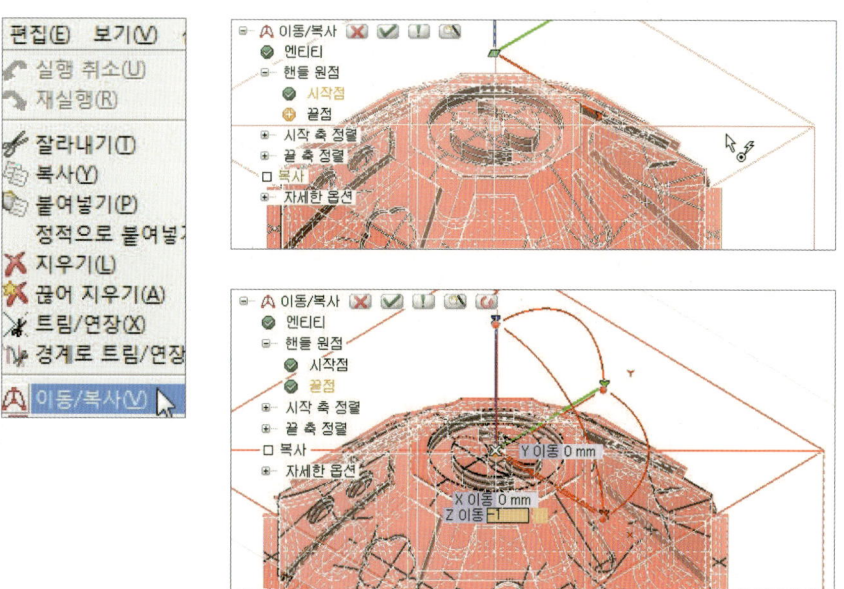

적용 버튼 을 클릭한 후 이어서 Z방향에 −1을 입력한다.

❸ 풀 다운 메뉴 도구 > 정보 > 🔲️ᵢ 단일 엔티티(S)
정확하게 이동되었는지 대각선 중심점의 좌표값(X0, Y0, Z-1)을 확인한다.

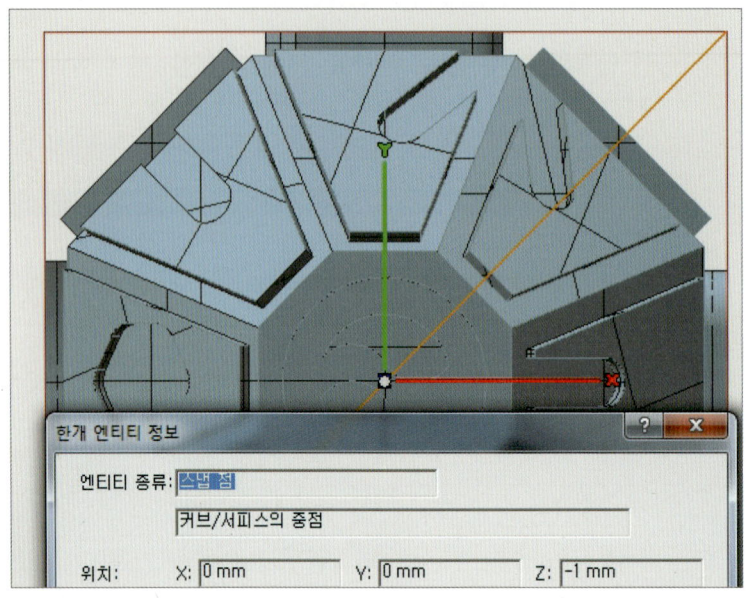

위와 같이 설정을 적용하면 모델링의 상면 중심이 절대 좌표계의 원점 아래 1mm 위치
와 일치하게 된다(1mm 높게 지정된 소재 위에 NCS 원점 정의).

> **참고**
>
> 지금까지 모델링의 상면 중심을 가공 원점 아래 1mm 위치에 일치시키는 작업을 해 보았다. Toolpath를 생성
> 한 NCS 원점과 실제 가공 장비의 공작물 좌표계 원점(G54)을 반드시 일치시켜야 한다.

4-2 hyperMILL Browser 열기 및 소재(stock) 모델 생성 / 밀링 영역 정의 / 가공
공구 설정 / 가공 좌표계 설정 / 공정 리스트 생성

- 🔳 버튼을 클릭하여 CAM 작업 상태로 전환한다.
  hyperMILL Browser

모델 탭에서 밀링 영역과 소재(stock) 모델을 생성한다.

밀링 영역 정의하기(절삭 모델 정의)

01 ▶ 모델 탭의 밀링/선삭 영역에서 신규 절삭 모델 생성
아이콘을 클릭한다.

02 ▶ 절삭 모델 생성 창이 열리면 신규 선
택 아이콘을 클릭한다.

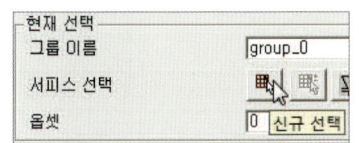

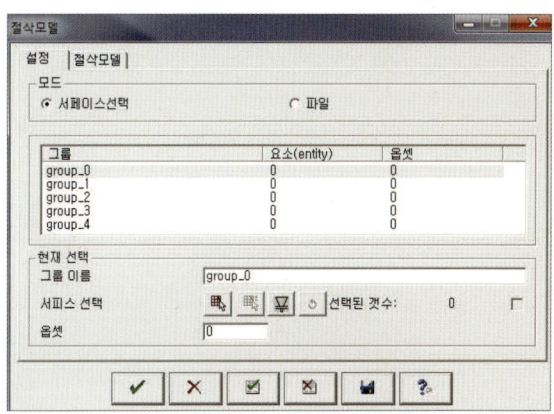

03 ▶ 밀링 영역에 해당하는 서피스를 선택한다. 여기서는 전체가 밀링 영역이므로 서피스 전체
를 선택한다.

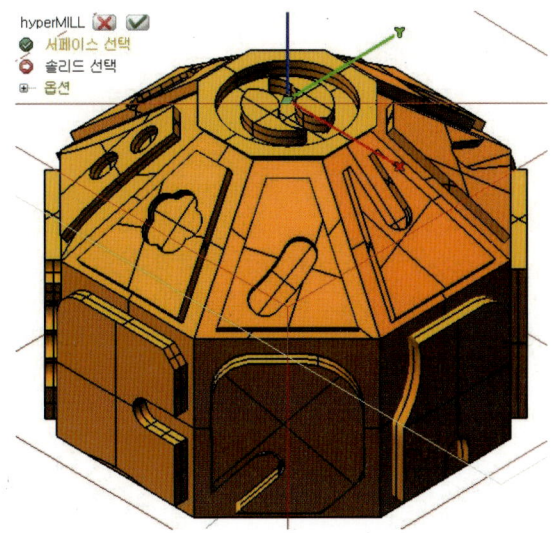

04 선택 후 확인을 클릭하면 선택된 서피스 개수가 나타난다.

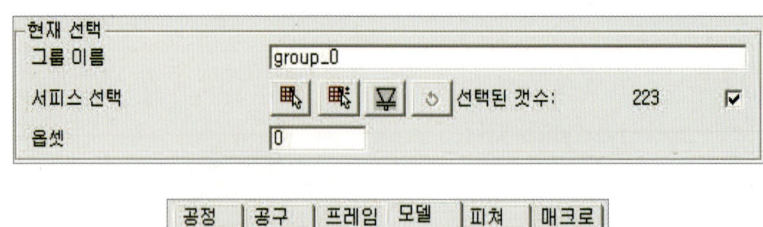

소재(stock) 모델 만들기

01 모델 탭의 소재 모델에서 신규 소재(stock) 생성 아이콘을 클릭한다.

02 소재(stock) 모델 생성 창이 열리면 소재 모델을 생성하기 위해 필요한 프로파일 선택을 위한 신규 선택 아이콘을 클릭한다.

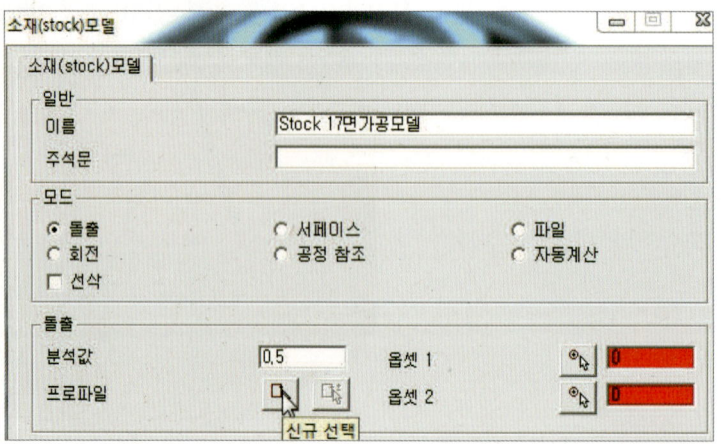

03 〉〉 소재 모델 생성을 위한 원형 프로파일이 없으므로 CAM 작업 도중 프로파일을 만들기 위해 다음과 같이 CAD 작업을 통해 원형 프로파일을 만든다.

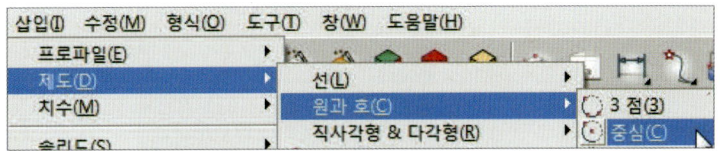

04 〉〉 R62의 가공 소재를 사용하므로 원의 중심을 대각선 중점을 선택한 후 반지름 62 값을 입력하여 파이 124의 원형 프로파일을 생성한다.

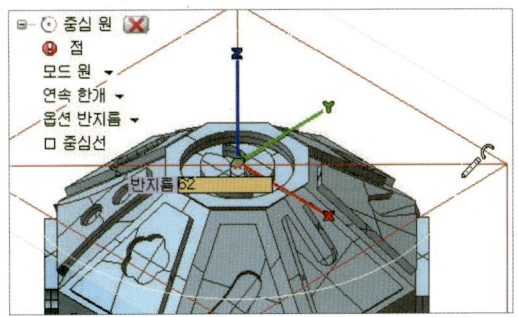

05 〉〉 다시 CAM 작업으로 돌아와 원형의 프로파일을 선택한 후 소재의 길이 값 130을 오프셋 1에 입력한다.

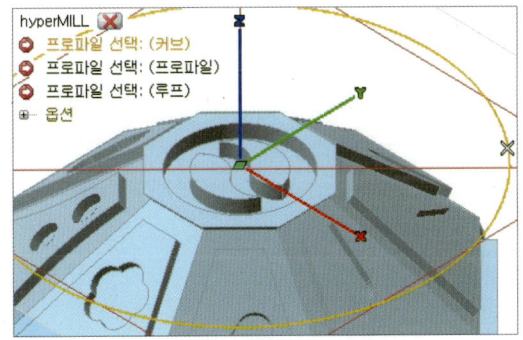

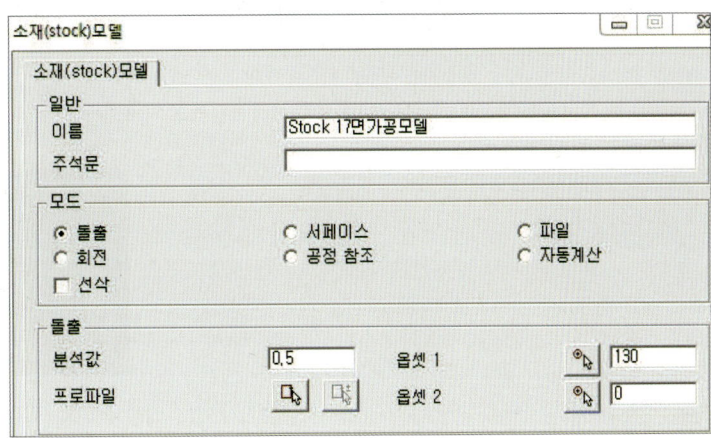

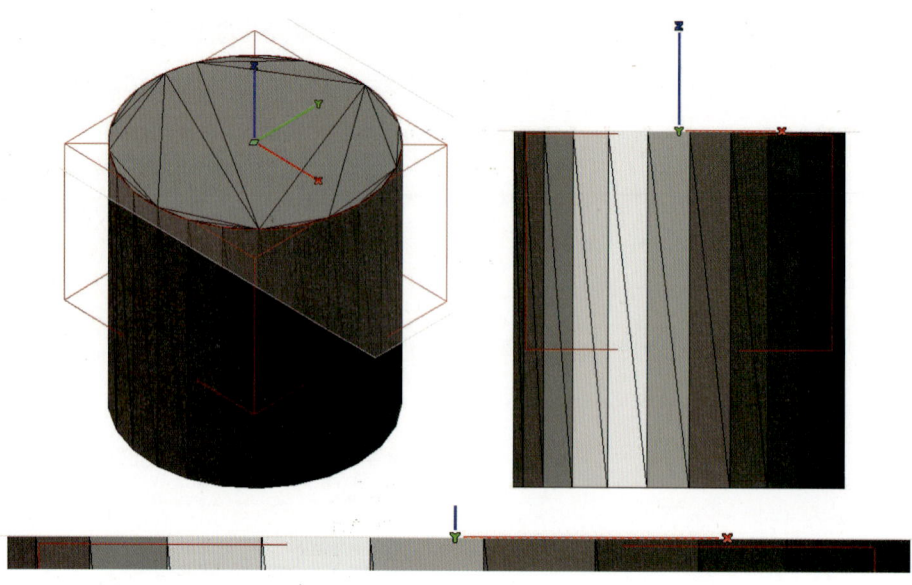

가공 공구 설정하기

01 사용할 공구를 결정하기 위해 17면 가공 모델을 hyperMILL Analysis 기능을 이용하여 가공할 면들을 분석한다.

❶ 우측면

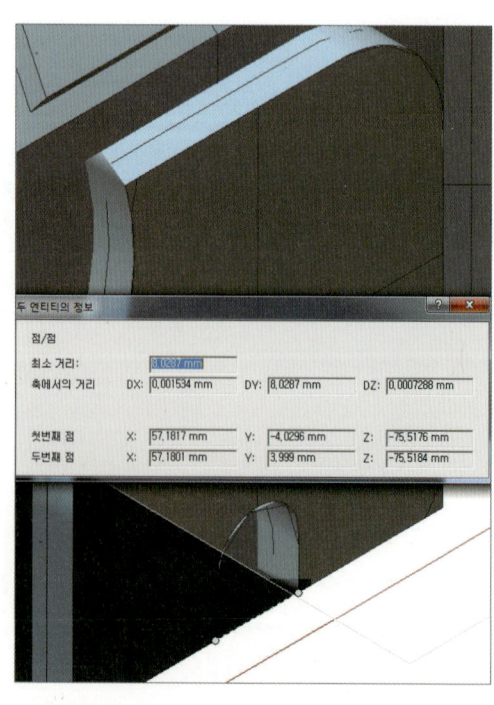

② 우배면

 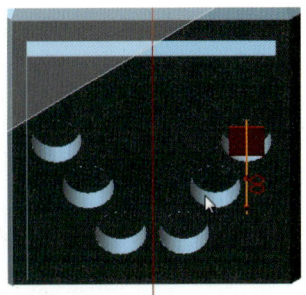

③ 배면

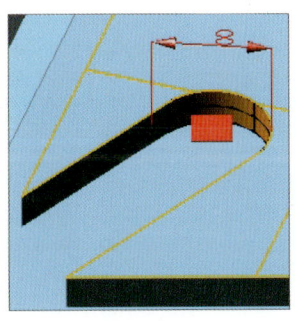 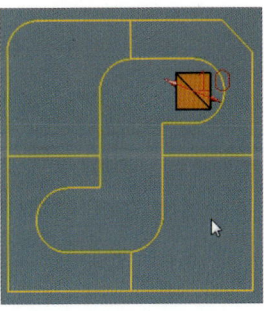 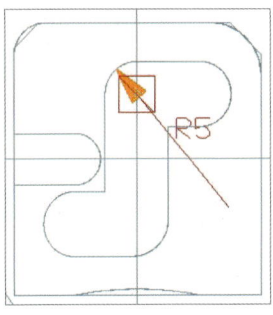

④ 좌배면

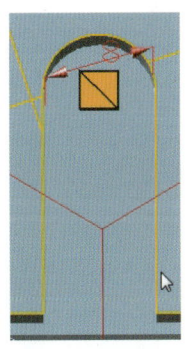 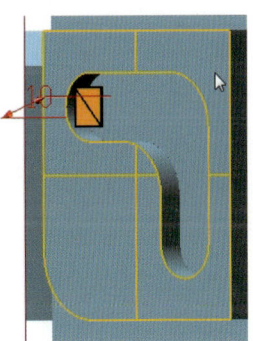 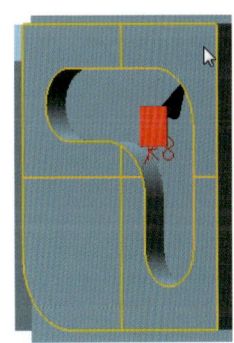

⑤ 좌측면

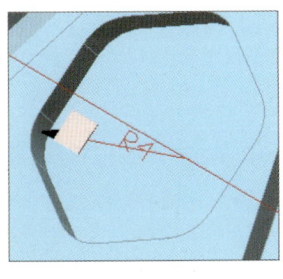 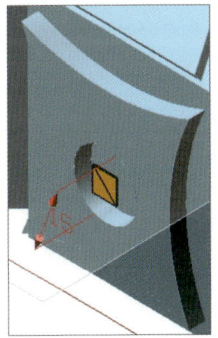

❻ 좌정면

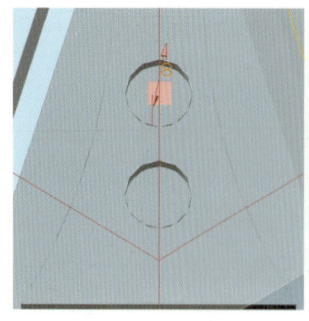 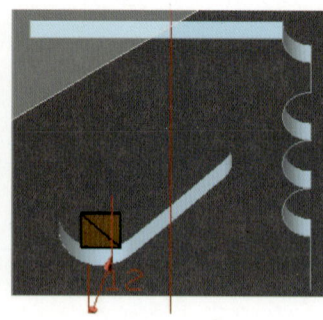 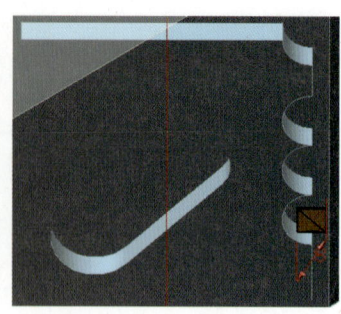

❼ 정면

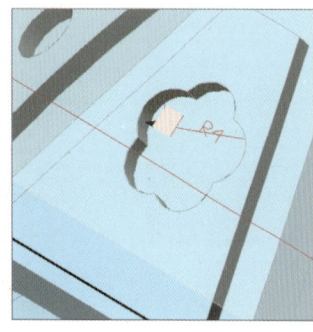 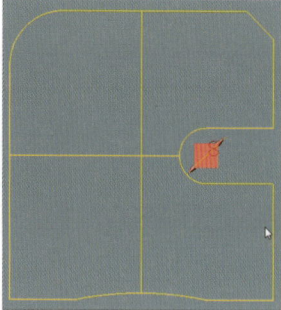 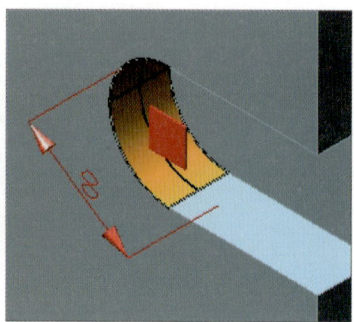

❽ 우정면

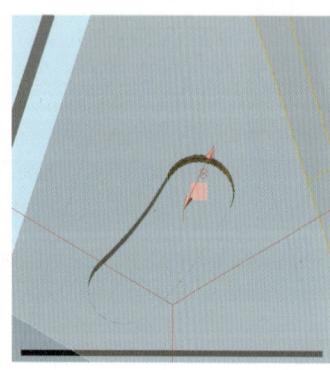 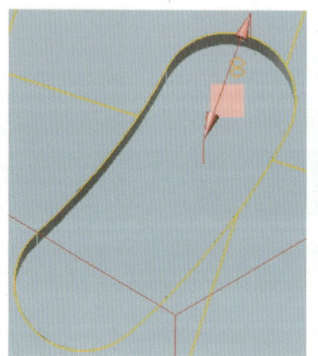 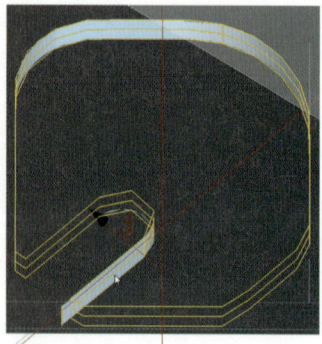

    가공할 면들을 분석한 결과 황삭은 파이 20 플랫 엔드밀로, 평평한 면들의 정삭은 파이 16 플랫 엔드밀로, 포켓과 윤곽 가공은 윗면은 파이 3.5 플랫 엔드밀로 황삭과 정삭을, 나머지 16면은 황삭은 파이 6 플랫 엔드밀로, 정삭은 파이 6 플랫 엔드밀(4날)로, 파이 6 플랫 엔드밀로, 가공되지 않는 좁은 부분은 파이 3.5 플랫 엔드밀로 가공하기로 한다.

02 hyperMILL 브라우저 상단의 공구 탭을 선택한다.

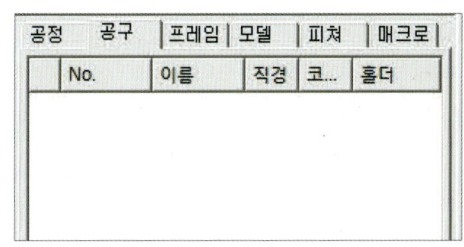 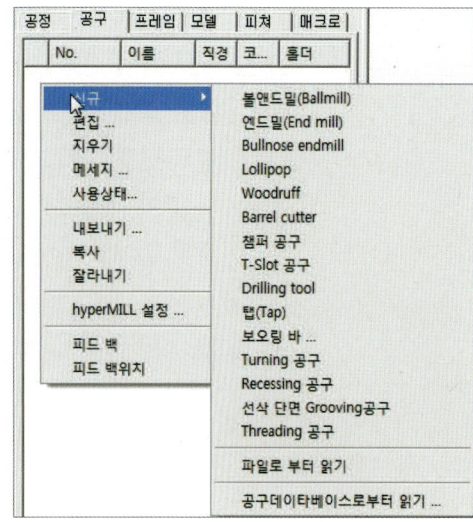

03 마우스 오른쪽 버튼을 클릭하여 신규 메뉴를 선택한 후 절삭 공구(엔드밀)를 선택한다.

04 공구 정의 대화상자에서 지오메트리 탭, 테크놀러지 탭에 파라미터 값 설정에 대해서는 "인덱스 5축 가공 CAM 작업하기 1 (5면 가공)"을 참고하기로 한다.

❶ 1번 공구(파이 16 엔드밀) 설정 : "인덱스 5축 가공 CAM 작업하기 1 (5면 가공)" 공구 와 동일

❷ 5번 공구(파이 6 엔드밀) 설정 : "인덱스 5축 가공 CAM 작업하기3 (7면 가공)" 공구와 동일

❸ 6번 공구(파이 6, 4날 엔드밀, 정삭용) 설정 : 다음은 설정 파라미터 값이다.
- 공구 직경 : 6(mm)
- 공구 길이(전장) : 39(mm)
- 공구 길이(날장) : 10(mm)
- 섕크 직경 : 8(mm)
- 팁 길이 : 12(mm)
- 챔퍼 길이 : 8(mm)
- 스핀들 : 4770(rpm)
- XY 이송속도 : 572(mm/min)
- Z축 이송속도 : 200(mm/min)
- 감속 XY 이송속도 : 300(mm/min)

④ 7번 공구(파이 3.5 엔드밀) 설정 : 다음은 설정 파라미터 값이다.
- 공구 직경 : 3.5(mm)
- 공구 길이(전장) : 27(mm)
- 공구 길이(날장) : 8(mm)
- 섕크 직경 : 6(mm)
- 팁 길이 : 9(mm)
- 챔퍼 길이 : 1(mm)
- 스핀들 : 5570(rpm)
- XY 이송속도 : 445(mm/min)
- Z축 이송속도 : 100(mm/min)
- 감속 XY 이송속도 : 220(mm/min)

⑤ 8번 공구(파이 3.5, 4날 엔드밀, 정삭용) 설정 : 다음은 설정 파라미터 값이다.
- 공구 직경 : 3.5(mm)
- 공구 길이(전장) : 27(mm)
- 공구 길이(날장) : 8(mm)
- 섕크 직경 : 6(mm)
- 팁 길이 : 9(mm)
- 챔퍼 길이 : 1(mm)
- 스핀들 : 7160(rpm)
- XY 이송속도 : 859(mm/min)
- Z축 이송속도 : 100(mm/min)
- 감속 XY 이송속도 : 425(mm/min)

⑥ 10번 공구(파이 20 엔드밀) 설정 : 다음은 설정 파라미터 값이다.
- 공구 직경 : 20(mm)
- 공구 길이(전장) : 63(mm)
- 공구 길이(날장) : 50(mm)
- 스핀들 : 1110(rpm)
- XY 이송속도 : 220(mm/min)
- Z축 이송속도 : 100(mm/min)
- 감속 XY 이송속도 : 110(mm/min)

참고 | 척의 형상 정의

5축 가공에서는 절삭 공구와 공작물의 충돌을 방지하기 위한 매우 중요한 설정이다. 실제의 크기보다 약간 더 크게 하여 CAM으로 하여금 공작물과의 충돌 전에 척을 회피시키도록 한다.

※ 척의 형상을 정의하는 파라미터 값은 척의 형상을 직사각형 형태로 단순화시킨 것으로, 실제 척의 형상이 정의된 직사각형 안에 포함되어야 한다.

 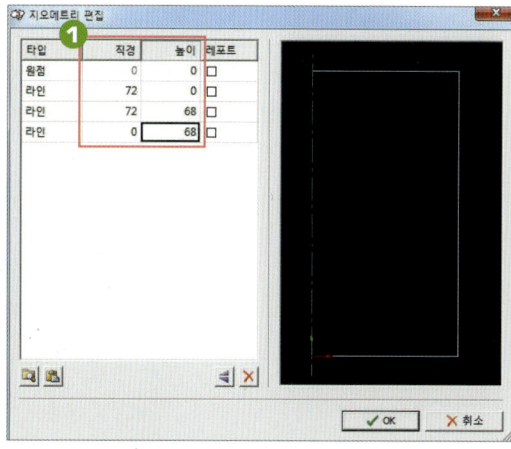

> ## 좌표계 설정하기

3축 가공과 달리 인덱스 5축 가공에서는 G54 좌표계 외에 경사진 가공 면에 수직하게 공구를 세우기 위한 좌표계가 필요하다.

01 ▷ hyperMILL 브라우저 상단의 프레임 탭을 선택한다.

02 ▷ 오른쪽 하단의 신규 작성 버튼을 눌러 다음 그림과 같이 가공 좌표계를 설정한다.

 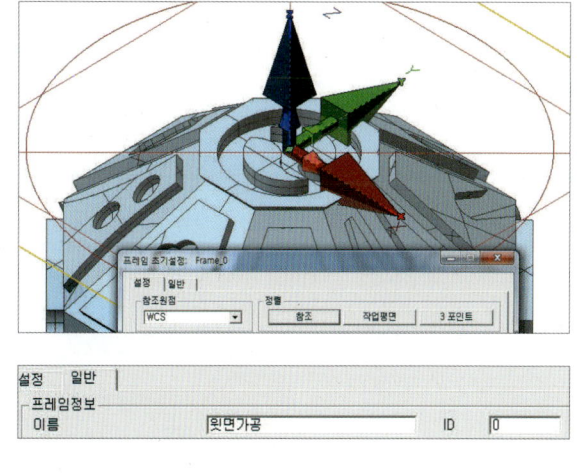

나머지 가공 좌표계는 가공 공정에서 설정하기로 한다.

공정 리스트 생성

01 ▶ 공정 탭에서 마우스 오른쪽 버튼을 눌러 신규 > 공정 리스트를 선택한다.

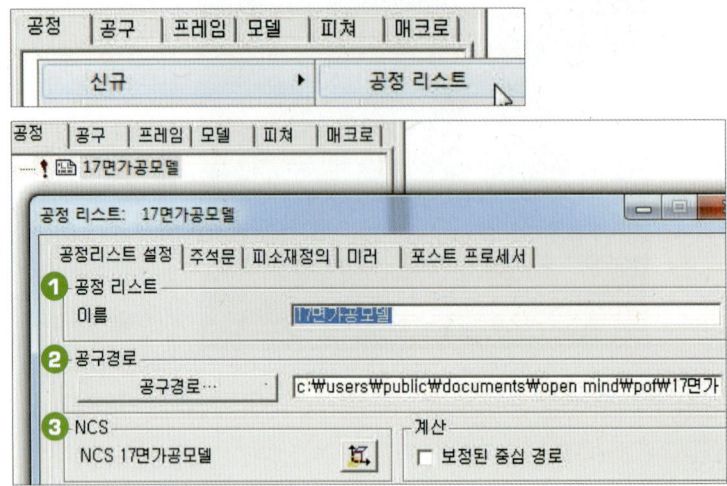

① 공정 리스트 : 작업 공정 이름 지정

② 공구 경로 : CL DATA 생성 위치 지정

③ NCS : 가공 프레임(공작물 원점) 세팅

02 ▶ 피소재정의 탭에서 앞에서 생성한 소재(stock) 모델과 밀링 영역을 선택한다.

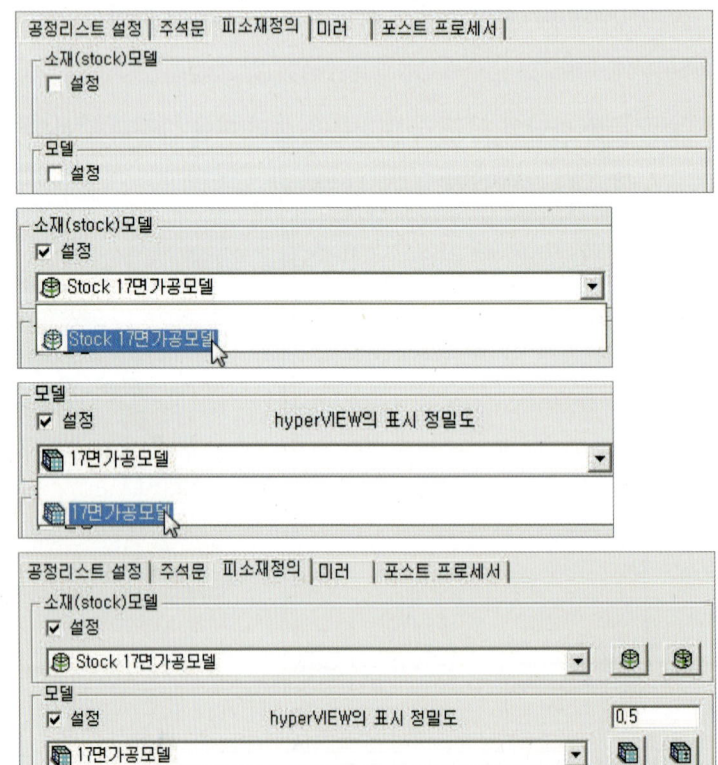

4-3 황삭 가공

파이 20 플랫 엔드밀로 황삭 가공을 해보자.

윗면 황삭 가공

01 ▶ hyperMILL 브라우저 상단의 공정 탭을 선택한다.

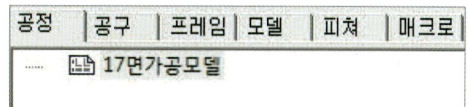

공정	공구	프레임	모델	피쳐	매크로
		17면가공모델			

02 ▶ 빈 공간에 마우스 오른쪽 버튼을 클릭하여 신규 메뉴 선택한 후 3D 사이클 > 3D 등고선 황삭 가공(소재 지정)을 선택한다.

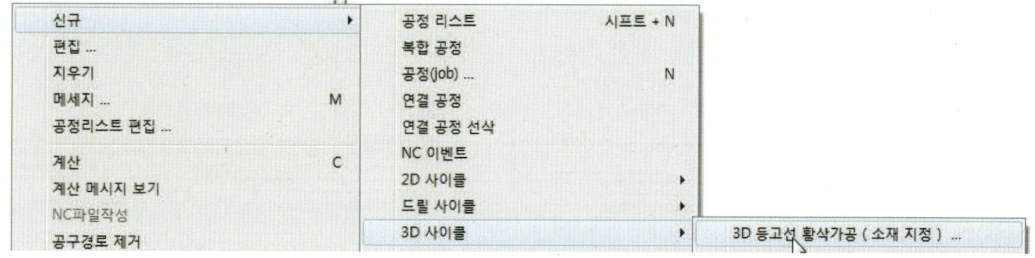

신규	▶	공정 리스트	시프트 + N
편집 ...		복합 공정	
지우기		공정(job) ...	N
메세지 ...	M	연결 공정	
공정리스트 편집 ...		연결 공정 선삭	
계산	C	NC 이벤트	
계산 메시지 보기		2D 사이클	▶
NC파일작성		드릴 사이클	▶
공구경로 제거		3D 사이클	▶ 3D 등고선 황삭가공 (소재 지정) ...

03 ▶ 공구 탭

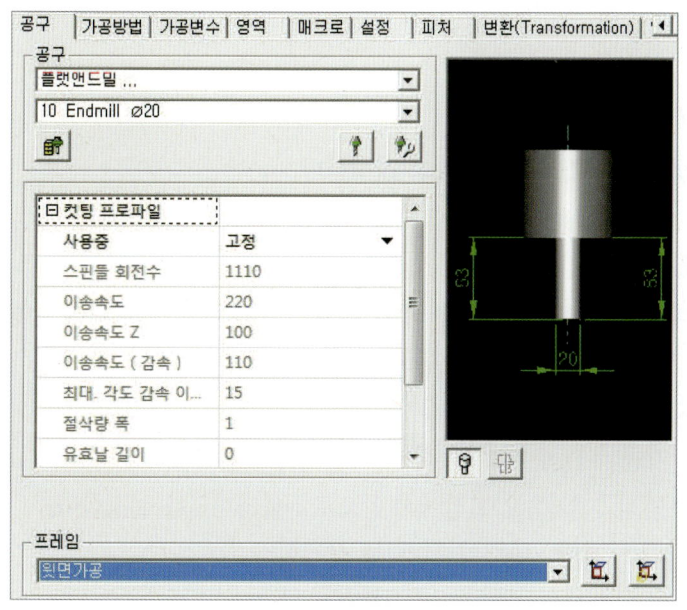

공구 | 가공방법 | 가공변수 | 영역 | 매크로 | 설정 | 피쳐 | 변환(Transformation)

공구
플랫앤드밀 ...
10 Endmill ⌀20

컷팅 프로파일	
사용중	고정
스핀들 회전수	1110
이송속도	220
이송속도 Z	100
이송속도 (감속)	110
최대. 각도 감속 이...	15
절삭량 폭	1
유효날 길이	0

프레임
윗면가공

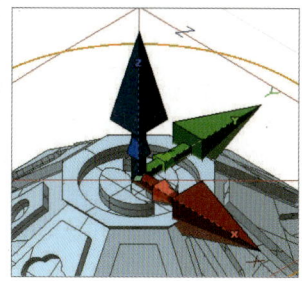

❶ 10번 공구를 사용하여 윗면을 가공한다.

❷ 좌표계는 윗면 가공 좌표계를 사용한다.

04 ▶ 설정 탭

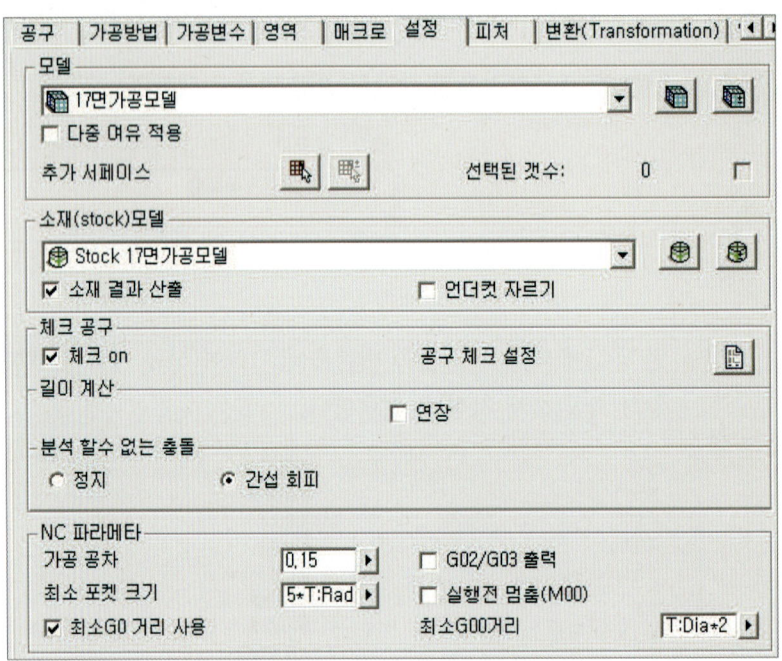

❶ 절삭 공구와 가공 좌표계가 결정되면, 설정 탭에 있는 가공할 모델과 소재를 선택한다.
기타 파라미터는 주어진 값을 그대로 사용한다.

❷ 다음 작업에 사용하기 위해 "☑ 소재 결과 산출" 파라미터를 체크한다.

05 ▶ 가공 방법 탭

가공 방법에 대한 기본적인 뼈대를 결정한다.

◉ 결정할 주요 내용

❶ 가공 우선 순위 : 등고선 형태의 가공/포켓 우선의 가공 형태를 결정한다.

　　평면 : 평면 형태의 가공 → 등고선 가공

　　포켓 : 포켓 가공

　　　　가공 우선 순위로 "포켓" 파라미터를 설정한다.

❷ 평면형 방식 : "연속으로(밖에서 안으로)" 파라미터를 설정한다.

❸ 절삭 방식 : "하향 가공" 파라미터를 설정한다.

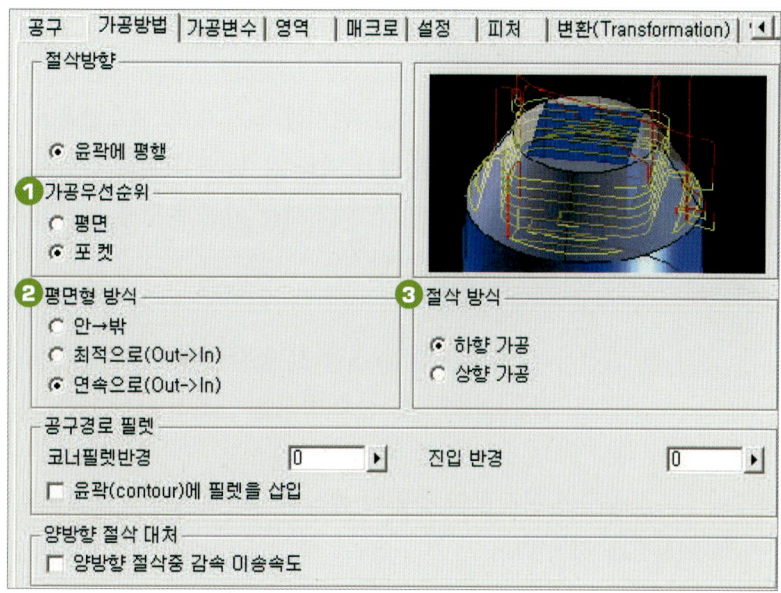

기타 파라미터는 CAM 프로그램의 기본 설정치를 사용한다.

06 ▶ 가공변수 탭

수직 절입 영역, XY평면 방향의 절입량(수평 절입량), 수직 절입량, 정삭을 위한 가공 여유량, 평면 부위 검출방식, 공구가 공작물로부터 빠지는 진출방식, 안전 높이(클리어런스 평면) 등을 결정한다.

❶ 수직 절입 영역을 결정하는 파라미터인 가공 영역에서 최고점은 지정할 필요가 없다. 3D 등고선 황삭 가공(소재 지정)은 소재 모델을 자동으로 인식하기 때문이다. 최저점은 다음 그림과 같이 최저 높이를 선택한다.

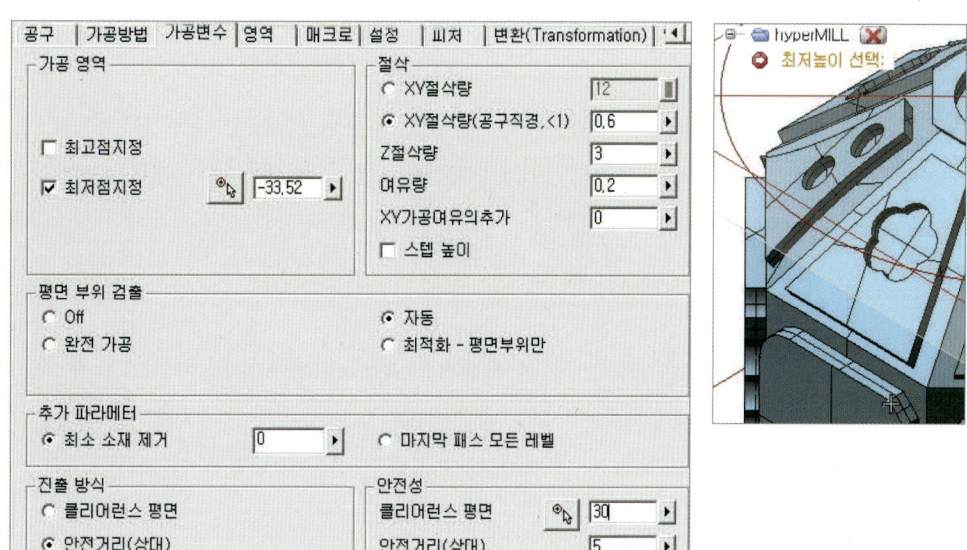

❷ 평면 부위 검출은 "자동" 파라미터를 설정한다.

❸ 클리어런스 평면은 Z30. 위치를 주기 위해 "30" 값을 입력한다. 진출 방식을 "클리어런스 평면"을 선택하면 절삭 가공 중 다른 위치로 급속으로 이동할 때마다 G90 Z30. 위치로 급속으로 진출한다. 여기서는 가공 속도를 높이기 위해 진출 방식을 "안전거리(상대)"파라미터를 설정한다.

❹ 안전거리(상대)는 진입/진출 시 공작물과 공구 사이의 거리를 지정하는 파라미터로 보통 "5" 값을 입력한다. 진출 방식을 안전거리(상대)를 선택하면 절삭 가공 중 다른 위치로 급속으로 이동할 때마다 G91 Z5. 위치로 급속으로 진출된다. 5mm만큼의 진출로 공구와 공작물의 충돌이 예상될 경우 CAM 프로그램은 충돌하지 않는 위치로 진출량을 결정한다.

07 영역 탭

작업 평면 영역을 결정하는데, 윗면 가공이므로 주변의 간섭이 없을 경우 바운더리를 선택하지 않아도 된다.

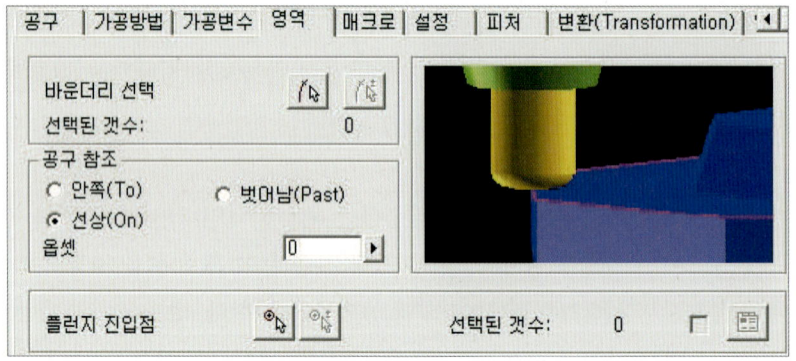

08 매크로 탭

수직진입 플랜지 가공 형태를 지정한다. 여기서는 가공 속도를 높이기 위해 "경사" 파라미터를 설정한다.

09 ⟩ 다음 그림은 각 탭(tab)에 파라미터 값을 입력하고 계산한 공구 괘적 및 소재를 절삭한 결과이다.

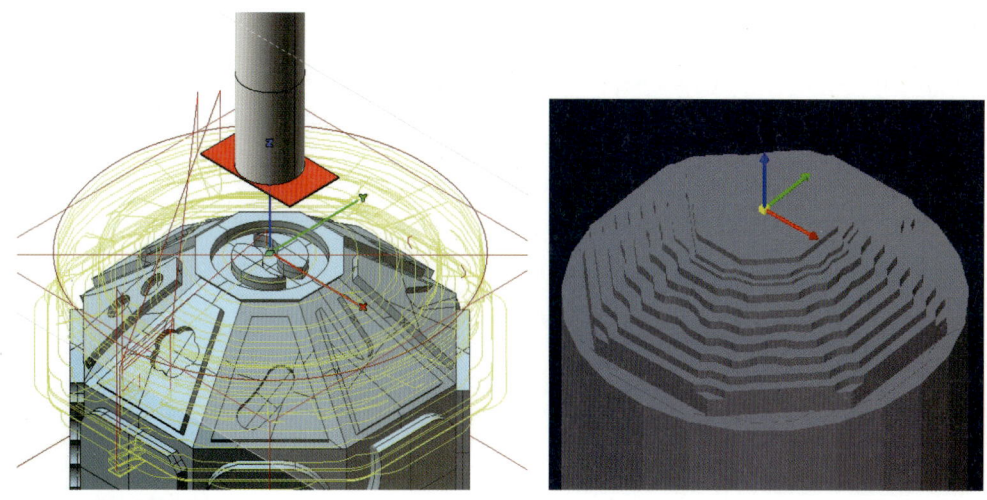

> ## 우측면(수직면) 인덱스 황삭 가공

- 10번 공구를 사용하여 우측면(수직면)을 가공한다.
- 가공 좌표계(우측면 가공 좌표계)를 생성한다.
- 소재(stock) 모델은 윗면 황삭 가공에서 계산된 소재(1: T10 3D 등고선 황삭 가공 (소재 지정) (17면 가공 모델))를 사용한다.
- 우측면(수직면) 인덱스 황삭 가공은 윗면 황삭 가공과 기본적으로 같은 형태의 가공이므로 윗면 황삭(1: T10 3D 등고선 황삭 가공 (소재 지정)) 공정을 복사/붙이기한 후 공구 탭의 프레임, 설정 탭, 가공변수 탭, 영역 탭에서 그림과 같이 우측면(수직면) 황삭에 맞게 수정한다.

01 ⟩ 공구 탭
프레임의 가공 좌표계 생성 아이콘을 클릭하여 우측면 가공 좌표계를 생성하여 가공 좌표계로 사용한다.

```
┌ 프레임 ─────────────────────────────────┐
│ NCS 17면가공모델                    ▼  🔲  🔲 │
└──────────────────────────────────────┘
```

우측면 가공 좌표계 생성 순서

1 작업 평면을 다음 그림 순서대로 우측면 위에 놓는다.

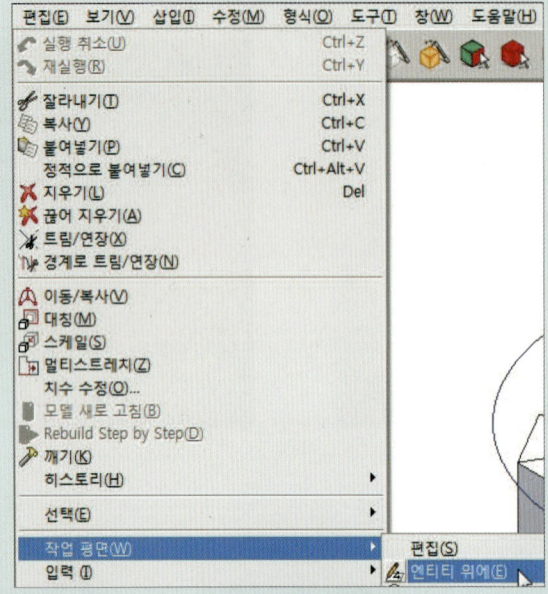

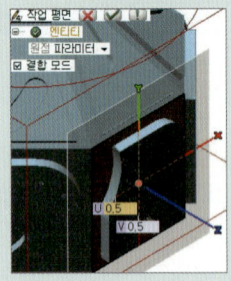
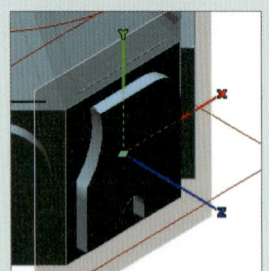
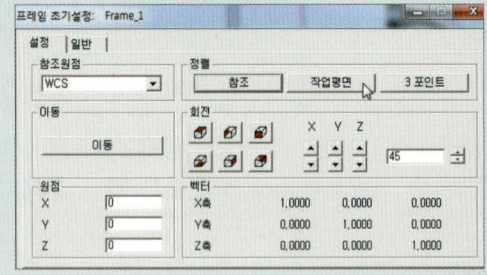

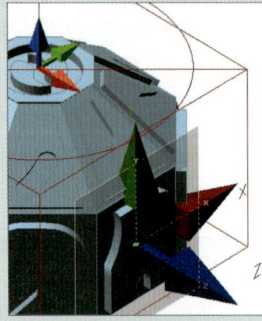
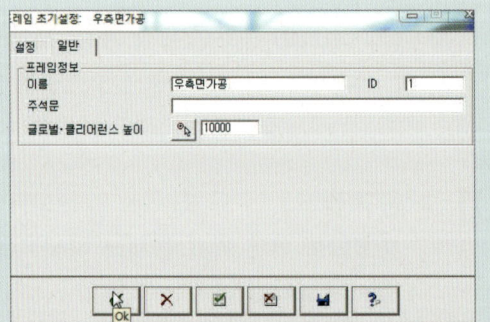

2 OK 버튼을 클릭하고 나오면 우측면 가공 좌표계가 생성되어 프레임에 설정된다.

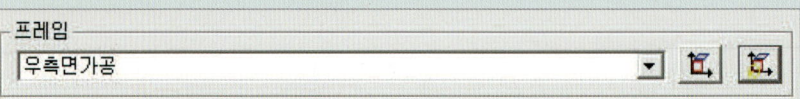

02 설정 탭

소재 모델을 윗면 황삭 가공 결과 자동으로 계산된 소재(1: T10 3D 등고선 황삭 가공 (소재 지정) (17면 가공 모델))를 사용한다. 다음 작업에 사용하기 위해 "☑ 소재 결과 산출" 파라미터를 체크한다.

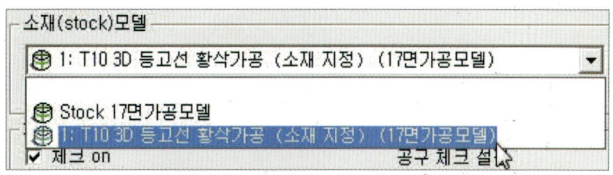

기타 파라미터는 주어진 값을 그대로 사용한다.

03 가공변수 탭

가공 영역의 최고점/최저점 파라미터 값을 다음과 같이 변경한다.

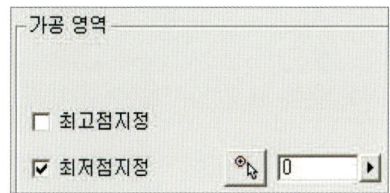 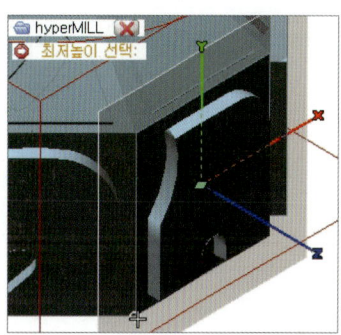

04 영역 탭

윗면을 제외한 나머지 16개 면 가공은 XY평면 가공 영역을 반드시 지정해야 한다. 그렇지 않을 경우 절삭 공구가 가공 소재가 고정되어 있는 척과의 충돌이 발생한다.

우측면(수직면) 가공 영역 생성 순서

❶ 풀 다운 메뉴 삽입 > 제도 > 직사각형 & 다각형 > 사각형 (R) 명령으로 작업 평면 위에 다음 그림 순서대로 가공 영역을 그린다.

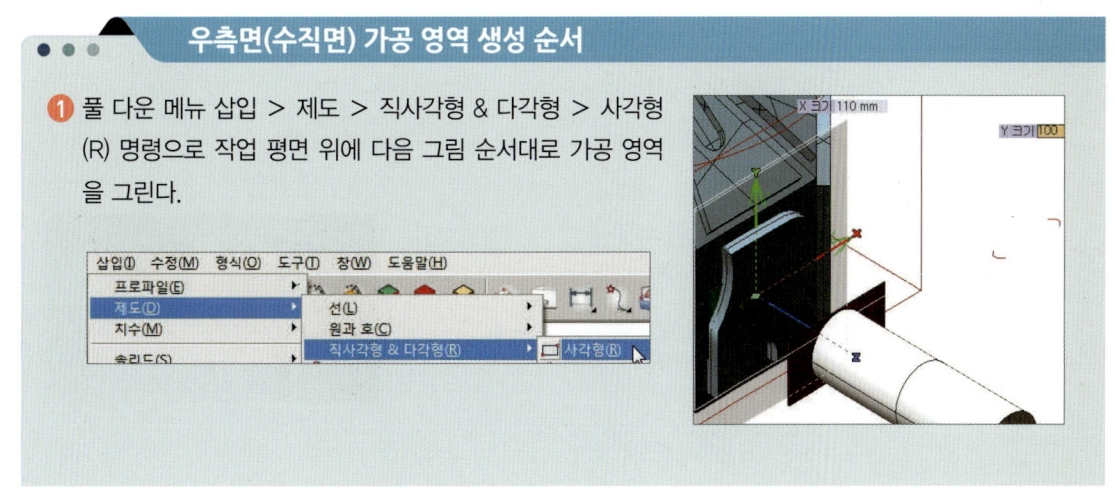

❷ 작업 평면 위에 그려진 사각형을 우측면(수직면)이 중앙에 오도록 이동/복사 명령을 사용하여 다음 그림 순서대로 이동시킨다.

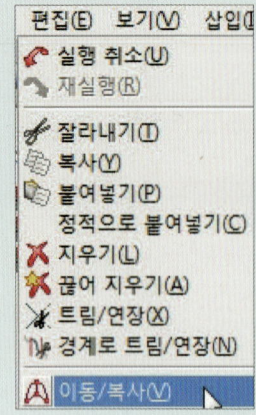
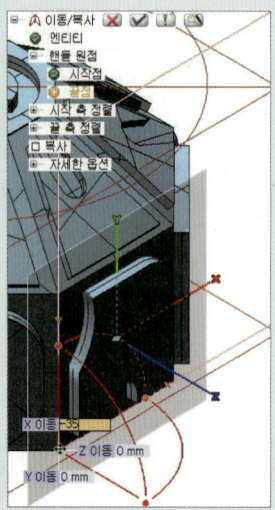
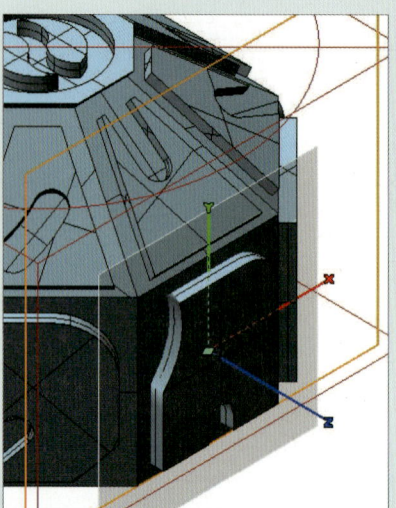

❸ 영역 탭의 바운더리 선택에서 신규 아이콘을 클릭하여 그려진 사각형을 선택한다.

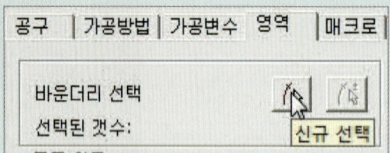
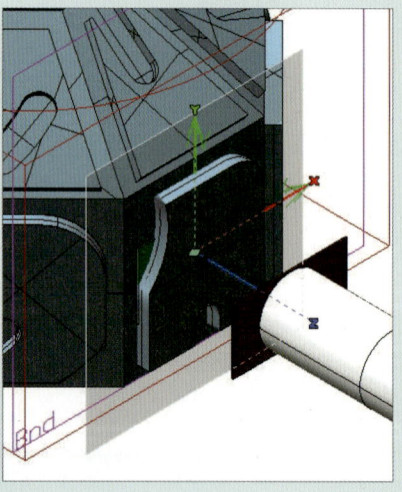

※ 공구가 영역 안쪽에서만 가공하도록 공구 참조를 "안쪽"을 선택한다.

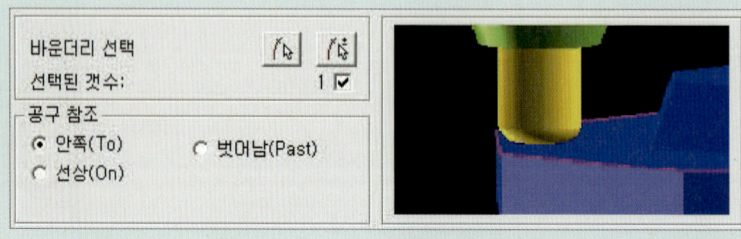

05 다음 그림은 각 탭(tab)에 파라미터 값을 입력, 계산했을 때 공구의 위치와 안전 평면, Z방향의 가공 범위, XY방향의 가공 범위, 공구 괘적을 나타낸 것이다.

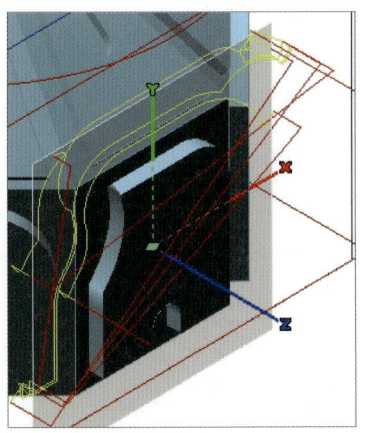 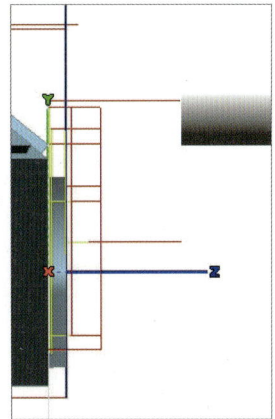 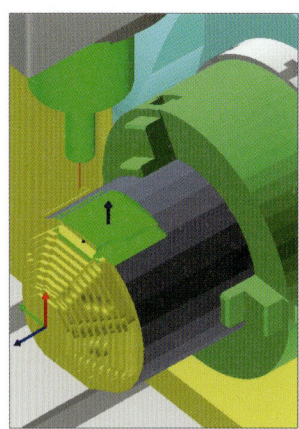

우배면(수직면) 인덱스 황삭 가공

- 10번 공구를 사용하여 우배면(수직면)을 가공한다.
- 가공 좌표계(우배면 가공 좌표계)를 생성한다.
- 소재(stock) 모델은 우측면(수직면) 황삭 가공에서 계산된 소재(2: T10 3D 등고선 황삭 가공 (소재 지정) (17면 가공 모델))를 사용한다.
- 우배면(수직면) 인덱스 황삭 가공은 우측면(수직면) 황삭 가공과 기본적으로 같은 형태의 가공이므로 우측면(수직면) 황삭(2: T10 3D 등고선 황삭 가공 (소재 지정)) 공정을 복사/붙이기한 후 공구 탭의 프레임, 설정 탭, 가공변수 탭, 영역 탭에서 그림과 같이 우배면(수직면) 황삭에 맞게 수정한다.

01 공구 탭
프레임의 가공 좌표계 생성 아이콘을 클릭하여 우배면 가공 좌표계를 생성하여 가공 좌표계로 사용한다.

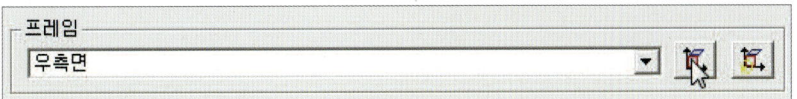

우배면 가공 좌표계 생성 순서

1 작업 평면을 다음 그림 순서대로 우배면 위에 놓는다.

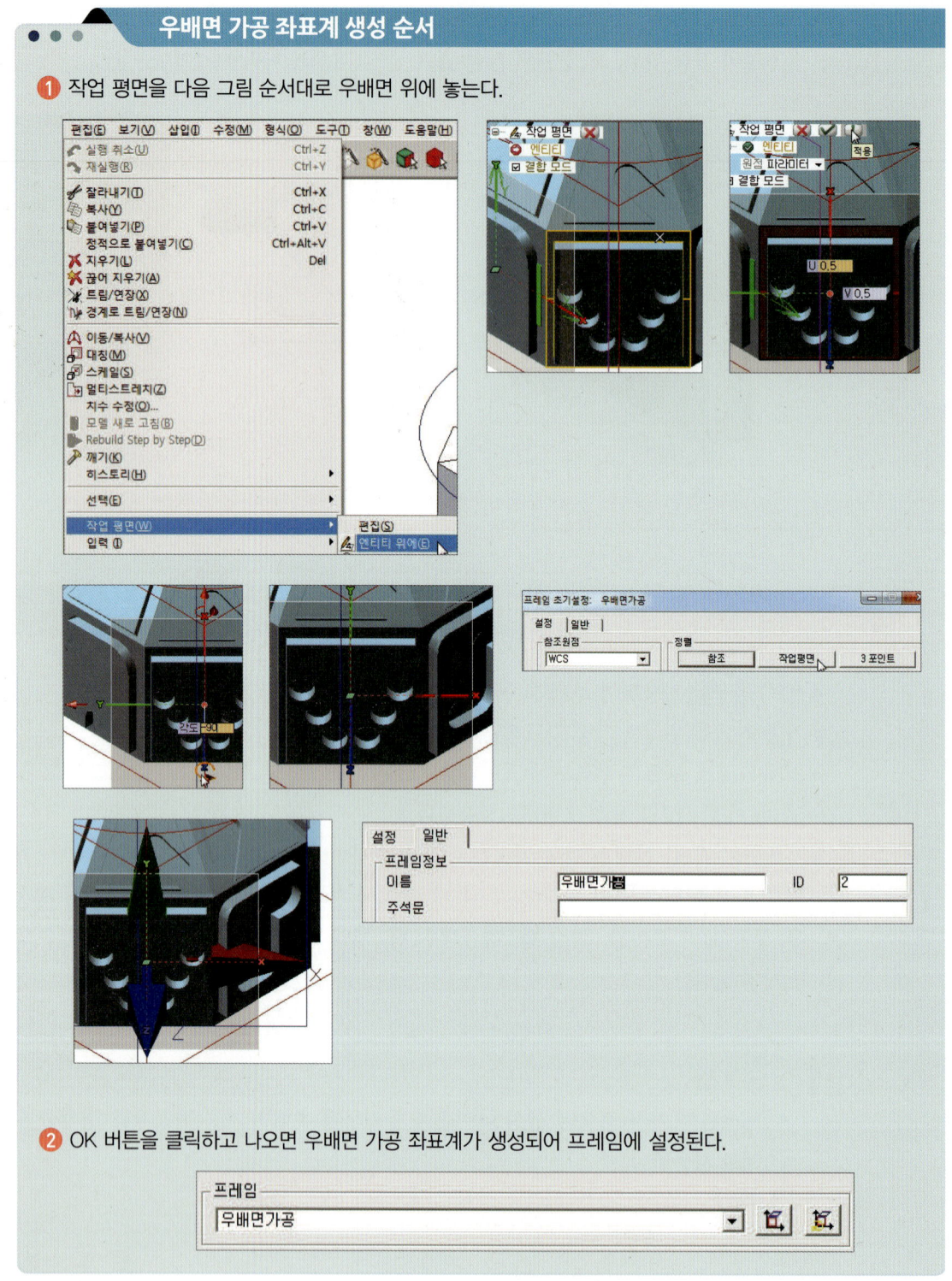

2 OK 버튼을 클릭하고 나오면 우배면 가공 좌표계가 생성되어 프레임에 설정된다.

02 설정 탭

소재 모델을 우측면(수직면) 황삭 가공 결과 자동으로 계산된 소재(2: T10 3D 등고선 황삭 가공 (소재 지정) (17면 가공 모델))를 사용한다.

다음 작업에 사용하기 위해 "☑ 소재 결과 산출" 파라미터를 체크한다.

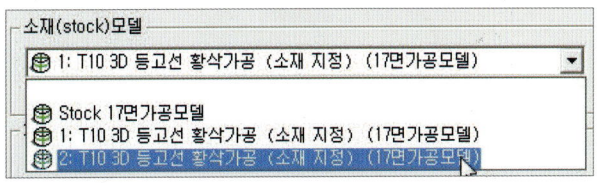

기타 파라미터는 주어진 값을 그대로 사용한다.

03 ⟫ 가공변수 탭

가공 영역의 최고점/최저점 파라미터 값을 다음과 같이 변경한다.

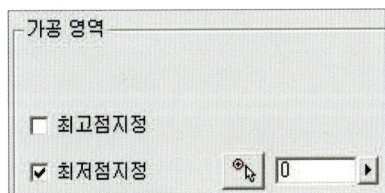
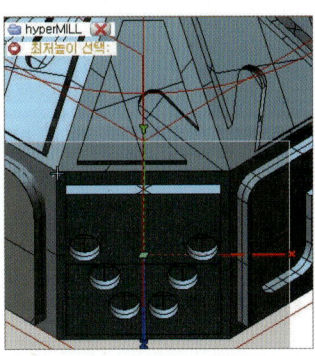

04 ⟫ 영역 탭

윗면을 제외한 나머지 16개 면 가공은 XY평면 가공 영역을 반드시 지정해야 한다. 그렇지 않을 경우 절삭 공구가 가공 소재가 고정되어 있는 척과의 충돌이 발생한다.

우배면(수직면) 가공 영역 생성 순서

❶ 우측면(수직면) 가공 영역 생성 순서와 동일하다.

❷ 생성 과정을 순서대로 그림으로 나열하면 다음과 같다.

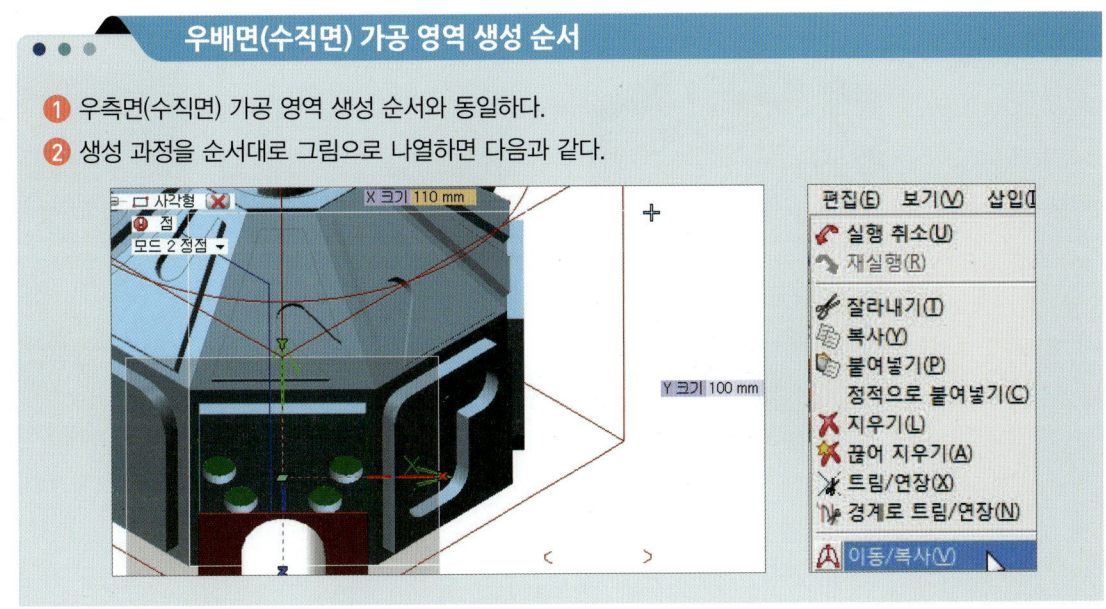

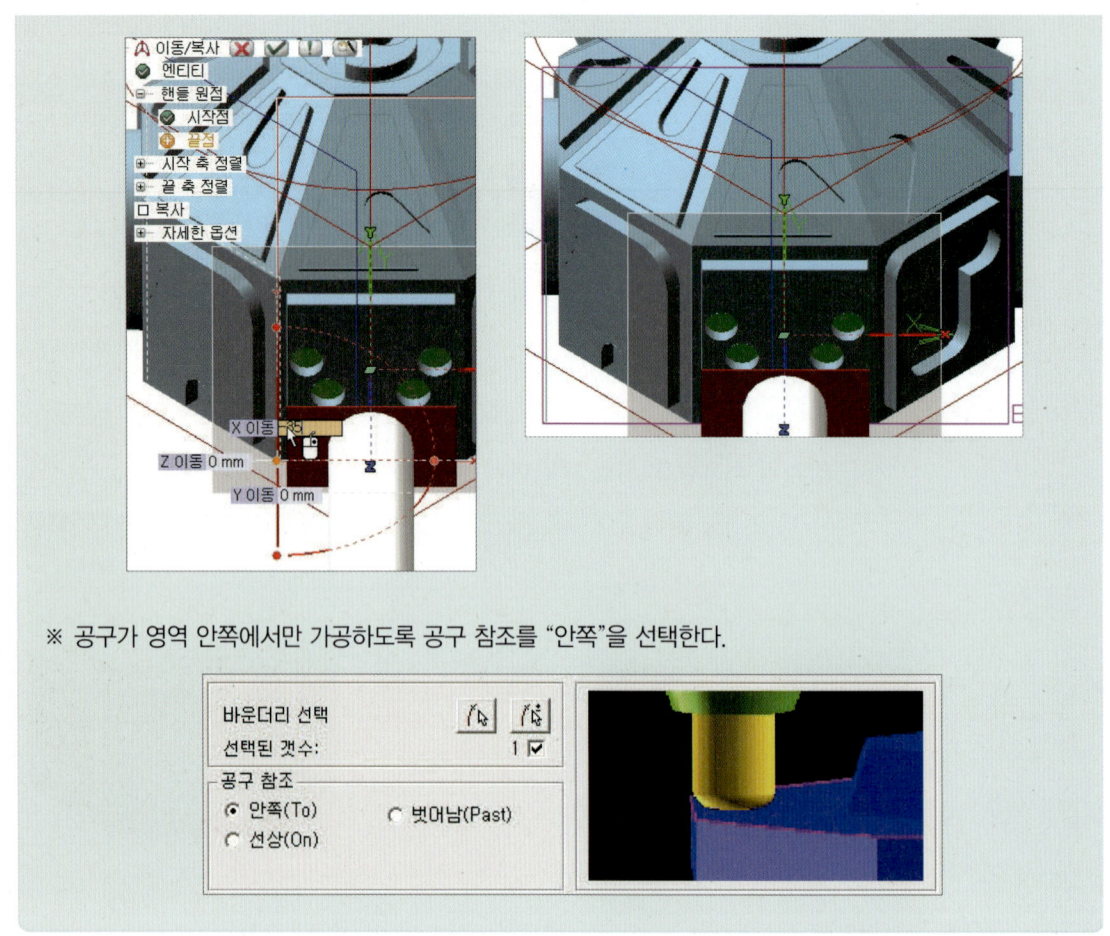

※ 공구가 영역 안쪽에서만 가공하도록 공구 참조를 "안쪽"을 선택한다.

05 다음 그림은 각 탭(tab)에 파라미터 값을 입력, 계산했을 때 공구의 위치와 안전 평면, Z방향의 가공 범위, XY방향의 가공 범위, 공구 괘적을 나타낸 것이다.

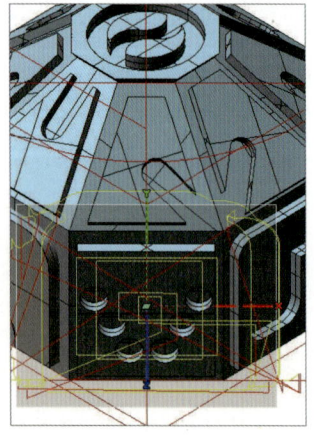
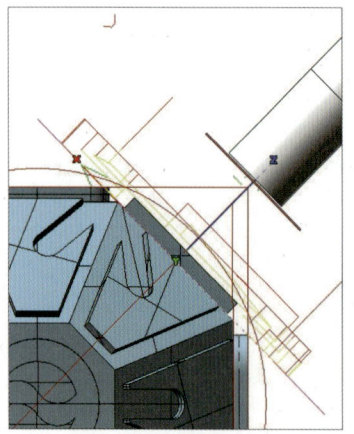
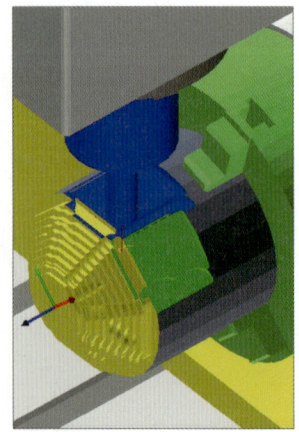

배면(수직면) 인덱스 황삭 가공

- 10번 공구를 사용하여 배면(수직면)을 가공한다.
- 가공 좌표계(배면 가공 좌표계)를 생성한다.
- 소재(stock) 모델은 우배면(수직면) 황삭 가공에서 계산된 소재(3: T10 3D 등고선 황삭 가공 (소재 지정) (17면 가공 모델))를 사용한다.
- 배면(수직면) 인덱스 황삭 가공은 우배면(수직면) 황삭 가공과 기본적으로 같은 형태의 가공이므로 우배면(수직면) 황삭(3: T10 3D 등고선 황삭 가공 (소재 지정)) 공정을 복사/붙이기한 후 공구 탭의 프레임, 설정 탭, 가공변수 탭, 영역 탭에서 그림과 같이 배면(수직면) 황삭에 맞게 수정한다.

01 ▷ 공구 탭
프레임의 가공 좌표계 생성 아이콘을 클릭하여 배면 가공 좌표계를 생성하여 가공 좌표계로 사용한다.

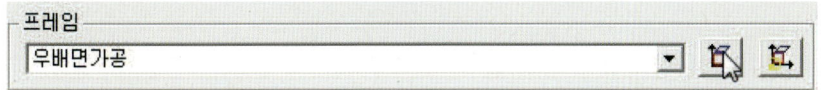

배면 가공 좌표계 생성 순서

❶ 작업 평면을 다음 그림 순서대로 배면 위에 놓는다.

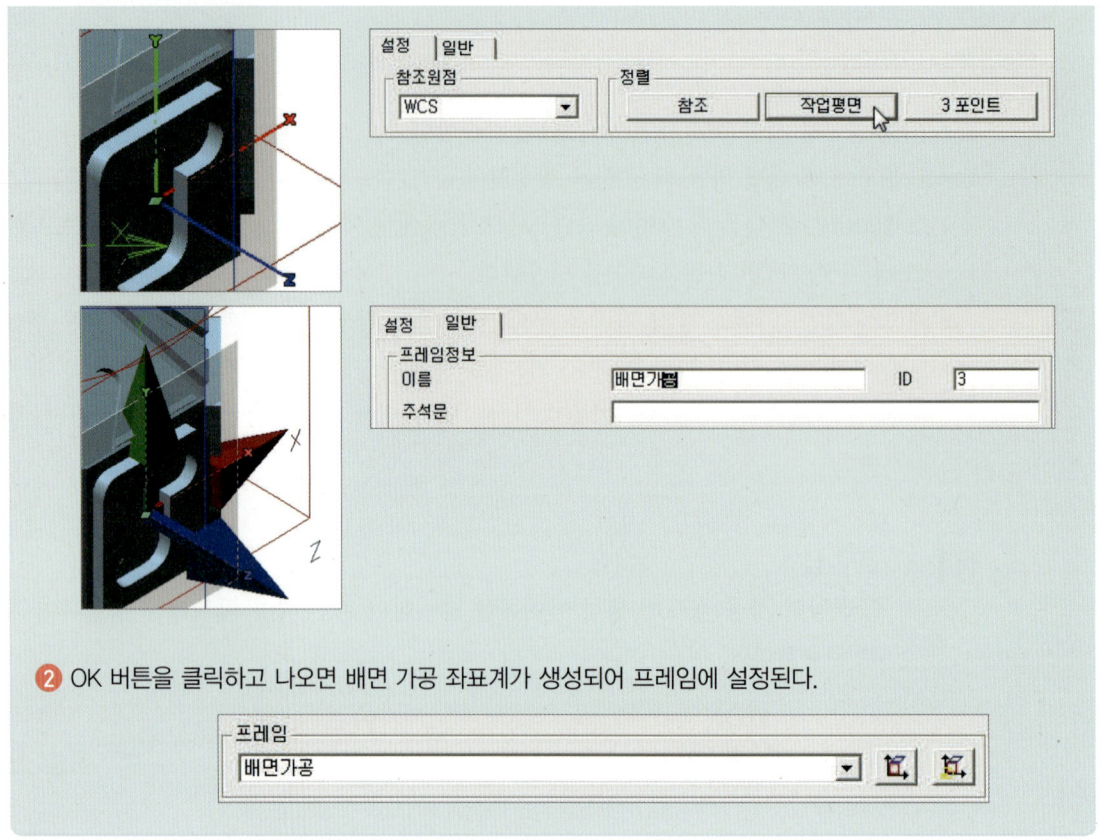

❷ OK 버튼을 클릭하고 나오면 배면 가공 좌표계가 생성되어 프레임에 설정된다.

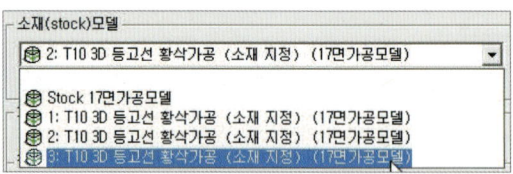

02 ▶ 설정 탭

소재 모델을 우배면(수직면) 황삭 가공 결과 자동으로 계산된 소재(3: T10 3D 등고선 황삭 가공 (소재 지정) (17면 가공 모델))를 사용한다. 다음 작업에 사용하기 위해 "☑ 소재 결과 산출" 파라미터를 체크한다.

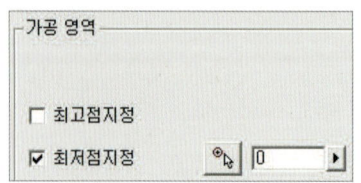

기타 파라미터는 주어진 값을 그대로 사용한다.

03 ▶ 가공변수 탭

가공 영역의 최고점/최저점 파라미터 값을 다음과 같이 변경한다.

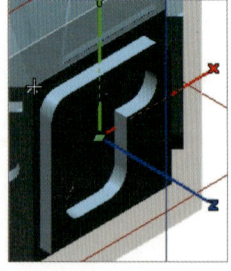

04 영역 탭

윗면을 제외한 나머지 16개 면 가공은 XY평면 가공 영역을 반드시 지정해야 한다. 그렇지 않을 경우 절삭 공구가 가공 소재가 고정되어 있는 척과의 충돌이 발생한다.

배면(수직면) 가공 영역 생성 순서

1 우측면(수직면) 가공 영역 생성 순서와 동일하다.

2 생성 과정을 순서대로 그림으로 나열하면 다음과 같다.

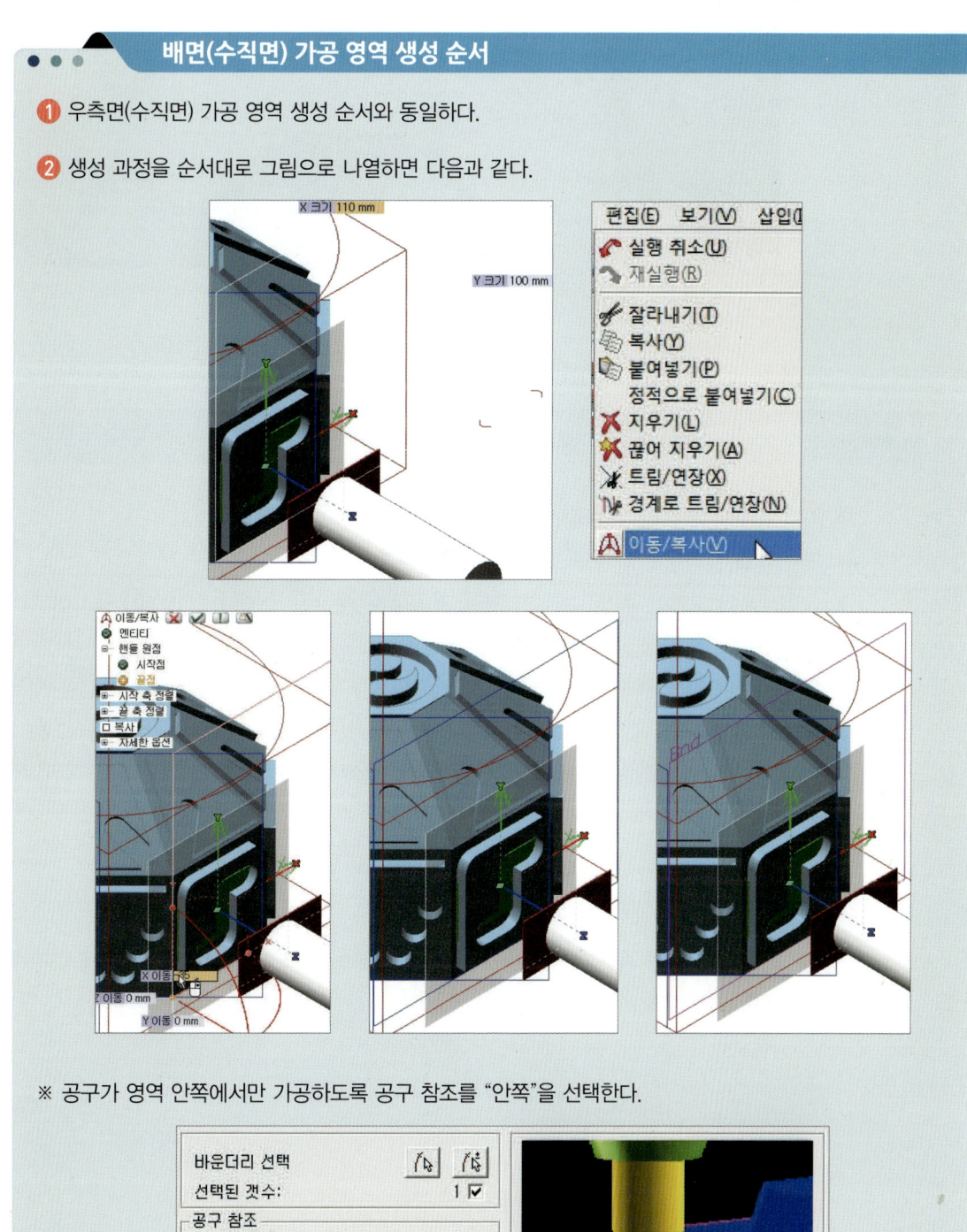

※ 공구가 영역 안쪽에서만 가공하도록 공구 참조를 "안쪽"을 선택한다.

05 ▶ 다음 그림은 각 탭(tab)에 파라미터 값을 입력, 계산했을 때 공구의 위치와 안전 평면, Z방
향의 가공 범위, XY방향의 가공 범위, 공구 괘적을 나타낸 것이다.

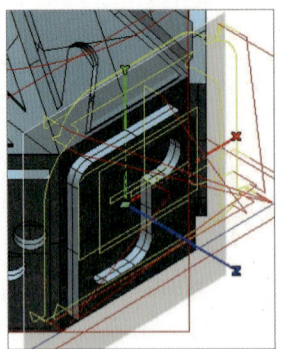 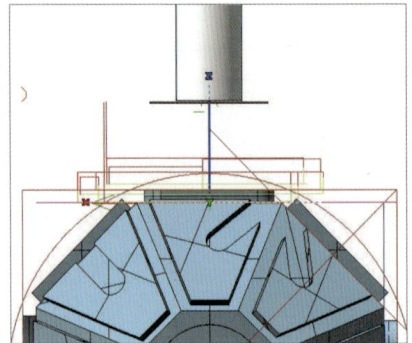 

> ## 좌배면(수직면) 인덱스 황삭 가공

- 10번 공구를 사용하여 좌배면(수직면)을 가공한다.
- 가공 좌표계(좌배면 가공 좌표계)를 생성한다.
- 소재(stock) 모델은 배면(수직면) 황삭 가공에서 계산된 소재(4: T10 3D 등고선 황삭 가공 (소재 지정) (17면 가공 모델))를 사용한다.
- 좌배면(수직면) 인덱스 황삭 가공은 배면(수직면) 황삭 가공과 기본적으로 같은 형태의 가공이므로 배면(수직면) 황삭(4: T10 3D 등고선 황삭 가공 (소재 지정)) 공정을 복사/붙이기한 후 공구 탭의 프레임, 설정 탭, 가공변수 탭, 영역 탭에서 그림과 같이 좌배면(수직면) 황삭에 맞게 수정한다.

01 ▶ 공구 탭

프레임의 가공 좌표계 생성 아이콘을 클릭하여 좌배면 가공 좌표계를 생성하여 가공 좌표계로 사용한다.

좌배면 가공 좌표계 생성 순서

① 작업 평면을 다음 그림 순서대로 좌배면 위에 놓는다.

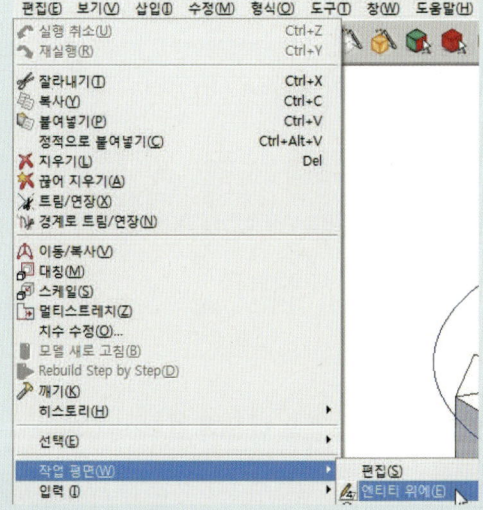

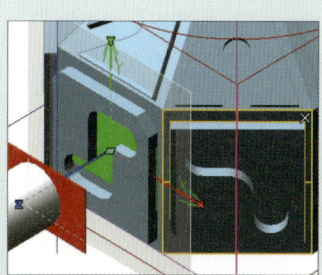

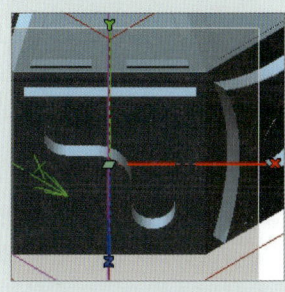

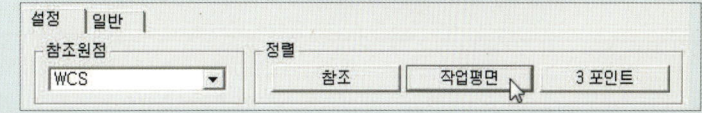

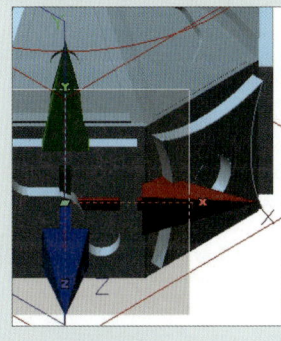

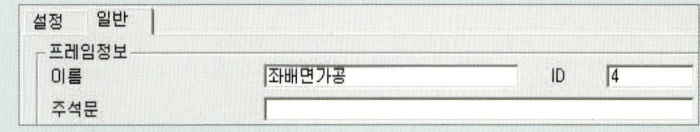

② OK 버튼을 클릭하고 나오면 좌배면 가공 좌표계가 생성되어 프레임에 설정된다.

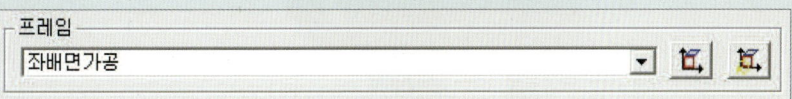

02 ▶ 설정 탭

소재 모델을 배면(수직면) 황삭 가공 결과 자동으로 계산된 소재(4: T10 3D 등고선 황삭 가공 (소재 지정) (17면 가공 모델))를 사용한다. 다음 작업에 사용하기 위해 "☑ 소재 결과 산출" 파라미터를 체크한다.

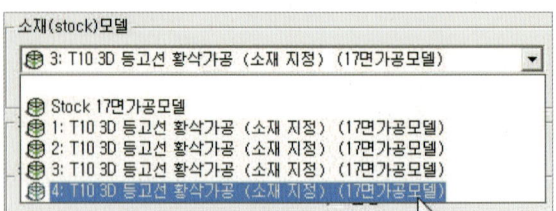

기타 파라미터는 주어진 값을 그대로 사용한다.

03 ▶ 가공변수 탭

가공 영역의 최고점/최저점 파라미터 값을 다음과 같이 변경한다.

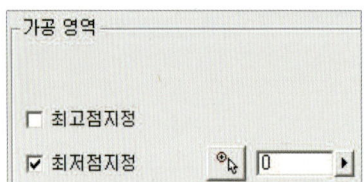 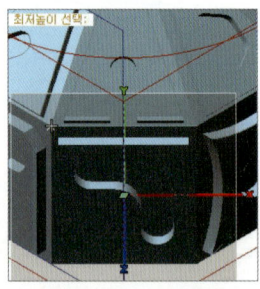

04 ▶ 영역 탭

윗면을 제외한 나머지 16개 면 가공은 XY평면 가공 영역을 반드시 지정해야 한다. 그렇지 않을 경우 절삭 공구가 가공 소재가 고정되어 있는 척과의 충돌이 발생한다.

좌배면(수직면) 가공 영역 생성 순서

① 우측면(수직면) 가공 영역 생성 순서와 동일하다.

② 생성 과정을 순서대로 그림으로 나열하면 다음과 같다.

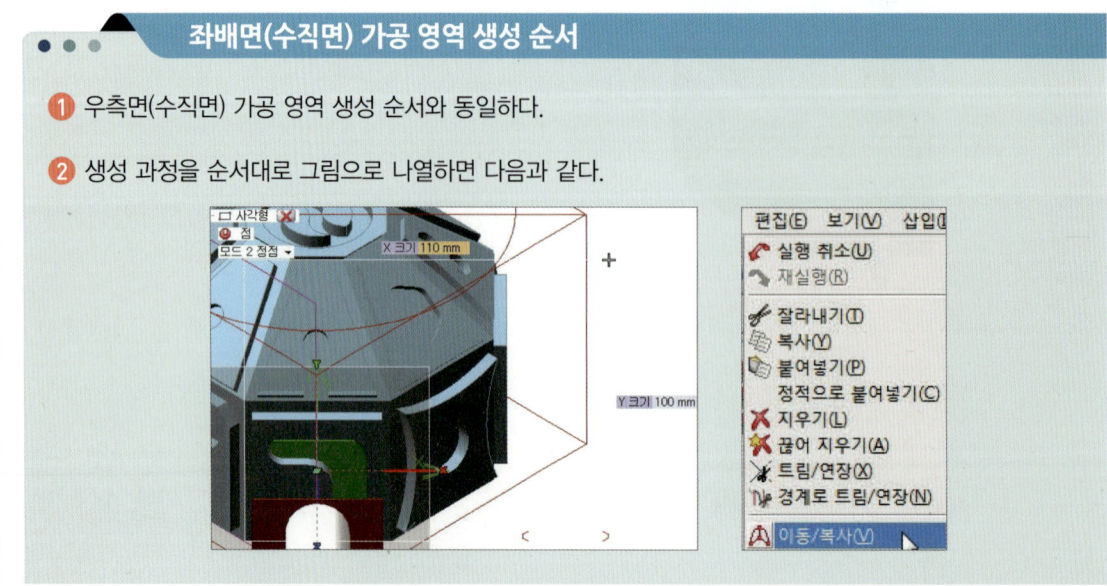

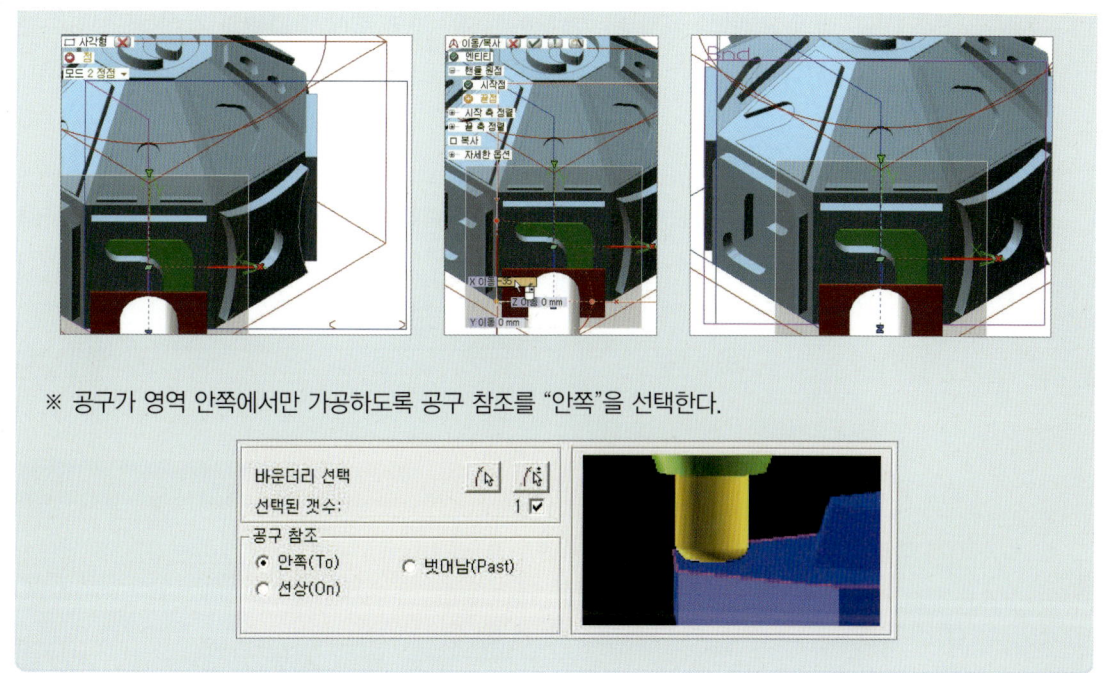

※ 공구가 영역 안쪽에서만 가공하도록 공구 참조를 "안쪽"을 선택한다.

05 ▶ 다음 그림은 각 탭(tab)에 파라미터 값을 입력, 계산했을 때 공구의 위치와 안전 평면, Z방향의 가공 범위, XY방향의 가공 범위, 공구 궤적을 나타낸 것이다.

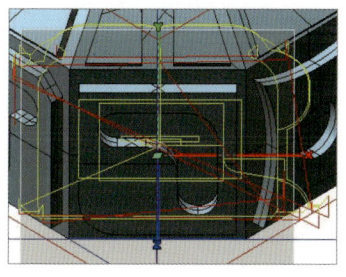 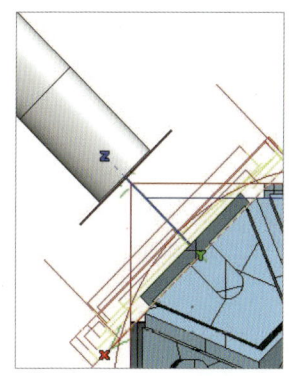 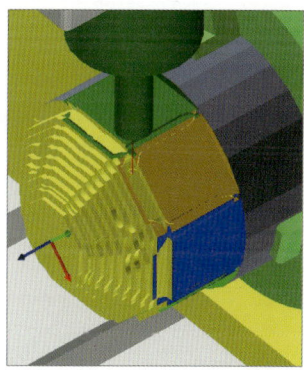

▶ 좌측면(수직면) 인덱스 황삭 가공

- 10번 공구를 사용하여 좌측면(수직면)을 가공한다.
- 가공 좌표계(좌측면 가공 좌표계)를 생성한다.
- 소재(stock) 모델은 좌배면(수직면) 황삭 가공에서 계산된 소재(5: T10 3D 등고선 황삭 가공 (소재 지정) (17면 가공 모델))를 사용한다.
- 좌측면(수직면) 인덱스 황삭 가공은 좌배면(수직면) 황삭 가공과 기본적으로 같은 형태의 가공 이므로 좌배면(수직면) 황삭(5: T10 3D 등고선 황삭 가공 (소재 지정)) 공정을 복사/붙이기한

후 공구 탭의 프레임, 설정 탭, 가공변수 탭, 영역 탭에서 그림과 같이 좌측면(수직면) 황삭에 맞게 수정한다.

01 ▶ 공구 탭

프레임의 가공 좌표계 생성 아이콘을 클릭하여 좌측면 가공 좌표계를 생성하여 가공 좌표계로 사용한다.

┌─ 프레임 ─────────────────────────────
│ 좌배면가공   ▼ 🔲 🔲
└──────────────────────────────────────

좌측면 가공 좌표계 생성 순서

① 작업 평면을 다음 그림 순서대로 좌측면 위에 놓는다.

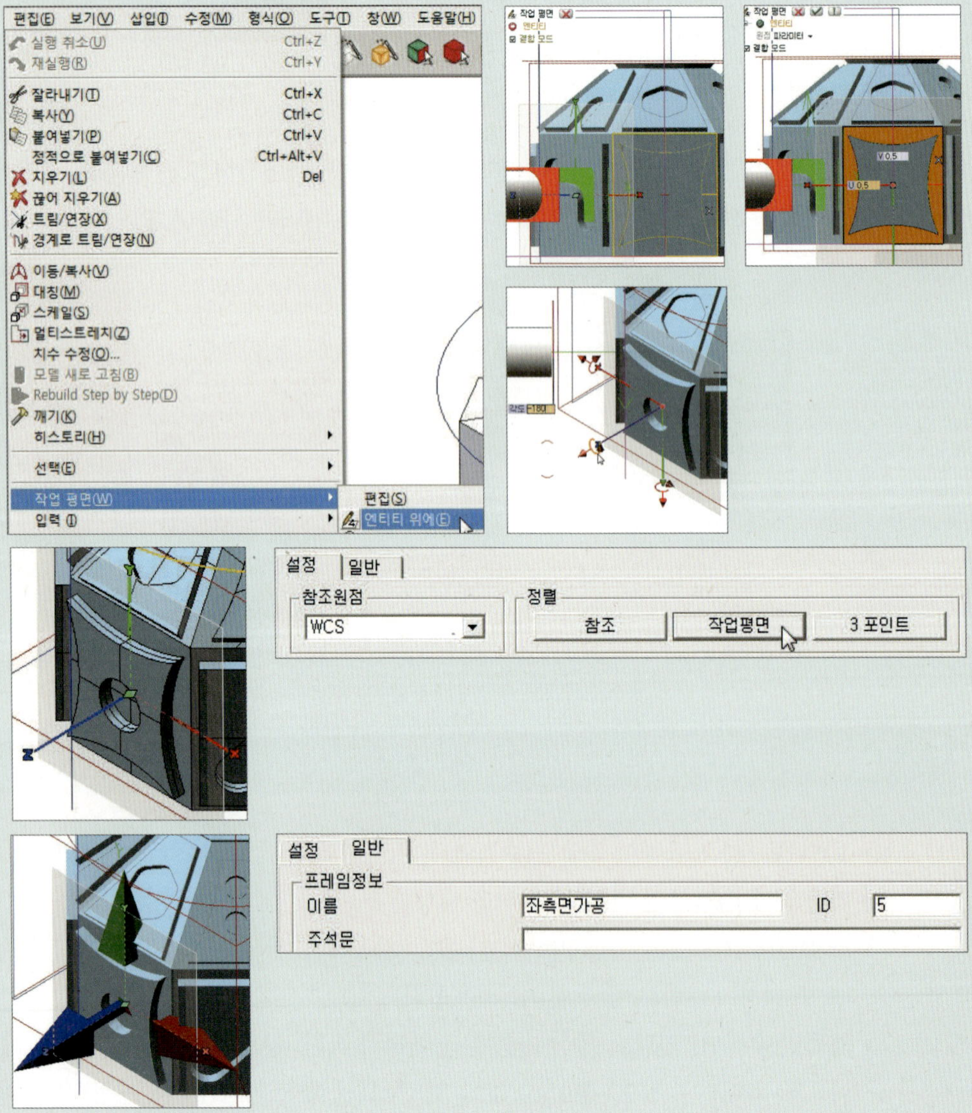

편집(E) 보기(V) 삽입(I) 수정(M) 형식(O) 도구(T) 창(W) 도움말(H)	
↶ 실행 취소(U)	Ctrl+Z
↷ 재실행(R)	Ctrl+Y
✂ 잘라내기(T)	Ctrl+X
📋 복사(Y)	Ctrl+C
📋 붙여넣기(P)	Ctrl+V
정적으로 붙여넣기(C)	Ctrl+Alt+V
✖ 지우기(L)	Del
✖ 끊어 지우기(A)	
✖ 트림/연장(X)	
경계로 트림/연장(N)	
⚓ 이동/복사(V)	
🔲 대칭(M)	
스케일(S)	
멀티스트레치(Z)	
치수 수정(O)...	
📋 모델 새로 고침(B)	
Rebuild Step by Step(D)	
깨기(K)	
히스토리(H)	▶
선택(E)	▶
작업 평면(W)	▶ 편집(S)
입력(I)	▶ 엔티티 위에(E)

┌ 설정 │ 일반 ─────────────────────────────────
│ ┌─ 참조원점 ─┐   ┌─ 정렬 ──────────────────────
│ │ WCS   ▼ │   │ 참조   │ 작업평면 │ 3 포인트
└─────────────

┌ 설정   일반 ──────────────────────────────────
│ ┌─ 프레임정보 ─────────────────────────────
│ │ 이름   좌측면가공   ID 5
│ │ 주석문
└─────────────

❷ OK 버튼을 클릭하고 나오면 좌측면 가공 좌표계가 생성되어 프레임에 설정된다.

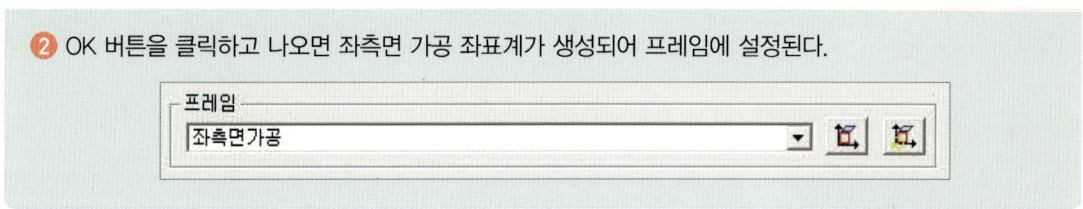

02 ➤ 설정 탭

소재 모델을 좌배면(수직면) 황삭 가공 결과 자동으로 계산된 소재(5: T10 3D 등고선 황삭 가공 (소재 지정) (17면 가공 모델))를 사용한다. 다음 작업에 사용하기 위해 "☑ 소재 결과 산출" 파라미터를 체크한다.

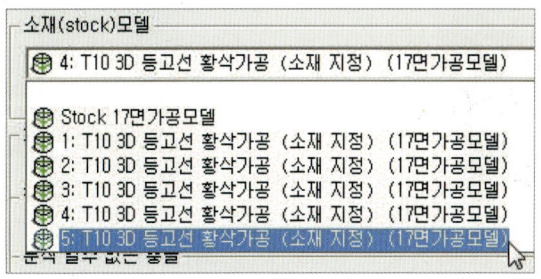

기타 파라미터는 주어진 값을 그대로 사용한다.

03 ➤ 가공변수 탭

가공 영역의 최고점/최저점 파라미터 값을 다음과 같이 변경한다.

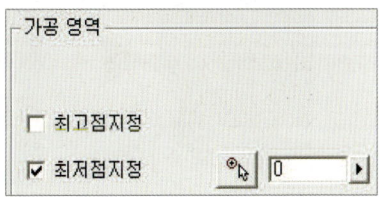
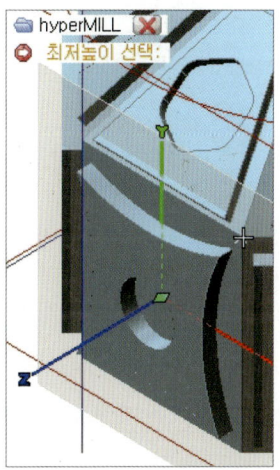

04 ➤ 영역 탭

윗면을 제외한 나머지 16개 면 가공은 XY평면 가공 영역을 반드시 지정해야 한다. 그렇지 않을 경우 절삭 공구가 가공 소재가 고정되어 있는 척과의 충돌이 발생한다.

좌측면(수직면) 가공 영역 생성 순서

1 우측면(수직면) 가공 영역 생성 순서와 동일하다.

2 생성 과정을 순서대로 그림으로 나열하면 다음과 같다.

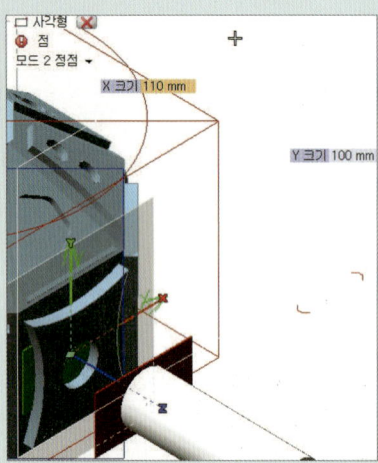
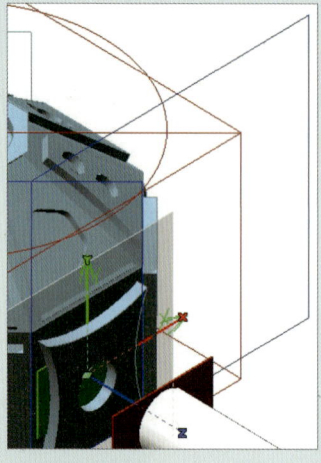
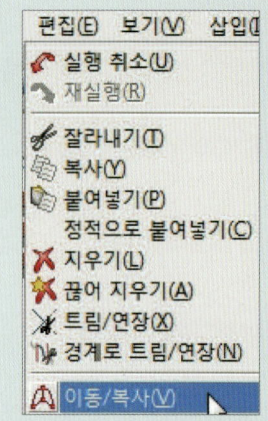

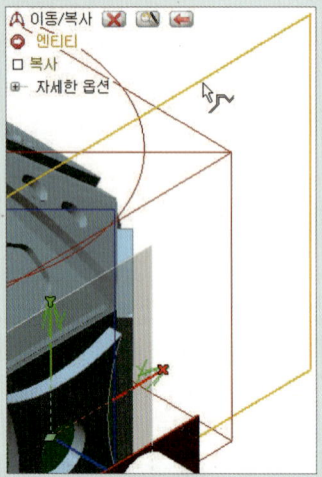
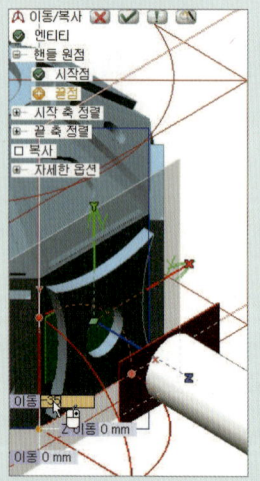
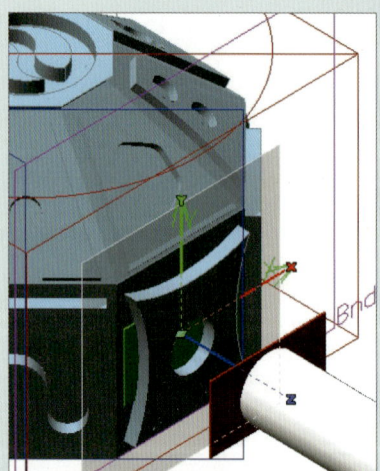

※ 공구가 영역 안쪽에서만 가공하도록 공구 참조를 "안쪽"을 선택한다.

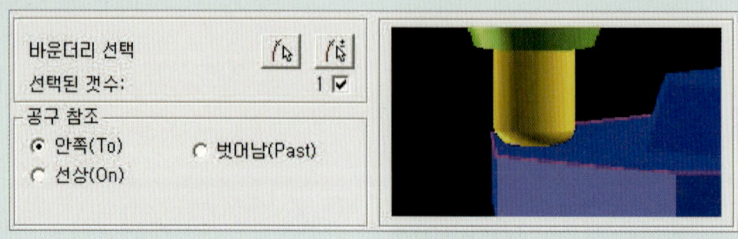

05 ▷ 다음 그림은 각 탭(tab)에 파라미터 값을 입력, 계산했을 때 공구의 위치와 안전 평면, Z방향의 가공 범위, XY방향의 가공 범위, 공구 괘적을 나타낸 것이다.

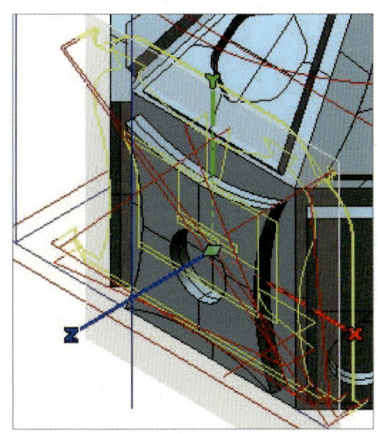 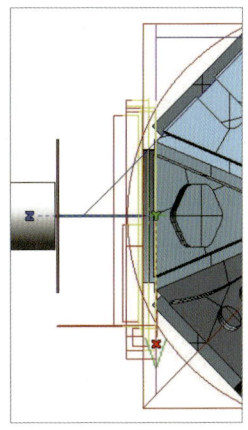 

좌정면(수직면) 인덱스 황삭 가공

- 10번 공구를 사용하여 좌정면(수직면)을 가공한다.
- 가공 좌표계(좌정면 가공 좌표계)를 생성한다.
- 소재(stock) 모델은 좌측면(수직면) 황삭 가공에서 계산된 소재(6: T10 3D 등고선 황삭 가공 (소재 지정) (17면 가공 모델))를 사용한다.
- 좌정면(수직면) 인덱스 황삭 가공은 좌측면(수직면) 황삭 가공과 기본적으로 같은 형태의 가공이므로 좌측면(수직면) 황삭(6: T10 3D 등고선 황삭 가공 (소재 지정)) 공정을 복사/붙이기한 후 공구 탭의 프레임, 설정 탭, 가공변수 탭, 영역 탭에서 그림과 같이 좌정면(수직면) 황삭에 맞게 수정한다.

01 ▷ 공구 탭
프레임의 가공 좌표계 생성 아이콘을 클릭하여 좌정면 가공 좌표계를 생성하여 가공 좌표계로 사용한다.

┌─ 프레임 ─────────────────────────────┐
│ 좌측면가공   ▼ 🖉 🖉 │
└─────────────────────────────────────┘

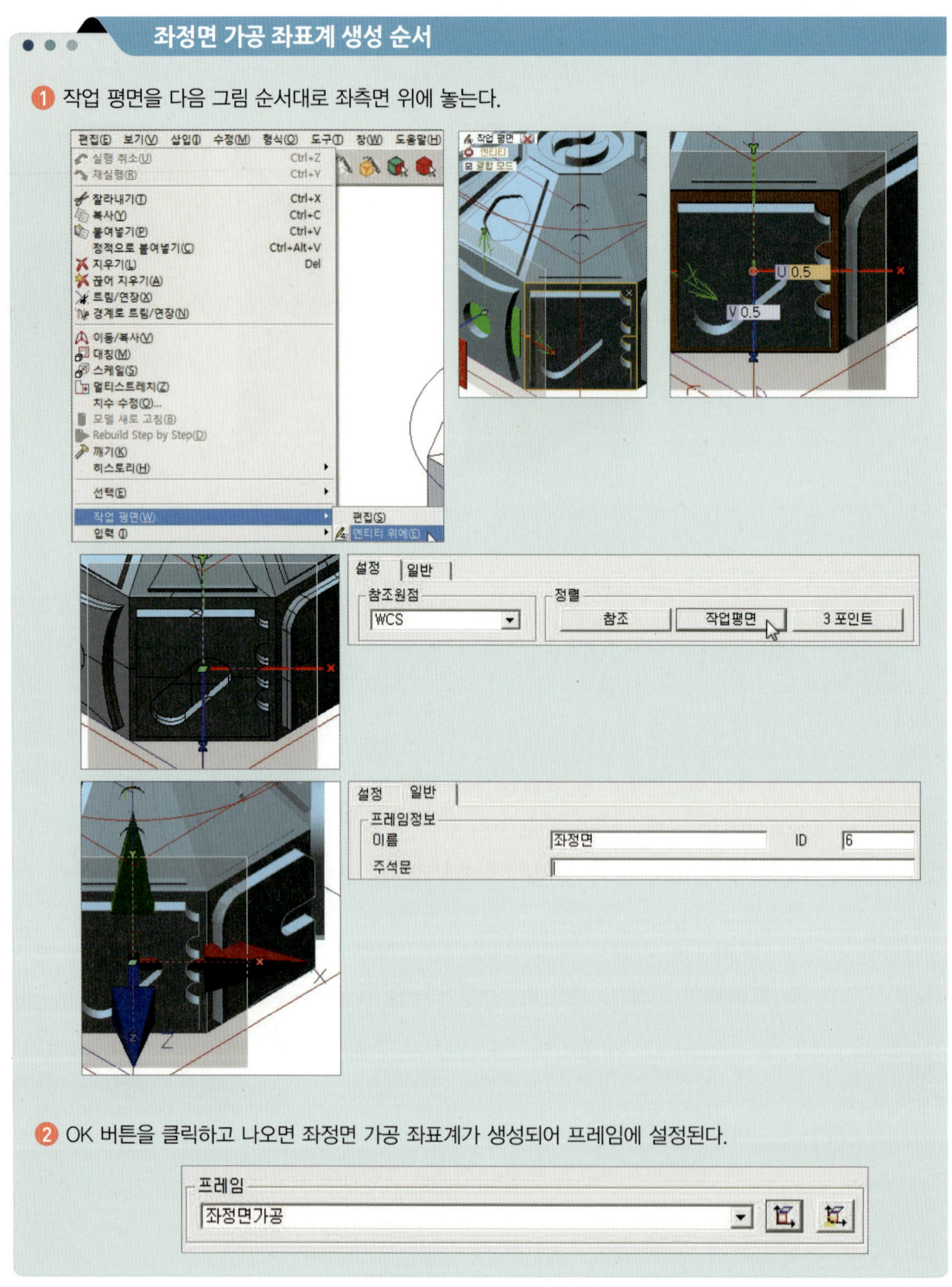

좌정면 가공 좌표계 생성 순서

① 작업 평면을 다음 그림 순서대로 좌측면 위에 놓는다.

② OK 버튼을 클릭하고 나오면 좌정면 가공 좌표계가 생성되어 프레임에 설정된다.

02 ⟫ 설정 탭

소재 모델을 좌측면(수직면) 황삭 가공 결과 자동으로 계산된 소재(6: T10 3D 등고선 황삭 가공 (소재 지정) (17면 가공 모델))를 사용한다. 다음 작업에 사용하기 위해 "☑ 소재 결과 산출" 파라미터를 체크한다.

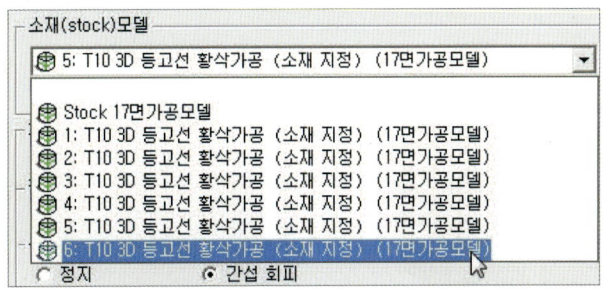

기타 파라미터는 주어진 값을 그대로 사용한다.

03 가공변수 탭

가공 영역의 최고점/최저점 파라미터 값을 다음과 같이 변경한다.

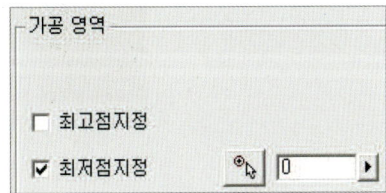

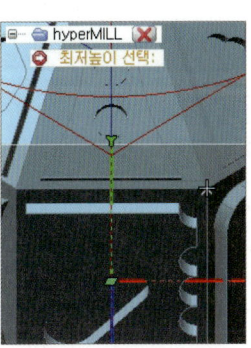

04 영역 탭

윗면을 제외한 나머지 16개 면 가공은 XY평면 가공 영역을 반드시 지정해야 한다. 그렇지 않을 경우 절삭 공구가 가공 소재가 고정되어 있는 척과의 충돌이 발생한다.

좌정면(수직면) 가공 영역 생성 순서

① 우측면(수직면) 가공 영역 생성 순서와 동일하다.

② 생성 과정을 순서대로 그림으로 나열하면 다음과 같다.

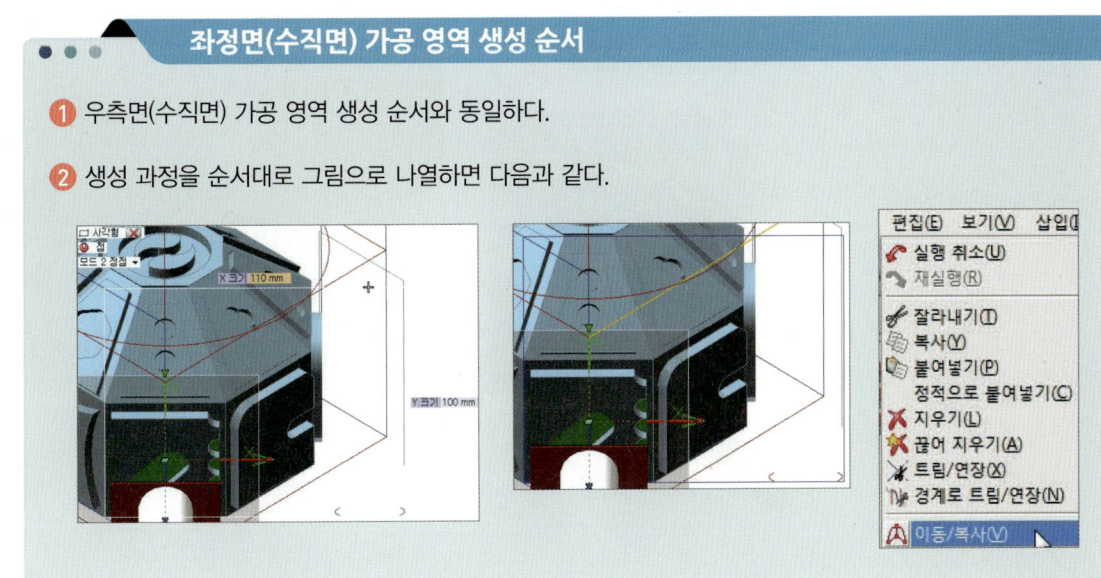

※ 공구가 영역 안쪽에서만 가공하도록 공구 참조를 "안쪽"을 선택한다.

05 다음 그림은 각 탭(tab)에 파라미터 값을 입력, 계산했을 때 공구의 위치와 안전 평면, Z방향의 가공 범위, XY방향의 가공 범위, 공구 궤적을 나타낸 것이다.

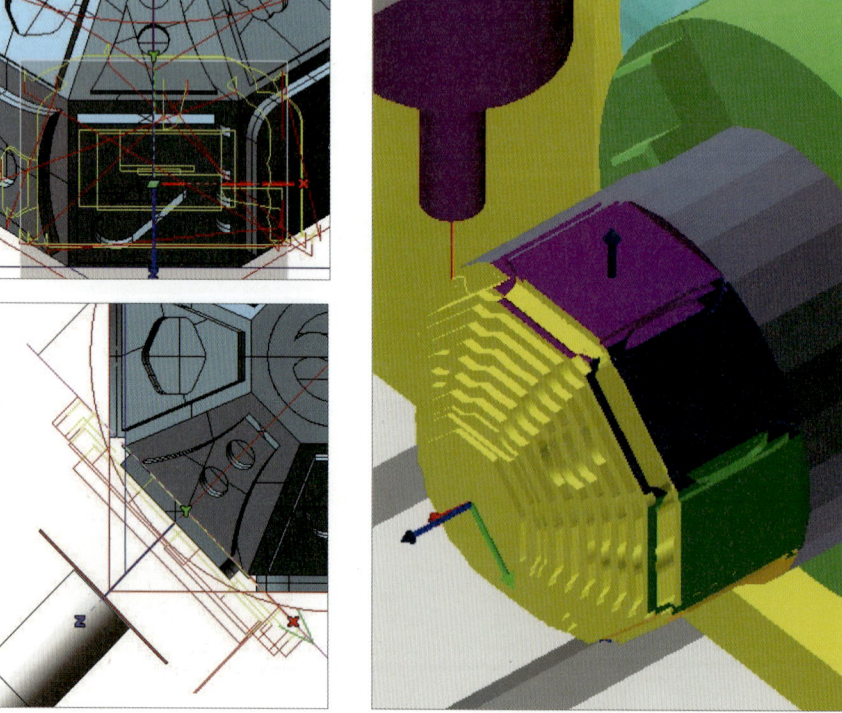

> ### 정면(수직면) 인덱스 황삭 가공

- 10번 공구를 사용하여 정면(수직면)을 가공한다.
- 가공 좌표계(정면 가공 좌표계)를 생성한다.
- 소재(stock) 모델은 좌정면(수직면) 황삭 가공에서 계산된 소재(7: T10 3D 등고선 황삭 가공 (소재 지정) (17면 가공 모델))를 사용한다.
- 정면(수직면) 인덱스 황삭 가공은 좌정면(수직면) 황삭 가공과 기본적으로 같은 형태의 가공이므로 좌정면(수직면) 황삭(7: T10 3D 등고선 황삭 가공 (소재 지정)) 공정을 복사/붙이기한 후 공구 탭의 프레임, 설정 탭, 가공변수 탭, 영역 탭에서 그림과 같이 정면(수직면) 황삭에 맞게 수정한다.

01 ⟩⟩ 공구 탭

프레임의 가공 좌표계 생성 아이콘을 클릭하여 정면 가공 좌표계를 생성하여 가공 좌표계로 사용한다.

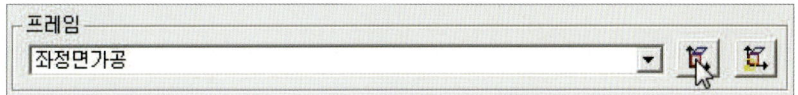

정면 가공 좌표계 생성 순서

❶ 작업 평면을 다음 그림 순서대로 좌측면 위에 놓는다.

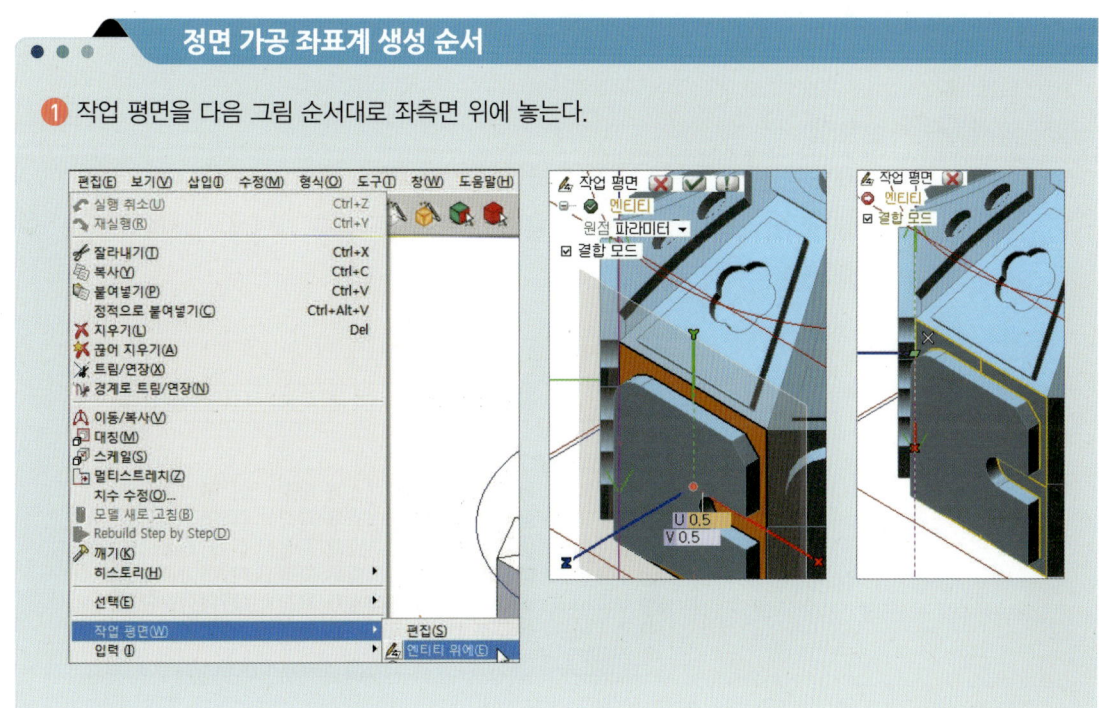

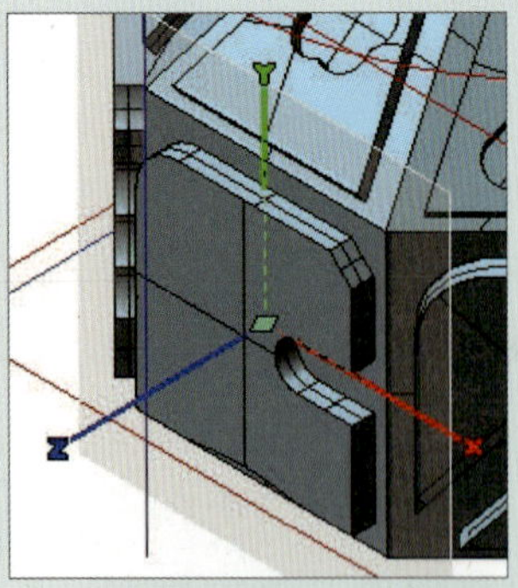

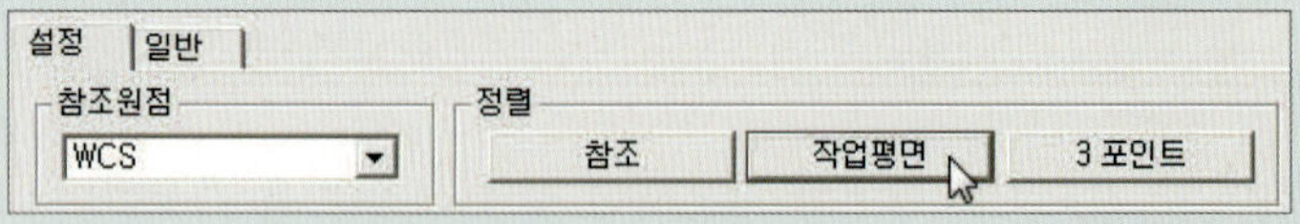

설정	일반	
참조원점		정렬
WCS ▼		참조 작업평면 3 포인트

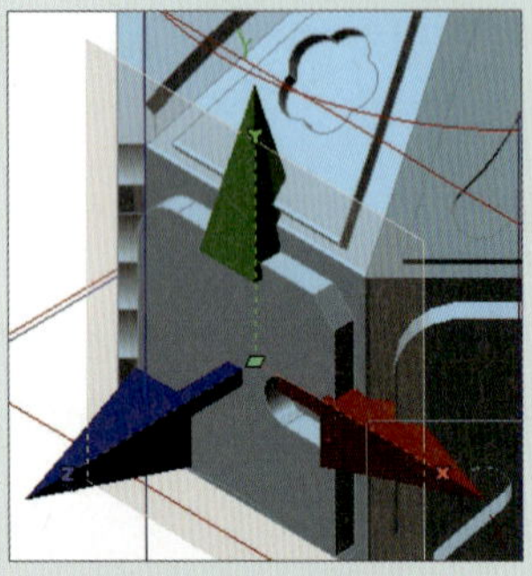

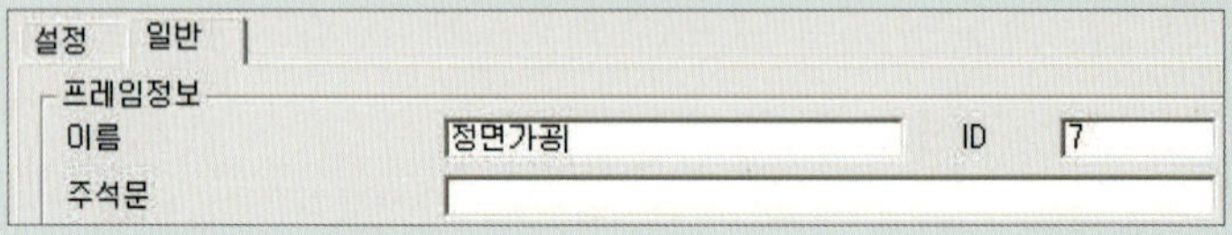

설정	일반
프레임정보	
이름	정면가공 ID 7
주석문	

❷ OK 버튼을 클릭하고 나오면 정면 가공 좌표계가 생성되어 프레임에 설정된다.

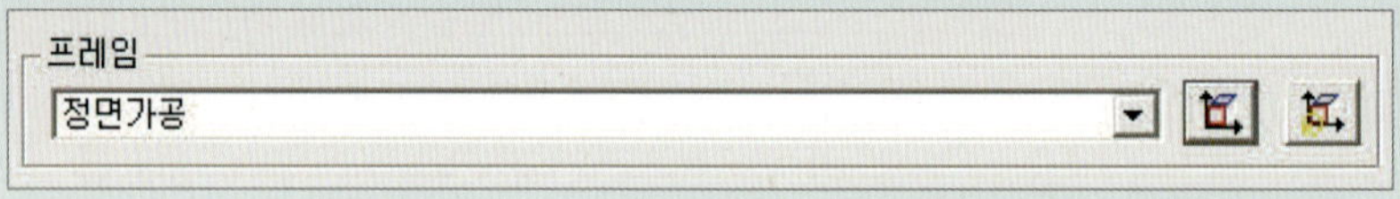

프레임
정면가공 ▼ 🗋 🗋

02 설정 탭

소재 모델을 좌정면(수직면) 황삭 가공 결과 자동으로 계산된 소재(7: T10 3D 등고선 황삭 가공 (소재 지정) (17면 가공 모델))를 사용한다. 다음 작업에 사용하기 위해 "☑ 소재 결과 산출" 파라미터를 체크한다.

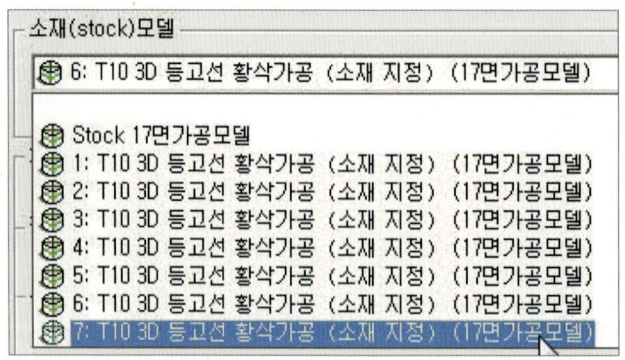

기타 파라미터는 주어진 값을 그대로 사용한다.

03 ▶ 가공변수 탭

가공 영역의 최고점/최저점 파라미터 값을 다음과 같이 변경한다.

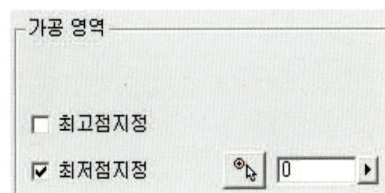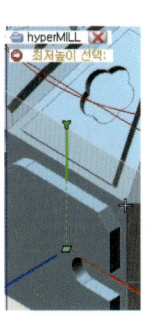

04 ▶ 영역 탭

윗면을 제외한 나머지 16개 면 가공은 XY평면 가공 영역을 반드시 지정해야 한다. 그렇지
않을 경우 절삭 공구가 가공 소재가 고정되어 있는 척과의 충돌이 발생한다.

정면(수직면) 가공 영역 생성 순서

❶ 우측면(수직면) 가공 영역 생성 순서와 동일하다.

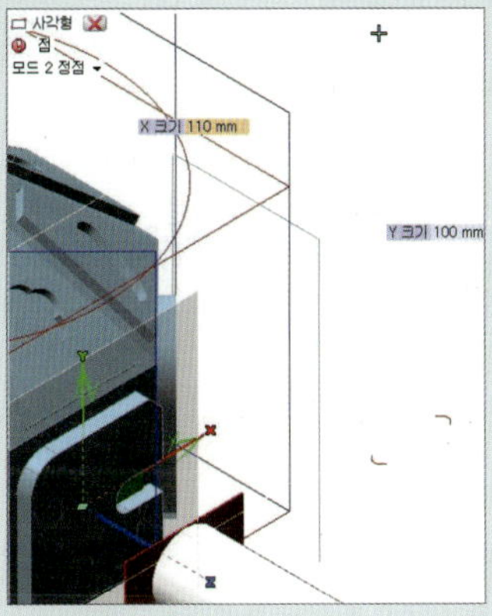

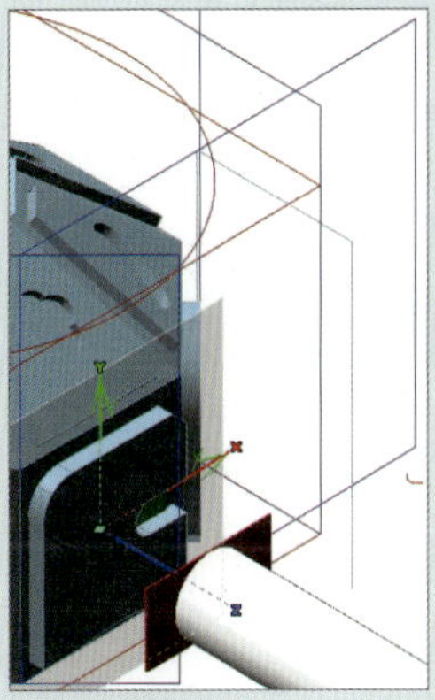

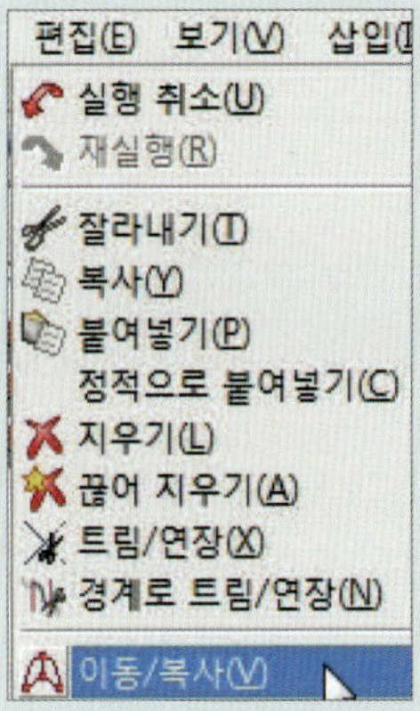

❷ 생성 과정을 순서대로 그림으로 나열하면 다음과 같다.

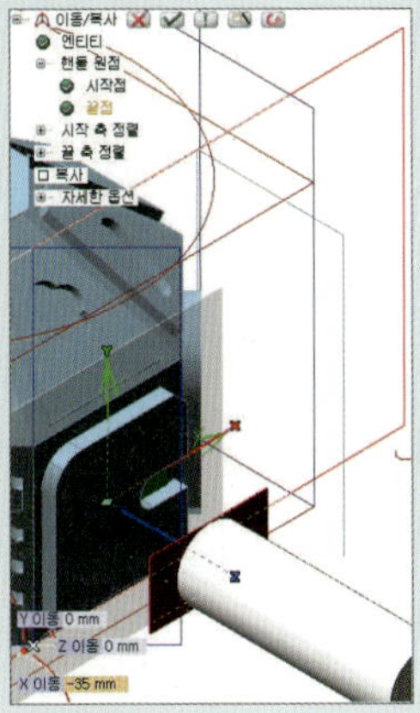

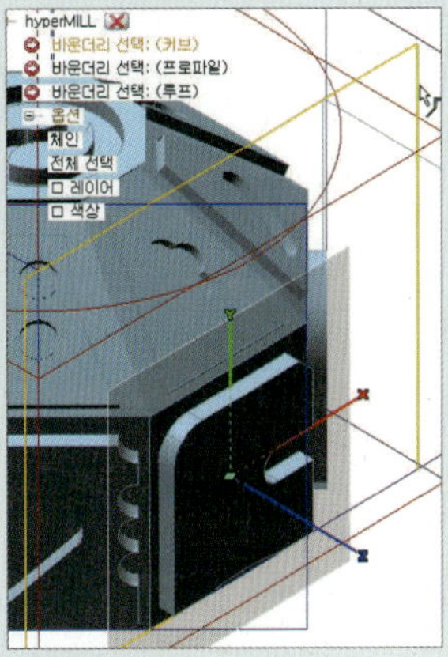

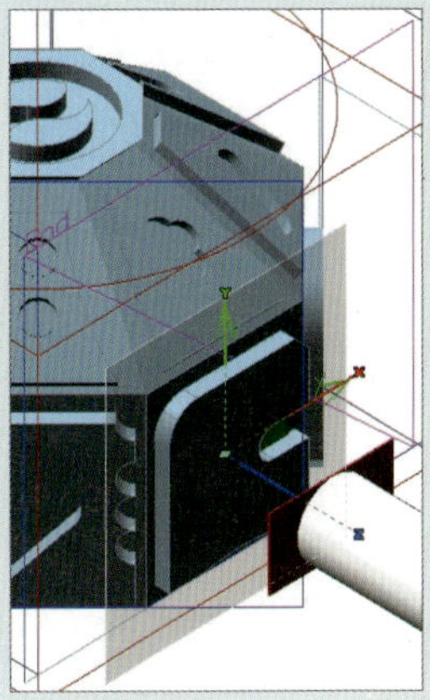

※ 공구가 영역 안쪽에서만 가공하도록 공구 참조를 "안쪽"을 선택한다.

바운더리 선택		
선택된 갯수:	1 ☑	
공구 참조		
⦿ 안쪽(To)	○ 벗어남(Past)	
○ 선상(On)		

05 다음 그림은 각 탭(tab)에 파라미터 값을 입력, 계산했을 때 공구의 위치와 안전 평면, Z방향의 가공 범위, XY방향의 가공 범위, 공구 꽤적을 나타낸 것이다.

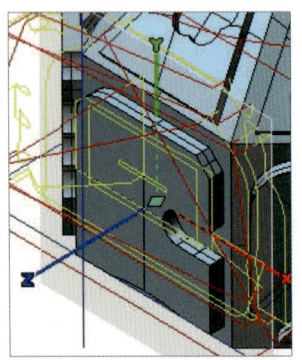 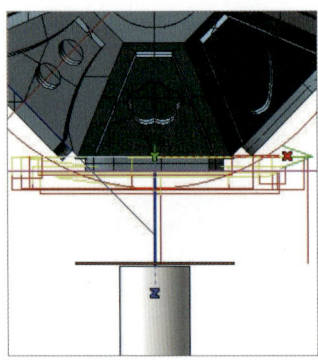 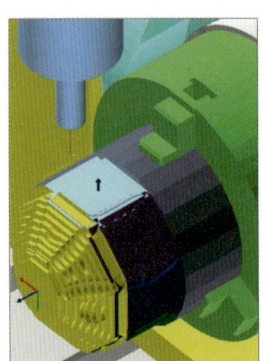

우정면(수직면) 인덱스 황삭 가공

- 10번 공구를 사용하여 우정면(수직면)을 가공한다.
- 가공 좌표계(우정면 가공 좌표계)를 생성한다.
- 소재(stock) 모델은 정면(수직면) 황삭 가공에서 계산된 소재(8: T10 3D 등고선 황삭 가공 (소재 지정) (17면 가공 모델))를 사용한다.
- 우정면(수직면) 인덱스 황삭 가공은 정면(수직면) 황삭 가공과 기본적으로 같은 형태의 가공이므로 정면(수직면) 황삭(8: T10 3D 등고선 황삭 가공 (소재 지정)) 공정을 복사/붙이기한 후 공구 탭의 프레임, 설정 탭, 가공변수 탭, 영역 탭에서 그림과 같이 우정면(수직면) 황삭에 맞게 수정한다.

01 공구 탭
프레임의 가공 좌표계 생성 아이콘을 클릭하여 우정면 가공 좌표계를 생성하여 가공 좌표계로 사용한다.

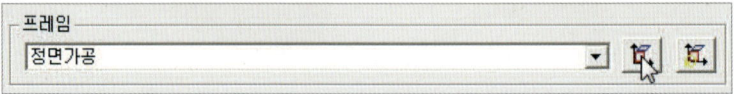

우정면 가공 좌표계 생성 순서

❶ 작업 평면을 다음 그림 순서대로 좌측면 위에 놓는다.

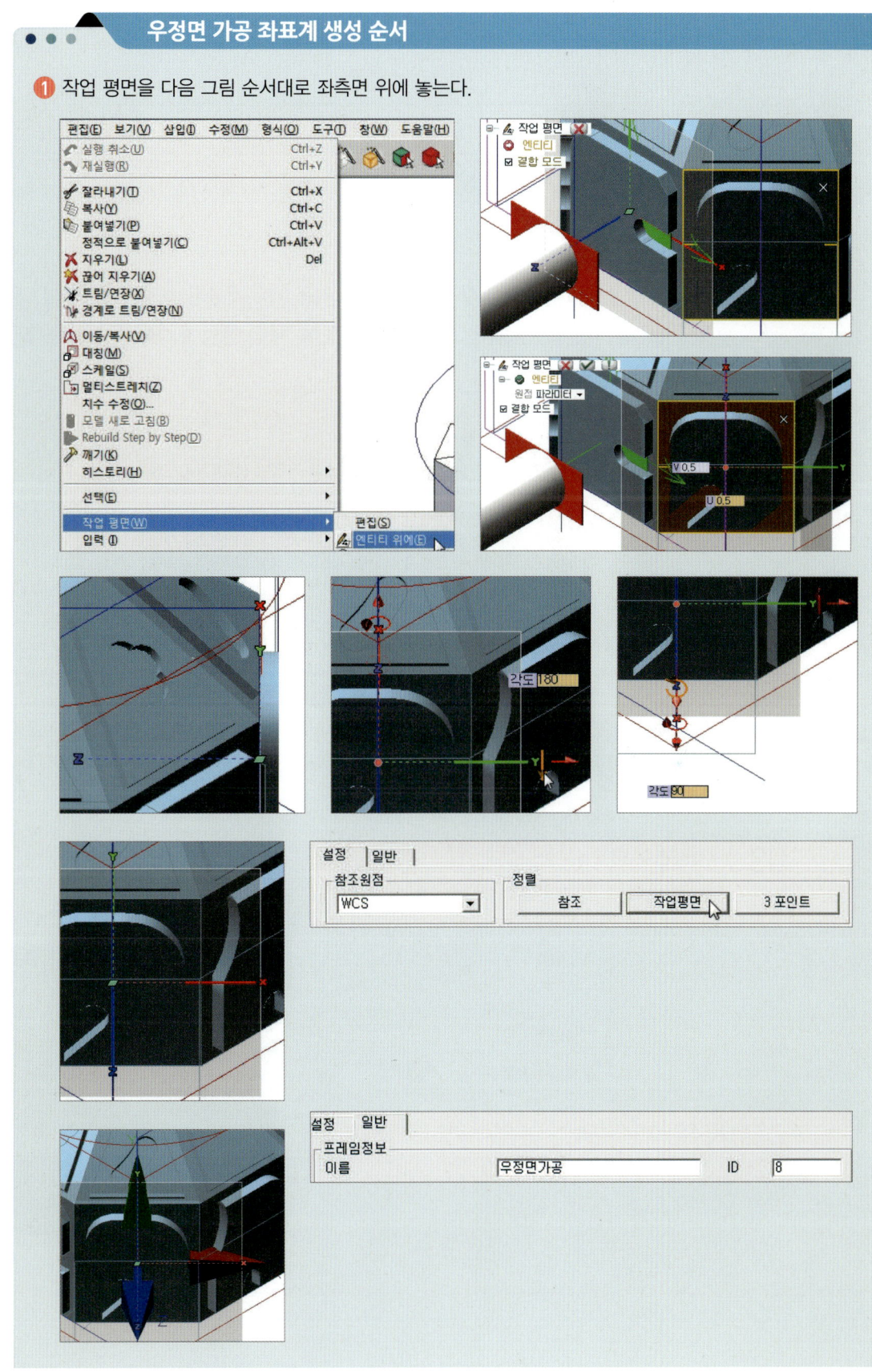

❷ OK 버튼을 클릭하고 나오면 우정면 가공 좌표계가 생성되어 프레임에 설정된다.

```
┌ 프레임 ─────────────────────────────────────┐
│ 우정면가공                              ▼  🔲  🔲 │
└──────────────────────────────────────────┘
```

02 설정 탭

소재 모델을 정면(수직면) 황삭 가공 결과 자동으로 계산된 소재(8: T10 3D 등고선 황삭 가공 (소재 지정) (17면 가공 모델))를 사용한다. 다음 작업에 사용하기 위해 "☑ 소재 결과 산출" 파라미터를 체크한다.

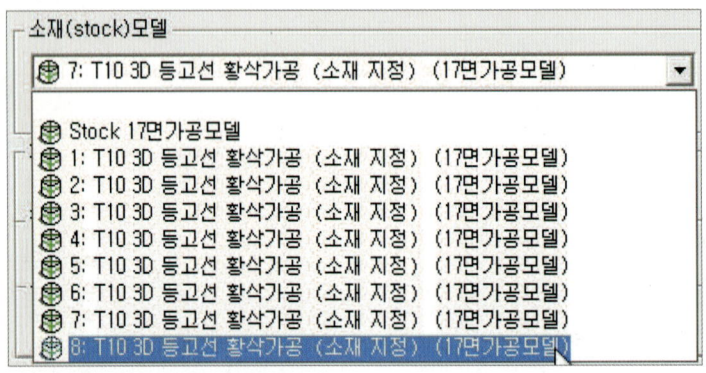

기타 파라미터는 주어진 값을 그대로 사용한다.

03 가공변수 탭

가공 영역의 최고점/최저점 파라미터 값을 다음과 같이 변경한다.

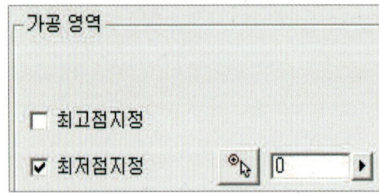
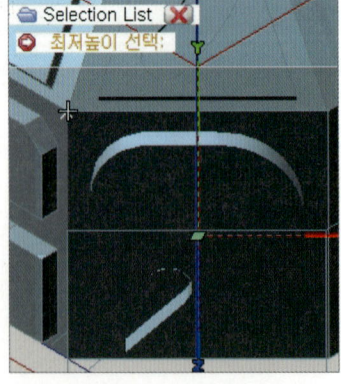

04 ▷ 영역 탭

윗면을 제외한 나머지 16개 면 가공은 XY평면 가공 영역을 반드시 지정해야 한다. 그렇지 않을 경우 절삭 공구가 가공 소재가 고정되어 있는 척과의 충돌이 발생한다.

우정면(수직면) 가공 영역 생성 순서

① 우측면(수직면) 가공 영역 생성 순서와 동일하다.

② 생성 과정을 순서대로 그림으로 나열하면 다음과 같다.

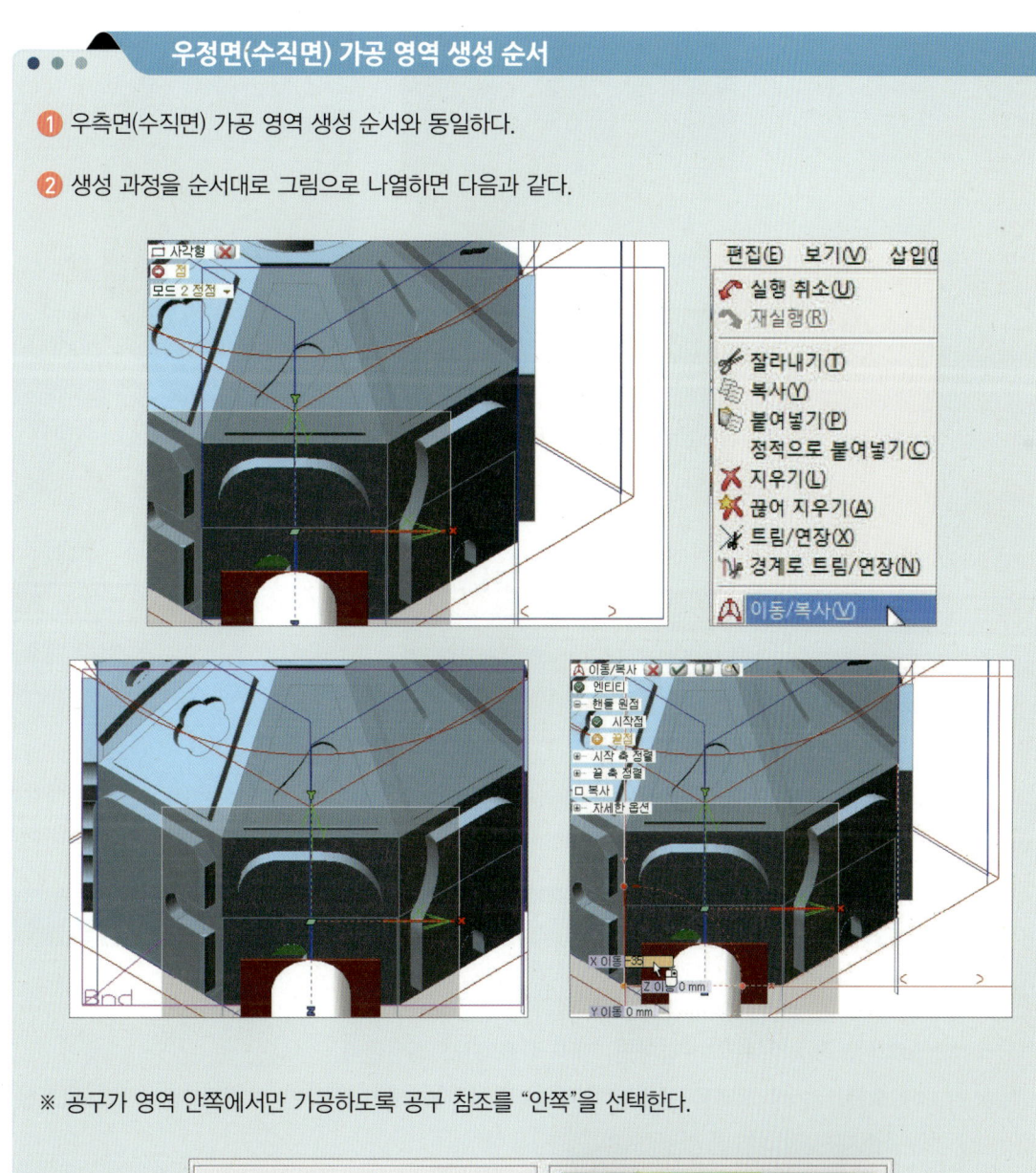

※ 공구가 영역 안쪽에서만 가공하도록 공구 참조를 "안쪽"을 선택한다.

05 다음 그림은 각 탭(tab)에 파라미터 값을 입력, 계산했을 때 공구의 위치와 안전 평면, Z방향의 가공 범위, XY방향의 가공 범위, 공구 괘적을 나타낸 것이다.

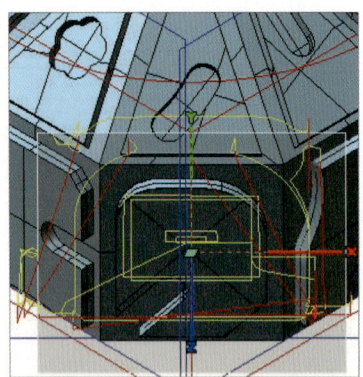

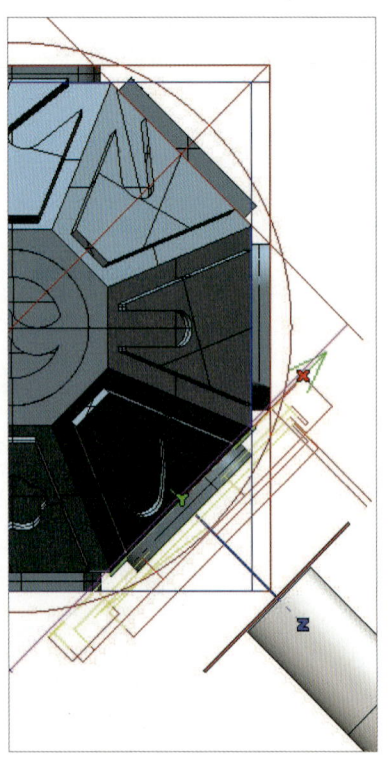

우측면(경사면) 인덱스 황삭 가공

- 10번 공구를 사용하여 우측면(경사면)을 가공한다.
- 가공 좌표계(우측면(경사면) 가공 좌표계)를 생성한다.
- 소재(stock) 모델은 우정면(수직면) 황삭 가공에서 계산된 소재(9: T10 3D 등고선 황삭 가공 (소재 지정) (17면 가공 모델))를 사용한다.
- 우측면(경사면) 인덱스 황삭 가공은 우정면(수직면) 황삭 가공과 기본적으로 같은 형태의 가공이므로 우정면(수직면) 황삭(9: T10 3D 등고선 황삭 가공 (소재 지정)) 공정을 복사/붙이기한 후 공구 탭의 프레임, 설정 탭, 가공변수 탭, 영역 탭에서 그림과 같이 우측면(경사면) 황삭에 맞게 수정한다.

01 공구 탭

프레임의 가공 좌표계 생성 아이콘을 클릭하여 우측면(경사면) 가공 좌표계를 생성하여 가공 좌표계로 사용한다.

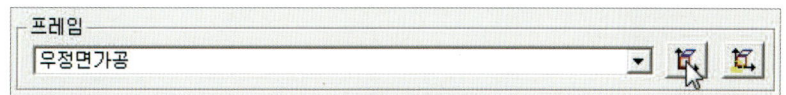

우측면(경사면) 가공 좌표계 생성 순서

① 작업 평면을 다음 그림 순서대로 좌측면 위에 놓는다.

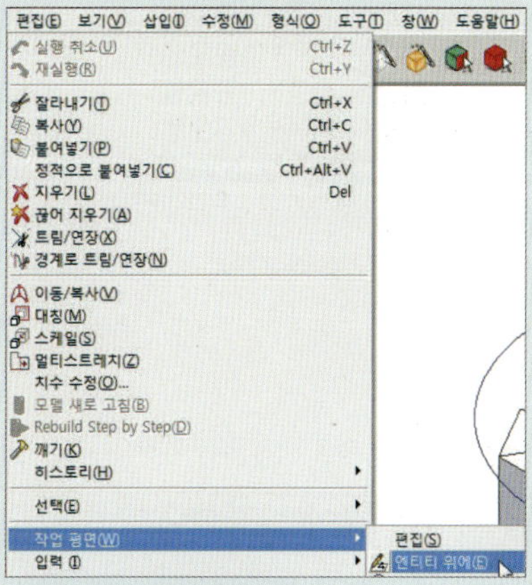

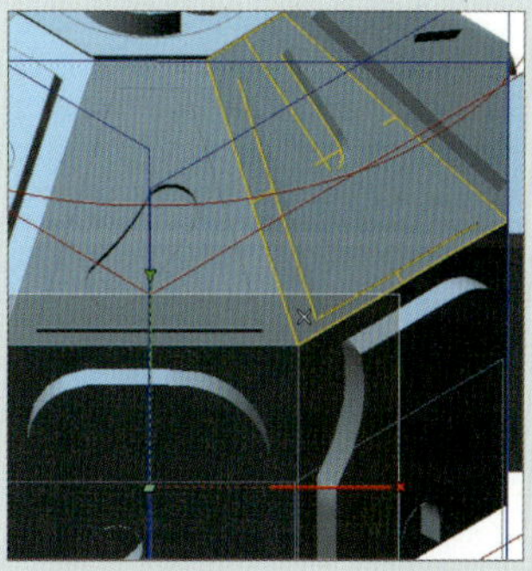

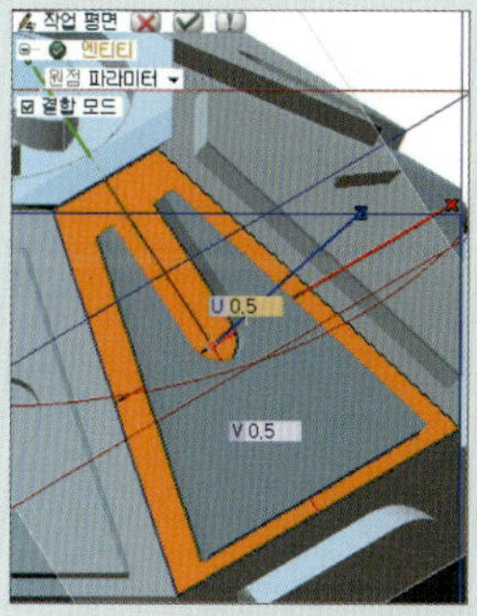

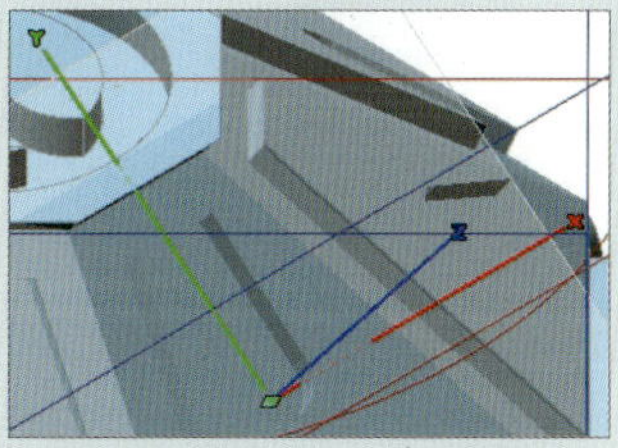

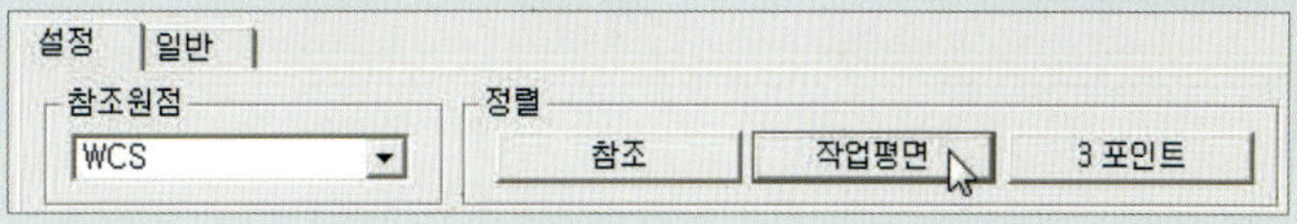

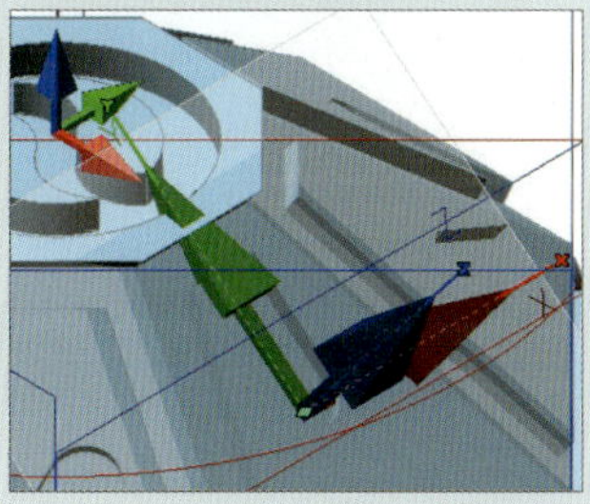

② OK 버튼을 클릭하고 나오면 우측면(경사면) 가공 좌표계가 생성되어 프레임에 설정된다.

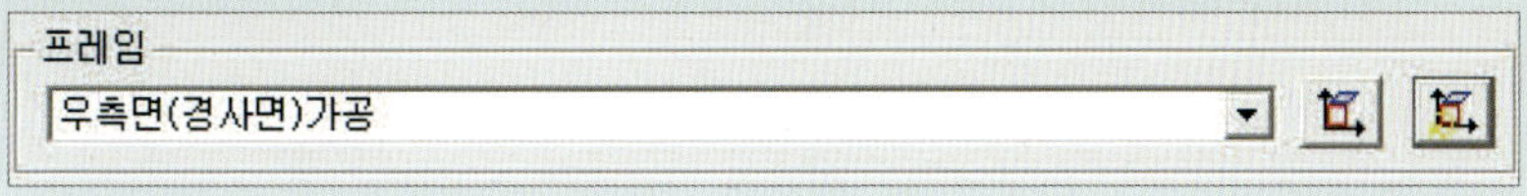

02 ▶ 설정 탭

소재 모델을 우정면(수직면) 황삭 가공 결과 자동으로 계산된 소재(9: T10 3D 등고선 황삭 가공 (소재 지정) (17면 가공 모델))를 사용한다. 다음 작업에 사용하기 위해 "☑ 소재 결과 산출" 파라미터를 체크한다.

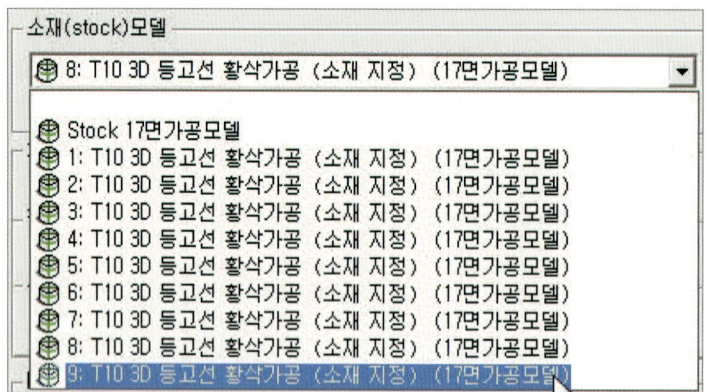

기타 파라미터는 주어진 값을 그대로 사용한다.

03 ▶ 가공변수 탭

가공 영역의 최고점/최저점 파라미터 값을 다음과 같이 변경한다.

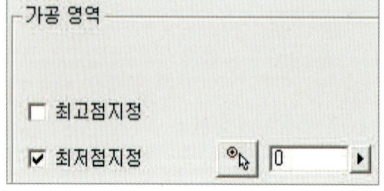 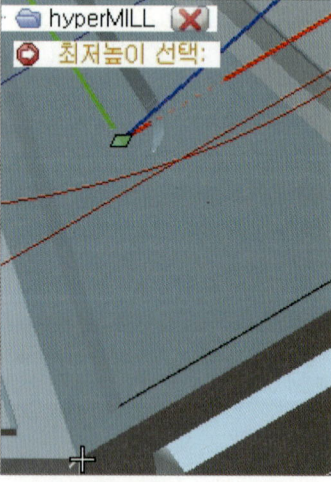

04 ▶ 영역 탭

윗면을 제외한 나머지 16개 면 가공은 XY평면 가공 영역을 반드시 지정해야 한다. 그렇지 않을 경우 절삭 공구가 가공 소재가 고정되어 있는 척과의 충돌이 발생한다.

우측면(경사면) 가공 영역 생성 순서

① 우측면(수직면) 가공 영역 생성 순서와 동일하다.

② 생성 과정을 순서대로 그림으로 나열하면 다음과 같다.

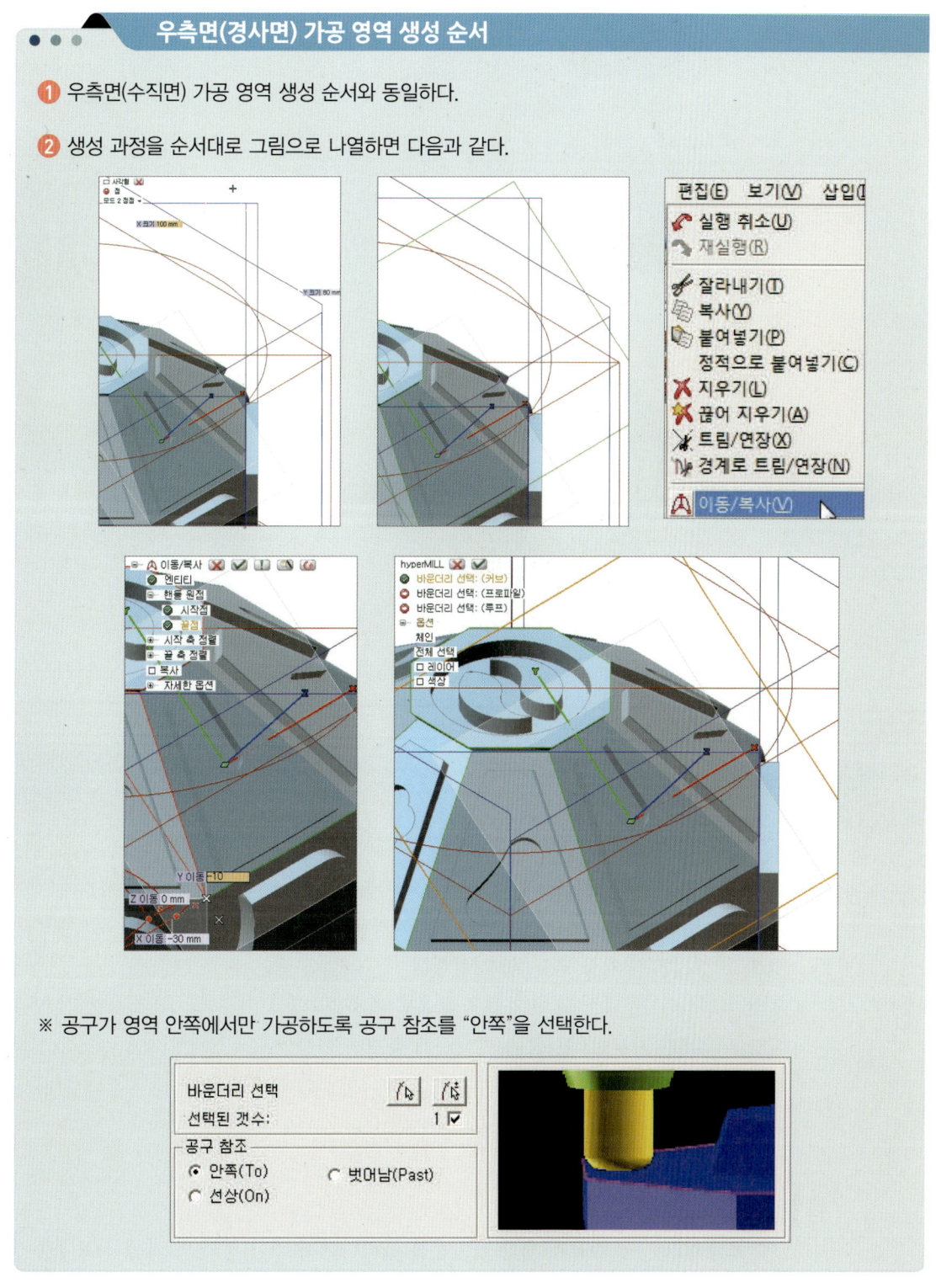

※ 공구가 영역 안쪽에서만 가공하도록 공구 참조를 "안쪽"을 선택한다.

05 ▶ 다음 그림은 각 탭(tab)에 파라미터 값을 입력, 계산했을 때 공구의 위치와 안전 평면, Z방향의 가공 범위, XY방향의 가공 범위, 공구 궤적을 나타낸 것이다.

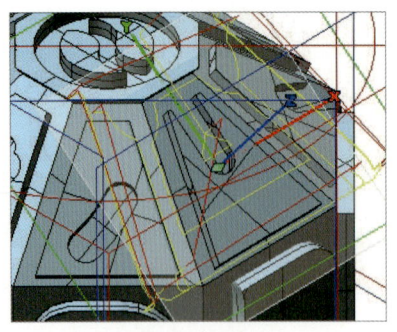

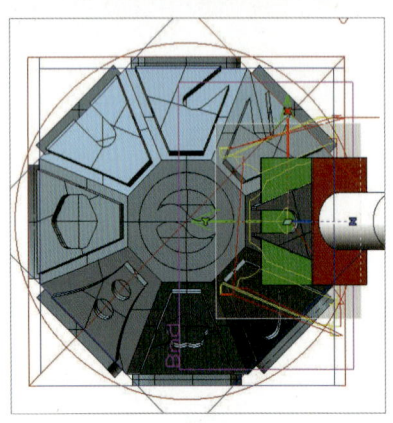

우배면(경사면) 인덱스 황삭 가공

- 10번 공구를 사용하여 우배면(경사면)을 가공한다.
- 가공 좌표계(우배면(경사면) 가공 좌표계)를 생성한다.
- 소재(stock) 모델은 우측면(경사면) 황삭 가공에서 계산된 소재(10: T10 3D 등고선 황삭 가공 (소재 지정) (17면 가공 모델))를 사용한다.
- 우배면(경사면) 인덱스 황삭 가공은 우측면(경사면) 황삭 가공과 기본적으로 같은 형태의 가공 이므로 우측면(경사면) 황삭(10: T10 3D 등고선 황삭 가공 (소재 지정)) 공정을 복사/붙이기한 후 공구 탭의 프레임, 설정 탭, 가공변수 탭, 영역 탭에서 그림과 같이 우배면(경사면) 황삭에 맞게 수정한다.

01 》 공구 탭

프레임의 가공 좌표계 생성 아이콘을 클릭하여 우배면(경사면) 가공 좌표계를 생성하여 가 공 좌표계로 사용한다.

우배면(경사면) 가공 좌표계 생성 순서

① 작업 평면을 다음 그림 순서대로 좌측면 위에 놓는다.

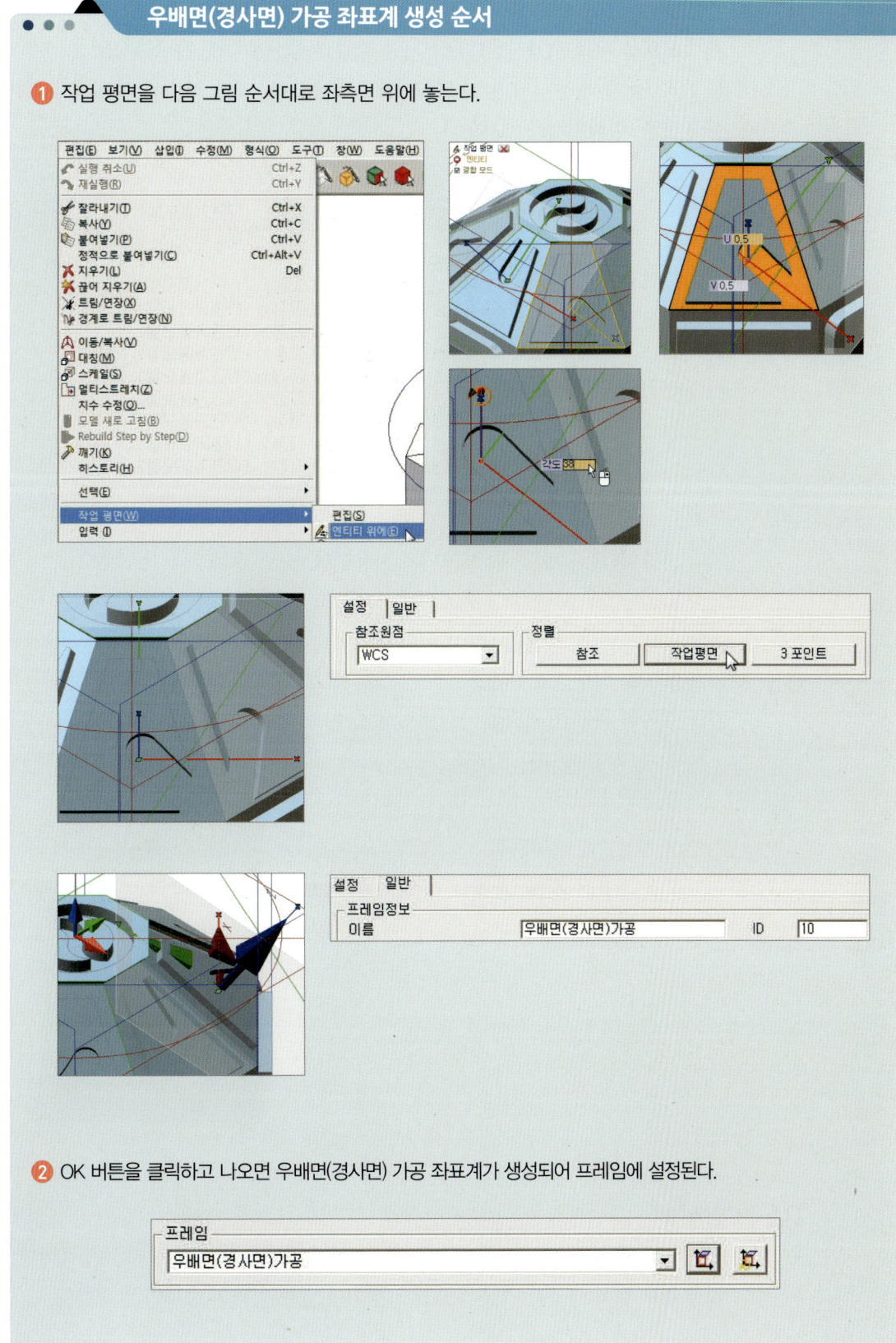

② OK 버튼을 클릭하고 나오면 우배면(경사면) 가공 좌표계가 생성되어 프레임에 설정된다.

02 ▶ 설정 탭

소재 모델을 우측면(경사면) 황삭 가공 결과 자동으로 계산된 소재(10: T10 3D 등고선 황삭 가공 (소재 지정) (17면 가공 모델))를 사용한다. 다음 작업에 사용하기 위해 "☑ 소재 결과 산출" 파라미터를 체크한다.

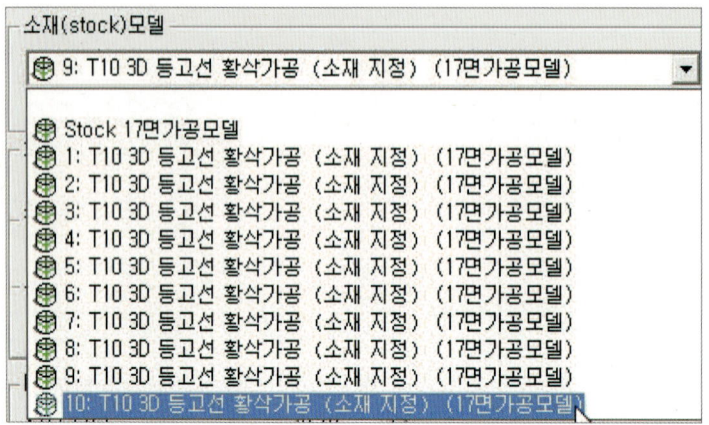

기타 파라미터는 주어진 값을 그대로 사용한다.

03 ▶ 가공변수 탭

가공 영역의 최고점/최저점 파라미터 값을 다음과 같이 변경한다.

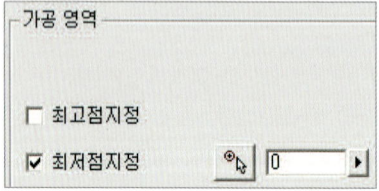
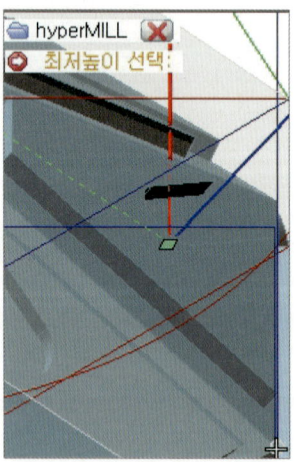

04 ▶ 영역 탭

윗면을 제외한 나머지 16개 면 가공은 XY평면 가공 영역을 반드시 지정해야 한다. 그렇지 않을 경우 절삭 공구가 가공 소재가 고정되어 있는 척과의 충돌이 발생한다.

우배면(경사면) 가공 영역 생성 순서

① 우측면(수직면) 가공 영역 생성 순서와 동일하다.

② 생성 과정을 순서대로 그림으로 나열하면 다음과 같다.

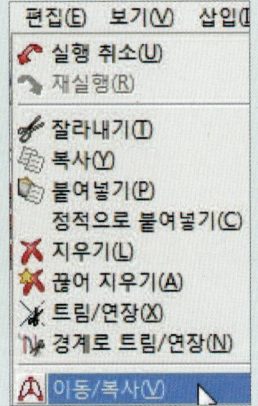
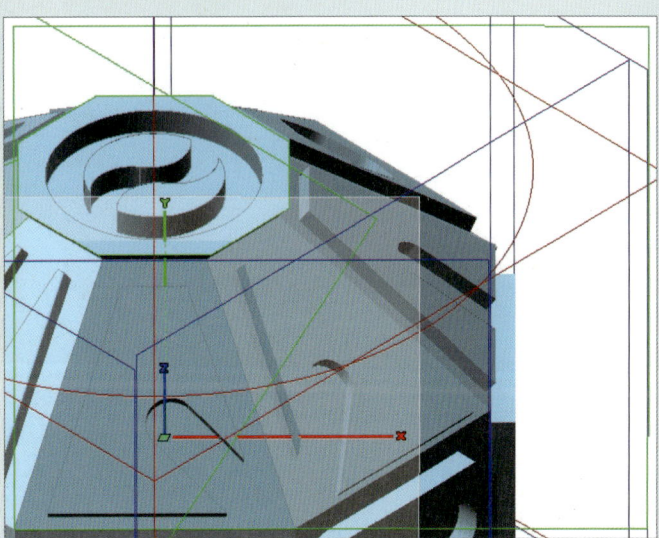

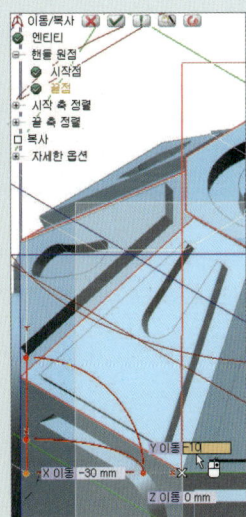
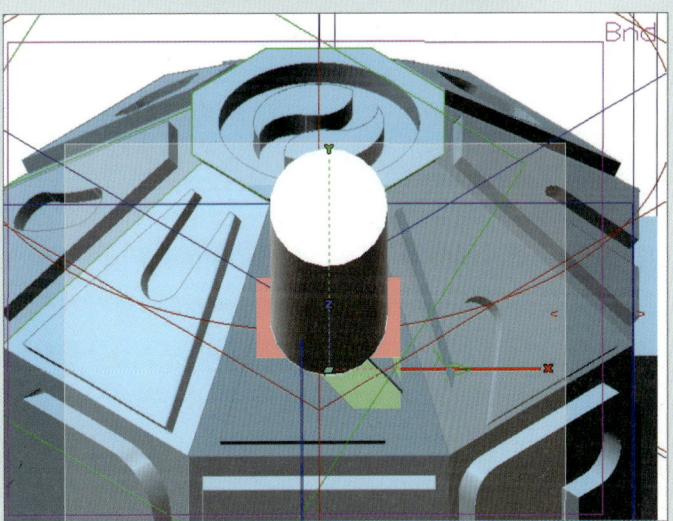

※ 공구가 영역 안쪽에서만 가공하도록 공구 참조를 "안쪽"을 선택한다.

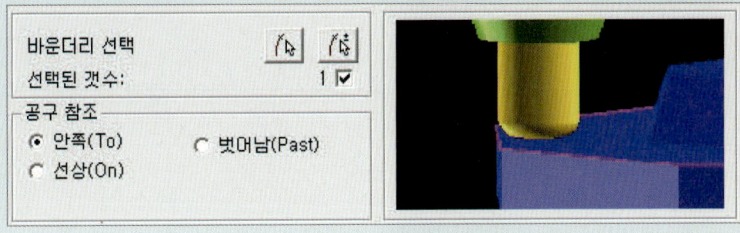

05 ☞ 다음 그림은 각 탭(tab)에 파라미터 값을 입력, 계산했을 때 공구의 위치와 안전 평면, Z방향의 가공 범위, XY방향의 가공 범위, 공구 괘적을 나타낸 것이다.

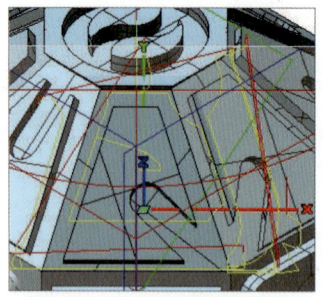

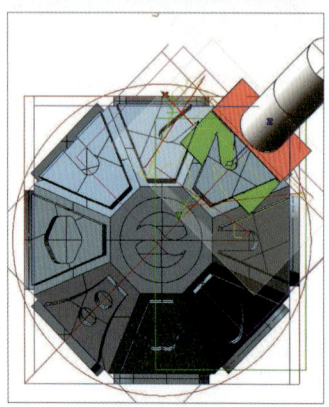

배면(경사면) 인덱스 황삭 가공

● 10번 공구를 사용하여 배면(경사면)을 가공한다.

● 가공 좌표계(배면(경사면) 가공 좌표계)를 생성한다.

● 소재(stock) 모델은 우배면(경사면) 황삭 가공에서 계산된 소재(11: T10 3D 등고선 황삭 가공 (소재 지정) (17면 가공 모델))를 사용한다.

● 배면(경사면) 인덱스 황삭 가공은 우배면(경사면) 황삭 가공과 기본적으로 같은 형태의 가공이므로 우배면(경사면) 황삭(11: T10 3D 등고선 황삭 가공 (소재 지정)) 공정을 복사/붙이기한 후 공구 탭의 프레임, 설정 탭, 가공변수 탭, 영역 탭에서 그림과 같이 배면(경사면) 황삭에 맞게 수정한다.

01 ☞ 공구 탭

프레임의 가공 좌표계 생성 아이콘을 클릭하여 배면(경사면) 가공 좌표계를 생성하여 가공 좌표계로 사용한다.

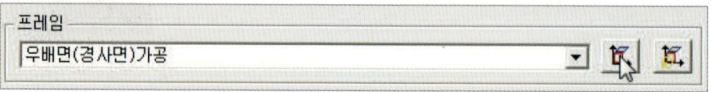

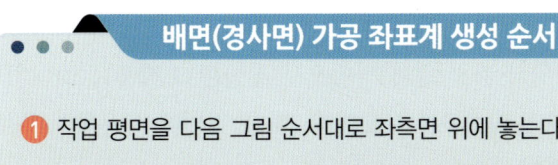

① 작업 평면을 다음 그림 순서대로 좌측면 위에 놓는다.

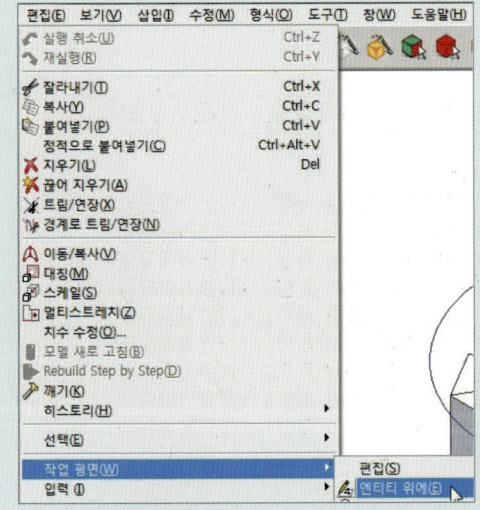

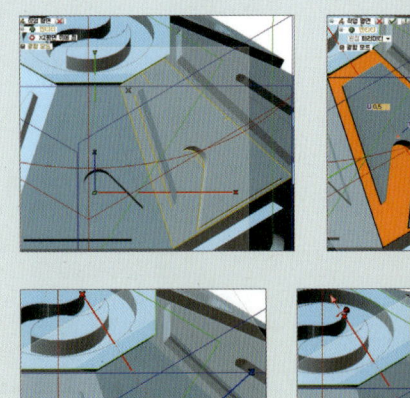

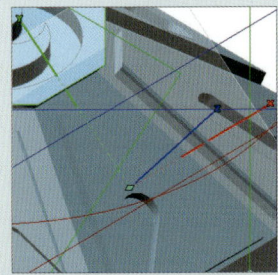

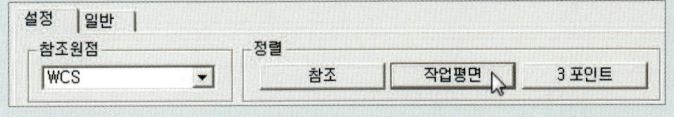

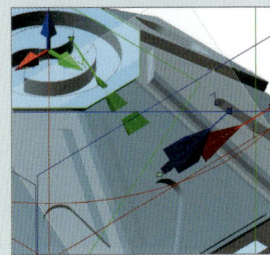

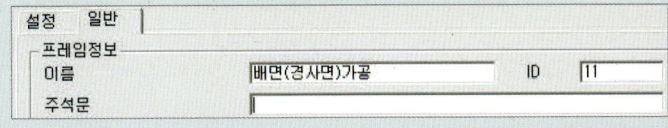

② OK 버튼을 클릭하고 나오면 배면(경사면) 가공 좌표계가 생성되어 프레임에 설정된다.

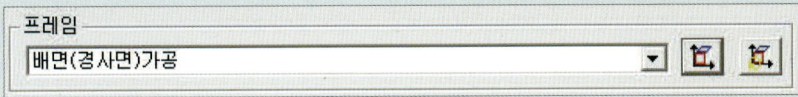

02 설정 탭

소재 모델을 우배면(경사면) 황삭 가공 결과 자동으로 계산된 소재(11: T10 3D 등고선 황삭 가공 (소재 지정) (17면 가공 모델))를 사용한다. 다음 작업에 사용하기 위해 "☑ 소재 결과 산출" 파라미터를 체크한다.

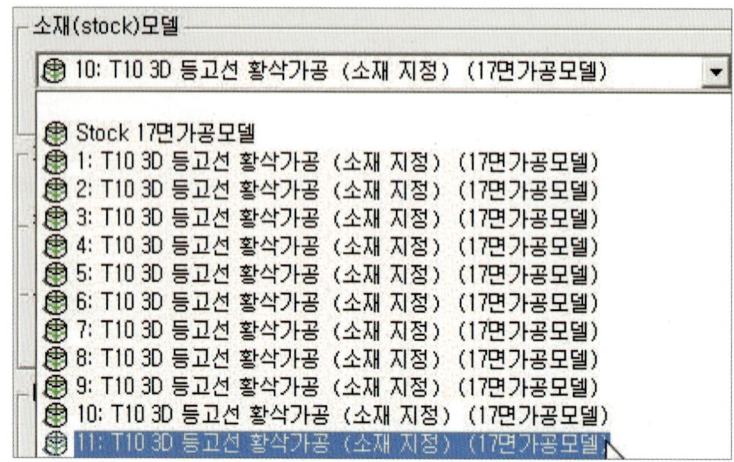

기타 파라미터는 주어진 값을 그대로 사용한다.

03 가공변수 탭

가공 영역의 최고점/최저점 파라미터 값을 다음과 같이 변경한다.

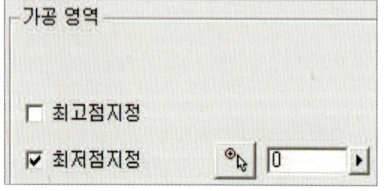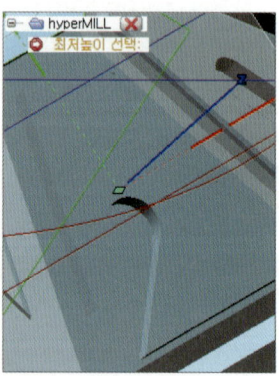

04 영역 탭

윗면을 제외한 나머지 16개 면 가공은 XY평면 가공 영역을 반드시 지정해야 한다. 그렇지 않을 경우 절삭 공구가 가공 소재가 고정되어 있는 척과의 충돌이 발생한다.

배면(경사면) 가공 영역 생성 순서

❶ 우측면(수직면) 가공 영역 생성 순서와 동일하다.

❷ 생성 과정을 순서대로 그림으로 나열하면 다음과 같다.

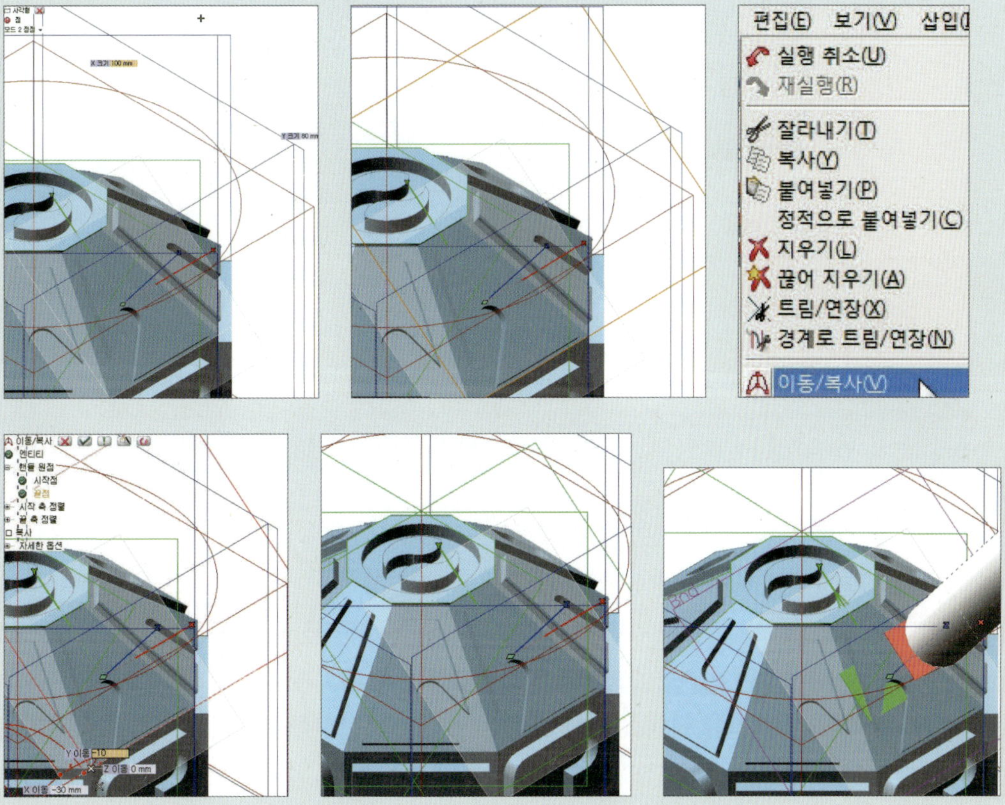

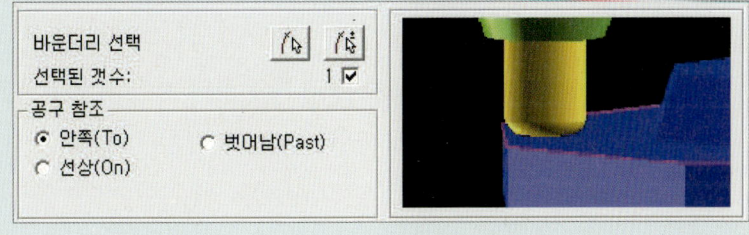

※ 공구가 영역 안쪽에서만 가공하도록 공구 참조를 "안쪽"을 선택한다.

05 다음 그림은 각 탭(tab)에 파라미터 값을 입력, 계산했을 때 공구의 위치와 안전 평면, Z방향의 가공 범위, XY방향의 가공 범위, 공구 괘적을 나타낸 것이다.

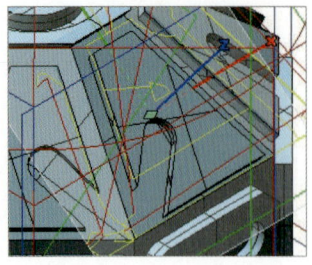 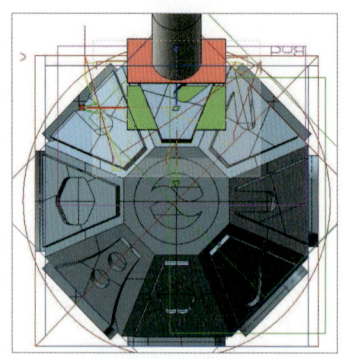 

좌배면(경사면) 인덱스 황삭 가공

- 10번 공구를 사용하여 좌배면(경사면)을 가공한다.
- 가공 좌표계(좌배면(경사면) 가공 좌표계)를 생성한다.
- 소재(stock) 모델은 배면(경사면) 황삭 가공에서 계산된 소재(12: T10 3D 등고선 황삭 가공 (소재 지정) (17면 가공 모델))를 사용한다.
- 좌배면(경사면) 인덱스 황삭 가공은 배면(경사면) 황삭 가공과 기본적으로 같은 형태의 가공이므로 배면(경사면) 황삭(12: T10 3D 등고선 황삭 가공 (소재 지정)) 공정을 복사/붙이기한 후 공구 탭의 프레임, 설정 탭, 가공변수 탭, 영역 탭에서 그림과 같이 좌배면(경사면) 황삭에 맞게 수정한다.

01 공구 탭

프레임의 가공 좌표계 생성 아이콘을 클릭하여 좌배면(경사면) 가공 좌표계를 생성하여 가공 좌표계로 사용한다.

좌배면(경사면) 가공 좌표계 생성 순서

1 작업 평면을 다음 그림 순서대로 좌측면 위에 놓는다.

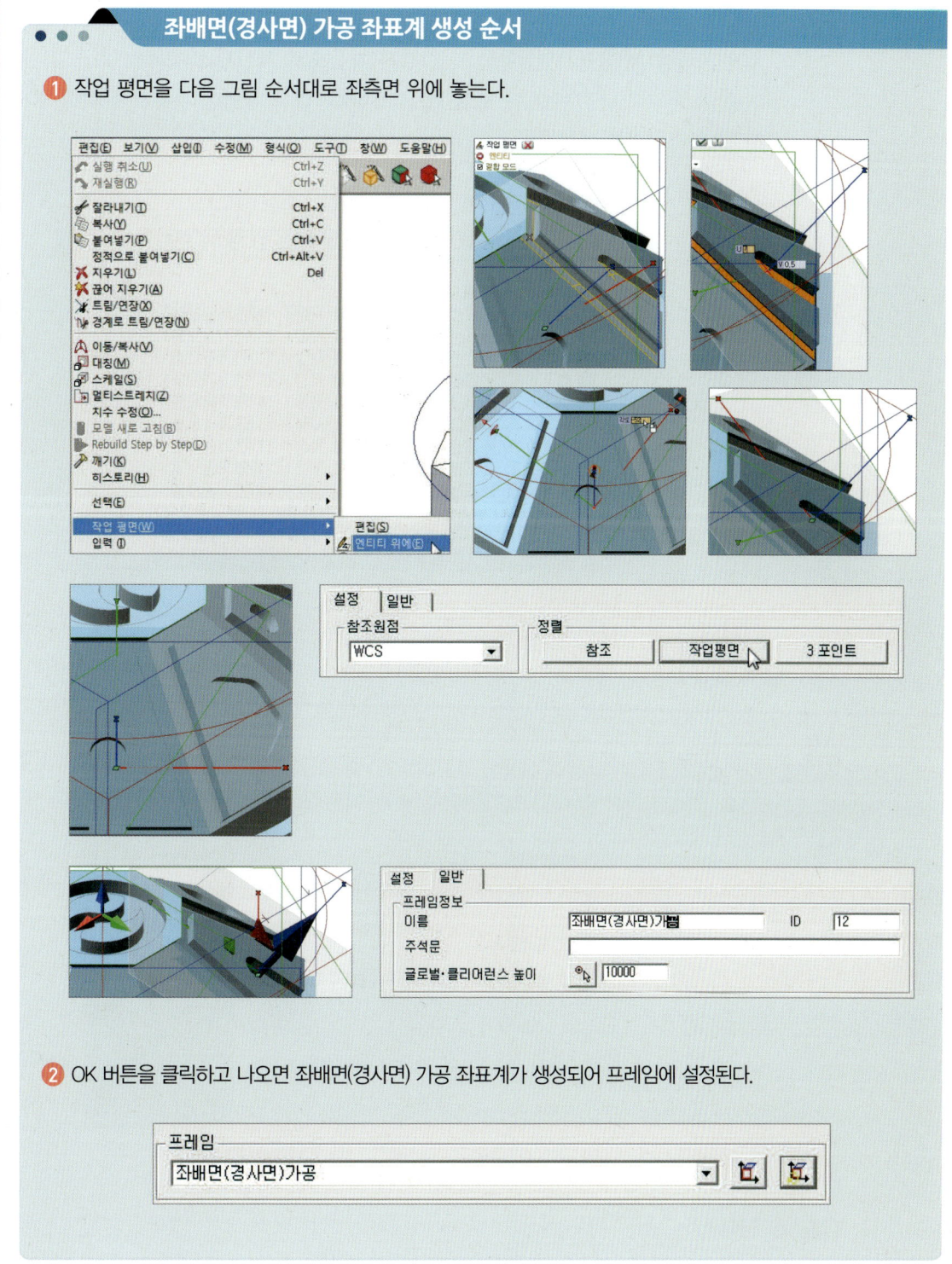

2 OK 버튼을 클릭하고 나오면 좌배면(경사면) 가공 좌표계가 생성되어 프레임에 설정된다.

02 ▷ 설정 탭

소재 모델을 배면(경사면) 황삭 가공 결과 자동으로 계산된 소재(12: T10 3D 등고선 황삭 가공 (소재 지정) (17면 가공 모델))를 사용한다. 다음 작업에 사용하기 위해 "☑ 소재 결과 산출" 파라미터를 체크한다.

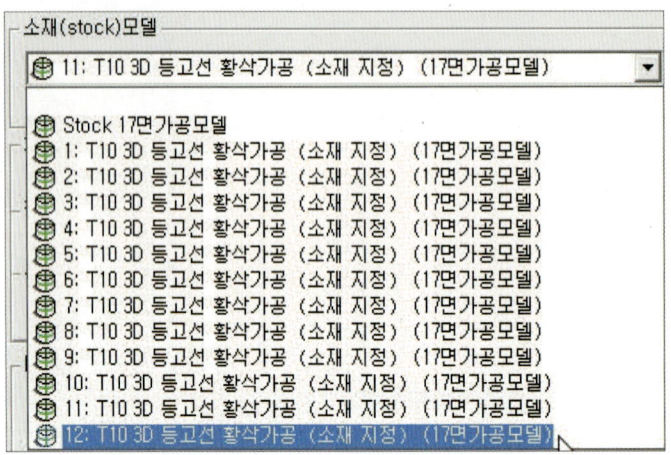

기타 파라미터는 주어진 값을 그대로 사용한다.

03 ▷ 가공변수 탭

가공 영역의 최고점/최저점 파라미터 값을 다음과 같이 변경한다.

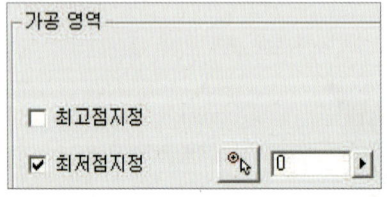 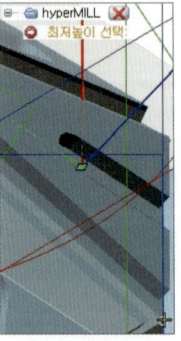

04 ▷ 영역 탭

윗면을 제외한 나머지 16개 면 가공은 XY평면 가공 영역을 반드시 지정해야 한다. 그렇지 않을 경우 절삭 공구가 가공 소재가 고정되어 있는 척과의 충돌이 발생한다.

좌배면(경사면) 가공 영역 생성 순서

❶ 우측면(수직면) 가공 영역 생성 순서와 동일하다.

❷ 생성 과정을 순서대로 그림으로 나열하면 다음과 같다.

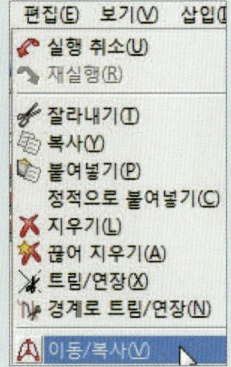
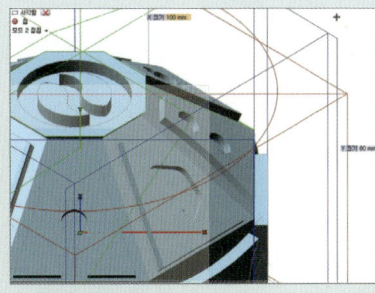
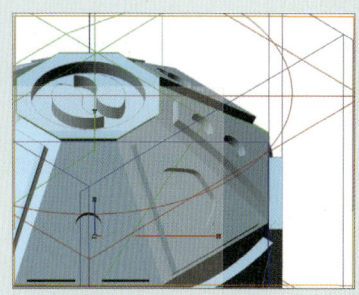

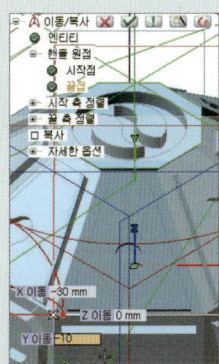
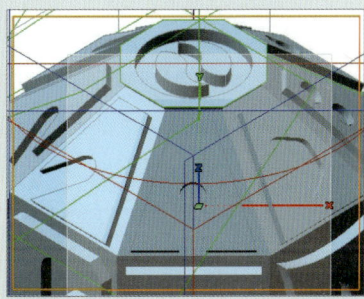
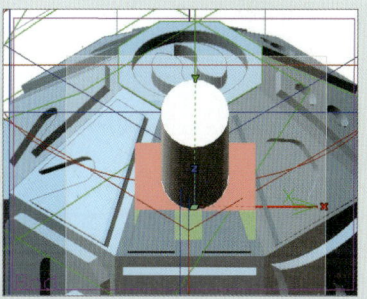

※ 공구가 영역 안쪽에서만 가공하도록 공구 참조를 "안쪽"을 선택한다.

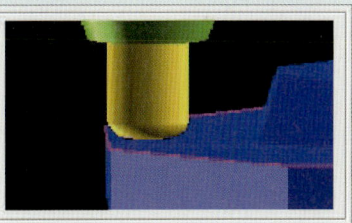

05 다음 그림은 각 탭(tab)에 파라미터 값을 입력, 계산했을 때 공구의 위치와 안전 평면, Z방향의 가공 범위, XY방향의 가공 범위, 공구 괘적을 나타낸 것이다.

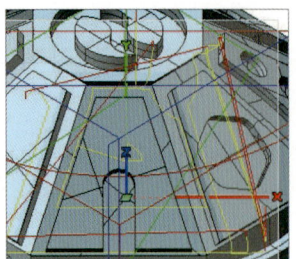 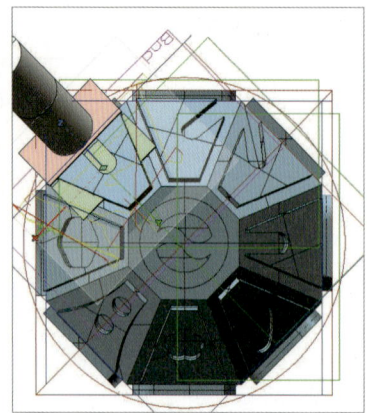 

좌측면(경사면) 인덱스 황삭 가공

- 10번 공구를 사용하여 좌측면(경사면)을 가공한다.
- 가공 좌표계(좌측면(경사면) 가공 좌표계)를 생성한다.
- 소재(stock) 모델은 좌배면(경사면) 황삭 가공에서 계산된 소재(13: T10 3D 등고선 황삭 가공 (소재 지정) (17면 가공 모델))를 사용한다.
- 좌측면(경사면) 인덱스 황삭 가공은 좌배면(경사면) 황삭 가공과 기본적으로 같은 형태의 가공 이므로 좌배면(경사면) 황삭(13: T10 3D 등고선 황삭 가공 (소재 지정)) 공정을 복사/붙이기한 후 공구 탭의 프레임, 설정 탭, 가공변수 탭, 영역 탭에서 그림과 같이 좌측면(경사면) 황삭에 맞게 수정한다.

01 공구 탭
프레임의 가공 좌표계 생성 아이콘을 클릭하여 좌측면(경사면) 가공 좌표계를 생성하여 가공 좌표계로 사용한다.

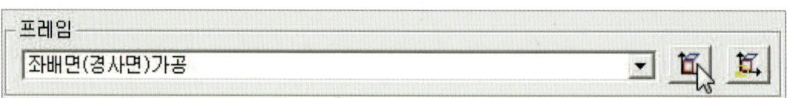

좌측면(경사면) 가공 좌표계 생성 순서

① 작업 평면을 다음 그림 순서대로 좌측면 위에 놓는다.

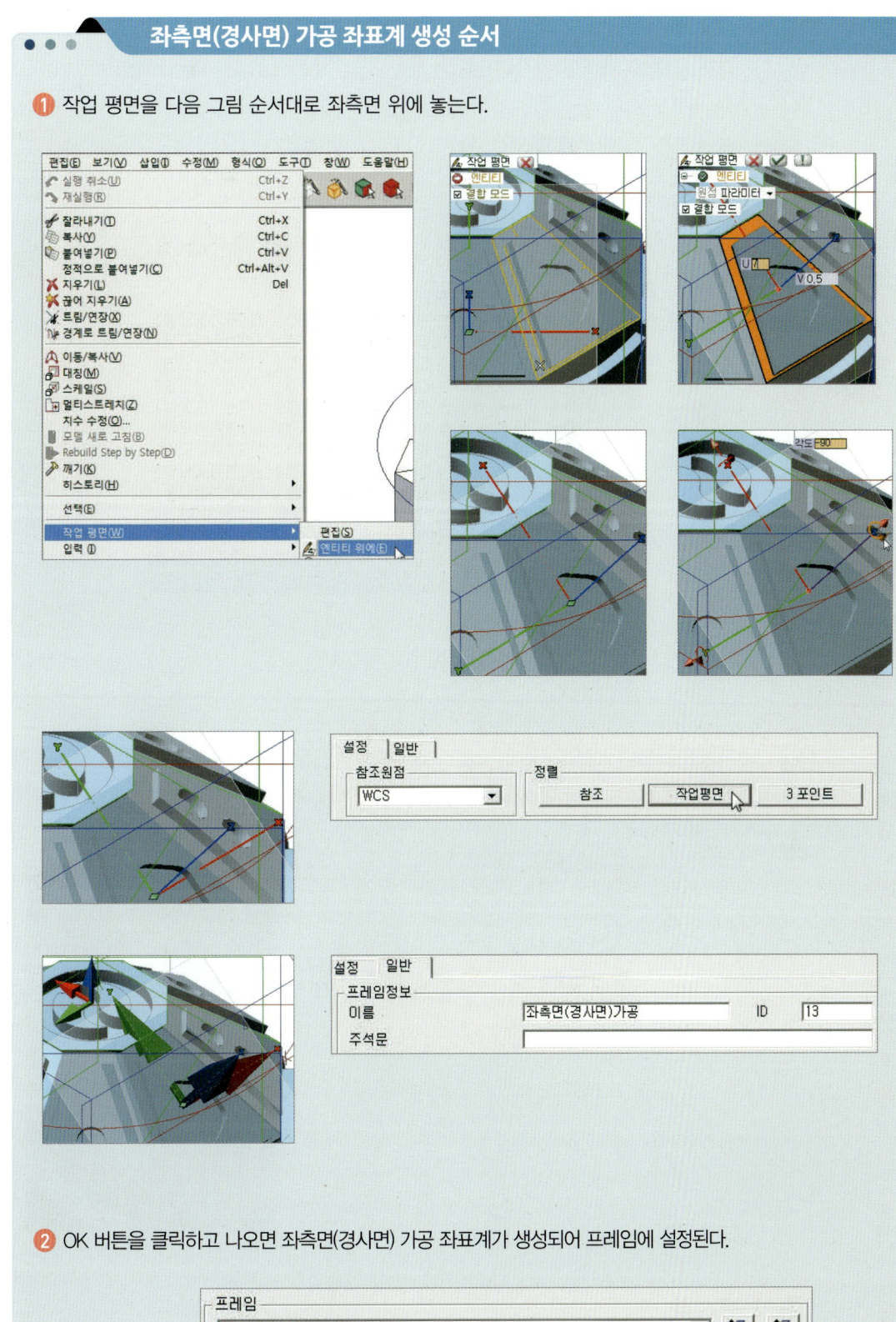

② OK 버튼을 클릭하고 나오면 좌측면(경사면) 가공 좌표계가 생성되어 프레임에 설정된다.

02 ⫸ 설정 탭

소재 모델을 좌배면(경사면) 황삭 가공 결과 자동으로 계산된 소재(13: T10 3D 등고선 황삭 가공 (소재 지정) (17면 가공 모델))를 사용한다. 다음 작업에 사용하기 위해 "☑ 소재 결과 산출" 파라미터를 체크한다.

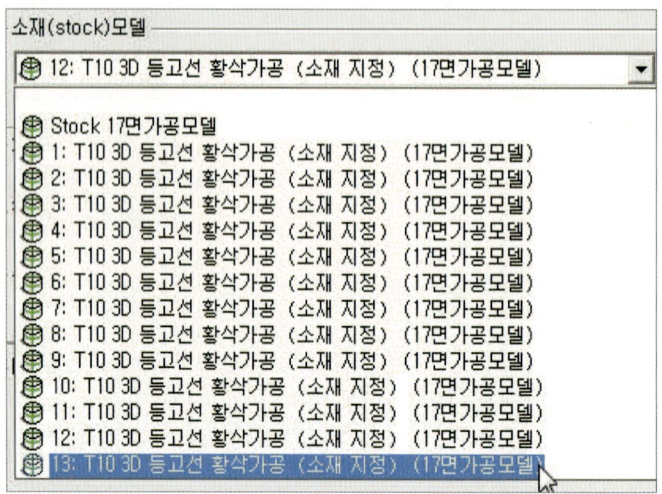

기타 파라미터는 주어진 값을 그대로 사용한다.

03 ⫸ 가공변수 탭

가공 영역의 최고점/최저점 파라미터 값을 다음과 같이 변경한다.

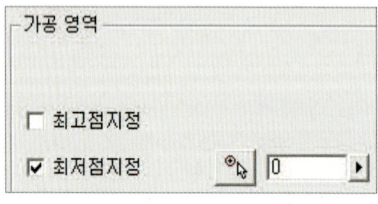
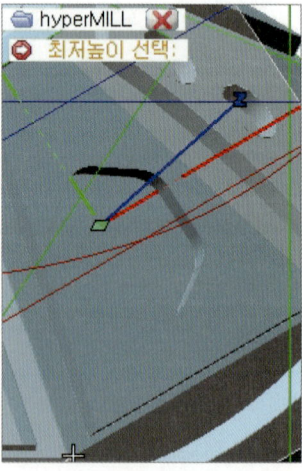

04 ⫸ 영역 탭

윗면을 제외한 나머지 16개 면 가공은 XY평면 가공 영역을 반드시 지정해야 한다. 그렇지 않을 경우 절삭 공구가 가공 소재가 고정되어 있는 척과의 충돌이 발생한다.

좌측면(경사면) 가공 영역 생성 순서

1 우측면(수직면) 가공 영역 생성 순서와 동일하다.

2 생성 과정을 순서대로 그림으로 나열하면 다음과 같다.

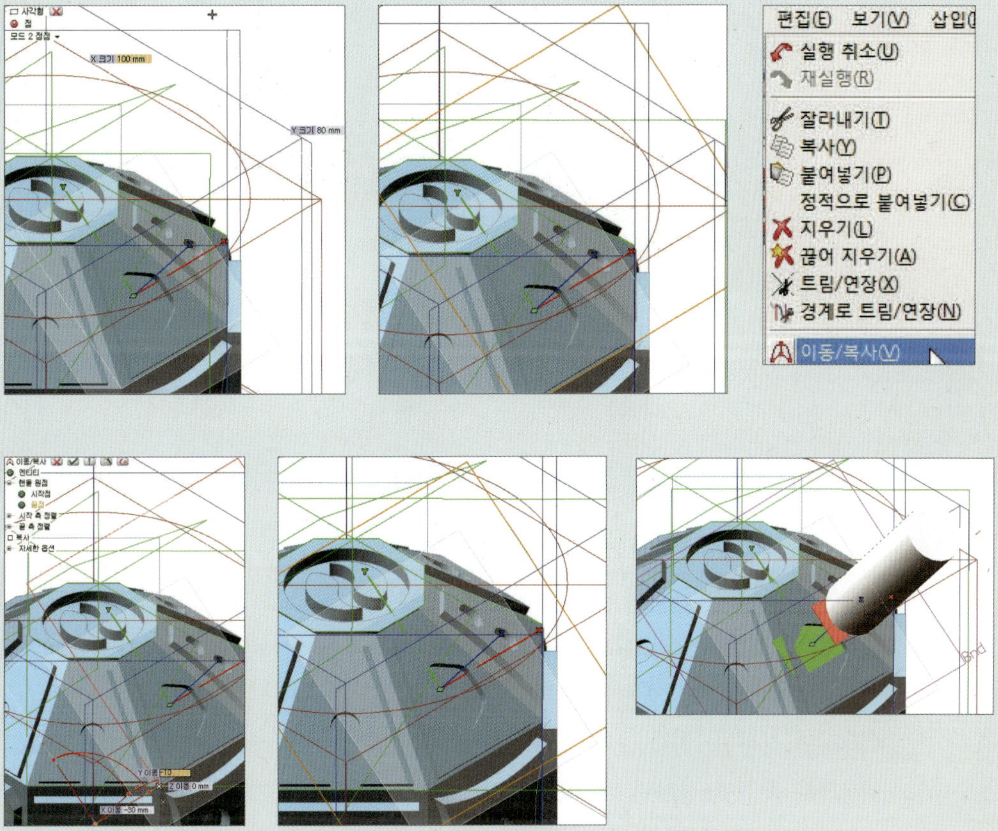

※ 공구가 영역 안쪽에서만 가공하도록 공구 참조를 "안쪽"을 선택한다.

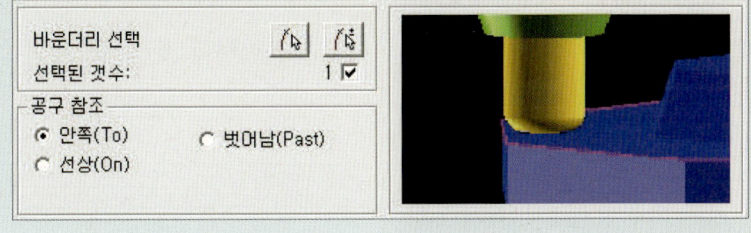

05 다음 그림은 각 탭(tab)에 파라미터 값을 입력, 계산했을 때 공구의 위치와 안전 평면, Z방향의 가공 범위, XY방향의 가공 범위, 공구 괘적을 나타낸 것이다.

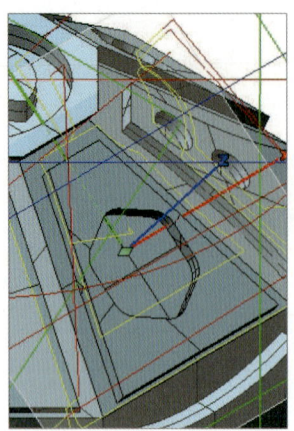 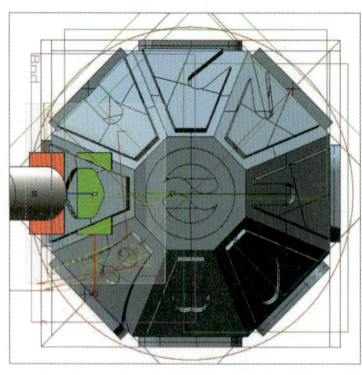 

좌정면(경사면) 인덱스 황삭 가공

- 10번 공구를 사용하여 좌정면(경사면)을 가공한다.
- 가공 좌표계(좌정면(경사면) 가공 좌표계)를 생성한다.
- 소재(stock) 모델은 좌측면(경사면) 황삭 가공에서 계산된 소재(14: T10 3D 등고선 황삭 가공 (소재 지정) (17면 가공 모델))를 사용한다.
- 좌정면(경사면) 인덱스 황삭 가공은 좌측면(경사면) 황삭 가공과 기본적으로 같은 형태의 가공이므로 좌측면(경사면) 황삭(14: T10 3D 등고선 황삭 가공 (소재 지정)) 공정을 복사/붙이기한 후 공구 탭의 프레임, 설정 탭, 가공변수 탭, 영역 탭에서 그림과 같이 좌정면(경사면) 황삭에 맞게 수정한다.

01 공구 탭

프레임의 가공 좌표계 생성 아이콘을 클릭하여 좌정면(경사면) 가공 좌표계를 생성하여 가공 좌표계로 사용한다.

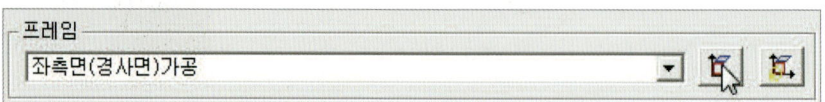

좌정면(경사면) 가공 좌표계 생성 순서

① 작업 평면을 다음 그림 순서대로 좌측면 위에 놓는다.

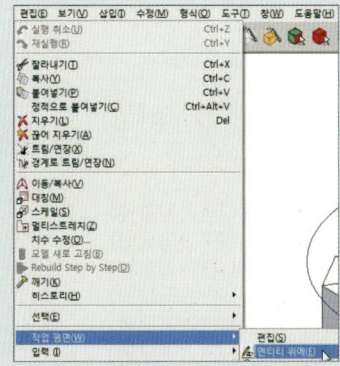
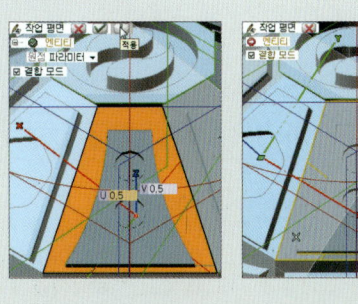

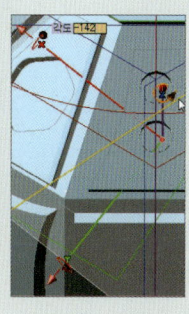

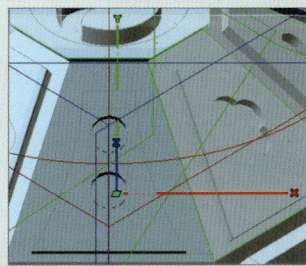
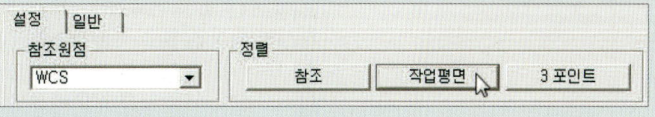

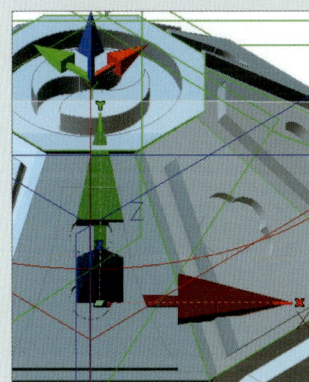
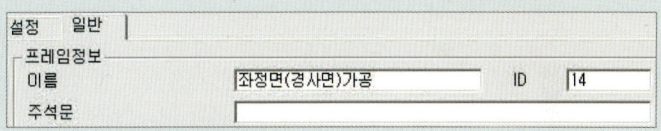

② OK 버튼을 클릭하고 나오면 좌정면(경사면) 가공 좌표계가 생성되어 프레임에 설정된다.

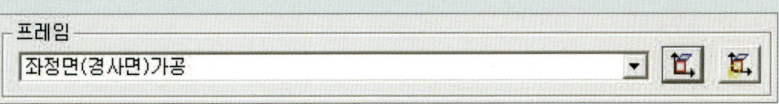

02 설정 탭

소재 모델을 좌측면(경사면) 황삭 가공 결과 자동으로 계산된 소재(14: T10 3D 등고선 황삭 가공 (소재 지정) (17면 가공 모델))를 사용한다. 다음 작업에 사용하기 위해 "☑ 소재 결과 산출" 파라미터를 체크한다.

기타 파라미터는 주어진 값을 그대로 사용한다.

03 가공변수 탭

가공 영역의 최고점/최저점 파라미터 값을 다음과 같이 변경한다.

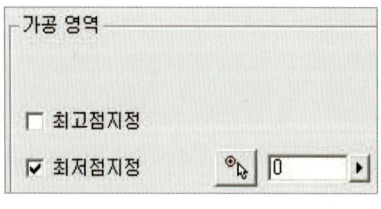 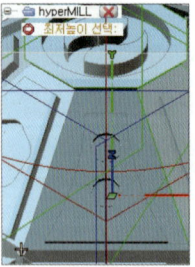

04 영역 탭

윗면을 제외한 나머지 16개 면 가공은 XY평면 가공 영역을 반드시 지정해야 한다. 그렇지 않을 경우 절삭 공구가 가공 소재가 고정되어 있는 척과의 충돌이 발생한다.

좌정면(경사면) 가공 영역 생성 순서

❶ 우측면(수직면) 가공 영역 생성 순서와 동일하다.

❷ 생성 과정을 순서대로 그림으로 나열하면 다음과 같다.

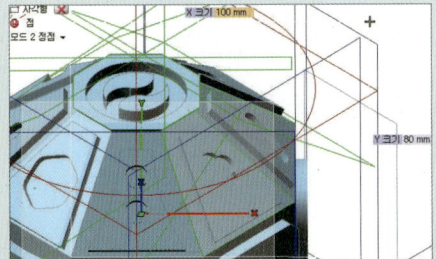
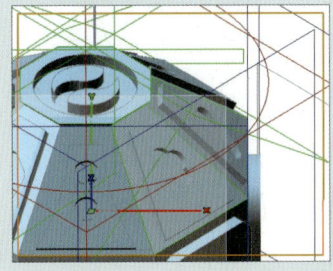
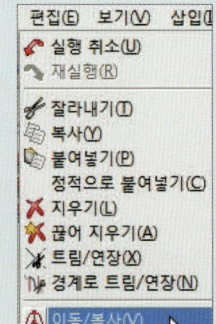

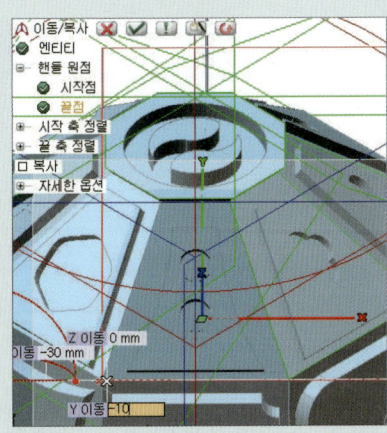
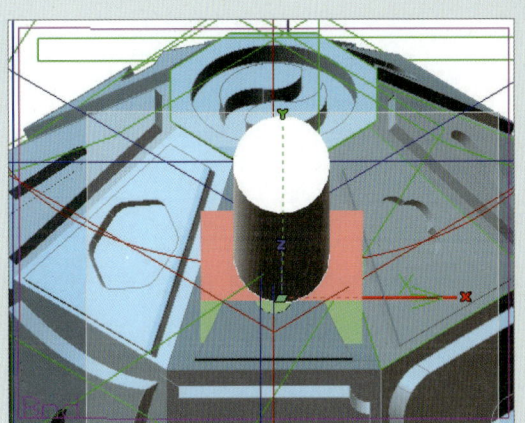

※ 공구가 영역 안쪽에서만 가공하도록 공구 참조를 "안쪽"을 선택한다.

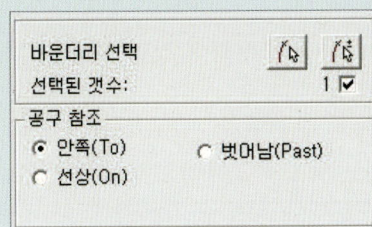
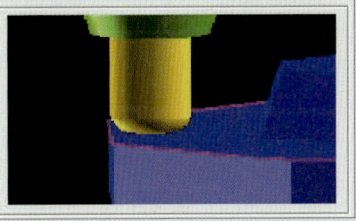

05 다음 그림은 각 탭(tab)에 파라미터 값을 입력, 계산했을 때 공구의 위치와 안전 평면, Z방향의 가공 범위, XY방향의 가공 범위, 공구 괘적을 나타낸 것이다.

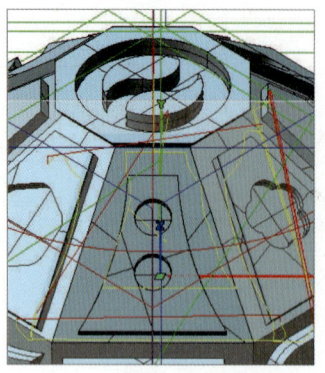 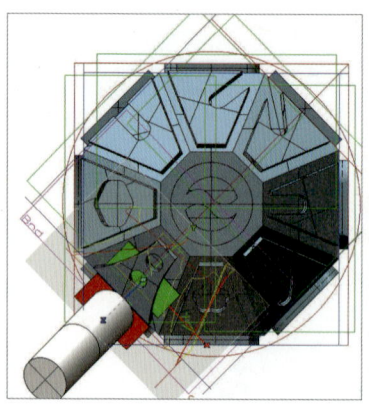 

정면(경사면) 인덱스 황삭 가공

- 10번 공구를 사용하여 정면(경사면)을 가공한다.
- 가공 좌표계(정면(경사면) 가공 좌표계)를 생성한다.
- 소재(stock) 모델은 좌정면(경사면) 황삭 가공에서 계산된 소재(15: T10 3D 등고선 황삭 가공 (소재 지정) (17면 가공 모델))를 사용한다.
- 정면(경사면) 인덱스 황삭 가공은 좌정면(경사면) 황삭 가공과 기본적으로 같은 형태의 가공이므로 좌정면(경사면) 황삭(15: T10 3D 등고선 황삭 가공 (소재 지정)) 공정을 복사/붙이기한 후 공구 탭의 프레임, 설정 탭, 가공변수 탭, 영역 탭에서 그림과 같이 정면(경사면) 황삭에 맞게 수정한다.

01 공구 탭

프레임의 가공 좌표계 생성 아이콘을 클릭하여 정면(경사면) 가공 좌표계를 생성하여 가공 좌표계로 사용한다.

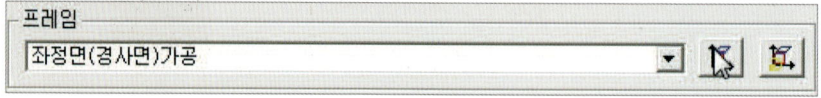

정면(경사면) 가공 좌표계 생성 순서

❶ 작업 평면을 다음 그림 순서대로 좌측면 위에 놓는다.

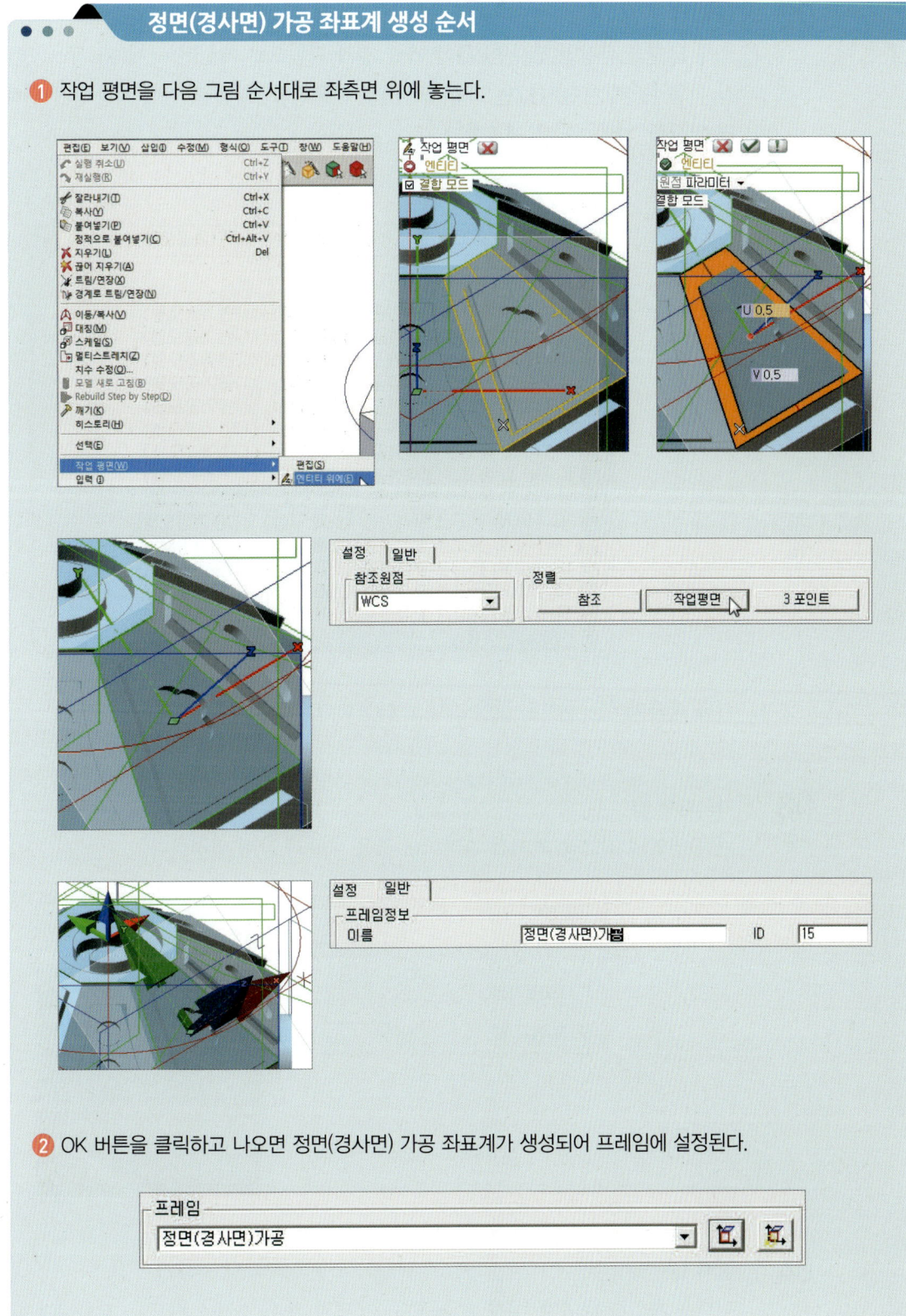

❷ OK 버튼을 클릭하고 나오면 정면(경사면) 가공 좌표계가 생성되어 프레임에 설정된다.

02 ▶ 설정 탭

소재 모델을 좌정면(경사면) 황삭 가공 결과 자동으로 계산된 소재(15: T10 3D 등고선 황삭 가공 (소재 지정) (17면 가공 모델))를 사용한다. 다음 작업에 사용하기 위해 "☑ 소재 결과 산출" 파라미터를 체크한다.

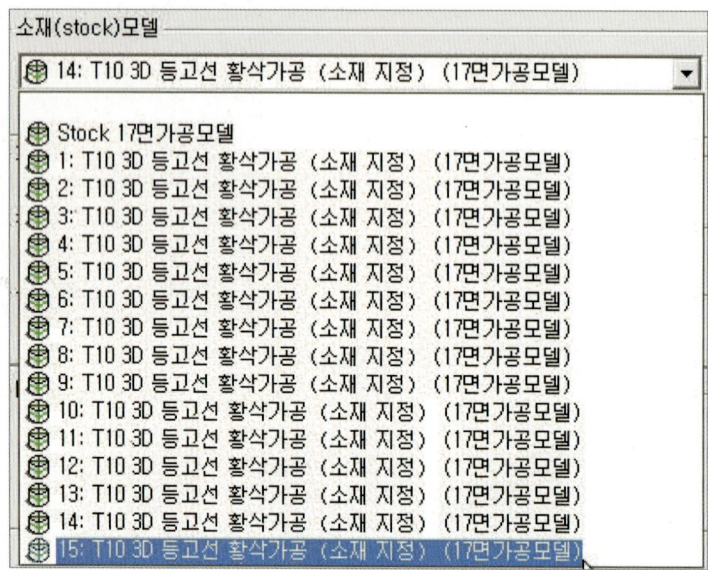

기타 파라미터는 주어진 값을 그대로 사용한다.

03 ▶ 가공변수 탭

가공 영역의 최고점/최저점 파라미터 값을 다음과 같이 변경한다.

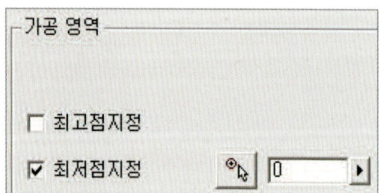 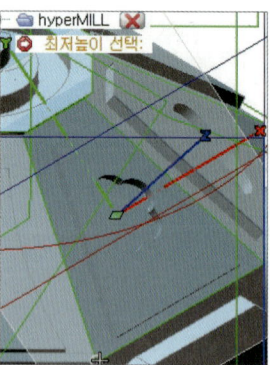

04 ▶ 영역 탭

윗면을 제외한 나머지 16개 면 가공은 XY평면 가공 영역을 반드시 지정해야 한다. 그렇지 않을 경우 절삭 공구가 가공 소재가 고정되어 있는 척과의 충돌이 발생한다.

정면(경사면) 가공 영역 생성 순서

① 우측면(수직면) 가공 영역 생성 순서와 동일하다.

② 생성 과정을 순서대로 그림으로 나열하면 다음과 같다.

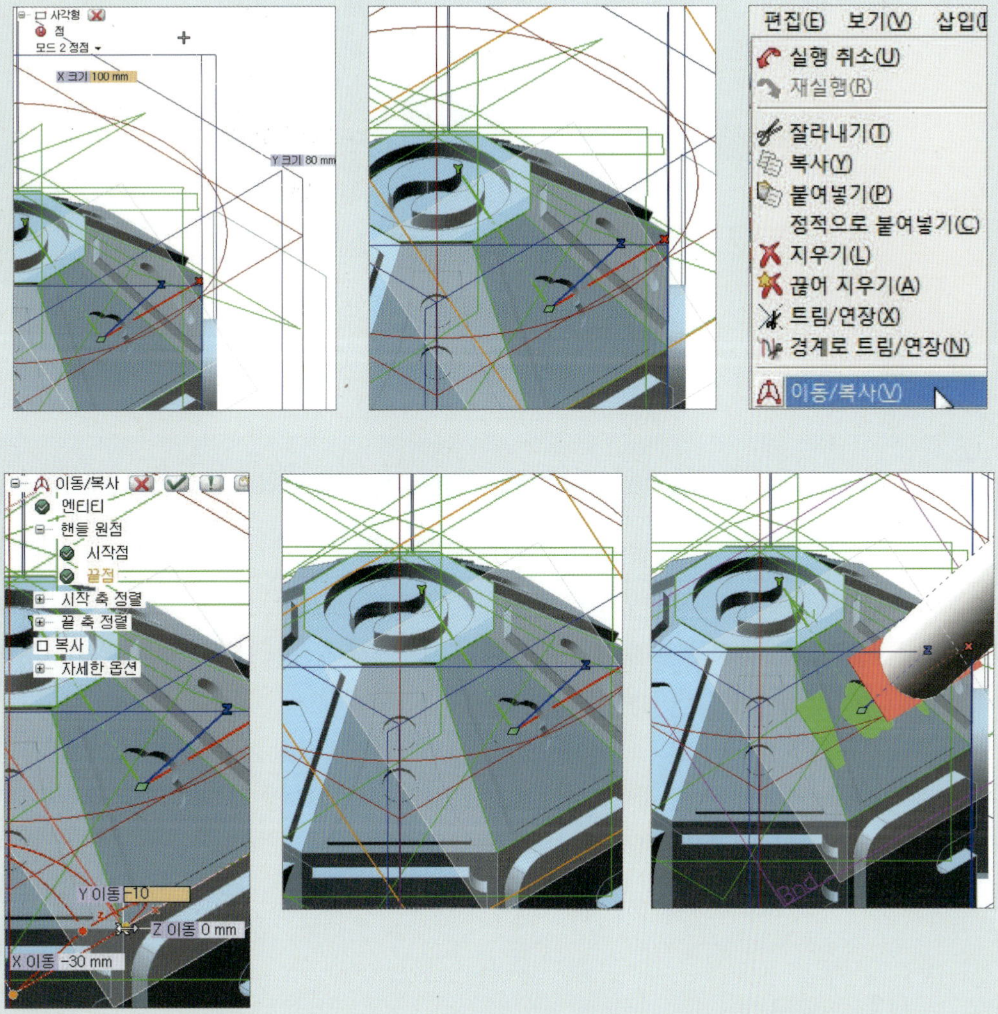

※ 공구가 영역 안쪽에서만 가공하도록 공구 참조를 "안쪽"을 선택한다.

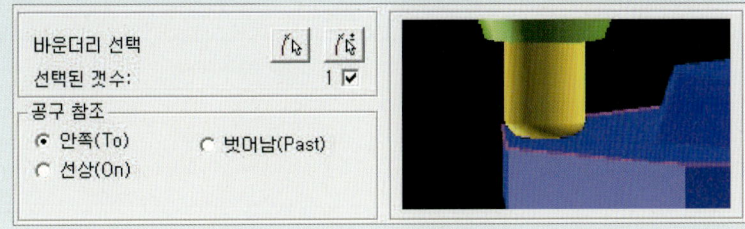

05 ▶ 다음 그림은 각 탭(tab)에 파라미터 값을 입력, 계산했을 때 공구의 위치와 안전 평면, Z방향의 가공 범위, XY방향의 가공 범위, 공구 괘적을 나타낸 것이다.

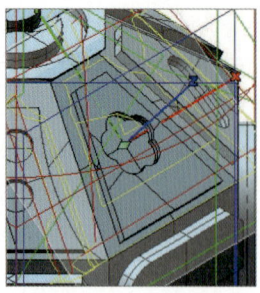 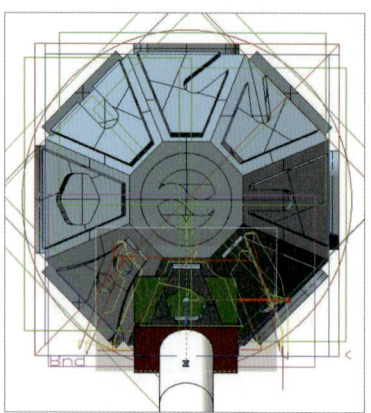 

우정면(경사면) 인덱스 황삭 가공

- 10번 공구를 사용하여 우정면(경사면)을 가공한다.
- 가공 좌표계(우정면(경사면) 가공 좌표계)를 생성한다.
- 소재(stock) 모델은 정면(경사면) 황삭 가공에서 계산된 소재(16: T10 3D 등고선 황삭 가공 (소재 지정) (17면 가공 모델))를 사용한다.
- 우정면(경사면) 인덱스 황삭 가공은 정면(경사면) 황삭 가공과 기본적으로 같은 형태의 가공이므로 정면(경사면) 황삭(16: T10 3D 등고선 황삭 가공 (소재 지정)) 공정을 복사/붙이기한 후 공구 탭의 프레임, 설정 탭, 가공변수 탭, 영역 탭에서 그림과 같이 우정면(경사면) 황삭에 맞게 수정한다.

01 ▶ 공구 탭

프레임의 가공 좌표계 생성 아이콘을 클릭하여 우정면(경사면) 가공 좌표계를 생성하여 가공 좌표계로 사용한다.

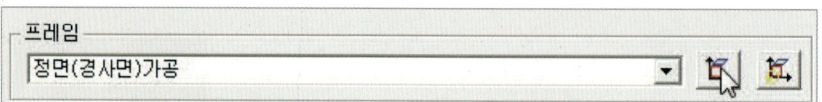

우정면(경사면) 가공 좌표계 생성 순서

❶ 작업 평면을 다음 그림 순서대로 좌측면 위에 놓는다.

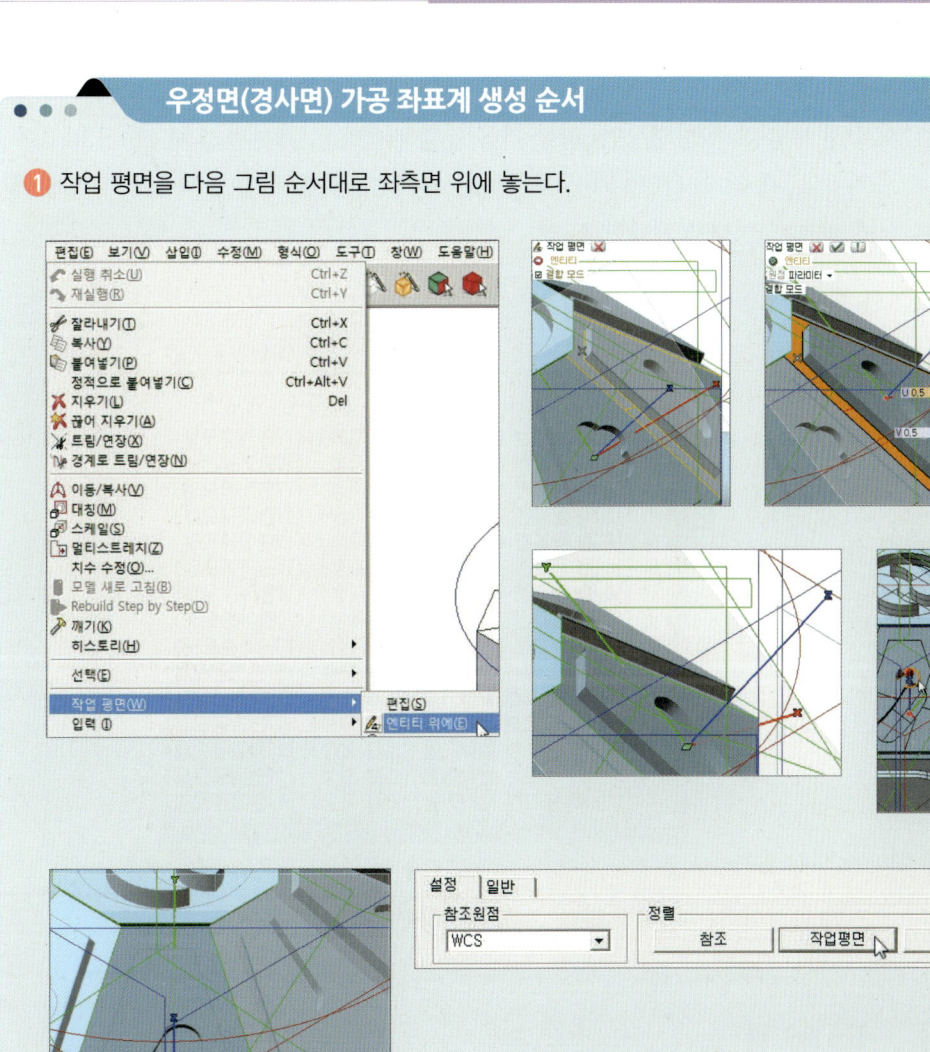

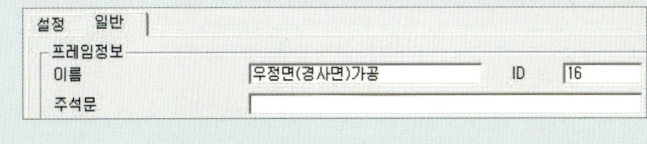

❷ OK 버튼을 클릭하고 나오면 우정면(경사면) 가공 좌표계가 생성되어 프레임에 설정된다.

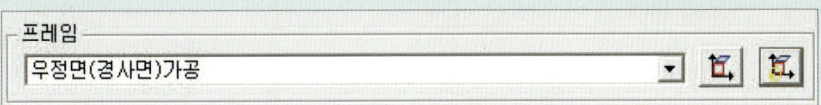

02 ▶ 설정 탭

소재 모델을 정면(경사면) 황삭 가공 결과 자동으로 계산된 소재(16: T10 3D 등고선 황삭 가공 (소재 지정) (17면 가공 모델))를 사용한다. 다음 작업에 사용하기 위해 "☑ 소재 결과 산출" 파라미터를 체크한다.

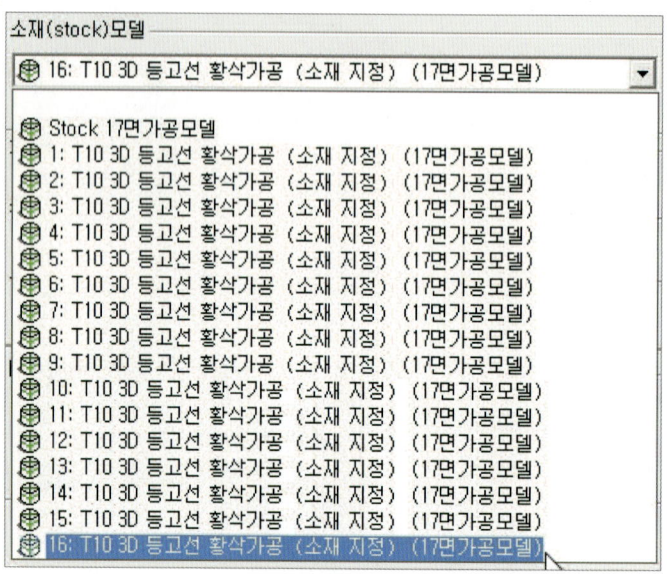

기타 파라미터는 주어진 값을 그대로 사용한다.

03 ▶ 가공변수 탭

가공 영역의 최고점/최저점 파라미터 값을 다음과 같이 변경한다.

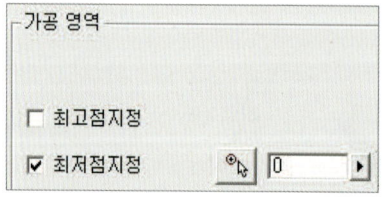 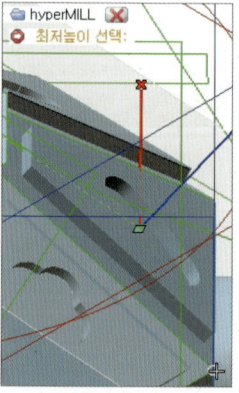

04 ▶ 영역 탭

윗면을 제외한 나머지 16개 면 가공은 XY평면 가공 영역을 반드시 지정해야 한다. 그렇지 않을 경우 절삭 공구가 가공 소재가 고정되어 있는 척과의 충돌이 발생한다.

우정면(경사면) 가공 영역 생성 순서

① 우측면(수직면) 가공 영역 생성 순서와 동일하다.

② 생성 과정을 순서대로 그림으로 나열하면 다음과 같다.

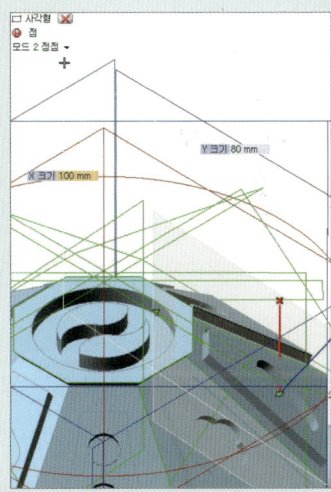
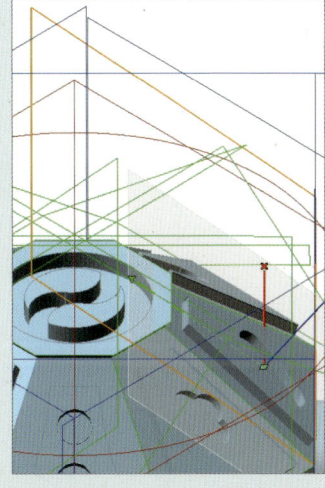
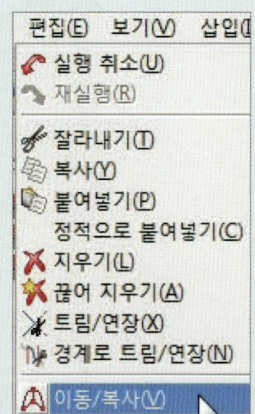

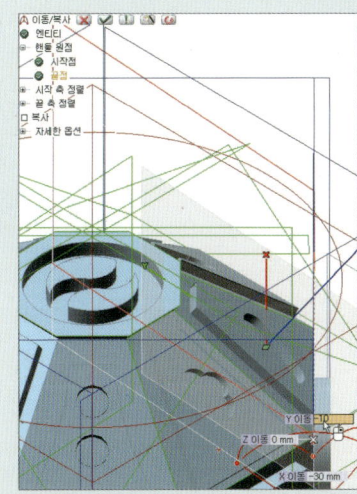
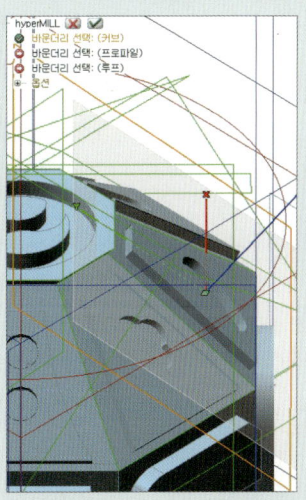
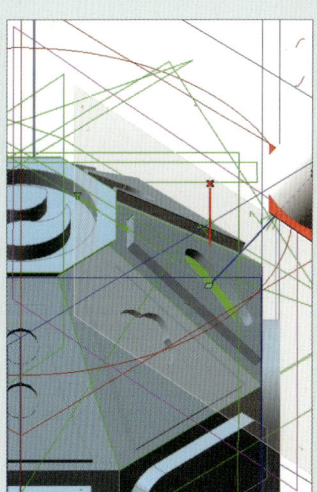

※ 공구가 영역 안쪽에서만 가공하도록 공구 참조를 "안쪽"을 선택한다.

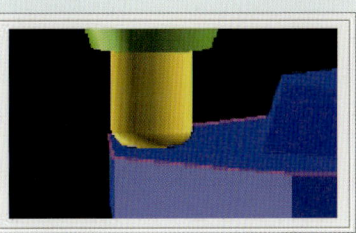

05 ▶ 다음 그림은 각 탭(tab)에 파라미터 값을 입력, 계산했을 때 공구의 위치와 안전 평면, Z방향의 가공 범위, XY방향의 가공 범위, 공구 괘적을 나타낸 것이다.

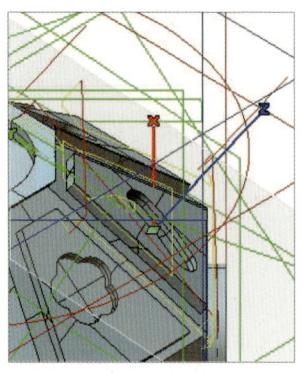 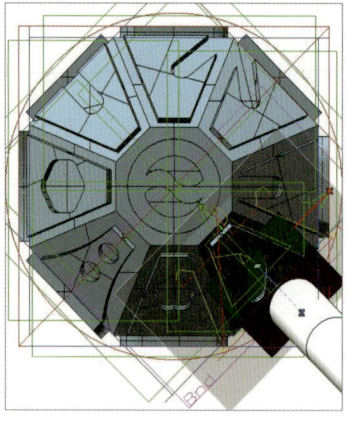 

4-4 ▶ 평면 부위 정삭 가공

파이 16 플랫 엔드밀로 수직면, 경사면의 평면 부위를 정삭 가공 해보자.

18 공정(윗면 정삭)은 새 공정으로 가공하고, 나머지 공정(19~34)은 황삭 가공에 사용한 공정들을 복사하여 붙인다.

▶ 윗면 정삭 가공

- 1번 공구를 사용하여 윗면을 가공한다.
- 가공 좌표계는 윗면 황삭 가공에서 사용한 좌표계를 사용한다.
- 소재(stock) 모델은 우정면(경사면) 황삭 가공에서 계산된 소재(17: T10 3D 등고선 황삭 가공 (소재 지정) (17면 가공 모델))를 사용한다.
- 윗면 정삭 가공은 윗면 황삭 가공과 기본적으로 같은 형태의 가공이므로 윗면 황삭(1: T10 3D 등고선 황삭 가공 (소재 지정)) 공정을 복사/붙이기한 후 공구 탭, 설정 탭, 가공변수 탭, 영역 탭에서 그림과 같이 윗면 정삭에 맞게 수정한다.

01 ▶ 공구 탭

파이 16 플랫 엔드밀을 사용한다.

공구
플랫앤드밀 ... ▼
1 엔드밀(End mill) Ø16 ▼

02 설정 탭

소재 모델을 우정면(경사면) 황삭 가공 결과 자동으로 계산된 소재(17: T10 3D 등고선 황삭 가공 (소재 지정) (17면 가공 모델))를 사용한다. 다음 작업에 사용하기 위해 "☑ 소재 결과 산출" 파라미터를 체크한다.

가공 공차 NC 파라미터는 0.05로 수정한다.

기타 파라미터는 주어진 값을 그대로 사용한다.

03 가공변수 탭

가공 영역의 최고점/최저점 파라미터 값을 다음과 같이 변경한다.
정삭 가공이므로 절삭 여유량을 0으로 변경한다.

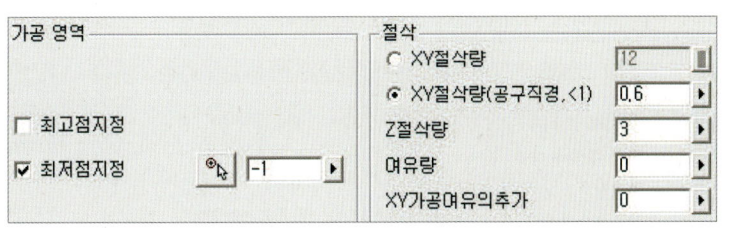 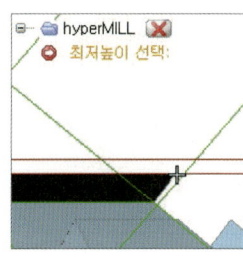

04 영역 탭

윗면 전체를 가공 대상으로 하므로 별도의 X-Y 방향 가공 영역을 설정하지 않는다.

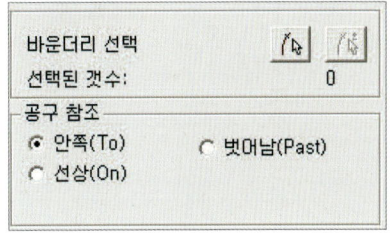

05 다음 그림은 각 탭(tab)에 파라미터 값을 입력, 계산했을 때 공구의 위치와 안전 평면, Z방향의 가공 범위, XY방향의 가공 범위, 공구 괘적을 나타낸 것이다.

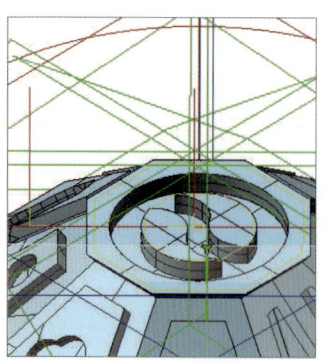
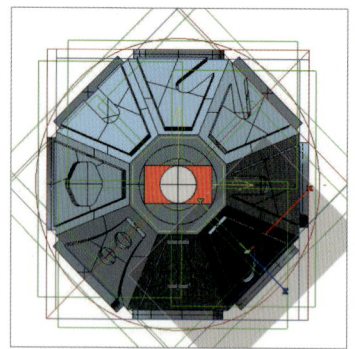

우측면(수직면) ~우정면(경사면) 정삭 가공

01 1번 공구를 사용하여 가공한다.

02 황삭 가공에 사용한 공정(2~17)들을 복사하여 붙인다.

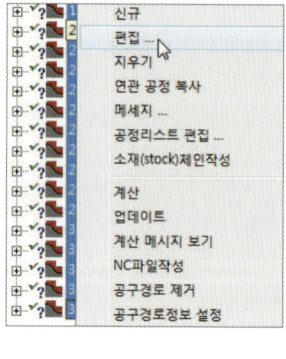

03 복사된 공정(19~34)들을 여러 개 공정 편집 기능을 이용하여 사용 공구, 절삭 여유량, 가공 공차 등을 정삭 가공에 맞게 변경한다.

04 ▶ 수정된 공정 리스트: 공정(19~34)

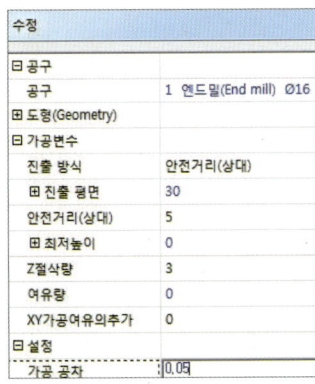

05 ▶ 복사된 공정(19~34)들을 공정 순서대로 소재 모델을 변경하여 계산한다. 34번 공정은 다음 작업에 사용하기 위해 "☑ 소재 결과 산출" 파라미터를 체크한다.

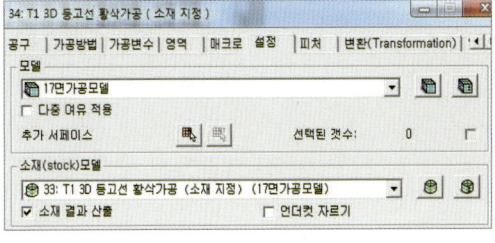

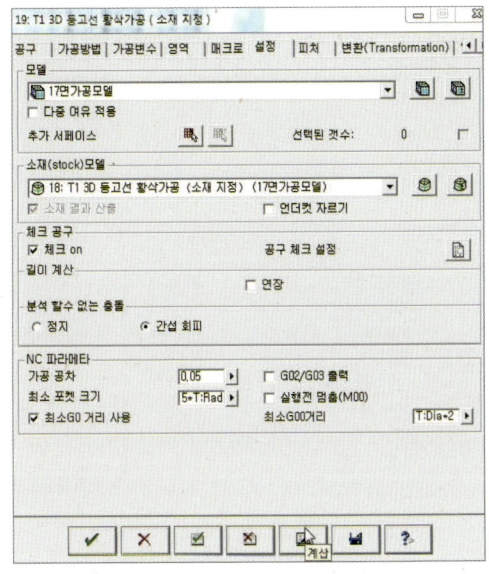

06 ▶ 다음 그림은 파이 16 플랫 엔드밀로 윗면, 수직면, 경사면의 평면 부위를 정삭 가공한 공구 괘적 및 가공 결과를 나타낸 것이다.

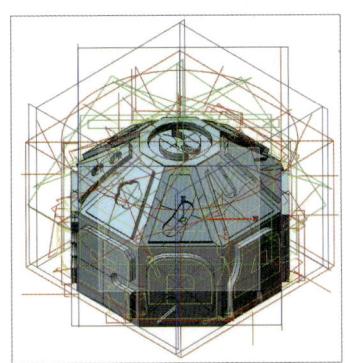

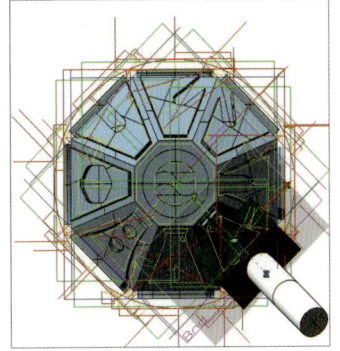

4-5 포켓 및 윤곽 가공

윗면은 파이 3.5 플랫 엔드밀로 황삭과 정삭을, 나머지 16면은 황삭은 파이 6 플랫 엔드밀로, 정삭은 파이 6 플랫 엔드밀(4날)로, 파이 6 플랫 엔드밀로 가공되지 않는 좁은 부분은 파이 3.5 플랫 엔드밀로 가공하기로 한다.

윗면 포켓 및 윤곽 황삭 가공

- 윗면 포켓 및 윤곽 황삭 가공은 3D 등고선 황삭 가공 (소재 지정) 사이클을 사용하여 가공하기로 한다.
- 7번 공구를 사용하여 윗면을 가공한다.
- 가공 좌표계는 윗면 황삭 가공에서 사용한 좌표계를 사용한다.
- 소재(stock) 모델은 우정면(경사면) 정삭 가공에서 계산된 소재(34: T10 3D 등고선 황삭 가공 (소재 지정) (17면 가공 모델))을 사용한다.

01 ▶ 빈 공간에 마우스 오른쪽 버튼을 클릭하여 신규 메뉴 선택한 후 3D 사이클 > 3D 등고선 황삭 가공(소재 지정)을 선택한다.

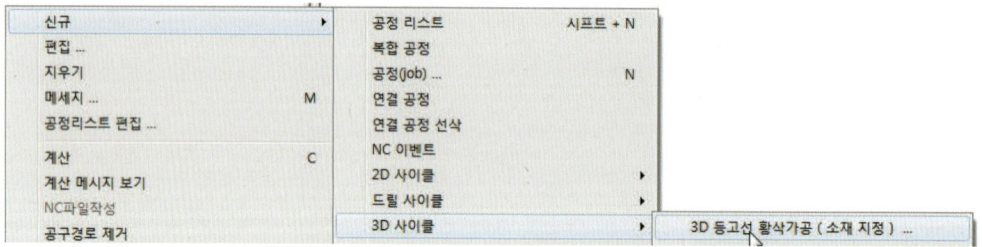

02 ▶ 공구 탭

❶ 7번 공구를 사용하여 윗면을 가공한다.

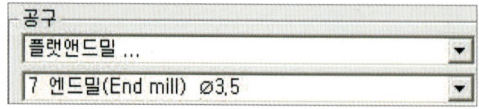

❷ 좌표계는 윗면 가공 좌표계를 사용한다.

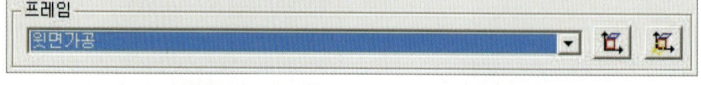
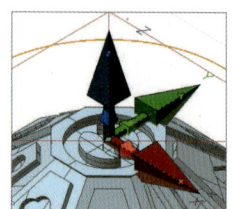

03 설정 탭

다음 작업에 사용하기 위해 "☑ 소재 결과 산출" 파라미터를 체크한다.

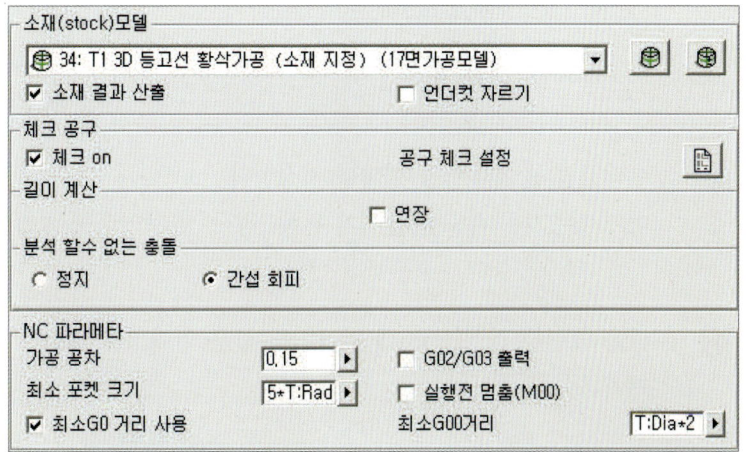

04 가공 방법 탭

윗면 황삭 가공 공정에서 사용한 가공 방법을 적용한다.

05 가공변수 탭

기본적으로 윗면 황삭 가공 공정에서 사용한 가공변수를 적용하고, 가공 영역과 공구가 다르므로 다음 그림과 같이 파라미터 값을 적용한다.

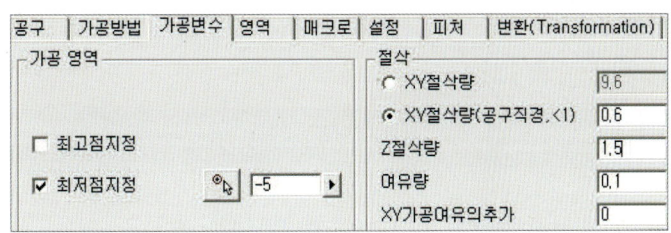
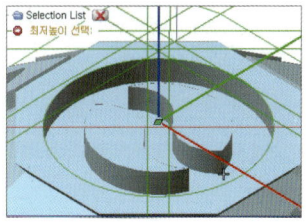

06 영역 탭

그림과 같이 바운더리를 선택한다.

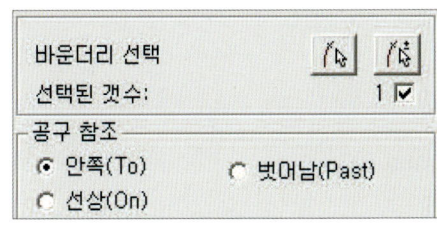
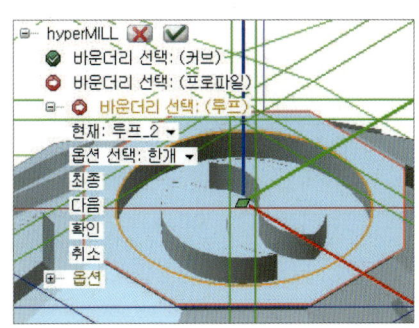

07 ▶ 매크로 탭

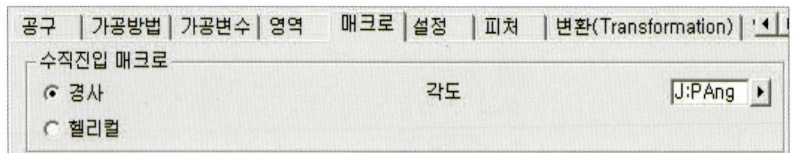

수직진입 플랜지 가공 형태를 지정한다.

여기서는 가공 속도를 높이기 위해 "경사" 파라미터를 설정한다.

08 ▶ 다음 그림은 각 탭(tab)에 파라미터 값을 입력하고 계산한 공구 괘적 및 소재를 절삭한 결과이다.

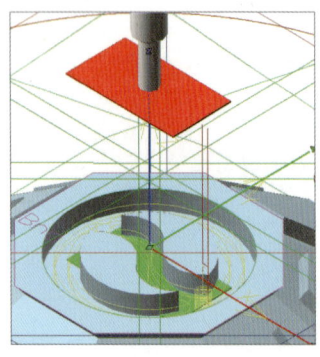

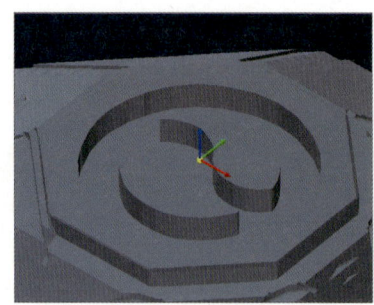

윗면 포켓 및 윤곽 정삭 가공

- 윗면 포켓 및 윤곽 황삭 가공 사이클을 복사하여 정삭에 맞게 파라미터를 변경하여 가공한다.
- 8번 공구를 정삭 가공에도 사용한다.
- 가공 좌표계는 윗면 황삭 가공에서 사용한 좌표계를 사용한다.
- 소재(stock) 모델은 윗면 포켓 및 윤곽 황삭 가공에서 계산된 소재(35: T10 3D 등고선 황삭 가공 (소재 지정) (17면 가공 모델))를 사용한다.

01 ▶ 공구 탭

❶ 8번 공구를 사용하여 윗면을 가공한다.

공구

플랫앤드밀 ...

8 엔드밀(End mill) Ø3.5

❷ 좌표계는 윗면 가공 좌표계를 사용한다.

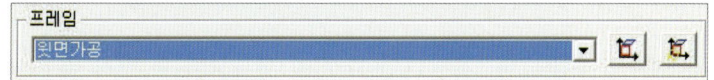

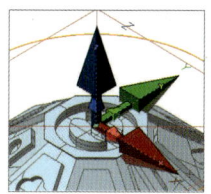

02 ▶ 설정 탭

다음 작업에 사용하기 위해 "☑ 소재 결과 산출" 파라미터를 체크한다.

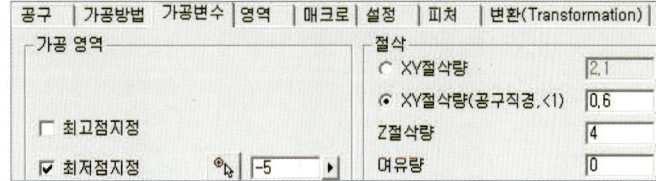

03 ▶ 가공변수 탭

기본적으로 윗면 황삭 가공 공정에서 사용한 가공변수를 적용하고, 가공 영역과 공구가 다르므로 다음 그림과 같이 파라미터 값을 적용한다.

04 ▶ 다음 그림은 각 탭(tab)에 파라미터 값을 입력하고 계산한 공구 괘적 및 소재를 절삭한 결과이다.

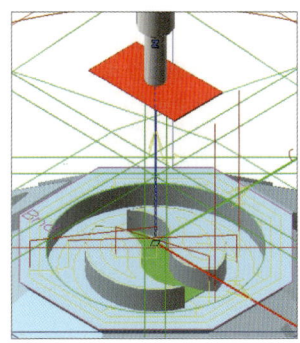

> ## 수직면 및 경사면 포켓 및 윤곽 황삭 가공(37~52 공정)

- 파이 6 플랫 엔드밀로 수직면, 경사면의 포켓 및 윤곽 부위를 황삭 가공 해보자.
- 황삭 가공에 사용한 공정들(2~17 공정)을 복사하여 붙인 후 공구 및 소재(stock) 모델, 가공변 수 탭에 있는 파라미터들을 수정한다.
- 가공 부위의 형상, 공구 이동 등을 검토한다.

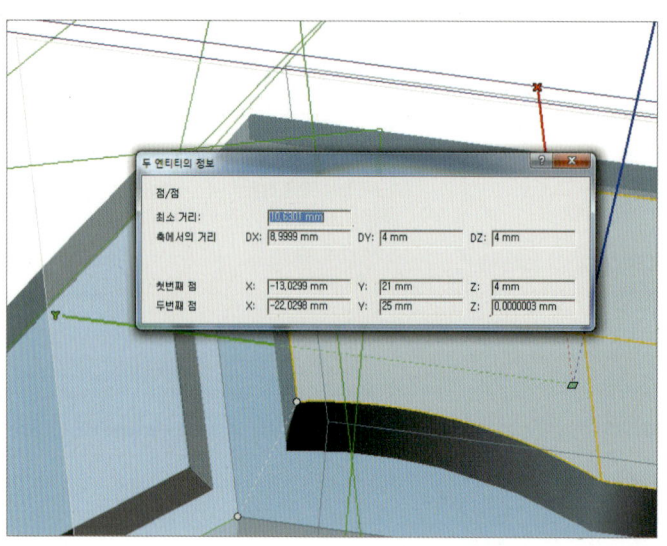

01 ▷ 공정들(2~17공정)을 복사하여 붙인다.

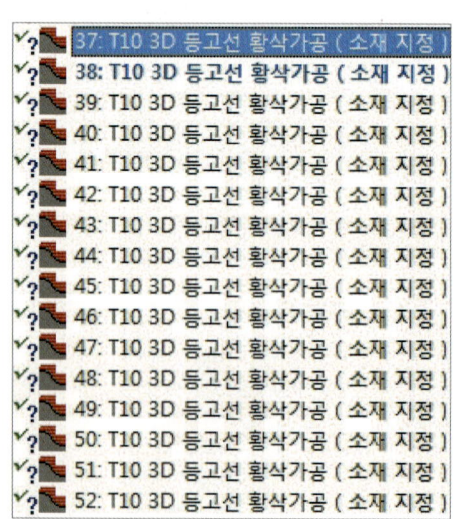

02 ▶ 복사된 공정들을 편집한다.

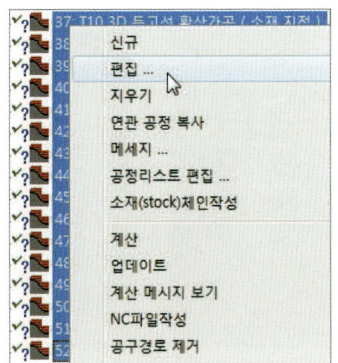 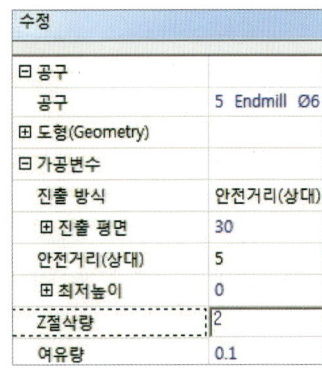 

03 ▶ 각 공정들의 소재(stock) 모델 및 최소 포켓 크기 파라미터를 변경한 후 계산한다.

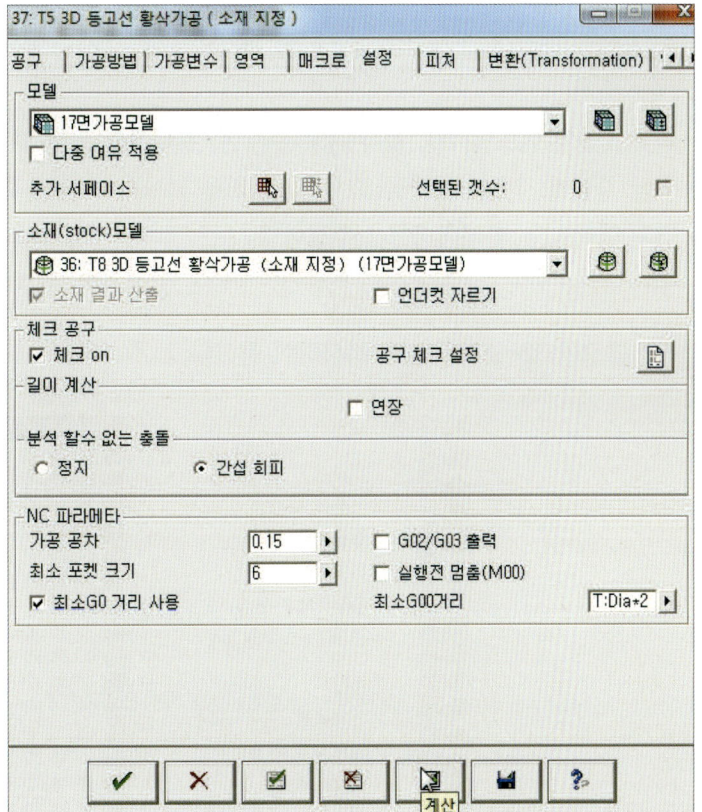

04 ▶ 52 공정은 소재(stock) 모델을 변경한 후 "☑ 소재 결과 산출" 파라미터를 체크한다.

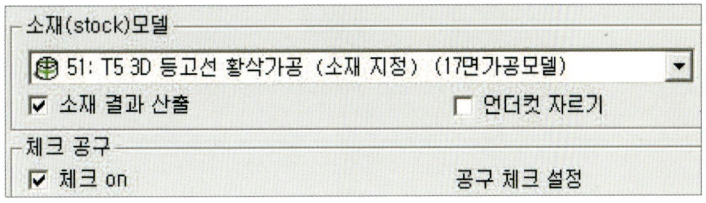

05 ❯❯ 다음 그림은 37~52 공정의 소재(stock) 모델을 변경한 후 계산한 결과이다.

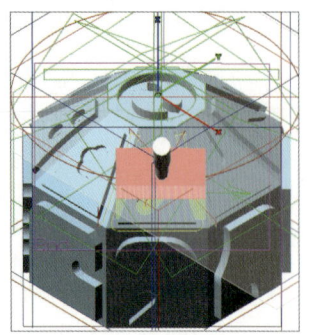  

> ### 수직면 및 경사면 포켓 및 윤곽 정삭 가공(53~68 공정)

- 파이 6 플랫 엔드밀(4날, 정삭용)로 수직면, 경사면의 포켓 및 윤곽 부위를 정삭 가공 해보자.
- 황삭 가공에 사용한 공정들(37~52 공정)을 복사하여 붙인 후 공구 및 소재(stock) 모델, 가공 변수 탭에 있는 파라미터들을 수정한다.

01 ❯❯ 공정들(37~52 공정)을 복사하여 붙인다.

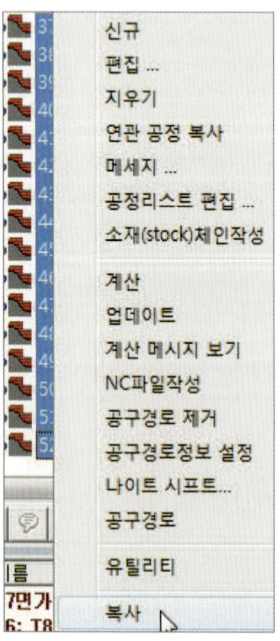 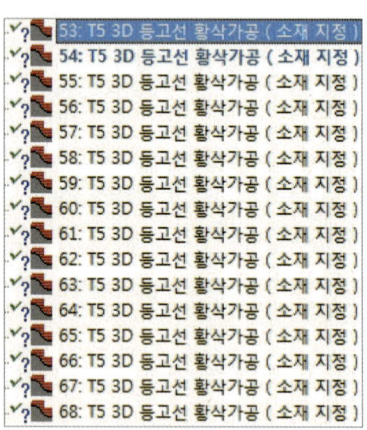

02 ▷ 복사된 공정들을 편집한다.

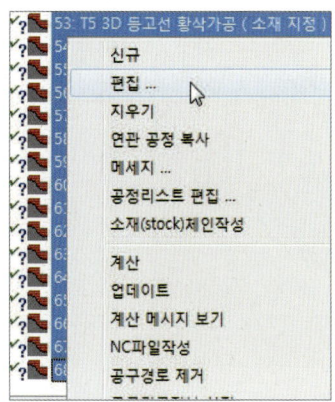 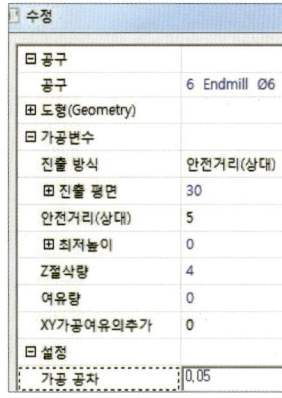 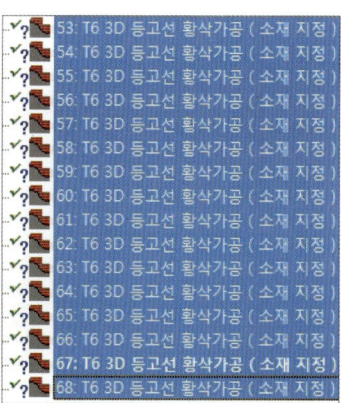

03 ▷ 각 공정들의 소재(stock) 모델을 변경한 후 계산한다. 68번 공정은 소재(stock) 모델을 변경한 후 "☑ 소재 결과 산출" 파라미터를 체크한다.

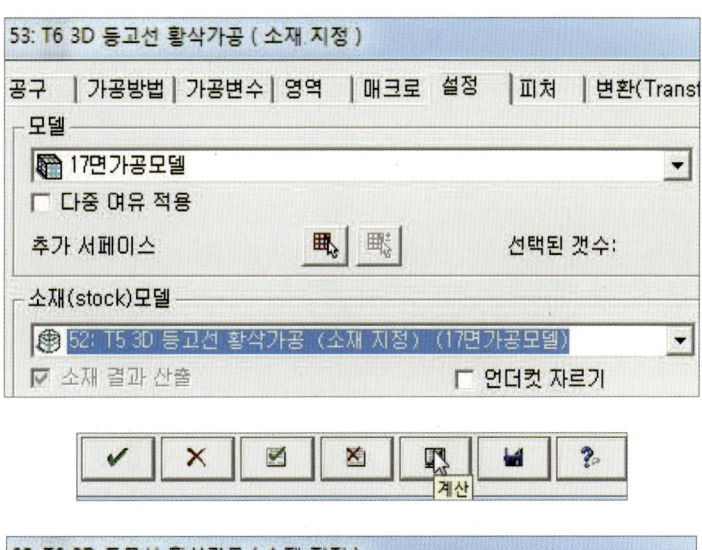

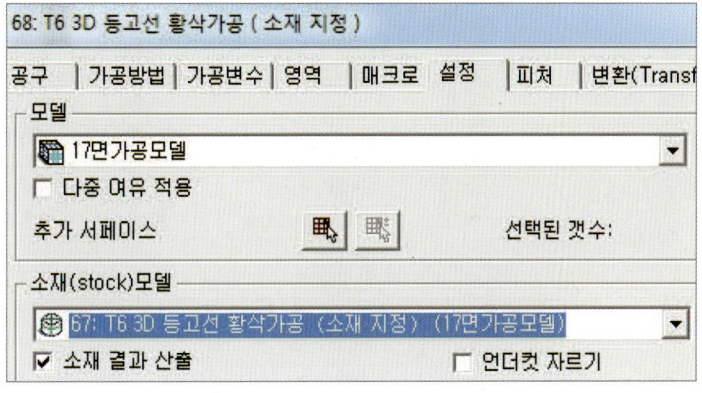

04 다음 그림은 53~68 공정의 소재(stock) 모델을 변경한 후 계산한 결과이다.

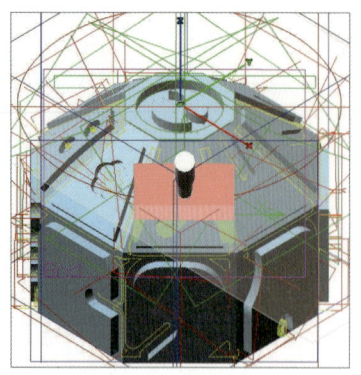  

> ### 파이 3.5 플랫 엔드밀로 수직면 및 경사면 미 절삭 부분 가공(69~84 공정)

- 파이 3.5 플랫 엔드밀로 수직면, 경사면의 미절삭된 부분을 가공하여 완성 해보자.
- 황삭 가공에 사용한 공정들(37~52 공정)을 복사하여 붙인 후 공구 및 소재(stock) 모델, 가공 변수 탭에 있는 파라미터들을 수정한다.

01 공정들(37~52 공정)을 복사하여 붙인다.

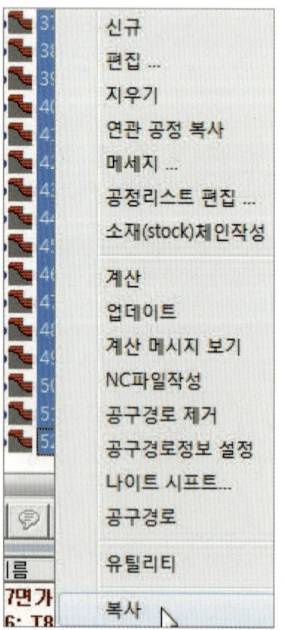

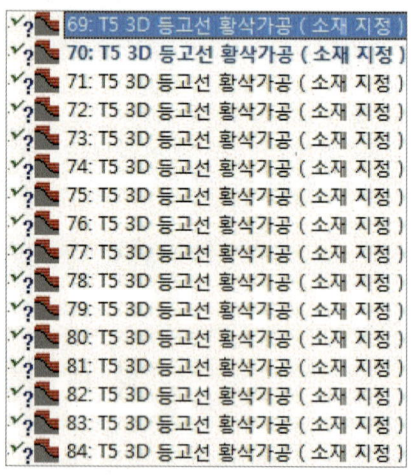

02 ▶ 복사된 공정들을 편집한다.

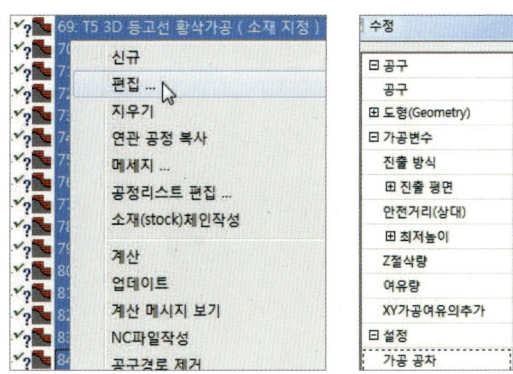

03 ▶ 각 공정들의 소재(stock) 모델을 변경한 후 계산한다. 84번 공정은 소재(stock) 모델을 변경한 후 "☑ 소재 결과 산출" 파라미터를 체크한다.

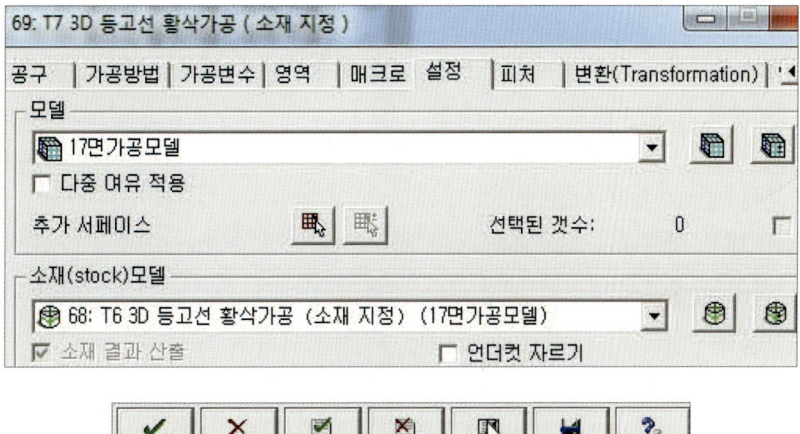

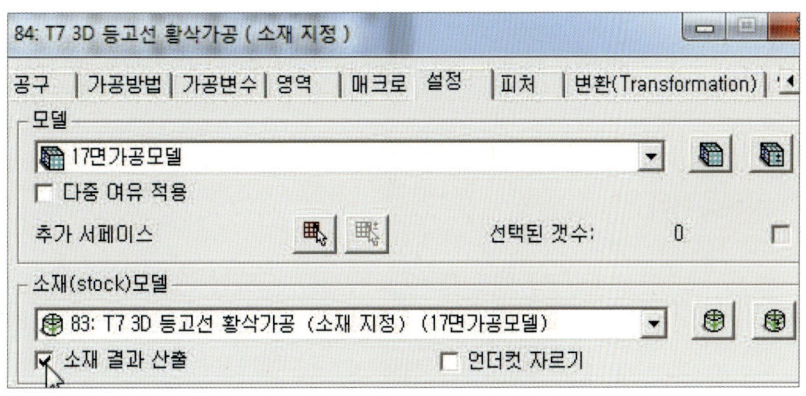

04 ▶ 다음 그림은 69~84 공정의 소재(stock) 모델을 변경한 후 계산한 결과이다.

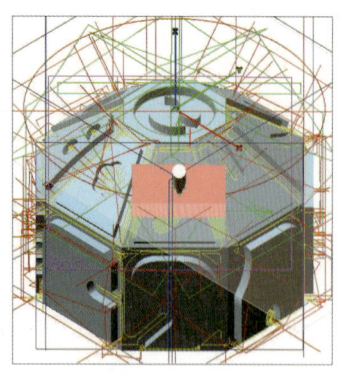  

4-6 ▶ Simulation 및 NC-Data 생성

(1) 내부 시뮬레이션

각 공정에서 만들어진 CL-Data를 사용하여 NC-Data를 생성하기 전 내부 시뮬레이션 기능을 사용하여 공구 궤적을 확인한다.

(2) hyperVIEW 시뮬레이션

내부 시뮬레이션을 통해 공구 궤적을 확인한 후 hyperVIEW 시뮬레이션 기능을 사용하여 실제 가공 상황에서의 절삭 과정, 특히 5축 가공에서 주의해야 하는 공구와 공작물 사이의 간섭을 체크한다.

각각의 공정을 확인할 수 있고, 전체 공정을 한 번에 확인할 수 있다.

(3) NC-Data 생성

NC-공정 탭에서 공정 리스트를 선택한 후 마우스 오른쪽 버튼으로 "NC-파일쓰기" 메뉴를 선택한다. 또 다른 방법으로 파일 풀 다운 메뉴에서 "NC-파일쓰기" 메뉴를 선택한다.

시뮬레이션과 NC-Data 생성에 대해서는 "인덱스 5축 가공 CAM 작업하기 1 (5면 가공)"을 참고하기로 한다.

인덱스 5축 가공기술
HyperMILL

2016년 8월 10일 인쇄
2016년 8월 15일 발행

감수 : 오픈솔루션 5축기술지원팀
저자 : 홍성호
펴낸이 : 이정일

펴낸곳 : 도서출판 **일진사**
www.iljinsa.com

04317 서울시 용산구 효창원로 64길 6
대표전화 : 704-1616, 팩스 : 715-3536
등록번호 : 제1979-000009호(1979.4.2)

값 32,000원

ISBN : 978-89-429-1493-7